涂布复合材料

李路海　主编

莫黎昕　李晓明　何君勇　副主编

谭绍勐　刘　赢　孙志成　王兰芳　顾卫星　等编著

图书在版编目（CIP）数据

涂布复合材料 / 李路海主编 . —北京 : 文化发展出版社 , 2021.6
ISBN 978-7-5142-3442-8

Ⅰ . ①涂… Ⅱ . ①李… Ⅲ . ①涂布－复合材料 Ⅳ . ① TQ586.3

中国版本图书馆 CIP 数据核字 (2021) 第 079712 号

涂布复合材料

主　　编：李路海
副 主 编：莫黎昕　李晓明　何君勇
编　　著：谭绍勐　刘　赢　孙志成　王兰芳　顾卫星 等

责任编辑：李　毅　杨　琪　　　　责任校对：岳智勇
责任印制：邓辉明　　　　　　　　责任设计：郭　阳
出版发行：文化发展出版社（北京市翠微路 2 号 邮编：100036）
发行电话：010-88275993　010-88275711
网　　址：www.wenhuafazhan.com
经　　销：全国新华书店
印　　刷：北京印匠彩色印刷有限公司

开　　本：787mm × 1092mm　1/16
字　　数：440 千字
印　　张：28
版　　次：2022 年 7 月第 1 版
印　　次：2022 年 7 月第 1 次印刷

定　　价：128.00 元
ISBN：978-7-5142-3442-8

编 委 会

（排名不分先后，按姓氏笔划排列）

前言

为了全面介绍涂布复合，在《涂布复合技术》一书受到广泛欢迎的基础上，编写此书。涂布复合材料涉及范围广泛，如书中所述，涂布液中的颜料、着色剂、功能性材料、填料与助剂（特别是胶黏剂类连接料），以及刚性和柔性涂布基材，都属于涂布复合材料。随着涂布应用领域拓展和新技术进步，各种涂布复合材料层出不穷。涂布复合材料的选择，取决于产品性能、涂布工艺和产品成本。

基于卷对卷方式涂布复合技术，概述了涂布复合材料基本构成，介绍了光电子薄膜、喷墨印刷、包装材料、能源材料与电子器件、影像等新材料发展。涂布复合材料，既有共性，又有个性。从共性角度，介绍了涂布液的构成与性能要求；全面介绍了涂布复合胶黏剂，包括水性、溶剂型、常温和高温以及热熔性胶黏剂；介绍了纸张、高分子薄膜、铝箔和柔性玻璃等涂布基材；介绍了表面活性剂和各种涂布助剂。

此外，分章节介绍了导电膜材料及其制备，窗膜涂布材料、喷墨印刷涂布材料和软包装涂布复合材料，还介绍了微胶囊材料及其涂布应用，最后，给出了部分中英日涂布复合技术术语对照表。编写过程参考了部分产品标准文献。

书中内容选自作者多方积累和国内外研究人员发表的研究成果。考虑到技能型人才与研究型人才培养所需，既适度介绍涂布复合材料基础理论，又注重实用性知识比例，凸显了涂布复合多学科基础理论与生产实践相结合的特征。参编人员来自多个行业生产、科研和教学一线，专业领域涉及材料、机械、电气、控制及质量检测。各位行业专家的付出，充分展示了促进涂布复合技术发展的情怀。

全书共10章，各章编著人员分别是：第1章李路海、陈寅杰、李修、王磊、曹丽红、潘莹；第2章李晓明、李路海、史红霞、顾卫星、曹秀华；第3章刘赢、李路海、顾卫星；第4章王旭亮、李路海、高峰、张云飞；第5章李路海，宋朝晖，辛智青，梁丽娟，李亚玲，方钦爽，黄星波，苏璠；第6章王兰芳、王磊，赵强国；第7章何君勇、李路海、于池、邢贯栋；第8章李路海、李建新、史红霞、赵敬民、孙丽娜；第9章谭绍勐、李路海、莫黎昕、曹梅娟、何君勇、黄庆；第10章孙志成、苗新泉、王雪松。附录顾卫星，马礼谦统阅全书。

参编人员付出了大量劳动；书中内容参考了大量文献，标注不全不当之处，敬请指正。

丛书筹划与编写，得到了文化发展出版社的持续鼓励，受到了北京市科委、自然科学基金委（KZ202110015019）、教委2011协同创新平台建设项目（Ef202002）经费及广东风华高科新型电子元器件关键材料与工艺国家重点实验室（筹）开放课题经费支持，受到了编委会专家的指导与帮助，在此一并致谢。

限于作者水平，不当之处，欢迎读者提出宝贵意见。

李路海

2021年3月

读者范围：供涂布复合行业的生产、科研人员工程实践借鉴，大专院校的研究生、本科生学习参考，实验室工作人员科研参考，高职高专及企业培训教学之用。

目录 CONTENTS

第1章 概述

第一节 涂布技术与涂布产品

一、涂布应用及涂布产品

依据加工方式，涂布技术可以分为干式涂布和湿式涂布两大类。

干式涂布在整个涂布过程中无液体出现，主要基于等离子体沉积。沉积方式主要包括物理沉积和化学沉积两种。

湿式涂布是将液态涂料通过不同的方式涂布在基材上，再经干燥固化成膜的过程。

涂布技术的核心是涂布方法，按最终涂布量（或涂层厚度）的控制方式，将湿法涂布方法分为四种，如表 1-1 所示。

表 1-1　湿法涂布技术分类

类　型	涂布方式	特　点
自计量涂布	浸渍涂布、正向或反向辊涂等	涂布量取决于涂布液与涂布设备的共同作用，如黏度、车速、间隙、涂布弯月面在不同辊轴的速度比等
计量修饰涂布	刮刀、气刀和计量辊涂布等	在涂上液膜后再控制其涂布量
预计量涂布	狭缝涂布、坡流涂布、落帘涂布等	涂布液经精确供料计量后被涂布到支持体上的
混合涂布	凹版涂布、凹版胶版涂布、喷墨胶版涂布、压榨涂布等	多种方式组合应用

随着功能材料的发展，涂布技术已应用于多种光电子功能性薄膜或多领域薄层材料加工中。表 1-2 展示了部分涂布产品的应用。

表 1-2　部分涂布表产品应用

应用领域	涂布产品品种	数　量
光电显示	阻隔膜、温控膜、衬底膜、光学胶、偏光片、增光膜、扩散膜、反射膜、补偿膜、硬化膜、防反射膜、防眩膜、ACF、覆盖膜、导电膜、各种保护膜、各种离型膜、表面处理膜、屏蔽膜、各种泡棉胶、导热散热膜等	137 种中类，852 种小类
汽车制造	泡棉胶、双面胶、线束胶带、漆面保护膜、汽车窗膜、消音膜、耐热膜、装饰膜、转印膜、电容膜、变色膜、改色膜、离型膜、保护膜等	45 种中类，162 种小类
半导体	掩膜、清洁膜、研磨膜、切割膜、芯片黏合膜、感温膜、载带膜、封装膜、离型膜、非导电黏合膜、层间绝缘膜、覆盖膜、抗蚀膜、阻焊膜、导电膜、耐热膜、分离膜、离型膜等	35 种中类，236 种小类
生物医药	生物降解膜、生物被膜、吸湿膜、定向膜、伤口膜、试剂膜、手术铺巾、伤口敷料（无纺布、透明、水胶体、膏药）、胶带类（无缝、外科、加压、灭菌指示、小儿肚脐贴）、输液袋、防护口罩、绷带（自粘、灭菌）、去角质类（面膜、体膜）、退热贴、杀菌类、防雾类、试纸等	296 种中类，1335 种小类
建筑装饰	防水膜、阻隔膜、装饰膜、建筑玻璃用功能膜（包括隔热膜、安全防爆膜、家居保护膜等）、纤维素纳米纤维膜、混凝土补强膜、自清洁膜、白板膜、涂改贴、标签贴膜、壁纸等	87 种中类，379 种小类
环保	分离膜、过滤膜、富氧膜、富氮膜、离子交换膜、脱水膜、反渗透膜、除氧膜、除臭膜等	35 种中类，124 种小类
能源	背板膜、封装膜、正负极、电池隔膜、封止膜、铝塑膜、耐热膜、绝缘膜、离型膜、层压膜、压电膜、电容膜、质子交换膜等	22 种中类，133 种小类

由表 1-2 可见，多层涂布产品占比较大，与之相应的是多层涂布技术和材料需求日渐增多。

二、多层结构涂布产品与预计量涂布

预计量涂布是多层结构涂布产品的主要涂布方法，其涂层厚度仅由输液系统预先设定，不会因涂布液的流变性或涂布速度的改变而变。

表面活性剂调整的涂布液性能，是多层涂布成功的关键。

多层结构涂布产品主要应用于消费电子类产品及其成品保护层；智能手机、平板电脑触摸屏上使用的防眩、防窥保护膜；笔记本电脑、平板电脑、手机内部功能器件中使用的绝缘、屏蔽、导电等功能性材料；汽车领域的汽车防爆、防紫外线贴膜；建筑节能领域的防爆、隔热贴膜；航空航天以及物联网等领域。比如通过精密涂布，将导电胶涂层涂布在离型纸上，再与铜、铝箔等材料复合，用于电视机、手机、笔记本电脑、平板电脑等电子行业中的电磁屏蔽膜。

几种典型的光电子多层结构涂布产品如图 1-1 所示。

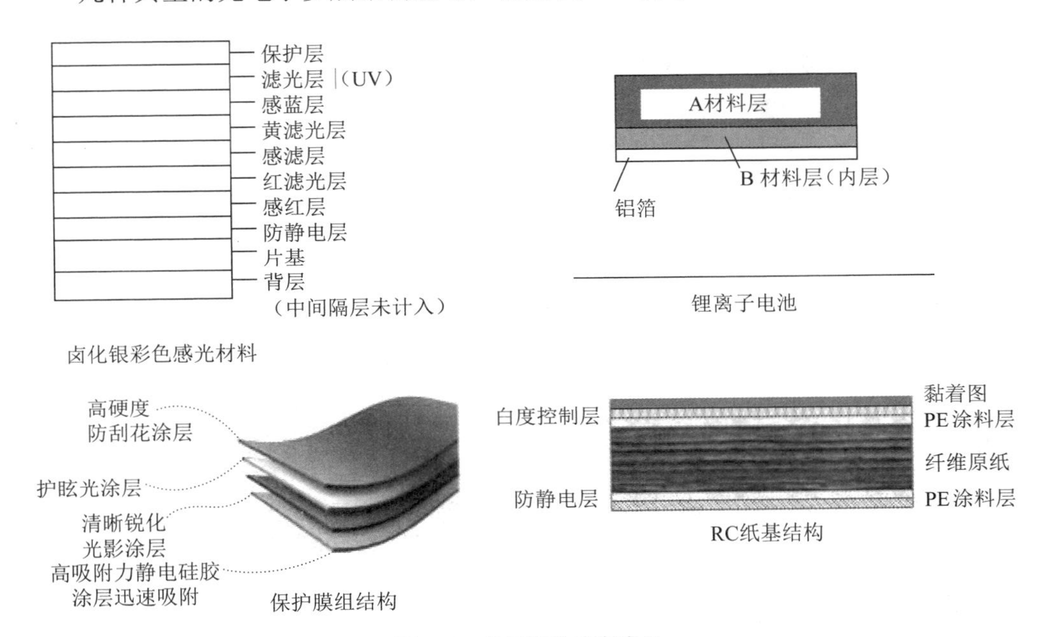

图 1-1 多层结构涂布产品

三、柔性电子产品涂布

20 世纪 40 年代末，全固态电子器件问世，即两个金属电极之间的电子流被一个小的电位控制在第三个电极上（通常称为控制电极或栅极电极），构成晶体管或场效应晶体管（FET）。

对于大面积、柔性电子应用产品来说，硅技术有局限性。一方面，使用硅的大面积电子设备不具有成本效益，事实上，在高性能硅电子器件的制造过程中，没有适合大面积器件（米到公里）的制造技术；另一方面，由于它的共价键性质，硅的带传输在默认情况下的方向性很强，这导致了其迁移率只有 0.5 ～ $1cm^2V^{-1}s^{-1}$。其次，共价硅的力学性能也不允许它制备“柔性电子器件”的特性。20 世纪 70 年代末发现了导电聚合物后，有机材料的柔性和可伸展性，使得“柔性”或“可打印”的电子产品成为可能。但是，有机材料的电子传输特性、速度、环境和电学稳定性，还与无机半导体存在明显差距。因此，开发新的无机材料或方法，使硅技术与柔性印刷电子产品制备兼容，成了产业界广泛追求的目标之一。

多数情况下，印刷的电子电路需要足够的柔性，图 1-2 是目前主流的溶液处理和涂布 / 印刷技术。

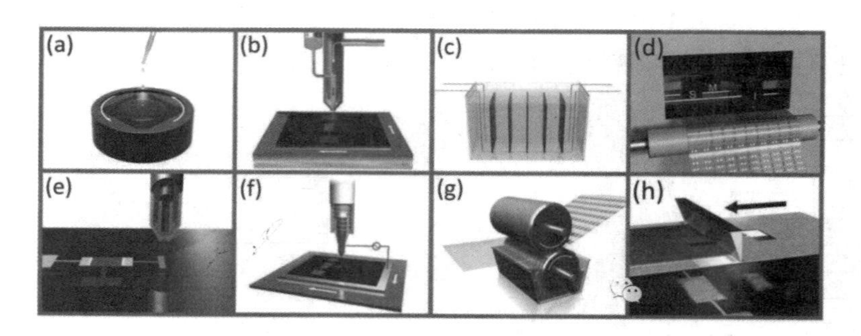

（a）自旋涂层；（b）喷涂；（c）化学浴沉积；（d）喷墨打印；（e）气溶胶喷雾印刷；（f）电流体喷射打印；（g）凹版印刷；（h）丝网印刷

图 1-2　不同的溶液加工与涂布 / 印刷技术

旋涂、浸涂、化学浴沉积以及刮棒涂布等方法，通常用于覆盖整个或大部分的基底，这些方法不大可能实现亚毫米级别的高分辨率结构。

①旋涂：旋涂可以在不同的基底上获得均匀的薄膜。

②浸涂：浸涂是一种低成本的涂布方式，是将底物浸入到涂布液中，然后再以可控的垂直速度取出，它比旋涂层更能有效地覆盖不规则和复杂的结构。有人通过增加浸涂次数来增加 ZnO 薄膜的厚度，使得其迁移率提高。

③喷涂：喷涂工艺主要用于非平面结构的涂层制备，如台阶、沟槽、半导体芯片等。此时，喷雾器从低黏性涂布液中产生细小的液滴，然后通过载体气体将其带入涂布室，由于重力和静电场的综合作用，带电的液滴被引导并最终沉积在电接地的底物上。涂布量取决于液滴的大小，随着溶液黏度的降低而下降。

④化学浴沉积：化学浴沉积（CBD）首先在前驱体溶液中浸泡底物，然后进行非均相表面反应。CBD 过程简单，成膜优质、稳定、均一、致密，是一种大面积的批量加工或薄膜的连续沉积的可能工艺。

化学浴沉积可以制备全透明的电子产品。通过改变底物的表面性能，定位点生长 ZnO 薄膜，进行结构化的沉积。在制备 ZnO 晶体管，并研究不同 pH 值和沉积温度的影响时，发现浴液温度从 50℃上升到 70℃，可以避免在浴槽内形成沉淀，从而使迁移率值从 0.2 增加到 1.6$cm^2\ V^{-1}\ s^{-1}$。

⑤刮棒涂布：是一种生产高品质超薄薄膜的工艺。能涂布非常薄的（几纳米厚）

的薄膜。各种因素如溶液流变性、表面张力、拉拔率等，都可能影响薄膜的均匀性和厚度（如膜厚度随拉拔率的增加而增加）。有人比较了旋涂和棒涂氧化铝介电薄膜的铟－镓－氧化锌－氧化锌（IGZO）半导体通道 FETs 的性能，发现后者表现出了优异的电性能。例如，刮棒涂布的开态电压为 0V，而在旋涂的 TFTs 上则是 -1V。有报告称，刮棒涂布层是一种可以作为大规模制备，制备的介电层具有平滑的表面拓扑结构和很高的区域电容（0.33 ～ 0.53μF cm^{-2}）。

⑥微凹版辊涂布：这是一种自计量方式的涂布工艺。微凹版辊与普通凹版辊涂布工艺的最大区别就在于“微”。普通凹版辊的直径为 125 ～ 250mm，而微凹版涂布辊的直径为 20 ～ 50mm（个别为 60mm），根据不同涂幅宽度分别为 20mm（涂布宽幅为 300mm）和 50mm（涂布宽幅为 1600mm）。

表 1-3 比较了部分涂布方式和涂布液特性。

表 1-3　涂布方式与涂布液特性对比

涂布液特征 \ 涂布方式	旋涂	浸涂	喷涂	化学浴沉积	刮棒涂布
涂布液黏度	1 ～ 5200	2 ～ 35	0.1 ～ 10	—	＜ 100
膜厚	≥ 5	10 ～ 2500	10 ～ 600	40 ～ 300	6 ～ 40
膜均一性	0.08	15	60	4	0.08
涂布速度	—	0.01-15mm/s	5-100mm/s	6-1800nm/h	10 ～ 90mm/s

第二节　涂布复合材料构成

一、涂层材料与涂布基材

涂布复合材料由涂布基材和附着于基材表面的涂层材料构成。因此，涂布复合材料的构成，包括涂布基材和涂布液（涂层材料）（如表 1-4 所示）。涂布基材从结构上分包括单层、多层材料；从状态上可分为固体基材和柔性基材；从材质有纸张、织物、薄膜、复合膜、金属、玻璃等。涂布液的主要成分和具体构成，取决于涂层性能要求和涂布加工工艺。

表 1-4 涂布复合材料一览表

<table>
<tr><th>材料</th><th>属性</th><th>分类 / 特征</th><th>来源</th><th>其他</th></tr>
<tr><td rowspan="8">复合涂布基材</td><td>刚性</td><td>金属、玻璃、聚合物、陶瓷</td><td rowspan="3">人工</td><td></td></tr>
<tr><td rowspan="4">柔性</td><td>纸张</td><td rowspan="4">结构材料</td></tr>
<tr><td>织物</td></tr>
<tr><td>高分子薄膜</td><td>合成</td></tr>
<tr><td>超薄玻璃</td><td>天然，合成</td></tr>
<tr><td>透光性</td><td>透明、不透明</td><td>人工</td><td rowspan="2">结构 / 功能材料</td></tr>
<tr><td>滤光性能</td><td>玻璃、薄膜</td><td>人工</td></tr>
<tr style="display:none"></tr>
<tr><td rowspan="5">复合涂层材料</td><td>正面</td><td>位于基材正面的涂层</td><td>人工</td><td rowspan="5">结构 / 功能材料</td></tr>
<tr><td>背面</td><td>位于基材背面的涂层</td><td>人工</td></tr>
<tr><td>中间</td><td>介于他层之间的涂层</td><td>人工</td></tr>
<tr><td>单层</td><td>单一涂层构成</td><td>人工</td></tr>
<tr><td>多层</td><td>多个相同或不同成分</td><td>人工</td></tr>
</table>

二、涂布功能材料

涂布功能材料是指人们用于制造物品、器件、构件、机器或其他产品的那些物质，当然，并非所有物质都可以称为材料。

材料一般分成结构材料和功能材料两大类。结构材料是指能承受外加载荷而保持其形状和结构稳定的材料，在物件中起着“力能”的作用。功能材料是指具有一种或几种特定功能的材料，它具有优良的物理、化学和生物功能，在物件中起着“功能”作用。

功能材料的概念于 1965 年由美国贝尔研究所 J.A.Morton 博士提出，功能材料是具有特殊物化性能和生物性能材料的统称。它能将光、声、磁、热、压力、位移、角度、重量、速度、加速度、化学能、生物能等转换为电信号，或将某种性质的量转化为另一种性质的量，从而实现对能量和信号的转换、吸收、存储、发射、传送、传感、控制和处理等功能。有些功能材料可以选择性地吸附某种物质，或者只允许某种物质通过；有些材料有分离、催化或传感某种物质的功能。

①单功能材料：导电、介电、磁性、信息记录、储热、隔热、光学、红外、旋光材料、防雾等。

②功能转换材料：压电、光电、热电、声光、磁光、声能转换、磁敏材料等。

③多功能材料：防震降噪、三防（热、激光、核）材料、耐热密封、电磁材料。

④复合和综合功能材料：形状记忆、隐身、电磁屏蔽、传感、智能、显示材料、隔热保温、安全防爆、遮光防晒、耐磨防滑、防油污抗指纹、自修复等。

⑤新形态和新概念功能材料：液晶、非晶态、梯度材料、纳米、非平衡态材料。

三、涂布液

涂布液属于涂料，我国发布的第一个涂料分类标准 GB/T 2705—1981《涂料产品分类、命名和型号》，于 1982 年 5 月开始实施。后来对基本名称及其代号的划分、涂料命名的补充规定做过修改。修订后的新标准为 GB/T 2705—1992，于 1993 年 6 月 1 日实施。

GB/T 2705—1992 中明确了涂料产品分类（是以涂料基料中的主要成膜物质为基础），并将成膜物质分为 17 类，分别是油脂、天然树脂、酚醛树脂、沥青、醇酸树脂、氨基树脂、硝基纤维素（酯）、纤维素酯（醚）、过氯乙烯树脂、烯类树脂、丙烯酸树脂、聚酯树脂、环氧树脂、聚氨酯树脂、元素有机聚合物、橡胶和其他。

《涂料产品分类和命名》国家标准（编号 GB/T 2705—2003），由国家质检总局于 2003 年 7 月 3 日发布，并于 2004 年 1 月 1 日实施。

尽管上述内容主要涵盖建筑涂料和油漆，但对于涂布复合技术涉及的涂布液，也有参考价值。涂布液成分通常包括构成涂层的胶黏剂、填料及添加剂，还有作为涂布液载体的溶剂，参见图 1-3 涂料的构成。其中，胶黏剂属于结构性材料，填料和助剂则大多属于功能性材料。

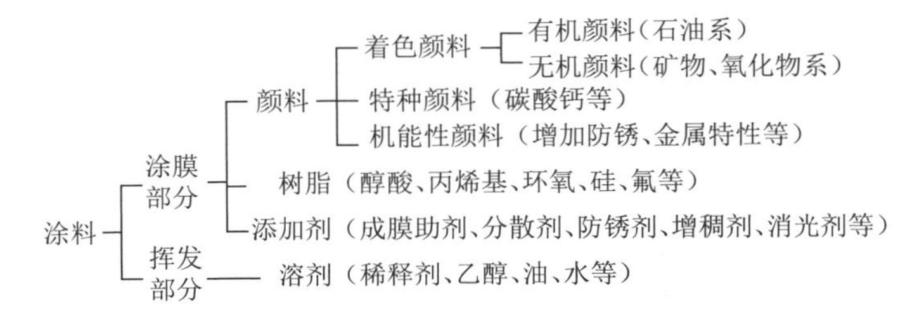

图 1-3　涂料的构成

功能性填料是构成涂布液的基本成分，也是决定涂布产品性能的关键成分。事实上，很难严格区分并罗列所有涂布液填料。仅按照可见资料报道，列出部分填料与涂布产品对应关系，如表 1-5 所示。

表 1-5 部分功能性填料与涂布产品对应关系

涂布产品	主要填料	例示
涂布纸	无机颜料、有机颜料	碳酸钙、钛白粉
磁性材料	磁粉	四氧化三铁
感光材料	有机、无机光敏材料	卤化银、光敏树脂
电磁屏蔽	电磁材料	镍粉
光电显示	光电材料	有机、无机电致发光材料
阻隔膜	无机材料	二氧化硅
反光膜	无机材料、有机材料	荧光粉、玻璃珠
包装材料	金属 / 非金属材料	铝箔、涂布纸填料
窗膜	选择性吸收 / 反射光材料、防雾、抑菌、光致色变、炫彩	有机吸收剂、染料、纳米金属或金属氧化物，液晶材料

四、涂布基材

由全国印刷机械标准化技术委员会归口管理，北京印刷学院、北京印刷机械研究所等为起草单位的 20190697-T-604 获批立项，报批稿将涂布基材定义为表面能够承载涂布液的材料。

精密涂布复合基材大多以刚性基板或柔性薄膜形式存在。有些刚性基板厚度在降低到一定程度时，也具备一定的柔韧性。例如，刚性玻璃以微米厚度存在时，则用作柔性显示器件制备。

汽车和建筑用窗膜，采用磁控溅射基材，Ar、O_2 混合气体中的等离子体，在电场和磁场的作用下被加速，加速后的高能粒子轰击靶材表面，进行能量交换，靶材表面的原子溢出，转移到 PET 基材表面形成窗膜基材，如图 1-4 所示。

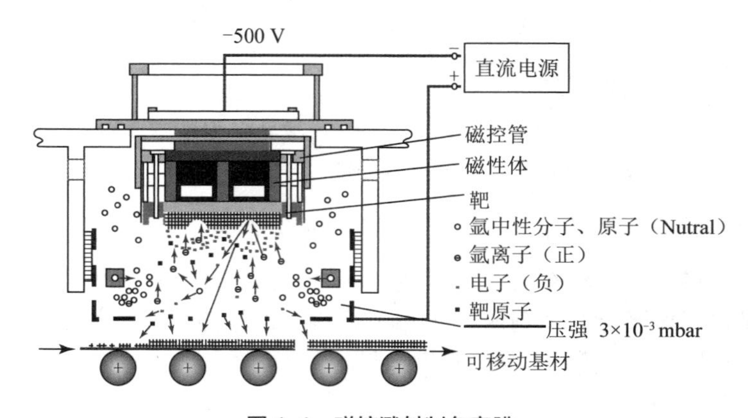

图 1-4 磁控溅射制备窗膜

常用涂布复合薄膜基材如表 1-6 所示。

表 1-6 常用涂布复合薄膜基材一览表

名称	构成	作用
纸张	表面致密的纤维纸张或合成纸	柔性涂布基材
合成树脂薄膜	合成高分子聚合物成膜	柔性涂布基材
金属箔	金属延展成膜或金属镀膜	柔性涂布基材
金属板	金属及其合金	刚性或柔性涂布基材
玻璃板	二氧化硅等熔融形成	刚性或柔性涂布基材
陶瓷板	氧化锆或氧化铝	刚性涂布基材
复合材料	多种或多层材料复合构成	刚性或柔性基材

为了保证涂布液在涂布基材表面具有良好的润湿铺展性能，要求涂布表面的高表面能和涂布液的低表面张力，合成树脂薄膜表面的均匀结构致使表面能偏低，一般要经过处理提高其表面能。

常用薄膜表面可以通过化学处理或等离子体处理提高薄膜表面粗糙度进而提高表面能，更多的是在薄膜表面加预涂层，提高表面能。以 PET 薄膜为例，表面处理技术可用方式包括机械处理、化学处理、表面改性剂处理、火焰处理、等离子体处理、表面接枝、表面涂覆等。

涂布复合也可以看作基材表面处理，经过涂布的基材，形成了平滑、致密或透光以及耐抗性调整后的表面，进而适应不同表面性能要求。

第三节 光电子涂布材料

一、柔性电子

柔性电子是将有机 / 无机材料电子器件制作在柔性 / 可延性基材上的新兴电子技术。相对于传统电子，柔性电子具有更大的灵活性，能够在一定程度上适应不同的工作环境，满足设备的形变要求。

柔性电子涵盖有机电子、塑料电子、生物电子、纳米电子、印刷电子等，包括 RFID、柔性显示、有机电致发光（OLED）显示与照明、化学与生物传感器、柔性光伏、柔性逻辑与存储、柔性电池、可穿戴设备等多种应用，如图 1-5 所示。涂布技术已经成为卷对卷大批量制造的重要途径之一。

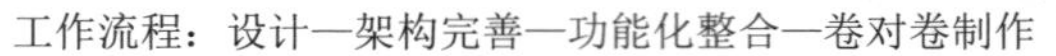

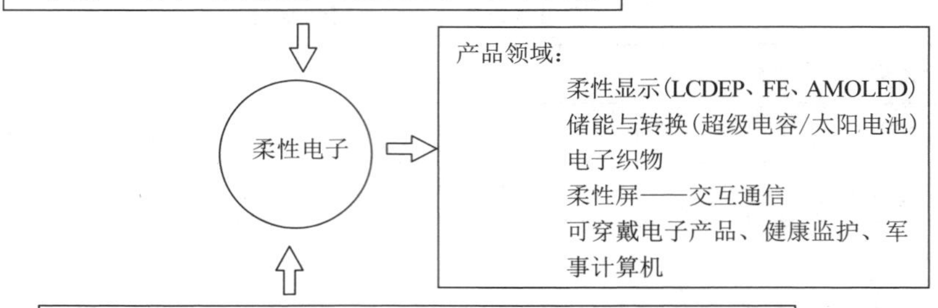

基础材料发展与综合运用：银、硅、石墨烯、碳纳米管、量子点材料等

图 1-5　柔性电子技术应用领域

多种新型功能材料，特别是纳米材料，正在尝试通过涂布制备光电子功能薄膜或电子器件。

二、碳纳米材料与柔性电子

纳米材料分为零维材料、一维材料、二维材料、三维材料。零维材料是指电子无法自由运动的材料，如量子点、纳米颗粒与粉末。

一维材料是指电子仅在一个纳米尺度方向上自由运动（直线运动），如纳米线性结构材料、量子线等，最具代表性的是碳纳米管。碳纳米管（CNT）本征载流子迁移率高，导电性和机械柔韧性，既用作场效应晶体管（FET）中的沟道材料和透明电极。

二维材料，则是电子仅可在两个维度的纳米尺度（1 ～ 100nm）上自由平面运动的材料，如纳米薄膜。二维材料是伴随着单原子层的石墨材料——石墨烯而提出的。关于石墨烯涂布，迄今尚未得到真正意义上的石墨烯薄膜。

除此之外，还有众多的纳米材料，包括纳米金属、纳米半导体氧化物等，均试图通过涂布复合，应用于柔性电子器件制备领域。

三、纳米金属材料

1. 纳米金属材料及应用

金属材料是具有光泽（即对可见光强烈反射）、可延展、容易导电导热等性质的一类物质。金属原子之间通过金属键相连接，可以随意更换位置并重新连接，因此金属延展性良好。

金属及其化合物，特别是纳米金属材料，是电子产品的核心功能材料，广泛应用于电子电路、显示器、照明设备、太阳电池、存储器、传感器等领域。在涂

布 / 印刷制备电子器件过程中，金属材料主要以导电墨水方式使用。通常要求导电墨水成本低廉，易于生产与保存，具备优良的涂布 / 印刷适性，后处理方法简单，并具有较高的导电性能。最常用的金属材料是银（体积电阻率 $1.59\times10^{-8}\Omega\cdot m$）、铜（体积电阻率 $1.72\times10^{-8}\Omega\cdot m$）和金（体积电阻率 $2.44\times10^{-8}\Omega\cdot m$）。从成本上来说，铜的成本大概是银的 1/50，远低于金，但铜活泼，易在空气中氧化。银墨水在实验室最常用，综合导电性、成本和稳定因素，铜墨水最合适。铜墨水的制备、应用及后处理等工艺尚待进一步完备。

（1）透明电极

制备金属透明电极的常用方法，是通过溅射形成超薄薄膜。随着技术的进步，以金属纳米颗粒制备透明电极的方式逐渐兴起。有人在柔性塑料基底上印刷相互连接的导电银环阵列，制备透明电极，其电阻率为（4.3 ± 0.7）$\times10\mu\Omega\cdot cm$，仅比块银高 7 倍。此外，印刷金属透明网格也是制备透明电极的研究热点之一。Park 等用银纳米颗粒导电墨水，在聚萘二甲酸乙二醇酯（PEN）基底上制备了柔性银网格透明电极，其光透射率在 550nm 波长区域高达 86%，表面电阻为 174Ω/sq。以印刷方式制备的透明电极，具有柔软、弯曲性好、透光性强、生产基材可选种类多等特点，但工艺稳定性仍待进一步提高。

（2）发光器件

采用金属纳米颗粒导电墨水，通过涂布 / 印刷在多种基底上制备发光器件。例如，Magdassi 等在四层发光器件上印刷银电极，施加 100V 电压后，发光器件发出强光（90cd/sqm）。有人用银纳米线导电墨水，在无色聚酰亚胺上制备了导电电极，并用强脉冲光烧结处理，当反向偏置电压为 2.0V 时，其泄漏电流仅为 $7\mu A/cm^2$，而未经烧结处理的电极的泄漏电流值（$13\mu A/cm^2$），约为其的 2 倍。利用这种柔性电极，制备了有机发光二极管（OLED），通电发黄光。

（3）薄膜晶体管

银和铜 - 银纳米颗粒墨水，都可应用于薄膜晶体管的制备。将单壁碳纳米管和银纳米颗粒导电墨水印刷在不同基底上制备薄膜晶体管，迁移率可达 10 ～ $30cm^2/V\cdot s$，开 / 关电流比大于 10^6。印刷薄膜晶体管的基本原理和制备工艺都比较新颖，但制备的器件存在工作电压高、迁移率和开关比不高等问题，仍需要通过选用合适的导电墨水和改进制备工艺提高其应用性能。

（4）太阳能电池

用银纳米颗粒导电墨水印刷银线网格，经过光子烧结，极大缩短了太阳能电池的制备时间。通过印刷的方式制备太阳能电池，方法简单，但在光电转换效率上，与旋涂法制备的太阳能电池还存在一定差距，需提高光电转换效率、长期使用稳定性，以及降低制造成本。

总之，基于金属纳米颗粒的导电浆料，通过涂布或印刷的方式图案化，已经成为一种被广泛关注的方法。

2. 纳米金属材料制备

纳米金属材料的物理化学性质、形貌和尺寸及成本，与制备方法密不可分。

纳米金属粒子的制备方法大致如下。

①“从上到下”法：物理法为主，如机械粉碎、超声波粉碎等。

②“从下到上”法：化学法为主，将前驱反应物通过化学还原、光解、热解等方法产生金属原子，聚集成纳米金属颗粒。

按反应介质分类的贵金属纳米粒子制备方法见表 1-7 所示。

表 1-7　贵金属纳米粒子制备方法

介质	制备方法	基本原理	特征
气相	惰性气体蒸发冷凝法（简称 IGC 法）	在低压 Ar、He 等惰性气体中加热金属，使其蒸发后快速冷凝形成纳米粉末。日、美、法、俄等国家已实现了部分贵金属纳米材料的产业化	粒径可控、产品纯度较高；粒径 5 ～ 10nm，具有清洁表面、很少团聚、块体纯度高、相对密度较高等优点，是最直接的方法
	气相化学反应法	利用挥发性金属化合物的蒸气，通过化学反应生成所需要的化合物，在保护气体环境下快速冷凝，制备纳米粒子。例如，Fe、Co、Ni 等与 CO 反应形成易挥发的羰基化合物，温度升高后又分解成金属和 CO，制备金属纳米粒子	惰性气体压力影响粒子大小。蒸发速度加快，粒子变大；大原子质量惰性气体会导致粒子变大。惰性气体温度下降，粒子随之变小
液相	液相化学还原法	常压、常温或者水热条件下，金属盐溶液在介质的保护下被还原剂直接还原的方法。金属盐通常为氯化物、硫酸盐或硝酸盐等可溶性盐，已经成功制备 Pd、Pt、Ru、Au、Ag、Co 等纳米金属簇	优点：成本低，设备简单；可通过对温度、时间、还原剂等工艺参数控制晶形及颗粒尺寸。 缺点：需用高纯度试剂、不允许引入杂质
	反相微乳液法	当表面活性剂溶解在有机溶液中的浓度超过临界胶束浓度时，会形成几 nm 至几十 nm 彼此独立的亲水基朝内、疏水基朝外的球形微乳颗粒，一定条件下可保持特定稳定小尺寸，是制备均匀小尺寸粒子的理想微环境。微乳液可制备 Fe、Co、Au、Ag 等金属纳米粒子	反应物处于高分散状态下，无局部过饱和，因此所得微粒细小且分散；产物表面包覆一层表面活性剂，不易团聚。使用该法时必须严格控制溶胶到凝胶以及粉末干燥过程的团聚
	电化学法	在以季铵盐作为电解质和稳定剂条件下，金属在阳极被氧化，离子在阴极被还原而产生金属纳米颗粒。此法可制得很多用通常方法不能制备或难以制备的高纯金属纳米粒子，尤其是电负性大的金属纳米粒子	可通过改变电流密度来控制颗粒大小（电流密度越高颗粒越小）；纳米颗粒从溶剂中沉淀出来后很易分离；产率高过 95%。粒子的制备和表面包覆同步完成，所得粒子高弥散和抗氧化

续表

介质	制备方法	基本原理	特征
液相	辐射合成法	电离辐射使水发生电离和激发，生成还原粒子 H 自由基、具有很强还原能力的 e_{aq}^- 以及氧化性粒子 OH 自由基等。当加入甲醇、异丙醇等自由基清除剂后，发生夺 H 反应而清除氧化性 OH 自由基，生成的有机自由基也具有还原性，这些还原性粒子逐渐将金属离子还原为金属原子或低价金属离子，生成的金属原子聚集成核，最终长成纳米微粒	可常温常压操作，周期短。粒径大小宜控制在 10nm 左右，产率高，可制作非晶粉末
	超声法	超声的作用来自声空化，它是指液体中微小泡核的形成、振荡、生长、收缩至崩溃，从而引发物理、化学变化。空化泡崩溃时，极短的时间内在空化泡周围的极小空间内将产生瞬间的高温（～ 5000K）和高压（～ 1.8×10^8Pa）及超过 10^{10}K · s^{-1} 的冷却速度，并伴随强烈的冲击波和（或）时速达 400km 的射流及放电发光作用；制备了纳米尺度 Au、Pd、Ag 和 Pt	制备工艺简单、制备周期短、产率较高，产物粒度可控；粒子生成及包覆同步进行防止粒子的团聚。但所得产物处于离散胶体状态，收集困难，常与水热结晶法、反相微乳液法等结合使用
	微波法	微波法是纳米金属颗粒合成中第一个连续合成法、可供规模生产的纳米金属胶体（簇）的例子。金属胶体（簇）微波合成法已成为一项方法学上的新成果，与经典方法并列而被广泛介绍引用	微波法快速、节能、加热均匀、调控便利、形成金属簇颗粒小、分布窄，操作稳定，重复性好
	光量子还原法	基本原理是通过光照使溶液产生水化电子 e_{aq}^- 和还原性的自由基，e_{aq}^- 或自由基可还原溶液中的金属离子，使之显示出不寻常的价态。比如 $Ag^++e_{aq}^-=Ag^o$，Ag^o 连续积聚可形成较大颗粒，通过用高分子聚合物或其他介质来稳定形成的颗粒，便可制备出不同尺寸的纳米材料	光量子还原法是制备贵金属胶体的一种十分重要的方法
固相	热分解法	许多有机金属化合物可热分解形成相应的零价金属，使固相法制备金属纳米粒子成为可能。Pd 和 Pt 有机溶胶可由醋酸钯、乙酰丙酮钯和铂氯化物等前驱体热解得到	所用溶剂沸点较高，合成时无稳定剂，颗粒尺寸分布较宽，往往只能观察到大颗粒，至今仍没有得到推广

此外，固相法还包括固相反应、火花放电、溶出法和球磨法等。

纳米金属材料的制备以纳米银为例。银导电材料中，纳米银制备是重点。已经开发的纳米尺度银制备包括物理法和化学法。

物理法包括高能机械球磨法、光照法、蒸发冷凝法等。物理法原理简单，是将大块的单质银变成纳米级的银粒子，主要适用于对纳米银颗粒的尺寸和形状要求都不高的产业化制备。

化学法主要有液相还原法、光化学还原法、电化学还原法等。

液相化学还原法是制备超细纳米银粉和纳米铜粉常用的方法之一。其基本原理是在溶液中，利用还原剂把银盐中的 Ag^+ 还原成银原子，并生成为单质银颗粒。常用的还原剂有硼氢化钠、有机胺、双氧水、抗坏血酸、次亚磷酸钠、柠檬酸钠、甲醛、葡萄糖、多元醇等。该方法能在较短的时间内产生大量的银纳米粒子，并且可以对银纳米粒子的粒径及尺寸分布进行较好的控制。但生成纳米粒子的速度快，纳米粒子容易团聚。因此，常需要加入一定量的分散剂或保护剂，降低银或铜纳米粒子的表面活性，从而防止纳米银颗粒团聚，使粒径控制在纳米数量级。

常用的分散剂或保护剂有 PVP（聚乙烯吡咯烷酮）、CTAB（十六烷基三甲基溴化铵）、SDS（十二烷基磺酸钠）、SDBS（十二烷基苯磺酸钠）、明胶、PVA（聚乙烯醇）等。有人利用月桂酸为保护剂，硼氧化钠为还原剂，硝酸银为银源，制得了粒径 30 ～ 50nm 的纳米银颗粒。如图 1-6 所示。

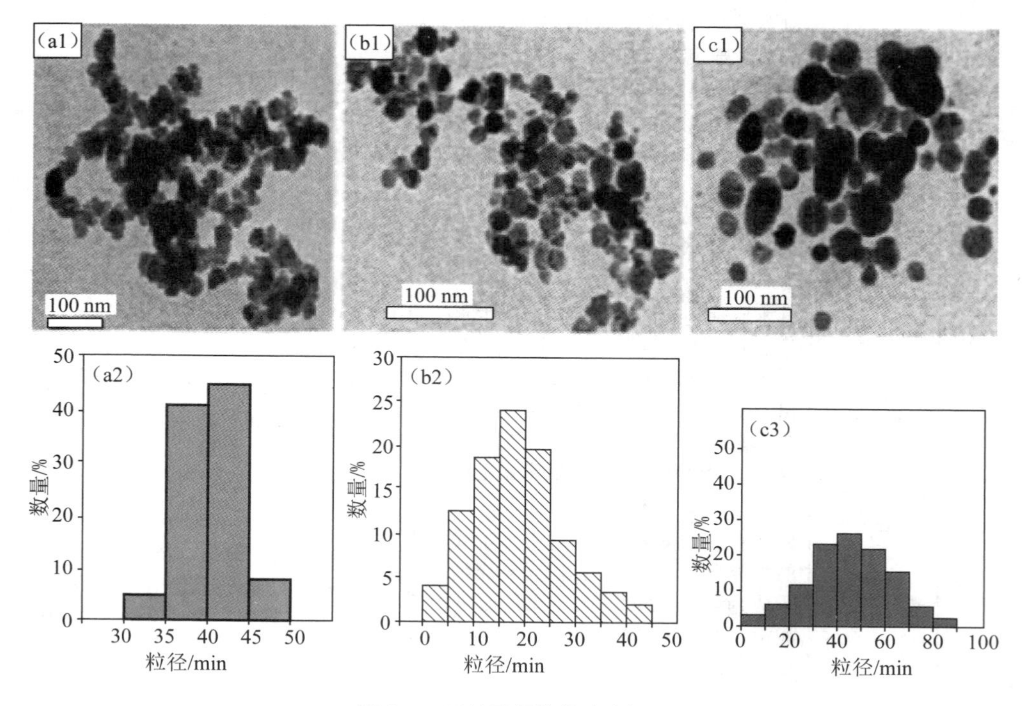

图 1-6　月桂酸保护的纳米银 TEM

微乳液法与传统的液相化学还原法不同，微乳液法可以较好地控制金属纳米粒子的粒径尺寸和形态。这是因为，微乳液是由粒径很小的分散很好的微液滴所构成，银纳米粒子的成核和长大就是在微乳液里面的微液滴中进行的。微液滴的尺寸和体积限制了金属纳米晶粒的生长过程，因此可以通过控制微乳液的形态来调节银纳米粒子的粒径和形貌。该方式可以制得平均粒径为 1.5 ～ 6nm 的纳米银。图 1-7 是微乳液法制备金属纳米粒子示意图。

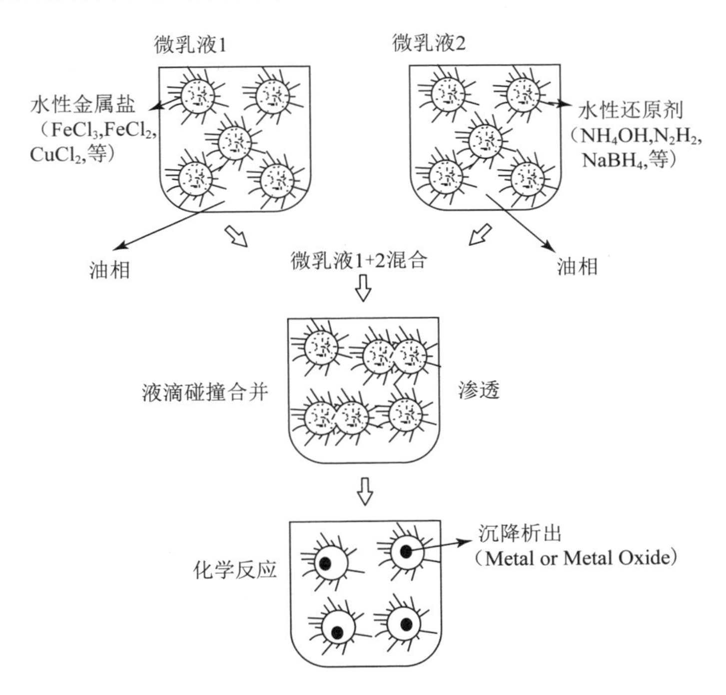

图 1-7　微乳液法制备金属纳米粒子

光化学还原法是在有机物存在条件下，光照使溶液产生的自由基，可以将溶液中的金属阳离子还原。整个反应是在均相中进行，首先产生较少的金属晶核，金属晶核再逐渐被后继还原出来的金属沉积形成纳米粒子，粒径较为均匀，具有高度的分散性。可以通过控制光源来调整纳米银的粒径。

电化学还原法可以制备很多用常规方法难以制备或不能制备的高纯超细金属微粒。其基本原理是在一定的电化学窗口下，溶液中的金属离子发生氧化还原反应。在合适的条件及一定的电势下，金属离子被还原成金属原子。这是一种快速、简单、无污染制备金属纳米粒子的方法。但是在电解过程中，如果不加入保护剂，就不能把还原出来的金属粒子保护起来，而不能得到金属纳米粒子。

水热法的基本原理是在高温、高压的反应釜中，以水作为反应介质，使通常不溶或难溶的前驱体溶解、反应，然后结晶而得到所需产物的一种方法。在高温高压下，水的反应活性提高并且处于临界或超临界状态，从而起到化学反应的介质及压力的传媒剂的作用。以聚乙烯吡咯烷酮、硝酸银为原料，在水溶液中以葡萄糖还原 Ag^{+} 离子，可制得纳米银颗粒。

溶胶—凝胶法已经可以成功制备纳米材料。将易水解的金属化合物，如无机盐或金属醇盐，在某一种溶剂中水解，经过水解与缩聚的过程后，再凝胶固化、干燥、烧结、磨细等处理得到所需的纳米级材料。该方法的优点在于可以把金属颗粒均匀地分布在所制备的凝胶中，可以在较低的温度下制备出化学活性高、粒径分布均匀、纯度较高的多组分混合物，可以制备传统方法难以或不能制备的纳米材料。

微波法操作简单、速度快，适合大规模生产。可将 S^{-} 引入到微波法中，通过改变 Na_2S 的浓度和功率，获得整齐有序的银纳米立方体和银纳米线。

生物还原法是采用生物材料或生物体系天然合成纳米微粒来制备纳米粒子的方法。该方法条件简单、容易控制、成本低、不污染环境，成为近几年的研究热点。已发现了多种植物的浸取液可用于制备银纳米粒子，如龙眼叶、栀子干粉、中草药丁香、山茱萸、芳樟叶等。

茶多酚抗氧化性极强，茶多酚以及黄酮类化合物在反应中，具有还原和分散作用，在利用绿茶和普洱茶制备纳米银粒子时，无须添加任何的表面活性剂，就可以制备出粒径均匀，分散性好的球形粒子。

3. 银纳米银线（SNW，silver nanowire）

纳米银线直径为 25 ～ 300nm，长度为 10 ～ 200um，具有优良的导电性、优异的透光性、耐弯曲性能。为实现柔性、可弯折 LED 显示、触摸屏等提供了可能。此外，纳米银线的大长径比效应，在导电胶、导热胶等方面的应用中也有突出优势。银纳米银线被认为是最有可能替代氧化铟锡（ITO）制作透明电极的材料。

为了制作透明电极，首先需要制作纳米银导电膜。纳米银导电膜是指采用精密涂布的方法，在透明有机薄膜材料上涂布纳米银线浆料，再经过烧结得到的均匀透明导电薄膜。

形成纳米银线涂层密度、厚度和均一性，直接影响膜的导电性能和透光性能，进而影响触摸屏薄膜开关的制作效果。

四、透明电极材料

1. 透明导电膜原理

透明电极是指同时具备高透光率和高导电率的电极材料。通常要求在波长 550nm 左右的可见光源透过率达到 80% 以上，面电阻 1000Ω/sq 以下，或导电率 1000S/m。为保证透明导电膜性能，需要平衡好电极的厚度与阻抗、导电率与透光率诸参数关系。

通常，面电阻抗较低的导电玻璃用于 LCD、OLED、太阳能电池；面电阻抗较高的导电膜应用于触控屏。

厚度与阻抗：介质对电流的阻碍作用称为阻抗，阻抗与介质长度成正比，与厚度成反比。长而薄的介质阻抗大，导电率低，反之导电率升高。阻抗层越薄，厚度变化率影响越大，涂布精度要求越高。

导电率与透光率：能带隙是电子运动的轨道，传导带是电子可存在的区域，价带是填满电子的带隙。能带隙是电子不可存在的区域。能带隙的大小，影响电子移动至传导带，也是决定导电率的重要因素。价带电子移动到传导带，需要吸收掉超能带隙能量的光源。吸收掉超能带隙能量后，电子从传导带下降至价带时，重新释放同样波长的光，并被肉眼识别，如图 1-8 所示。

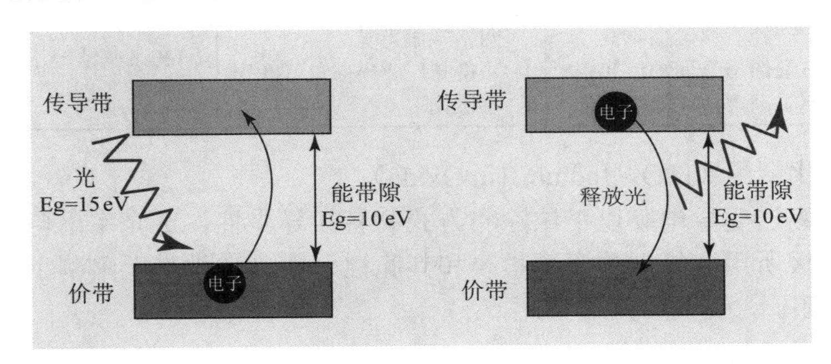

图 1-8　电子吸收与释放光能过程

当光源能量小于能带隙能量时，电子无法穿过能带隙到达导带，即光源无法被吸收而直接穿透。此时肉眼所见是透明的。一般而言，能带隙比 3.26eV 大的物体，在可见光线范围是透明的，如图 1-9 所示。

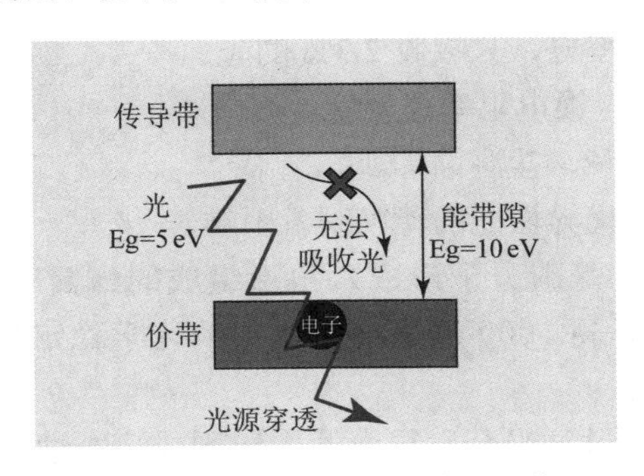

图 1-9　低能量光波不被电子吸收

能带隙变大时导电率变低，但透明度升高。反之，能带隙变小时导电率变高，但透明度降低。可见，作为透明电极制备的基本材料，透明导电膜的导电性和透光率是一对矛盾体。介质变厚阻抗变小，导电率变大，但透光率降低。介质变薄阻抗增加，导电率降低，但透明度升高。

2. 透明电极涂层材料

许多导电材料形成的涂层，都可以作为电极使用。表 1-8 是部分可与氧化铟锡（ITO）竞争的导电材料或导电膜。

表 1-8 部分导电膜材料性能表

	石墨	金属网格	纳米银
优势	柔性 超薄 透过率极高 高导电性 高导热性	高导电性 柔性 低成本 工序简单	高导电性 柔性 低成本 可涂布
劣势	生产纯石墨烯成本高 石墨烯与金属的连接点电阻高	网格裸眼可见 网格布局要事前进行匹配 不透光	在某些情况下有较高的雾度（1% ～ 2%）

（1）氧化铟锡（ITO，Indium Tin Oxide）

氧化铟锡透明导电膜以干法涂布方式制备，导电性、透光率出色，为目前大部分透明电极所用。但铟的资源紧缺和其脆性，在一定程度上限制了它在柔性电子方面的应用。

（2）石墨烯与碳纳米管

石墨烯属于碳材料，厚度仅为一个原子直径，导电率比铜好 100 倍，强度比钢铁好 200 倍，而且导热性也比导热性之最的钻石优秀 2 倍以上。

对比 ITO，石墨烯在柔性电子方面的应用优势如下。

①柔性，其弯折性能主要为其基底 PET 材料的弯折极限。

②单层石墨烯透光率好，只吸收 2.3% 的光。

③理论电阻率比铜 / 银电阻率还要低。

④耐高温，防水，碱、盐腐蚀等。

缺点：具备石墨烯优异性能的薄膜制备困难。

碳纳米管（CNT）是碳分子形成六角形组成的蜂窝管状材料，比钢铁强度高 100 倍，比铜导电率高 1000 倍，在空气中的化学稳定性很高。

（3）金属网格电极

金属网格电极，通过纳米金属导电油墨印刷或涂布蚀刻形成。金属网格原材料为导电性油墨，多为银（Ag）或铜（Cu）等金属物质。

对比 ITO，金属网格电极的优势是：金属网格阻抗小于 10Ω，且制造成本比 ITO 稍低，透明度比 ITO 好，可挠度高。

不足之处：产品质量不稳定，有能力量产金属网格触控面板的企业少，采用金属网格方案与液晶显示器（LCD）面板搭配时成本会增加。

（4）银纳米线

银纳米线除具有优秀的导电性外，由于纳米尺度效应，还具有优秀的透光性、耐挠曲性。

纳米线有简单纳米线，核壳 / 包覆结构纳米线，分层 / 异质结构纳米线，多孔 / 中孔纳米线，中空纳米线和纳米线阵列，纳米线网络和纳米线束等多种形象。纳米线的各种形态已经在电化学能量存储装置中显示出巨大的应用潜力。

从导电性、透光率及可行性角度考察，金属网格与银纳米线有望最先替代 ITO 导电玻璃，应用于柔性显示行业，如图 1-10 所示。

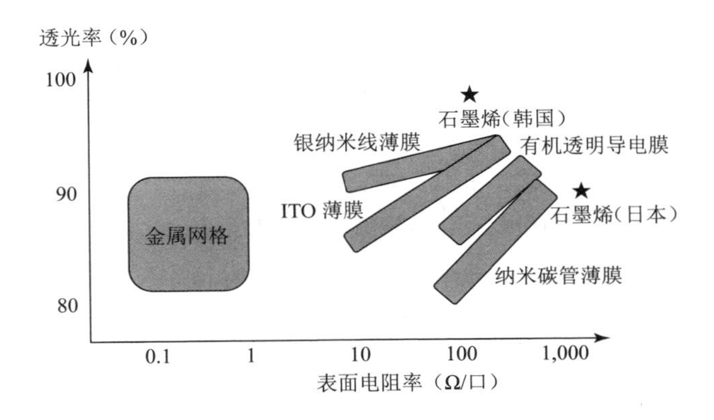

图 1-10　ITO 及其替代物质透光率和导电性能对比

虽然金属网格成本低，导电好，但透光率偏低。银纳米线导电膜工艺简单、损耗少，透光性和柔韧性良好。

银纳米线主要优点如下。

①为电子转移提供直接的路径。

②可以提供更大的表面积，导致了更大的电极与电解质接触面积和缩短的充电 / 放电时间。

③可以适应体积膨胀，抑制机械降解并延长循环寿命。

④具有优异的机械柔韧性和杨氏模量，这对于柔性电子元件的制造具有重要意义。

（5）导电高分子

导电性高分子有很多种，使用 EDOT（3,4- 乙烯二氧噻吩单体）聚合合成的 PEDOT 因导电性高、安全性好、柔性好、涂布制程简单的优势，被看作是下一代透明电极材料。

（6）高透明柔性导电复合材料

柔性透明导电材料在柔性电子器件中不可或缺，导电玻璃（ITO）脆性大，成本高。因此，人们视导电复合材料为替代性材料之一。如何获得兼具柔性、高导电性、高透明性的导体材料是亟待解决的难题。

南洋理工大学基于银纳米线液滴中的马拉高尼效应，喷涂制备了筛网状导电网格。和无规则结构相比，该筛网结构组成的复合材料具有高透明性、高导电性、良好的防水性和柔性。进一步在柔性导体表面制备憎水性纤维素酯涂层，再喷涂银纳米线，则制备了可拉伸的透明电极。该柔性导体在 50% 拉伸应变、多次对折和弯曲等加载条件下均具有良好的电导率。

（7）弹性导电膜及其制备

各种导电材料在弹性导电膜制备方面，均有应用。

金属材料包括纳米颗粒和纳米线等。纳米粒子除了具有良好的导电性外，还可以烧结成薄膜或导线。通过静电纺丝技术，可以大规模生产银纳米颗粒覆盖的橡胶纤维的电路，在 100% 拉力下，导电性达到 $2200S \cdot cm^{-1}$。

碳纳米管结晶度高、导电性好、比表面积大，微孔大小可通过合成工艺加以控制，比表面利用率可达 100%。石墨烯轻薄透明，导电导热性好，利用多壁碳纳米管和银复合并通过印刷，得到的导电聚合物薄膜传感器，拉伸 140% 导电性仍然高达 $20S \cdot cm^{-1}$。

第四节 涂布材料新发展

一、光子晶体材料

1. 光子晶体概况

光子晶体就是由不同介电常数的材料周期性排列而形成的微结构，通常为人工制造。

1987 年，美国的 Eli • Yablonovitch 教授在讨论如何抑制自发辐射时，提出了光子晶体概念。几乎同时，加拿大的 Sajeev • John 教授在讨论光子局域时也独立提出此概念。1999 年，光子晶体被美国 Science 杂志评选为十大重大科学进展的领域之一。天然的光子晶体有蛋白石、海老鼠背部的长刺、某些种类蝴蝶翅膀上的磷粉，等等。光子晶体对于光子的调制，具有类似于半导体器件对电子的控制。

光子晶体具有光子带隙。光子带隙是一个频率区域，当入射光的频率正好处于光子晶体的带隙中时，光不能从光子晶体中穿过，将被全反射。如果光子晶体具有完全带隙（所有方向的入射光都被全反射），当处于其中原子自发辐射的频率又处于光子晶体的带隙中时，那么原子的自发辐射都将受到抑制。

根据不同介电常数材料的周期性排列的复杂程度，人工制作的光子晶体分为一维、二维、三维光子晶体。如图 1-11 所示。

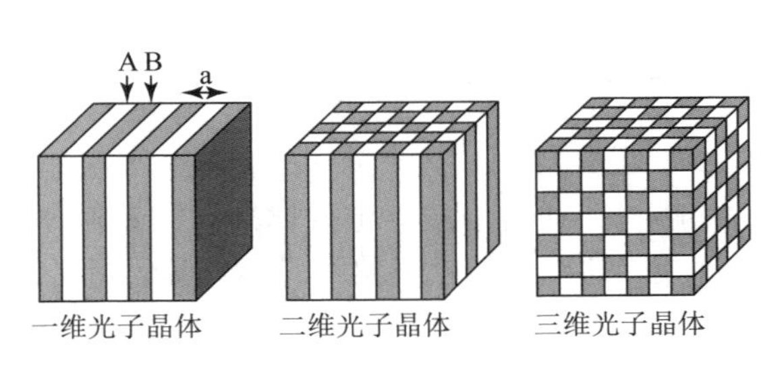

图 1-11　光子晶体结构

光子晶体的制备方法，包括介质棒堆积、精密机械钻孔、淀积 / 刻蚀工艺、胶体颗粒自组装、光电化学腐蚀方法、激光全息光刻法和电流变液法等。

2. 光子晶体的应用

利用光子晶体控制光在其中传播的特性，可以制作全新原理或以前不能制作的高性能器件。

①低损耗反射镜。利用频率落在光子带隙中的光子或电磁波不能在光子晶体中传播的特性，选择没有吸收的介电材料制成的光子晶体可以反射从任何方向的入射光，反射率几乎为 100%。传统的金属反射镜虽然在很大频率范围内可以反射光，但在红外和光学波段有较大的吸收。

②光子晶体偏振片。传统的偏振器只对很小的频率范围或某一入射角度范围有效，体积也比较大，不容易实现光子集成。不同偏振态的带隙结构的差异能够用以制作偏振器件，用二维光子晶体制作的偏振器具有传统偏振器不具备的优点，可以在很大的频率范围工作，体积很小，易于集成等。

③光子晶体发光二极管。一般的发光二极管从发光中心发出的光经过包围它的介质的无数次反射，大部分的光不能有效地耦合，从而使得二极管的光辐射效率很低。将发光二极管的核心发光部分放入特制的光子晶体中，利用光子晶体对自发辐射的控制作用，核心发光部分的自发辐射频率与该光子晶体的光子频率禁带重合，受控的自发辐射按照引导波导发光，使发光二极管的效率大大提高。

④光子晶体滤波器。光子晶体具有优良的滤波性能。与传统的滤波器相比，光子晶体滤波器的滤波带宽可以做得比较大，实现大范围的滤波作用。

⑤光子晶体光纤。传统光纤纤芯的折射率比包层大得多，它是利用光在两种不同介质面上的全反射原理传播光的。光子晶体纤芯折射率比包层低，排除了内反射。传统介电波导可以支持直线传播的光，但在拐角处损失能量，光子晶体光纤克服了传统光纤光损耗大的缺点，可传输极高功率的光信号而不受损坏，这对光集成有着重要意义。

此外，光子晶体还有其他应用，如光子晶体微腔、光子晶体波导、光子晶体超棱镜、光开关、光放大、光储存器、光限幅器和光子频率转换器等。非线性和光子晶体的结合，产生了非线性光子晶体器件。

二、超材料与超表面

1. 超材料

超材料通常由按一定规律排布的散射体或者通孔构成，由微结构来获得一定的性能。这些性能是天然材料不具备的，比如负折射率和近零折射率等。

超材料是一种新的人工合成材料，在电磁材料领域，最早的实例是人工电介质。超材料和超表面与经典结构不同，比如光子能带隙结构（PBG）、频率选择表面（FSS）等。双负指数（DNG）超材料也叫作负指数材料（NIM）、左手材料（LHM）等。这种材料在给定的频率带宽内，有效介电常数和磁导率是负值，折射率接近零。拥有这些特性的材料，可以应用在很宽的频率范围（微波到可见光频段），如隐身、低反射材料、新型结构、天线、电子调谐、超透镜和谐振器等。

超材料可以被扩展成二维分布的电子散射体，包括各种形式的散射体。超材料的这种表面结构最初命名为超薄膜，表示一个表面上分布着小的散射体。每个散射体都很薄（甚至比晶格常数小），可以有任意的形状，可以有亚波长尺度。超薄膜又称超表面或单层超材料。与超材料类似，超薄膜也可以通过其散射体的排布，获得特有的电磁特性。

2. 超表面

当 3D 超材料由二维表面代替时，就形成了超表面。超表面是由很多小散射体或者孔组成的平面结构，具有超材料的效果。超表面在占据的物理空间上比 3D 超材料有优势，属于低耗能结构。超表面在电磁领域有广泛应用（从微波到可见光波段）前景，包括智能控制表面、小型化的谐振腔、新型波导结构、角独立表面、吸收器、生物分子设备、THz 调制和灵敏频率调节材料等。

3. 发展简史

早在 1967 年，有人已经对超材料做出了研究，而更早的是 Sivukhin 在 1957 年，就对超材料特性做了简单描述。Malyuzhinets 和 Silin 都相信 L.I.Mandel 在更早的时间里做过超材料研究。Mandel 提到 1904 年关于 Lamb 的报道，称 Lamb 或许是这一领域的第一人。Lamb 提出了反波的存在性（在相反方向上拥有相位和群速度的波，实例包含机械系统而不是电磁波）。Schuster 在 1904 年的可见光书中，简短地谈及了 Lamb 的工作，并提出了在可见光介质中或许也有反波特性。1905 年，Pocklington 展示，在某种情况下静止的自行车链条可以产生反波，加上突然的激励，可以产生一种拥有远离波源的群速度和朝向波源的相速度。

4. 可见光超表面

文献介绍应用在可见光波段的超表面较少。在可见光频率范围，对材料实现自由的电磁控制使其可以解释新的现象，包括光学磁性，负折射和超透镜。在可见光频率，由金和银的纳米结构激发的等离子谐振器提供了同时控制超材料的电矩和磁矩的方法。这种结构包括等离子纳米结构、球粒、有缝金属薄膜、金属渔网结构和双层或单层开口环谐振器。由于其在可见光频率所具有的高吸收特性和等离子材料，可见光超材料与实际应用紧密地连接在一起。同样地，克服等离子体损耗也被列上日程。比如可见光调制频率选择表面和受激辐射所产生表面等离子体的应用。另一可见光超材料、超表面的研究，是纳米传输线。

大部分所谓的可见光超材料就是超表面，新的制作技术，如压条法及堆垛法可以实现散射体的空间阵列，由负折射率材料所制成的棱镜，已经实现了光的负折射。

三、量子点材料

1. 量子点材料

量子点（Quantum Dots）具有发光颜色可调、荧光效率高、颜色纯度好等一系列优异的光学特性，在太阳能电池、发光二极管、生物标记以及生物成像等领域得到广泛的研究与应用。量子点作为一种新型发光材料，以 QDs 为发光层的量子点发光二极管（QLED），将逐渐代替在显示领域具有垄断地位的液晶显示器（LCD）。但是量子点层需要沉积均匀、平整，以提高器件性能，进而实现均匀出光的高分辨率显示。

量子点荧光材料，受到光或电的激发后，价带中的部分电子会越过禁带进入能量较高的导带，这一跃迁过程类似于分子化学中的电子从最高占据分子轨道（HOMO）跃迁至最低未占分子轨道（LUMO）现象。处在高价态的电子会因为不稳定而回到它的基态，并同时发出能量，从而产生荧光，如图 1-12 所示。量子点的荧光量子产率主要受表面态的影响，大量表面缺陷的存在降低了量子点的荧光量子产率。因此，可以通过选择合适的配体对量子点的表面进行修饰或者在量子点的表面包覆一层具有更宽禁带宽度的无机材料来减少或者消除量子点的表面缺陷，形成核壳量子点。常用的壳材料有 CdS、ZnS、ZnSe。宽带隙壳不仅能钝化芯表面的悬浮键，而且能将光生载流子限制在芯表面，降低了光生载流子被表面缺陷捕获的可能性。因此，

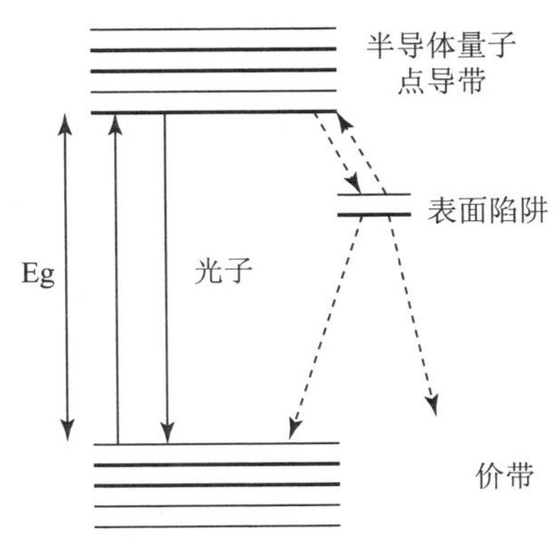

图 1-12 量子点发光原理

核壳结构提高了荧光效率，防止了量子点的化学腐蚀和光氧化，提高了量子点的稳定性，并且它们还具有较长的光致发光（PL）寿命和抗光漂白性能。

量子点具有以下特点。①宽且呈连续分布的激发光谱，不同波长的量子点只需要一种波长的激发光源即可实现同时激发；②窄且呈高斯对称的发射光谱；③人工可控的发射波长，其发射波长通过调节量子点的粒径大小实现人工调控；④优秀的光学稳定性。

胶体量子点（Colloidal Quantum Dots，CQD）是一种半导体纳米晶体，其尺寸在 2 ～ 20nm，是三维尺寸都处在纳米量级的新型无机半导体材料。由Ⅲ - Ⅴ族（GaN，InP，GaAs 等）和Ⅱ - Ⅵ族（CdSe，CdS，ZnS 等）半导体材料组成，具有很强的量子限域效应，可以导致量子点能级发生量子化，因此改变量子点的粒径大小就可以改变其发射波长，如图 1-13 所示。

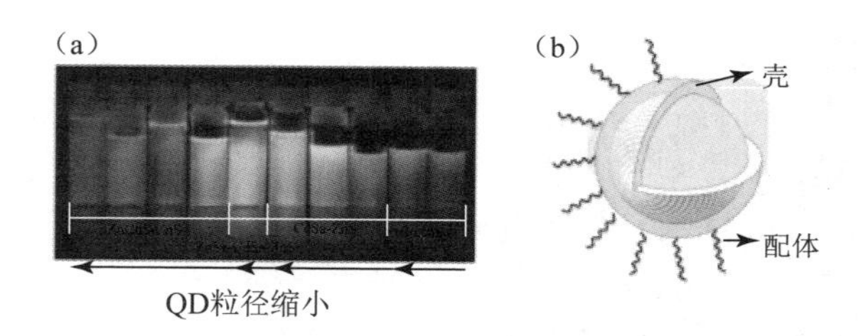

（a）不同尺寸和成分的胶体量子点溶液在紫外线照射下的荧光图；（b）量子点结构

图 1-13　胶体量子点

2. 量子点应用

（1）发光二极管

量子点发光二极管（QLED）是以量子点为发光层的电致发光器件，其一般结构包括透明电极、空穴注入与传输层、量子点发光层、电子传输层和金属电极。相比于传统的 LCD，QLED 是一种无须背光源的主动发光显示技术。QLED 和 OLED 有着相似的器件结构，但是 QLED 有着独特的优势：首先，由于 QD 光谱可以通过尺寸进行调节，更容易在彩色显示中实现基色的调节。其次，半峰宽较窄，具有比 OLED 和 LCD 更高的色域（图 1-14），色域越广呈现出来的颜色越丰富；QD 还可以很好地分散在有机溶剂中，使得 QLED 可以实现全溶液的加工工艺，从而降低生产成本。最后，QD 为无机半导体材料，比有机材料具有较好的稳定性。

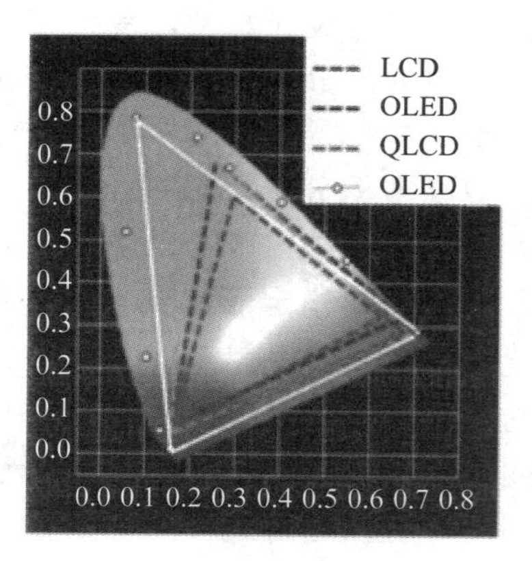

图 1-14　CIE 色品图显示 QLED 在显示中有着很高的色彩饱和度

（2）量子点的生物功能化

对量子点表面进行生物功能化处理，可以实现量子点在生物成像、荧光检测等领域的应用，使得以量子点技术为支撑的细胞标记技术得到迅速发展，通过荧光标记，从而使得癌细胞等特殊细胞易于观察。Nie 等人成功制备了一类量子点荧光探针，并设计在小鼠体内植入人体前列腺肿瘤细胞，最后通过将该荧光纳米探针注入小鼠体内验证了量子点在活体内部肿瘤细胞显像具有可行性，如图 1-15 所示。

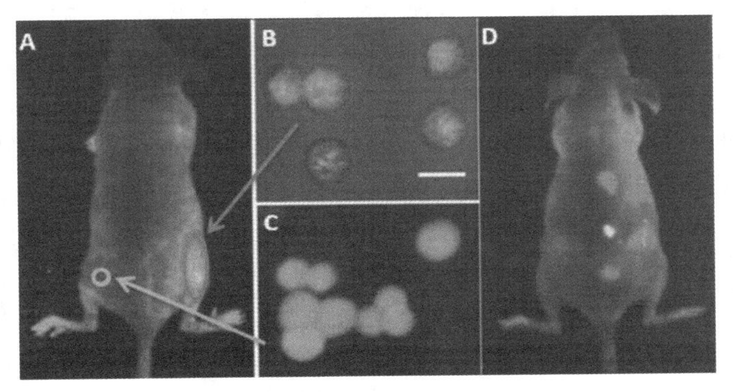

（A）被标记的小鼠；（B）量子点标记的透皮效果；（C）传统有机荧光染料标记的透皮效果；（D）皮下植入量子点标记的微球成像效果

图 1-15　量子点标记肿瘤细胞的活体成像

（3）量子点咖啡环效应

当一滴咖啡在桌面上蒸发时，在咖啡滴的边缘形成一个黑色的圆环。调控“咖啡环”效应对制备高精度图案及高性能器件至关重要。

目前，旋涂或真空蒸镀技术在制备晶体管、有机发光显示屏以及有机太阳能电池等薄膜器件的各层材料沉积工艺的过程中使用。但真空蒸镀对设备和环境的要求高，对器件的结构和大小也有很大的限制；旋涂工艺缺点在于无法图案化沉积薄膜，浪费材料，因此不适合用于集成化制备各种器件。

（4）防伪应用

荧光防伪具有操作简便、省时和防伪性能强等优点。传统荧光试剂光稳定性较差，在外加光源的激发下，结构容易被破坏，导致荧光强度减弱或猝灭。而量子点具有较强的抗光漂白的特性，对于长时间的荧光标记和检测，量子点比传统有机染料更有优势，是安全文档和加密标签的理想应用。

四、手性液晶材料

1. 手性液晶材料

手性是自然界的一项基本属性。在宏观世界中，手性以螺旋的形式表现出来，如贝类的螺壳、植物花瓣和叶片的分布、攀藤藤蔓的缠绕等。手性液晶作为一种特殊的螺旋结构，不仅仅存在于实验室的化学物质中，自然界很多动植物的体内同样存在这种结构。Srinivasarao 等人研究发现在一种圣甲虫的外骨骼细胞中，几丁质纤维呈类手性液晶结构的螺旋排列，这导致它能够选择性地反射圆偏振光，产生很强的圆双折射效应。液晶（Liquid Crystals）是一种既具有液体的流动性，又具有晶体的有序性的物质状态，该形态的发现源于 19 世纪。奥地利植物学家 Reinter 在加热胆甾醇苯甲酸酯时发现，当胆甾醇酯加热到 145℃时熔化，会经历一个不透明的呈白色黏稠浑浊液体的状态，在偏光显微镜下发出多彩的光泽；当温度继续上升到 175℃时，该物质转变成清澈透明的液体；当温度下降时，澄清液体会变浑浊，进而变成紫色，并最终恢复为白色固体，该物质就是液晶。

2. 手性液晶的光学性质

液晶的特殊结构让其有了晶体各向异性，如光学、介电以及介磁各向异性等特点。液晶分子依靠端基的作用彼此平行排列成层状结构，在每个平面层内分子长轴平行排列，分子长轴在层与层之间逐渐偏转，形成螺旋状。在不同的液晶体系中均可构成胆甾相，并且光照后都会产生手性反转。这一体系的胆甾相液晶，不仅可以利用光控制胆甾相液晶反射波带的位置，同时也提供了利用光控制胆甾相液晶反射光的偏振态的方法。胆甾相液晶因其具有螺旋结构的一维有序性及对光的选择反射特性、旋光性和圆二向色性，因而被称作一维光子晶体。其中，胆甾相液晶的螺距 p 极易受外界环境的改变而改变，如通过改变液晶比例来改变螺距 p，这一特性使得胆甾相液晶可以开发成一定光谱选择性的光学薄膜。

3. 手性液晶材料应用

手性液晶材料的光谱反射性，可以在短波防蓝光反射中进行应用，用于显示装置，保护眼睛；其手性以及反射特点，可用于汽车和建筑窗膜，装饰和防炫光膜领域。

参考文献：

[1] 功能薄膜加工在线，《涂布技术论文专辑》第一册《相关介绍文献》. (China Convert Online)

[2] 中国多功能涂层复合材料行业发展概况分析 [EB/OL]. http: //www. moqie. com/ArticleView_9625. aspx, 2014-9-25/2020-07-28.

[3] 柔性电子服务平台 . 基于无机半导体的印刷电子技术 [EB/OL]. http: //www. chinatft. org/index/news/newsshow/id/3868/cate_id/newsshow. html, 2018-10-25/2020-07-28.

[4] Suresh Kumar Garlapati, Mitta Divya, BenBreitung, Robert Kruk, Horst Hahn, and Subho Dasgupta. Printed ElectronicsBased on Inorganic Semiconductors: From Processes and Materials to Devices[J]. Advanced Materials, 2018, 30(40): 1707600. 1-1707600. 55.

[5] “不差钱”的纳米科技：贵金属纳米材料的制备方法大全 [EB/OL]. https: //wenku. baidu. com/view/2dc9fc82abea998fcc22bcd126fff705cc175ce4. html, 2018-11-17/2020-07-28.

[6] 10. 5 代 LCD 与 6 代柔性 AMOLED 大肆扩张下的 SNW 市场剖析 [EB/OL]. https: //dy. 163. com/article/DLQF0AUI0511A5K4. html, 2018-07-03/2020-07-28.

[7] 透明电极的种类与电极材料．透明显示的核心材料之透明电极 [EB/OL]. https: //www. sohu. com/a/236924428_159067, 2018-06-21/2020-07-28.

[8] Kesong Yu, Xuelei Pan, Guobin Zhang, Xiaobin Liao, Xunbiao Zhou, Mengyu Yan, Lin Xu, and Liqiang Mai. Nanowires in Energy Storage Devices: Structures, Synthesis, and Applications. Adv. Energy Mater, 2018. DOI: 10. 1002/aenm. 201802369.

[9] ITO 即将退出主导市场？你了解纳米银导电膜吗 [EB/OL]. http: //www. 51wctt. com/ News/1848/Detail/1, 2017-01-16/2020-07-28.

[10] Jiaqing Xiong, etc. “A Deformable and Highly Robust Ethyl Cellulose Transparent Conductor with a Scalable Silver Nanowires Bundle Micromesh” [J]. Advanced Materials, 2018: 1802803.

[11] 纳米线电极材料研究进展 [EB/OL]. http: //www. escn. com. cn/news/show-683976. html2018-10-28/2020-07-28.

[12] Inkjet Printing: Fabrication of Transparent Multilayer Circuits by Inkjet Printing(Adv. Mater. 7/2016)[J]. Advanced Materials, 2016, 28(7): 1523-1523.

[13] Chae S H, Yu W J, Bae J J, et al. Transferred wrinkled Al2O3 for highly stretchable and transparent graphene-carbon nanotube transistors[J]. Nature Materials, 2013, 12(5): 403-9.

[14] Nathan A, Ahnood A, Cole M T, et al. Flexible Electronics: The Next Ubiquitous Platform[J]. Proceedings of the IEEE, 2012, 100(13): 1486-1517.

[15] Kim D H, Ghaffari R, Lu N, et al. Flexible and Stretchable Electronics for Biointegrated Devices[J]. Annual Review of Biomedical Engineering, 2015, 14(1): 113-128.

[16] Hammock, M. L., Chortos, A., Tee, B. C., Tok, J. B. & Bao, Z. 25th Anniversary Article: The Evolution of Electronic Skin(e-skin): A Brief History, Design Considerations, and Recent Progress[J]. Advanced materials 25: 5997-6038. doi: 10. 1002/adma. 201302240(2013).

[17] Stoppa, M. & Chiolerio, A. Wearable Electronics and Smart Textiles: A Critical Review[J]. Sensors 14: 11957-11992. doi: 10. 3390/s140711957(2014).

[18] Park, S., Vosguerichian, M. & Bao, Z. A Review of Fabrication and Applications of Carbon Nanotube Film-Based Flexible Electronics[J]. Nanoscale 5, 1727-1752. doi: 10. 1039/ c3nr33560g(2013).

[19] Cao, Q. & Rogers, J. A. Ultrathin Films of Single-Walled Carbon Nanotubes for Electronics and Sensors: A Review of Fundamental and Applied Aspects[J]. Advanced materials 21:

29-53. doi: 10. 1002/adma. 200801995(2009).

[20] Fortunato E, Barquinha P, Pimentel A, et al. Recent Advances in ZnO Transparent Thin Film Transistors[J]. Thin Solid Films, 2005, 487(1-2): 205-211.

[21] Peng, X., Peng, L., Wu, C. & Xie, Y. Two Dimensional Nanomaterials for Flexible Supercapacitors[J]. Chemical Society Reviews 43: 3303-3323. doi: 10. 1039/c3cs60407a(2014).

[22] Fiori G, Bonaccorso F, Iannaccone G, et al. Electronics Based on Two-Dimensional Materials[J]. Nature Nanotechnology, 2014, 9(10): 768-779.

[23] Carlson A, Bowen A M, Huang Y, et al. Transfer Printing Techniques for Materials Assembly and Micro/Nanodevice Fabrication[J]. Advanced Materials, 2012, 24(39): 5284-5318.

[24] Yin Z P, Huang Y A, Bu N B, et al. Inkjet Printing for Flexible Electronics: Materials, Processes and Equipments[J]. Chinese Ence Bulletin, 2010(30): 3383-3407.

[25] Zeng, W. et al. Fiber-Based Wearable Electronics: A Review of Materials, Fabrication, Devices, and Applications[J]. Advanced Materials 26: 5310-5336. doi: 10. 1002/adma. 201400633(2014).

[26] 何发泉，李勇军．银粉的用途和制备 [J]. 中国粉体技术，2001, 7(3): 45-47.

[27] Xu J, Yin J S, Ma E. Nanocrystalline Ag Formed by Low-Temperature High-Energy Mechanical Attrition[J]. Nanostructured Materials, 1997, 8(1): 91-100.

[28] 鲍久圣，阴妍，刘同闪等．蒸发冷凝法制备纳米粉体的研究进展 [J]. 机械工程材料，2008, 32(2): 4-7.

[29] 张卫华，王红理，刘晖．蒸发冷凝法制备铜纳米粉 [J]. 青海大学学报（自然科学版），2007, 25(2): 79-81.

[30] 徐光年．纳米银胶及载银蒙脱石的制备与抗菌性能 [D]. 武汉：华中科技大学，2009.

[31] 刘恒权，姚素薇，宋仁峰，等．光诱导转化法制备单晶 Ag 纳米三棱体和立方体 [J]. 化学物理学报（英文版），2004, 17(5): 645-648.

[32] 邹凯，张晓宏，吴世康，等．光化学法合成银纳米线及其形成机理的研究 [J]. 化学学报，2004, 62(18): 1771-1774.

[33] Zou K, Zhang X H, Duan X F, et al. Seed-Mediated Synthesis of Silver Nanostructures and Polymer/Silver Nanocables by UV Irradiation[J]. Journal of Crystal Growth, 2004, 273(1/2): 285-291.

[34] 廖学红，朱俊杰，赵小宁，等．纳米银的电化学合成 [J]. 高等学校化学学报，2000, 21(12): 1837-1839.

[35] Yahachi, Saito, S. Nakahara, Boon K. Teo. Production of Ultrafine Gold and Silver Particles by Means of Gas Evaporation an Solvent Trap Technique[J]. Inorgamica Chimica Acta, 1988, 148: 21-24.

[36] 杜勇，杨小成，方炎．激光烧烛法制备纳米银胶体及其特征研究 [J]. 光电子·激光，2003, 14(4): 383–386.

[37] Shin Hyeon Suk, Yang Hyun Jung, Kim Seimg Bin, et al. Mechanism of Growth of Colloidal Silver Nanoparticles Stabilized by Polyvinyl Pyrrolidone in Y –Irradiated Silver Nitrate Solution[J]. Journal of Colloid and Interface Science, 2004, 274(1): 89–94.

[38] Chen Yu–Hung, Yeh Chen–Sheng. Laser Ablation Method: Use of Surfactants to form the Dispersed Ag Nanoparticles[J]. Colloids and Surfaces A: Physicochemical and Engineering Aspects, 2002, 197(1–3): 133–139.

[39] 段志伟，张振忠，江成军，等．直流电弧等离子体法制备超细 Ag 粉研究 [J]. 铸造技术，2007, 28(1): 23–26.

[40] Lee P C, Meisel D J J . Adsorption and Surface–Enhanced Raman of Dyes on Silver and Gold Sols[J]. Journal of Physical Chemistry, 1982, 86(17): 3391–3395.

[41] Sastry M, Patil V, Mayya K S, et al. Organization of Polymer–Capped Platinum Colloidal Particles at the Air–Water Interface[J]. Thin Solid Films, 1998, 324(1–2): 239–244.

[42] Sharma V K, Yngard R A, Lin Y . Silver Nanoparticles: Green Synthesis and Their Antimicrobial Activities[J]. Advances in Colloid & Interface Science, 2009, 145(1–2): 83–96.

[43] Rivas L, Sanchez–Cortes S, García–Ramos, J. V, et al. Growth of Silver Colloidal Particles Obtained by Citrate Reduction To Increase the Raman Enhancement Factor[J]. Langmuir, 2001, 17(3): 574–577.

[44] Sondi, Goia I, V. Dan; Matijević, et al. Preparation of highly concentrated stable dispersions of uniform silver nanoparticles[J]. Journal of Colloid and Interface ence, 2003.

[45] Maillard M, Giorgio S, Pileni M P . Silver Nanodisks[J]. 2002, 14(15): 1084.

[46] Sun Y G, et al. Uniform Silver Nanowires Synthesis by Reducing AgNO3 with Ethylene Glycol in the Presence of Seeds and Poly(vinyl pyrrolidone)[J]. Chem. Mater, 2002, 14(11): 4736–4745.

[47] Manikam V R, Cheong K Y, Razak K A . Chemical Reduction Methods for Synthesizing Ag and Al Nanoparticles and Their Respective Nanoalloys[J]. Materials ence & Engineering B, 2011, 176(3): 187–203.

[48] Ida Kiyonobu, Tomonari Masanori, Sugiyama Yasuyuki. Behavior of Cu Nanoparticles ink under Reductive Calcination for Fabrication of Cu Conductive Film[J]. Thin Solid Films, 2012, 520(7): 2789–2793.

[49] Judai K, Numao S, Nishijo J, et al. In Situ Preparation and Catalytic Activation of Copper Nanoparticles From Acetylide Molecules[J]. Journal of Molecular Catalysis A Chemical, 2011, 347(1–2): 28–33.

[50] Chen S, Liu K, Luo Y, et al. In Situ Preparation and Sintering of Silver Nanoparticles for Low-Cost and Highly Reliable Conductive Adhesive[J]. International Journal of Adhesion & Adhesives, 2013, 45: 138-143.

[51] Baker C, Pradhan A, Pakstis L, et al. Synthesis and Antibacterial Properties of Silver Nanoparticles[J]. Journal of Nanoscience and Nanotechnology, 2005, 5(2): 244-249.

[52] Sendova M., Sendova-Vassileva M., Pivin J., et al. Experimental Study of Interaction of Laser Radiation with Silver Nanoparticles in SiCh Matrix[J]. Journal of Nanoscience and Nanotechnology, 2006(3): 748-755.

[53] Xu J., Yin J. S., Ma E. Nanocrystalline Ag Formed by Low-Temperature High-Energy Mechanical Attrition[J]. Nanostructured Materials, 1997, 8(1): 91-100.

[54] Chou K S, Lai Y S . Effect of Polyvinyl Pyrrolidone Molecular Weights on the Formation of Nanosized Silver Colloids[J]. Materials Chemistry and Physics, 2004, 83(1): 82-88.

[55] Abdulla-Al-Mamun M, Kusumoto Y, Muruganandham M . Simple New Synthesis of Copper Nanoparticles in Water/Acetonitrile Mixed Solvent and Their Characterization[J]. Materials Letters, 2009, 63(23): 2007-2009.

[56] Bifer Mustafa. Controlled Synthesis of Copper Nano/Microstructures Using Ascorbic Acid in Aqueous CTAB Solution[J]. Powder Technology, 2010, 198(2): 279-284.

[57] Park S, Seo D, Lee J . Preparation of Pb-Free Silver Paste Containing Nanoparticles[J]. Colloids & Surfaces A Physicochemical & Engineering Aspects, 2008, 313(none): 197-201.

[58] Kosmala A, Wright R, Zhang Q, et al. Synthesis of Silver Nano Particles and Fabrication of Aqueous Ag Inks for Inkjet Printing[J]. Materials Chemistry and Physics, 2011, 129(3): 1075-1080.

[59] Liu J, Li X, Zeng X . Silver Nanoparticles Prepared by Chemical Reduction-Protection Method, and Their Application in Electrically Conductive Silver Nanopaste[J]. Journal of Alloys & Compounds, 2010, 494(1-2): 84-87.

[60] Capek I . Preparation of Metal Nanoparticles in Water-in-Oil(w/o)Microemulsions[J]. Advances In Colloid And Interface Ence, 2004, 110(1-2): 49-74.

[61] 张万忠 . 纳米银的可控制备与形成机制研究 [D]. 武汉：华中科技大学 , 2007.

[62] Yang Z, Qian H, Chen H, et al. One-Pot Hydrothermal Synthesis of Silver Nanowires Via citrate Reduction[J]. Journal of Colloid & Interface ence, 2010, 352(2): 285-291.

[63] 刘艳娥，尹蔡松，范海陆 . 水热法制备球形纳米银粒子及其表征 [J]. 材料导报 , 2010, 24(16): 132-134, 144.

[64] Siekkinen A R, McLellan J M, Chen J, et al. Rapid Synthesis of Small Silver Nanocubes by Mediating Polyol Reduction with a Trace Amount of Sodiμm Sulfide or Sodiμm

Hydrosulfide[J]. Chemical Physics Letters, 2006, 432(4): 491–496.

[65] Skrabalak S E, Au L, Li X, et al. Facile Synthesis of Ag Nanocubes and Au Nanocages [J]. Nature protocols, 2007, 2(9): 2182–2190.

[66] Ivanova, Harizanova A., Koutzarova T., et al. Optical and Structural Characterization of Ti02 Films Doped with Silver Nanoparticles Obtained by Solgel Method[J]. Optical Materials, 2013, 36(2): 207–213.

[67] 黄加乐，高艺羡，林丽芹，等 . 栀子干粉及其水提液还原制备单晶银纳米线 [C] 中国化学会学术年会 . 2012.

[68] 林源，林丽芹，林文爽，等 . 中草药还原法制备银纳米颗粒及其抗菌性能 [J]. 精细化工，2011, 28(8): 774–779.

[69] 黄加乐 . 银纳米材料和金纳米材料的植物生物质还原制备及应用初探 [D]. 厦门：厦门大学：2009.

[70] 阮望，王勇，丁耀根，等 . 光子晶体的发展及应用 [C] 全国化合物半导体材料，微波器件和光电器件学术会议，2006.

[71] 黎斌 . 光子晶体研究的现状和发展 [J]. 现代计算机，2013(14): 3–6.

[72] Christopher L. Holloway1, Edward F. Kuester, Joshua A. Gordon1, John Hara, Jim Booth, and David R. Smith. An Overview of the Theory and Applications of Metasurfaces: The Two–Dimensional Equivalents of Metamaterials[J].

[73] Li J J, Wang Y A, Guo W, et al. Large–Scale Synthesis of Nearly Monodisperse CdSe/CdS core/shell Nanocrystals Using Air–Stable Reagents Via Successive ion Layer Adsorption and Reaction[J]. Journal of the American Chemical Society, 2003, 125(41): 12567–12575.

[74] Steckel, J. S., Zimmer, J. P., Coe–Sullivan, S., Stott, N. E., Vladimir Bulović, & Bawendi, M. G.. Blue Luminescence from(CdS)ZnS Core–Shell Nanocrystals[J]. Angewandte Chemie International Edition, 2010, 116(16), 2206–2210.

[75] Haubold S, Haase M, Kornowski A, et al. Strongly Luminescent InP/ZnS Core–Shell Nanoparticles[J]. Chemphyschem, 2001, 2(5), 331–334.

[76] Reiss, P., Bleuse, J., & Pron, A. Highly Luminescent CdSe/ZnSe Core/Shell Nanocrystals of Low Size Dispersion[J]. Nano Letters, 2002, 2(7), 781–784.

[77] Xie R, Kolb U, Li J, et al. Synthesis and Characterization of Highly Luminescent CdSe–core CdS/Zn0. 5Cd0. 5S/ZnS Multishell Nanocrystals[J]. Journal of the American Chemical Society, 2005, 36(20): 7480–7488.

[78] Gugula K, Szydlo A, Stegemann L, et al. Photobleaching–Resistant Ternary Quantum Dots embedded in a Polymer–Coated Silica Matrix[J]. Journal of Materials Chemistry C, 2016, 4(23): 5263–5269.

[79] Jia–Sheng Li, Yong Tang, Zong–Tao Li, Long–Shi Rao, Xin–Rui Ding, and Bin–Hai

Yu. High Efficiency Solid–Liquid Hybrid-State Quantum dot Light-Emitting Diodes[J]. Photonics Research, 2018, 6(12): 13-21.

[80] Kim B H, † M. Serdar Onses, ‡ Jong Bin Lim, et al. High-Resolution Patterns of Quantum Dots Formed by Electrohydrodynamic Jet Printing for Light-Emitting Diodes[J]. Nano Letters, 2015, 15(2): 969-973.

[81] Vu T Q, Lam W Y, Hatch E W, et al. Quantum Dots for Quantitative Imaging: from Single Molecules to Tissue[J]. Cell & Tissue Research, 2015, 360(1): 71-86.

[82] Valizadeh A, Mikaeili H, Samiei M, et al. Quantum Dots: Synthesis, Bioapplications, and Toxicity[J]. Nanoscale Research Letters, 2012, 7(1): 480-480.

[83] Deegan R D, Bakajin O, Dupont T F, et al. Contact Line Deposits in an Evaporating Drop[J]. Physical Review E, 2000, 62(1): 756-765.

[84] Deegan, R. D . Pattern Formation in Drying Drops[J]. Physical Review E, 2000, 61(1): 475-485.

[85] Mashford, B. S. , Stevenson, M. , Popovic, Z. , Hamilton, C. , Zhou, Z. , Breen, C. , Steckel, J. ; Bulovic, V. , Bawendi, M. , Coe-Sullivan, S. , Kazlas, P. T.. High-Efficiency Quantum-Dot Light-Emitting Devices with Enhanced Charge Injection[J]. Nature Photonics, 2013, 7(5): 407-412.

[86] 雷霄霄，叶芸，林楠，等．喷墨打印量子点薄膜的形貌控制 [J]. 光子学报，2019.

[87] 张伶莉．光调谐的胆甾相液晶应用的发展 [J]. 液晶与显示，2016, 31(11).

[88] 褚光．基于纤维素纳米晶手性液晶材料的光学性质研究 [D]. 长春：吉林大学，2016.

第2章 涂布液构成与性能要求

第一节 涂布液的基本构成与分类

一、涂布液构成

涂布液是用来实现某些特定功能的各种天然或合成材料的结合，这些成分的结合，既有物理、化学相互作用，又保持其本身功能性。一个成功的涂布液配方，既要选择适合产品性能的材料，又要使各成分之间保持平衡。

涂布液的构成，通常包括成膜树脂（黏合剂）、着色剂或功能性填料、溶剂及添加剂。具体构成必须满足制成品应用性能要求。配制及调试，取决于涂布基材表面性能、涂布方式、车速、干燥方式、收放卷等装备和工艺条件。

涂布液的构成如表2-1所示，包括并不限于下列成分。

表2-1 涂布液构成

涂布液	填料	有机	天然、人工合成 颜料、染料、功能材料
		无机	
		功能性	
		结构性	
		复合材料	

续表

涂布液	胶黏剂(成膜树脂)	有机	天然、合成 复合材料
		无机	
	溶剂	有机	
		无机（水）	
		混合溶剂	
	助剂	表面活性剂	分散剂、流平剂、乳化剂、消泡剂
		光学性能调节剂	增白、紫外线吸收、消光、增光
		黏度调节	增稠、稀释
		防腐剂	有机、无机
		交联剂	有机、无机
		干燥性能调节剂	干燥、保湿

涂布液中的溶剂，作为填料的溶解或分散载体，可以是水，也可以是有机溶剂；可以是单一物质，也可以是混合物。

二、涂布液分类

涂布液根据溶剂种类可分为溶剂型涂布液和水性涂布液；还可以根据黏度、基材、具有的功能性或力学性能等特点来加以区分，如感光材料涂布液、非银纸张涂布液、磁记录材料涂布液、电磁屏蔽涂布液、电子材料涂布液等。按形成涂层的光泽，涂布液还可分为高光型、有光型、丝光型或半定型以及无光型或亚光型涂布液。按照填料在溶剂中的存在形态，涂布液还可以分为溶液型、分散液型或乳液型。

通常，溶剂型涂布液的干燥阶段，需要防爆和 VOC 溶剂回收处理装置。水性涂布液，属于环保型涂布液，生产过程无 VOC 排放。溶液型涂布液，各成分混合均匀，涂布液贮存和输送过程沉淀少，过滤相对容易。分散液型涂布液，分散过滤制备要求较高，储存运输要防止沉淀，保持涂布液性能稳定。

涂布液属于涂料范畴，按照不同基准，涂料可做多种形式分类。如表 2-2 分为 9 大类，31 种。当然，实际种类不止于此。日本国家标准 JIS 中，根据用途分类情况如表 2-3 所示。

表 2-2　涂料的分类

分类项目	涂料类别
根据形态分类	溶液、分散、粉末状
根据树脂的种类分类	丙烯基树脂、聚氨酯树脂、环氧树脂
根据溶剂的种类分类	水溶性、油性

续表

分类项目	涂料类别
根据硬化形态分类	挥发干燥、重合反应、反应硬化、紫外线硬化
根据使用工程分类	底涂用、中涂用、面涂用
根据对象物来分类	钢结构物用、混凝土用、木工用、金属用
根据使用用途分类	外墙壁用、屋顶用、屋内墙壁用、地板用
根据涂装法分类	刷涂、滚涂、喷涂、抹涂
根据外观分类	无色透明、着色、有无光泽、多彩花纹

表 2-3 JIS 中根据涂料用途的分类

涂料用途	涂料名称（参照 JIS）	推荐涂装法
用于钢结构物等的防锈涂料（地表涂装用）	一般防锈漆	刷涂、喷涂
	红丹防锈漆	刷涂、喷涂
	锌化铅防锈漆	刷涂、喷涂
	碱性铬酸铅防锈漆	刷涂
	氨基氰防锈漆	刷涂
	铬酸锌防锈漆	刷涂、喷涂
	无铅无铬防锈漆	刷涂
钢结构物、建筑物用	氯化橡胶系涂料	喷涂（气体喷雾）
	环氧树脂涂料	喷涂（气体喷雾）
	酚醛树脂系云母状氧化铁涂料	喷涂（气体喷雾）
	氨基醇酸树脂涂料	喷涂（气体喷雾）
	环氧树脂云母状氧化铁涂料	喷涂（气体喷雾）
建筑物的混凝土、水泥、砂浆用	丙烯酸树脂涂料	喷涂（气体喷雾）
	建筑用聚氨乙醇树脂涂料	喷涂（气体喷雾）
	建筑用聚四氟乙烯涂料（2 液型）	喷涂
钢结构物的防腐及耐季节性修饰用	钢结构物用的聚氨乙醇树脂涂料	喷涂（气体喷雾）
	钢结构用聚四氟乙烯涂料	喷涂（气体喷雾）
海水及高湿度防护用	焦油环氧树脂涂料	刷涂、喷涂
区划线、道路标志用	路面标志用涂料（熔融混合用粉末状涂料）	涂抹器涂装
家庭用涂料	家庭用室内墙壁涂料	刷涂、辊刷涂
	家庭用室内木地板涂料（油变性聚氨酯树脂主体）	刷涂（修饰透明度）
	家庭用木质部分金属部分涂料（醇酸树脂、原料）	刷涂（着色）

表 2-2 与表 2-3 内容，仅作为涂布液分类参考。

第二节 涂布液性能表征

一、涂布液固含量与体积比

1. 固含量

（1）质量固含量

涂布液的质量固含量，是以质量分数来表示的涂料浆料的质量性能指标，即：

涂布液固含量 = 固形物的质量 /（固形物质量 + 液体质量）×100%。

对涂布液的颜料分散体而言，其颜料分散体的固含量为：

分散体固含量 = 颜料粒子质量 /（颜料粒子质量 + 液体质量）×100%。

涂布液质量固含量影响分散液稳定性、黏度、色光及涂层干燥成膜性能。对功能性涂层，涂布液固含量直接影响功能膜的功能性。

（2）体积固含量

涂料行业里常说的“体积固含量”即不挥发物体积分数，是指“在规定条件下，经蒸发后得到的残余物的体积百分数”（GB/T 5206—2015）。

体积固含量涉及涂料配方设计、涂布工艺设计、涂布率计算以及涂布成本控制，还牵涉到环保因素。是涂布工艺设计和成本估算的关键因素。

常用的体积固含量的测算方法如下。

①配方原料累计体积。把配方中各种原料的不挥发物体积累加，即可得到涂料的体积固含量数据。但无法控制颜料的孔隙渗透、固化时涂膜收缩等因素，结果偏差较大。

②按干膜湿膜比例计算。根据“不挥发物体积分数”的定义，干膜与湿膜的比值即为体积固含量，此方法有一定偏差，但简便实用，可作为涂料施工方的辅助检验手段。

③国标或 ISO 标准方法 GB/T 9272—2007（ISO 3233—1998）。标准规定了通过检测干膜密度来测定涂料的体积固含量的方法，是通过测量涂料的质量固含量、原液体涂料密度和干膜密度，把后两者代入质量固含量中，则可算得 NVv。

（3）涂布率计算

$$\text{理论涂布率} = (\text{NVv}\% \times 1000) \div \text{干膜厚度} \tag{2-1}$$

式（2-1）体积公式的逆运算，把涂膜看作是一个立体，已知其体积（体积固含量）及高度（干膜厚度，μm），计算其底面积（涂布面积，m^2/L）。

有了理论涂布率，再根据实际施工的损耗率（或上漆率）和涂料成本，即可计算实际涂布率和实际施工的涂料成本。

损耗率主要取决于涂装设备和涂装工艺。对于粉末涂料，可视为固体分为100%的液体涂料，由于它是按kg为单位销售，套用公式（2-1）计算时，需除以粉末密度，将涂布率转换为m^2/kg。

$$粉末涂料理论涂布率=（100\%\times1000）\div 膜厚 \div 粉末密度 \tag{2-2}$$

粉末涂料的密度可参考GB/T 21782.2—2008（仲裁法）和GB/T 21782.3—2008的方法来测定。在涂装施工过程中，以高压静电喷涂工艺涂装的实际涂布率，一般比理论涂布率低10%～15%，个别情况甚至超过20%。

为了使“理论涂布率”更接近实际情况，可从粒径的角度对式（2-2）进行修正，即是将粒径低于10μm和粒径大于90μm的部分剔除，把剩余部分看作是粉末涂料真正可以使用的“体积固含量”：

$$粉末涂料理论涂布率_{（修正值）}=（有效粒径含量\%\times1000）\div 膜厚 \div 粉末密度 \tag{2-3}$$

2. 涂布液体积比

涂布液体积比，是用体积分数表达的涂布液分散体的质量性能指标，由式（2-4）计算。

$$涂布液体积比=\frac{颜料粒子体积}{颜料粒子体积+液体体积}\times100\% \tag{2-4}$$

在讨论涂布液流变性时，体积比比固含量更确切，因为固含量受颜料密度影响，密度大的颜料制成的涂料固含量高，但黏度不一定高，体积比则排除了密度影响，可对不同颜料制备的涂料进行比较。特别是涉及几何效应的影响时，体积比更直接，如某涂布液体积比增加到一定程度时（碳酸钙50%，硫酸钡39%），表现出胀流性。

二、粒度分布与Zeta电位

1. 粒度分布

粒度分布是指分散样品中，不同粒径颗粒占颗粒总量的百分数。有区间分布和累积分布两种形式。区间分布又称为微分分布或频率分布，它表示一系列粒径区间中颗粒的百分含量。累计分布也称为积分分布，它表示小于或大于某粒径颗粒的百分含量。当样品中所有颗粒的真密度相同时，颗粒的重量分布和体积分布一致。在没有特别说明时，仪器给出的粒度分布一般指重量或体积分布。

激光粒度仪测试粒度分布表征指标如下。

D50是样品的累积粒度分布百分数达到50%时所对应的粒径。物理意义是粒径大于它的颗粒占50%，粒径小于它的颗粒也占50%，D50也叫中位径或中值粒径。

D50 常用来表示粉体的平均粒度。

D97 是样品的累积粒度分布数达到 97% 时所对应的粒径。物理意义是粒径小于它的颗粒占 97%。D97 常用来表示粉体粗端的粒度指标。其他如 D10、D90 等参数的定义与物理意义与 D97 相似。

比表面积是指单位重量的颗粒的表面积之和。比表面积的单位为 m^2/kg 或 cm^2/g。粒度越细，比表面积越大。

粒度分布稳定，表明胶体分散稳定。胶体分散稳定的机理，包括空间位阻和静电荷稳定（双电层），Zeta 电位就可以很好地指示颗粒间作用强度，进而预测胶体系统的稳定性。

2. Zeta 电位（Zeta Potential）

Zeta 电位是指剪切面（Shear Plane）的电位（图 2-1），又叫电动电位或电动电势（ζ - 电位或 ζ - 电势），是表征胶体分散系稳定性的重要指标。

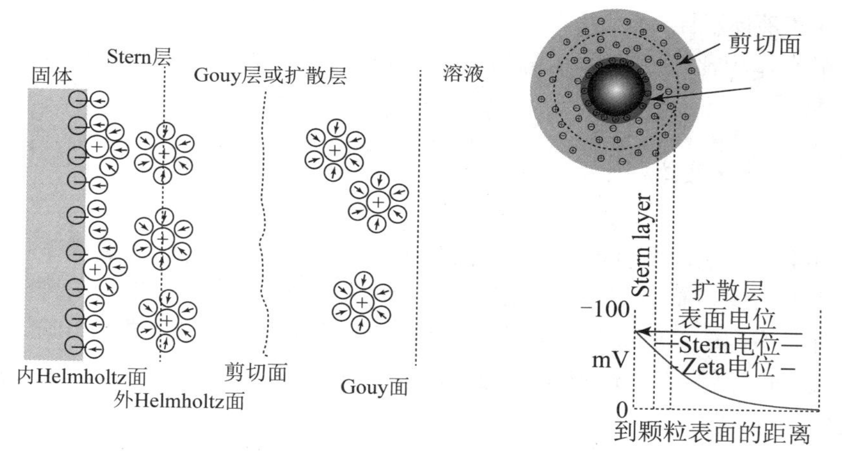

图 2-1　Zeta 电位含义

在涂布液中，表面活性剂吸附在颗粒表面，阳离子表面活性剂会形成带正电的表面，阴离子表面活性剂会形成带负电的表面。各种来源的表面电荷，导致在颗粒表面的电荷变化影响离子在界面的分布，造成表面周围平衡离子的浓度增加，在每一颗粒周围形成一个双电层。

由图 2-1 可见，Zeta 电位是与一个颗粒在某一特定介质中所带的总电荷有关，确切地说，是颗粒在剪切面处的电位，该电位与颗粒表面、分散介质有关，可能与表面电位无关，微小的 pH 值的变化或离子浓度变化可能会产生很大的 Zeta 电位变化，Zeta 电位与剪切面的位置相关。

如果颗粒带有很多负或正电荷，也就是说带有很高的 Zeta 电位，它们会相互排斥，从而达到整个体系的稳定；如果颗粒带有很少的负或正电荷，也就是说它的 Zeta 电位很低，它们会相互吸引，从而达到整个体系的稳定。

水相中颗粒分散稳定性的分界线，一般认为在 +30mV 或 -30mV。如果所有颗粒都带有高于 +30mV 或低于 -30mV 的 Zeta 电位，则该分散体系应该比较稳定。

3. pH 值

不同品种纸张的涂布液，有不同的 pH 值要求（见表 2-4）。

表 2-4　纸张涂布液的 pH 值及其影响

纸张类型	涂料纸	晒图纸	无碳纸	热敏纸
涂布液的 pH 值	7 ～ 9	1.5 ～ 3	7 ～ 8	8
影响因素	黏度、黏结力、涂料保水、稳定性等	储存稳定性	保存性	保存性
调节试剂	氢氧化钠、氢氧化铵等	酒石酸、柠檬酸等	—	—

涂布液的酸碱性，对涂布液分散稳定性、黏度、黏结力及涂布质量和涂布稳定性能均有影响。

pH 值的变化，影响分散体系中颜料颗粒周边的双电层，进而影响颜料的分散稳定性。阿拉伯树胶和明胶的混合溶液，存在沉降等电点，一旦 pH 值达到等电点值，良好溶解的阿拉伯树胶和明胶就会发生沉降。向胶体中加入电解质能使其沉降，也是由于体系中正负电荷比例变化，破坏胶束周边双电层所致。

涂布干燥过程中 pH 值变化，可能对涂层形成过程的自组装有影响，有待深入研究。

第三节　涂布液黏度与流变性

涂布液通常被认为是不可压缩流体。按是否可忽略分子之间作用力，流体分为理想流体与黏性流体（或实际流体），理想流体不存在分子间的力作用；按流变特性，实际流体又分为多种类型，稀溶液多为牛顿型流体。

大部分涂布液具有胶体性质。例如，将土放到水中，在一定条件下，形成的既不下沉，也不溶解的极为微小的土壤颗粒称为胶体颗粒；含胶体颗粒的体系称为胶体体系。胶体是一个具有巨大相界面的分散体系，类型如图 2-2 所示。胶体的基本特性，包括特有的分散程度、多相性以及聚结不稳定性。

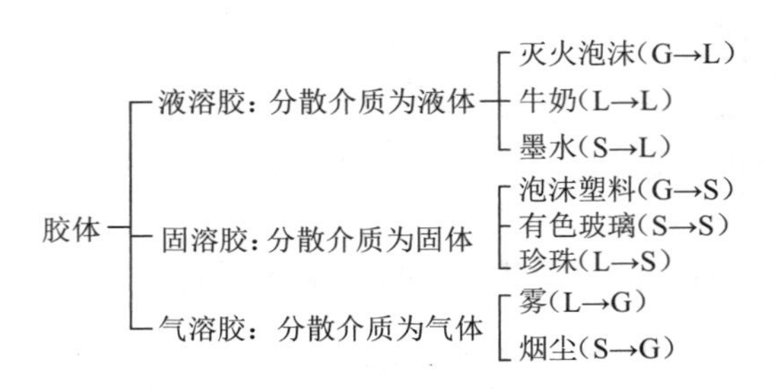

图 2-2　胶体分散体系类型

一、涂布液黏度

1. 黏度

流体流动时产生内摩擦力的性质，称为黏性，流体的黏性用黏度表示。黏度就是流体流动时在与流动方向垂直的方向上产生单位速度梯度所需的剪应力。

液体流动时，为克服内摩擦需消耗一定能量，倘若液体中有质点存在，则液体的流线在质点附近受到干扰，要消耗额外的能量，因此溶胶或悬浮液的黏度总是高于溶剂，其比值 $\eta_{溶液}/\eta_{溶剂}$称为相对黏度 η_{v}。

动力黏度与流体密度之比，是流体的运动黏度，单位是 m^2/s。

2. 黏度的影响因素

（1）温度

温度升高使液体分子间的相互作用减弱，液体的黏度随温度升高而降低，见表 2-5。稀胶体溶液的黏度，随温度变化幅度不大，较浓的胶体体系，由于在低温时质点间常常形成结构，甚至胶凝；在高温时，结构又经常被破坏，故黏度随温度变化而变化的幅度比较大。

表 2-5　几种常见液体的黏度随温度的变化　　单位：cP

温度 /℃	0	20	50	100
甲醇	0.808	0.593	0.395	—
水	1.794	1.008	0.549	0.284
甘油	12040	1450	176	10

（2）固含量

涂布液黏度随固含量大小而变化。Brookfield 黏度以幂函数的方式表示，随固含量增加而提高（图 2-3）。

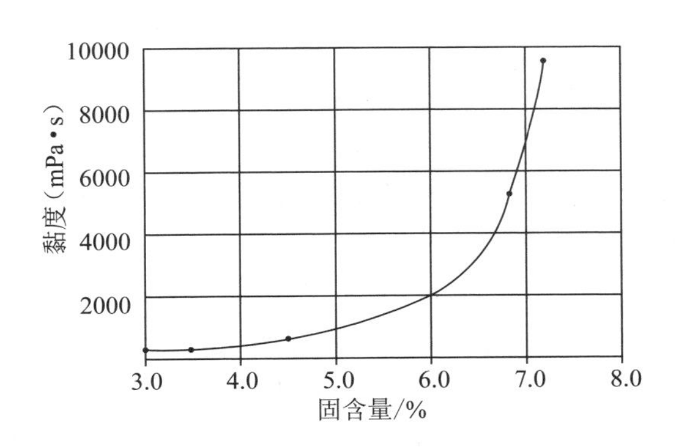

图 2-3　某涂布液黏度与固含量关系曲线

（3）pH 值

悬浮于水中的颜料，既受到范德华力的吸引作用，又受到颗粒所带电荷的静电排斥。

研究表明，高岭土水分散体系在 pH 值为 8.5 时最稳定，碳酸钙在 pH 值为 9.5 时悬浮状态最佳。在加入各种添加剂时，必须保证浆料的 pH 值在合适的范围内，才能保证黏度不变化（图 2-4）。

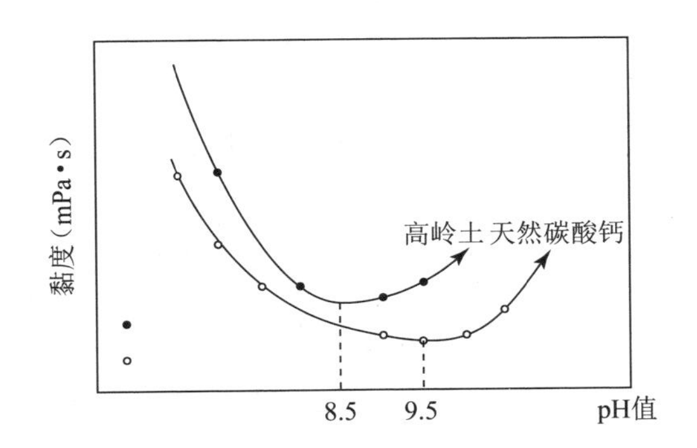

图 2-4　某涂布液黏度与 pH 值的关系

其他因素，诸如颜料配比，分散剂结构和用量，胶乳及辅助黏合剂，温度及水的硬度，都会影响涂布液黏度。

二、涂布液分散体系的流变性质

流变性是指物质的流动与变形性质。流变学起源于 20 世纪 20 年代（1929 年），其英文为 rheology，由 rheo（流动）和 logy（迟缓）组合而成。涂布干燥过程中的一系列问题，诸如涂布速度、涂布液流动与铺展、涂层流平与干燥、溶剂挥发与回收等，都与涂布液流变性有关。

1. 流体流动状态

（1）稳定流动与非稳定流动

流体在管路中流动时，如果在任一点上的流速、压力等有关的物理参数，都不随时间改变而改变，这种流动称为稳定流动；若流动的流体中任一点上的物理参数有部分或全部随时间改变而改变，则为不稳定流动。在连续生产条件下，多数管道中的流动，是稳定流动。

根据质量守恒定律，在稳定流动条件下，管路中一定时间内，流过的液体质量守恒，因此可以推导出管路中连续稳定流动液体连续性方程。其物理意义是在连续稳定的不可压缩流体流动中，当管径发生变化时，流速与管路的截面积成反比（图 2-5 及式 2-5）。

$$\rho A u = \text{常数} \tag{2-5}$$

式中，ρ 为流体密度；A 为管路截面积；u 为流速。

（2）流体雷诺数与流动状态

层流流动是指流体中各质点始终沿着固定方向有条不紊地流动，基本不存在径向跳动。湍流状态，流体质点除了沿管轴方向流动外，还有径向跳动，也称为紊流。在层流与湍流之间，存在过渡流。如图 2-6 所示。无论平板上的流动还是管内流动，若主体为湍流，都可分为湍流区（远离壁面的湍流核心）；层流内层（靠近壁面附近一层很薄的流体层）；过渡层（在湍流区和层流区之间）。

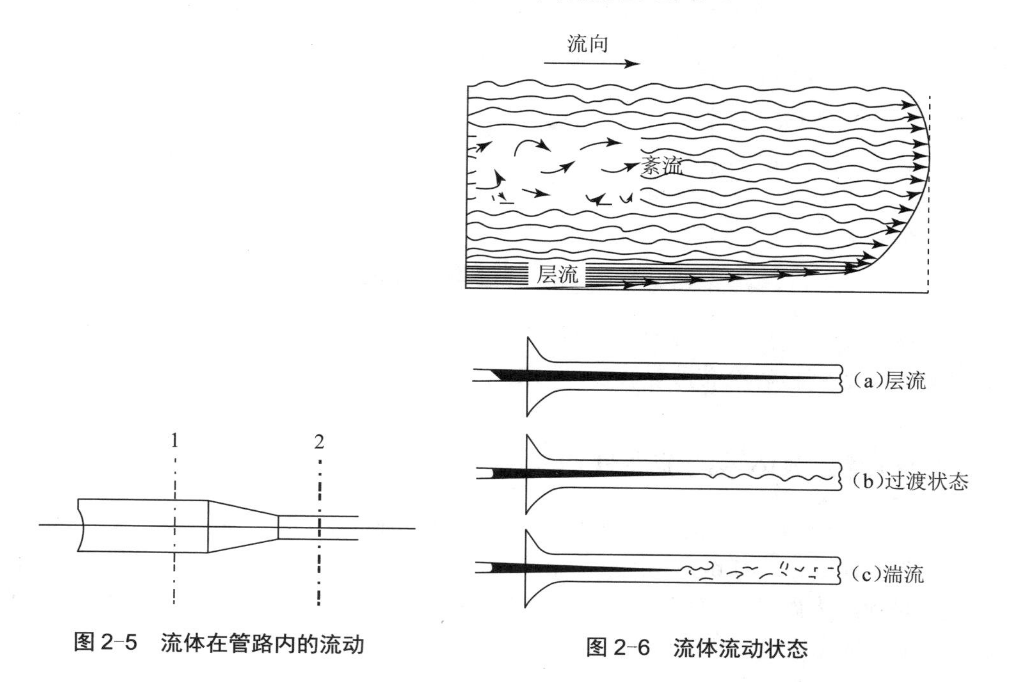

图 2-5　流体在管路内的流动

图 2-6　流体流动状态

雷诺数是反映流体惯性力与黏性力之比的一个无量纲参数，用符号 Re 表示，是流体动力学研究重要的参数之一。它是英国物理学家雷诺于 1883 年首先提出，1908 年被命名为雷诺数。流体的流动速度越大，线性尺度越大；黏性系数越小，雷诺数就越大。

层流：$Re < 2000$，流体质点有条不紊地平行地线状运动，彼此不相掺混。

临界流：$Re=2000$（一说 2230），流动状态介于层流与湍流的转换点，对应临界流。

湍流：$Re > 4000$，充满了漩涡的急湍的流动，流体质点的运动轨迹极不规则，其流速大小和流动方向随时间变化而变化。

过渡流：$2000 < Re < 4000$，流动边界层是存在着较大速度梯度的流体区域。层流边界层处于平板的前段，边界层内的流型为层流。湍流边界层，离平板前沿一段距离后，边界层内的流型转为湍流。在不同位置测得的平板边界层速度剖面如图 2-7 所示。

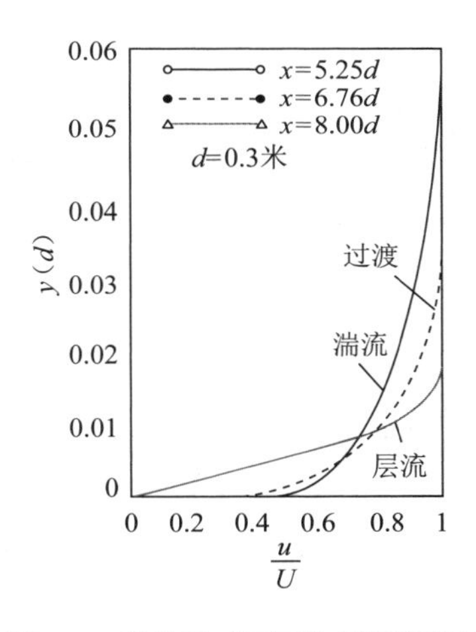

图 2-7　流体流动平面边界层速度剖面

2. 流体类型

以速度梯度 du/dy 和剪切应力 τ 作图，得到的曲线叫流变曲线，它表示体系的流变特性。图 2-8 给出了当流体特性与剪力作用时间无关时，由试验得到的四种流体基本特性曲线。流体特性与剪力作用有关时，属于非牛顿流体的更为复杂的情况。

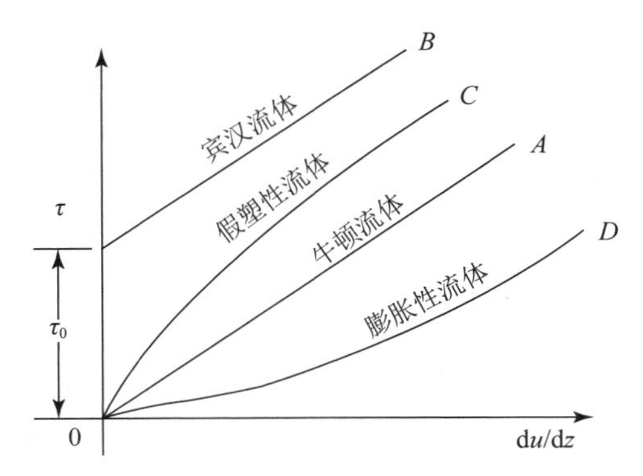

图 2-8　各种类型流体的黏滞系数（η）与黏滞剪切应力（τ）和速度梯度（du/dy）关系

如图 2-8 所示，不同形状的流变曲线，对应不同的流体。

（1）牛顿流体

切应力与切变速度是表征流变性质的两个基本参数。

可以把流速不太快的液体，看作是许多平行移动的液层，各层间存在速度梯度 du/dy（图 2–9）。

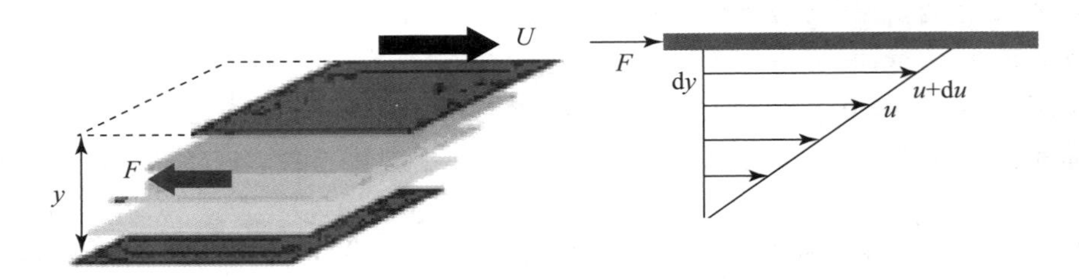

图 2–9 流体流动时形成速度梯度

速度梯度导致低速运动的液层阻滞较高速运动液层的运动，就产生了内部流动阻力。为了使液层能维持一定速度梯度流动，必须对它施加一个与阻力相等的反向力，在液层单位面积上所施加的这种力，称为剪切应力，单位为 dyn/cm^2，用 τ 表示。习惯上用 D 表示速度梯度，或叫作切变速度，单位为秒$^{-1}$。

对于纯液体和大多数低分子溶液，在层流条件下，切应力与切变速度成正比。

$$\tau = \eta D \text{ 或 } \tau = \eta \frac{\mathrm{d}u}{\mathrm{d}y} \tag{2-6}$$

这就是牛顿内摩擦定律，又称为牛顿公式（式 2–6），物理含义是低黏度流体内流动阻力大小，与剪切应力 τ 和切变速度有关。比例常数 η，称为液体的黏度。

凡符合牛顿公式的流体，称为牛顿流体，反之则为非牛顿流体。对于非牛顿流体，剪切应力与切变速率无正比关系，比值 τ/D 不再是常数，而是切变速率的函数。用 η_a 表示此时的 τ/D，称为表观黏度。

牛顿流体的黏度在所有剪切速率下都是恒定的，这种系统由可以自由流动的分子或粒子组成，没有固定结构，在很小力的作用下流动即开始，它的剪切速率与剪切应力及黏度的关系成一直线。其 τ–D 曲线为直线，且通过原点。牛顿流体用黏度就足以表征其流变特性。纯液体（水、甘油等）和大多数低分子溶液都属于此类。

（2）非牛顿流体

涂料混合物，尤其是高固含量涂料，一般都属非牛顿流体，其黏度与剪切速率 D 存在非直线的函数关系，系统黏度随剪切速度的变化而变化，按其性能，可分为塑性流体、假塑性流体和胀流体。

①塑性流体（Bingham fluid）

塑性流体即宾汉流体，当内摩擦力达到 $\tau 0$ 后才开始流动。

流体粒子间有阻力的或系统流动前需做反絮凝处理的系统，当剪切应力超过此屈服应力时才开始流动，并产生剪切应力与速率的直线关系——似牛顿型流动，即塑性流动。流动开始所需最小的力叫屈服应力。在屈服应力段，其剪切速率是慢慢增加的，直到变为直线。塑性流动的黏度随剪切速率的增加而降低，油漆（包括胶态油漆）、絮凝颜料分散液、印刷油墨等属于塑性流体。

塑性流体的流变曲线也是一条直线，但不经过原点，而是与剪力轴相交于 τy 处，故只有 $\tau > \tau y$ 时体系才流动。τy 称为屈服值。油漆、泥浆、油墨和牙膏等均属于此类。

②假塑性流体

物料密切结合在一起，为了流动，必须首先破除此种网状组织，其流动曲线形状类似于塑性流动，没有明显的屈服值。其屈服是一直在缓慢进行的，不显示出牛顿流体的直线流动，这种流体为假塑性流动。随着剪切力的增加，更多分子由网状排列成线状，内部结构不断破坏，黏度越来越低，系统流动也就更快，称之为切变稀薄化液体。大多数高分子溶液和乳状液涂布浆料属于这种流体。由于其表观黏度随剪切速率增加而下降，所以流速越快，表现得越稀。这类流体用指数定律描述：

$$\tau=K\gamma^{n}\ (0 < n < 1) \tag{2-7}$$

式（2-7）中 n 和 K 视不同液体而异，K 是液体稠度的量度，K 值越大，液体黏度越高。n 值小于 1，是非牛顿性的量度，与 1 相差越多，则非牛顿行为越显著。

假塑性流体的形成原因有二：①这类体系倘有结构也必很弱，故 τy 几乎为 0，在流动中结构不易恢复，故 η_a 随剪切速度增加而减小。②也可能无结构，η_a 的减小是不对称质点在速度梯度场中定向的结果。

许多聚合物流体和水溶液分散体系都显示这种流变特性。它可以通过 Carreau 模型来描述（图 2-10）。

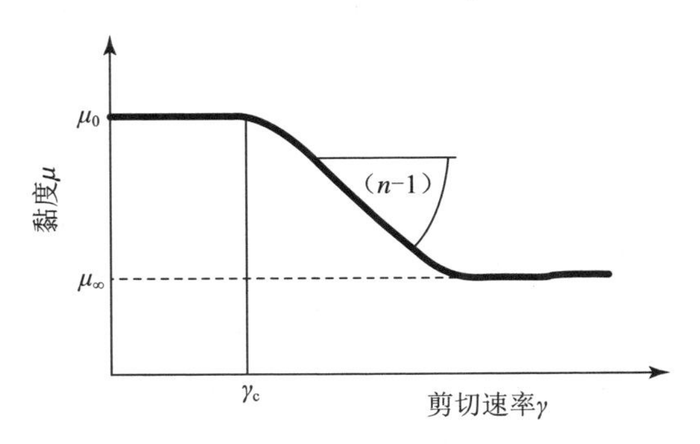

图 2-10　用 Carreau 模型描述的流体流变性

在较低剪切速率 γ 时，黏度仍然保持常数 μ_0（牛顿行为），直到一个临界剪切速率 γ_c。当超过 γ_c 之后，随着剪切速率增加黏度下降，它能通过幂律指数 n 来表征。对一些流体，出现第二个平稳低黏度常数 μ_∞ 区域。

利用式（2-8）方程，通过在剪切变稀区域的斜度上取两点（γ_1、μ_1 和 γ_2、μ_2）数据，可以计算幂律指数 n：

$$n=1+(\log\mu_1-\log\mu_2)/(\log\gamma_1-\log\gamma_2) \tag{2-8}$$

另外，可利用式（2-9）方程，在剪切变稀区域的斜度上取任意点（γ_1、μ_1）数据，

计算临界剪切速率 γ_c：

$$\gamma_c=\gamma_1\ (\mu_0/\mu_1)^{1/(n-1)} \tag{2-9}$$

（层次 1 在支持体上，7 为顶层）。

彩色相纸涂布液幂律指数如表 2-6 所示。

表 2-6　彩色相纸卤化银涂布液幂律指数

层次	n 指数
1	0.84
2	0.756
3	0.884
4	0.833
5	0.865
6	0.911
7	1.0

（3）胀流体

胀流体与假塑性流体相反，流变曲线为一条自原点开始、凸向速度梯度轴的曲线。高浓度的颜料悬浮液属于此类。

这类流体的表观黏度随剪切速率增加而变大，即搅得越快则显得越稠。前面提到假塑性流体的指数公式（2-7）对它也适用，但 $n>1$，在薄膜涂布行业比较少见。

3. 触变性

触变性是许多流体的重要指标。比如油漆依赖触变性保证涂面光滑和均匀；它也有利于某些涂布后的定型。

以上对基本流型的讨论，只涉及剪切应力与切变速度的关系，没有考虑时间因素。实际上，有些体系在搅拌时流动，在停止搅动后逐渐变稠直至胶凝。这种变化可以任意重复，且等温可逆，但不是立即恢复。从结构拆散到结构恢复需要一定时间。这就是所谓的触变性。超过一定浓度的 V_2O_5、$Fe(OH)_3$ 溶胶、泥浆、油漆等都表现出触变性。喷墨打印耗材涂布液分散体系，也表现出这一特性。

涂料的触变性能有利于涂布控制，涂布时的高剪切速率下，显示较低黏度，有助于涂料流动并易于涂布，在涂布后的低剪切速率下，显示较高黏度，可防止涂布液沉降和湿膜流挂。

4. 涂布液的流变性要求及影响因素

（1）涂布方式与涂布液流动性

涂料含多种成分，其各自及相互作用都会影响流变性能。部分涂布方式对流动要求如表 2-7 所示。高浓度涂布液在刮刀下瞬间剪切速率很高（10^6s^{-1} 以上），不允许出现膨胀型的流动，因为它会使涂层不均匀或造成刮痕、断纸等。

表 2-7 涂布方式与流动性的对应关系

涂布方式	气刀	辊式	刮刀
黏度	低—中	中	高
流动性	牛顿或塑性形变	塑性或假塑性形变	假塑性形变

涂布液的高速流变性与固含量，涂料黏度（见图 2-11），颜料种类，形状絮聚，胶黏剂种类和用量，保水剂、分散剂等助剂种类和用量等因素有关。各种常用颜料出现膨胀性流动的可能性为：滑石粉＞层状瓷土＞瓷土＞碳酸钙，颜料颗粒度越不均匀，出现膨胀流动的可能性越大，在各种常用胶黏剂中聚乙烯醇（PVA）出现膨胀性的机会也大。

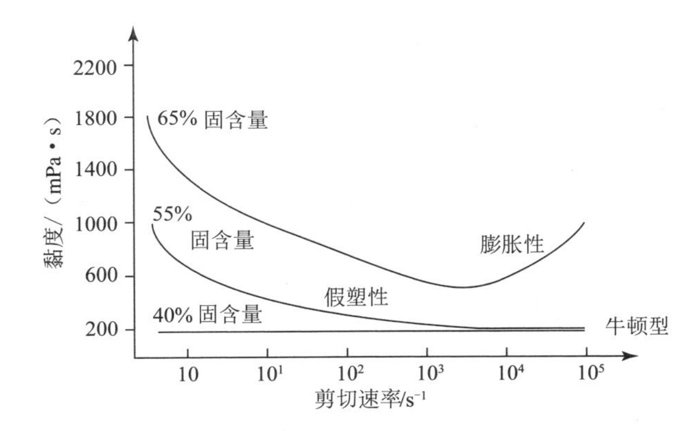

图 2-11 涂布液流变性与黏度的关系

高分子溶液，在某一切变速率或拉伸速率范围内呈现黏弹性。流体的黏弹性很重要，但难以模型化。涂布液的黏弹性，有助于改善某些涂布运行状况，过高的黏弹性会导致竖道类涂布弊病。

把握涂料的黏度和高剪切性能，对预知涂布可运行性、制备合适的涂布液是必要的。

（2）高剪切速率下涂布液的流变性

涂布车速越来越高，每分钟 1200 米在涂布纸生产中已经普遍。此时，浆料在过刮刀瞬间的剪切速率高于 10^6s^{-1}，涂布液高剪切速率下的流变性能，值得关注。

一般而言，涂布液属于假塑性流体。即剪切速率提高时，黏度降低。膨塑流变行为会造成涂层不均匀，出现刮痕、断纸等质量事故。

涂布液的高速流变行为与固含量相关。具体表现如图 2-12 所示。当固含量从 40% 提高到 55%、直至 65%，浆料从牛顿流体变为假塑性流体，最后在一定的剪切速率下成为膨塑性流体。涂布液发生膨塑性流变行为不多见，除非涂布液固含量和车速过高。

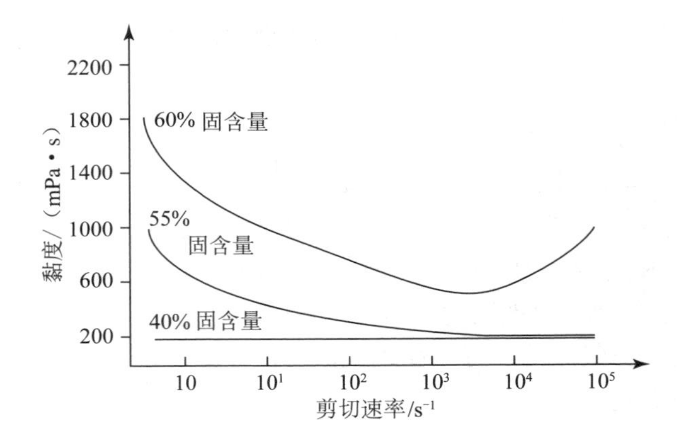

图 2-12　涂布液黏度与剪切速率关系

高岭土的片层型结构，比球状的天然碳酸钙更易发生膨塑性流变。几种常用的涂布颜料，出现膨塑性流变的可能性大小排列如下：

滑石粉＞高度层化高岭土＞高岭土＞碳酸钙

黏合剂和辅助黏合剂，对涂布液在高剪切速率下的流变性影响远小于颜料。通常，聚乙烯醇造成浆料流变性变坏的可能性比其他黏合剂大。

第四节　涂布液表面与润湿铺展性能

一、表面张力与表面能

环境不同，处于界面的分子与处于相本体内的分子所受力是不同的。在水内部，一个水分子受到周围水分子的作用合力为 0，但在表面的一个水分子所受合力的方向垂直指向液体内部，导致液体表面具有自动缩小的趋势，这种收缩力称为表面张力。将水分散成雾滴，即扩大其表面，就必须克服这种力对体系做功——表面功。显然，分散体系储存着更多的表面能。物质的表面具有表面张力 σ，在恒温恒压下可逆地增大表面积 $\mathrm{d}A$，需做功 $\sigma\mathrm{d}A$，因为所需的功等于物系自由能的增加，且这一增加是由于物系的表面积增大所致，故称为表面自由能或表面能。表面自由能和表面张力的数值相同，但物理概念不同，表面张力的单位是 mN/m，表面自由能的单位是 mJ/m²。

表面张力含义如下：①促使液体表面收缩的力；②液体表面相邻两部分之间，单位长度内互相牵引的力。

表面张力的大小以每厘米多少达因来表示［1 达因 / 厘米（dyn/cm）=10^{-3} 牛顿 / 米（N/m）］。

表面张力的方向和液面相切，并和两部分的分界线垂直，如果液面是平面，表面张力就在这个平面上。如果液面是曲面，表面张力就在这个曲面的切面上。

表面张力 F 的大小跟分界线长度成正比。可写成 $F=\sigma L$ 或 $\sigma=F/L$。

比值 σ 叫作表面张力系数，常用单位 dyn/cm 表示。在数值上，表面张力系数就等于液体表面相邻的两部分间单位长度的相互牵引力。

液膜表面张力系数 = 液膜的表面能 / 液膜面积 =F 表面张力 /（2× 所取线段长）。

表面张力系数与液体性质有关，与液面大小无关。

1. 液面的曲率与附加压力

图 2-13 表示一个液滴，其曲率半径为 R。设液滴外大气压为 P°，但因表面分子受内部吸引，故还有附加的压力 P'，结果液滴所受的压力是 $P^\circ+P'$。因液滴处于平衡状态，故液滴内部压力 P 必等于 $P^\circ+P'$。现在求 P' 与 R 的关系。

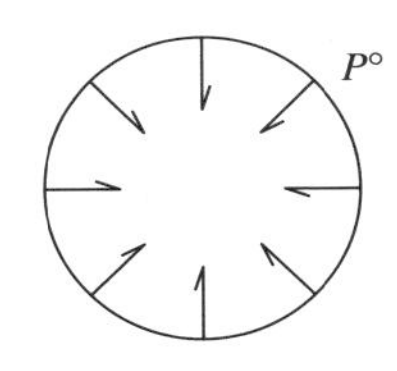

图 2-13　液滴压力分布

设有一毛细管，管内充满液体，管端有一球状液滴与之平衡，液滴半径为 R。稍加压力，改变管中液体体积，使液滴体积增加 dV，相应的面积增加 dS。自平衡条件可知，液滴表面能的增加等于抵抗压力 P' 所消耗的功，即：

$$P'\ \mathrm{d}V=r\mathrm{d}S \tag{2-10}$$

因球状液滴的面积 $S=4\pi R^2$，体积 $V=\frac{4}{3}\pi R^3$，故

$$\frac{\mathrm{d}S}{\mathrm{d}V}=\frac{\mathrm{d}(4\pi R^2)}{\mathrm{d}(\frac{4}{3}\pi R^2)}=\frac{8\pi R\mathrm{d}R}{4\pi R^2\mathrm{d}R}=\frac{2}{R} \tag{2-11}$$

将其代入式（2-11），即得：

$$P'=\frac{2r}{R} \tag{2-12}$$

$$P'-P^\circ=\triangle P=\frac{2r}{R} \tag{2-13}$$

此为 Laplace 公式。它说明由于存在表面张力，弯曲液面对内相施以附加压力，其值取决于液体的表面张力和液面的曲率。可见，同样条件下，相同的液体所处的物理状态，在液面曲率不同时并不相同。当液面是凸形时，如小水滴那样的形态，R 为正值，$\triangle P$ 为正值，液体内部压力高于外压；液面为凹形时，R 为负值，

△ P 为负值，即液体内部压力小于外压；平液面时，R 为无穷大，△ P 为 0，即液面下压力与外压相等。

2. 毛细现象

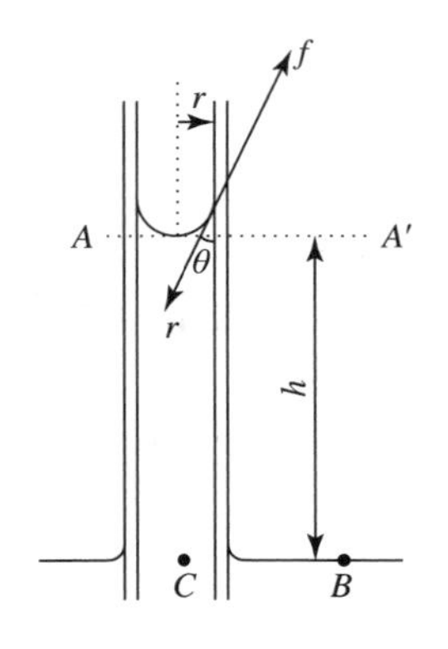

图 2-14　毛细上升现象

毛细现象是指在毛细力作用下，流体发生宏观流动的现象。毛细现象的实质是液面曲率差导致液体内部出现压力差，按照流体力学的规律，从高压向低压处的流动。

当液体可以润湿管壁时，毛细管中液面曲率的绝对值明显大于管外液面，但其符号是负的。根据 Laplace 公式，若无毛细上升，在液体等高处（B 点和 C 点）压强不等，导致液体由压强高处向低处流动，这就是毛细上升现象（图 2-14）。因此，弯曲液面所产生的附加压力又称为毛细压力。

在液体与固体接触处，液体的表面张力 r 作为收缩表面的力作用于固体，固体必以大小相同、方向相反的力 f 施于液体，使液体沿其合力的方向运动，直到毛细上升的液柱高度产生的重力抵消了表面张力的作用为止，这就是毛细上升。

如仔细测定毛细管内径（R），毛细上升高度（△ h），液体的表面张力 r，在液体能完全润湿管壁而管内径又很小时，三者有下列关系：

$$\rho g \triangle h = 2r/R \tag{2-14}$$

式中，ρ 是液体密度，g 为重力加速度。

如液体不润湿管壁，在毛细管中形成凸形表面，则曲率半径 R 和曲面内外压差△ P 皆为正值，则导致毛细下降。

3. 溶液的表面性能

涂布液大多是溶液或分散液。由于组分的多样性及组分间复杂的相互作用，涂布液表面呈现出一系列表面张力与表面活性现象。

纯液体只有一种分子，只要固定温度和压力，其表面张力 r 就是一定的。但涂布液会因溶质的加入而改变表面张力。通常表面张力随溶质浓度而变化的规律大致有如图 2-15 中所示的三种情况。第一种情形是表面张力随溶质浓度的增加而升高，且近于直线（A 线）。第二种情形是表面张力随溶质浓度的增加而降低，通常开始降得快，后来降得慢（B 线）。第三种情形是表面张力在浓度很低时急剧下降，至

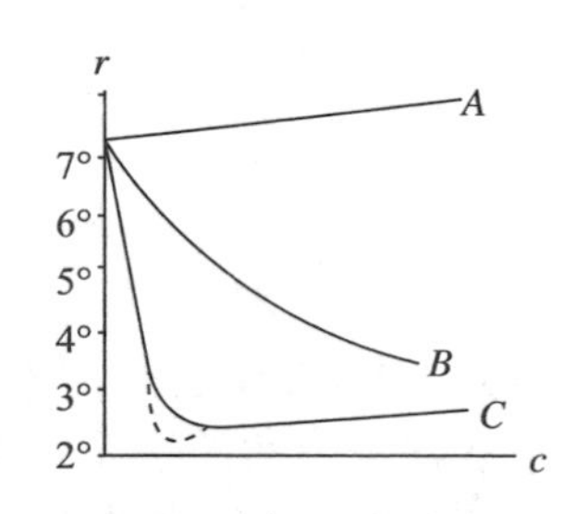

图 2-15　水溶液表面张力与浓度的关系（等湿线）

一定浓度后表面张力几乎不再变化（C 线）。下面列出属于这三类情形的一些溶质：

变化规律符合 *A* 线的溶质：NaCl、Na_2SO_4、KOH、NH_4Cl、KNO_3 等无机盐类，以及蔗糖、甘露醇等多羟基有机物等。

变化规律符合 *B* 线的溶质：醇、醛、酸、酯等大部分有机物。

变化规律符合 *C* 线的溶质：皂类、8 碳以上的直链有机酸、碱金属盐、高碳直链烷基酸盐或磺酸盐、苯磺酸盐等。

表面活性物质溶于水后，能显著降低水的表面张力；非表面活性物质则可使水的表面张力升高或稍微降低。

二、涂布液润湿铺展性能

润湿是指在固体表面上一种液体取代另一种与之不相混溶的流体的过程。因此，润湿作用必然涉及三相，其中两相是流体。常见的润湿现象是固体表面上的气体被液体取代的过程。

1. 润湿过程

润湿过程可以分为三步：沾湿、浸湿和铺展。

（1）沾湿，是液体与固体从不接触到接触，液气界面和固气界面变为固液界面的过程。

设形成的接触面积为单位值，此过程中体系自由能降低值（$-\triangle G$）应为

$$-\triangle G=\gamma_{Sg}+\gamma_{Lg}-\gamma_{SL}=W_a \tag{2-15}$$

式中，γ_{Sg} 为气固界面自由能；γ_{Lg} 为液体表面自由能；γ_{SL} 为固液界面自由能。W_a 是黏附功，是沾湿过程体系对外所能做的最大功，也是将接触的固体和液体自交界处拉开，外界所需做的最小功。

（2）浸湿，指固体浸入液体中的过程。此过程的自由能降低值为

$$-\triangle G=\gamma_{Sg}-\gamma_{SL}=W_i \tag{2-16}$$

式中，W_i 为浸润功；$W_i>0$ 是浸湿过程能否自动进行的判断依据。当内聚力大于附着力时，附着层有收缩倾向，呈现不润湿性；当附着力大于内聚力时，更多分子进入附着层，呈现润湿性。

（3）铺展，如图 2-16 所示，涂布目的是在固体基底上均匀地形成一层流体膜。这时，不仅要求液体能附着于固体表面，还希望能自行铺展成为均匀的薄膜。当铺展面积为单位值时体系自由能降低为

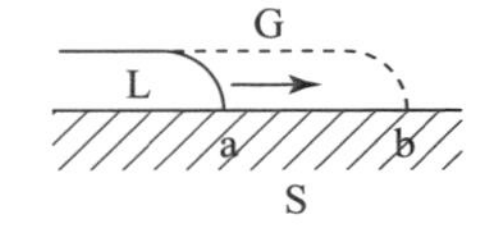

图 2-16　液体在固体表面的铺展

$$-\triangle G=\gamma_{Sg}-\gamma_{SL}-\gamma_{Lg}=S \tag{2-17}$$

式中，S 为铺展系数。将式（2-16）与式（2-17）结合可得：

$$S=W_i-\gamma_{Lg} \tag{2-18}$$

此式说明，若要铺展系数大于 0，则 W_i 必须大于 γ_{Lg}，γ_{Lg} 是液体的表面张力，表征液体收缩表面的能力。与之相应，W_i 则体现了固体与液体间黏附的能力。因此，又称之为黏附张力，用符号 A 代表：

$$A=\gamma_{Sg}-\gamma_{SL} \tag{2-19}$$

三种润湿过程自发进行的条件皆可用黏附张力来表示：

$$Wa=A+\gamma_{Lg}>0 \tag{2-20}$$

$$W_i=A>0 \tag{2-21}$$

$$S=A-\gamma_{Lg}>0 \tag{2-22}$$

由于液体的表面张力总是正值，对于同一体系 $W_a>W_i>S$，故凡能自行铺展的体系，其他润湿过程皆可自动进行。从以上三式可以看出，固体表面能对体系润湿特性的影响都是通过黏附张力 A 来起作用。其共同的规律是：固气界面能越大，固液界面能越小，也就是黏附张力越大，越有利于润湿。

2. 接触角与润湿方程

润湿角是表征涂布液润湿铺展性能的重要参数。

将液体滴于固体表面，液体或铺展而覆盖固体表面，或形成液滴停于其上，随体系性质而定。所形成液滴的形状，可以用接触角描述。接触角是在固、液、气三相交界处，作液体表面的切线与固体表面的切线，两切线通过液体内部的角度，即为接触角。以 θ 表示。

平衡接触角与三个界面自由能之间有如下关系：

$$\gamma_{LG}-\gamma_{SL}=\gamma_{LG}\cos\theta \tag{2-23}$$

此式是 T. young 于 1805 年提出的，常称杨氏方程，亦称为润湿方程。它是润湿规律的基本公式，表达三相交界处，三个界面张力之间的相互关系，适用于具有固液、固气连续表面的平衡体系。

图 2-17 中 S、L、G 分别表示固、液、气三相。接触角理论上是可以在 0～180° 的任何值，一般说 $\theta<90°$ 可以润湿；$\theta>90°$ 不能润湿。而 $\theta=0°$ 代表完全润湿，$\theta=180°$ 代表完全不润湿。

用接触角说明润湿状态直观方便，但为避免作切线时的困难，发展了从长度测量数据计算出接触角的方法，其中比较适用的有滴高法。

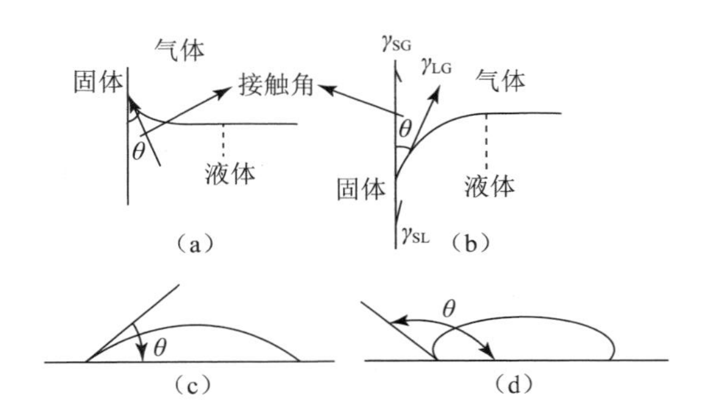

图 2-17　液体在固体表面的润湿接触角表现

（1）接触角滞后

许多测定结果表明，接触角不仅决定于相互接触的三相的化学组成和温度、压力，而且与形成三相接触方式有关。以固、液、气三相体系为例，见图 2-18，液固界面取代气固界面，与气固界面取代液固界面后形成的接触角常不相同。这种现象叫作接触角滞后。

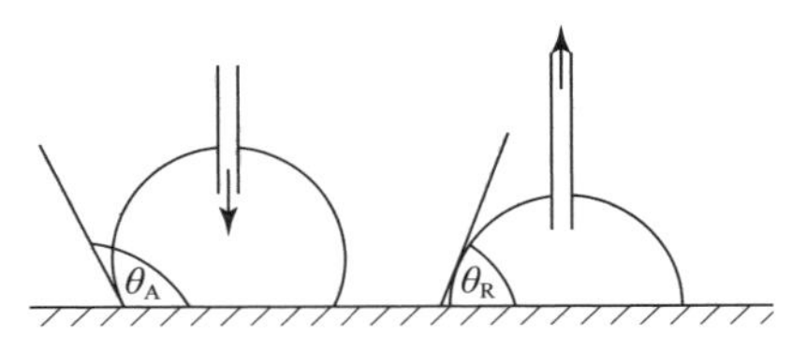

图 2-18　前进角和后退角

固液界面取代固气界面后形成的接触角叫前进角。用 θ_A 表示；气固界面取代固液界面后形成的接触角叫作后退角，用 θ_R 表示。造成接触角滞后的主要原因是表面不平和表面不均匀。污染是导致表面不均匀的一个主要原因，这些现象会导致一系列的涂布弊病。

（2）固体的润湿性质

①低能表面与高能表面

在处理涉及润湿的实际问题时，总是希望能得出什么样的固体容易被液体润湿、什么样的固体不容易被液体润湿，以及什么样的液体具有好的润湿能力的规律。从润湿方程来看，只有表面能足够高的固体才可能被液体所润湿。因为欲使接触角为 0，则 γ_{Sg} 必须大于或等于 γ_{SL} 与 γ_{Lg} 之和。虽然 γ_{SL} 的数值不容易得到，但可以肯定地说 γ_{Sg} 必须大于 γ_{Lg} 方有被该液体润湿之可能。根据这一论断，考虑到一般常用液体的表面张力都在 100mN/m 以下，便以此为界，将固体的表面能分为两大类。凡表面能高于 100mN/m 的固体，叫高表面能固体，其表面也叫高能表面；表面能低于 100mN/m 的固体，称为低表面能固体，其表面也叫低能表面。按照这个标准，有机固体和无机固体大致分别属于这两类。一般无机固体，如常见的金属及其氧化物、卤化物及各种无机盐的表面能在 500 ～ 5000mN/m 的范围，属于高能表面。它们与一般液体接触后，体系表面能有较大的降低，可为这些液体所润湿。但是，许多有机固体和高聚物的表面能则与一般液体相仿，甚至更低，它们的表面属于低能表面。这类固体的润湿性质，随固液两相成分与性质的不同而变化。

②高能表面上的自憎现象

通常一般液体可在高能表面上铺展。但也有一些低表面张力的有机液体，却不能在金属、氧化物等高能表面上自动铺展，而形成有相当大接触角的液滴。

这是因为这些有机液体的分子在高能表面上形成定向排列的吸附膜。被吸附的两亲分子的亲水基，固定于高能固体表面上，而以疏水基构成最外层。这种吸附膜与上面所说的定向单分子层相同，使高能固体表面层的组成和结构发生变化，变成了低能表面。当形成的低能表面的临界表面张力 γ_c 比这些液体自身的表面张力 γ_{lg} 还要低的时候，这些液体便不能在自身的吸附膜上铺展。这种现象叫自憎现象。

③固体表面改性

表面活性剂通过吸附作用可以改变固定表面的组成和结构，使高能表面变为低能表面而不容易被润湿。这种吸附作用可以是物理吸附，也可以是化学吸附。前者如大多数固体从表面活性剂中的吸附和转移到固体表面上的单分子层。各种表面活性剂在各类固体上的吸附性不同。形成的吸附层的结构及最外层的基团，不仅因表面活性剂和固体性质而异，而且随表面活性剂溶液浓度、酸碱度及其他环境因素而变。有时形成的吸附层，是以表面活性剂亲水基为最外层，这将有利于水对固体的润湿。

改变支持体的润湿性，有利于提高涂布速度和改变涂布液润湿均匀性。

（3）动润湿与润湿临界速度

润湿方程只是反映了在静止状态下，固、气、液三相间界面张力与润湿角之间的关系。可是涂布过程不是静止的，它是一个液体薄膜的运动过程。这时，固体与液体间形成随接触时间改变而变的接触角，叫作动接触角。与之相关的润湿现象叫作动润湿。

空气膜阻碍涂布液与支持体的充分接触，给液膜高速涂布带来一定困难。当空气膜产生的压力，远大于涂布液与基材间的压力时，空气膜会锲入弯月面，良好的润湿现象被破坏，出现动力不润湿现象。在保证体系能够润湿的条件下，所能允许的最大界面运动速度，叫润湿临界速度。

（4）动态表面张力

上述内容，都是表面活性剂在溶液表面吸附平衡的特性和规律，并没有考虑吸附达到平衡所需的时间，或者说吸附速度问题。实际上，吸附速度有时具有决定性的作用。比如在液膜涂布过程中，新表面不断生成，表面活性剂逐步吸附到表面上，相应地降低表面张力使液膜容易生成；所形成的吸附膜能防止液膜收缩和破裂，使涂布均匀。如吸附速度缓慢，则不能发挥表面活性剂的效能。

动态表面张力在液面陈化过程中，观察溶液表面张力时，发现它先随时间而降低，一定时间后达到稳定值。图 2-19 是不同浓度的癸醇水溶液的表面张力随表面形成时间的变化曲线。图中虚线与各浓度溶液的表面张力 - 时间曲线交点为 *A*、*B*、*C*、*D*，在与此点相应的时间以后，溶液表面张力基本上不再随时间改变。这个表面张力值就是溶液的平衡表面张力；在此时间以前的表面张力值称为动态表面张力（图 2-20）。

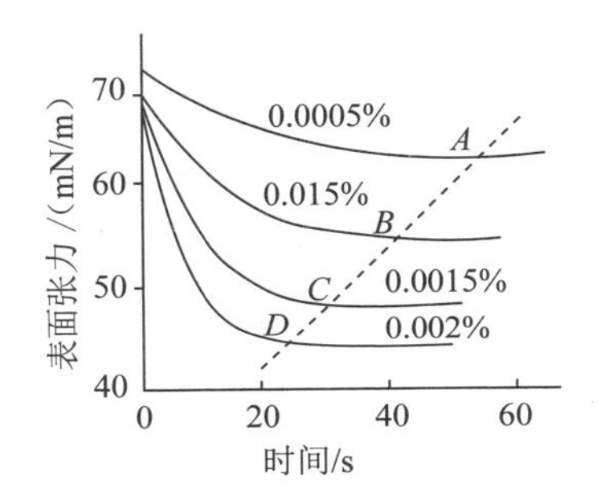

图 2-19　癸醇水溶液表面张力 - 时间曲线

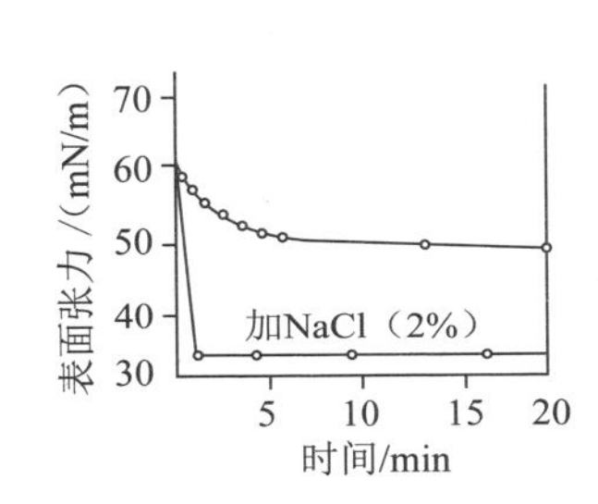

图 2-20　表面活性剂水溶液的动态表面张力

表面张力现象又叫作表面张力时间效应。上述实验表明：表面活性剂浓度越高，尽管平衡表面张力较低，达到平衡表面张力所需时间却越短。

溶液表面张力时间效应与溶质分子大小有明显关系，分子小则时间效应小。碳链长度小于 8 的醇类基本上在 1s 以内就可以达到平衡表面张力，而分子较大的表面活性剂水溶液的表面张力时间效应则更为突出。

第五节　涂布液的上机可涂性

涂布液的上机可涂性包括涂布液黏度、保水率、剪切流变性能以及机械和化学稳定性。

一、涂布液黏度

调整固含量与黏度，可以得到设定的涂布量和均匀的涂层分布。涂布液黏度主要与固含量、酸碱度、涂布颜料的种类和配比、分散剂的类型和用量、辅助黏合剂的种类和用量、乳胶的种类和用量、温度、水的硬度等因素相关。

涂布液黏度高度依赖于固含量的高低，Brookfield 黏度以幂数函数的方式，随固含量的增加而提高。

pH 值也是重要因素。悬浮于水中的颜料，既受到范德华力的吸引作用，又受到颗粒所带电荷的静电排斥作用。悬浮在一定程度上反映了这两种力强弱之比。研究表明，高岭土水分散体系在 pH 值为 8.5 的条件下最稳定，而碳酸钙在 pH 值为 9.5 时悬浮状态最佳。所以，涂布液必须保持适当的 pH 值，特别是在加酸性的乳胶时，必须保证涂布液的 pH 值在合适的碱性范围内。

二、保水率

保水率反映了涂布液与原纸接触时浆料脱水的强弱。合适的保水率，有利于浆料本身固含量的稳定，有利于浆料在原纸表面的均匀分布，避免浆料在刮刀背面形成钟乳石状的结块而造成涂布层表面的刮痕或断纸。较高的保水率还有助于涂层表面的光滑和防止浆料过多地渗入原纸。保水率一般受制于浆料中的辅助黏合剂的类型及用量。

通常，羧甲基纤维素的保水率优于聚乙烯醇，而聚乙烯醇强于淀粉（见表 2-8）。观察配方相同的两份浆料，可以发现浆料的保水率随固含量的提高而增加。但实验表明，保水率与涂布液黏度无必然联系。

表 2-8 辅助黏合剂性能比较

特征	聚乙烯醇	羧甲基纤维素	淀粉
黏合力	优	优	差
荧光增白辅助效应	优	良	中
保水率	中	优	良

三、高剪切速率下的流变性能

为了提高生产效率和产量，涂布机车速越来越高，在每分钟 1200 米车速下，浆料在过刮刀瞬间所承受的剪切速率高于 10^6 秒 $^{-1}$，此时，涂布液的流变性能，是一个非常重要的参数。

一般而言，剪切速率提高，浆料黏度降低，即一般情况下涂布浆料属于假塑性流体。但有时，由于配方选择的不合理，浆料会出现膨塑性流变行为。此时，浆料的黏度随着剪切速率的提高而急剧增加。涂布液的这种膨塑性流变行为，会造成涂层的不均匀、涂层重量的变化、刮痕、断纸等缺陷。

涂布液的高速流变行为与其固含量关系密切，如图 2-21 所示，当固含量从 40% 提高到 55%，最后到 65%，浆料从牛顿流体变为假塑性流体，并在一定的剪切速率下成为膨塑性流体。

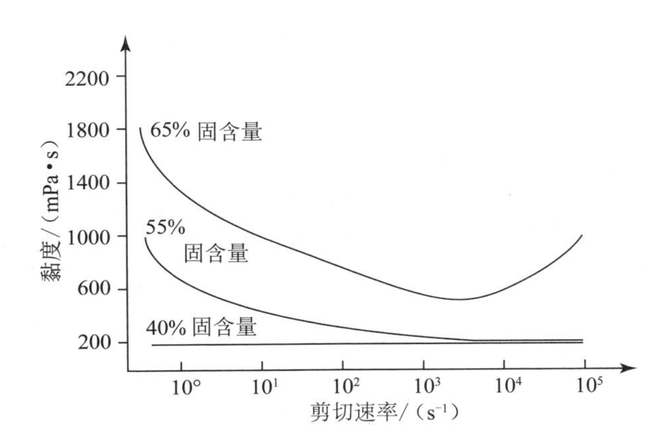

图 2-21　涂布液黏度与剪切速率关系

好在涂布液出现膨塑性流变行为的机会不多。一般浆料的固含量不是很高，涂布机车速不高的情况下，不会出现膨塑性流变现象。

四、涂布液化学稳定性

破坏涂布液稳定性的因素很多，如酸碱度、多价阳离子、温度等。另外，各组分的相互作用，也会破坏涂布液的稳定性，如在涂布液中加入乳胶、酪蛋白、缎白、聚乙烯醇等组分时，偶尔会出现大范围的结块。涂布液中的淀粉，也会凝聚成不可逆的胶化状态；加入的硬脂酸类润滑剂，也能与淀粉复合结块，在涂布时存在于原纸中的烷基乙烯酮二聚体（AKD）也会转移到涂层中而造成涂层结块。此外，有机分散剂随时间的变化，也会造成涂布液性能的不稳定。

有时，涂布液 24 小时后的熟化黏度升高，甚至十倍于初始浓度。此时，往往 pH 值偏低，要检查 pH 值是否正确，可向涂布液中再加少量的分散剂降低黏度。

参考文献：

[1]　[日] 仁平宣弘 . 表面处理工具书 [M]. 日刊工业新闻社 .
[2]　邹志 . 谈谈涂料的体积固含量及涂布率 [J]. 涂料家 . 2019-05-12.
[3]　施晓旦 . 涂布浆料的组成、特性及配方选择 [J]. 上海造纸 , 1995（2）.
[4]　苏艳群 , 曹振雷 . 涂布颜料对涂布纸性质和涂层覆盖的影响 [J]. 中国造纸 , 2005（2）.

第3章 涂布液用胶黏剂

第一节 涂布液用胶黏剂概述及分类

一、基本要求

胶黏剂又称成膜树脂、连接料、黏合剂，其主要作用是涂布前保持涂布液均匀稳定，涂布后使颜料颗粒间及颜料与基底材料密切结合，使涂布液牢固地附着于被涂覆物面上形成连续薄膜。胶黏剂是构成涂布液的基础，决定着涂层的基本特性，对涂布液的涂布工艺性能如黏度、流变性、保水性和涂布产品质量，有很大影响。

涂布液胶黏剂应具备下列条件。

①可施工性，通过喷涂、滚涂、浸渍、电泳、淋涂、熔融等方式能形成连续的涂层。

②成膜性，胶黏剂赋予涂层一定的机械强度及光泽、耐候、触感等功能。

③黏结性，对颜料颗粒、基材等介质有良好的黏结力。

④分散性，可将如颜料等分散物均匀稳定地分散在涂布液中。

⑤稳定性，与其他组分能良好地融合，在涂布前后避免不可控的反应，不影响涂布产品白度、不透明度及颜料的颜色等。

⑥溶解性好。

二、黏接过程原理

1. 胶黏剂与基材黏接过程

黏接是不同材料的界面间接触后相互作用的结果。因此，界面层作用是黏接过程研究的基本问题。黏接基材胶黏剂的界面张力、表面自由能、官能团性质、界面反应等，都影响黏接效果。黏接力的形成，主要包括胶黏剂在基材表面润湿，胶黏剂分子向基材表面润湿、扩散和渗透，以及胶黏剂与基材形成物理化学和机械结合等过程。

（1）胶黏剂润湿铺展阶段

润湿是液态物质在固态物质表面分子间力作用下均匀分布的现象。不同液态物质对不同固态物质的润湿程度不同。涂布黏接是用液态胶黏剂（包括熔融的液态）把固态的基材黏在一起，胶黏剂在基材表面润湿良好，是产生物理化学结合的基本条件。

胶黏剂在基材表面的润湿，同样需要满足液体在固体表面润湿的一般条件。

液体与固体接触表面处存在接触角，其值大小表示润湿程度。接触角越小，润湿状态越好。当 θ 等于 0 时，固体表面完全润湿；θ 在 0° ～ 90° ，表面可以润湿；θ 大于 90° ，表面不润湿；当 θ 为 180° 时，绝对不润湿。固体表面的接触角及润湿程度如图 3-1 所示。

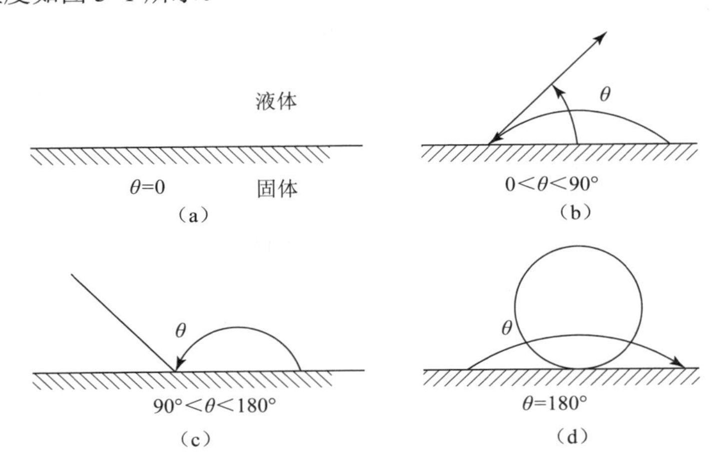

图 3-1　固体表面接触角与润湿程度

液体对固体的润湿程度，主要取决于其表面张力大小。当一个液滴在固体表面达到热力学平衡时（如图 3-2 所示），应满足如下方程式。

$$\gamma_S=\gamma_{SL}+\gamma_L\cos\theta \tag{3-1}$$

式中，γ_S 为固体表面张力；

γ_L 为液体表面张力；

γ_{SL} 为固、液间界面张力；

θ 为液、固界面间接触角。

如图 3-2 所示，在固体和液体接触点上，存在液体的表面张力 γ_L，固体表面张力 γ_S 和液固界面张力 γ_{SL} 三个作用力。如果这三个力的合力使接触点上液滴向左方拉，则液滴扩大，θ 变小，固体润湿程度变大；若向右方拉，则产生相反现象。这里，向左方拉的力是 γ_S，向右方拉的力是 $\gamma_L\cos\theta+\gamma_{SL}$，由此得 $\gamma_S > \gamma_L\cos\theta+\gamma_{SL}$ 时，润湿程度增大；$\gamma_s < r_l\cos\theta+\gamma_{SL}\gamma_S=\gamma_L\cos\theta+\gamma_{SL}$ 时，液滴处于静止状态。

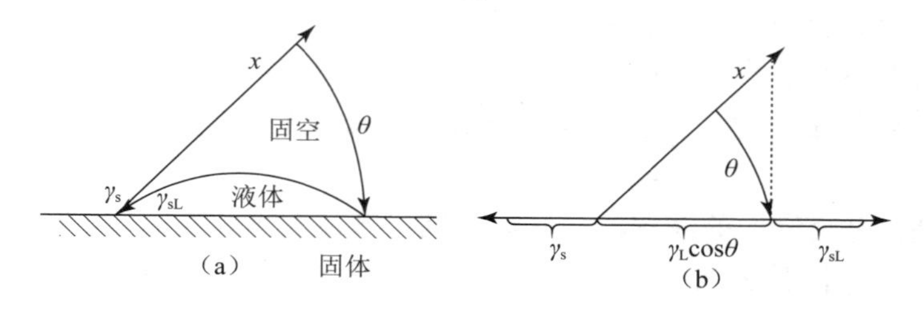

图 3-2　液体在固体表面达到热力学平衡

由式（3-1）可得

$$\cos\theta=(\gamma S-\gamma L)/\gamma L \qquad (3-2)$$

由式（3-1）和式（3-2）得出结论：表面张力小的物质能够很好地润湿表面张力大的物质，而表面张力大的物质不能润湿表面张力小的物质。

（2）胶黏剂分子的铺展和扩散

胶黏剂润湿基材表面，是形成黏接力的必要条件。要使胶黏剂与基材产生机械和物理化学结合，胶黏剂分子与基材分子之间的距离必须小到一定程度（一般在 1nm 以下）。此时，胶黏剂分子的铺展和扩散十分重要。

通常，胶黏剂体系中的分子热运动处于杂乱无序的状态。胶黏剂与基材接触后，对胶黏剂分子产生一定的吸引作用。胶黏剂分子，尤其是分子带有极性基团的部分，会向被黏物表面移动，并向极性键靠拢，表现为铺展和扩散。当它们的距离小于 0.5nm 时，便产生物理化学的结合。

（3）胶黏剂的渗透

任何基材表面都存在一定的孔隙和缺陷。胶黏剂作为流动性液体，黏接时向基材孔隙的渗透，将增大胶黏剂与被黏物的接触面积，有利于胶黏剂与基材间产生机械结合力。

胶黏剂的渗透，也是胶黏剂在外力作用下被压入基材孔隙的过程。胶黏剂渗入基材孔隙的深度，取决于接触角大小、孔径大小、压力等因素。

在上述基础上，胶黏剂与基材间，通过物理化学或者机械结合作用，形成黏结作用，实现胶黏剂与基材的黏合。

2. 胶黏剂与基材黏接作用原理

黏接是综合性强、影响因素复杂的一类技术，而现有的胶接理论都是从某一方面出发来阐述其原理，所以至今没有全面且唯一的理论。20 世纪 40 年代以后出现了各种黏结机理理论，其中，主要的理论有以下几种。

（1）吸附理论

固体对胶黏剂的吸附，称为黏接的吸附理论。

该理论认为，黏接力的主要来源是黏接体系的分子作用力，即范德华引力和氢键力。胶黏剂与基材表面的黏接力与吸附力具有某种相同的性质。胶黏剂分子与被黏物表面分子的作用过程有以下两个过程。

第一阶段是液体胶黏剂分子借助于布朗运动向基材表面扩散，使两界面的极性基团或链节相互靠近。升温、施加接触压力和降低胶黏剂黏度等，都有利于布朗运动的加强。

第二阶段是吸附力的产生。当胶黏剂与基材分子间距离达到 5 ～ 10Å 时，界面分子之间便产生相互吸引力，使分子间的距离进一步缩短到最稳定状态。

胶黏剂的极性有利于提高黏结强度，但极性过高，又会降低湿润效果，降低黏接力。可见，分子间作用力是提供黏接力的因素，但不是唯一因素。

（2）化学键形成理论

化学键又称主价键力，存在于原子（或离子）之间，胶黏剂与被黏物分子之间，除分子间的相互作用力外，有时还有化学键作用。该理论认为胶黏剂与被黏物表面产生化学反应后在界面上形成化学键结合而把两者牢固地连结起来。例如，硫化橡胶与镀铜金属的胶接界面、偶联剂对胶接的作用、异氰酸酯对金属与橡胶的胶接界面等的研究，均证明有化学键的生成。化学键力包括离子键力、共价键力、配位键力。离子键力有时候可能存在于无机黏结剂与无机材料表面之间的界面区内，共价键力可能存在于带有化学活性基团的胶黏剂分子与带有活性基团被黏物分子之间，化学键的强度比范德华作用力大得多；化学键形成不仅可以提高黏附强度，还可以克服脱附使胶接接头破坏的弊病。但化学键的形成，需要满足一定的条件，并非所有胶黏剂基之间的接触点都能够形成化学键。一般而言，单位黏附界面上化学键数要远少于分子间作用数，因此，黏接强度主要来自分子间作用力。

（3）弱边层理论

黏结作用的弱边界层理论是 Bikerman 在 1961 年提出的。黏接体系由于工艺上或结构上的原因，存在着弱边界层。比如胶黏剂中那些不溶解于固化物中的组分而分相产生了弱边界层，以及出于微区结构上的不均一性而产生弱边界层。同时，破坏发生在界面层的概率几乎为零。因为就破坏裂缝来说，它的传递有三种方式，即在界面层、基体中或片基中传递，因此沿界面层传递的概率只有 1/3，破坏通过（n+1）分子传递的概率则为（1/3）n，所以破坏发生在界面的可能性几乎没有。

黏接体系由于工艺上或结构上的因素影响，体系不可避免地存在有这种或那种弱边界层，破坏总是发生在弱边界层处，而这种弱边界层存在于界面的概率只有1/3。因此破坏发生在界面的概率较小，大部分发生在本体中。

（4）扩散理论

有人认为，两种具有相容性的聚合物紧密接触时，由于分子的布朗运动或链段的摆动，发生相互扩散作用。这种扩散作用是穿越胶黏剂、被黏物的界面交织进行的。扩散的结果，导致界面的消失和过渡区的产生，进而实现聚合物间的黏接。黏接体系扩散理论的局限性，在于不能解释聚合物材料与金属、玻璃或其他硬体胶黏剂，因为聚合物很难向这类材料扩散。

（5）静电理论

当胶黏剂和被黏物体系是一种电子的接受体——供给体的组合形式时，电子会从供给体（如金属）转移到接受体（如聚合物），在界面区两侧形成双电层，从而产生了静电引力实现黏接。

但静电作用仅存在于能够形成双电层的黏接体系，因此不具有普遍性。此外，有些学者指出：双电层中的电荷密度必须达到10^{21}电子/cm^2时，静电吸引力才能对黏接强度产生较明显的影响。而双电层迁移电荷产生密度的最大值只有10^{19}电子/cm^2（有的认为只有10^{10}～10^{11}电子/cm^2）。因此，静电力不是形成黏接的主要因素。

（6）机械作用力理论

从物理化学观点看，机械作用并不是产生黏接力的因素，而是增加黏接效果的一种方法。胶黏剂渗透到被黏物表面的缝隙或凹凸之处，固化后在界面区产生了啮合力，这些情况类似钉子与木材的接合或树根植入泥土的作用。机械连接力的本质是摩擦力。在黏合多孔材料、纸张、织物等物品时，机构连接力是很重要的，但对于某些坚实而光滑的表面，这种作用并不显著。

胶黏剂与被黏物的机械结合力，通常有以下几种形式。

① 钉键作用。黏接过程中，胶黏剂渗透到基材的直筒形孔隙中，固化后就形成了很多塑料钉子。这些塑料钉子簇，使胶黏剂与被黏物之间产生了很大的摩擦力，增加了彼此间的黏合力，这种现象称为“钉键作用”。

②勾键作用。基材表面的空隙，有许多是呈钩状的。当渗入其中的胶黏剂固化之后，形成的塑料勾，称为“勾键”。“勾键”的强度，取决于胶黏剂本身的强度。

③根键作用。基材表面的大孔隙里面延伸着很多小孔隙，胶黏剂渗入后就像树根一样，深入到被黏物孔隙中形成牢固的结合力，称之为“根键”。

④榫键作用。当基材表面存在较大的发散锥形孔隙缺陷时，渗入的胶黏剂固化后，形成许多塑料榫将基材牢牢紧固，这种结合称之为“榫键”结合。

总体上，黏接接头由两个被黏物之间夹一层胶黏剂所构成。黏接接头的强度取决于胶黏剂的内聚强度、被黏材料强度和胶黏剂与被黏材料之间的黏合力，而最终强度又受三者中最弱的因素所控制。

三、影响胶黏剂黏接强度的因素

1. 物理因素

（1）表面粗糙度

当胶黏剂良好地浸润被黏材料表面时（接触角 θ < 90°），表面的粗糙化有利于提高胶黏剂液体对表面的浸润程度，增加胶黏剂与被黏材料的接触点密度或者说是接触面积，从而有利于提高黏接强度。反之，胶黏剂对被黏材料浸润不良时（θ > 90°），表面的粗糙化不利于黏接强度提高。

（2）基材表面处理

黏接前的表面处理是黏接获得牢固耐久接头的关键。由于被黏材料存在氧化层（如锈蚀、镀铬层、磷化层、脱模剂等）形成的“弱边界层”，被黏物的表面处理将改善黏接强度。例如，聚乙烯表面可用热铬酸氧化处理而改善黏接强度，加热到70℃～80℃时处理1～5分钟，就会得到良好的可黏接表面。而聚乙烯薄膜用铬酸处理时，只能在常温下进行。薄膜的表面处理，采用等离子或微火焰处理。

（3）不良渗透

已黏接的接头，受环境气氛的作用，常常渗进一些其他低分子物。例如，接头在潮湿环境中或水下，水分子渗透入胶层；聚合物胶层在有机溶剂中，溶剂分子渗透入聚合物中。低分子物的透入首先使胶层变形，然后进入胶层与被黏物界面。使胶层强度降低，从而导致黏接的破坏。

渗透不仅从胶层边缘开始，对于多孔性被黏物，低分子物还可以从被黏物的空隙、毛细管或裂缝中渗透到被黏物中，进而侵入到界面上，使接头出现缺陷乃至破坏。渗透不仅会导致接头的物理性能下降，而且由于低分子物的渗透使界面发生化学变化，生成不利于黏接的锈蚀区，使黏接完全失效。

胶黏剂的渗透增加铆合面积，一般情况是利于黏结的。

（4）小分子迁移

含有增塑剂的被黏材料如PVC材料，由于这些小分子物与聚合物大分子的相容性较差，容易从聚合物表层或界面上迁移出来。迁移出的小分子若聚集在界面上就会妨碍胶黏剂与被黏材料的黏接，造成黏接失效。

（5）压力

在黏接时，向黏接面施以压力，使胶黏剂更容易充满被黏体表面上的坑洞，甚至流入深孔和毛细管中，减少黏接缺陷。对于黏度较小的胶黏剂，加压时会过度地流淌，造成缺胶。因此，应待黏度较大时再施加压力，也促使被黏体表面上的气体逸出，减少黏接区的气孔。

对于较稠的或固体的胶黏剂，在黏接时施加压力是必不可少的手段。在这种情况下，常常需要适当地升高温度，以降低胶黏剂的稠度或使胶黏剂液化。例如，绝缘层压板的制造、飞机旋翼的成型都是在加热加压下进行。

为了获得较高的黏接强度，对不同的胶黏剂应考虑施以不同的压力。一般对固体或高黏度的胶黏剂施加高的压力，而对低黏度的胶黏剂施加较低的压力。

（6）胶层厚度

厚胶层易产生气泡、缺陷和早期断裂，因此应使胶层尽可能薄一些，以获得较高的黏接强度。另外，厚胶层在受热后的热膨胀在界面区所造成的热应力也较大，更容易引起接头破坏。但胶层厚度对黏结的影响还取决于黏结材料和胶黏剂的性能以及黏结方式，如在一定范围内，压敏胶胶层较厚则剥离力相应增加。

（7）负荷应力

在实际的接头上作用的应力是复杂的，包括剪切应力、剥离应力和交变应力。

①剪切应力：由于偏心的张力作用，在黏接端头出现应力集中，除剪切力外，还存在着与界面方向一致的拉伸力和与界面方向垂直的撕裂力。此时，接头在剪切应力作用下，被黏物的厚度越大，接头的强度则越大。

②剥离应力：被黏物为软质材料时，将发生剥离应力的作用。这时，在界面上有拉伸应力和剪切应力作用，力集中在胶黏剂与被黏物的黏接界面上，因此接头很容易破坏。由于剥离应力的破坏性很大，在设计时尽量避免采用会产生剥离应力的接头方式。

③交变应力：在接头上胶黏剂因交变应力而逐渐疲劳，在远低于静应力值的条件下破坏。强韧的、弹性的胶黏剂（如某些橡胶态胶黏剂）耐疲劳性能良好。

（8）内应力

收缩应力：当胶黏剂固化时，因挥发、冷却和化学反应而使体积发生收缩，引起收缩应力。当收缩力超过黏附力时，表观黏接强度就要显著下降。此外，黏接端部或胶黏剂的空隙周围应力分布不均匀，也产生应力集中，增加了裂口出现的可能。有结晶性的胶黏剂在固化时，因结晶而使体积收缩较大，也造成接头的内应力。如在其中加入一定量能结晶或改变结晶大小的橡胶态物质，那么就可以减少内应力。在热固性树脂胶中加增韧剂是一个最好的说明。例如，酚醛—缩醛胶，当缩醛含量低于 40% 时，接头发生单纯界面破坏；而在 40%

以上时则为内聚破坏，黏接强度明显增强。也可在胶黏剂中加入膨胀型单体，降低内应力。比如螺环原碳酸酯聚合时体积膨胀，最大可达5%～20%，可以对环氧胶黏剂进行改性。

热应力：在高温下，熔融的树脂冷却固化时，会产生体积收缩，在界面上由于黏接的约束而产生内应力。在分子链间有滑移的可能性时，则产生的内应力消失。

影响热应力的主要因素有热膨胀系数、室温和Tg间的温差以及弹性差量。

为了缓和因热膨胀系数差而引起的热应力，应使胶黏剂的热膨胀系数接近于被黏物的热膨胀系数，加填料是一种好办法，可添加该种材料的粉末或其他材料的纤维或粉末。

2. 化学因素

影响黏接强度的化学因素主要指分子的极性、分子量、分子形状（侧基的结构、多少及大小）、分子量分布、分子的结晶性、分子对环境的稳定性（转变温度和降解）以及胶黏剂和被黏体中其他组分性质如pH值等。

（1）极性

胶黏剂极性越强黏结强度越大，这种情况仅仅适合于极性大的被黏结物的黏结。对于极性低的被黏物，极性大的胶黏剂极性基团过多，约束了其链段的扩散活动能力，导致黏结体系润湿性变差而降低黏合力。从极性的角度出发，为了提高黏接强度，与其改变胶黏剂和被黏物全部分子的极性，还不如改变界面区表面的极性。例如，聚乙烯、聚丙烯、聚四氟乙烯经等离子表面处理后，表面上产生了许多极性基团，如羟基、羰基或羧基等，从而显著地提高了可黏接性。

（2）分子量及分子量分布

一般聚合物分子量低，分子量分布宽，黏度小，流动性好，作为胶黏剂有利于润湿，即黏结性好。但分子量低，内聚力低，最终的黏结强度不高；分子量大，分子量分布窄，胶层内聚力高，但黏度增大，不利于润湿。因此，对于每类聚合物，只有分子量在一定的范围内才能既有良好的黏结性，又有较大的内聚力，以保证足够的黏结强度。

（3）主链结构

胶黏剂聚合物分子的主链结构决定胶黏剂的柔顺性。聚合物的柔韧性大，有利于分子或者链段的运动或者摆动，使黏结体系中的两个分子容易相互靠近并产生吸附力，而刚性聚合物在这方面性能较差，但耐热性能好。聚合物分子主链全部由单键组成，由于每个键都能发生内旋转，聚合物的柔性大；此外，单键的键长和键角增大，分子链内旋转作用变强，聚硅氧烷具有很大的柔性就是这个原因造成的；主链中如含有芳杂环结构，由于芳杂环不易内旋转，故此类聚合物如聚砜、聚苯醚、聚酰亚胺等的刚性较大；含有孤立双键的大分子，虽然双键本身不能内旋转，但它使邻近的单键的内旋转易于发生，如聚丁二烯的柔性大于聚乙烯；含有共轭双键的聚合物，其分子没有内旋转作用，刚性大、耐热性好，但黏结性能较差。聚苯、聚乙炔等属于此类聚合物。

（4）侧链

胶黏剂中聚合物分子链上的侧链种类、体积、位置和数量对胶黏剂的黏结强度也有较大影响。聚合物侧链极性大小对聚合物内和分子间的吸引力起着重要的作用。基团的极性小，吸引力低，分子的柔性好。如果侧链基团极性高，聚合物内和分子间的吸引力高，聚合物的内聚强度增加，柔韧性降低；侧链基团在主链上的间隔越远，它们之间的作用力及空间位阻越小，分子间内旋转的阻力越小，柔韧性越大。比如，聚氯丁二烯每四个碳原子有一个氯原子侧基，而聚氯乙烯每两个原子有一个氯原子侧基，故前者的柔韧性大于后者；侧链基团体积大小也决定位阻作用的大小。聚苯乙烯分子中苯基的极性小，因为体积大，位阻大，使聚苯乙烯具有较大的刚性；侧链长短对聚合物的性能也有明显的影响。直链状的侧链在一定范围内随链长增加位阻作用下降，聚合物的柔韧性增加。但侧链太长会导致分子间缠绕，不利于内旋转，使聚合物的柔韧性及黏结性能降低；侧链基团的位置也影响聚合物黏结性能。聚合物分子中同一个碳原子连接两个不同取代基会降低分子链的柔韧性，如聚甲基丙烯酸甲酯的柔韧性低于聚丙烯酸甲酯。

（5）pH 值

某些胶黏剂 pH 值与胶黏剂的适用期有密切关系，影响黏接强度和黏接寿命。一般强酸、强碱，特别是当酸碱对黏接材料有很大影响时，对黏接常是有害的，尤其是多孔的木材、纸张等纤维类材料更受影响。

由于热固性的酚醛树脂和脲醛树脂的固化过程受 pH 值的影响大，通常要求在酸性环境下。例如，固化时在酚醛树脂中加入对甲苯磺酸或磷酸，在脲醛树脂中加入氯化铵或盐酸。在不希望酸度大又要黏接的场合，需要选用中性的间苯酚甲醛树脂。

将木材表面预先用碱处理，一般可得到牢固的接头。但还必须注意胶层的 pH 值，它对胶层比对被胶接表面影响更大。

（6）交联

线型聚合物的内聚力主要决定于分子间的作用力，因此，以线型聚合物为主要成分的胶黏剂，分子易于滑动，一般黏结强度不高，耐热、耐溶剂性能也较差；如果将线性结构的聚合物交联成体型的结构，则可以显著地提高内聚力。通常情况聚合物的内聚强度随交联密度的增加而增大，而当交联密度过大时聚合物则变硬变脆，因而使聚合物耐冲击强度降低，黏结强度也会降低。

（7）溶剂和增塑剂

一般来讲溶剂对黏结强度的影响是不明显的，或者是不明确的。一方面溶剂有利于降低胶黏剂的黏度，提高胶黏剂对黏结材料的润湿程度，甚至对黏结材料有一定的溶胀作用，所以对黏结强度起到了有益的作用；另一方面溶剂的挥发会使胶黏剂层发生一定的收缩，一定程度地导致胶黏层内应力的产生，从而降低了黏结强度。若溶剂被封闭到胶黏层中也会降低黏结强度。

增塑剂能够改善胶黏剂的机械性能，和溶剂的作用类似，对黏结力的影响有不确定性。某些情况下能够改善黏结力，尤其是对比较硬和脆的胶黏剂，适当加入增塑剂能增加胶黏剂的柔韧性，从而增加了胶黏剂对黏结物的浸润性，提高了黏结力。但增塑剂随着时间的推移，可能发生下列迁移。

①向表面渗出，导致黏接强度下降。

②被黏物内的增塑剂渗透到胶层，使胶黏剂软化而失去内聚黏接强度。

③增塑剂聚集在界面上，使黏接界面分离。因此从另一个方面来看，胶黏剂中加入低分子量物质或助剂，如增塑剂等在胶黏剂和被黏物的界面形成弱界面层，减少极性，降低黏着力。

（8）填料

在胶黏剂中，填料有如下作用。①增加胶黏剂的内聚强度；②调节黏度或工艺性（如触变性）；③提高耐热性；④调整热膨胀系数或收缩性；⑤增大间隙的可填充性；⑥给予导电性；⑦降低价格；⑧改善其他性质。

（9）结晶性

结晶性对于聚合物的黏接性能尤其是对玻璃化温度到熔点之间的温度区间内有很大影响。结晶性对黏接性能的影响决定于其结晶度、晶粒大小及晶体结构。一般来讲，聚合物结晶度增大，其屈服应力、强度和模量均有提高，而拉伸伸长率及冲击性能降低。由于结晶度不同，同一种聚合物的性能指标可相差几倍。结晶使分子之间的相互作用力增大，分子链难于运动并导致聚合物硬化和脆化，黏接性能下降。但结晶化提高了聚合物的软化温度，聚合物的力学性能对温度变化的敏感性减小。通过共聚或共混的方法可以降低结晶度增大黏接力。例如，用高结晶性的聚对苯二甲酸乙二醇酯黏接不锈钢时黏接强度接近于零，用部分间苯二甲酸代替对苯二甲酸后，黏接力随之增大。

聚合物晶粒大小对力学性能的影响比结晶度更明显，大晶粒使聚合物内部有可能产生较多的空隙和缺陷，并降低其力学性能。

伸直链组成的纤维状的聚合物结晶能使聚合物有较高的力学性能。加热某些结晶性聚合物，可使结晶体中按一定规则排列的分子发生混乱而有利于浸润，如聚乙烯、结晶性尼龙等均可作为热熔胶作用。

在某些情况下，结晶作用也可以用于提高黏接强度，如氯丁橡胶是一种无定形的柔性聚合物，在浸润及扩散过程后，使之适当结晶化可提高黏接强度。在黏接施工过程中，热塑性的胶黏剂黏料可通过急冷形成微晶而使黏接性能提高。例如，用聚乙烯熔融黏接铝合金时，如果以水、冰及液氮使其迅速冷却，其剥离强度比在室温中缓慢冷却要高得多。由于急冷过程还使胶层及被黏物体积急剧收缩并导致内应力剧增，故此种工艺并不具有普遍性。

（10）分解

胶黏剂分解是使黏接强度降低的重要因素。水、热、辐照、酸、碱及其他化学物质，都可能导致胶黏剂变化。

有些聚合物遇水会发生水解，聚合物抗水解能力因其分子中化学键的不同而异。多数水溶性聚合物易于水解。不溶于水的聚合物水解非常慢，而聚合物吸附水的能力对水解起着重要作用，聚合物水解也受结晶性和链的构象影响。由于微量的酸或碱可加速某些聚合物水解，聚酯类缩合树脂与酸或碱接触时，很容易水解。环氧树脂的耐湿性根据固化剂的种类和使用环境不同而有明显的不同，以聚酰胺固化的环氧树脂因酰胺键水解而破坏；以多元酸酐固化的环氧树脂因酯键的断裂而解体；聚氨酯也常因酯键水解面破坏，而具有醚键、碳—碳键结构的聚合物，如酚醛树脂、丁苯、丁腈橡胶，就不易水解，耐水性良好。

聚合物在高温下会发生降解和交联的作用，降解使聚合物分子链断裂，分子量下降，使聚合物强度降低。交联使分子间形成新的化学键，分子量增加，聚合物强度上升。黏接接头上聚合物不断交联将使聚合物发脆，接头强度降低。

四、涂布液胶黏剂分类

胶黏剂种类繁多，组分复杂，分类方法各不相同，主要有按胶黏剂的化学成分、形态应用方法和用途等进行分类。GB/T 13553-1996 则对胶黏剂分类进行了规范，分别按胶黏剂主要黏料、胶黏剂物理形态、硬化方法、被黏物等进行了分类规定。

1. 按胶黏剂主要黏料属性分类

按主要属性分类胶黏剂如图 3-3 所示。

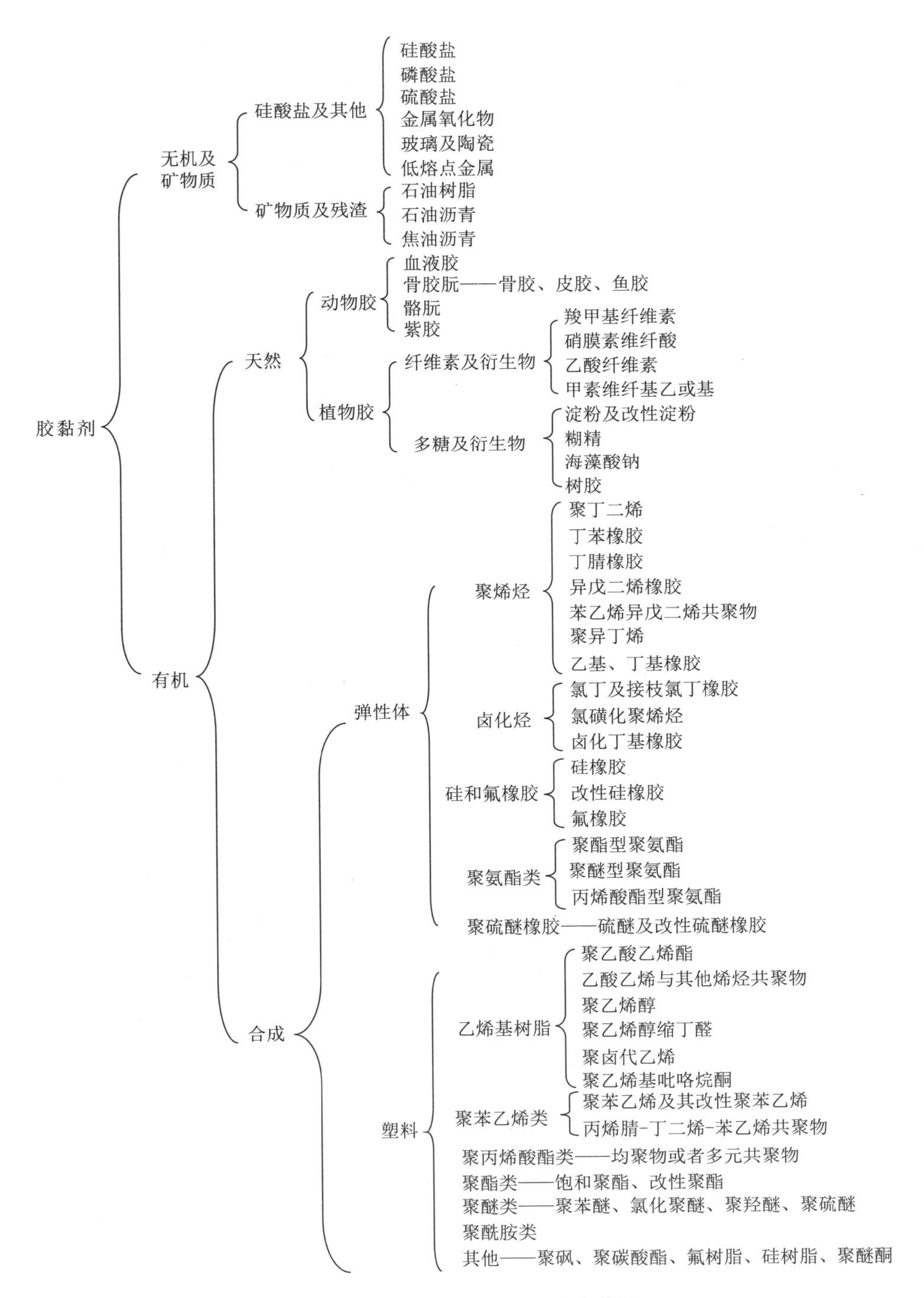

图 3-3　按主要黏料属性分类胶黏剂

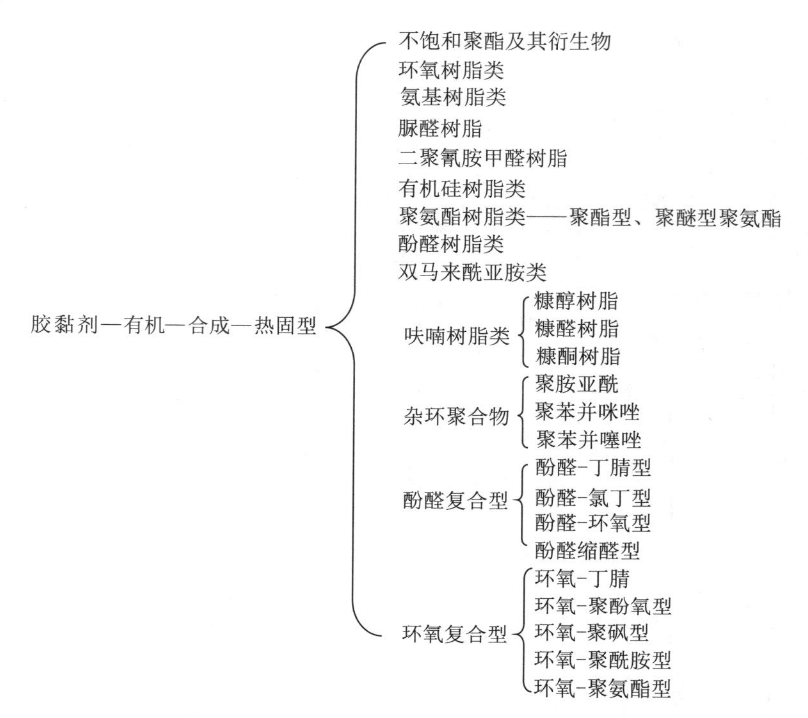

图 3-3 按主要黏料属性分类胶黏剂（续）

2. 按胶黏剂物理形态分类

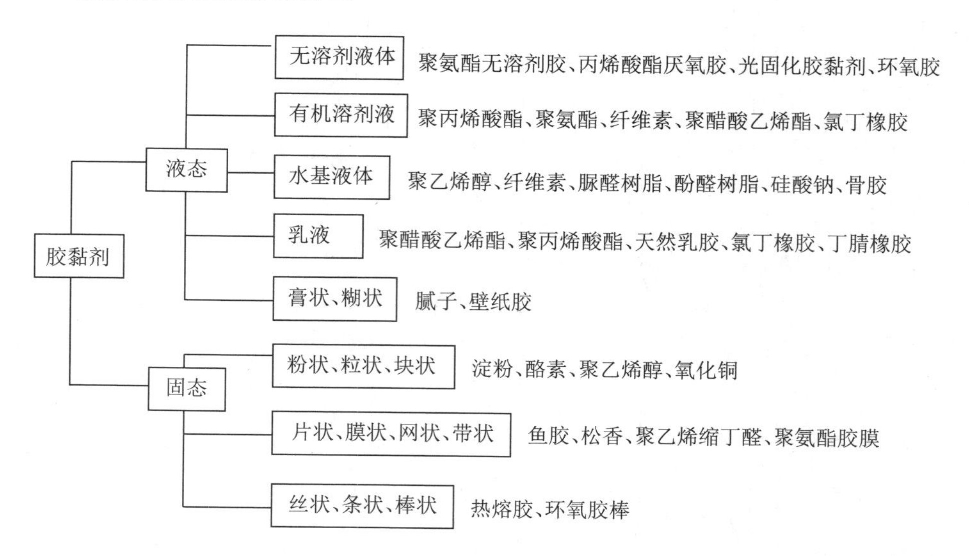

图 3-4 按物理形态分类胶黏剂

3. 按胶黏剂硬化方法分类

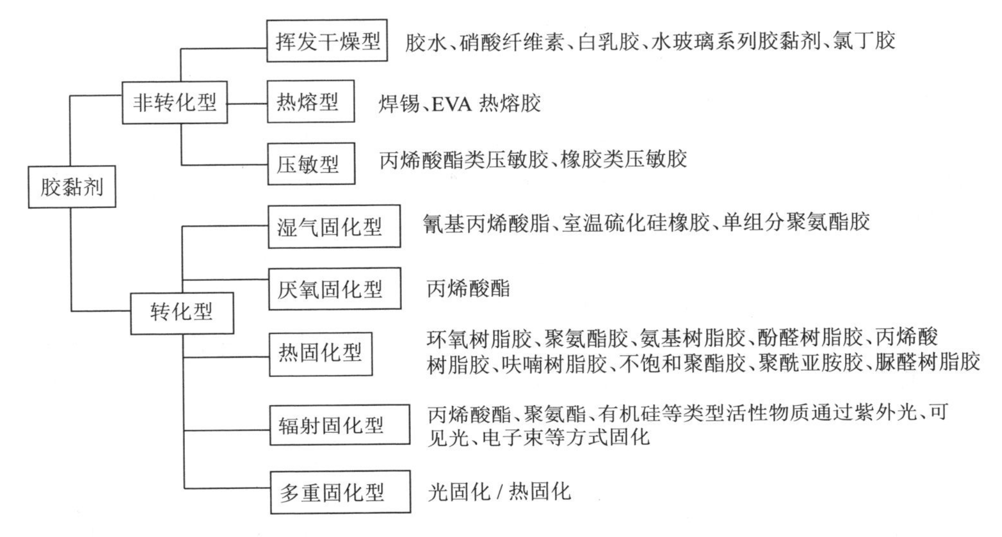

图 3-5　按硬化方法分类胶黏剂

4. 按胶黏剂被黏物分类

按照 GB/T 13553-1996 规定，被黏物分为：木材、纸、天然纤维、合成纤维、聚烯烃、金属及合金、难黏金属（金、银、铜等）、金属纤维、透明无机材料、不透明无机材料、天然橡胶、合成橡胶、难黏橡胶（硅橡胶、氟橡胶、丁基橡胶等）、硬质塑料、皮革及合成革、泡沫塑料、难黏塑胶及薄膜（氟塑料、聚乙烯、聚丙烯等）、生物体组织骨骼及齿质材料等。

5. 按特性分类胶黏剂

表 3-1　不同特性胶黏剂特点及胶黏剂类型举例

胶黏剂	结构用	能长期承受较大负荷，有良好的耐热、油、水等；酚醛—缩醛，酚醛—丁腈，环氧—丁腈，环氧—尼龙，环氧—酚醛
	非结构用	有一定黏结强度，随气温上升黏结力迅速下降；聚醋酸乙烯，聚丙烯酸酯，橡胶类，热熔胶，虫胶，沥青
	特种用	供某些性能和应用特殊场合用；导电胶，导热胶，光敏胶，应变胶，医用胶，耐超低温胶，耐高温胶，水下黏结胶

6. 按用途分类胶黏剂

（1）密封胶黏剂：高档密封胶黏剂为有机硅及聚氨酯胶黏剂，中档的为氯丁橡胶类胶黏剂、聚丙烯酸等。

（2）建筑结构用胶黏剂：主要用于结构单元之间的连接。一般采用环氧树脂系列胶黏剂。

（3）汽车用胶黏剂：有车体用、车内装饰用、挡风玻璃用以及车体底盘用胶黏剂，如聚氯乙烯可塑胶黏剂、氯丁橡胶胶黏剂及沥青系列胶黏剂、聚氨酯胶黏剂、有机硅密封胶。

（4）包装用胶黏剂：主要是用于制作压敏胶带与压敏标签，对纸、塑料、金属等包装材料的复合。纸包装材料用胶黏剂为聚醋酸乙烯乳液。塑料与金属包装材料用胶黏剂为聚丙烯酸乳液、EVA乳液、聚氨酯胶黏剂及氰基丙烯酸酯胶黏剂。

（5）电子用胶黏剂：用于集成电路及电子产品，主要用环氧树脂、不饱和聚酯树脂、丙烯酸树脂、有机硅胶黏剂。

（6）制鞋用胶黏剂：用于皮革、布料、合成革、橡塑和软质PVC等材料的黏结。主要用氯丁橡胶类、聚氨酯胶黏剂。

第二节 天然高分子及其改性胶黏剂

天然胶黏剂按化学组成可分为蛋白质胶、碳水化合物胶和其他天然树脂胶三大类。以及研究较多的大豆、淀粉及木质素。

一、淀粉及改性淀粉

1. 淀粉及改性淀粉的主要品种及性能

（1）淀粉的主要品种及性能

淀粉具有价格低廉、无毒无害、可生物降解、易于修饰、对环境友好等优点，淀粉及其改性产物可用于纺织浆料、絮凝剂及黏合剂等。

随淀粉品种变化，它们的化学成分和物理性质也不尽相同。淀粉作为涂布液胶黏剂应用历史已久，可在高浓度高速涂布液中与胶乳合用。

（2）改性淀粉主要品种及性能

天然淀粉性质多变，黏度极高，流变性差，难以直接用作涂布胶黏剂，改性淀粉的主要目的是降低黏度，增强流动性，提高黏结力。目前，淀粉改性方法及应用已经取得了很大的突破，淀粉改性方法主要包括物理法、化学法、生物法以及复合法等。

化学改性淀粉的主要品种有糊精、氧化淀粉、酶转化淀粉、热转化淀粉、热化学转化淀粉、取代淀粉、交联淀粉等。

胶版纸淀粉的加入，会导致霉点形成，影响印刷效果。加入密胺－甲醛类湿增强剂，有利于减少拉毛现象。

2. 淀粉应用实例

淀粉经过酶解，加入交联剂及其他辅助化学品，得到的胶黏剂用于纸张黏结，其黏结性能和涂布性能良好，可以取代或者部分取代化学合成的丁苯乳胶。

（1）涂布液的配制及涂布

表 3-2　涂布液配方

化学品名称	份数	化学品名称	份数
S.GCC60K	100	PVA	0.3
SBR 胶乳	9.2	预涂抗水剂	0.6
淀粉胶乳	2.3	NaOH	—
增稠剂	根据黏度调整	—	—

向高速分散机料筒中加入 60 级浆钙，加入 NaOH 调节颜料 pH 值，低速（500r/min）搅拌下加入 SBR 胶乳和自制淀粉胶乳，并加入 PVA，高速（1200r/min）分散均匀，低速（300r/min）搅拌下加入抗水剂，并加入水使涂布液达到一定浓度，慢慢加入一定量的增稠剂使之达到一定的黏度，搅拌均匀后出料。测试涂布液性能，并选用 2# 涂布辊对纸张进行定量涂布，涂布量 $13\pm1g\cdot m^{-2}$，并在 105℃烘箱中干燥 2min。

（2）α- 淀粉酶用量对胶乳的影响

表 3-3　α- 淀粉酶用量对胶乳的影响

酶用量	5%	2%	0.1%	0.075%	0.05%	0.01%
淀粉液形态	分层	分层	均匀	均匀	黏稠	黏稠
淀粉黏度 /mPa・S	—	—	280	490	1865	—

注：淀粉乳浓度为 50%，甘油用量为 15%

如表 3-3 所示，随着 α- 淀粉酶用量的增加，淀粉胶乳黏度降低。酶用量过大时，切断作用强烈，作用于直链淀粉，主要生成麦芽糖，可溶于水，而分解支链淀粉时，除生成麦芽糖、葡萄糖外，还生成分支部分具有 α-1，6- 键的 α- 极限糊精，不可进一步分解，造成分层现象；淀粉酶用量过小，淀粉链切断不充分，黏度大，不适合做胶黏剂。α- 淀粉酶用量为 0.1% 和 0.075% 时，酶解淀粉胶乳形态均匀，黏度适合，符合纸张涂布胶黏剂要求。

（3）淀粉乳浓度对胶乳及涂布液的影响

表 3-4　淀粉乳浓度对胶乳及涂布液的影响

淀粉乳浓度 /%		45		50		55		SBR 胶乳
酶用量 /%		5%	2%	0.1%	0.075%	0.05%	0.01%	
胶性能	黏度 /mPa·S	206	90.8	490	280	1240	520	334
	固含量 /%	47.94	47.83	52.11	52.12	55.18	56.50	51.38
涂布液性能	固含量 /%	67.56	67.52	68.35	67.49	67.73	68.02	67.83
	低剪切黏度 /mPa·s	910	892	970	966	990	967	920
	高剪切黏度 /mPa·s	11.8	10.0	12.0	11.4	12.3	12.0	11.3
	失水值 /g·m^{-2}	114.2	116.1	113.5	115.2	113.3	114.7	111.38

注：甘油用量为 15%，酶用量分别为 0.075% 和 0.1%

表 3-4 所示淀粉乳浓度为 50%，甘油用量为 15%，酶用量为 0.075%，得到的酶解淀粉胶乳具有较好的黏结性能，取代 20%SBR 胶乳时，涂布纸光泽度、平滑度和白度均优于 100%SBR 胶乳涂布纸，同时可保持涂层干拉毛强度较高。

二、蛋白质胶黏剂

1. 植物蛋白胶黏剂

大豆蛋白胶黏剂为主要的植物蛋白胶黏剂。大豆资源丰富、可再生，且价格低廉，原料易得，制得的蛋白质基胶黏剂环保且性能优异，改性后兼具天然和合成树脂性能，可直接在木材等领域使用。

蛋白质基胶黏剂通常以盐、硫化物、碱、尿素等使蛋白质改性，改性后的蛋白质部分二级结构展开，胶黏剂强度提高，改性可以暴露出埋在蛋白质内部的疏水基团，提高蛋白质的疏水性。此外，通过物理改性、接枝、交联等多种工艺技术处理，可制得多种用途的优质新型胶黏剂。

（1）大豆基胶黏剂

①物理改性制备大豆基胶黏剂。物理改性一般不改变蛋白质的一级结构，主要是通过高温、低温、超高压、脉冲电场、超声、辐照、微波和射频等方式定向改变蛋白质的高级结构和分子间聚集方式。热处理应用最为广泛，大豆蛋白在热处理时会发生变性。在受热变性的情况下，大豆蛋白在水中的溶解性会受到巨大的影响。这主要归因于大豆蛋白受热条件下，大豆蛋白质分子间的复杂结构舒展开来，与此同时更多的疏水基团从蛋白质分子中暴露出来，因此能与水分子形结合的亲水基团减少导致热处理过后的大豆蛋白的溶解度减小。此外，经过热处理的大豆蛋白会发生分子间的聚合作用，从而提升胶黏剂的黏度。

②化学改性制备大豆基胶黏剂。化学改性是在大豆基胶黏剂制备中应用最多的手段，根据现有的文献资料，可以得知制备化学改性大豆蛋白质结构的手段主要有：酸、碱、盐改性，接枝改性，共混，共聚改性。利用不同的改性手段都可以在一定程度上提高大豆基胶黏剂性能，使其满足木材工业的使用标准，但效果有所差异。

③酸、碱、盐改性制备大豆基胶黏剂。酸、碱、盐改性主要是利用不同浓度的酸、碱、盐对大豆蛋白的空间结构进行修饰，蛋白质的球状空间结构得到舒展，使更多的疏水基团暴露出来，进而提升大豆基胶黏剂的性质（耐水性、黏接强度、耐久性等），其中，低浓度的酸碱盐处理效果更好。经过改性的大豆蛋白基胶黏剂的黏接强度提升了两倍，耐水性也有较大幅度的提升。

④接枝改性制备大豆基胶黏剂。接枝改性一般通过添加接枝剂，利用接枝剂与大豆蛋白中的活性官能团反应，使大豆蛋白内部官能团的种类或者数量发生改变，提升胶聚层的内聚力或者与纤维的羟基反应，进而提升整个胶黏剂的各项性质，各种酸酐是常见的接枝试剂。

共混、共聚改性制备大豆基胶黏剂。共聚改性通常是自由基引发单体在蛋白质原料存在的溶液中聚合，与蛋白质大分子的活性基团形成接枝或互穿网络结构，获得的大豆基胶黏剂一般有很好的干状胶合性能。

⑤交联改性制备大豆基胶黏剂。亚硫酸盐和硫醇等硫化物能够裂解蛋白质分子内和分子间的二硫键，从而提升蛋白质表面的疏水性、起泡能力和起泡稳定性。

⑥酰化改性制备大豆基胶黏剂。大豆蛋白的酰化主要有两种：琥珀酰化和乙酰化。在酰化过程中，蛋白质分子中的亲核基团氨基和羟基，与酰化试剂中的亲电基团（羰基）相互反应，增加蛋白胶黏结强度的效果，同时蛋白质分子的疏水基团暴露，耐水性增强。乙酰化的过程中多肽链的正电荷减少，蛋白分子键的相互作用力下降，不利于蛋白质的凝胶化。

⑦生物酶改性制备大豆基胶黏剂。生物改性是指利用生物处理（酶处理，基因处理）对大豆蛋白进行修饰，进而改善大豆蛋白的功能和性质的方法。酶处理大豆蛋白胶黏剂具有以下有点优点：低黏度；较高的黏接强度；提升大豆基胶黏剂官能团含量，为大豆基胶黏剂进一步改性提供更多的活性位点。

（2）木质素

由松柏醇、芥子醇和对香豆醇经酶作用脱氢聚合而成的无定形天然高聚物。木质素，又称作木素，与纤维素和半纤维素是构成植物骨架的主要成分。具有可再生、可降解、无毒等优点，被视为优良的绿色环保化工原料。木质素含有芳香基、酚羟基、醇羟基、羰基、甲氧基、羧基、共轭双键等众多不同种类的化学活性功能基，使其具备了进行化学改性的条件，改性后的木质素性能得到了很大的提升。

麦草碱木质素的碱活化和羟甲基化有利于提高木质素的化学反应活性；改性

胶黏剂黏结强度优良，残留甲醛和苯酚的浓度低于国家标准；相对于酚醛树脂胶黏剂，改性木质素酚醛树脂胶黏剂固化温度低、固化速度快。

离子液体（[Emim][OAc]）改性木质素—脲醛树脂胶与未改性木质素—脲醛胶和商用脲醛胶相比，改性木质素—脲醛树脂胶的甲醛释放量和吸水率均较低，改性胶黏剂制备的胶合板的抗剪强度及木材破坏率比纯脲醛树脂胶低。

（3）瓜尔胶

瓜尔胶是从瓜尔豆中提取的一种高纯化天然多糖，是性能优越的新型环保造纸助剂；瓜尔胶能溶于冷水和热水，不溶于油、烃、酮等有机溶剂中。这种长链多糖聚合物极易吸潮，且具有高度分散性。与合成聚合物相比，瓜尔胶可以在很低的浓度（$< 1\%$）下就达到很高的黏度，其黏度的大小主要取决于 pH 值、电解质及温度。1% 的瓜尔胶溶液即可视为非牛顿流体中的假塑性流体，即没有屈服应力，溶液表现为剪切变稀现象，在浓度低于 10g/L 时，瓜尔胶分子在溶液中处于非缠结状态；当浓度高于 10g/L 时，瓜尔胶分子出现缠结行为，随着剪切速率的增大，剪切应力使得缠结不断被打破，分子链变得越来越柔顺，表观黏度下降，即出现剪切变稀现象。

在一定温度范围内，瓜尔胶溶液的黏度具有温度可逆性，但当温度持续在 80℃～95℃时，黏度会永久丧失。pH 值在 6～9 时，瓜尔胶的水和速率很高，黏度较大，当 pH 值在 10 以上或 4 以下时，瓜尔胶的水和速率最慢，黏度较低。

尽管瓜尔胶的水溶性和增稠性良好，但其溶解速度慢、杂质较多、黏度不稳定、储存稳定性差等缺点使瓜尔胶的应用受到很大限制，需要对其改性以拓宽应用。

瓜尔胶改性技术有：共混改性、氧化改性、酶化改性、酯化改性、接枝改性、交联改性等多种方式。

瓜尔胶及其衍生物在食品工业、化妆品工业、纺织工业、造纸工业应用广泛。

例如，少量的瓜尔胶溶液就能使造纸用的浆料均匀分散，且可以在纸张表面成膜提高纸张性能。

阳离子瓜尔胶接枝聚合物表面施胶剂，具有较好的抗水效果；与淀粉接枝聚合物施胶剂相比，阳离子瓜尔胶接枝聚合物施胶剂在瓜尔胶与单体用量较少的情况下，纸张表面吸水量（Cobb）值可以达到 30g/m^2。

瓜尔胶还可以与其他材料共混或者复合以制备新型的功能性材料。

2. 动物胶黏剂

动物胶是从胶原蛋白中水解演化的一类有机胶体，这种蛋白质存在于动物的皮、骨和结缔组织中。以动物的皮、骨或筋等为原料，将其中所含的胶原经过部分水解、萃取和干燥制成的蛋白质固形物。颜色呈淡黄或棕色，能溶于水，微溶于酒精，不溶于有机溶剂。其水溶液具有表面活性，黏度较高，冷却后会冻结成有弹性的凝胶，受热后又恢复为溶液。皮胶（Hide Glues）和骨胶（Bone G1ues）是动物胶的两种主要类型。

（1）皮胶和骨胶

皮胶的制备过程：首先用水清洗原料皮，接着用石灰乳浸泡处理以脱除非胶蛋白质，然后用盐酸、硫酸或亚硫酸调节致微酸性，再用水洗去过量的酸。将这样处理的原料转到蒸煮罐或釜中，加入热水，按加热的时间规程进行一系列分段蒸煮，分段浸出稀胶液，直到胶料完全提取。然后过滤此胶料母液，蒸发至固含量16%～45%，在连续干燥器中用调节过滤空气干燥2～2.5h。

（2）明胶

明胶是由多种氨基酸混合组成的蛋白质，其中含量较多的氨基酸为脯氨酸、甘氨酸和羟基脯氨酸。明胶是一种生物大分子，具有高分子的一些性质。将干燥的明胶和适量的水混合，明胶的外层会慢慢膨胀。随着时间的推延，膨胀现象逐步向明胶内层发展，这种现象被称为“溶胀”。溶胀后的明胶，加温到35℃以上，就会与水融合形成均匀的溶液，冷却至5℃左右，明胶呈冻胶状，并富有弹性。但如果明胶被微生物或者某些酶所分解，则会失去这种与温度相伴的特性，即使在4℃的情况下，明胶溶液仍然会呈液态。值得注意的是明胶长时间高温加热可引起水解，降低黏度和强度。

明胶和骨胶可用作涂布液胶黏剂，特殊等级的明胶可用作感光材料用胶，低强度冻胶（如骨胶）用于胶纸带（如水性再湿封箱胶带）中，在无碳复写纸的明胶法微胶囊中应用。

明胶的生产工艺主要有四种，目前，国内外明胶企业普遍采用的是碱法生产工艺。

（3）甲壳素与壳聚糖

甲壳素是白色或者灰色无定形、半透明的固体，分子量因原料不同而不同，有的数十万，有的数百万。不溶于水、稀酸、稀碱、浓碱和一般有机溶剂中，可溶于浓盐酸、硫酸、磷酸和无水甲酸中。甲壳素又被大家称为甲壳多糖或者几丁质，是一种含有正电荷的纤维素，可以帮助吸附负电荷对人体有害的重金属、电脑辐射以及其他的污染物等，因甲壳素溶解性能较差导致其应用受到限制。

壳聚糖是甲壳素经过处理后的产物，壳聚糖是可溶性的甲壳素或是壳多糖。它是一种天然聚合物，有比较强的吸湿效果，也有不错的成膜效果、透气效果，在相容性方面优势明显。

甲壳素 / 壳聚糖因具有良好的生物可降解性、生物相容性、无毒性和抑菌性，可用于纺织印染、食品医疗、化工环保等高附加值领域。

酶法及微生物发酵法是节能、环境友好型的生产技术，可以生产优质的甲壳素和壳聚糖。

（4）干酪素

干酪素，又称酪蛋白，是从牛乳及其制品中提取的酪蛋白制品。

干酪素属天然胶黏剂，自1900年开始用于纸张涂布液中，因其来源方便、黏度低、光泽及成膜性好、低温可溶解、易促成抗水而被广泛使用，是气刀涂布或中速以下产品中使用的胶黏剂，20世纪50年代后，由于不适应辊式和刮刀涂布方式等原因，用量逐渐减少。干酪素可配成制造胶合板的水溶性胶黏剂。但需贮存于阴凉、干燥、通风的库房内，远离火种、热源，防潮、防霉变。

第三节 常用的合成胶黏剂

一、环氧树脂胶黏剂

环氧树脂胶黏剂主要由环氧树脂、固化剂、增韧剂、填充剂等构成，具有很好的黏结强度和耐环境、电绝缘性能，品种繁多，应用广泛，是重要的合成胶黏剂。

1. 环氧树脂及其固化物的性能特点

（1）力学性能高。环氧树脂具有很强的内聚力，分子结构致密，力学性能高于酚醛树脂和不饱和聚酯等热固性树脂。

（2）附着力强。环氧树脂固化体系中含有活性极大的环氧基、羟基以及醚键、胺键、酯键等极性基团，赋予环氧固化物优良的附着力。

（3）固化收缩率小。一般为1%～2%，是热固性树脂中固化收缩率较小的品种之一（酚醛树脂为8%～10%，不饱和聚酯树脂为4%～6%，有机硅树脂为4%～8%）。线胀系数也很小，一般为6×10^{-5}/℃。固化后体积变化不大。

（4）电绝缘性优良。环氧树脂是热固性树脂中介电性能较好的品种之一。

（5）施工性好。固化时基本不产生低分子挥发物，可低压成型或接触压成型。能与各种固化剂配合制造无溶剂、高固体、粉末涂布液及水性涂布液等环保型涂布液。

（6）稳定性好，抗化学药品性优良。不含碱、盐等杂质的环氧树脂不易变质。密封、不受潮，其贮存期为1年。

（7）环氧固化物的耐热性一般为80℃～100℃。环氧树脂的耐热品种可达200℃或更高。

（8）环氧树脂的缺点有耐候性差，常见的双酚A型环氧树脂固化物在户外日晒，易失去光泽，逐渐粉化，不宜用作户外面漆。环氧树脂低温固化性能差，一般需在 10℃以上固化，在 10℃以下时固化缓慢，大型物体如船舶、桥梁、港湾、油槽等寒季施工不便。

2. 环氧树脂及其分类

环氧树脂是指分子结构中含有 1 个或 1 个以上环氧基团，并在适当的化学试剂存在下能形成三维网状固化物的化合物的总称，既包括环氧基的低聚物，也包括含环氧基的低分子化合物。

（1）按化学结构分类

环氧树脂可分为缩水甘油类环氧树脂和非缩水甘油类环氧树脂两大类。

缩水甘油类环氧树脂主要有缩水甘油醚类、缩水甘油酯类和缩水甘油胺类 3 种。

①缩水甘油醚类

缩水甘油醚类环氧树脂常见的主要有以下几种。

双酚 A 型环氧树脂（简称 DGEBA 树脂），是目前应用最广的环氧树脂，约占实际使用的环氧树脂中的 85% 以上。其化学结构如图 3-6 所示。

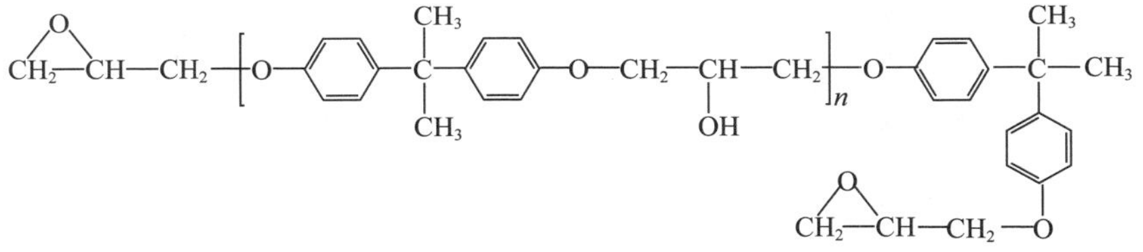

O
CH_2—CH—CH_2—[O—⟨苯环⟩—C(CH_3)(CH_3)—⟨苯环⟩—O—CH_2—CH(OH)—CH_2]$_n$—O—⟨苯环⟩—C(CH_3)(CH_3)—⟨苯环⟩—O—CH_2—CH—CH_2
O

图 3-6　双酚 A 型环氧树脂

双酚 F 型环氧树脂（简称 DGEBF 树脂），其化学结构如图 3-7 所示。

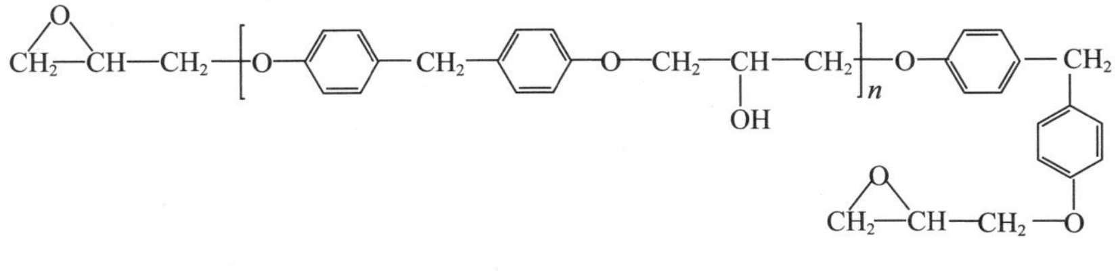

O
CH_2—CH—CH_2—[O—⟨苯环⟩—CH_2—⟨苯环⟩—O—CH_2—CH(OH)—CH_2]$_n$—O—⟨苯环⟩—CH_2—⟨苯环⟩—O—CH_2—CH—CH_2
O

图 3-7　双酚 F 型环氧树脂

双酚 S 型环氧树脂（简称 DGEBS 树脂，其化学结构如图 3-8 所示。

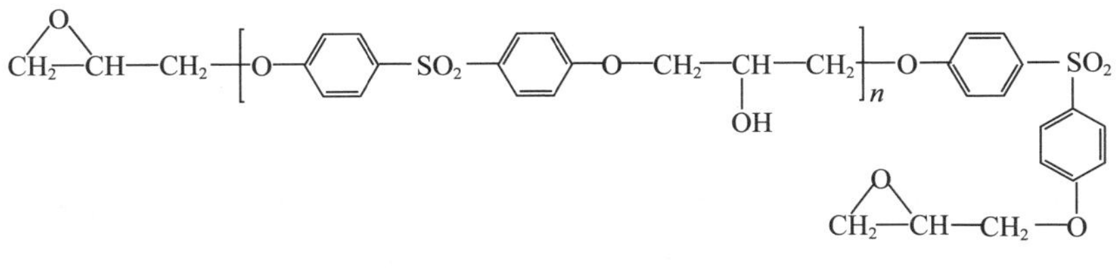

O
CH_2—CH—CH_2—[O—⟨苯环⟩—SO_2—⟨苯环⟩—O—CH_2—CH(OH)—CH_2]$_n$—O—⟨苯环⟩—SO_2—⟨苯环⟩—O—CH_2—CH—CH_2
O

图 3-8　双酚 S 型环氧树脂

氢化双酚 A 型环氧树脂，其化学结构如图 3-9 所示。

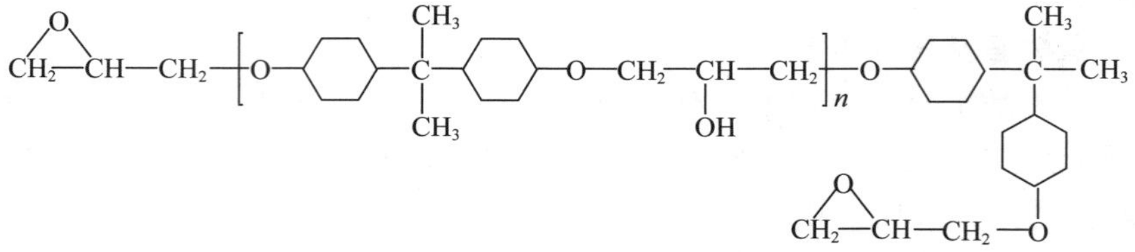

图 3-9 氢化双酚 A 型环氧树脂

线性酚醛型环氧树脂，其化学结构如图 3-10 所示。

脂肪族缩水甘油醚树脂，其化学结构如图 3-11 所示。

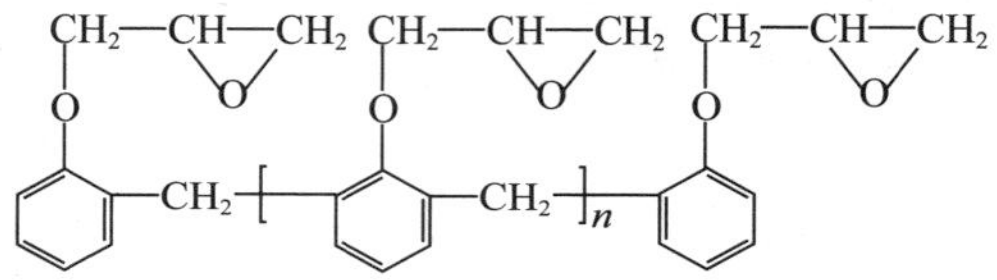

图 3-10 线性酚醛型环氧树脂

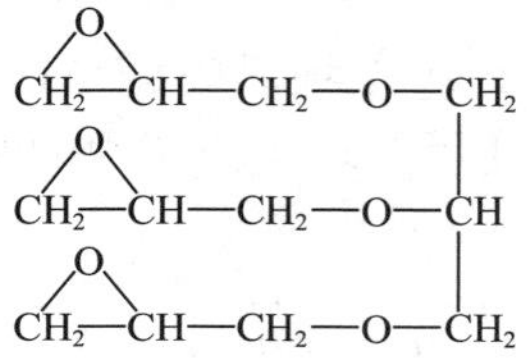

图 3-11 脂肪族缩水甘油醚树脂

四溴双酚 A 环氧树脂，其化学结构如图 3-12 所示。

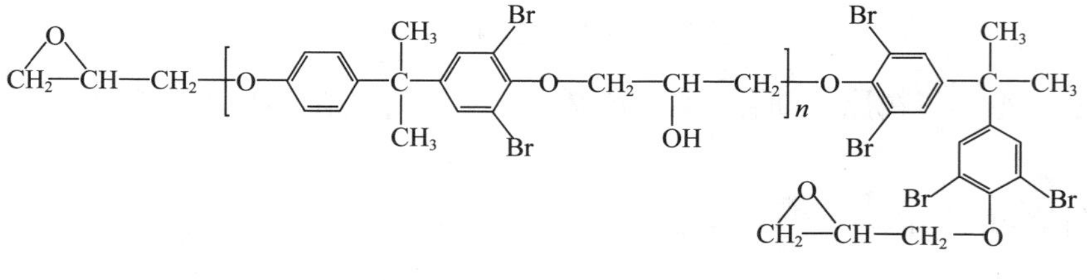

图 3-12 四溴双酚 A 环氧树脂

②缩水甘油酯类：如邻苯二甲酸二缩水甘油酯，其化学结构式如图 3-13 所示。

③缩水甘油胺类：由多元胺与环氧氯丙烷反应而得，如图 3-14 所示。

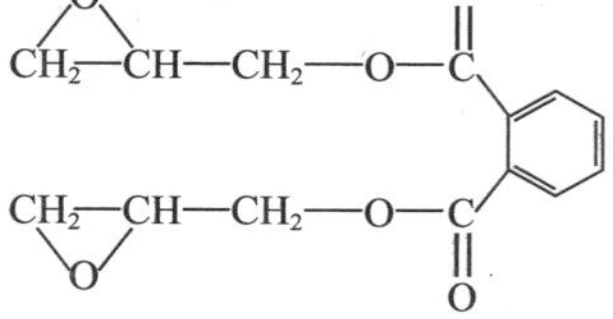

图 3-13 邻苯二甲酸二缩水甘油酯

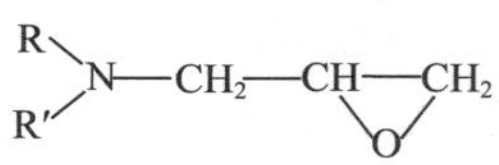

图 3-14 缩水甘油胺类环氧树脂

非缩水甘油类环氧树脂主要是用过醋酸等氧化剂与碳—碳双键反应而得。主要是指脂肪族环氧树脂（图 3-15）、环氧烯烃类和一些新型环氧树脂（图 3-16）。

混合型环氧树脂，即分子结构中同时具有两种不同类型环氧基的化合物。

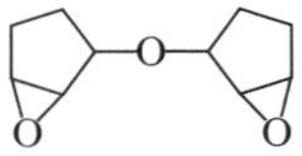

双(2,3-环氧基环戊基)醚 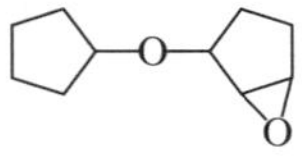　　2,3-环氧基环戊基环戊基醚

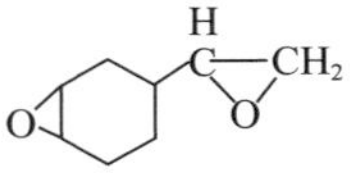

乙烯基环己烯二环氧化物 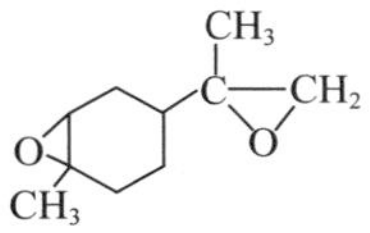　　二异戊二烯二环氧化物

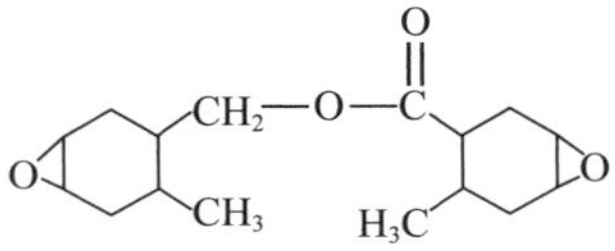

3,4-环氧基-6-甲基环己基甲酸-3′,4-环氧基-6-甲基环己基甲酯 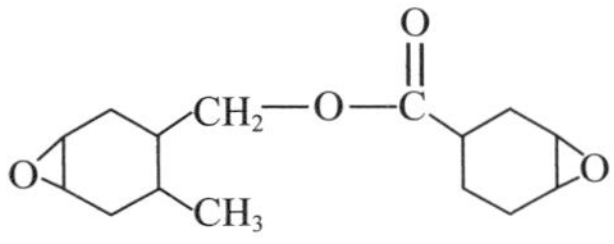　　3,4环氧基环己基甲酸-3′,4-环氧基环己基甲酯

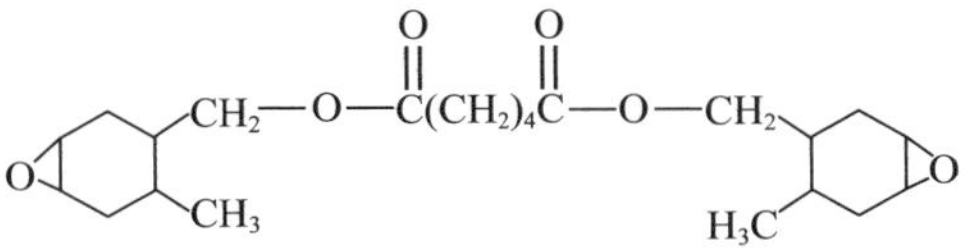

己二酸二(3,4-环氧基-6-甲基环己基甲酯) 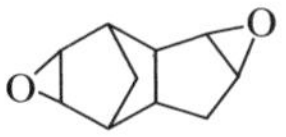　　二环戊二烯二环氧化物

图 3-15　几种脂肪族环氧树脂

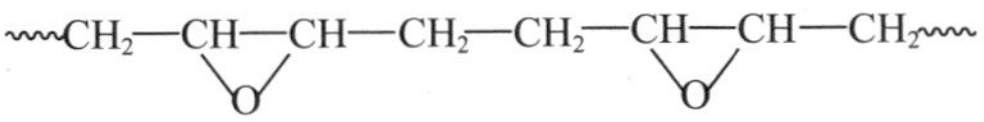

a. 环氧烯烃类环氧树脂

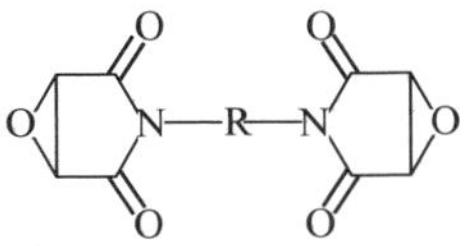

b. 新型环氧树脂

图 3-16　新型环氧树脂

（2）按官能团的数量分类

按分子中官能团的数量，环氧树脂可分为双官能团环氧树脂和多官能团环氧树脂。典型的双酚 A 型环氧树脂、酚醛环氧树脂属于双官能团环氧树脂。多

官能团环氧树脂是指分子中含有 2 个以上的环氧基的环氧树脂。几种有代表性的多官能团环氧树脂如图 3-17 所示。

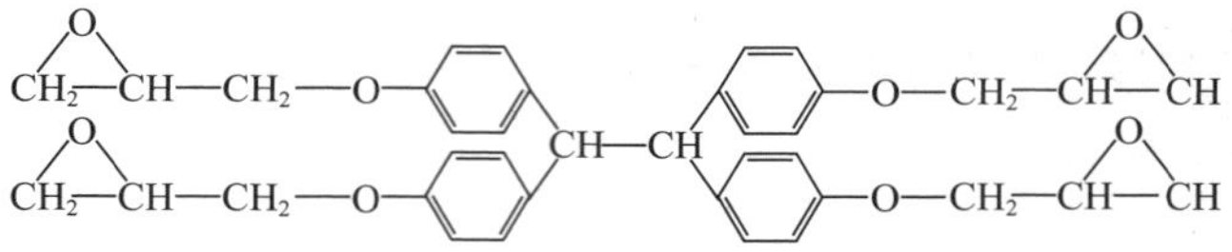

a. 脂肪族环氧树脂

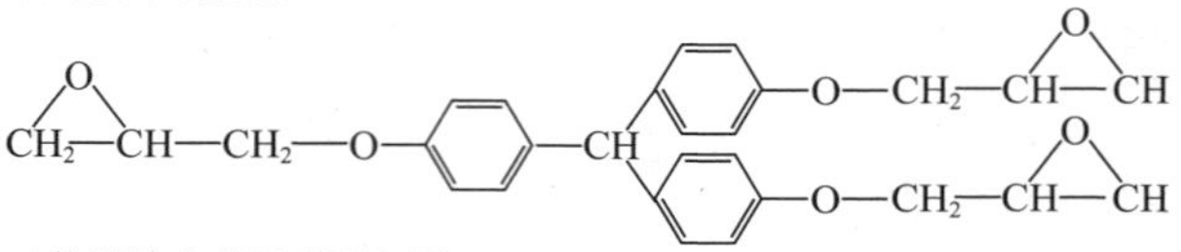

b. 三苯基缩水甘油醚基甲烷

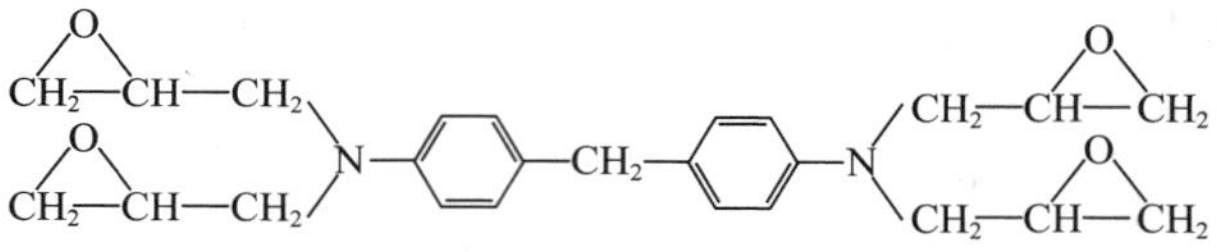

c. 四缩水甘油基二氨基二亚甲基苯

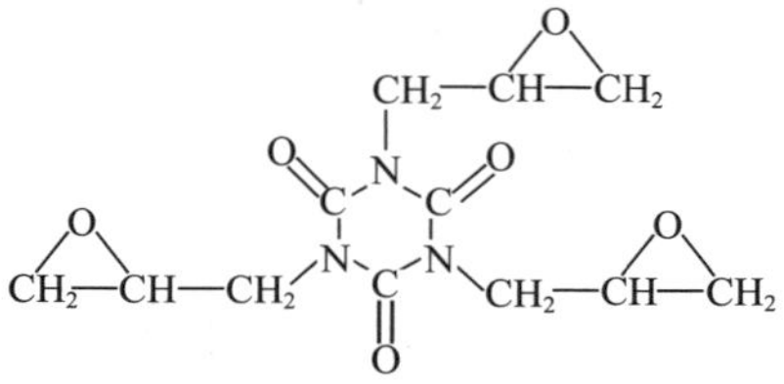

d. 三缩水甘油基三聚异氰酸酯

图 3-17　几种代表性的多官能团环氧树脂

（3）按室温状态分类

按室温下的状态，环氧树脂可分为液态环氧树脂和固态环氧树脂。

液态环氧树脂指相对分子质量较低的树脂，可用作浇注料、无溶剂胶黏剂和涂布液等。固态环氧树脂是相对分子质量较大的环氧树脂，是一种热塑性的固态低聚物，可用于粉末涂布液和固态成型材料等。

3. 环氧树脂性质及特性指标

（1）环氧树脂性质

环氧树脂都含有环氧基，因此环氧树脂及其固化物的性能相似，但环氧树脂的种类繁多，不同种类的环氧树脂因碳架结构的不同有较大的差别，其性质也有一定差别。

双酚 A 型环氧树脂分子中的双酚 A 骨架提供强韧性和耐热性，亚甲基链赋予柔软性，醚键赋予耐化学药品性，羟基赋予反应性和黏接性。双酚 A 型环氧树脂目前应用最广。

双酚F型环氧树脂与双酚A型环氧树脂性质相似，黏度比双酚A型环氧树脂低得多，适合作为无溶剂涂布液。

双酚S型环氧树脂也与双酚A型环氧树脂相似，黏度比双酚A型环氧树脂略高，双酚S型环氧树脂最大的特点是固化物具有比双酚A型环氧树脂固化物更高的热变型温度和更好的耐热性能。

氢化双酚A型环氧树脂的特点是树脂的黏度非常低，但凝胶时间比双酚A型环氧树脂凝胶时间多两倍以上，其固化物最大的特点是耐候性好，可用于耐候性的防腐蚀涂布液。

酚醛环氧树脂主要包括苯酚线性酚醛环氧树脂和邻甲酚线性酚醛环氧树脂，其特点是每分子的环氧官能度大于2，可使涂布液的交联密度大，固化物耐化学药品性、耐腐蚀性以及耐热性比双酚A型环氧树脂好，但漆膜较脆，附着力稍低，且常需要较高的固化温度，常用作集成电路和电子电路、电子元器件的封装材料。

溴化环氧树脂分子中含有阻燃元素，阻燃性能高，可作为阻燃型环氧树脂使用，常用于印刷电路板、层压板等。

脂肪族环氧树脂固化物比缩水甘油型环氧树脂固化物更稳定，表现在良好的热稳定性、耐紫外线性好、树脂黏度低，缺点是固化物的韧性较差，这类树脂主要用作防紫外线老化涂布液。

（2）环氧树脂的特性指标

①环氧当量（或环氧值）：是环氧树脂最重要的特性指标，表征树脂分子中环氧基的含量。环氧值是指100g环氧树脂中所含环氧基团的物质的量。它与环氧当量的关系为

$$\text{环氧当量}=\frac{100}{\text{环氧值}}$$

②羟值（或羟基当量）：羟值是指100g环氧树脂中所含的羟基的摩尔数。而羟基当量是指含1mol羟基的环氧树脂的质量克数。

$$\text{羟基当量}=\frac{100}{\text{羟值}}$$

③软化点：环氧树脂的软化点可以表示树脂的分子量大小，软化点高的相对分子质量大，软化点低的相对分子质量小。

④氯含量：是指环氧树脂中所含氯的摩尔数，包括有机氯和无机氯。无机氯主要是指树脂中的氯离子，无机氯的存在会影响固化树脂的电性能。树脂中的有机氯含量标志着分子中未起闭环反应的那部分氯醇基团的含量，其含量应尽可能地降低，否则也会影响树脂的固化及固化物的性能。

⑤黏度：环氧树脂的黏度是环氧树脂实际使用中的重要指标之一。不同温度

下，环氧树脂的黏度不同，其流动性能也不同。

部分国产环氧树脂的牌号及规格见表 3-5 所示。

表 3-5 部分国产环氧树脂的牌号及规格

牌号	原牌号	外观	黏度（25℃）/Pa·s	软化点 /℃	环氧值
E-55	616	浅黄色黏稠液体	6 ～ 8		0.55 ～ 0.56
E-51	618	浅黄色至浅棕色高黏度透明液体	10 ～ 16		0.48 ～ 0.54
E-44	6101	黄色至琥珀色高黏度液体	20 ～ 40		0.41 ～ 0.47
E-42	634	黄色至琥珀色高黏度液体		21 ～ 27	0.38 ～ 0.45
E-35	637	黄色至琥珀色高黏度液体		20 ～ 35	0.30 ～ 0.40
E-31	638			40 ～ 55	0.23 ～ 0.38
	650	浅黄色黏稠液体			0.50 ～ 0.59
E-20	601	黄色至琥珀色高黏度液体		64 ～ 76	0.18 ～ 0.22
E-14	603	黄色至琥珀色高黏度液体		78 ～ 85	0.10 ～ 0.18
E-012	604	黄色至琥珀色高黏度液体		85 ～ 95	0.09 ～ 0.15
E-06	607	黄色至琥珀色高黏度液体		110 ～ 135	0.04 ～ 0.07
E-03	609	黄色至琥珀色高黏度液体		135 ～ 155	0.02 ～ 0.04
F-44	644	浅棕色固体		≤ 40	0.44
F-46	648	浅棕色固体		≤ 70	＞ 0.44
F-51		浅黄色黏稠液体		≤ 28	0.51 ～ 0.53
F-76		橙黄色黏稠液体			0.75 ～ 0.77
EG-02	665	浅黄色至黄色液体			0.01 ～ 0.03
A-95	695	白色固态粉末		90 ～ 95	0.90 ～ 0.95
AG-80		红棕色至琥珀色液体	80 ～ 120		0.72 ～ 0.80
ET-40	670	浅黄色液体		20 ～ 35	0.35 ～ 0.45
FA-68	672	白色固体粉末		100 ～ 109	0.62 ～ 0.72
	679	白色固体		79	0.79
	711	浅黄色液体	0.14 ～ 0.6		0.63 ～ 0.67
	712	浅黄色透明液体	25 ～ 60		0.40 ～ 0.50
	731	黄色黏稠液体	0.8		0.60 ～ 0.65

4. 环氧树脂胶黏剂主要成分

（1）固化剂

环氧树脂必须与固化剂反应以生成三向立体结构才具有实用价值。

固化剂分类见图 3-18 所示：

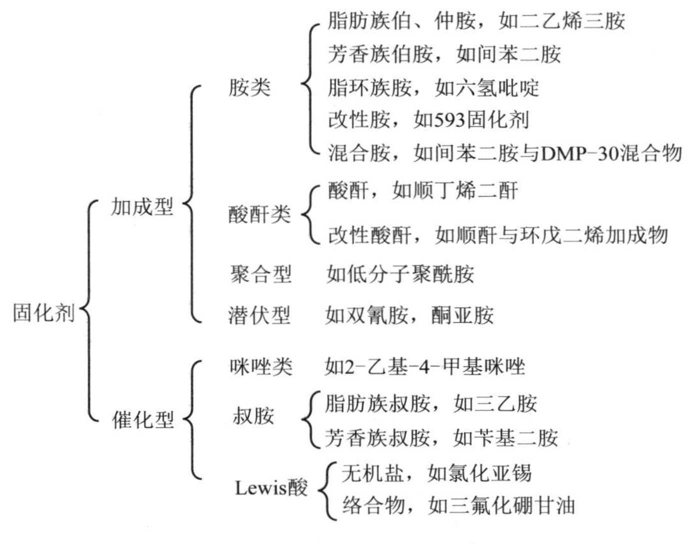

图 3-18 固化剂分类

①胺类固化剂。胺类固化剂的用量与固化剂的相对分子质量、分子中活泼氢原子数以及环氧树脂的环氧值有关。

$$\text{胺类固化剂的用量}\% = \frac{\text{胺的相对分子质量}}{\text{胺分子中活泼氢原子数}} \times \text{环氧值} \times 100$$

胺类固化剂包括多元胺类固化剂、叔胺和咪唑类固化剂、硼胺及其硼胺配合物固化剂。

多元胺类固化剂。单一的多元胺类固化剂有脂肪族多元胺类固化剂、聚酰胺多元胺固化剂、脂环族多元胺类固化剂、芳香族多元胺类固化剂及其他胺类固化剂。

脂肪族多元胺类固化剂是指能在常温下使环氧树脂固化，固化速度快，黏度低，可用来配制常温下固化的无溶剂或高固体涂布液的一类多元胺类固化剂。常用的脂肪族多元胺类固化剂有乙二胺、二亚乙基三胺、三亚乙基四胺、四亚乙基五胺、己二胺、间苯二甲胺等。一般用直链脂肪胺固化的环氧树脂固化物韧性好，黏接性能优良，且对强碱和无机酸有优良的耐腐蚀性，但漆膜的耐溶剂性较差。

聚酰胺多元胺固化剂是用植物油脂肪酸与多元胺缩合而成，含有酰胺基和氨基。

$$RCOOH + H_2N—(CH_2)_2—NH_2 \longrightarrow R\overset{\overset{O}{\|}}{C}—NH—(CH_2)_2—NH—(CH_2)_2—NH_2$$

产物中有 3 个活泼氢原子，可与环氧基反应。对环境湿度不敏感，对基材有良好的润湿性。

脂环族多元胺类固化剂色泽浅，保色性好，黏度低，但反应迟缓，往往需与其他固化剂配合使用，或加促进剂，或制成加成物，或需加热固化，如双（4-氨基-3-甲基环己基）甲烷（图 3-19）和异佛尔酮二胺（图 3-20）：

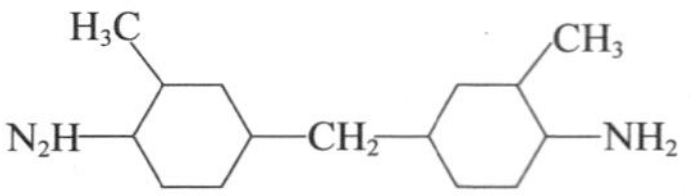

图 3-19　双（4-氨基-3-甲基环己基）甲烷

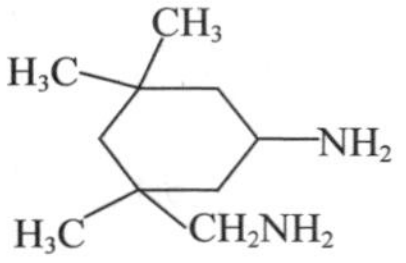

图 3-20　异佛尔酮二胺

芳香族多元胺类固化剂。芳香族多元胺中氨基与芳环直接相连，与脂肪族多元胺相比，碱性弱，反应受芳香环空间位阻影响，固化速度大幅度下降，往往需要加热才能进一步固化。但固化物比脂肪胺体系的固化物在耐热性、耐化学药品性方面优良。芳香族多元胺必须经过改性，或加入催化剂，如苯酚、水杨酸、苯甲醇等，才能配成良好的固化剂，能在低温下固化，耐腐蚀性优良，耐酸及耐热水，耐溅滴、耐磨。芳香族多元胺类固化剂主要有 4，4′-二氨基二苯甲烷、4，4′-二氨基二苯基砜、间苯二胺等。固化剂 NX-2045 的结构式为

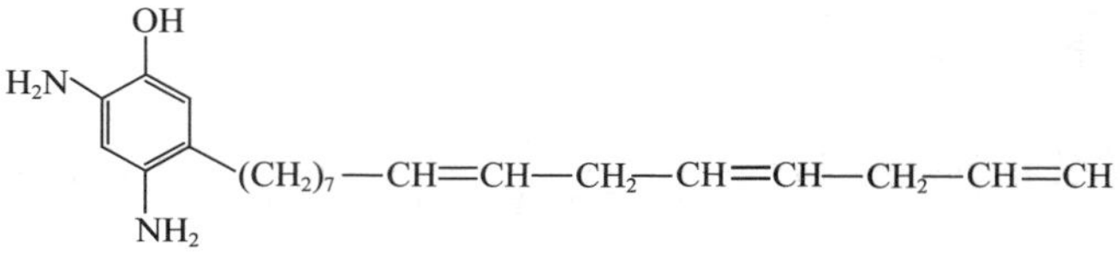

$$(CH_2)_7—CH{=}CH—CH_2—CH{=}CH—CH_2—CH{=}CH$$

该固化剂既有一般酚醛胺固化剂的低温、潮湿快速固化特性，又有一般低分子聚酰胺固化剂的长使用期。

其他胺类固化剂，a. 双氰胺　结构式为 $H_2N—\overset{NH}{\overset{\|}{C}}—NHCN$，很早就被用作潜伏性固化剂应用于粉末涂布液、胶黏剂等领域。双氰胺在 145℃～165℃能使环氧树脂在 30min 内固化，但在常温下是相对稳定的，将固态的双氰双胺充分粉碎分散在液体树脂内，其贮存稳定性可达 6 个月。

b. 乙二酸二酰肼　结构式为 H2NHN—$\overset{O}{\overset{\|}{C}}$—（$CH_2$）$_4$—$\overset{O}{\overset{\|}{C}}$—$NHNH_2$，在常温下与环氧树脂的配合物贮存稳定，在加热后才缓慢溶解发生固化反应，也可加入叔胺、咪唑等促进剂加快其固化反应。

c. 酮亚胺类化合物　结构式为 $\begin{matrix}R' \\ R''\end{matrix}\rangle C{=}N—R—N{=}C\langle\begin{matrix}R' \\ R''\end{matrix}$ 是一种潜伏性固化剂。

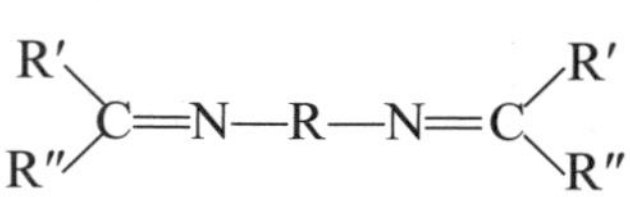

当与环氧树脂混合制成的漆膜暴露于空气中时，酮亚胺类化合物会吸收空气中的水分产生多元胺，使漆膜迅速固化。

②叔胺和咪唑类固化剂。叔胺属于路易斯碱，其分子中没有活泼氢原子，但氮原子上仍有一对孤对电子，可对环氧基进行亲核进攻，催化环氧树脂自身开环固化。固化反应机理如下：

$$R_3N + \underset{\diagdown O \diagup}{CH_2—CH}—CH_2\sim\sim \longrightarrow R_3N^+—CH_2—\overset{O^-}{\overset{|}{CH}}—CH_2\sim\sim \xrightarrow{\underset{\diagdown O \diagup}{CH_2—CH}—CH_2\sim\sim}$$

$$R_3N^+—CH_2—\underset{\underset{CH_2}{|}}{CH}—O—CH_2—\overset{O^-}{\overset{|}{CH}}—CH_2\sim\sim$$

最典型的叔胺类固化剂为DMP-30（或K-54）固化剂，其结构式如下：

$$\text{(2,4,6-三取代苯酚：}\ OH;\ (CH_3)_2NCH_2;\ CH_2N(CH_3)_2;\ CH_2N(CH_3)_2\text{)}$$

该化合物分子中氨基上没有活泼氢原子，不能与环氧基结合，但它能促进聚酰胺、硫醇等与环氧基交联。

其他具有代表性的叔胺类固化剂有：三乙醇胺、四甲基胍、N，N′－二甲基哌嗪等。

咪唑类固化剂是一种新型固化剂，可在较低的温度下使环氧树脂固化，并得到耐热性优良、力学性能优异的固化产物。如2-甲基咪唑固化剂性能优异，但为固态应用不便，而2-乙基-4-甲基咪唑虽为液态，但价格较高。

③硼胺配合物及带胺基的硼酸酯类固化剂。三氟化硼分子中的硼原子缺电子，易与富电子物质结合，因此三氟化硼属路易斯酸，能与环氧树脂中的环氧结合，催化环氧树脂进行阳离子聚合。三氟化硼活性很大，在室温下与缩水甘油酯型环氧树脂混合后很快固化，并放出大量的热，且三氟化硼在空气中易潮解并有刺激性，通常是将三氟化硼与路易斯碱结合成配合物，以降低其反应活性。所用的路易斯碱主要是单乙胺，此外还有正丁胺、苄胺、二甲基苯胺等。三氟化硼－胺配合物与环氧树脂混合后在室温下是稳定的，但在高温下配合物分解产生三氟化硼和胺，很快与环氧树脂进行固化反应。

常见的带胺基的硼酸酯类固化剂见表3-6所示。

表 3-6　带胺基的硼酸酯类固化剂及其主要性质

型号	化学结构	外观	沸点 /℃	黏度（20℃）/（mPa・s）
901	4-甲基-1,3,2-二氧硼杂环己烷（H_3C 取代）$B-OCH_2CH_2N(CH_3)_2$	无色透明液体		2 ～ 3
595	1,3,2-二氧硼杂环己烷 $B-OCH_2CH_2N(CH_3)_2$	无色透明液体	240 ～ 250	3 ～ 6
594	1,3,2-二氧硼杂环庚烷 $B-OCH_2CH_2N(CH_3)_2$	橙红色黏稠液体	＞ 250	30 ～ 50

优点是沸点高、挥发性小、黏度低、对皮肤刺激性小，与环氧树脂相容性好，操作方便，与环氧树脂的混合物常温下保持 4 ～ 6 个月后黏度变化不大，贮存期长，固化物性能好。缺点是易吸水，易在空气中潮解，因此贮存时要注意密封保存，防止吸潮。

④酸酐类固化剂。酸酐类固化剂对皮肤刺激性小，在常温下与环氧树脂混合后的使用期长，固化物性能优良，特别是介电性能比胺类固化剂优异，主要用于电气绝缘领域。缺点是固化温度高，往往加热到 80℃以上才能进行固化反应，比其他固化剂成型周期长，并且改性类型也有限，常制成共熔混合物使用。

在无促进剂存在下，酸酐类固化剂与环氧树脂中的羟基作用，产生含有一个羧基的单酯，后者再引发环氧树脂固化。固化反应速度与环氧树脂中的羟基有关，羟基浓度低的环氧树脂固化速度慢，浓度高的固化速度快。酸酐类固化剂用量一般为环氧基的摩尔数的 0.85 倍。

叔胺是酸酐固化环氧树脂常用的促进剂。由于活性较强，叔胺通常是以羧酸复盐的形式使用。常用的叔胺促进剂有三乙胺、三乙醇胺、苄基二甲胺、二甲胺基甲基苯酚、三（二甲氨基甲基）苯酚、2- 乙基 -4- 甲基咪唑等。叔胺浓度越大，固化速度越快。

除叔胺外，季铵盐、金属有机化合物如环烷酸锌、六酸锌也可用作酸酐 / 环氧树脂固化反应的促进剂。

酸酐类固化剂按化学结构可分为直链脂肪族酸酐、芳香族酸酐和脂环族酸酐。按酸酐官能团数量可分为单官能团酸酐、双官能团酸酐。还可按分子中是否含游离羧基进行分类。常用的酸酐类固化剂种类、性能和用途见表 3-7。

表3-7 常用的酸酐类固化剂种类

类别	名称	优点	缺点	用途
单官能团酸酐	邻苯二甲酸酐	价格便宜，固化时放热少，耐药品性优良	易升华，与环氧树脂不易混合	适于大型浇铸，涂布液
	四氢邻苯二甲酸酐	不升华，固化时放热少，耐药品性优良	着色，与环氧树脂不易混合	很少单独使用，一般与其他酸酐混用
	六氢邻苯二甲酸酐	黏度低，适用期长，耐热性、耐漏电痕迹性、耐候性优良	有吸湿性	熔化后黏度低，可与环氧树脂制配成低黏度配合物
	甲基四氢邻苯二甲酸酐	黏度低、工艺性优良	价格较贵	使用广泛，适于层压、浇铸
	甲基六氢邻苯二甲酸酐	无色透明，适用期长，色相稳定，耐漏电痕迹性、耐候性优良	价格较贵	适于层压、浇铸、浸渍
	甲基纳迪克酸酐	适用期长，工艺性优良，固化低收缩率小，耐热性、耐化学药品性优良	耐碱性差	使用广泛，适于层压、浇铸、浸渍、涂布液
	十二烷基琥珀酸酐	工艺性优良，韧性好	耐药品性差	适于层压、浇铸、浸渍
	氯茵酸酐	耐热性、阻燃性好，电性能优良	操作工艺性差	适于层压、浇铸
双官能团	均苯四甲酸酐	耐热性、耐药品性好	操作工艺性差，化物具脆性	常不单独使用，而与甲基四氢邻苯二甲酸酐混合使用，适于层压、浇铸、涂布液
	苯酮四酸二酐	耐热性、耐药品性好，耐高温性、耐老化性优良	溶解性不良	通常不单独使用，适于成型、层压、浇铸、涂布液
	甲基环己烯四酸二酐	耐热性高，耐漏电性优良	价格贵	适于成型、层压、浇铸、涂布液
	二苯醚四酸二酐	操作工艺性好，耐热性优良	价格贵	适于成型、层压、浇铸
	偏苯三酸酐	固化速度快，电性能好，耐热性、耐药品性优良	使用期短，操作工艺性差	适于层压、浇铸、涂布液
	聚壬二酸酐	固化物伸长率高，热稳定性好	易吸水降解，固化物耐热性差	适于层压、浇铸、浸渍

⑤合成树脂类固化剂。许多涂布液用合成树脂分子中含有酚羟基或醇羟基或其他活性氢，在高温（150℃～200℃）下可使环氧树脂固化，从而交联成性能优良的漆膜。合成树脂类固化剂主要有酚醛树脂固化剂、聚酯树脂固化剂、氨基树脂固化剂和液体聚氨酯固化剂等。改变树脂的品种和配比，可得到不同性能的涂布液。

酚醛树脂固化剂。酚醛树脂中含有大量的酚羟基，在加热条件下可以使环氧树脂固化，形成高度交联的、性能优良的酚醛－环氧树脂涂膜。涂膜既保持了环氧树脂良好的附着力，又保持了酚醛树脂的耐热性，具有优良的耐酸碱性、耐溶剂性、耐热性。但涂膜颜色较深，不能做浅色涂层。

聚酯树脂固化剂。聚酯树脂分子末端含有羟基或羧基，可与环氧树脂中的环氧基反应，使环氧树脂固化。固化物柔韧性、耐湿性、电性能和黏接性都十分优良。

氨基树脂固化剂。氨基树脂主要是指脲醛树脂和三聚氰胺甲醛树脂。脲醛树脂和三聚氰胺甲醛树脂分子中都含有羟基和氨基，可与环氧基反应，使环氧树脂固化，得到具有较好的耐化学药品性和柔韧性的漆膜，漆膜颜色浅、光泽度强。

液体聚氨酯固化剂。聚氨酯分子中既含有氨基，又含有异氰酸酯基，它们可以和环氧树脂中的环氧基或羟基反应，而使环氧树脂固化，所得漆膜具有优越的耐水性、耐溶剂性、耐化学药品性以及柔韧性，可用于涂装耐水设备或化工设备等。

⑥聚硫橡胶类固化剂。聚硫橡胶类固化剂主要有液态聚硫橡胶和多硫化合物两种。

液态聚硫橡胶。液态聚硫橡胶是一种黏稠液体，相对分子量 800 ～ 3000。液态聚硫橡胶硫化后具有很好的弹性和黏附性，耐各种油类和化学介质，是一种通用的密封材料。液态聚硫橡胶分子末端含有巯基（—SH），巯基可与环氧基反应，从而使环氧树脂固化。无促进剂时，反应缓慢。加入路易斯碱作为促进剂，反应在 0℃～ 20℃的低温下就可进行。在常温下只有 2 ～ 10min 的适用期，但完全固化需要 1 周左右的时间。温度高固化速度加快，反应也更完全。

多硫化合物。一般结构如下：

$$HS{+}CH_2CH_2OCH_2OCH_2CH_2-S-S{+}_nCH_2CH_2OCH_2OCH_2CH_2-SH$$

这是一种低相对分子质量的齐聚物，其分子末端有巯基，多硫化合物与普通叔胺或多元胺固化剂并用时，则可在室温下使环氧树脂固化。

（2）固化促进剂

为了加速固化反应、降低固化温度、缩短固化时间，环氧树脂胶黏剂中常常需要加入固化促进剂。常用的固化促进剂主要有取代酚类与一些催化剂型固化剂。促进剂用量一般不高于 5phr（每百克份数），否则会降低固化物的耐热等性质。表 3-8 是固化促进剂的种类及其适用固化剂。

表 3-8 固化促进剂的种类及其所适用的固化剂

名 称	适用的固化剂	名 称	适用的固化剂
苯酚	胺类	2- 乙基 -4- 甲基咪唑	酸酐类、双氰胺
双酚 A	胺类	三氟化硼单乙胺	胺类
间苯二酚	胺类	脂肪胺	低分子聚酰亚胺类
DMP-30	胺类、酸酐类、低分子聚酰亚胺类	间甲苯酚	胺类
吡啶	酸酐类、低分子聚酰亚胺类	三乙胺	酸酐类
苄基二甲胺	酸酐类	二乙醇胺	胺类

（3）稀释剂

稀释剂主要用来降低环氧胶黏剂体系的黏度，改善胶黏剂的涂布性和流动性。同时延长使用寿命。

稀释剂按机理分为非活性稀释剂与活性稀释剂。非活性稀释剂不与环氧树脂、固化剂等起反应，属物理掺混，稀释和降低黏度。它在胶黏剂的固化过程中，大部分会挥发掉。非活性稀释剂多为高沸点液体，如邻苯二甲酸二丁酯、苯二甲酸二辛酯、苯乙烯、苯二甲酸二烯丙酯、甲苯、二甲苯等。用量以5%～20%为宜。如12%左右的邻苯二甲酸二丁酯使标准环氧树脂的黏度从10Pa·s降到0.5～0.7Pa·s（25℃。活性稀释剂一般是指带有一个或两个以上环氧基的低分子化合物，它们直接参与环氧树脂的固化反应，成为环氧树脂固化物交联网络结构的一部分，对固化产物的性能几乎无影响，有时还能增加固化体系的韧性。活性稀释剂又分为单环氧基活性稀释剂和多环氧基活性稀释剂两种。单环氧基稀释剂，如丙烯基缩水甘油醚、丁基缩水甘油醚和苯基缩水甘油醚。无溶剂环氧涂布液中，单官能活性稀释剂用量不超过环氧树脂的15%，多官能活性稀释剂用量可达到20%～25%。

单环氧化物的稀释效果比较好，脂肪族型的比芳香族型有更好的稀释效果。使用芳香族型活性稀释剂的固化产物耐酸碱性变化不大，但耐溶剂性却有所下降。单环氧化物活性稀释剂的使用会使热变形温度降低，这是它会使固化物的交联密度下降的缘故。长碳链的活性稀释剂使用后可使抗弯强度、冲击韧度得以提高。用量不多时对固化产物的硬度影响不明显，热膨胀系数增加。

稀释剂的选用原则：

①尽量选用活性稀释剂，在改进工艺性的同时，提高其黏接、机械性能。

②选择与主体树脂化学结构相近的稀释剂，在其他助剂存在下，与主体树脂一同参加反应，改善胶层性能。

③选用挥发性小、气味（异味）小、毒性低的品种，减少稀释剂在配胶、施胶时对人体的侵害。

④来源容易，不燃不爆，价格低廉，亦是要考虑的重要因素。只要能用水做稀释剂的应尽量用水。

二、酚醛树脂（PF）胶黏剂

酚醛树脂胶黏剂是指：酚类与醛类在一定条件下反应得到的聚合物为主体材料配以固化剂、改性剂后组成的一类胶黏剂。

1. 酚醛树脂

（1）酚醛树脂的类型

依据分子形态将酚醛树脂分为热塑性酚醛树脂和热固性酚醛树脂。

热塑性酚醛树脂是一种分子结构为直链状的线性酚醛树脂，主要是采用过量的苯酚（P）与甲醛（F）在酸性条件下反应所得。

热塑性酚醛树脂的反应过程包括加成反应阶段和缩聚反应阶段。由于是在酸性条件下，加成反应主要是苯环邻位和对位上的一羟甲基过程；缩聚反应过程则主要是生成的一羟甲基苯酚与苯酚单体之间的脱水缩合过程（图 3-21）。

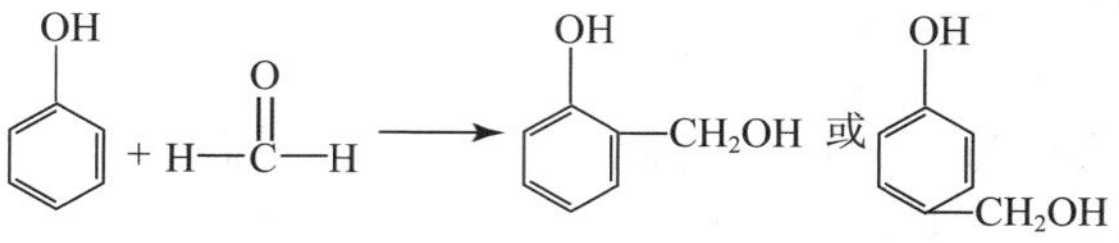

OH + H—C(=O)—H ⟶ (OH)CH$_2$OH 或 (OH)CH$_2$OH

图 3-21　热塑性酚醛树脂的加成过程

此外，在酸性条件下，缩聚反应的速度远大于加成反应的速度，且在整个反应体系中苯酚的含量多于甲醛，使得在加成过程中生成的羟甲基会迅速与体系中富余的苯酚发生缩合反应生成线性结构大分子，从而使反应产物分子中不存在活性羟甲基官能团，其结构式如图 3-22 所示。

热塑性酚醛树脂为长链状线性分子，且其分子结构中不存在活性较高的羟甲基官能团，在加热条件下，分子与分子之间不会发生交联反应形成网络结构，从而表现为热塑性。但由于其加成反应为一羟甲基过程，其分子链中仍然存在较多未反应的活性氢原子，当补加甲醛或添加一些含有活性官能团的固化剂（如六次甲基四胺，多聚甲醛或者热固性型酚醛树脂、苯胺等）时，便可促进活性氢原子进一步发生交联反应形成网络结构而固化。

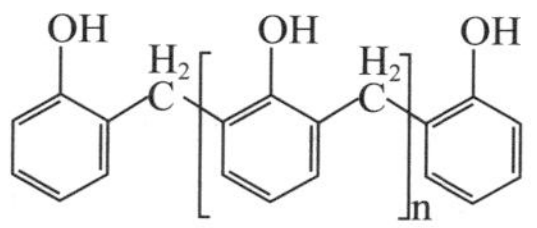

OH　H_2C　OH　H_2C　OH　n

图 3-22　热塑性酚醛树脂结构式

热固性酚醛树脂。热固性酚醛树脂又称为 A 阶或甲阶酚醛树脂，是在醛酚摩尔比大于 1，碱性催化剂（如氢氧化钾、氢氧化钠、氢氧化钡或氢氧化钙等）和加热作用下，反应一定时间合成的一种具有一定活性的中间产物，因此如不对其合成过程加以控制，很容易剧烈反应而凝胶化，甚至发生交联反应，最终形成不溶不熔的体型大分子。

热固性酚醛树脂的合成过程也分为两步（图 3-23），第一步是加成反应，即苯环邻位和对位上的羟甲基过程，首先是生成一羟甲基苯酚，由于在碱性条件下，苯环上邻位和对位上的活性氢原子的反应活性远大于羟甲基上羟基的活性，生成的羟甲基不易发生缩聚，而是苯环上活性氢原子的进一步羟甲基化过程，生成二羟甲基和三羟甲基苯酚；第二步则是缩聚反应，即生成的多元羟甲基与苯酚单体上活性氢原子的脱水形成次甲基桥或羟甲基之间的脱水形成醚键的过程，随着缩聚反应的不断进行，最终生成支链型甲阶酚醛树脂。

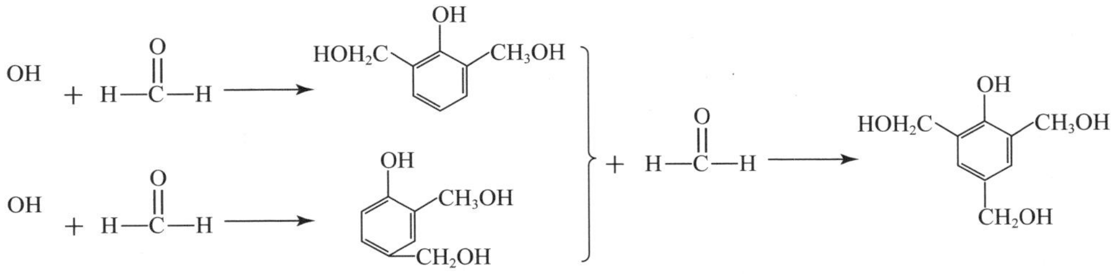

图3-23 热固性酚醛树脂的加成过程

热固性酚醛树脂的固化机理相当复杂，比较热门的观点主要是基于由热固性酚醛树脂本身分子结构中存在的活性羟甲基官能团，在加热过程中，这些羟甲基有两种反应方式，一种是与苯环上的活性氢原子反应生成亚甲基键，另一种是与其他的羟甲基反应生成醚键，从而使分子与分子之间交联在一起，生成具有网络结构的C阶或丙阶酚醛树脂（图3-24）。

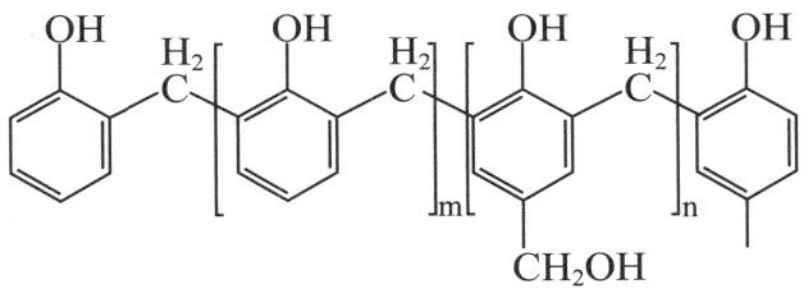

图3-24 热固性酚醛树脂的结构式

（2）酚醛树脂的固化

热固性甲阶酚醛树脂由于分子链上有游离的羟甲基，加热就可以固化，加入石油磺酸等强酸物质，可使固化速度加快，可在室温下数小时内固化；热塑性酚醛树脂需要加入甲醛或者能产生甲醛的物质（固化剂）才能固化，常用的六次亚甲基四胺，多聚甲醛等做固化剂。在酚醛树脂固化时施加压力对固化是有效果的，所施加的压力大小与被黏结物质厚度有关，厚度越大压力就越大。

2. 酚醛树脂胶黏剂

酚醛树脂体系主要是通过形成的网络结构产生结合强度。酚醛树脂固化后为不熔、不溶的大分子，其与被黏物之间形成的界面实为固—固界面，不满足扩散理论、电子理论及吸附理论的基本条件，结合机理为机械互锁理论。酚醛树脂的结合过程包括两步，首先是树脂向被黏物表面凹凸和气孔的渗透，这一过程要求树脂与被黏物之间有较好的润湿性；其次为酚醛树脂的固化，在这一过程中其分子间发生交联反应形成网络结构，使树脂分子嵌入到被黏物表面气孔及凹凸中，从而形成一种强的机械互锁力将树脂与被黏物紧密结合在一起。

（1）酚醛树脂胶黏剂的特点及其应用

酚醛树脂黏接强度高，有优良的耐水性、耐久性及耐热性，一般作为结构用胶或室外用胶。

酚醛树脂胶黏剂颜色深、固化后的胶层硬脆、收缩率高，不耐碱，易吸潮，电性能差，易龟裂，成本较脲醛树脂胶黏剂贵，毒性较大，酚醛树脂胶黏剂固化温度高，固化速度慢（一般要在130℃～150℃下热压才能得到好的胶合强度），能量和设备消耗大，限制了酚醛树脂胶黏剂的应用。在保证酚醛树脂优良物理、化学性能的前提下，缩短酚醛树脂固化时间，降低酚醛树脂胶黏剂的生产成本，降低酚醛树脂胶黏剂中的游离酚、游离醛含量成为主要研究的热点问题。

（2）未改性酚醛树脂胶黏剂

水溶性酚醛树脂胶黏剂是在氢氧化钠催化下，以酚醛摩尔比为0.67时生成的一种树脂。需在加热加压条件下固化，固化条件为：120℃～145℃，294.21～2059.47kPa（3～21kg/cm^2），15min。

醇溶性酚醛树脂胶黏剂在氨水催化下，以酚醛摩尔比略小于1（0.83）时生成的树脂经减压脱水后再用乙醇溶解制得一种树脂体系，加入固化剂后可在室温或者略高于室温的条件下固化。

常温固化的酚醛树脂胶黏剂用水溶性树脂的合成条件，经醇溶性树脂的后处理而制得的一种胶黏剂体系，加入磺酸类固化剂后可室温固化。

（3）改性酚醛树脂胶黏剂

酚醛树脂胶黏剂虽然具有胶接强度高、耐水、耐热、耐磨及化学稳定性好等优点，生产耐候、耐热的木材制品时酚醛树脂胶黏剂为首选胶黏剂，但存在耐磨性较低、成本较高、固化温度高、热压时间长等缺点。为此，采用多种途径对其改性。

酚醛树脂改性，可将柔韧性好的线型高分子化合物（如合成橡胶、聚乙烯醇缩醛、聚酰胺树脂等）混入酚醛树脂中；也可以将某些黏附性强的，或者耐热性好的高分子化合物或单体与酚醛树脂用化学方法制成接枝或嵌段共聚物，从而获得具有各种综合性能的胶黏剂。

①三聚氰胺改性酚醛树脂胶黏剂

利用三聚氰胺与苯酚、甲醛反应可生成耐候、耐磨、高强度及稳定性好的、可以满足不同要求的三聚氰胺-苯酚-甲醛（MPF）树脂胶黏剂。可以采用共聚或共混的方法。

②尿素改性酚醛树脂胶黏剂

降低酚醛树脂胶黏剂成本的主要途径是引入价廉的尿素。以苯酚为主的苯酚—尿素—甲醛（PUF）树脂胶黏剂，不但降低了酚醛树脂的价格，同时降低了游离酚和游离醛含量。

③木质素改性酚醛树脂胶黏剂

木质素是广泛存在于自然界植物体内的天然酚类高分子化合物。在造纸生产过程中，黑液含有50%～60%的木素磺酸盐。木质素—苯酚—甲醛胶黏剂已应用于生产人造板。不仅可以降低造纸废液的污染，而且也能降低酚醛树脂成本。在一定条件下，用木质素硫酸盐或黑液代替高达 42% 的酚醛树脂胶黏剂。

④间苯二酚改性酚醛树脂胶黏剂

自从 1943 年苯二酚—甲醛（RF）树脂被应用以来，其用途主要生产船用胶合板以及在恶劣环境中使用的结构件。由于苯酚和间苯二酚两者结构相近，利用间苯二酚改性酚醛树脂，提高其固化速度，降低固化温度，主要有两种方法：第一，将 RF 树脂和酚醛树脂按一定比例进行共混；第二，间苯二酚、甲醛两者共缩聚，这类胶黏剂的主要特点是能低温或室温固化。

⑤聚乙烯醇缩醛改性酚醛树脂胶黏剂

向酚醛树脂中引入高分子弹性体，可以提高胶层的弹性，降低内应力，克服老化龟裂现象，同时胶黏剂的初黏性、黏附性及耐水性也有所提高。常用的高分子弹性体有聚乙烯醇及其缩醛、丁腈乳胶、丁苯乳胶、羧基丁苯乳胶、交联型丙烯酸乳胶。

酚醛—聚乙烯醇缩聚结构胶黏剂是较早的航空结构胶之一，也常应用于金属—金属、金属—塑料、金属—木材等物质的胶接上。此种胶黏剂所采用的酚醛树脂为甲阶酚醛树脂或其羟甲基被部分烷基化的甲阶酚醛树脂，聚乙烯醇缩醛主要为聚乙烯醇缩甲醛和聚乙烯醇缩丁醛。

⑥降低酚醛树脂的固化温度和固化时间

提高酚醛树脂固化速度的途径有以下几种。

添加固化促进剂或高反应性的物质：如添加碳酸钠、碳酸氢钠、碳酸氢钾、碳酸丙烯酸酯类的碳酸盐与碳酸酯、间苯二酚、异氰酸酯等。

改变树脂的化学构造，赋予其高反应性：如高邻位酚醛树脂的合成。

与快速固化性树脂复合：如苯酚 - 三聚氰胺共缩合树脂、苯酚 - 尿素共缩合树脂、木质素、单宁 - 酚醛树脂共缩合树脂等。

三、氨基树脂胶黏剂

氨基树脂是含氨基富氮聚合物。氨基树脂胶黏剂是尿素、三聚氰胺、苯胺等与甲醛反应所得热固性树脂黏稠液的总称，包括脲醛树脂胶黏剂、三聚氰胺甲醛树脂胶黏剂、苯胺甲醛胶黏剂，以前两种胶黏剂为主。

脲醛树脂胶黏剂是尿素与甲醛在催化剂的作用下，经加热生成的热固性树脂。在受热时，脲醛树脂本身可以固化，但速度很慢，故很少单独作为胶黏剂使用。一般加入酸性固化剂（强酸的铵盐或弱有机酸，常用的是氯化铵）可使其快速缩聚，生成不溶不熔的脲醛树脂，同时释放出甲醛和水。脲醛树脂胶黏剂应用于木材工业。黏附力强、使用方便、毒性小、固化快、价格便宜；但性脆，强度较酚醛树脂胶黏剂低。

三聚氰胺甲醛树脂胶黏剂一般不加入固化剂，但有时也可加入少量草酸加速固化。该胶具有良好的耐水、耐油、耐热和优良的电性能；但胶层较脆，易开裂，稳定性差和成本较高。

四、聚氨酯胶黏剂

聚氨酯（PU）胶黏剂是分子链中含有氨基甲酸酯基—NHCOO—和/或异氰酸酯基—NCO 的一类胶黏剂。聚氨酯是高分子材料领域中，唯一一种可以通过化学组成及形态变化来调节其热塑性、黏弹性和热固性等性能的聚合物。这类胶黏剂黏结力强，适用范围广，可以通过不同的配方获得相关性能，常温固化，低温性能好，对于制备高质量的涂布液来说，聚氨酯材料是首选的基体树脂。

1. 聚氨酯胶黏剂概述

（1）聚氨酯胶黏剂发展简史

第二次世界大战期间，德国科学家采用 4，4，4″ – 三苯基甲烷三异氰酸酯将丁苯橡胶与金属黏接在一起，用于坦克履带的生产。这一坦克履带胶黏剂的应用获得了成功，开创了最早的工业用聚氨酯胶黏剂（Desmodur R）。20 世纪 50 年代以后，德国 Bayer 公司在上述技术的基础上，逐渐开发出当今世界仍在通用的 Desmodur R 系列溶剂型多异氰酸酯胶黏剂和 Desmocoll 系列溶剂型聚氨酯胶黏剂。

同期，美国科学家开发了以蓖麻油和聚醚多元醇与二异氰酸酯的反应物为基础的溶剂型聚氨酯胶黏剂。20 世纪 60 年代末，美国 Goodyear 公司开发了无溶剂型 PU 结构胶黏剂 Pliogrip，水乳液聚氨酯胶黏剂开始大量应用。在 1984 年，出现了反应性热熔聚氨酯胶黏剂，使聚氨酯胶黏剂成为胶黏剂中一类重要的胶种。

杂化技术的开发，即有机硅 –PU、丙烯酸酯 –PU、醇酸树脂 –PU 和环氧树脂 –PU 等胶种的问世，使聚氨酯胶黏剂的性能兼有树脂的特性，又保留 PU 固有的特征，有的还可起到降低成本的作用。新型助剂微量加入，即可改善聚氨酯胶黏剂性能。纳米填料的成功开发和应用，也大幅度提升了聚氨酯胶黏剂的性能。

1952 年，Flory 首先合成出具有特殊结构的超支化聚合物，1988 年开始引发众人兴趣。它的出现可改变某些胶种的特性，使 PU 应用领域更宽广。20 世纪 50 年代，人们已开始研究非异氰酸酯聚氨酯（NIPU），因当时原料难得，生产工艺复杂，价格昂贵，所制 NIPU M_n 较低，发展缓慢。20 世纪 90 年代，人们开始重视 NIPU 材料的开发与应用研究。如今 NIPU 性价比、环保和安全操作工艺出众，符合大部分工业需求和环保法规要求。

（2）聚氨酯胶黏剂结构与性能

聚氨酯反应活性来自异氰酸酯的活泼氢加成反应，主要的反应如图 3–25 所示：

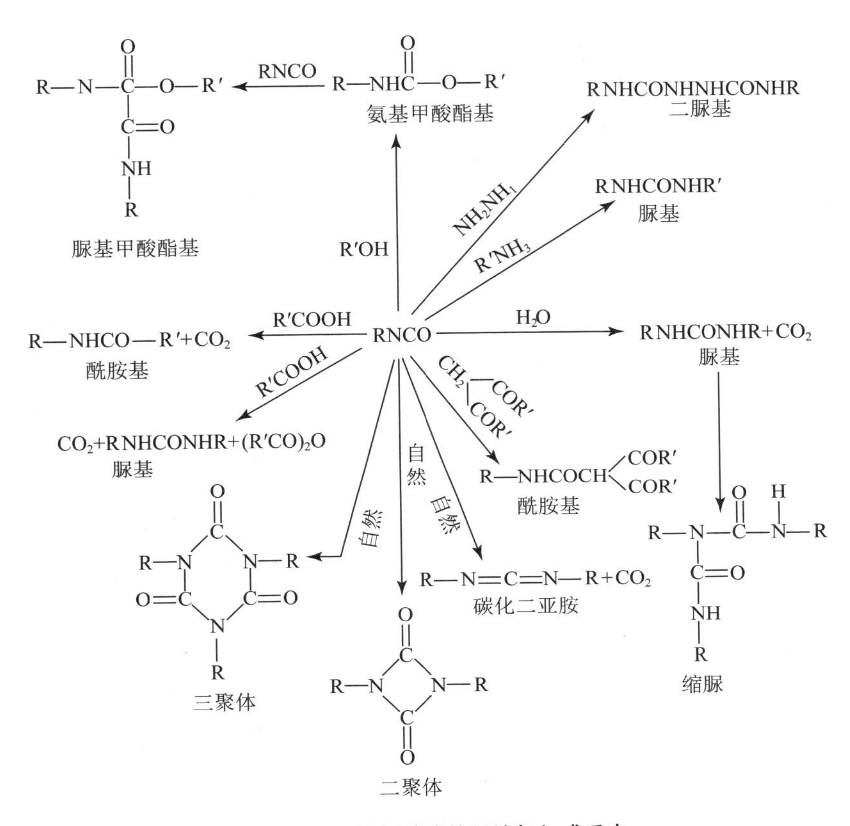

图 3-25　异氰酸酯的活泼氢加成反应

作为胶黏剂的主体原料，聚氨酯的结构与性能对黏接性能有重要影响。

①软段对性能的影响

软段是由低聚物多元醇构成，分子量通常在 600 ～ 3000。主要分为聚酯多元醇和聚醚多元醇两类，丙烯酸酯多元醇也可以作为聚氨酯的主链。聚酯型主链中含有酯基，极性和内聚能较大，由此获得的聚氨酯胶黏剂产物黏结力较强，且具有较好的耐油性和耐热性，但由于酯基易水解，产物的耐水解性能不理想；若预聚体是通过聚醚多元醇与异氰酸酯反应获得，主链会含有醚键结构单元，因其不易水解，所以产物的耐水解性能较为优异。但醚基的极性相对酯基较差，因此产物相对于聚酯型聚氨酯胶黏剂黏结性和耐热性较差。

结晶性对于聚醚型和聚酯型聚氨酯胶黏剂的初黏强度和冷固时间，均有较大影响。有人以结晶性聚酯多元醇聚己二酸己二醇酯（PHA），非结晶性聚酯多元醇聚己二酸一缩二乙二醇酯（PDEA）和 MDI 为原料制备了不同的热熔胶并研究了结晶性对其性能的影响。结果表明，随着 PDEA 含量增加，热熔胶初黏性能下降，而完全由 PHA 和 MDI 制备的胶黏剂初黏性能较为理想。完全由结晶性聚酯制得的湿固化聚氨酯热熔胶具有优异的性能，但容易水解且成本较高，通过物理共混加入不同多元醇制备的预聚物或者其他聚合物成为提高胶黏剂综合性能的方法之一。有专利提到可以使用苯乙烯－丙烯酸共聚物（质量分数 0.1% ～ 10%）或满足室温结晶、分子质量（Mn）=1000 ～ 4000、羟值为 100 ～ 300mg（KOH）/g 这三个条件的聚合物来代替结晶性聚酯。还有用聚原酸酯多元醇与聚酯多元醇作为混合软段，制得的胶黏剂可用于金属与塑料薄膜黏结。

②硬段对性能的影响

硬段由多异氰酸酯或多异氰酸酯与扩链剂组成。异氰酸酯的结构对聚氨酯材料的性能影响很大，芳香族多异氰酸酯中，反应速度快，毒性最小的二苯基甲烷二异氰酸酯（MDI）使用范围最广。纯 MDI 常温下为固体，且易自聚形成二聚体，给使用带来不便，因此需要对其液化改性。制备胶黏剂时选用的多异氰酸酯经过了碳化二亚胺改性，改性之后分子内形成了交联键，制得的胶黏剂稳定性高于一般胶黏剂。

除采用 MDI 和甲苯二异氰酸酯（TDI）以外，多亚甲基多苯基异氰酸酯（PAPI）、异佛尔酮二异氰酸酯（IPDI）、六亚甲基二异氰酸酯（HDI）等多异氰酸酯也逐渐被人采用。以 PAPI 和混合聚醚作为原料制备的胶黏剂，固化时间 48 小时，储存期 1 年。

（3）聚氨酯胶黏剂特点

黏结性能优良。由于 PU 分子结构中含有氨基甲酸酯基、脲基、酯基和醚基等极性基团，使其分子间通过氢键产生强内聚力。PU 分子结构中还含有异氰酸酯基等高极性、高活性基团，可与含有活泼氢的化合物反应，或与极性基团间形成氢键或范德华力等次价键，故对多种被黏材料具有优良的胶接性能。例如，天然物质如木材、纤维、纸和皮革等，合成材料如塑料、纤维和橡胶等分子结构中均含有活泼氢，聚氨酯胶黏剂可与它们进行化学胶接。金属表面很容易吸附一薄层水分，它可与异氰酸酯基团反应生成脲键。后者与金属氧化物通过氢键螯合成酰脲—金属氧化物的络合物。

高弹性。PU 分子链的柔韧性赋予聚氨酯胶黏剂高度的弹性和柔韧性，使其固化物断裂伸长率和剥离强度较高，耐震动、耐冲击、耐疲劳。特别适用于要求柔软性的薄膜类的黏接和复合以及要求防震的场合。

耐低温性。聚氨酯胶黏剂的一个突出优点是具有卓越的低温和超低温柔韧性能，可在 –196℃（液氮温度），甚至 –253℃（液氢温度）下使用。

耐磨性。聚氨酯胶黏剂的耐磨性是氯丁橡胶的 8 倍，聚氯乙烯的 7 倍。

多功能性。PU 分子可视作由异氰酸酯与扩链剂等形成的硬段结构以及聚醚、聚酯等软段结构相嵌段的共聚物。改变软、硬段比例和结构可大幅度调整胶的物化性能和黏接工艺。随 PU 基料和固化剂品类、配比不同，胶的性能更是千变万化，其黏结层从柔性至刚性可任意调节，以满足不同胶接材料、不同应用领域的黏接要求。

胶接工艺简便。聚氨酯胶黏剂可加热固化，也能室温固化，施用工艺简便，操作性能良好。

价格适中。聚氨酯胶黏剂耐水、耐油、耐溶剂、耐氧化及耐臭氧等性能良好。主要缺点是耐温性能较差，长期使用温度不得超过 120℃，普通聚氨酯胶黏剂仅于 80℃下使用，室温剪切强度较低，耐蠕变性差。经环氧树脂、有机硅、丙烯酸酯或醇酸树脂等改性的 PU，兼有原树脂的特性，完善了聚氨酯胶黏剂性能。

2. 聚氨酯胶黏剂的分类

一般按照反应原料组成、成品性能以及产品的主要用途进行分类。

按照合成聚氨酯胶黏剂原料分为三种，第一种是为多异氰酸酯性胶，属于反应型胶，是由原材料或者其小分子所制成，对金属物、纤维以及橡胶品的黏接效果极好，但毒性较大。第二种是以多异氰酸酯的三聚体为主要原料的胶黏剂，此类胶黏剂的交联水平高。第三种是聚氨酯预聚体胶黏剂，多以异氰酸酯（如 TDI-80/20）与聚酯（醚）制备。

按照聚氨酯胶黏剂的用途与特性，分为通用型胶黏剂、食品包装用胶黏剂、鞋用胶黏剂、纸塑复合用胶黏剂、建筑用胶黏剂、结构用胶黏剂、超低温用胶黏剂、发泡型胶黏剂、厌氧型胶黏剂、导电性胶黏剂、热熔型胶黏剂、压敏型胶黏剂、封闭型胶黏剂、水性胶黏剂以及密封胶黏剂等。

除此之外，聚氨酯胶黏剂还有多种分类方式。按形态分，有溶剂型、无溶剂型、湿固化型、水乳型、热熔型以及反应性热熔型等；按剂型分，有液体、糊状、固体颗粒、块状、片状和粉状等；按包装形式分，有单、双、多包装；按组成类型分，有多异氰酸酯、聚氨酯预聚体、封闭型端异氰酸酯聚氨酯、异氰酸酯改性聚氨酯、聚氨酯乳液、聚氨酯压敏型、聚氨酯热熔型以及反应性聚氨酯热熔型等胶黏剂。图 3-26 给出了聚氨酯胶黏剂的分类。

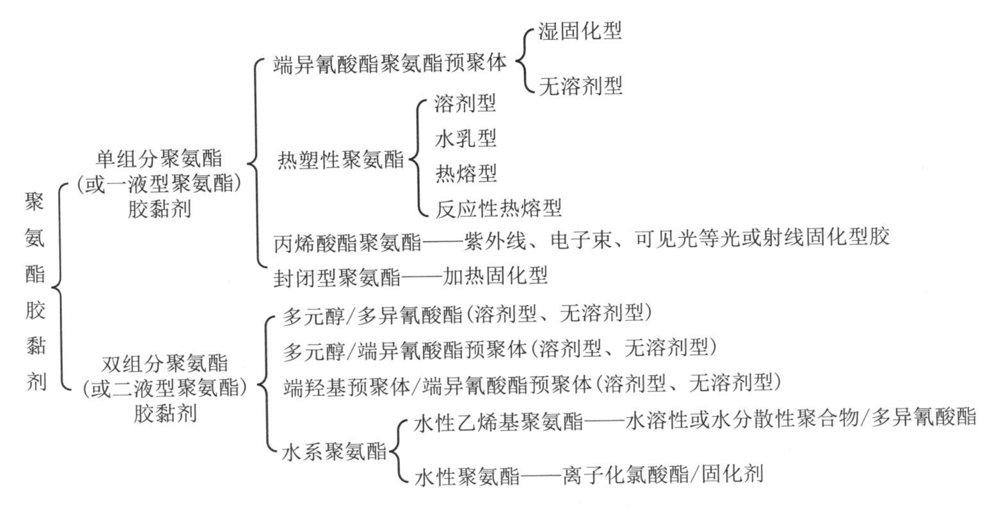

图 3-26 聚氨酯胶黏剂分类

单组分聚氨酯胶黏剂中以湿固化型为主。近些年，在国外，反应性热熔型和光、射线固化型技术日趋成熟，我国正处于实用化阶段。双组分聚氨酯胶黏剂的配料复杂，但性能可调，应用广。

3. 用途概述

聚氨酯胶黏剂既可黏接非极性材料，也可黏接极性材料，广泛应用于软包装材料的复合，织物的层压，复合材料、静电植绒无纺布的制造，橡胶制品和多孔材料的胶接等。

聚氨酯胶黏剂由于其优异的黏接特性，在航天器材的黏接、文物保护与修复、军工产业、文具用品、医疗卫生光伏产业等方面发挥着越来越重要的作用。

4. 聚氨酯胶黏剂主要成分

聚氨酯胶黏剂是由多异氰酸酯与分子中含有活泼氢的化合物，尤其是多元醇反应而成。为适应各种用途，可添加无机填料、稳定剂或改性剂等助剂。

（1）异氰酸酯固化剂

异氰酸酯是异氰酸的各种酯的总称。以 -NCO 基团的数量分类，包括单异氰酸酯 R-N=C=O、二异氰酸酯 O=C=N-R-N=C=O 及多异氰酸酯等。异氰酸酯固化剂作为聚氨酯胶黏剂的重要组成部分，通过异氰酸酯的交联反应可以赋予胶黏剂更加优良的黏结性能，常见的二异氰酸酯包括甲苯二异氰酸酯（TDI）、异佛尔酮二异氰酸酯（IPDI）、二苯基甲烷二异氰酸酯（MDI）、二环己基甲烷二异氰酸酯（HMDI）、六亚甲基二异氰酸酯（HDI）、赖氨酸二异氰酸酯（LDI）以及上述异氰酸酯的加成物（表 3-9）。

表 3-9　常用多异氰酸酯固化剂

名称	简称	相对分子质量	熔点 /°C	沸点 /°C	密度 /（g·cm³）
2,4 甲苯二异氰酸酯	2,4TDI	174.2	21.8	121（1333Pa）	1.2178（20℃）
2,6 甲苯二异氰酸酯	2,6TDI	174.2	13	120（1333Pa）	1.2271（20℃）
甲苯二异氰酸酯混合物	TDI65	174.2	5.0	121（1333Pa）	1.222（20℃）
甲苯二异氰酸酯混合物	TDI80	174.2	13.6	121（1333Pa）	1.221（20℃）
二苯甲烷 4,4’二异氰酸醋	4,4 ′ MDI	250.3	39.5	208（1333Pa）	1.183（50℃）
二苯甲烷 2,4’二异氰酸酯	2,4 ′ MDI	250.3	34.5	154（173Pa）	1.192（40℃）
二苯甲烷 2,2’二异氰酸酯	2,2 ′ MDI	250.3	46.5	145（173Pa）	1.188（50℃）
六亚甲基二异氰酸酯	HDI	168.2	67	127（1333Pa）	1.047（20℃）
异佛尔酮二异氰酸酯	IPDI	222.3	60	158（1353Pa）	1.0615（20℃）
1,5 萘二异氰酸酯	NDI	210.2	127	183（1333Pa）	1.450（20℃）
对苯二亚甲基二异氰酸酯	*p* XDI	188	45 ～ 46	151（1800Pa）	

续表

名称	简称	相对分子质量	熔点 /℃	沸点 /℃	密度 /（g・cm³）
间苯二亚甲基二异氰酸酯	*m* XDI	188	7	151（1800Pa）	
二环已亚甲基二异氰酸酯（氢化二苯甲烷二异氰酸酯）	HMDI（H_{12}MDI）	262	约 45	（160 ～ 165）（107Pa） 180（400Pa）	
3,3′ 二甲氧基 4,4′ 联苯二异氰酸酯	DADI	296	121～122		

①异氰酸酯 - 醇加成物

这种固化剂是通过二异氰酸酯和多元醇共同反应而生成的加成产物。多元醇如：三羟甲基丙烷、丙三醇、二甘醇、丁二醇等；二异氰酸酯如：甲苯二异氰酸酯（TDI）、六亚甲基二异氰酸酯（HDI）、异佛尔酮二异氰酸酯（IPDI）等。而其中又以 TDI-TMP 加成物最为常见（图 3-27）。

②缩二脲多异氰酸酯

缩二脲多异氰酸酯固化剂是由多异氰酸酯与水反应生成具有缩二脲结构的三异氰酸酯，缩二脲多异氰酸酯具有成膜机械性能好、耐化学性好、耐光照射、不泛黄、耐候性良好，且远远优于芳香族异氰酸酯制成的固化剂，常用来配制常温于户外的产品，其中最具代表性的为六亚甲基二异氰酸酯（HDI）缩二脲多异氰酸酯（图 3-28）。

③异氰脲酸酯类

异氰脲酸酯类即三聚体类，是异氰酸酯单体经催化聚合而得到的小分子聚合物。由于其具有黏度小、挥发性低、毒性小、官能度高等优点，被广泛用于聚氨酯固化交联剂。这类产品具有以下的优点。

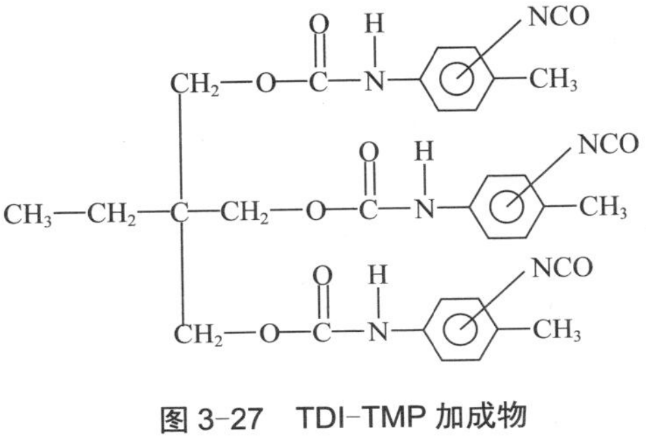

图 3-27　TDI-TMP 加成物

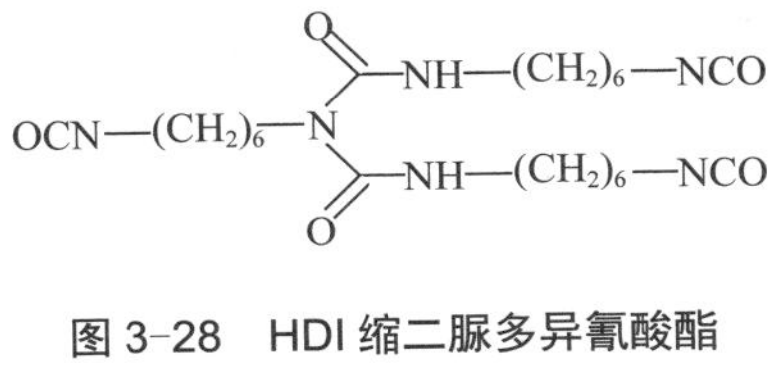

图 3-28　HDI 缩二脲多异氰酸酯

a. 异氰酸酯环上无活泼氢的存在，不会形成氢键，而使得产品黏度低，可制成高固含量产品，减少溶剂的使用，起到了环保的作用。b. 固化速度快，在施工中节省能量并减少粘尘，提高工作效率。c. 贮存稳定性好，由于异氰脲酸环很稳定，黏度变化不大，不易变质。d. 由异氰脲酸酯制得的漆膜硬度高，耐磨性优良。e. 由异氰脲酸酯所制得的产品耐热性、耐候性、耐光照性好，并具有阻燃性。

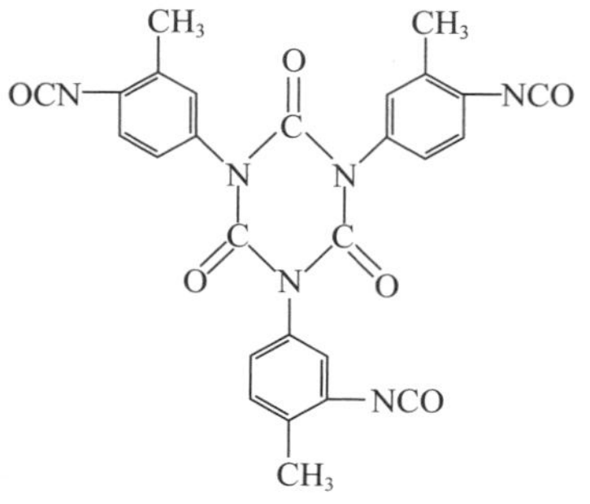

可合成异氰脲酸酯的多异氰酸酯的品种众多，如甲苯二异氰酸酯（TDI）、二苯基甲烷二异氰酸酯（MDI）、六亚甲基二异氰酸酯（HDI）、异佛尔酮二异氰酸酯（IPDI）等。其中最常见的工业品是 TDI 三聚体（图 3-29）

图 3-29　TDI 三聚体

（2）多元醇

在聚氨酯胶黏剂制备中常用的多元醇聚合物有聚酯多元醇、聚醚多元醇。有时也用蓖麻油、聚丁二烯二元醇及其加氢化合物、聚己内酯多元醇、聚碳酸酯多元醇、氨酯多元醇、丙烯酸酯多元醇、松香酯多元醇、有机硅多元醇等（表 3-10）。它们的相对分子质量通常为 500 ～ 3000，官能度为 2 ～ 3。

表 3-10　常用多元醇聚合物

类型	名称	简称	形态
聚醚	聚氧化丙烯二醇	PPG	液体
	聚氧化丙烯三醇	PPT	液体
	聚氧化乙烯二醇	PEG	蜡状
	环氧乙烷　环氧丙烷共聚醚	P（EG/PG）	液状
	聚四氢呋喃二醇	PTMEG	液体至蜡状
	四氢呋喃　环氧丙烷共聚醚	P（TMEG/PG）	液体
聚酯	聚己二酸乙二醇酯二醇	PEA	液体至蜡状
	聚己二酸 - 缩二乙二醇酯二醇	PDA	液体
	聚己二酸 1,2 丙二醇酯二醇	PPA	液体
	聚己二酸 1,4 丁二醇酯二醇	PBA	蜡状
	聚己二酸 1,6 己二醇酯二醇	PHA	蜡状
	聚癸二酸二元醇酯二醇		
	聚苯二甲酸二元醇酯二醇		
	共聚酯二醇 (含 2 种或 2 种以上二元酸或二元醇)		
	聚 ε 己内酯二醇	PCL	蜡状
	聚碳酸己二醇酯二醇	PHC	蜡状

续表

类型	名称	简称	形态
其他	聚丁二烯二醇	PBD	液体
	蓖麻油	CAS	液体
	环氧酸二醇		液体
	有机硅氧烷二醇		液体
	氯丁橡胶		

多元醇聚合物的不同结构有着不同的性能（表 3-11），聚酯型聚氨酯胶黏剂的机械强度、耐热性、耐油性和硬度普遍高于聚醚型。这是由于聚酯分子中的酯基极性大，内聚能高，分子间的作用力大所致，另外，它与极性基材的黏结性也优于聚醚型。但聚酯型聚氨酯胶黏剂因为主链含有酯基，抗水解性能不足。而聚醚型聚氨酯胶黏剂分子中的醚键易旋转、柔韧性好，有卓越的低温性和耐水解性。

表 3-11　多元醇聚合物结构与胶黏剂特性的关系

类型	名称	结晶性	耐寒性	耐水性	耐油性	耐热性	机械强度	价格	特征
聚醚	聚氧化丙烯二醇	液	O	O	△	△	△	O	耐霉 反应性大
	聚氧化乙烯二醇	O	O	×	△	O	O	O	
	聚四氢呋喃二醇	O	O	O	△	O	O	×	
	环氧乙烷 - 环氧丙烷共聚醚	液	O	O	△	△	O	×	
	四氢肤喃 - 环氧乙烷共聚醚	液	O	O	△	O	O	×	
	四氢呋喃 - 环氧丙烷共聚醚	液	O	O	△	△	O	×	
	环氧丙烷 - 苯乙烯 - 丙烯腈接枝共聚醚	液	O	O	△	△	O	O	高模量
	聚己二酸乙二醇酯	O	△	△	O	O	O	O	PNA 低模量
	聚己二酸 - 缩二乙二醇酯	液	△	×	O	O	△	O	
	聚己二酸 1,2 丙二醇酯	液	△	△	O	O	△	O	
	聚己二酸 1,4 丁二醇酯	O	O	O	O	O	O	O	
	聚己二酸 1,6 己二醇酯	O	△	O	O	O	O	△	
	聚己二酸辛戊二醇酯	液	△	O	O	O	△	O	
	PEA PDA 无规共聚物	△	△	×	O	O	O	O	
	PEA PPA 无规共聚物	△	△	△	O	O	O	O	
	PEA PBA 无规共聚物	△	O	O	O	O	O	O	
	PHA PNA 无规共聚物	△	O	O	O	O	O	△	耐水解

续表

类型	名称	结晶性	耐寒性	耐水性	耐油性	耐热性	机械强度	价格	特征
其他	聚 ε 己内酯二醇	O	O	O	O	O	O	△	耐水解
	聚碳酸己二醇酯	O	△	O	O	O		×	耐水解
	有机硅氧烷二醇	液	O	O	×	O	×	×	耐热优异

注：表中 O △ × 符号从优至劣排列

PU 分子的结晶性对胶黏剂的最终机械强度有较大的影响。醚键或酯基间的次甲基数越多，侧基越少，PU 的结晶性越高。因此，聚四氢呋喃型 PU 比聚氧化丙烯型 PU 具有较高机械强度和胶接强度。酯基间的次甲基数是偶数时，PU 弹性体分子间更易产生氢键，促使结晶性成倍增加。因此，PBA 型 PU 弹性体和 PHA 型 PU 弹性体的高结晶性可赋予其胶黏剂的高初黏性。具有足够相对分子质量的该类胶黏剂，即使不用固化剂，也具有较高的黏结强度。聚己二酸新戊二醇酯型 PU 分子结构单元中有 2 个侧甲基，破坏了结构的规整性，结晶性低。其胶黏剂的黏度与相同相对分子质量的无侧基聚酯型比，低得多，可充填较多的填料。又因其侧基对酯基起到了屏蔽保护作用，胶黏剂的抗热氧化、抗水解和抗霉性能有所提高。

（3）扩链剂和交联剂

为增加聚氨酯胶黏剂的相对分子质量，通常采用扩链剂或交联剂。扩链剂分醇和胺两类：①醇类为低分子二元醇；②为提高胶黏剂的硬度或强度等，采用胺类扩链剂如二乙烯三胺、三乙烯四胺等。通常采用多异氰酸酯作为端羟基聚氨酯的交联剂。为提高聚氨酯胶黏剂的官能度，使固化物具有一定交联度，改善胶层的耐热、耐溶剂、耐蠕变等特性，有时需用三羟甲基丙烷、甘油或己三醇等内交联剂。

（4）溶剂

为降低胶黏剂黏度以便于操作，在制备、配制和使用过程中，常采用溶剂。聚氨酯胶黏剂所用溶剂必须是“氨酯级”的，即不含水、醇等含有活泼氢的化合物。溶剂的选择可根据溶解度参数相近、极性相似以及溶剂本身的挥发性等因素确定。PU 的溶解度参数为 10 左右，故可选用酮类（甲乙酮、丙酮环己酮）、低级烷基酯（乙酸乙酯、乙酸丁酯）、氯代烃（三氯乙烯、二氯甲烷）、芳香烃（甲苯、二甲苯），以及二甲基甲酰胺、四氢呋喃、矿物质松节油等溶剂。常采用混合溶剂，以提高溶解度、调节挥发度，适应不同黏接工艺的要求。要遵循环保法规，选择无毒或低毒、对臭氧层无损害的溶剂。

（5）改性剂

为改善聚氨酯胶黏剂特性，有时会向胶中加入硝化纤维素、聚氯乙烯、聚乙酸乙酯、萜烯树脂、酚醛树脂、萜烯酚醛树脂、二甲苯树脂、松香树脂、聚酯树脂、环氧树脂、丙烯酸酯树脂、有机硅树脂、有机氟树脂或聚苯乙烯树脂等。有的可将其共混，有的在合成过程中将其杂化。

（6）催化剂

为加速 PU 制备时的反应速度、胶黏剂的固化速度，常加入二月桂酸二丁基锡、辛酸亚锡或有机铋等有机金属盐或者三乙胺、三乙烯二胺［1，4– 偶氮双环（2，2，2）辛烷，DABCO］、N– 甲基吗啡啉等叔胺类催化剂。叔胺类催化剂对异氰酸酯与水的反应有促进作用，而有机锡类催化剂对促进异氰酸酯与多元醇的反应有效。常采用混合催化剂。

（7）偶联剂

为改善聚氨酯胶黏剂对被黏体的黏结性，提高胶接强度和耐湿热性，可添加硅烷偶联剂或钛系偶联剂。

（8）其他

需要时，可加入颜料、染料等着色剂，有机硅、丙烯酸酯等表面活性剂，取代苯并三唑或二苯甲酮类等紫外线吸收剂，受阻胺、受阻酚等抗氧剂，碳化二亚胺等水解稳定剂，三聚氰胺、卤代磷酸酯、卤代烃类及其他含卤阻燃剂，氢氧化铝等无机阻燃剂，邻苯二甲酸酯、磷酸酯等增塑剂，其他的还有抗水解剂、杀菌防霉剂、除水剂、消泡剂、润湿剂等助剂。

五、不饱和聚酯胶黏剂

不饱和聚酯胶黏剂由不饱和聚酯、交联剂、引发剂、促进剂等构成。这类胶黏剂具有润湿性能好，可室温固化、固化物透明、硬度大、耐热性能及电绝缘性能好等特点，但固化收缩率大，黏结强度不理想，常用于黏结玻璃钢、塑料、陶瓷等。

不饱和树脂胶黏剂的组成包括以下几部分。

（1）不饱和树脂（UPR）

不饱和聚酯树脂是由饱和或不饱和多元酸或者酸酐与多元醇缩聚而成的不饱和线型热固性树脂。常用的多元酸有己二酸、癸二酸、苯二甲酸、顺丁烯二酸酐、2– 甲基顺丁烯二酸酐；多元醇有乙二醇、丙二醇及其缩合物。

（2）交联剂

交联剂一般指乙烯衍生物，也称为烯类单体，有单、双和多官能团等类型。单官能团单体中常选择沸点较高的苯乙烯作为交联剂。双或者多官能团单体有多元酸的不饱醇酯、多元醇的丙烯酸酯等。交联剂用量一般在 30% ～ 40%。

（3）引发剂

引发剂是在促进剂或其他外界条件下分解产生自由基而引发树脂交联的一种

化合物，又称为固化剂。在 UPR 室温固化中一般采用有机过氧化物作为引发剂，主要有过氧化甲乙酮（MEKP）、过氧化环己酮（CYHP）、过氧化苯甲酰（BPO）等。这些化合物分子中都存在过氧键（-O-O-），不稳定，容易分解产生自由基，自由基引发不饱和树脂中的双键，从而发生聚合反应。

（4）促进剂

常用的促进剂为叔胺、过渡金属皂及一些有机硫化合物，如二甲苯胺、环烷酸钴等。叔胺促进剂用于促进过氧化物如 BPO 在室温下分解。叔胺类促进剂中最常用的是二甲基乙酰胺（DMA）、二乙醇胺（DEA）和二甲基-β-丙酸噻亭（DMPT），一般使用的是其 10% 的苯乙烯溶液，用量约为 1% ～ 4%。这三种物质分别用于 BPO，其促进效果依次为 DMPT ＞ DMA ＞ DEA。DMA 已被 DMPT 所代替，因为 BPO/DMPT 引发体系的分解速率和引发双键交联速率更快，而且用 DMPT 时聚合物色泽的稳定性比 DMA 好；常温固化工艺中，最常用的是酮过氧化物与过渡金属化合物组成的氧化还原引发体系，其中钴盐促进剂因固化性能好而应用广泛，但钴盐量的多少，直接影响树脂的凝胶时间和制品色泽。叔胺化合物对钴有促进作用，二者复配，既能缩短 UPR 凝胶时间，又可以节省钴盐用量，降低生产成本。

（5）阻聚剂

不饱和聚酯胶黏剂中加入阻聚剂可以增加储存稳定性。常用的阻聚剂有对苯二酚、2，6-二叔丁基对甲苯酚等。

六、丙烯酸酯胶黏剂

以各种类型的丙烯酸酯及其衍生物配制成的胶黏剂为丙烯酸酯类胶黏剂。主要有氰基丙烯酸酯瞬干胶，反应型丙烯酸酯结构胶，丙烯酸酯厌氧胶黏剂，以及溶剂型或者乳液型、无溶剂型丙烯酸酯胶黏剂。

1. 氰基丙烯酸酯胶黏剂

氰基丙烯酸酯胶黏剂为单组分、低黏度、透明、能在室温快速固化的一类胶。它黏结面广，对大多数材料都有良好的黏结能力。但耐水解性能差，胶层较脆，耐久性不理想，只能用于临时性黏结。

（1）氰基丙烯酸酯胶黏剂的组成

①单体：α-氰基丙烯酸酯（甲酯或者乙酯）。

②增稠剂：因为单体黏度很低，使用时易流淌，不适用于多孔材料及间隙较大的充填性物质的胶接，因此需要增稠。常用的有聚甲基丙烯酸酯、聚丙烯酸酯、聚氰基丙烯酸酯、纤维素衍生物等。

③增塑剂：加入邻苯二甲酸丁酯、邻苯二甲酸二辛脂、磷酸三甲酚酯等可以

改善胶黏剂的脆性，一定程度上提高胶层的抗冲击性。

④稳定剂：阻止单体发生聚合，如二氧化硫、乙酸铜、五氧化二磷、对甲苯磺酸、对苯二酚。

（2）氰基丙烯酸酯胶黏剂的固化

由于氰基丙烯酸酯双键一端有两个强吸电子基团，因此对碳阴离子有较强的稳定作用，以致空气中极弱的碱—水都能较快地引发其阴离子聚合而固化。配胶过程中要尽可能隔绝水蒸气。

2. 反应型丙烯酸酯胶黏剂

是以（甲基）丙烯酸酯的自由基聚合反应为基础的双组分室温快速固化胶黏剂，因为在胶接时经过化学固化，因此称为反应型丙烯酸酯胶黏剂。

反应型丙烯酸酯胶黏剂的特点是固化速度快，黏结强度大，黏结面广。缺点是气味大。此类胶黏剂在不断地完善中，目前为止，相继开发了第一、第二、第三代胶黏剂。

第一代丙烯酸酯胶黏剂是美国 EASTMAN 在 1955 年合成的一系列乙烯类化合物。主要由丙烯酸系单体、催化剂、弹性体（丙烯腈橡胶或丁二烯橡胶组成），由于胶黏剂在引发剂聚合固化时，单体与弹性体之间不进行化学反应，因而其耐水性、耐溶剂性、耐热性、耐冲击强度都较差，因此，在早期并没有得到广泛应用。

第二代丙烯酸酯胶黏剂，在第一代丙烯酸酯胶黏剂基础上，对加入的各种橡胶进行了改性，通过加入固化剂化学交联，改善了剥离强度，应用范围不断拓宽。

第三代丙烯酸酯胶黏剂是由紫外光或电子束照射引发自由基聚合而固化的。虽然胶黏剂在物化性能方面与第二代无太大区别，但由于第三代固化速度快，为单组分，贮存稳定性好，节能环保等特点，所以在许多方面得到了广泛的应用。第三代为丙烯酸酯胶黏剂有厌氧型和无厌氧型两种。

（1）反应型丙烯酸酯胶黏剂的特点

①室温下快速固化，在室温条件下 3 ～ 15 分钟基本固化，24 小时完全固化。第三代则在几秒钟可以基本固化。

②使用时不需要精准计量及混合。

③二液可分别涂布，使用寿命不受限制。

④可进行油面黏结。

⑤被黏结材料范围宽广，如金属、非金属（一般是硬性材料）可自粘及互粘。

⑥耐冲击性、抗剥离性等优良。

⑦可提高劳动生产率，适用于流水线操作。

（2）反应型丙烯酸酯胶黏剂的组成

第一代胶黏剂主要是由甲基丙烯酸甲酯组成。

第二代胶黏剂一般有两个组分。

A 组分：①丙烯酸酯单体或者低聚物，如甲基丙烯酸甲酯、甲基丙烯酸乙酯、甲基丙烯酸丁酯、甲基丙烯酸缩水甘油酯等其中的一种或几种。②聚合物弹性体，如氯磺化聚乙烯、氯丁橡胶、丁腈橡胶、ABS、MBS、聚甲基丙烯酸甲酯中的一种或几种。可以提高胶黏层的抗冲击性和剥离力。③稳定剂，如对苯二酚、对羟基苯甲醚、2，6- 二叔丁基对甲酚等，可以提高胶黏剂的储存稳定性。④引发剂，二酰基过氧化物（如 BPO、LPO）、过氧化氢、过氧化酮（如过氧化甲乙酮）等，可以产生自由基引发单体聚合。

B 组分：①促进剂，如 N，N- 二甲基苯胺、乙二胺、三乙胺等胺类化合物，四甲基硫脲、乙烯基硫脲等硫胺类化合物等。②助促进剂，如环烷酸钴、油酸铁、环烷酸锰等有机金属盐类化合物，可以加速固化反应。③溶剂，如乙醇、丙酮、丁酮等。

第三代丙烯酸酯胶黏剂，一般为单一组分。

①活性稀释剂通常称单体或功能性单体，它是一种含有可聚合官能团的有机小分子，它不仅溶解和稀释低聚物，调节体系的黏度，而且参与光固化过程，影响光固化速率和胶黏剂的各种性能。

②低聚物也称预聚物，是分子量较低的感光性树脂，具有可以进行光固化反应的基团，如各类不饱和双键或环氧基等。在光固化胶黏剂中，低聚物是光固化产品的主体，它的性能决定固化后材料的主要性能。

③光引发剂（视情况，电子束固化不需要光引发剂）是光固化产品的关键组分，它对光固化产品的光固化速率起决定性作用。光引发剂因吸收辐射能不同，可分为紫外光引发剂（吸收紫外光区 250 ～ 420nm）和可见光引发剂（吸收可见光区 400 ～ 700nm）。光引发剂因产生的活性中间体不同，可分为自由基型光引发剂和阳离子型光引发剂两类。自由基型又分为裂解型和夺氢型。

④其他助剂，如增塑剂、流平剂、稳定剂、防老剂、抗氧剂等各种助剂。

（3）反应型丙烯酸酯胶黏剂固化

反应型丙烯酸酯胶黏剂按自由基聚合机理固化，胶黏剂中小分子活性物质经过链引发、链增长、链终止后形成大分子聚合物。第一代胶黏剂中的单体发生自由基聚合形成均聚物，弹性体以不均匀的微粒形式分散在胶黏剂中并起到增韧作用；第二代胶黏剂，单体发生聚合反应，在固化中单体和弹性体之间也接枝，形成复杂的胶黏剂结构；第三代胶黏剂，也是自由基聚合，活性物质多样，在配方中引入多冠能团活性单体或者低聚物，胶黏剂可形成交联的网络状或者树枝状结构。

3. 丙烯酸酯厌氧胶黏剂

丙烯酸酯厌氧胶黏剂是由（甲基）丙烯酸酯单体、引发剂等组成的一类能在与氧气（空气）接触下长期保存、在隔绝氧（空气）时又能快速固化而发挥黏结作用的反应型丙烯酸酯胶黏剂。它是一种单组分、无溶剂、室温固化液体胶黏剂，是引发和阻聚共存的平衡体系。

（1）丙烯酸酯厌氧胶黏剂的特点

①黏度可调节，变化范围广，固化收缩率较小，胶接口处应力小，低黏度时有良好的浸润性，特别适用于间隙在 0.1mm 以下缝隙的胶接和密封。

②室温固化，采用促进剂可加速固化，有的胶接接头能在较高温度下使用，节约能源，可自动化流水作业。

③胶接强度变化范围大，便于选择。

④单组分，质量稳定，使用方便不沾污其他容器，用胶量省，少浪费。

⑤渗透性、吸振性、密封性好。

⑥无溶剂，挥发性及毒性低。

⑦胶接接头与空气接触的外部胶缝的胶不固化，清洁方便。

⑧胶液在空气下储存时间长，一般在一年以上。

（2）丙烯酸酯厌氧胶黏剂的组成

可聚合性单体如甲基丙烯酸双酯是厌氧胶黏剂最基本组成部分，约占总量的 80% ～ 95%。配以改性树脂、引发剂、促进剂、稳定剂等，还可添加其他如颜料、填料、增稠剂、增塑剂、触变剂等。

①单体：各种分子量的单酯、双酯、多酯（甲基丙烯酸多缩乙二醇酯、双酚 A 环氧双丙烯酸酯、多元醇甲基丙烯酸酯及小分子量的聚氨酯丙烯酸酯）等。

②引发剂：多用有机过氧化物，如异丙苯过氧化氢、过氧化苯甲酰、叔丁基过氧化氢、过氧化酮、过羧酸等，添加量一般在 2% ～ 5%。

③促进剂：含氮化合物（如 N，N- 二甲基苯胺），含硫化合物（如四甲基硫脲），肼类化合物，添加量为 0.5% ～ 5%。可以作为底涂剂，也可以直接加到胶液中加速固化。

④稳定剂：胺、醌、酚、草酸等。

⑤增稠剂：聚丙烯酸酯、纤维素衍生物等，如四甘醇二甲基丙烯酸。

（3）丙烯酸酯厌氧胶黏剂的固化

丙烯酸酯厌氧胶黏剂的固化机理是，氧化还原引发体系互相作用产生活性中心 R·，R·与单体作用引发聚合反应，当体系中存在氧气时，氧可以与链自由基结合成链自由基或者链过氧化物，新生成的这些自由基或者过氧化物是不活泼的，使聚合反应终止。当隔绝氧后自由基又发生链转移，最后聚合为大分子化合物。

七、杂环高分子胶黏剂

一些杂环高分子化合物具有良好的耐热性、耐低温性能，在胶黏剂领域具有特殊的地位，尤其是在航空航天领域的应用广泛。

杂环高分子化合物链节中存在环状结构，使分子间或者链段间的作用力增强，分子链的刚性增加，玻璃化温度提高。尤其是含有多稠环的共轭梯状、片状或者棒状高分子化合物，分子链或者链段的相对运动极为困难，因此其耐热性很好，规整排列使其强度相应提高。

在耐热胶黏剂中，杂环高分子胶黏剂性能最优，尤其是同时具有耐高温与耐低温性能，其他如耐老化、耐化学介质、耐疲劳、耐高低温持久等性能良好。可在273℃～260℃长期使用，短期使用温度可达539℃，瞬间使用可至800℃～1000℃，广泛用于航空航天领域。其主要缺点是固化条件太苛刻，需要在高温（280℃～315℃）、高压（0.5 ～ 1.4MPa）下长时间（5 ～ 10h）加热才能充分固化。

1. 聚苯并咪唑胶黏剂

聚苯并咪唑是杂环高分子化合物中首选作耐高温胶黏剂的一类聚合物，它是由芳香四胺与芳香二酸及其衍生物之间进行熔融缩聚反应制得。其特点是瞬时耐高温性能优良，在538℃不分解，做胶黏剂使用时先制成预聚体（二或三聚体），预聚体流动性比较好，且性能稳定，在400℃下处理一段时间就可以完全固化。由于固化过程为缩聚反应，有水或苯酚等小分子物生成，因此固化时需施加一定的压力以免胶层中出现针孔。聚苯并咪唑的耐低温性能也很好，在液氮环境或更低温度下其剪切强度可达30 ～ 40MPa。这类胶黏剂可以黏接铝合金、不锈钢、金属蜂窝结构材料、硅片及聚酰胺薄膜等材料。

2. 聚酰亚胺类胶黏剂

聚酰亚胺的典型例子是4，4’一二氨基二苯醚和均苯四甲酸二酐等的摩尔反应物。反应分两步进行，第一步的产物聚酰胺酸是聚酰亚胺的预聚体，能溶于极性溶剂中，在高温下脱水环化。固化好的聚酰亚胺胶黏剂具有优良的力学性能与耐环境性能，对电、热、辐射、化学品等稳定性高，能在370℃～390℃下长期使用，在500℃～550℃下可以短期使用，在-200℃下仍能具有优良的物理力学性能与耐环境性能。此类胶黏剂可以进行改性，广泛用于铝合金、钛合金、不锈钢、陶瓷等材料的自粘与互粘。

3. 聚恶喹啉胶黏剂

聚恶喹啉胶黏剂的黏料聚恶喹啉树脂可由芳香族四胺与芳香族四羰基化合物反应制备。聚恶喹啉胶黏剂具有优异的热稳定性，耐热可达400℃，短期耐热700℃。其玻璃化温度一般高于250℃，也有高于400℃的品种，热分解温度一般都高于500℃。适当交联，还可以进一步提高耐热性，并可用作结构黏接。

4. 聚砜胶黏剂

聚砜是一种力学性能优异的工程塑料，但使用温度只能达到160℃。将分子链中的所有脂肪烃结构换成芳环则成了聚芳砜。聚芳砜可用二卤代芳砜和芳砜的二酚盐反应制得。聚芳砜的使用温度一般高于250℃，低于200℃也具有良好的物理力学性能及耐环境性能。

5. 聚次苯硫醚胶黏剂

聚次苯硫醚是对卤代苯硫酚盐在一定条件下自缩聚生成的一类线型高分子化合物。具有优良的热稳定性，热重分析（TGA）结果表明在500℃下无明显失重（空气中），700℃下则可完全降解。在惰性气体中，1000℃时约保持40%质量。聚次苯硫醚胶黏剂具有优良的黏接能力，可作为结构胶黏剂使用，能黏接玻璃、陶瓷及各种金属材料。

八、有机硅胶黏剂

有机硅胶产品的基本结构单元是由硅－氧链节构成的，侧链则通过硅原子与其他各种有机基团相连。因此，在有机硅产品的结构中既含有“有机基团”，又含有“无机结构”，这种特殊的组成和分子结构使其集有机物的特性与无机物的功能于一身。

1. 有机硅胶黏剂特点

（1）耐温特性

有机硅产品是以硅－氧（Si–O）键为主链结构的，C–C键的键能为82.6千卡/克分子，Si–O键的键能在有机硅中为121千卡/克分子，所以有机硅产品的热稳定性高，高温下（或辐射照射）分子的化学键不断裂、不分解。有机硅不但可耐高温，而且也耐低温，可在一个很宽的温度范围内使用。化学性能、物理机械性能，随温度的变化都很小。

（2）耐候性

有机硅产品的主链为–Si–O–，无双键存在，不易被紫外光和臭氧所分解。有机硅具有比其他高分子材料更好的热稳定性以及耐辐照和耐候能力。自然环境下的使用寿命可达几十年。

（3）电气绝缘性能

有机硅产品都具有良好的电绝缘性能，其介电损耗、耐电压、耐电弧、耐电晕、体积电阻系数和表面电阻系数等均在绝缘材料中名列前茅，而且它们的电气性能受温度和频率的影响很小。因此，它们是一种稳定的电绝缘材料，广泛应用于电子、电气工业上。有机硅除了具有优良的耐热性外，还具有优异的拒水性，使电气设备在湿态条件下具有高可靠性。

（4）生理惰性

聚硅氧烷类化合物是已知最无活性的化合物中的一种。其耐生物老化，与动物体无排异反应，并具有抗凝血性能。

（5）低表面张力和低表面能

有机硅的主链柔顺，其分子间的作用力比碳氢化合物弱得多，因此，比同分子量的碳氢化合物黏度低，表面张力弱，表面能小，成膜能力强。这种低表面张力和低表面能是它获得多方面应用的主要原因。

有机硅产品在军工、航天、建筑、电子电气、汽车、皮革、纺织、化工、医药医疗等行业得到广泛使用。

2. 有机硅胶黏剂分类

有机硅胶黏剂包括以硅树脂为基料的胶黏剂和以有机硅弹性体为基料的胶黏剂两大类。硅树脂由 Si-O-Si 为主链的空间网状结构组成，是硅原子上连接有机基团的交联型半无机高分子聚合物，在高温下可进一步缩合成高度交联且质地硬而脆的树脂。而硅弹性体是一种线形的以硅－氧键为主链的高分子量橡胶态物质，分子量从几万到几十万不等，必须在固化剂及催化剂作用下才能缩合成有若干交联点的弹性体。

（1）硅树脂胶黏剂

传统的硅树脂是以硅－氧－硅为主链的交联型合成高聚物，根据硅原子上连接基团的不同，分成甲基硅树脂、苯基硅树脂、甲基苯基硅树脂等；根据交联固化方式的不同，分为缩合型、聚合型、加成型等。硅树脂中官能团的数目不同，取代基不同以及不同聚合度、支化度和交联度，产品的性能不同，适应不同的用途。通常采用的硅单体的 R/Si 在 12 ～ 15，高于此值固化后的硅树脂强度差、柔性好；低于此值，交联度高，硅树脂硬而脆。固化后的硅树脂玻璃化温度（Tg）＞ 200℃。

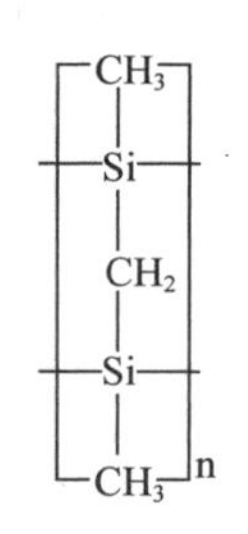

图 3-30　硅为主链的梯形聚合物

甲基苯基硅树脂中苯基含量对产品的缩合速度、硬度有很大影响。含有苯基可改进产品的热弹性和与颜料的相容性及热稳定性。苯基倍半氧烷（即硅梯聚合物）[C6H5SiO155]n，是梯形聚合物（图 3-30），耐热性能突出，在空气中加热到 525℃才开始失重。

以硅为主链的梯形聚合物的耐热性甚佳，可耐热 1300℃，在 1250℃下仍具有一定的强度。硅氮主链聚合物。线形环状硅氮聚合物（图 3-31），在 450℃～ 480℃下不分解，可在 450℃下长期使用。

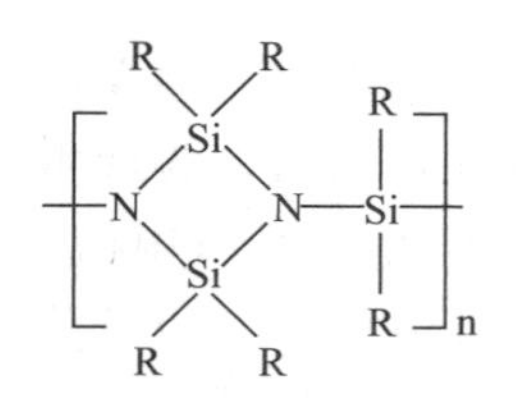

图 3-31　线形环状硅氮聚合物

硅氧烷主链引入各种芳杂环或其他耐热环状结构

及杂原子，可在不降低其耐热性的前提下改善其综合性能。笼型结构的卞十硼烷结构引入聚有机硅氧烷主链，降低了链节的活动旋转能力，增加了刚性，提高了玻璃化温度。引入芳环，耐热性能明显改变，黏附性能、内聚强度、耐辐射性能有明显改变。主链上加入亚苯基、二苯醚亚基、联苯亚基等芳亚基品种，耐辐射性强，耐高温可达 300℃～ 500℃。在硅氧烷主链上引入丁基基团，增加了与醇酸树脂、聚酯树脂等的相容性；引入苯基可以改进产品的热弹性、与颜料的混溶性、胶接性和热稳定性。引入适当的苯基（7% ～ 20%mol）时可获得最佳自熄性的阻燃硅橡胶密封胶。引入杂环，介电性能十分良好。引入二茂络铁结构，具有导电性。引入 A1、B、Ti、Sn 等各种杂原子，耐热性、黏附与自粘性能有所提高。

改变侧链结构，引入氰乙基、γ- 三氟丙基、脂肪胺基、芳香胺基、氯甲基、环氧基等以提高其耐油性能、黏附性能及内聚强度。

酚醛树脂、环氧树脂、聚酯树脂、聚氨酯树脂等有机高分子材料可化学改性聚有机硅氧烷，改性后，其黏附性能良好，可室温固化，耐高温。硅树脂对铁、铝和锡之类的金属胶接性能好，对玻璃和陶瓷也容易胶接，但对铜的黏附力较差。

（2）硅橡胶胶黏剂

硅橡胶按其固化方式分为高温硫化硅橡胶（HTV）和室温硫化硅橡胶（RTV）。高温硫化硅橡胶胶黏剂的胶接强度低，加工设备复杂，极大限制了应用。室温硫化硅橡胶除具有耐氧化、耐高低温交变、耐寒、耐臭氧、耐潮湿、优异的电绝缘性等优良性能外，最大特点是使用方便。目前大多数有机硅室温硫化硅橡胶的基础胶料仍是用羟基封端的 PDMS（如图 3-32）。可分为单组分和双组分室温硫化硅橡胶。

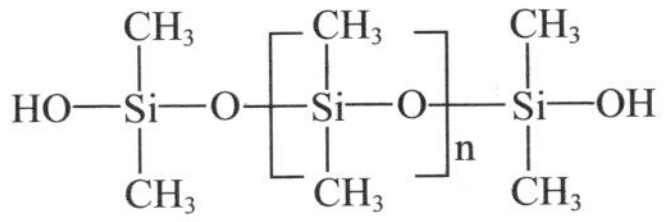

$$HO-\overset{CH_3}{\underset{CH_3}{Si}}-O-\left[\overset{CH_3}{\underset{CH_3}{Si}}-O\right]_n-\overset{CH_3}{\underset{CH_3}{Si}}-OH$$

图 3-32　聚二甲基硅氧烷（PDMS）

单组分室温硫化硅橡胶是多官能有机硅与空气中的水分接触后交联固化产生的，固化时生成小分子，有脱酸型、脱肟型、脱醇型、脱胺型、脱酮型、脱酰胺型等。交联剂是每个分子具有两个以上官能团的硅烷。硅烷偶联剂也常用作交联剂。不同交联剂类型的胶接性能顺序为：脱乙酸型＞脱胺型＞脱酮肟型＞脱酰胺型＞脱醇型。脱乙酸型成本低，对大多数材料都有良好的胶接强度。中性室温硫化硅橡胶由于无腐蚀性，发展较快。脱酮型 RTV 具有良好的胶接性和耐热性及储存稳定性，无臭、无腐蚀性，不用有机羧酸金属盐做催化剂，硫化胶无毒。混合交联剂有利于提高胶接强度。常用的催化剂是锡、钛、铂等有机化合物、胺，还有有机铅、锌、锆、铁、镉、钡、锰的羧酸盐等。钛络合物催化剂可提高醇型 RTV 的胶接强度。通过调节催化剂种类和用量可控制硫化时间，辛酸亚锡可在几分钟内使密封胶凝胶，二丁基二月桂酸锡则可在几小时内凝胶。单组分 RTV 的交联反应首先由胶料表面接触大气中的湿气而开始硫化并进一步向内扩散，因此胶层厚度有限。双组分 RTV 分缩合型和加成型两种，缩合型是在催化剂有机锡、铅等的作用下由有机硅聚合物末端的羟基与交联剂中可水解基团进行缩合反应，缩合反应主要有脱醇型和脱氢型两大类，催化剂用量一般为 0.1% ～ 5%。加成反应型 RTV 是在铂或铑等催化剂作用下含乙烯基的硅氧烷与含氢硅氧烷发生硅氢加成而得，催化剂用量少，几个 $\times 10^{-6}$ 就可有效。双组分 RTV 的最大优点是表面和内部均匀硫化，即可深度硫化。但双组分 RTV 黏接性能差，常用硅烷偶联剂做底胶或用增黏剂可提高胶接强度。RTV 聚硅氧烷分子呈螺旋卷曲状，硅氢键的极性互相抵消，连接在硅原子上的非极性基团排在螺旋状硅氧主链的外侧，因此，RTV 自身的强度和对各种材料的黏附强度比较低，常用添加补强填料如气相二氧化硅来提高 RTV 强度，也有采用硅橡胶与其他有机聚合物共混或改变硅橡胶主链结构来提高其强度。

（3）有机硅压敏胶黏剂

有机硅压敏胶黏剂按化学结构分为甲基型和苯基改性型，由有机硅生胶和 MQ 树脂（水玻璃与三甲基氯硅烷的缩聚物）（如图 3-33）组成，生胶是直链聚硅氧烷为连续相，其中的侧甲基可被苯基部分取代。生胶与树脂溶于溶剂中，通过羟基之间的缩合使它们相互之间发生化学反应。

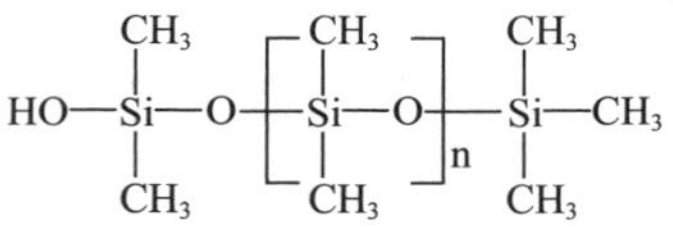

$$HO-\underset{CH_3}{\overset{CH_3}{\underset{|}{\overset{|}{Si}}}}-O-\left[\underset{CH_3}{\overset{CH_3}{\underset{|}{\overset{|}{Si}}}}-O\right]_n-\underset{CH_3}{\overset{CH_3}{\underset{|}{\overset{|}{Si}}}}-CH_3$$

图 3-33　MQ 树脂

有些有机硅压敏胶既可黏接低能表面，又可胶接高能表面，能耐化学溶剂，使用寿命长，可在 -74℃～ 296℃使用，能胶接多种材料。苯基型压敏胶黏剂在高温 260℃、低温 -73℃时都有很高的黏接强度，具有高黏度、高剥离强度和高黏附性，甲基型压敏胶黏剂在高黏度时往往失去黏附性。苯基型胶黏剂广泛应用于汽车、飞机、电器绝缘方面。有机硅压敏胶黏剂能与多种难粘的材料如未经表面处理的聚烯烃、氟塑料、聚酰亚胺以及聚碳酸酯等胶接，广泛应用于汽车、船舶制造工艺、发电机和电动机的电器绝缘、化学刻蚀加工的掩蔽、气体屏蔽和化学屏蔽等领域。

九、聚醋酸乙烯胶黏剂及聚乙烯醇胶黏剂

聚醋酸乙烯胶黏剂及聚乙烯醇胶黏剂是由醋酸乙烯酯经自由基聚合生成的一

种高分子化合物，低毒、无味、几乎无色透明，柔软，对很多材料具有良好的黏结性能。聚醋酸乙烯及其水解产物为聚乙烯醇胶黏剂。

1. 醋酸乙烯胶黏剂

主要有乳液型、溶液型和热熔型三种类型。

（1）聚醋酸乙烯乳液胶黏剂

聚醋酸乙烯酯（Polyvinyl Acetate，PVAc）乳液胶黏剂是以乙酸乙烯酯（VAc）作为反应单体在分散介质中经乳液聚合而制得的，也称聚乙酸乙烯酯乳液，俗称白乳胶或白胶，是合成树脂乳液中产量较大的品种之一。

聚醋酸乙烯酯乳液胶黏剂具有许多优点。例如，对多孔材料如木材、纸张、棉布、皮革、陶瓷等有很强的黏接力；能够室温固化，干燥速度快；胶层无色透明，不污染被黏物；对环境无污染；单组分、使用方便、清洗容易、贮存期较长，可达 1 年以上。但是，这类胶黏剂却存在着耐水性和耐湿性差的缺点，耐热性也有待提高。通过共聚、共混、添加保护胶体等方法，可在一定程度上改善其使用性能，扩大应用范围。

（2）聚醋酸乙烯溶液胶黏剂

聚醋酸乙烯溶液胶黏剂可以通过溶液法直接聚合制得，也可以将固体聚合物溶解在溶剂中制得。常用的溶剂为低级酮、卤代烃等，也有用甲苯或者甲醇作为溶剂的。固含量一般为 30% ～ 35%，有时可达 50% ～ 70%。这种胶黏剂有良好的黏结性能，对非极性材料也有良好的黏结强度。但由于分子量不高，内聚强度有限，黏结强度和耐水性能比乳液型胶黏剂还要差，使用范围与乳液型胶黏剂基本相近，由于使用溶剂，发展受限。

（3）聚醋酸乙烯热熔胶黏剂

聚醋酸乙烯也可以作为热熔胶的基料，胶料中常用松香、油溶性酚醛树脂及氯化橡胶作为增黏剂，用于无线装订以及纸－金属箔－塑料薄膜的复合，已经被其他热熔胶取代。

2. 聚乙烯醇胶黏剂

聚乙烯醇是由醋酸乙烯（VAc）经聚合醇解而制成，可根据聚合度和醇解度的不同分类。按聚合度分为超高聚合度（分子量 25 万～ 30 万）、高聚合度（分子量 17 万～ 22 万），中聚合度（分子量 12 万～ 15 万）和低聚合度（分子量 2.5 万～ 3.5 万）；按醇解度分为完全醇解（醇解度 98% ～ 100%）、部分醇解（醇解度 87% ～ 89%）和醇解度 78% 三种。随着醇解度加大，其在水中溶解度则明显下降。醇解度为 87% ～ 89% 的聚乙烯醇对水最敏感，易于溶于水。醇解度 98% ～ 100% 的聚乙烯醇耐水解性较好，并且具有很高的强度。聚乙烯醇胶黏剂通常是溶解于水中使用的，具有良好的黏结性，耐热性和耐溶剂性能。胶黏剂通常需要加入增塑剂、防腐剂、熟化剂。熟化剂的加入可以提高胶层的耐水性，常用的交联剂有硫酸钠等无机盐以及多元有机酸和醛类。

聚乙烯醇胶黏剂具有强力黏结性、皮膜柔韧性、平滑性、耐油性、耐溶剂性、胶体保护性、气体阻绝性、耐磨性以及经特殊处理具有的耐水性等，在纺织、食品、医药、建筑、木材加工、造纸、印刷、农业以及冶金等行业具有广泛的应用前景。

聚乙烯醇胶黏剂固含量较低，耐水性较差。聚乙烯醇改性主要包括共聚改性、共混改性、聚合物的后反应（涉及醚化、缩醛化、交联、降解及表面改性等）三大类。

3. 聚乙烯醇缩丁醛胶黏剂

聚乙烯醇与醛类进行缩合可制得聚乙烯醇缩丁醛。工业上常用的是聚乙烯醇缩甲醛和缩丁醛，其性能决定于醋酸乙烯的结构、水解程度和醛化程度。聚乙烯醇缩丁醛的溶解性能与分子中的羟基含量有关。缩醛度为50%时可以溶于水并配成水溶液胶黏剂，106和107胶黏剂就属于这种类型。缩醛度高时不溶于水，聚乙烯醇缩丁醛能溶于乙醇和苯的混合物中。

聚乙烯醇缩丁醛胶黏剂韧性好，而且耐光、耐湿性良好，主要用于制备安全玻璃（多层玻璃层间黏合）。聚乙烯醇缩甲醛胶黏剂的韧性不如缩丁醛，但是耐热性比缩丁醛好，软化点高于200℃，而缩丁醛不到100℃。另外，聚乙烯醇缩醛树脂常用来改性酚醛树脂、环氧树脂等热固性树脂，提高这些胶黏剂固化物的韧性。

十、热熔胶胶黏剂

热熔胶黏剂是一种加热熔化后涂胶，冷却即固化的方式来实施黏结目的一类的胶黏剂，也称为热熔胶。制备热熔胶的材料软化点必须较高，能使制得的热熔胶在室温下不发粘，熔融时流动性好，具有良好的润湿性，对一般材料亲和力大，本身的内聚力强度高，能形成完好的黏接。热熔胶不会造成环境污染，可以黏结多种材料，固化速度快，可以反复使用，缺点是耐热性不太高，不易黏接热敏感材料，难涂布均匀，不宜大面积使用。

热熔胶通常以热塑性塑料或弹性体作为基体，添加增塑剂、增黏树脂和抗氧化剂制成。热熔胶熔融并在冷却过程中迅速固化，产生优异的机械强度。热熔胶不含溶剂，合成方便，固化时间短，黏接范围广，存储运输方便并且不污染环境，符合“绿色化学”方向。广泛应用于木材、制鞋、服装、汽车和包装等领域。

热熔胶及其典型配方包括以下几部分。

（1）EVA（乙烯－醋酸乙烯共聚物）

EVA含有非极性聚乙烯链段和极性乙酸乙烯酯链段，是热熔胶工业中最常用的聚合物，很大程度上是因为EVA具有广泛的熔体指数值，对各种材料具有良好的黏附性，而且价格较低。EVA的黏结性、柔软性、加热流动性好；但其强度低、不耐热、不耐脂肪油、不能用作结构胶。

EVA热熔胶主要由EVA、增黏树脂和蜡组成。EVA增黏树脂改善润湿性和赋予黏性；蜡改变熔体黏度，并降低成本。接枝共混改性、无机粒子改性都可以提高其黏结强度和相容性。

（2）聚烯烃热熔胶

①聚乙烯（PE）-聚丙烯（PP）热熔胶

通常，聚烯烃作为基材很难黏合。然而聚烯烃树脂却被制成优异的热熔胶，这是因为其具有低表面能，并且能够湿润大多数聚合物和金属基材。与其他热塑性热熔胶相比，聚烯烃基黏合剂具有使用温度范围宽、良好的热稳定性、较长的开放时间、良好的防潮和防水蒸气性，作为一种新型黏合剂，其能够解决难以黏合的问题。

PE是无毒、耐低温、耐化学药品、高结晶、本身无黏性的物质。熔融指数（MI）低，分子量高，耐热封强度高，胶层柔韧性以及热黏附性好。做热熔胶常选用的MI为2～20g/10min。因聚乙烯是非极性材料，所以需选用极性低的配合剂。

制作热熔胶通常采用无规聚丙烯（APP）做基体，这样的热熔胶固化速度慢、耐热性不高，常加入低分子量的聚乙烯或结晶聚丙烯。

②接枝改性无规聚丙烯热熔胶

无规聚丙烯（APP）热熔胶对PP具有良好的黏合强度，与全同立构聚丙烯（IPP）相比，APP易于溶解，这有利于在弱溶剂中改性APP以获得热熔压敏黏合剂。

③尼龙（PA）热熔胶的组成

将尼龙6/66和0%～20%（物质的量百分比）尼龙510共混制备尼龙6/66和尼龙6/66/510共聚热熔胶。当尼龙510的含量从0%～20%时，共聚酰胺的熔点从167.3℃降至126.9℃，Tg从46.7℃降至18.3℃，这可能是因为尼龙510的添加扰乱了共聚酰胺分子链的规整性，使得结晶区域减少；当尼龙510的含量为15%时，尼龙6/66/510热熔胶的剥离强度达到最大值（71.36±2.13）N/cm。PA热熔胶共混改性适用于非极性塑料和金属的黏接。

④ EEA（乙烯-丙烯酸乙酯共聚物）

其结构与EVA相似，但使用温度围较宽，热稳定性好，极性低。常用于高温涂布，黏度、强度要求高的场合，且对极性和非极性底材都有很好的黏结性。

用作热熔胶基体的EEA树脂，丙烯酸乙酯的含量为23%左右。

⑤ EAA（乙烯－丙烯酸共聚物）

EAA中含有极性大的羧基，使之对金属和非金属都有良好的黏结性。EAA树脂的性质还与丙烯酸单体含量有关。丙烯酸含量增大时，膜的透明性、低温热封性以及低温热黏性得到改善，并且对金属的黏结性及热熔胶的拉伸强度得到提高。

⑥ EVAL（乙烯－醋酸乙烯－乙烯醇三元共聚物）

EVAL是EVA的皂化产物，为白色或浅黄色粉末或颗粒。EVAL分子中含有羟基，改善了对许极性底材的黏结性，且对树脂的刚性、加工性、着色性都有提高。

（3）聚酯（PES）

聚酯分不饱和聚酯和热可塑性聚酯两类。作为热熔胶，需用热可塑性聚酯，即线性饱和聚酯作为基料，它是由二元酸和二元醇或醇酸缩聚而成的。热塑性聚酯的熔点和玻璃化温度较高，所制得的热熔胶耐热性好。聚酯型热熔胶是以共聚物单独使用，一般无须加入其他成分。

（4）聚氨酯（PU）

聚氨酯为白色无规则球状或柱状颗粒，分为聚酯型和聚醚型两大类。常用聚酯多元醇与二异氰酸酯聚合。聚氨酯最突出的特点是耐磨性优异，硬度大，强度高，弹性好，耐低温。聚氨酯反应型热熔胶可分为热熔固化型和热熔加热反应型。

（5）聚酰胺（PA）

聚酰胺热熔胶具有较强的黏结强度，且分子量越大强度、黏度就越会提高，但熔点变化不大。聚酰胺可分为两类：一是二聚酸类，分子量高，熔融黏度高，软化点高，强度高，但热熔胶的工艺性下降；二是尼龙型（为了使用方便常用甲醛处理制成羟甲基化尼龙）聚酰亚胺胶黏剂。

（6）苯乙烯及其嵌段共聚物

此类共聚物没有硫化却有硫化橡胶的特性，蠕变性良好，与各种掺和材料都能相容，但其耐温性能、耐紫外光照射性能和耐烃化合物类溶剂性能较差。

包括：SBS（苯乙烯－丁二烯－苯乙烯嵌段共聚物）、SIS（苯乙烯－异戊二烯－苯乙烯嵌段共聚物）。

热塑性热熔胶是热熔胶领域研究的热点，但在改性研究过程中要坚持低碳、节能和环保的原则，同时提高热熔胶与被黏物的黏接强度；改善热熔胶的表面润湿性和表面能。

十一、压敏胶黏剂

压敏胶的全称为压力敏感型胶黏剂，俗称不干胶，简称压敏胶。压敏胶制品包括压敏胶黏带和压敏胶标签纸、压敏胶片三大类。它们的全称为压力敏感型胶黏带、压力敏感型胶黏标签纸、压力敏感型胶黏片，俗称胶带、不干胶标签纸、压敏胶片。

1. 压敏胶分类

压敏胶可以从不同的角度进行分类。按压敏胶主体聚合物是否交联，压敏胶分为交联型和非交联型压敏胶。交联型压敏胶分为加热交联型、室温交联型、光交联型等。交联型压敏胶具有很好的黏接强度，适于制作永久性压敏标签。按压敏胶黏剂的主体成分分类主要有以下几种。

（1）弹性体型压敏胶

按所用弹性体，可将这类压敏胶进一步分为天然橡胶压敏胶、合成橡胶和再生橡胶压敏胶、热塑性弹性体压敏胶。

①天然橡胶压敏胶

天然橡胶压敏胶以天然橡胶弹性体为主体，配合以增黏树脂、软化剂、防老剂、颜填料和交联（硫化）剂等添加剂的复杂混合物，由于天然橡胶既有很高的内聚强度和弹性，又能与许多增黏树脂很好混溶，得到高黏性和对被黏材料良好的湿润性，所以天然橡胶是比较理想的一类压敏胶黏剂主体材料。其主要缺点是分子中存在着不饱和双键，耐光和氧的老化性能较差。通过交联和使用防老剂等措施后，可使它的耐候性和耐热性得到改善。

②合成橡胶和再生橡胶压敏胶

以丁苯橡胶、聚异戊二烯橡胶、聚异丁烯和丁基橡胶以及氯丁橡胶、丁腈橡胶等合成橡胶为主体，配以增黏树脂、软化剂、防老剂等添加剂制成的压敏胶都有它们各自的特点。但它们都没有天然橡胶压敏胶重要。再生橡胶，尤其是由再生天然橡胶制成的压敏胶也具有不错的性能。

③热塑性弹性体压敏胶

以苯乙烯－丁二烯－苯乙烯嵌段共物（SBS）和苯乙烯－异戊二烯－苯乙烯嵌段共物（SIS）为代表的热塑性弹性体是制造热熔压敏胶的主要原料。热熔压敏胶由于不使用溶剂，不会产生环境污染，生产效率高。

（2）树脂型压敏胶

所用的树脂有聚丙烯酸酯、聚氨酯、聚氯乙烯、聚乙烯基醚等。其产量已经超过天然橡胶压敏胶。

①丙烯酸酯压敏胶

由各种丙烯酸酯单体共聚而得的丙烯酸酯共聚物是最重要的一类树脂型压敏胶。与上述橡胶型压敏胶相比，它们具有很多优点：外观无色透明，并有很好的耐候性；一般不必使用增黏树脂、软化剂和防老剂等添加剂就能得到很好的压敏黏接性能，配方简单；利用共聚和交联可以制得满足各种不同性能要求的压敏胶黏剂。

②有机硅及其他树脂型压敏胶

由有机硅树脂和有机硅橡胶混合组成的压敏胶，具有优异的耐高温和耐老化性能，是一类重要的特种压敏胶，主要用途是制造各种高档的压敏胶黏制品。聚乙烯基醚是发展较早的一类树脂型压敏胶，但它已逐渐被丙烯酸酯压敏胶所取代。

按压敏胶的形态分类，分为溶剂型压敏胶、水溶液型压敏胶、乳液型压敏胶、热熔型压敏胶以及压延型压敏胶五种类型。其中，乳液型、溶剂型和热熔型压敏胶黏剂占主要地位。

2. 压敏胶的组成

①基料。橡胶或者合成树脂等，赋予胶层内聚强度和黏结力。

②增黏剂。松香及其衍生物，萜烯树脂及石油树脂等，增加胶层黏附力，用量一般为 0% ～ 40%。

③增塑剂。增加胶层的快黏性，用量一般为 0% ～ 10%。

④防老剂。橡胶、塑料的防老剂均可用，可提高使用寿命，用量一般为 0% ～ 2%。

⑤填料。一般为塑料用填料，提高胶层内聚强度，降低成本，用量一般为 0% ～ 40%。

十二、无机胶黏剂

无机胶黏剂具有不燃烧、耐高温、耐久性好等特点，由于其原料来源丰富、不污染环境、使用方便，因此应用广泛。

1. 无机胶黏剂的特点

（1）耐高温又能耐低温，本身可承受 1000℃左右或更高的温度，经过改良的无机胶黏剂可耐 1800℃高温。

（2）通常是水溶性的，毒性小、不燃烧、无环境污染。

（3）热膨胀系数小，仅为钢铁的 1/10，陶瓷的 1/3。

（4）耐油、耐辐射、不老化，耐久性好。但是不耐酸、碱的腐蚀，耐水性较差，脆性较大，不耐冲击。

（5）可以室温固化，基本不收缩，有的反而略有膨胀。

（6）槽接黏接性强度高，不宜平接。套接拉伸剪切强度大于 100MPa。

（7）大部分是由固体与液体混合而成的一种糊状物。原料易得，价格低廉，使用方便。

2. 无机胶黏剂的分类

无机胶黏剂分类按固化机理来分，一般可以分为以下四类。

（1）空气干燥型。依赖于溶剂挥发或失去水分而固化，如水玻璃、黏土等。

（2）水固化型。以水为固化剂，加水产生化学反应而固化，如石膏、水泥等。

（3）热熔型。即无机热熔胶，先加热到熔点以上，然后黏接，冷却固化，如低熔点金属、低熔点玻璃、玻璃陶瓷、硫黄等。

（4）化学反应型。通过加入水以外的固化剂来产生化学反应而固化，如硅酸盐类、磷酸盐类、胶体氧化铝、牙科胶泥等。

3. 无机胶黏剂的应用

无机胶黏剂广泛用于以下几个方面。

（1）材料的黏接，特别是高温环境中材料的黏接，如刀具、高温炉内部零件及附件、石英器皿、陶瓷耐火材料、绝缘材料、高温电器元件、石墨材料、灯头、火箭、导弹、飞机、宇航、原子能反应堆等中的耐热部件。

（2）密封与充填，如加热管管头、电阻线埋设、热电偶封端、电器元件的绝缘密封、石英炉与反射炉端部密封，高温炉中管道密封等。

（3）浸渗堵漏，如充填受压铝合金、铜合金、铸铁及其他有色合金铸件中的微气孔，提高铸件质量。

（4）涂层，如易燃材质（木、纸、布）的耐热防火涂层，金属表面防氧化涂层，远红外高温涂层，热处理时的保护涂层，高温成型的脱模涂层以及导电、传热或绝缘涂层。

（5）制造高温型材，如耐火纤维层压板、耐火陶瓷板等。

第四节　耐高温胶黏剂

耐高温胶黏剂，也称为耐热胶，是指在特定条件（温度、压力、时间、介质或环境等）下能保持设计要求黏接强度的胶黏剂材料。耐热胶应满足以下要求：有良好的热物理和热化学稳定性；具有与多种被黏物及表面处理剂的相容性；有良好的加工性和施工性；固化时不（或很少）释放挥发物；具有在预期的使用条件（温度、压力、时间、介质或环境等）下的力学性能；价格合理等。

耐高温胶黏剂要求长时间暴露在高温场合仍具备原有性能，耐热性具体要求：

①在 121℃～175℃下长期使用（累计 1～5 年），或者在 204℃～232℃下累计使用 20000～40000h。

②在 260℃～371℃下累计使用 200～1000h。

③在 371℃～427℃下累计使用 24～200h。

④在 538℃～816℃下使用 2～10min。

耐高温胶黏剂主要分为有机和无机两大类，如图 3-34 所示。

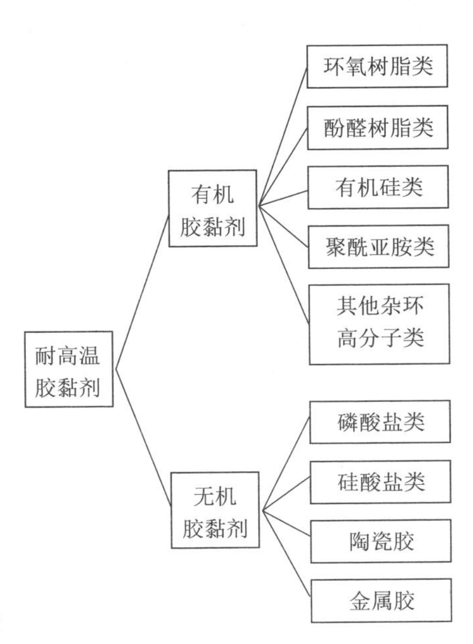

图 3-34　耐高温胶黏剂分类

耐高温胶黏剂的发展趋势如下。

①研究新型的功能性单体，制备耐热性能、力学性能和韧性良好的树脂胶体。

②开发合适的耐高温胶黏剂的新型固化剂，降低固化温度同时提高胶黏剂的耐热性和黏接强度。

③利用纳米材料和晶须的特殊性能对耐高温胶黏剂进行改性，制备出高性能和特殊功能性的微纳米复合耐高温胶黏剂。

④利用有机和无机胶黏剂的优点，制备有机和无机复合型耐高温胶黏剂。

⑤不同类型胶黏剂在高温下失效机理的研究，为胶黏剂的改性研究和开展新型胶黏剂的研发提供理论依据。

1. 耐高温有机胶黏剂

（1）环氧树脂（EP）类

环氧胶黏剂由环氧树脂、固化剂、增韧剂、增塑剂、填料、稀释剂、促进剂、偶联剂等组成。黏接强度高，综合性能良好，但未经改性的环氧树脂固化物较脆，耐高温性能较差。环氧树脂的改性主要集中在提高耐热性和韧性两方面。

提高环氧树脂的耐热性主要有 3 种途径：①合成含刚性基团的多官能度环氧单体；②选择合适的固化剂；③采用物理共混或化学共聚等方法改性环氧树脂。其中，化学共聚改性环氧树脂在提高其耐热性的同时，也增加了不同树脂之间的相容性。

耐高温环氧树脂胶黏剂越来越受到人们的重视。采用特种酚醛树脂及双马来酰亚胺改性环氧树脂，使环氧树脂胶黏剂的长期使用温度提高至 250℃以上。表 3-12 是几种俄罗斯耐高温环氧树脂胶黏剂。

表 3-12　几种俄罗斯耐高温环氧树脂胶黏剂

型号	固化条件	最高使用温度	用途
K-300-61	室温	300℃	钢、钛、铝、镁合金，石棉，玻璃钢的胶接
K-400	室温	长期 200℃，短期 400℃	金属和非金属材料的胶接
TKM-75	200℃，2h	300℃	设备制造时切割部位的胶接
TKC-75	200℃，2h	350℃	设备制造
T-111		300℃	钢、钛、陶瓷、玻璃钢、铁氧体的胶接

（2）酚醛树脂（PF）类

纯的酚醛树脂脆性大、剥离强度低、硬度高及韧性差，并且在高温下易分解，因而其在一些领域内的应用受到了限制，改性酚醛树脂胶黏剂受到了人们的广泛关注。

酚醛树脂改性的目的主要是改进脆性或其他物理性能，提高其对纤维增强材料的黏结性能，并改善复合材料的成型工艺条件等。改性一般通过下列途径。

①封锁酚羟基。酚醛树脂的酚羟基在树脂制造过程中一般不参加化学反应。在树脂分子链中留下的酚羟基容易吸水，使固化制品的电性能、耐碱性和力学性能下降。同时酚羟基易在热或紫外光作用下生成醌或其他结构，造成颜色不均匀的变化。

②引进其他组分。引进与酚醛树脂发生化学反应或与它相容性较好的组分，分隔或包围羟基，从而达到改变固化速度，降低吸水性的目的。引进其他的高分子组分，则可兼具两种高分子材料的优点。

（3）聚酰亚胺类

聚酰亚胺具有优良的耐热老化性、化学稳定性以及耐溶剂性，热膨胀系数小，且其力学性能和电学性能优异，是一类理想的耐高温结构胶黏剂。近年来在航空、空间技术以及微电子工业等高新技术领域得到了广泛的应用。

聚酰亚胺分为热塑性聚酰亚胺和热固性聚酰亚胺两类。

①热塑性聚酰亚胺（TPI）的主链上含有亚胺环和芳香环的梯形结构，这类聚合物具有优良的耐热性和抗热老化性能，在 -200℃～ 260℃范围内具有优异的力学性能和电学性能。按所用的芳香族四酸二酐单体结构的不同，热塑性聚酰亚胺又可分为均苯酐型、醚酐型、酮酐型和氟酐型聚酰亚胺等。

②热固性聚酰亚胺（PI）按固化机理又可分为缩聚型和加成型。缩聚型聚酰亚胺具有优良的耐热老化性能和优异的机械、电气性能，首先被应用于航空领域；加成型聚酰亚胺（API）具有熔融流动性好，固化无挥发物以及加工性能好的特点，耐高温 API 目前已被用于黏接复合材料和先进航空航天领域使用的金属。但两者固化物韧性均较差，材料加工较困难，为了改善缺陷，可在主链中引入柔性基团对其进行增韧改性。对于缩聚型聚酰亚胺，通常将柔性基团引入主链上降低刚性，引入柔性不同的结构基团形成共聚型聚酰亚胺，如聚酰胺 - 聚酰亚胺共聚物，硅氧烷 - 聚酰亚胺共聚物。

聚酰胺酸在固化过程中会有水生成，受热挥发后易留下孔隙，给胶接件带来结构缺陷。因此，缩聚型聚酰亚胺胶黏剂不宜用于大面积的胶接，且在固化过程中需要适当的加压，以除去由于水分和溶剂挥发导致的气泡。

加成型聚酰亚胺胶黏剂主要分为三类：双马来酰亚胺（BMI）、纳狄克酰亚胺（NTI）和乙炔基封端的聚酰亚胺胶黏剂。BMI 具有优异的耐高温性能、耐湿热性能及耐辐射性能，且其吸水率和生产成本相对较低，是聚酰亚胺材料中用量最大的。然而，未经改性的 BMI 胶黏剂的熔点很高，韧性和溶解性非常差，限制了其发展和应用。为改善 BMI 胶黏剂的脆性，可以采用韧性较好的二元胺为原料以降低其交联密度。

对于加成型聚酰亚胺的改性，通常是合成不饱和基封端的分子质量较小的聚酰亚胺齐聚物，其活性基团在加成反应时基本上无挥发物析出，可提高黏接强度，且流动温度较低，便于加工，并能在加工时发生端基聚合反应形成高度交联的网络结构，提高树脂的耐热性。此类低分子齐聚物种类较多，其中以降冰片烯端基型和乙炔端基型的综合性能较好。加成型聚酰亚胺由于交联密度高而呈现出一定的脆性，为此还可采用热塑性聚酰亚胺与之形成半互穿网络结构（SPIN）进行增韧。

聚酰胺酰亚胺（PAI）是酰亚胺环和酰胺键有规则交替排列的一类聚合物，由其组成的胶黏剂分子中既含有刚性芳杂环亚胺基团又有柔性酰胺基团，因而具有良好的热稳定性和溶解性。但 PAI 分子中的柔性酰胺基和亚甲基易被氧化，因此其耐热性比普通的聚酰亚胺低。

聚酰亚胺胶黏剂存在难溶及黏接性能较差等缺点，需要改性。

（4）其他含氮杂环聚合物类

在耐高温有机胶黏剂中，杂环高分子的耐热性最好，除了主要的聚酰亚胺以外，还有聚苯并咪唑（PBI）和聚苯基喹恶啉（PPQ）等。

聚苯并咪唑（PBI）是由芳香族四胺与芳香族二元羧酸或其衍生物经缩聚反应而得。PBI 对许多金属及非金属材料均有良好的黏接性能，初始黏接强度高，有良好的耐水、耐油、耐高温和耐瞬间超高温性能，可在 -253℃～260℃长期使用，在 539℃短期使用。但由于 PBI 分子结构中存在 N—H 键，耐热老化性能不好。聚苯基喹恶啉（PPQ）是由双（邻）苯二胺和对苯二甲酸化合物缩聚而成，是一种耐高温杂环胶黏剂，其挥发物含量低，易成膜，可用于大面积黏接，具有耐液压油、抗潮湿、抗裂纹扩展等优点。主要缺点是加工温度高（370℃），价格昂贵，应用受到限制。

2. 耐高温无机胶黏剂

有机胶黏剂具有优异的黏接性能，弱点是耐热性及耐老化性能有限。而无机胶黏剂耐热性高，可在 500℃～1800℃使用。缺点是内聚强度低，黏接性能差，比较脆，耐水性较低。目前国内外常用的无机耐热胶黏剂有磷酸盐胶黏剂、硅酸盐胶黏剂、金属胶黏剂和陶瓷胶黏剂。

磷酸盐胶黏剂是由磷酸多聚磷酸胺、酸式磷酸盐、金属氢氧化物、金属氧化物（铟、铝、钛、锌等）组成，有时还加入氮化物及硼化物等作为填料。胶黏剂的主要性能由配方中的磷酸盐与氢氧化物的配比所决定，使用温度可达 1000℃。

硅酸盐胶黏剂一般以碱金属硅酸盐为黏料，加入氧化物（如氧化硅、氧化铝、氧化锆、氧化镁、氧化铁等）固化剂及填料等配制而成。碱金属硅酸盐可用通式 $M_2O \cdot nSiO_2$ 表示。黏料除 Na、K、Li 的盐类外，还可采用苯胺、叔胺及胍等的硅酸盐。黏接性能一般钠盐＞钾盐＞锂盐，耐水性则相反。硅酸盐胶黏剂有硅酸钠－石墨胶黏剂、硅酸钠－水泥胶黏剂、硅酸钠－氟硅酸钠胶黏剂、硅酸钠－氧化物胶黏剂等。硅酸盐型胶黏剂有单组分液体、双组分液体和粉末加水成糊状多种形态，其能耐 800℃～3000℃的高温。

金属胶黏剂由低熔合金（如汞、镓、铟等或其混合物）及难熔金属粉末（如铜、钨等）构成。该类胶黏剂的特点是常温或100℃以下“固化”，导电率和黏接强度高，使用工艺简便，缺点是成本高。最高使用温度可达1000℃。

陶瓷胶黏剂由氧化镁、氧化锌、氧化锆、三氧化二铝等及碱金属氢氧化物和硼酸等在高温下（800℃～1000℃）熔成熔料，冷却后粉碎并研细成粉末，再加入各种填料配制而成。黏接温度540℃～1000℃，最高达3000℃。

3. 耐高温透波结构胶黏剂

耐高温透波结构胶黏剂是一类兼具结构和功能性的胶黏剂材料，具有较低的介电损耗和介电常数，并具有宽频特征。这类材料主要用于透波功能结构材料的黏接，如飞机和导弹的雷达罩、卫星天线、飞机隐身结构和微波装置。图3-35所示的是雷达天线罩的一种蜂窝夹层结构，该结构具有比强度大、透波率高、宽频等优点，主要由蒙皮材料、蜂窝芯和胶膜材料构成。

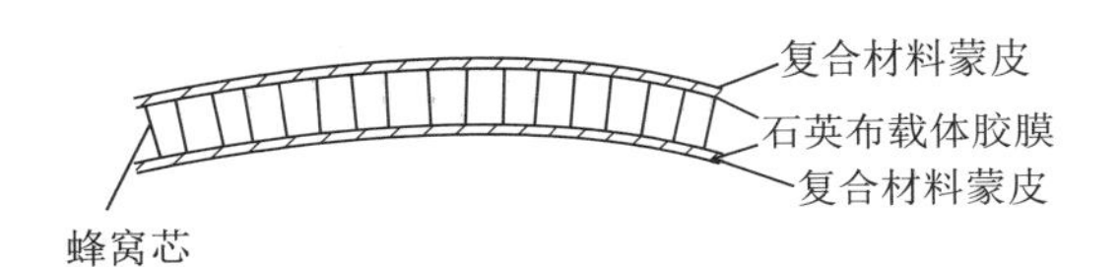

图3-35 雷达天线罩的蜂窝夹层结构

蒙皮为透波复合材料，如聚酰亚胺（PI）、双马来酰亚胺（BMI）、氰酸酯（CE）树脂基复合材料，蜂窝芯是玻璃纤维蜂窝或Nomex蜂窝，胶膜是一种高性能透波结构胶。

（1）树脂体系

传统的透波树脂如环氧树脂（EP）和酚醛树脂（PF）存在的主要问题是介电损耗较大，耐热性能不足。虽然酚醛树脂耐热性能较好，但介电常数随温度升高变化较大，因此已不能满足高性能透波材料的设计要求。目前几种高性能有机透波树脂主要包括聚酰亚胺、氰酸酯和双马来酰亚胺。

①聚酰亚胺（PI）

聚酰亚胺是指主链上含有酰亚胺环的一类聚合物材料，耐温性能和介电性能优异。一些品种长期使用温度达371℃，短期使用温度达500℃以上。介电常数4.1左右，介电损耗0.008左右；聚酰亚胺/石英纤维复合材料介电常数3.3左右，介电损耗0.004左右。Cytec公司的FM57胶膜成型温度较低，可在177℃固化，后处理温度288℃，长期使用温度288℃。表3-13所示FM57胶膜黏接聚酰亚胺/玻璃纤维复合材料蒙皮的蜂窝夹层结构的黏接性能。国内对聚酰亚胺透波复合材料进行了一些实验性研究，并取得一定成果。有关聚酰亚胺透波结构胶黏剂的研究较少。

表 3-13　FM57 胶膜的黏接性能

性能	测试条件 /℃	测试结果
平面拉伸强度 /MPa	24	6.2
	177	4.6
剥离强度（蜂窝夹层）/Nm/m	260	1.9
	24	32.6

②氰酸酯（CE）

氰酸酯树脂是一种典型的兼具结构和功能性的新型材料。氰酸酯在加热和催化剂作用下可形成含有三嗪环的交联网络结构。这种反应的基本特征是氰酸酯基的环化三聚反应，所用催化剂为过渡金属离子，共催化剂为含有活泼氢的化合物。过渡金属离子由其有机盐提供，常用的有乙酰丙酮（或环烷酸）的锌盐、铜盐、钴盐、锰盐等，常用的共催化剂为壬基苯酚，酚的作用是通过质子的转移促进闭环反应。图 3-36 所示是氰酸酯在金属盐和酚催化下的聚合反应机理。

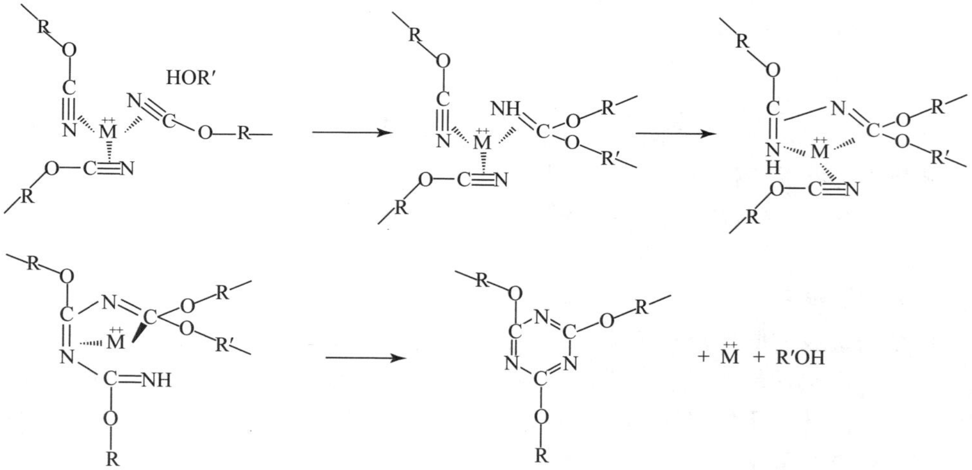

图 3-36　氰酸酯催化聚合反应机理

由于三嗪环结构高度对称，很少量的极性基团只能在很小范围内旋转，从而使氰酸酯的极性很低、介电性能优异，可在宽广的温度范围（0℃～230℃）和频率范围（50～1011Hz）内保持低而稳定的介电常数（2.6～3.0）和介质损耗角正切（0.001～0.005），这一点是聚酰亚胺（PI）、双马来酰亚胺（BMI）等无法比拟的。同时氰酸酯固化物结构中大量的醚键、芳香环、芳杂环、三嗪环结构使其还具有较高的抗冲击性、良好的耐湿热性及优异的耐高温性能。与环氧树脂和双马来酰亚胺相比，氰酸酯的耐热性（Tg、HDT）通常高于环氧树脂，低于双马来酰亚胺，但从瞬时耐热性（起始失重温度）比较，氰酸酯优于双马来酰亚胺。

某些多氰酸酯基的树脂，如酚醛氰酸酯REX-371（简称PT），其Tg最高达到400℃，可在300℃以上应用，其耐热性与热固性聚酰亚胺相当。氰酸酯的吸湿率很低（< 1.5%），远小于环氧树脂和双马来酰亚胺。

氰酸酯胶黏剂在20世纪90年代问世。目前，氰酸酯胶黏剂已成功应用于雷达罩、天线、隐身结构。与氰酸酯复合材料配套的氰酸酯胶黏剂产品包括胶膜、胶液、发泡胶产品已经系列化，如表3-14所示。国内对氰酸酯透波复合材料和透波结构胶黏剂的研究已取得一定成果。但与国外相比还有一定差距，如材料的介电损耗较大。

表3-14　Tencate公司氰酸酯胶黏剂产品

牌号	EX-1537双组分（膏状） EX-1537-1双组分（膏状）低黏度	EX-1543 胶膜	EX-1502-1 双组分	EX-1516 （胶膜）	EX-1541 （发泡膜）
固化工艺	177℃ 2h +249℃ 2h	177℃ 2h +232℃ 2h	121℃ 5h	121℃ 5h	177℃ 2h +249℃ 2h
Tg/℃	254	—	127	—	—
使用温度范围/℃	-55～246	-55～218	-55～121	55～121	177℃长期使用
剪切强度/MPa	44.8（25℃）	28.25(25℃)	17.74(-55℃)	29.70（25℃）	
	20.68（177℃）	13.1(204℃)	40.68（25℃）		—
	8.27（246℃）		27.6（82℃）		
平面拉伸强度/MPa				17.2（-55℃）	
				19.3（25℃）	
	—	—		16.5（82℃）	—
			—	11.7（121℃）	
T形剥离强度/N/mm				4.13	
抗压强度25℃/MPa（密度ρ·g/cm²）					3.45（ρ=0.18）
					5.08（ρ=0.21）
	—	—		—	6.34（ρ=0.28）
			—		11.57（ρ=0.32）
					16.54（ρ=0.38）
					1.24 （ρ=0.18、0.21）

续表

牌号		EX-1537 双组分（膏状）EX-1537-1 双组分（膏状）低黏度	EX-1543 胶膜	EX-1502-1 双组分	EX-1516（胶膜）	EX-1541（发泡膜）
介电性能	相对介电常数（10GHz）	2.75	2.75	2.8	2.6 ～ 2.7	1.27（ρ=0.28） 1.30（ρ=0.38）
	介电损耗					0.003（ρ=0.18、0.21）
	角正切	0.004	0.003	0.003	0.005 ～ 0.006	0.004（ρ=0.28）
	（10GHz）					0.005（ρ=0.38）

③双马来酰亚胺（BMI）

双马来酰亚胺是由聚酰亚胺树脂体系派生的，是以马来酰亚胺（MI）为活性端基的化合物，具有较高的介电性能和耐热性能以及良好的固化工艺性能。1982年，美国 Hysol 公司报导了系列环氧改性双马来酰亚胺树脂胶黏剂 EA9655、EA9351、EA9367、XEA9673 胶膜等，耐温 200℃～ 232℃，并具有优异的黏接性能。

早期改性方法主要是通过双马来酰亚胺与二胺的加成反应使其扩链，然后通过加入环氧、橡胶、热塑性树脂进行改性。介电性能较好的树脂体系有氰酸酯 - 双马来酰亚胺树脂体系、氰酸酯 - 双马来酰亚胺 - 环氧树脂体系、氰酸酯 - 双马来酰亚胺 - 烯丙基苯基化合物体系、双马来酰亚胺 - 烯丙基苯基化合物 - 环氧树脂体系。由于氰酸酯 - 双马来酰亚胺树脂体系兼具氰酸酯和双马来酰亚胺的优点，BT 树脂具有如下特性。

a. 熔点低（50℃～ 80℃），熔融黏度低，流动性好。

b. BT 树脂固化时间长（170℃，5 ～ 60min），贮存稳定性好。

c. 固化的树脂显示很好的耐热性（Tg=230℃～ 360℃）和很好的耐热冲击性（400℃或更高），可耐 200℃ 2 万小时的热老化。

d. 固化的树脂介电性能好，介电常数和介质损耗低，随温度和频率变化小，ε =2.8 ～ 3.3，$\tan\delta$ =0.003 ～ 0.008。

e. 固化的树脂具有较好的黏接强度，对玻璃布、石英布黏附性好。

f. 可用烯丙基化合物、环氧树脂、热塑性树脂、橡胶等进行改性。

国外已开发多种透波双马来酰亚胺树脂和透波双马来酰亚胺胶膜，如 TenCate 公司的 RS-8HTBMI 透波复合材料，固化温度 177℃，后处理温度 250℃，固化物玻璃化温度达 310℃，介电常数 3.49，介电损耗 0.014；SF-4 胶膜具有良好介电性能，可用于高性能透波雷达天线罩的黏接。表 3-15 所示的是 Redux HP655 双马来酰亚胺胶膜黏接性能。

表 3-15 Redux HP655 双马来酰亚胺胶膜黏接性能

性能	测试温度 /℃	拉伸强度 /MPa
平面拉伸强度	23	7.2
（ASTMC 297）	205	7.0
205℃老化 500h	23	5.0
（热失重 0.75%）	205	＞ 5.1

国内透波双马来酰亚胺复合材料和透波双马来酰亚胺结构胶黏剂的研究已取得一些成果，黑龙江省科学院研制的氰酸酯－双马来酰亚胺胶膜性能如表 3-16 所示，该胶黏剂具有较高的胶接性能、耐热性能和介电性能。

表 3-16 氰酸酯－双马来酰亚胺胶膜基本性能

	耐 230℃ BMI/ 氰酸酯胶膜
剪切强度 /MPa 25℃	28.6
200℃	27.5
230℃	13.7
90° 剥离强度	1.8
介电性能（10GHz）*	
介电常数	2.85
介电损耗	0.014
Tg(DSC/℃)	236
热分解温度 (TG/℃)	400
使用温度 /℃	-55 ～ 230

注：* 无载体

（2）增韧剂体系

聚酰亚胺、双马来酰亚胺、氰酸酯树脂固化物脆性较大，必须对其增韧改性以提高其黏接性能如剥离强度和抗疲劳强度。除采用热固性树脂共聚增韧以外，最有效的增韧剂是耐高温橡胶弹性体和热塑性树脂。常用增韧剂如大分子丁腈橡胶、液体活性端基丁腈橡胶（CTBN、ATBN）对介电损耗影响较大，加入量有限，而且在 200℃以上使用存在高温热氧老化问题，如表 3-17 所示。液体活性端基有机硅弹性体增韧剂高温热氧稳定性好，介电性能优异，已成功用于聚酰亚胺、双马来酰亚胺、氰酸酯树脂的增韧。BASF 公司采用端环氧基有机硅弹性体增韧双马来酰亚胺树脂和氰酸酯树脂也获得良好效果，增韧后的胶膜具有优异的高温介电性能和黏接性能，如表 3-18 所示。

表 3-17 活性端基橡胶（HTBN）增韧氰酸酯树脂的性能

性能	性能氰酸酯预聚体 AroCy XU 378/ HTBN 1300×17			
	100/0	94/6	90/10	80/20
HDT Dry	118	112	104	86
/℃ Wet	117	110	101	75
吸水性 /%	0.76	0.77	0.88	1.04
Gic/kJ/m^2	0.25	0.82	1.07	1.35
抗弯强度 /MPa	116	122	126	93
弯曲模量 /GPa	3.33	3.33	3.06	2.11
伸长率 /%	4.1	3.8	4.9	>12
介电性能　介电常数	2.82	2.89	2.96	3.15
（1MHz）tgδ（×10^{-3}）	6	9	16	33

表 3-18 BASF 公司几种胶接体系介电性能（10GHz）

胶黏剂 *	温度 /℃	介电常数 ε	介电损耗 tanδ
	25	2.74	0.005
有机硅弹性体	149	2.75	0.007
改性 CE 胶	232	2.76	0.009
	25	2.8	0.002
PI 改性 CE 胶	204	2.81	0.003

注:* 无载体

聚酰亚胺（PI）、聚砜（PSF）、聚醚砜（PES）等耐高温热塑性树脂对提高双马来酰亚胺、氰酸酯树脂韧性效果显著，当热塑性树脂含量大于 15% 后，固化物将形成半互穿网络，对高温性能和介电性能影响较小。改性工艺可采用热熔法和溶剂法制得，但加入量较大时存在黏度大等工艺问题。Hexcel 公司采用特殊工艺将耐高温热塑性树脂微粉化成直径 10 ～ 25μm 的粒子，直接分散在双马来酰亚胺树脂、氰酸酯树脂中增韧。由于热塑性树脂粒子只有在树脂固化凝胶前才溶解在基体树脂中，所以这种增韧方法可避免熔融加入法导致增韧树脂黏度上升的工艺问题，加入量高达 30% 以上，增韧效果明显，如表 3-19 所示。

表 3-19 聚醚酰亚胺微粉的增韧效果

组成	A/%	B/%	C/%
氰酸脂树脂	36	30.6	32.4
环氧树脂	36.2	41.6	44.1
聚醚酰亚胺微粉 (PEI)	27.8	27.8	23.5
剥离强度（210℃）kN/m	4.5	4.4	3.2

第五节 水性胶黏剂

水性胶黏剂是以天然高分子或合成高分子为黏料，以水为溶剂或分散剂，取代对环境有污染的有毒有机溶剂，而制备成的一种环境友好型胶黏剂。现有水性胶黏剂并非100%无溶剂，可能含有有限的挥发性有机化合物作为其水性介质的助剂，以便控制黏度或流动性。优点是无毒害、无污染、不燃烧、使用安全、易实现清洁生产工艺等，缺点包括干燥速度慢、耐水性差、防冻性差。

水性胶黏剂分类按材料可分为：聚乙烯醇类水性胶黏剂、乙烯乙酸酯类水性胶黏剂、丙烯酸类水性胶黏剂、聚氨酯类水性胶黏剂、环氧水性胶黏剂、酚醛水性胶黏剂、有机硅类水性胶黏剂、橡胶类水性胶黏剂。

按应用可分为：建筑用水性胶黏剂、包装用水性胶黏剂、汽车用水性胶黏剂、制鞋用水性胶黏剂、日用水性胶黏剂。

按溶剂可分为：水溶性胶黏剂和乳液型胶黏剂。

一、水性聚氨酯胶黏剂

水性聚氨酯胶黏剂是指在聚氨酯分子主链或侧链中引入亲水性基团或亲水性结构，可分散于水中的聚氨酯胶黏剂。水性聚氨酯胶黏剂以水为溶剂，具有安全、易于储存及运输、使用方便、成本低等特点，但是，单一的水性聚氨酯胶黏剂存在对非极性基材润湿性差，固化时间长，耐水性差，初黏力不足，因固含量过低而使运输成本增加等不足，需要对水性聚氨酯胶黏剂的性能进行改进。

目前水性聚氨酯胶黏剂的改性方法主要有交联改性、共混改性、接枝共聚以及功能性小分子单体的改性四大类。

水性聚氨酯胶黏剂发展趋势包括：双组分水性聚氨酯胶黏剂的研究与开发；利用其他高分子材料对水性聚氨酯胶黏剂进行改性，提高其综合性能，扩大应用范围；功能型水性聚氨酯胶黏剂的研究与开发；加强水性聚氨酯胶黏剂的理论研究；加强水性聚氨酯胶黏剂专用设备的研发。

1. 水性聚氨酯类别

（1）二苯基甲烷二异氰酸酯（MDI）型水性聚氨酯胶黏剂

MDI是在甲苯二异氰酸酯（TDI）之后发展起来的一种非常重要的芳香族二异氰酸酯，它比TDI拥有更高的分子量、更低的饱和蒸汽压和毒性，MDI型聚氨酯制品在很多性能上优于TDI型聚氨酯制品。

MDI及其聚氨酯制品具有蒸汽压低、毒性小、价格便宜，反应活性高、预聚体黏度大，胶膜性能优异的特点。

由 MDI 制得的水性聚氨酯乳液成膜速度快、成膜性好，其胶膜的耐水性、耐磨性、机械强度、弹性等都有了不同程度的提高。

（2）有机硅改性水性聚氨酯胶黏剂

聚有机硅氧烷是指分子主链中含有重复的 Si–O 键的一类化合物，硅原子上连接有有机基团，是有机硅高分子的主要特点。聚有机硅氧烷具有独特的化学结构，表面能较低，能赋予胶膜优异的耐水性、耐溶剂性、耐辐射性、耐高低温性等性能。但聚有机硅氧烷的成本较高、附着力差、强度较低，在一定程度上限制了其应用。

2. 有机硅改性水性聚氨酯

（1）硅烷偶联剂改性水性聚氨酯

以聚己二酸 -1，4- 丁二醇酯、二羟甲基丙酸、一缩二乙二醇和甲苯二异氰酸酯为主要原料，制备了聚氨酯预聚体，并在预聚体中引入硅烷偶联剂，得到了一种单组分、自交联型水性聚氨酯胶黏剂，结果表明，当硅烷偶联剂的用量为聚氨酯预聚体的 1.5wt% 时，可制得稳定的水性聚氨酯乳液，且其对复合塑料薄膜的剥离强度也得到了明显的提高。

以异佛尔酮二异氰酸酯、聚醚 210、二羟甲基丙酸及胺类硅烷偶联剂为主要原料，合成了有机硅改性水性聚氨酯乳液，随着硅烷偶联剂用量的增加，水性聚氨酯乳液的粒径增大，乳液稳定性提高，胶膜的耐水性与热稳定性也明显改善。

以聚醚二元醇（PTMG）、二羟甲基丙酸、异佛尔酮二异氰酸酯等为主要原料，3- 氨丙基三乙氧基硅烷（KH550）为改性剂制备了有机硅改性水性聚氨酯，随着 KH550 含量的提高，胶膜的拉伸强度、耐水性、耐溶剂性、耐热性都有了明显的提高，断裂伸长率则呈现出下降的趋势。

（2）有机硅氧烷改性水性聚氨酯

以聚醚聚硅氧烷二元醇、聚氧化丙烯二醇、异佛尔酮二异氰酸酯等为主要原料，合成了有机硅改性水性聚氨酯乳液，结果表明，当聚醚聚硅氧烷二醇的用量为 2% ～ 8% 时，可制备出具有小粒径及良好稳定性的聚氨酯乳液，胶膜具有良好的手感及耐水性，拉伸强度较好。

以甲苯二异氰酸酯、端羟基有机硅单体、聚醚二元醇、1，4- 丁二醇及二羟甲基丙酸为主要原料，制备了一种有机硅改性聚氨酯乳液，通过 FT–IR、DSC、TGA、吸水率测试及电子万能拉力机对其进行了表征与测试。改性后的水性聚氨酯胶膜其机械性能、耐低温性、耐水性及耐热性均有所提高。

以聚碳酸酯二元醇、羟基硅油、二羟甲基丁酸、异佛尔酮二异氰酸酯、二苯基甲烷二异氰酸酯等为主要原料，合成了水性聚氨酯，研究了有机硅对水性聚氨酯性能的影响。结果表明，在二羟甲基丁酸含量为 6wt%、羟基硅油质量分数为 1%、交联剂三羟甲基丙烷用量为 3wt% 时可制得性能优异的有机硅改性水性聚氨酯，其胶膜的拉伸强度及耐水性有了很大的提升，过多的有机硅加入量会降低胶膜的柔韧性，使断裂伸长率下降。

以三官能团的聚己内酯、二羟甲基硅氧烷、二月桂酸二丁基锡等为主要原料，合成了可以自动分为两相的有机硅氧烷改性水性聚氨酯涂布液，通过 SEM 及 Si 能谱对其表面性能进行了研究。结果表明，有机硅链段富集在涂层的表面，降低了涂层的表面能，提高了涂层的疏水性。

二、水性胶黏剂应用

1. 食品软包装

在美国软包装市场，水性胶黏剂的占用率为 40%，日本为 50%，欧洲为 20%。而在我国软包装市场，使用范围较广的是单组分丙烯酸水性胶黏剂。

在食品软包装领域，除了可以使用单组分丙烯酸水性胶黏剂外，还有水性聚氨酯胶黏剂，同样具备环保、安全健康、无溶剂残留、可以生成透明的膜、用胶少而且成本低等优点。

2. 纺织领域

织物涂层整理中使用的胶黏剂，分别是溶剂型和水乳型涂层剂。溶剂型涂层剂干燥快，成膜光泽，硬度高。但是，溶剂型涂层剂中含有有机溶剂，具有挥发性，容易引起爆炸，产生有毒性、有刺激性气味，对生产场所会造成污染；水乳型织物涂层剂主要溶剂是水，不污染环境，且价格便宜。

织物中使用的水性丙烯酸酯胶乳胶黏剂单体一般包括：①主单体为丙烯酸酯单体，常用的有丙烯酸丁酯和丙烯酸 -2- 乙基己酯，其均聚物对织物有良好的黏附性能，它的皮膜柔软、耐光、耐热、耐老化，但强度低，在室温下有黏连性，故需加入其他单体进行共聚改性；②交联单体，常用的有 N- 羟甲基丙烯酰胺、丙烯酸羟丙酯和丙烯酸羟乙酯等，可使大分子链交联，形成网状结构，以提高涂膜的力学性能、耐水性和对织物的黏结力。

3. 水性外墙涂布液

水性外墙涂布液一方面对外墙起到装饰保护的作用，另一方面具备优良的耐水、耐高低温、耐污、耐紫外线、耐腐蚀等功能。

4. 水性纸品上光涂布液

传统上光涂布液刺激性气味大且有毒，危害健康和自然环境。随着包装材料上光要求的提高，水性纸品上光涂布液应运而生。其具有高光泽、耐磨、耐候、低 VOC（挥发性有机物）等优良性能。

5. 水性路标原料

以丙烯酸树脂为原料的路标涂布液因其具备良好的保色、耐酸碱、耐水、防腐、附着力等优良特性得到了广泛应用。

6. 水性木器涂布液

水性木器涂布液应具备抗黏性、低 VOC、成膜性、抗燃烧、耐高低温、耐酸碱性等优良性能。

第六节 聚烯烃复合黏结用胶黏剂

聚烯烃主要为聚丙烯（PP）和聚乙烯（PE）。聚烯烃类薄膜具有良好的化学稳定性、耐热性、加工性、机械强度高等优点，且成本低廉，可重复使用。

一、常用复合胶黏剂

1. 热熔胶黏剂

以热塑弹性体为基体树脂，加入抗氧剂、增塑剂、增黏树脂和其他助剂等，混熔形成一类不含有溶剂的胶黏剂即为热熔胶黏剂。该类型胶黏剂通过加热 200℃左右，经过熔融、黏合，而后冷却并固化，高温加热，可破坏聚烯烃材料表面存在的弱边界层，使其渗入材料内部产生较强的黏附作用。

黏接聚烯烃的热熔胶黏剂大多是乙烯－醋酸乙烯（EVA）类聚合物。但从对 PE 的黏接效果来看，通常的 EVA 热熔胶黏剂不很理想，需要进行改性。

2. 氯化聚丙烯改性胶黏剂

氯化聚丙烯（CPP）胶黏剂黏接聚烯烃强度较弱，通过对马来酸酐（MAH）接枝 CPP 进行改性来提高其黏接性能，可以制得性能优异的 CPP-g-MAH 共聚胶黏剂。

3. SBS 热塑性弹性体胶黏剂

苯乙烯－丁二烯－苯乙烯（SBS）热塑性弹性体和聚烯烃结构相似，表面能接近，故 SBS 热塑性弹性体与聚烯烃的相容性较好；又因 SBS 抗蠕变性能较好，不需要硫化就能具有很高的强度，故可应用于压敏胶黏剂、层压复合胶黏剂或结构胶黏剂等。

4. 有机硅密封胶黏剂

有机硅密封胶的组分包括交联剂、由羟基封端的聚二甲基硅氧烷（PDMS）、填料及催化剂等，其剪切强度、低温性能和剥离强度均较好，对聚四氟乙烯（PTFE）、PE 和 PP 等的黏接效果良好。

5. 丙烯酸酯类胶黏剂

丙烯酸酯胶黏剂结构中包含碳氧键。该键的内旋转能垒较低，分子链比较柔软，由于其官能团（如羟基、羧基、酯基等）的极性很强，从而可引入多种反应性的基团且能产生相互交联的网络结构。此外，丙烯酸酯系的单体极易进行共聚与乳聚，故可通过粒子和分子设计方法制备不同玻璃化温度的乳液。丙烯酸酯类胶黏剂有内聚力不足、耐水性和再剥离性较差的缺点，还需通过特定单体对其改性。

丙烯酸酯类乳液有3类共聚单体，官能单体可赋予胶黏剂反应性能。玻璃化温度低的软单体，可赋予胶黏剂黏接性能；而玻璃化温度高的硬单体，软单体可与其共聚，产生较高的使用温度和较好的内聚强度。为提高丙烯酸酯类胶黏剂的黏接性，将其与特定单体进行共聚反应并改性，如有反应活性的含氟化合物、有机硅，或有较大苯环、环烷基或烷基的不饱和酯类等。共聚后，非极性和极性共存，这可改善与聚烯烃的湿润性能，降低胶黏剂的极性，提高对非极性聚烯烃类的黏接性能和亲和力。常用的有环氧树脂、四乙氧基硅烷、醋酸乙烯酯等。

二、聚氨酯干法复合胶黏剂

DL中使用的聚氨酯胶黏剂是通过多元醇（主剂）与多异氰酸酯（固化剂）反应获得。因为异氰酸酯基与活性氢反应，这里的多元醇可以与各种多元醇一起使用。聚氧丙烯多元醇（PPG）和聚氧亚甲基乙二醇（PTMG）是两种典型的聚醚多元醇。

聚酯多元醇由己二酸（AA）、间苯二甲酸（IPA）和对苯二甲酸（TPA）等二元酸和乙二醇（EG）、二甘醇（DEG）等二醇制得。

多异氰酸酯有芳香族和脂肪族两种，甲苯二异氰酸酯（TDI）和二苯基甲烷二异氰酸酯（MDI）是典型的芳族多异氰酸酯。

多元醇和多异氰酸酯的设计应考虑如胶黏剂的最终用途、可加工性、初黏力、黏结强度、耐热性、耐内容物适用性、耐化学性和耐久性等性能。一液、二液型，聚醚和聚酯以及芳族和脂肪族的胶黏剂特性详见表3-20，主要DL胶黏剂的反应机理详见图3-37。

表3-20　异氰酸酯胶黏剂的特性

1）一液型和二液型	
一液型（尿素键·尿素树脂）	二液型（尿烷键）
·容易混合	·需要注意混合
·反应硬化受湿度影响	·不受湿度影响，稳定
·耐受性不太好	·耐受性良好（尿烷键）
·产生的碳酸气体较多	·产生的碳酸气体较少
·缩合反应引起的固化应变大	·加成聚合引起的固化应变小

续表

2）聚醚和聚酯 聚醚： • 可加工性较好（低黏度） • 初始内聚力弱 • 与基材的润湿性良好 • 硬化涂层柔软 • 耐受性不太好 • 不水解 • 价格低 聚酯： • 可加工性较差（高黏度） • 初始内聚力强 • 与基材的润湿性较差 • 硬化涂层坚固 • 耐受性良好 • 易水解 • 价格高
3）芳香族和脂肪族（异氰酸酯） 芳香族： • 反应快 • 黏结性良好 • 紫外线照射后会发生黄变 • 对食品卫生有些担忧（芳香胺的提取） • 价格低 脂肪族： • 反应慢 • 黏结性不好 • 紫外线照射后不会发生黄变 • 对食品卫生放心 • 价格高
4）聚酯和聚氨酯型聚酯 当将链状聚酯制成聚氨酯型聚酯时，由于引入了高极性聚氨酯键～NHCOO～，与类似的聚酯相比，可获得以下特性。 ①黏结性更广　②与基材的润湿性更好　③硬化涂层坚固，耐受性增强 ④溶液黏度提高　⑤增加聚氨酯化工序，价格高

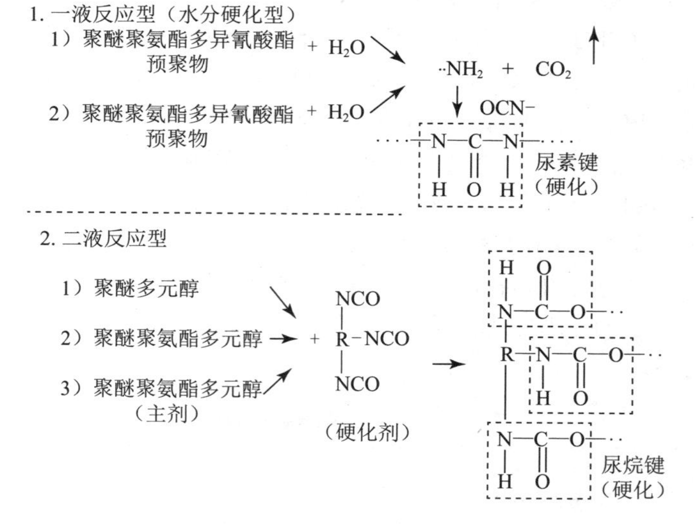

图 3-37　主要层压胶黏剂的反应机理

第七节 涂布胶黏剂选择

在选择胶黏剂时首先要考虑的是对涂层的保护作用，要有一定的强度、装饰性、耐水、耐环境性，同时胶黏剂与涂层材料中的各个物质要形成稳定的、具有一定施工性的流体。胶黏剂用量以实现足够的涂层强度为前提。胶黏剂性能与分子链长度，链的柔韧性，碳原子键的键合形式，黏结强度等因素有关。胶黏剂分子中，单键比双键柔韧，而双键有更强的黏合力，选择黏结力强的胶黏剂，可以减少用量。

1. 根据被黏接材料的化学性质来选择

若被黏接材料是含有一些极性基团的，选择可与它起化学反应的黏合剂，可以提高接头强度。

2. 根据被黏接材料的物理性质来选择

物理性质包括被黏接材料的表面张力，对黏合剂中溶剂的溶解度，以及被黏接材料的表面特性，如刚性、弹性、韧性等。

3. 根据胶黏接头的特殊要求来选择

黏接头的具体要求包括抗张、抗弯、抗剥离、抗冲击等力学强度，耐高温、耐水、耐油、耐低温等性能，以及光学、电磁等特殊功能。

4. 根据固化需要的条件来选择

胶黏剂的固化受到温度、压力、时间及空气等条件的影响，有的需加热固化，有的需加压固化，有的则需隔绝空气，因此应根据使用场合选择相应固化条件的胶黏剂。

5. 颜料对胶黏剂选择的影响

颜料性能决定其相互结合所需要的胶黏剂结构与用量。颜料比表面积越大，粒子越细，达到涂层同一表面强度的胶黏剂需求量越大。

6. 胶黏剂对涂布基材性能的影响

不同的印刷光泽和印刷密度的涂布印刷纸，要求的胶黏剂量不同。此外，不同印刷方式和不同黏度的涂布液，其胶黏剂需求量也不同。具体涂布复合过程中的胶黏剂，还需要结合实际生产过程及产品性能要求选用。

参考文献：

[1] 王孟钟等编 . 胶黏剂应用手册（第一版）[M]. 北京 : 化学工业出版社 , 2002.

[2] 吴晓飞 . 瓜尔胶改性黏合剂的制备及在纺织领域的应用 [D]. 苏州 : 苏州大学 , 2018.

[3] 胡光凯 . 改性 GO/EP 复合胶黏剂的制备与性能研究 [D]. 哈尔滨 : 哈尔滨理工大学 : 2019.

[4] 王松林，张仿仿，陈夫山．酶解木薯淀粉胶黏剂的制备及其应用 [J]. 湖南造纸，2013(02): 16-20.

[5] 王金双，赵继红，刘永德．大豆基胶黏剂的研究进展 [J]. 绿色科技，2018(16): 190-192.

[6] 朱昌玲，薛华茂，孙达峰，张卫明，史劲松，顾龚平．改性瓜尔胶的研究进展 [J]. 中国野生植物资源，2005, 24(8): 9-11.

[7] 孔俊豪，史劲松，孙达峰．食品研究与开发 [J]. 食品研究与开发，2009(4): (参考页码).

[8] 王宗训．田菁胶及其应用 [M]. 北京，科学出版社，1987.

[9] 华侨大学编译．食品胶和工业胶手册 [M]. 福州：福建人民出版社，1987.

[10] 詹晓北．食品胶的生产、性能与应用 [M]. 北京：中国轻工业出版社，2003.

[11] 王卫平．食品品质改良剂：亲水胶体的性质及应用（之二）——植物籽胶 [J]. 食品与发酵工业，1995(3): 60-63.

[12] 胡国华，翟瑞文．瓜尔豆胶的特性及其在食品工业中的应用 [J]. 冷饮与速冻食品工业，2002, 8(4): 26-28.

[13] 单雪琴，范明娟．田菁胶的细胞定位和黏度关系 [J]. 植物学报，1998, 30(6): 574-578.

[14] 蒋建新，徐嘉生．半乳甘露聚糖胶物理增粘技术研究 [J]. 中国野生植物资源，2001, 20(5): 15-16.

[15] 田乃林，郑若芝．阳离子胍胶的研制及性能评价 [J]. 承德石油高等专科学校学报，2002, 4(1): 1-3.

[16] 於勤，郑赛华．烫头发蛋白质丢失的测定及护发香波对其修护的作用 [J]. 日用化学工业，2002, 32(5): 58-59.

[17] 邹时英，王克．瓜尔胶的改性研究 [J]. 化学研究与应用，2003, 15(3): 318-320.

[18] 胡益，罗儒显．瓜尔胶改性方法研究进展 [J]. 广东化工，2004(6): 25-27.

[19] 邱存家，陈礼仪．植物胶的改性及其在钻探工程中的应用 [J]. 成都理工大学学报（自然科学版），2003, 30(2): 198-201.

[20] 潘超，卢秀文．羟丙基瓜尔胶的性能及其在牙膏中的应用 [J]. 日用化学工业，2001(2): 59-60.

[21] 袁近．合成糊料 SP 在阳离子染料印花中的应用 [J]. 现代纺织技术，2002, 10(2): 1-2.

[22] 王军利，陈夫山．瓜尔胶的应用研究 [J]. 天津造纸，2002(3): 10-12.

[23] 王军利，陈夫山．新型助留助滤剂——阳离子瓜尔胶的应用研究 [J]. 造纸化学品，2002(3): 31-32.

[24] 杜敏，王志杰．植物胶在造纸工业中的应用 [J]. 造纸化学品，2003(6): 62-66.

[25] 田乃林，尹达．阳离子胍胶的研制及其在油田中应用的室内试验 [J]. 江汉石油学院学报，2002, 24(3): 68-77.

[26] 李娟，蔡益波，刘枫．热塑性热熔胶的研究进展 [J]. 中国胶黏剂，2019, 28(12): 56–60.
[27] 董柳杉，罗瑞盈．耐高温胶黏剂的研究进展 [J]. 炭素技术，2013, 32(3): 52–56.
[28] 张翠金．耐高温环氧胶黏剂的研究进展 [J]. 化学与黏合，2018, 40(6): 457–460.
[29] 陶凌云．聚酰亚胺胶黏剂的研究进展 [J]. 化学与黏合，2019, 41(3): 211–213+226.
[30] 刘晓辉，赵颖，朱金华，李欣．耐高温有机透波结构胶黏剂的研究进展 [J]. 黑龙江科学，2010, 1(1): 41–45.
[31] 薛攀．水性聚氨酯胶黏剂的研究 [D]. 安徽：合肥工业大学，2013.
[32] 唐晓红．水性胶黏剂的应用研究进展 [J]. 河南教育学院学报 (自然科学版), 2017, 26(2): 8–12.
[33] 薛伟．水性聚氨酯胶黏剂在中国发展现状 [J]. 化工设计通讯，2017, 43(10): 5.
[34] 李俊妮．聚烯烃用胶黏剂研究进展 [J]. 精细与专用化学品，2012, 20(8): 44–48.
[35] 左明明．我国无溶剂复合技术的最新进展 [J]. 印刷技术，2019(9): 24–26.
[36] [日] 松本宏一．印刷技术 36(9) 51 2008 加工技术研究会
[37] [日] 渡边康博．技师论文特集号 p. 64 2005. 1 日本技师协会
[38] 周广亮．胶黏剂选择有诀窍 [J]. 印刷工业，2017, 12(9): 60–61.

第4章 涂布基材

由全国印刷机械标准化技术委员会归口管理，北京印刷学院、北京印刷机械研究所等为起草单位的20190697-T-604获批立项，报批稿中，将涂布基材定义为表面能够承载涂布液的材料。

精密涂布复合基材大多以刚性基板或柔性薄膜形式存在。有些刚性基板厚度降低到一定程度时，也具备一定的柔韧性。例如，刚性玻璃，以微米级厚度存在时，则用作制备柔性显示器件。表4-1是常用涂布复合薄膜基材一览表。

表4-1 常用涂布复合薄膜基材一览表

名称	构成	用途
纸张	表面致密的纤维纸张或合成纸	柔性涂布基材
合成树脂薄膜	合成高分子聚合物成膜	柔性涂布基材
金属箔	金属延展成膜或金属镀膜	柔性涂布基材
金属板	金属及其合金	刚性或柔性涂布基材
玻璃板	二氧化硅等熔融形成	刚性或柔性涂布基材
陶瓷板	氧化锆或氧化铝等形成	刚性涂布基材
复合片材	多种或多层材料复合构成	

第一节 薄膜类涂布基材基本性能及表面处理

一、涂布复合基材基本性能

表面张力和表面能，是基材实现涂布润湿铺展的基本参数。表 4-2 是部分薄膜的表面张力和临界表面张力数据。

表 4-2 部分合成树脂薄膜表面性能

聚合物	表面张力 γ_{SG}（10^{-5}N/cm）	临界表面张力 γ_C（10^{-5}N/cm）	聚合物	表面张力 γ_{SG}（10^{-5}N/cm）	临界表面张力 γ_C（10^{-5}N/cm）
聚乙烯 PE	35.7	31	聚丙烯酸甲酯 PMA	40.1	35
聚丙烯 PP	30.1	32	聚丙烯酸乙酯 PEA	37.0	33
聚氯乙烯 PVC	42.9	39	聚丙烯酸丁酯 PBA	33.7	31
聚二氯乙烯 PVDC	45.2	40	聚丙烯酸乙基已基酯 PAAEE	30.2	31
聚三氯乙烯 PVTC	53	—	聚甲基丙烯酸甲酯 PMMA	41.1	39
聚四氯乙烯 PVC	55		聚甲基丙烯酸乙酯 PEMA	35.9	31.5
聚氟乙烯 PVF	37.5	28	聚甲基丙烯酸十二烷酯 PMAD	32.8	21.3
聚二氟乙烯 PVF	36.5	25	聚甲基丙烯酸十八烷酯 PMAOA	36.3	20.8
聚三氟乙烯 PTFE	29.5	22	聚对苯二甲酸乙二醇酯 PET	42.1	43
聚四氟乙烯 Teflon	22.6	18	聚己内酰胺 NELON6	—	42
聚醋酸乙烯 PVAC	36.5	33	聚己二酰己二胺 NELON66	44.7	46
聚乙烯醇 PVA	—	37	聚庚二酰庚二胺 NELON77	—	43

导电涂料涂布复合的印后烧结加工，是获得导电性能的重要环节。烧结温度和烧结时间，取决于涂布液构成及性能要求，但受制于涂布薄膜的耐温性能（具体见表 4-3）。

表 4-3 导电涂层基材薄膜性能对比

薄膜	厚度（μm）	密度 （g/cm³）	透光率 （%）	Tg （℃）	耐温 （℃）	备注
聚对苯二甲酸乙二醇酯 PET	16 ～ 100	1.4	88	80	120	
聚萘二甲酸乙二醇酯 PEN	12 ～ 250	1.4	87	120	155	
聚酰亚胺 PI	12 ～ 125	1.4	—	410	300	
玻璃	50 ～ 700	2.5	90	500	400	
纸张	100	0.6-1.0	—	—	130	
玻璃纸	20 ～ 200	-1	90	200	150	纳米纤维材质
钢片	200	7.85（N80）	—	—	800	304 不锈钢

高阻隔 PET 氧化铝膜是以透明 BOPET 薄膜为基材，在真空状态下气相沉积氧化铝而成。复合膜具有优异的阻隔性和高透光率，对氧气和水蒸气有高阻隔性，属于高阻隔透明包装材料（见表 4-4）。

表 4-4 高阻隔 PET 氧化铝膜典型性能参数

型号				101GTR	102GTN	103GTH	105GTH	106GTH
材质结构（从外到内）				BOPET	BOPET	BOPET	BOPET	BOPET
				氧化铝	氧化铝	氧化铝	氧化铝	氧化铝
				保护涂层	—	保护涂层	保护涂层	保护涂层
氧化铝面印刷性 / 氧化铝面复合				适合印刷	适合复合	适合印刷	适合印刷	适合印刷
蒸煮性				可以蒸煮	可以蒸煮	不适合蒸煮	不适合蒸煮	不适合蒸煮
卫生标准				符合 FDA	符合 FDA	符合 FDA	符合 FDA	符合 FDA
指标		测试方法	单位	典型数值	典型数值	典型数值	典型数值	典型数值
厚度		GB/T 6672	μm	12.5	12.0	12.5	10.5	12.5
比重		GB/T 1033.1	g/cm³	1.38	1.38	1.38	1.38	1.38
拉伸强度	MD	GB/T 1040	MPa	200	200	200	190	200
	TD			210	210	210	205	210
断裂伸长率	MD	GB/T 1040	%	130	130	130	120	130
	TD			110	110	110	102	110
雾度		GB/T 2410	%	3.86	1.51	1.76	1.68	1.72

续表

型号			101GTR	102GTN	103GTH	105GTH	106GTH
湿润张力（氧化铝面）	GB/T 14216	dyne/cm	40	54	50	50	50
摩擦系数（非氧化铝面）	GB 10006	—	0.36	0.36	0.36	0.36	0.36
氧气透过量（OTR）	GB/T 19789	ml/ m^2 • 24h	2	1.6	0.6	0.7	0.2
水蒸气透过量（WVTR）	GB/T 26253	g/ m^2 • 24h	1.5	1.9	1.5	1.8	0.7

二、基材表面处理

涂布即涂布液在涂布基材表面的润湿铺展过程，理论上固体（塑料）表面与液体（黏合剂、涂料、印刷油墨等）接触时，固体表面会生成固体和液体混合的界面，这就是润湿现象。从固体和液体接触状态到分离状态的自由能W，用以下公式来表示。

$$W（J/m^2）=\gamma_L（1+\cos\theta） \quad （4-1）$$

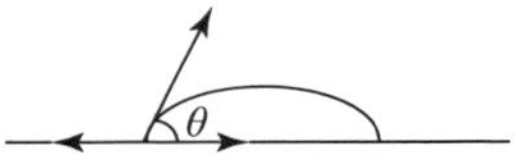

图4-1　平面基材上的接触角

式中，γ_L——液体表面张力（N/m），θ——接触角。

上式为杨氏方程，适用于光滑、平整和均匀的固体表面。当 γ_L 大时，接触角 θ 越小，自由能 W 变大，θ=0 时 W 最大，这里的接触角 θ 表示的是固体润湿性的特征。表4-2所示的部分合成树脂薄膜表面性能，当薄膜表面的临界表面张力 γ_C 大于涂布液的表面张力 γ_L 时，是完全润湿的，反之则润湿不好。

涂布基材表面的高表面能和涂布液的低表面张力，都有助于功能涂布液在基材表面的润湿铺展。合成树脂薄膜表面的均匀结构致使表面能偏低，一般要经过处理提高其表面能后，才会具备较好的涂布性能。

1. 常用薄膜的表面处理技术

表面处理法有物理处理和化学处理两大类，要根据材料来决定处理方法，通常选用成本低的方法。物理处理包括电晕处理、等离子体处理、火焰处理、机械处理；化学处理包括表面涂层、表面接枝、硅烷偶联剂处理。

（1）电晕处理

电晕处理是在常压下，利用高频高压电极放电，在薄膜的表面进行处理的技术。电晕放电时，空气电离后产生的各种等离子体，在强电场作用下加速冲击塑料表面，诱发表面高分子的化学键断裂，增大表面粗糙度。放电产生大量的臭氧，使表面高分子被氧化，产生羟基、羰基、过氧基等基团，增加极性。经处理的薄膜表面的润湿性和附着性得到明显改善。通常电晕处理电极距离薄膜在2mm左右为宜，最小的可达1mm，根据不同材质决定。

（2）等离子体处理

赋予气体高能量时，会离解气体分子成原子；赋予原子高能量时，在原子核周围电子分离，分成带正电的离子和带负电的自由电子，像这种电离的状态称为等离子。用等离子体处理薄膜表面，可以切割高分子，改变薄膜的表面形貌、表面化学组成及性质等。根据需要，可以分别获得不同的憎水性或亲水性。一般而言，等离子体处理对薄膜产生刻蚀作用，等离子体处理后的薄膜表面氧/碳、氮/碳含量比有所增加，薄膜表面极性基团如C—O/C—N、C=O、C=O—O等含量增加，薄膜表面亲水性有明显改善，表面自由能明显提高。

（3）火焰处理

火焰处理是指利用高温气体火焰对PET薄膜进行表面改性处理。由于火焰中含有大量激发态的-O、-OH和-NO等基团，在高温下可以同PET薄膜表面大分子发生化学反应，产生羟基、羰基和羧基等极性基团，并使PET薄膜表面粗化，提高了PET薄膜表面的附着性和亲水性。

（4）表面涂层

在薄膜的表面涂布纳微米级厚度的涂层材料，通常称为底涂层，底涂层中含有较多极性基团，能明显增加表面极性，改善润湿性能，拓宽应用范围。

（5）表面接枝

表面接枝是利用一定的手段将特定的单体或官能团接枝到薄膜表面，接枝在薄膜表面的单体或官能团赋予了薄膜表面不同的性能。常用方式包括化学接枝、辐射接枝、紫外光接枝、等离子体接枝等。

（6）硅烷偶联剂处理

将含氟硅氧烷与γ–氨丙基三乙氧基硅烷溶胶，涂于薄膜表面，透光性、疏水性及力学性能优良。通过自由基聚合将γ–甲基丙烯酰氧基、丙基三甲氧基硅烷（KH570）分别与甲基丙烯酸甲酯、甲基丙烯酸丁酯、苯乙烯进行共聚。将所得聚合物涂覆于薄膜表面，薄膜透光性得到进一步增强，表面自由能有所减小。

2. PET薄膜/涂层界面黏接性能提高措施

双向拉伸聚对苯二甲酸乙二醇酯（PET）薄膜是一种无色透明、有光泽的薄膜，具有良好的力学性能、光学性能、电气性能、热性能等，应用广泛，但PET薄膜表面能和硬度低，耐磨性、吸湿性、黏结性、疏水性、阻隔性、抗静电性、可印性和可染性较差。为此，需要对PET薄膜表面进行改性，改善其表面性能，延长其使用寿命和拓宽其应用范围。

未经处理的 PET 薄膜，涂层很难与其黏接紧密。

（1）与 PET 薄膜相匹配的涂层材料研究

聚对苯二甲酸乙二醇酯的化学结构为

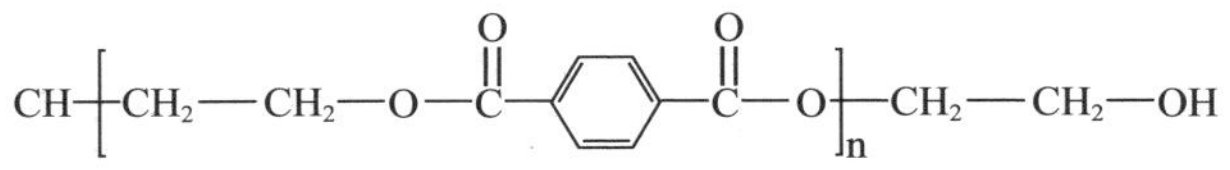

$$\mathrm{CH}\!-\!\left[\mathrm{CH_2}-\mathrm{CH_2}-\mathrm{O}-\overset{\mathrm{O}}{\overset{\|}{\mathrm{C}}}-\mathrm{C_6H_4}-\overset{\mathrm{O}}{\overset{\|}{\mathrm{C}}}-\mathrm{O}\right]_n\!-\mathrm{CH_2}-\mathrm{CH_2}-\mathrm{OH}$$

由上可见，在大分子结构的两端存在两个羟基 -OH，中间一个芳环，它们通过酯基彼此互相连接。

几乎所有表面涂布技术都是以涂布液能在基体表面上的润湿为其结合的前提条件。根据 Sell-Neumann 方程，当薄膜基材 / 涂层体系的界面张力趋于 0，体系界面的接触角也将趋于0，这时界面黏接强度达到最高。因此，在实际运作的过程中，通过选择涂布液的组成成分，调节各组成成分的比例来调节涂布液的界面张力，使其表面张力能互相匹配。

（2）对 PET 薄膜进行表面处理

PET 薄膜表面张力较低，对涂布液的亲和性较小，并且 PET 薄膜结晶度较高，不易被涂液溶胀而发生分子间的扩散作用，因而黏接性比较差。所以对 PET 薄膜基材表面进行处理，可以提高其表面张力，降低其表面结晶度，改善其表面的黏接性能。

目前对PET薄膜常用的处理方法有电晕放电处理、等离子体处理、光化学处理、化学氧化处理以及底涂处理等。

光化学处理和电晕处理一样，具有一定的时效性；用等离子体对 PET 薄膜（125μm 厚）进行处理可取得较好的结果。XPS 测定 PET 表面的化学组成发现 PET 薄膜表面含氧官能团在氧等离子体处理后得到了显著的增加；使用水滴法测表面接触角发现，PET 薄膜经等离子体改性其水滴在其表面接触角由 75° 降为了 20° （75Pa，氧气），表明改性后的 PET 薄膜其润湿性增强了。

PET 薄膜的表面经丙酮清洗表面处理、化学处理和 Co60 辐照处理后，其表面主要元素含量、胶黏剂剥离强度和吸水性都有所影响。结果表明：丙酮清洗处理的 PET 薄膜黏接接头耐久性能低于化学处理，而 Co60 辐照的聚酯膜黏接接头耐久性能最佳。

用二苯甲酮（BP）做光引发剂，对 PET 薄膜用丙烯酸进行紫外光照表面接枝改性。经过接枝反应，羧基（—COOH）被引入到 PET 薄膜表面。其表面接触角测定结果表明，PET 薄膜表面的接触角随着接枝率的增加逐渐减小。

第二节 部分合成树脂基材制备技术

一、PET 薄膜制备技术

双向拉伸聚对苯二甲酸乙二醇酯（BOPET）薄膜光学性能好、强度高、韧性好、热性能好和平整度好等性能，广泛应用于包装材料、装饰装潢、液晶显示器背光膜组、绝缘材料、印刷电路板（PCB）、电容器、干膜、窗贴膜、离型膜、保护膜、模内装饰技术（IMD）、标签等行业。近年来，普通包装用 PET 薄膜行业已出现严重的产能过剩，而光学 PET 薄膜则以其优异的光学性能、表观均匀、无瑕疵和高洁净性，在新型光电显示领域需求日益广泛，呈现良好的发展态势。

相比光学 PET 薄膜，普通 PET 薄膜在表面质量、光学性能等方面要求并不高，两者除了管理与控制方面的差别外，在原材料功能添加剂方面也有不同。尤其是为了提高光学性能，满足其作为光学薄膜的性能要求，关键需要添加提高薄膜光学性能、适合于成膜加工工艺且不影响薄膜开口性的 BOPET 特种功能性母料。

1. 高透明 BOPET 薄膜的制备方法

（1）选用更优折光系数、更佳亲和性粒子制备

美国杜邦公司根据锻制氧化硅附聚物和煅烧有机硅颗粒的折射率与不含添加剂的双轴取向聚对苯二甲酸乙二醇酯的折射率接近，制得非常透明且具有很低雾度的聚酯薄膜。同时，煅烧有机硅颗粒的多孔性增强了颗粒与聚合物的黏合力，而且具有较低的莫氏硬度值使得不易刮伤薄膜。他们还通过对不同颗粒大小、附聚物尺寸与不同颗粒、附聚物含量的研究，选取最适合制备低雾度、无斑点聚酯薄膜。制备的薄膜的雾度达到了 0.5%，表面粗糙度 Ra 控制在 10 ～ 26nm。

中石化仪征化纤通过选用与聚酯树脂折光系数更为接近，且粒度大小适合薄膜厚度的无机颗粒硫酸钡作为主抗黏剂。加入不同比例的稳定剂、不同类型的催化剂、不同含量以及不同颗粒尺寸的抗黏结剂，同时使用二氧化硅与硫酸钡作为复合抗黏连剂，并采取单层挤出与三层共挤的不同工艺手段，对最终聚酯薄膜的光学性能进行测定。比较了原料与工艺手段对于聚酯薄膜光学性能的影响。实验结果表明通过三层共挤所制得的厚度为 16.9μm 的 PET/$BaSO_4$ 复合薄膜的雾度能达到 1.89。同时，静摩擦系数保持在 0.38 ～ 0.48，动摩擦系数在 0.27 ～ 0.40。宁波长阳科技通过配制成含有高透明有机填充粒子（折光系数：1.4 ～ 2.0）的母料切片进行熔融共挤，获得了透光率在 86% ～ 93%，雾度在 0.70% ～ 1.5%，摩擦系数在 0.32 ～ 0.57 的高透明薄膜。

（2）添加微、纳米复配粒子制备

引入纳米级的 SiO_2 粒子，不仅使聚合物的强度、刚性、韧性等机械性能得到明显改善，纳米颗粒起到成核剂作用，提高结晶速率，减小球晶大小，同时提高薄膜的光学性能，通过引入微米 SiO_2 则解决了薄膜的收卷与分切性能。南京兰埔成合成制备了一种光学膜用聚酯切片及光学膜，在缩聚之前、酯交换之后加入表面处理后的混有微纳米无机颗粒的乙二醇浆料原位合成了聚酯切片，并双向拉伸成膜。其透光率 90% ～ 92%，雾度在 0.7% ～ 2.4%，摩擦系数 0.35 ～ 0.46。

（3）添加第三组分制备

通过加入第三组分，改变合成工艺条件也是一种降低薄膜结晶度、提高光学性能的方法。日本三菱公司提供了一种光学用双轴取向聚酯薄膜，它是由以 2.0% ～ 10.0%（wt）范围含有第三组分的聚酯构成，提供雾度在 0% ～ 3.0% 内的聚酯薄膜。二羧酸可以为间苯二甲酸、临苯二甲酸、对苯二甲酸、己二酸、癸二酸等，另外，二醇成分可以为乙二醇、二甘醇、三甘醇、丙二醇、丁二醇、1，4- 环己二甲醇、新戊二醇。常州钟恒通过对原材料、生产工艺等方面进行改进，采用三元共聚树脂，破坏聚酯的结晶度，采用三层共挤减少了抗黏连剂的用量，同时进行电晕处理，增加其表面张力。所获得的特种光学级薄膜透光率可达 90.5%，雾度 1.6，摩擦系数 0.4 ～ 0.6。

（4）表面涂层制备

宁波长阳科技将水性树脂和抗黏结粒子配制成涂布液，在纵向拉伸与横向拉伸之间进行凹版涂布或棒式涂布制备聚酯薄膜。透光率 85% ～ 95%，雾度 0.5% ～ 1.8%，摩擦系数 0.22 ～ 0.70。

2.BOPET 薄膜的生产工艺流程

BOPET 薄膜是 20 世纪 50 年代由英国 ICI 公司在双向拉伸聚丙烯薄膜生产工艺的基础上发展起来的。产品已经实现厚度从 0.5μm 到 350μm 一系列规格，生产工艺也从最简单的釜式间歇式生产法发展到多次拉伸及同步双向拉伸；产品品种也由单层膜发展到多层共挤膜，主要是异步双向拉伸平膜工艺。

BOPET 薄膜的生产工艺流程如下：

PET 配料及混合→切片干燥→挤出铸片→纵向拉伸→线内涂布→横向拉伸→牵引收卷→分切整理→包装。

（1）PET 配料及混合

纯净 PET 切片和一定比例的功能母料分别计量，在混料器中混合，然后进入干燥器干燥，也有先干燥后计量混合的工艺路线。双螺杆挤出机一般不需要物料干燥。

（2）切片干燥

PET 树脂的饱和含湿量为 0.8%，而水分的存在使 PET 在加工条件下极易发生氧化降解，影响产品质量，因此加工前必须将其含水量控制在 0.005% 以下。这就要求对 PET 进行充分的干燥。一般干燥方法有两种，即真空转鼓干燥和气流干燥，经比较，前一种干燥方法较好，因为采用真空转鼓法干燥，PET 不与氧气接触，这有利于控制 PET 的高温热氧老化，有助于提高产品质量。而气流干燥效率更高，包括结晶和干燥两个过程。

真空转鼓干燥条件为：蒸气压力为 0.3 ～ 0.5MPa；真空度为 98.66 ～ 101.325kPa；干燥时间为 8 ～ 12h；干燥后含水量≤ 0.005%。

气流干燥干燥条件为：结晶温度为 160 ～ 180℃；干燥温度为 160 ～ 180℃；干燥空气露点≤ -70℃；干燥后含水量≤ 0.005%。

（3）挤出铸片

干燥好的 PET 切片进入挤出机熔融塑化挤出后，再通过粗、细过滤器和静态混合器混合后，由计量泵输送至模头，模头流延到急冷辊表面，冷却成厚片待用。

挤出铸片的工艺条件为：挤出机输送段温度 240℃～ 260℃；熔融塑化段温度 265℃～ 285℃；均化段温度 270℃～ 280℃。过滤器（网）温度 280℃～ 285℃；熔体线温度 270℃～ 275℃。铸片急冷辊温度 18℃～ 40℃。

（4）纵向拉伸

为了提高片材的拉伸质量，拉伸温度和拉伸比的控制至关重要。拉伸温度较高时，拉伸所需的拉伸应力较小，伸长率较大，容易拉伸，但温度过高使分子链段的活动能力加剧，使黏性增加反而破坏取向；反之，若拉伸温度较低，定向效果较好，但大分子链段活动能力差，所需拉伸应力较大，容易产生打滑和受力不均匀而引起厚度公差及宽度收缩不稳定。通常双轴拉伸临界温度由以下三点来调节：取向效率，拉伸功和结晶速度。由应力—应变曲线可知，无定型 PET 厚片在 80℃～ 90℃时所需拉伸功最少，因此最佳拉伸温度控制在 85℃左右为好。为防止片膜粘辊，便于均匀拉伸，一般采用辊筒预热、红外加热和辊筒冷却的传热方式。

拉伸比是指拉伸后的长度与拉伸前的长度之比。拉伸比越大，沿拉伸方向的强度增加也就越大，要得到高强度薄膜，拉伸比不能控制太大，因为在单向拉伸后，PET 分子沿拉伸方向取向并强度增加，会使与之垂直的方向强度降低，影响成膜。因此为保证薄膜平面各向同性，在纵、横方向上都具有优良的性能，就必须使纵向与横向拉伸比相匹配，即 PET 厚片纵向拉伸工艺条件选择如下：预热温度为 60℃～ 80℃；拉伸温度为 80℃～ 85℃；冷却定型温度为 30℃～ 50℃；拉伸比为 3.0 ～ 3.5。

（5）线内涂布

线内涂布是在纵拉膜片的一个或两个表面涂布一层涂布液的过程，涂布液以水性高分子分散体为多。线内涂布属于薄膜表面化学处理过程，有许多种类涂层，有改善黏接牢度的、有改善表面电阻的、有具有离型功能的等。

（6）横向拉伸

纵拉膜片经导边系统送至拉幅机进行横向拉伸，通过夹子夹在轨道上，在张力作用下在平面内横向拉宽，使分子定向排列，并进行热处理、冷却定型的过程称为横向拉伸。

纵拉厚片的预热、拉伸、热定型和冷却都是在一个烘箱内进行，工艺参数的选定要考虑烘箱的长度、产品的速度、热风传导和烘箱的保温情况，一般要求热风在烘箱内的循环方式必须使吹到薄膜上下表面的风温、风压和风速一致，且各区温度不能相串，夹子温度要尽量低。热定型的目的是结晶、稳定取向，消除拉伸中产生的内应力，从而制得热稳定性好、收缩小的薄膜。横向拉伸的工艺参数如下：预热段温度为 90℃～ 100℃；拉伸段温度为 100℃～ 130℃；定型段温度为 180℃～ 240℃；冷却段温度为 30℃～ 60℃；横拉倍数为 3.0 ～ 4.0。

（7）牵引收卷

由于双向拉伸 PET 薄膜在横拉时是用夹子夹住薄膜的边部进行拉伸的，所以被夹住的部分不能被拉伸，在收卷前必须裁去，这部分边料通过牵引，吹边粉碎回收后，按比例重新投入使用。通过射线自动测量厚度，并反馈到模头进行自动控制，保证厚度均匀性。根据需要，对薄膜进行单面或双面电晕处理。BOPET 薄膜的收卷采用中心收卷方式，张力和压力采用自动控制以保证收卷表面平整、松紧一致。

（8）分切整理

生产线收卷的大轴膜卷宽度大、长度长，根据用户需要必须裁切成不同宽度和长度的小膜卷。

3. PET 薄膜的性能指标及检测

（1）PET 薄膜的性能

PET 薄膜具有优良的综合性能，如机械性能好，拉伸强度高，耐折、弯曲次数可达 10 万次；光学性能优，透明度好，透光率达 90%；电绝缘性能优良，可用作 E 级绝缘材料；阻隔性也比较理想，对氧气的阻隔性与 BOPA 相当，优过 BOPP；使用温度为 -60℃～ 120℃，短时可达 150℃。具体的性能指标如表 4-5、表 4-6 所示。

表 4-5　光学用 PET 薄膜的物性指标

检验项目			标准	检测值				
				扩散基膜	增亮基膜	IMD 薄膜	硬化基膜	保护基膜
拉伸强度	MD	Mpa	≥ 150	170	177	172	179	199
	TD			200	210	203	210	220

续表

检验项目			标准	检测值				
				扩散基膜	增亮基膜	IMD 薄膜	硬化基膜	保护基膜
断裂伸长率	MD	%	≥ 80	150	160	180	170	190
	TD			130	120	110	120	100
热收缩	MD	%	≤ 1.5	1.10	0.9	0.90	0.90	1.3
	TD		≤ 1.0	0.20	0.10	0.20	0.30	0.20
透光率		%	≥ 88%	88	91	91	90	88
雾度		%	0.5-3.0	3.0	1.5	1.5	1.5	1.0
摩擦系数	μs	—	≤ 0.5	0.35	0.40	0.40	0.40	0.40
	μd		≤ 0.4	0.30	0.35	0.35	0.35	0.35
表面张力		mN/m	—	52	—	52	—	52
UV 树脂黏着力		B	—	—	5B	5B	5B	—

表 4-6 包装用 PET 薄膜的物性指标

物理性能	GB/T16958	镀铝	烫金	护卡	反光	转移	高亮	BOPP
拉伸强度 /MPa	≥ 190/200	200	200	200	200	220	200	120/210
断裂伸长率 /%	100/100	90	90	90	90	100	90	180/65
热收缩率 /%	≤ 2.0/1.5	2.0/1.0	2.0/0.5	2.0/2.0	2.0/2.0		2.0/1.5	4.0/1.5
雾度 /%	≤ 3.0	3.0	3.0	2.0	2.0	2.8	1.0 ～ 1.8	1.5
光泽度 /%	≥ 90	120	110	110	120	128	130～135	90
透光率 /%	≥ 85						89 ～ 91	
摩擦因数（静 / 动）			0.65/0.55			0.5/0.4	0.5/0.4	0.8
润湿张力 /（mN·m^{-1}）	≥ 40（未处理）		46		40	42	40	
	≥ 50（电晕）	52		50	50		50	38
电气强度 /（V • μm^{-1}）	≥ 200（GB13950）							
体积电阻率 /（Ω • m）	≥ 1×10^{14}							
介电常数	2.9 ～ 3.4							
介质损耗	＜ 5×10^{-3}							

（2）PET 薄膜性能检测

①尺寸。尺寸是指塑料薄膜的厚度、宽度和长度。具体尺寸按有关标准或订货合同而定。塑料薄膜厚度可按照 GB/T 6672-2001《塑料薄膜和薄片厚度测定—机械测量法》检测，试验室常采用立式光学仪或其他高精度接触式测厚仪进行薄膜厚度离线测量，其测量精度为 0.1μm。成卷薄膜长度是通过计数器来设定及测量的。

②机械性能

a. 拉伸强度：是塑料薄膜最重要的力学性能，它表示在单位面积的截面上所能承受的拉力。在塑料薄膜中，BOPET 的拉伸强度最高，一般可达 200MPa 以上，是聚乙烯（PE）薄膜的 9 倍。

b. 断裂伸长率：表示一定长度薄膜的单位截面承受最大拉力发生断裂时的长度减去薄膜原来长度与原来长度之比。断裂伸长率表示薄膜的韧性。

c. 弹性模量：是一个重要的力学性能指标。在弹性范围内纵向应力与纵向应变之比叫作弹性模量，也称杨氏模量。BOPET 薄膜的弹性模量在 4000MPa 以上。

d. 塑料薄膜的拉伸强度和断裂伸长率的测试方法按照 GB/T 13022-91《塑料薄膜拉伸性能试验方法》进行。上述力学性能的测试，可使用拉力试验机来完成。

③光学性能

a. 雾度：透过透明薄膜而偏离入射光方向的散射光通量与投射光通量之比，用百分比表示。

b. 透光率：是测定薄膜的光通量大小，BOPET 薄膜的透光率在 85% ～ 90%。雾度和透光率可采用球面雾度仪测量，量程 0 ～ 100%。

c. 光泽度：表示薄膜表面平整、光滑的程度。

光学性能可通过对光线的反射能力来测定。BOPET 薄膜的光泽度（45°）在 130% 以上。

④热性能。热收缩率是表征薄膜的热稳定性指标。测试时，将尺寸为 120mm×120mm 的正方形试样 5 片，在试样纵横向中间画有互相垂直的 100mm×100mm 标线，将它们平放在（150±1）℃的恒温烘箱内，保持 30min 后取出，冷至环境温度后，分别测量纵横向标线长度，计算出试样的热收缩率。BOPET 薄膜的热收缩率，一般纵向为 1.5% ～ 3.0%，横向控制在 0 或 0 以下。

⑤表面性能。摩擦系数表征薄膜表面滑爽性，摩擦系数的大小影响到薄膜的收卷性能。摩擦系数分静摩擦系数和动摩擦系数。动摩擦系数一般低于静摩擦系数。摩擦系数按 GB/T100006《塑料薄膜和薄片摩擦系数测定方法》的规定进行。测试仪器为摩擦系数试验仪。BOPET 薄膜的摩擦因数一般控制在 0.4 左右。表面张力表示塑料薄膜表面自由能的大小。表面张力的测定按 GB/T14216《塑料薄膜和片润湿张力试验方法》的规定进行。PET 的表面湿张力处理前为 40 ～ 42mN/m，

处理后，可达 52mN/m 以上。

⑥ UV 树脂黏着力。UV 树脂黏着力的测试按 GB/T 33049-2016《偏光片光学薄膜　涂层附着力的测定方法》的规定进行。

⑦阻隔性能。薄膜的阻隔性与材料固有化学结构有关，有高阻隔、中阻隔、低阻隔之分。为了提高薄膜的阻隔性，往往采用多层复合、真空镀铝、纳米改性等方法。PET 薄膜属于中等阻隔材料。阻隔性能最关注的是氧气透过系数和水蒸气透过系数。透气性试验是按 GB/T 1038-2000《塑料薄膜和薄片气体透过性试验方法压差法》规定进行。水蒸气透过系数试验按 GB/T 1037-2000《塑料薄膜和片材透水蒸气性试验方法杯式法》规定进行。BOPET 薄膜透氧系数要求为≤ $2.25\times10^{-15}cm^3\cdot cm/(cm^2\cdot s\cdot Pa)$，水蒸气透过系数要求为≤ $6.6g\cdot 0.1mm/(m^2\cdot 24h)$。

二、PEN 薄膜制备技术

聚萘二甲酸乙二醇酯（PEN）由单体 2，6- 萘二甲酸（2，6-NDCA）或其酯与乙二醇酯化或酯交换再缩聚而成。PEN 与聚苯二甲酸乙二酯（PET）在结构及性能上有一定的相似性，但 PEN 聚酯分子链上的萘环比 PET 聚酯分子链上的苯环刚性更大，因而 PEN 有比 PET 更强的物理机械性能、耐热性能和气体阻隔性能。PEN 的单体 2，6-NDCA 是一种对称性结构，且含有一个刚性环——萘环，因此聚合物有特别优越的耐热性、机械强度、模量、尺寸稳定性以及耐化学品性能（表 4-7）。

表 4-7　PEN 薄膜与 PET 薄膜性能比较

性能项目	检测标准	PEN	PET
抗张强度（MPa）	ASTM D882-88	225	197
断裂伸长率（%）	ASTM D882-88	65	150
连续使用温度（机械，℃）	UL	160	105
连续使用温度（电气，℃）	UL	180	105
玻璃化温度（℃）	ASTM D150-81	120	80
熔点（℃）	ASTM D150-81	262	260
密度（g/cm^3）		1.36	1.40
绝缘破坏电压（V/25UM）	IPC-TM-650	7000	7000
燃烧等级	UL	VTM-2	VTM-2
齐聚物（$mg/m^2\cdot h$）		2	15
耐水解性（130℃压热釜中伸度降至 60%）（h）		200	50
耐放射性（伸度减至 1/2 的吸收剂量）（MGY）		11	2
吸湿性（g/cm^3）	UL94	0.6	0.6

PEN对CO_2阻隔性比PET约高20倍，对O_2阻隔性也比PET高3～4倍。PEN能挡住波长320～380nm紫外辐射。

1. PEN薄膜用途

PEN最早的应用是PEN薄膜作为磁记录材料基膜。

PEN薄膜的绝缘破坏电压与PET相差无几，但PEN耐热等级是F级（连续使用温度155℃），而PET仅为B级（连续使用温度130℃）。这使得在许多高新技术领域中，作为绝缘材料PET的应用受到限制，而PEN作为F级绝缘材料在某些领域也就获得了应用。在制冷机中，电机绝缘材料要求齐聚物抽提量低，齐聚物含量低，否则齐聚物被润滑油和冷媒浸润抽提后将导致电机故障，PEN中齐聚物含量在0.5%以下，齐聚物抽提量为2mg/m²•h，而PET的相应含量为1.3%～1.7%，抽提量高达15mg/m²•h。因此PEN绝缘薄膜在应用上比PET性能更佳，是PET的更新换代材料。另外，由于PEN薄膜对氧气和水蒸气的阻隔率是PET膜的3～4倍，紫外辐射遮挡能力更强，在食品和药品的包装上，使PET膜相形见绌，其他如高速热转移印刷油墨带、声响振动膜等方面都有比PET更优越的性能。总之，PEN薄膜的应用前景非常广阔。

2. PEN的制备

PEN制备一般分为三阶段，即2，6-NDCA前体制备，2，6-NDCA制备，PEN树脂的制备。

（1）2，6-NDCA前体的选择制备

2，6-NDCA前体主要为2，6-二甲基萘（2，6-DMN），2，6-二异丙基萘（2，6-DIPN），2-甲基-6-酰基萘及其他2，6-二取代萘。从易于分离的角度选择位阻较大的烷基来进行取代反应较好，但就碳原子的利用效率来看，很显然2，6-DMN要高一些，因此从原子利用效率上考虑，2，6-DMN是生产2，6-NDCA最好的一种原料。2，6-DMN制备方法主要有提取法、烷基化法和邻二甲苯法。

（2）2，6-NDCA制备

2，6-NDCA合成方法很多，却大多基于一点，即将萘环上的烷基取代或酰基取代经氧化转变为羧基取代。

亨克尔法。亨克尔法（Henkel）最先用于对苯二甲酸的生产，后经德国Henkel公司研究，用于萘二甲酸的生产，此法又分为歧化法和异构化法。歧化法以氧化镉为催化剂，两分子B-萘甲酸钾在一定温度下进行歧化，生成一分子萘和一分子2，6-NDCA，2，6-NDCA产率可达80%（450℃），83%（500℃）。

异构化法。以氧化镉为催化剂，将1，8-或2，3-萘二甲酸钾加热至400℃～470℃，加压1.9MPa，得到产品。在430℃下，反应1.5h，2，6-NDCA收率可达60%。工业规模一般不用亨克尔法。

羧基转移法。此法以廉价的萘和苯二甲酸为原料，利用羧基转移来制备2，

6-NDCA，生产成本较低。

2，6-二烷基萘氧化法是普遍采用的方法，取代烷基可以是甲基、乙基、异丙基。此法一般用 Co-Mn-Br 体系催化剂，用醋酸做溶剂，操作温度为 150℃～250℃，加压 1.0～3.0MPa，通空气或氧气做催化剂直接液相氧化。2，6-NDCA 的产率可达 85%～95%，提纯后纯度可达到 99% 以上，满足 PEN 生产对 2，6-NDCA 的纯度要求。此法优点是原料来源丰富，反应条件相对比较温和，但缺点是主要设备须用衬钛或锆的高压釜，设备的制造成本高。

2-烷基-6-酰基萘氧化法。此法以 2-甲基萘为原料，先在 6-位酰化，再氧化制得 2，6-NDCA，酰化过程所用催化剂和酰化剂不同，如日本专利用 AICI 作为催化剂，醋酸酐或氯二酰做酰化剂，硝基苯做溶剂。这种工艺合成路线收率高、纯度高、工艺简单；但成本较高，三废污染严重，规模难以扩大，工业生产一般不用。

在以上几种方法中，以合成法生产前体 2，6-DMN 进而氧化为 2，6-NDCA 的工艺路线原料最为易得，工艺也不太复杂，氧化步骤的原子利用率最高。

（3）PEN 树脂的制备

① 2，6-NDCA 提纯。最重要的工业生产方法是由 2，6-二烷基萘经液相氧化制成。虽然工艺经过不断的改进，但反应粗产品中仍有许多杂质存在，必须在酯化前对 2，6-NDCA 进行提纯净化。

一酸法。利用 2，6-NDCA 二盐的可溶性和单盐的不溶性，通过调节溶液的 pH 值，可使 2，6-NDCA 与其他杂质分离。具体步骤为：先将粗产品溶于碱溶液中，形成可溶性二盐，过滤除去不溶性杂质；将溶液酸化，保持 pH ≥ 6.3，沉淀过滤出不溶性单盐；将单盐沉淀歧化、酸析得到纯品 2，6-NDCA。若所加碱为氨水或有机胺化物，可将单盐直接加热至 200℃分解得到纯品 2，6-NDCA。通过调节 pH 值来提纯 2，6-NDCA 的方法存在的主要问题是：2，6-NDCA 单盐与二盐的平衡随操作温度以及 pH 值改变而变化，沉淀晶体的组成也不稳定。对于电离常数与 2，6-NDCA 相近的杂质很难除。

溶剂结晶法。选择合适的一种或几种溶剂，在高温下溶解粗品 2，6-NDCA，活性炭过滤溶液除去杂质，然后重结晶的纯品 2，6-NDCA。如岩根宽等采用胺类和醇类混合溶液提纯 2，6-NDCA，胺类为 15 个碳原子以内的烷基胺，醇类为三个碳原子以内的脂肪族单醇和二醇，重结晶后用正己烷洗涤，干燥后得纯度为 99.9% 的 2，6-NDCA。

反应提纯法。反应提纯法可以分为两种情况，一种是针对副产物进行反应，如为去除杂质中的醛类，可在粗产物床层先通入氨气，再用水蒸气吹扫，300℃时可将醛含量降低至 7.8×10^{5}、温度 300℃、压力 1.46～20.5MPa 时，在重金属催化剂存在下进行催化加氢，可以使溴代-2，6-NDCA 转化为 2，6-NDCA，偏苯三酸转化为对苯二甲酸或间苯二甲酸，从而提高 2，6-NDCA 的纯度，但反应须在高温高压下进行，且需要严格控制反应条件，操作费用较高。另一种是针对产品本身进行反应，如先将2，6-NDCA酰氯化，因为萘二酰氯各异构体性质不同，易于分离，分离后再水解得到2，6-NDCA。还可以将2，6-NDCA先进行酯化，同样酯化后的萘二甲酸酯各异构体熔点低，溶解度较大，可用重结晶或减压精馏进行分离，分离后的酯可以水解得到纯品2，6-NDCA，也可直接用于酯交换生产PEN。

②酯交换法制备PEN树脂。PEN树脂的生产与PET的生产工艺相似，也分为直接酯化法和酯交换法，但直接酯化法所需的2，6-NDCA纯度难以得到保证，工业上用的都是酯交换法。一般先生成2，6-萘甲酸乙酯BHENT再缩聚反应生成PEN。

交换反应。萘二甲酸二甲酯与乙二醇以一定的比例在一定的温度和催化剂作用下生成BHEN。催化剂一般采用醋酸盐，金属离子为Pd、Zn、Co、Mg、Ni、Sb，机理一般认为是金属离子进攻羰基上的氧而进行反应，但由于萘环更大的屏蔽作用会使反应较PET的酯交换反应慢。反应温度提高虽然可加快反应速度，但温度过高则导致乙二醇大量蒸发而影响酯交换率，控制在195℃左右较为适宜。

缩聚反应。缩聚反应所用催化剂有钛系、锑系和一些醋酸盐，如Sb_2O_3、$Ti(OEt)_4$、$En(CH_3COO)_2$ $M(CH_3COO)_2$ 等，钛系、锑系催化剂活性更高，但$Zn(CH_3COO)_2$等催化剂却可使产品有较好的外观，因此有研究者提出以$Zn(CH_3COO)_2$为主，添加少量钛系、锑系催化剂用于缩聚，使用$Mn(CH_3COO)_2$也可获得较满意的结果。反应速度随温度的提高而加快，但超过293℃时产品黏度增长缓慢，温度超过300℃时，产品黏度迅速下降。一般控制在285℃～293℃为宜，尤其是在这一区间内链增长较快而降解反应则较慢，所得产品品质较好。

3. PEN薄膜的制备

PEN由于和PET一样含有—COOC—基团，在进行单螺杆熔融挤出加工前，也必须进行干燥，干燥条件与PET相同。

在均匀状态下进料，经挤出机熔融挤出，PEN的热分解温度比PET略高，挤出温度为300℃左右，挤出流延冷却定型后，可降低到玻璃化温度以下，也可保持PEN在玻璃化温度以上，使其保持无定型状态，便于拉伸。

PEN厚片经纵向拉伸，拉伸温度为135℃～163℃，拉伸倍数为6.2。然后进行横向拉伸，拉伸温度为145℃～165℃，拉伸倍数为3.7，经热处理和定型后，牵引、收卷、分切整理，可制备双向拉伸PEN（BOPEN）薄膜。

由于PEN的熔点、T_g及黏度较高，因此需调整制膜条件及设备，尤其是纵向拉伸部分，加热介质要采用导而非热水。BOPEN薄膜耐热性、气体阻隔性、耐水解性、耐放射性优良，可制成厚度为0.8μm的极薄薄膜。

三、PI膜制备技术

聚酰亚胺是一种在其分子结构中含有酰亚胺基团的高分子化合物，英文名称Polyimide，简称PI。聚酰亚胺种类繁多。其中脂族链聚酰亚胺和芳族链聚酰亚胺的结构可分别由下式表示：

a. 脂肪链聚酰亚胺　　　　b. 芳香链聚酰亚胺

根据合成方法，聚酰亚胺分为加成型聚酰亚胺和缩聚型聚酰亚胺两种类型；根据溶解度，分为可溶性聚酰亚胺和不熔不溶性聚酰亚胺；结合热转变性能，分为热塑性聚酰亚胺和热固性聚酰亚胺。

1. 聚酰亚胺薄膜的性能

因为聚酰亚胺的分子链中有非常稳定的酰亚胺环和苯环结构，而具有优异的综合性能。

（1）耐温性

聚酰亚胺热分解温度可以达到约600℃，是较耐高温的聚合物之一。聚酰亚胺不仅耐高温还耐低温，在极低温度下工作性能下降也不大。

（2）机械性能

聚酰亚胺具有优异的力学性能，均苯型聚酰亚胺薄膜的断裂强度一般为250MPa，联苯型聚酰亚胺薄膜的断裂强度可达到540MPa。未填充的塑料的拉伸强度也在100MPa以上。

（3）介电性能

聚酰亚胺介电常数约3.4。引入功能基团后，聚酰亚胺的介电常数可以降低至大约2.5。大部分聚酰亚胺的体积电阻率一般为$10^{17}\Omega cm$，介电强度一般在100～300KV/mm，介电损耗大约为10^{-3}。

（4）阻燃性

聚酰亚胺是自身阻燃的聚合物，高温不易燃烧，燃烧发烟率低。

（5）耐辐射性

聚酰亚胺具有优异的耐辐射性能。聚酰亚胺纤维在经受1×10^{8}Gy快电子辐照后强度保持率为90％。5×10^{7}Gy辐照后，聚酰亚胺薄膜可保持86%的强度。

（6）化学稳定性

聚酰亚胺对有机溶剂、稀酸稳定，但碱性条件下会水解为原料二酐和二胺。

（7）尺寸稳定性

尺寸稳定性好，热膨胀系数一般在 $2\times10^{-5}\sim3\times10^{-5}$/℃。联苯型聚酰亚胺的热膨胀系数低到 1×10^{-6}/℃，某些聚酰亚胺产品的热膨胀系数甚至低至 1×10^{-7}/℃。

（8）其他性能

聚酰亚胺无毒，生物相容性好，可用在生产生活和医疗用品方面。

2. 聚酰亚胺薄膜的应用

目前，聚酰亚胺已成为使用较广泛的耐高温聚合物材料之一，约有 20 多个品种，如聚醚酰亚胺、聚酰胺－酰亚胺、聚双马来酰亚胺，及其改性聚酰亚胺材料等。

具体来说，聚酰亚胺可应用于以下领域：

①柔性印刷电路板基材，高端线路板，用于耐高温的场合。

②电机电器绝缘材料，低萃取和耐高温。

③电线电缆外包装材料，耐高温，绝缘性能好。

④压敏胶带，耐高温，绝缘性好。

⑤ OLED 和柔性显示领域，作为基底支持体，在耐高温和尺寸稳定性方面性能优异。

⑥分离膜，聚酰亚胺可用于对各种气体的分离，如 N_2/O_2、N_2/H_2、CO_2/N_2 或 CH_4 等的分离，也可以从空气、醇类及烃类气体中分离水分。

3. 聚酰亚胺的制备

聚酰亚胺的制备，一般是以二胺和二酐为原料，主要合成方法有以下几种。

（1）一步法

一步法是将合成聚酰亚胺的原料，即二酐和二胺，都溶解在高沸点溶剂中，两种单体在高温溶剂中直接聚合并同时完成脱水亚胺化生成聚酰亚胺，避免了聚酰胺酸或聚酰胺酯这一中间步骤。在该反应中，由于酰亚胺化的温度很高，需要使用高沸点的溶剂，如苯酚、甲酚、氯苯等来进行反应。反应时的温度需要高于 200C。在反应过程中会产生水，如果不及时除去，会有利于逆反应的进行，从而降低分子量。

（2）两步法

首先将聚酰亚胺的单体二胺和二酐加入到非质子极性溶剂中。在室温下两种单体被缩聚成 PAA（聚酰胺酸），所生成的 PAA 溶液即可涂膜，然后再升温（热亚胺化）或者化学方法（化学酰亚胺化）使 PAA 分子脱水成环生成聚酰亚胺。两步法广泛应用于制备不溶或不熔的芳族聚酰亚胺。

（3）三步法

三步法中的第一步与两步法中的第一步基本上相同。即在非质子极性溶剂中，通过二胺和二酐单体之间反应生成 PAA 溶液。但是，三步法将二步法中的第二步酰亚胺化的过程分为两部分。三步法中的第二步是在 PAA 溶液中加入一些脱水剂让聚酰胺酸脱水环化为聚异酰亚胺。最后，将聚异酰亚胺在催化剂作用下100℃～250℃范围内反应以形成聚酰亚胺。在三步法中，加热的过程中只是异构化的过程，在此过程中不释放水或者其他小分子。因此，三步法合成的聚酰亚胺产物具有良好的性能。

（4）气相沉积法

在气相沉积法中，直接将聚酰亚胺单体二酐与二胺用气流输送到混炼机中进行高温反应。该方法能够由二酐与二胺直接合成聚酰亚胺薄膜而无须溶剂的辅助。气相沉积法主要是用于制备聚酰亚胺薄膜。用气相法合成的是PAA薄膜，需要高温条件下酰亚胺化环化脱水来形成聚酰亚胺薄膜。通过气相沉积法制备的聚酰亚胺薄膜氧透过性低，并且厚度均匀可调。利用气相沉积法制备聚酰亚胺薄膜时不需要溶剂，可以在特殊的位置上合成聚酰亚胺薄膜。

4. 聚酰亚胺改性

（1）聚酰亚胺的缺点

聚酰亚胺的分子主链上含有芳香族杂环结构，由于电子极化和结晶性导致聚酰亚胺分子链作用力增强，使聚酰亚胺分子链紧密堆积，从而导致聚酰亚胺的下列问题。

①聚酰亚胺薄膜颜色一般为暗黄色或棕色，透明度差，光学性能差，难以满足光波导和光通信等领域的需要。

②大部分聚酰亚胺的黏接性能不理想。

③所制备的薄膜一般硬而脆，强度不足，并且具有难以兼顾低线膨胀系数与高机械强度共存的缺点，难以满足市场快速发展的需要。

④由于所用原材料价格昂贵，生产成本居高不下。

⑤聚酰亚胺的固化温度过高，通常超过300℃，对合成工艺的要求较高。

⑥传统的聚酰亚胺通常不溶不熔，难以进行加工。

⑦此外，合成的中间产物PAA易发生水解，性能不稳定。

（2）改性聚酰亚胺

①可溶性聚酰亚胺。提高溶解性，有助于改善聚酰亚胺的加工性能。合成可溶性聚酰亚胺的方法有：第一，将诸如羰基、醚键或烷基的柔性结构单元引入聚酰亚胺分子的主链中以改善分子链的流动性并增加其溶解度。第二，在聚酰亚胺主链引入大的侧基，如叔丁基、苯环或三氟甲基等。大侧基的引入增加了分子链之间的距离，减少了聚酰亚胺分子链之间的相互作用，但不会破坏聚酰亚胺分子链的刚性。既提高了聚酰亚胺溶解性也让聚酰亚胺的耐热性能没有降低。第三，引入扭曲的非共平面结构，使聚酰亚胺的分子链变形，导致分子链的大共轭键结构破坏。从而使聚酰亚胺分子链堆积不那么紧密，分子间的作用力同时降低，聚酰亚胺的溶解性随之提高。第四，使用两种不同二酐或者二胺进行共缩合，引入第

二种二酐或二胺破坏聚酰亚胺分子的对称性和重复性，它还降低了聚酰亚胺的分子间作用力提高溶解度。

②含氟聚酰亚胺。含氟聚酰亚胺是采用含氟的聚酰亚胺单体缩聚生成的。在聚酰亚胺分子链结构中加入含氟的官能团后，可以使其分子链间距增加，使聚酰亚胺的分子链堆积不那么紧密，最终降低了分子间的作用力，提高了聚酰亚胺的溶解性能。因为氟原子拥有较强的疏水性，将其引入聚酰亚胺分子链之后，能够使制备的聚酰亚胺产品具有很低的吸湿性。并且氟原子的摩尔极化率也很低，引入之后也可以降低聚酰亚胺的介电常数。氟原子具有高电负性，并且C–F键能高，因此引入氟原子也提高了聚酰亚胺的耐热性。同时，还可以破坏聚酰亚胺分子结构中发色官能团的电子云的共轭，因而增强其透光性能。

③功能型聚酰亚胺。在传统的聚酰亚胺主链上及侧链上接枝具有特殊性能的官能团，即通过特殊单体来制备具有特殊功能的聚酰亚胺薄膜。比如，为了提高聚酰亚胺的黏接性能、韧性及加工性能等，常在主链上引入有机硅氧键。在聚酰亚胺的分子主链中加入具有共轭体系的官能团，可以使聚酰亚胺的光学性能变强。在聚酰亚胺的链中引入的功能性侧基，可以有效降低分子间作用力而无须担心分子链刚性的破坏，这样既提高了聚酰亚胺的溶解性，同时还具有耐高温的特性，可以通过这种方法获得功能化的高分子材料。

④聚酰亚胺/无机纳米复合材料。因为无机纳米粒子的粒径很小且比表面积大，并且纳米粒子还具有小尺寸效应、表面效应、宏观量子隧道效应及量子尺寸效应等纳米效应。因此无机纳米粒子在改善聚酰亚胺的力学性能、耐热性能、电性能及其尺寸稳定性等方面都显示出了无可比拟的优势。同时聚酰亚胺拥有的高热稳定性和高玻璃化转变温度（Tg）也有助于稳定分散在其中的纳米颗粒，不会使纳米颗粒团聚，有助于复合材料的制备。通常向聚酰亚胺中添加无机纳米颗粒如SiO_2等都可以使聚酰亚胺的机械性能和耐热性能提高。随着加入的纳米颗粒的不同，聚酰亚胺的介电性质也出现不同的变化。加入具有较低介电常数的无机纳米颗粒比如SiO_2时，聚酰亚胺的介电常数会随着降低。加入介电常数较高的无机粒子如陶瓷时，聚酰亚胺的介电常数也会随之增加。

5. 聚酰亚胺薄膜的制备

聚酰亚胺薄膜的制备方法有浸渍法、流延法和流延拉伸法。浸渍法和流延法生产均苯型聚酰亚胺薄膜，但与流延拉伸法相比产品品种少，规格不齐全，且性能方面也存在一些差距。而双向拉伸聚酰亚胺（BOPI）薄膜则在规格、机械性能、绝缘性能等方面都有很大优势。

BOPI薄膜生产线主要由树脂合成装置、环形钢带流延机、纵拉机、横拉机、收卷机和溶剂回收装置等组成。BOPI薄膜拉伸倍率小，拉伸温度高，速度低。

人们主要对提高聚酰亚胺无机纳米复合薄膜的力学性能，热性能和电学性能等方面进行深入的研究。研究的聚酰亚胺与无机物的杂化体系主要有 PI/SiO_2、PI/Al_2O_3、PI/TiO_2、$PI/BaTiO_3$ 等，还有掺杂碳纳米管、石墨烯、黏土等。

第三节 涂布原纸

一、涂布原纸概述

涂布纸由原纸和涂料等基本材料组成，原纸的质量和性质对涂布过程和成品质量有决定性影响，原纸的大部分性质在涂布成品中还得以留存。在很多场合，涂布成品的品质好坏，涂布原纸占一半以上的因素，想通过涂布过程或涂料来完全掩盖或改变原纸的缺陷是不现实的。由此可见，选择性能优良的原纸是纸张涂布加工的第一步，是涂布生产的基础。

评价涂布原纸优劣不仅看涂布纸质量，而且要看涂布过程的适应性、生产效率和经济效益。决定这些指标的是原纸内在质量指标和外观特性，如原纸的机械强度、原纸对涂料的适应性、原纸表面平整性、形变以及外观特性。涂布原纸的主要质量指标基本是一致的，但因不同品种涂布纸的性质和功用的差异，使原纸生产中控制的侧重点也有所不同。

二、涂布原纸质量指标及生产控制

1. 机械强度

机械强度是纸张最基本的物理性质。原纸强度不仅要保证涂布顺利进行，还要满足后期的整饰和加工要求，确保原纸在加工时不会掉毛掉粉，且涂布成品使用时，涂层与基材保持牢固的结合。

（1）干强度和湿强度

干湿强度主要指能宏观检测的抗张强度、撕裂强度、耐折度等。低档涂布原纸一般要求抗张指数大于 40N·m/g，撕裂指数大于 4.5mN·m^2/g，耐折度 6 ～ 8 次就能满足要求，如某些涂布量低于 10g/m^2 的低档铜版纸，某些印刷复合包装涂布纸等；但大多数涂布纸则必须满足抗张指数大于 50N·m/g，撕裂指数大于 6.0mN·m^2/g，耐折度 40 ～ 60 次以上才能满足要求，如高档铜版纸原纸、高档铸涂纸原纸、墙壁纸原纸、无碳原纸等；少数高档涂布原纸有更高的要求。

涂布机车速越快、门幅越宽，后续加工整饰环节越多，需要的强度指标要求越高；在水系涂料涂布过程中，当原纸湿润时必须剩余足够的强度，使纸幅不致在涂布过程中断裂，故水系涂料对原纸强度的要求高于非水系涂料。此外，有些涂布成品要在湿润的状态下使用，就要求必须有足够的抗水性，同时为防止在使用过程严重变形或破碎，必须在原纸生产中加入湿强剂等才能满足上述要求，如防水铜版纸原纸、防水墙壁纸原纸等。另外，还应注意有些涂布成品在加工过程要经过多次折叠，或再加工后的成品在使用时要经常折叠，这就需要赋予原纸足够的耐折度。所以在涂布原纸生产中应根据具体的涂布纸品种和加工方式确定适宜的原料配比和功能助剂。

（2）内结合强度和表面强度

为防止涂布原纸在加工过程中掉粉掉渣（如黏附的纸料、草节及其他颗粒状杂质）污染涂料或造成纸病，或为了避免涂布成品在高速印刷或使用过程中被局部撕裂或起泡，原纸必须有较高的内结合强度和表面强度。通常涂布原纸要求蜡棒强度不低于 12 级（或中黏油墨表面强度大于 1.5m/s），某些高档涂布原纸的蜡棒强度要大于 16 级，如高档无碳复写原纸。此外，少数涂布原纸还要有较高的内结合强度，以防止在使用过程中被胶黏剂等撕裂分层，如双面涂塑原纸。为此，应根据不同品种和加工工艺选择纤维配比，合理调整打浆工艺、重视加填技术、选择适宜的功能助剂和注重表面施胶工艺等，并加强纸幅在成形、脱水、干燥时有利于提高纤维间结合力和表面强度方面的控制，以满足涂布原纸对内结合强度和表面强度的要求。

2. 紧度、透气度、吸收性（施胶度）和平滑度

紧度关系到纸张的空隙率，与纸张的透气度相关。透气度是纸张空隙率的直接反映。施胶度决定了纸张阻抗液相的能力。由此可见，紧度、透气度、施胶度三者（实际上空隙率与施胶度共同决定纸张的吸收性，因为实际生产中空隙率不易检测，这里用纸张的常规指标更易说明问题）与纸张的吸收能力直接相关，吸收性决定了水系涂布液相对原纸的渗透性以及原纸与涂层结合的牢固性。

紧度与纸的多孔性、刚性、硬度和强度有关系，事实上影响到除原纸的定量外几乎所有的物理性能和光学性能，紧度提高抗张强度升高，纸的空隙率减少，透气度下降、渗透吸收性降低。一般涂布原纸的紧度控制在 0.75g/cm^3 左右，以便于涂料的渗透，并形成涂层与原纸间牢固的结合。

透气度是纸张多孔性的反映，影响到印刷纸的油墨吸收和涂布原纸对胶黏剂的吸收，对大部分水系涂布原纸，60 ～ 80mL/min 的透气度就能满足涂布操作的要求，但对铸涂类加工纸，因在干燥时涂层蒸汽要透过纸幅散发出去，透气度的大小、铸涂的适应性与车速有密切关系，透气度一般控制在 150 ～ 200mL/min。又如原纸与塑料薄膜、铝箔等进行复合性加工时，原纸较好的透气性能有利于提高层合加工速度，并减少复合过程中的纸病，因此，层合用原纸、浸渍用原纸要求较高的透气度。

涂布原纸吸收性（施胶度）的大小因不同的涂布品种（层合用原纸、浸渍用原纸、浸蜡用原纸要求吸收性要好）和生产车速而异，关系到涂层液相的渗透性和涂层与原纸的结合强度。涂层的液相由水和胶黏剂组成，通过毛细管迁移和浓度梯度力渗入原纸内部。

疏松（紧度小）的原纸以毛细管迁移为主，在致密（紧度大）的原纸里主要受浓度梯度力的影响，而施胶阻抗性能的大小取决于液体滞留时间、纸张性质与液体性质。大多数涂布原纸都要求紧度较高，透气度相对较低，在涂层液与原纸的作用过程中主要受浓度梯度力的影响，伴随着毛细管迁移，显然原纸通过涂布区形成涂层的时间长短（即涂布车速）决定了涂料液相迁移的性质，当涂布车速超过 500m/min，涂料在原纸上以液态停留的时间不足几秒，原纸的施胶对液相渗透的影响微乎其微，因此，高速刮刀涂布原纸不用施胶。

涂布原纸平滑度直接影响涂布纸（特别是轻量涂布 LWC）的平滑度，同时影响涂布量和涂布的均匀性，是特别重要的指标。平滑度受纤维原料和填料种类的影响很大，是选择纤维原料和填料的依据。

3. 两面性

原纸两面差越小获得的涂布纸两面差越小。

对单面涂布或两面性质要求不同的涂布品种，两面差要求往往不那么严格，原纸两面差越大往往导致涂布成品两面差增大。

通过调整涂布量及涂布工艺来补偿原纸的两面差，往往得不偿失或很难做到，这就要求原纸生产中尽可能减少两面差。

4. 定量、厚度、水分的均匀性

定量、厚度均匀是涂布原纸最基本的要求，指标不仅影响抄造过程中诸如平滑度、透气度、吸收性、水分等指标的均匀分布，而且关系到涂布颜料分布的均一性。如果原纸均一性差，还易在涂布过程中形成皱折，严重时造成张力横向分布不均纸幅裂断，影响涂布效率。如果涂布成品用于印刷则可能导致印刷打折，图案字迹模糊偏斜等，用于复合则可能带来复合过程不一致。所以一般要求定量、厚度横幅偏差在 2.5%～5.0% 以内，不宜超过 5.0%。纸张定量、水分、厚度的质量控制标准（QCS）的把控对增加纸张的适用性和提高加工后纸张性能的稳定很有好处，是均一性调整的主要手段。

5. 白度、不透明度与色相

原纸白度高有利于涂布成品白度的提高并减少涂布过程增白剂的用量，但涂布原纸的白度应视具体的涂布成品需要，并非原纸白度越高越好。

不透明度是涂布原纸重要的一项指标，特别是 LWC 纸对原纸不透明度的要求更加严格，对 $50g/m^2$ 以上的原纸，一般要求其不透明度大于 80%。

原纸的色相决定了涂布成品的色相，色相的均一性是批量成品外在质量中最敏感最直接的一项指标。有时可通过涂料中加染色剂来改变。

6. 灰分

灰分不仅影响纸张的强度和光学性能，而且关系到抄造效率的提高和生产效益的最大化。灰分的高低受涂布纸品种和原纸制造工艺及设备制约。一般来讲，相同条件和标准下中性抄纸灰分高于酸性抄造，应用适宜的造纸助剂可提高纸张灰分，降低生产成本，提高生产效率。对大部分涂布原纸，灰分一般控制在8%～14%，有些特殊要求的低于8%，轻涂类及少数低档涂布纸要求原纸灰分适当高些，但要考虑到涂布纸加工工艺和具体的强度等方面的要求而定。

7. 水分

对大部分涂布纸来说，成纸水分为3%～4%，根据K.CUTSHALL研究，过度干燥对涂布机涂料、施胶压榨胶料的吸收和渗透都很有帮助，较低的水分不仅有利于提高原纸的适涂性和形成均匀一致的涂层，而且利于原纸抄造过程中厚度、定量的均匀分布，特别是进施胶机前水分控制低于2%更有利于控制成纸厚度及定量。但应注意水分低易造成强度降低，所以控制时应权衡利弊因品种而异。

8. 外观特性

涂布过程对原纸外观纸病要求非常严格，因为许多原纸外观纸病直接决定涂布成品的质量和生产损耗。

匀度。纤维组织的均匀性是纸张重要的外观性能之一，纤维组织及填料分布越均匀越有利于提高定量、厚度、吸收性、平滑度以及强度指标的均一性，同时有利于减少纸张横幅伸缩率。也只有纤维组织及填料分布均匀了，才有纸面的平整和纸面细腻性的提高。纤维组织均匀的前提是原纸抄造过程必须确保良好的成纸匀度，从原料配比、打浆工艺、系统参数调整来实现。表面细腻性主要由纤维性质、填料及功能助剂决定。

原纸的尘埃度、条痕、半透明点等纸病在涂布过程中不仅难以被涂层遮住，经超压后还有加重的趋势，必须严格按标准控制。

大多数外观纸病都影响涂布生产效率和成品率，如褶子、孔洞等易造成断纸、粘连，使生产损耗增加，生产效率和成品率下降，因此，原纸生产中必须严格控制。

复卷质量。机外涂布要求原纸复卷质量良好，原纸卷筒的松紧不一致易导致涂布过程两边张力不一致而裂断，损耗增加，同时易导致横幅涂布量的差异和涂布成品松紧不一致，以致印刷时图案字迹模糊，偏斜不一致等；原纸毛边、裂口易造成涂布过程断纸，生产损耗大；原纸复卷时的刀辊痕则易形成涂布暗痕纹；复卷过程接头多可能带来涂布过程更多的断纸次数，导致生产损耗增加；原纸卷筒纸芯松动则易造成涂布过程纸幅不稳定，涂布质量波动。

三、影响原纸质量的因素

1. 纸浆对强度的影响

生产涂布原纸的针叶木浆一般要求纤维宽度大些，特别是不配加阔叶木浆而配用大部分草浆时，针叶木纤维本身的强度和性质对涂布原纸的强度和某些关键性指标起着决定性的影响，同时也是决定制造成本的关键原料。如果使用全木浆或大部分针叶木浆作为原料生产原纸时，针叶木纤维选择的局限性不大，阔叶木浆的性质和打浆特性则对涂布原纸的质量起决定性作用。用于涂布原纸生产的草浆（主要指麦草浆、稻草浆、苇浆）质量的优劣直接关系到涂布成品的质量和涂布加工生产能否顺利进行。

2. 工艺条件对原纸的平整性及形变的影响

原纸的平整性和形变决定着涂布纸尺寸的稳定性，并最终影响涂布加工过程和涂布成品质量。

定量、水分、压力等原因影响原纸的平整度，包括厚度差、泡泡纱、卷曲/松边等，都可能导致涂布不均匀，甚至造成生产过程障碍及涂布过程难以弥补的质量缺陷，必须从原纸进行控制。纸面越平整越利于形成均匀的涂层，纸面越细腻形成的涂层越平整，涂层表面缺陷越少。

原纸的横向尺寸。原纸生产中，必须通过改进浆料配比、打浆工艺、成形条件、抄造参数等控制原纸的横向尺寸稳定性，一般要求原纸横向伸缩率要小于2.5%，以减小宽度方向的伸长或缩短变形，如果形变过大，会严重影响印刷成品质量（如套印不准）。

3. 原纸两面性的影响因素

原纸生产中平滑度、表面强度、吸收性和色相都易产生两面差。平滑度两面差往往需通过调整纸张成形、干燥和压光来减小；表面强度两面差主要靠打浆、脱水、干燥来减小；吸收性和色相的两面差受成形、脱水和功能助剂的影响较大。

第四节 柔性玻璃制备技术

2012年，美国康宁公司制造出了可以弯曲的玻璃Willow Glass。这款玻璃厚度仅为0.1mm，具有良好的弯曲性能，同时具有玻璃耐高温性能，可以卷绕起来包装。日本旭硝子公司采用浮法工艺成功生产出0.1mm无碱玻璃，并在2014年美国圣地亚哥开幕的SID展会上展出厚度只有0.05mm的超薄浮法玻璃

SPOOL，并成功将长100m、宽150mm的玻璃卷成卷状产品。电气硝子在2014年FPDChina展会新推出0.03mm厚的G-leaf玻璃。2013年德国肖特公司开始批量供应厚度25～100μm的卷状超薄玻璃，产品宽度可达50cm，长度可达数百米，为了解决超薄玻璃加工时容易破裂的问题，肖特开发了相应的切割、结合、开孔、积层、涂装及边缘处理等多种玻璃加工技术。

国内的超薄玻璃研究起步较晚。2015年3月，洛玻集团拉引出0.25mm厚超薄玻璃，打破了自己保持的0.33mm国内最薄玻璃的纪录。同年4月，蚌埠玻璃工业设计院信息显示超薄玻璃生产线成功拉引出0.2mm超薄玻璃。

一、柔性玻璃的性能和用途

柔性玻璃通常指厚度≤0.1mm的超薄玻璃。柔性是指玻璃可以弯曲，非常柔韧，在此柔性下，玻璃能够弯曲不破裂。柔性玻璃相对于普通玻璃，不仅具有玻璃的硬度、透光性、耐热性、化学稳定性，还具有塑料的可弯曲、质轻、可加工性等特点。柔性玻璃可用于手机及平板电脑等触摸面板、柔性显示器的基板、有机薄膜太阳能电池基板等领域。

柔性玻璃的机械、力学、光学、电学、热学等性能直接影响柔性玻璃的用途，柔性玻璃的组成和成形厚度对上述各项性能具有决定性的作用，从厚度为30μm、50μm、80μm、100μm的柔性玻璃在机械性能和力学性能上差别很大，能够弯曲的角度也不同。

目前，柔性超薄玻璃仍处于初步的发展阶段，美国康宁公司、日本旭硝子公司和德国肖特公司是世界柔性超薄玻璃的领跑者。三家公司在玻璃厚度上不断取得突破，厚度为0.1mm、0.05mm的柔性超薄玻璃相继生产出样品，使得柔性超薄玻璃的研发和生产技术迅速发展，也带动了相关行业的技术进步和应用范围的扩大。

我国能稳定量产厚度为0.2mm的普通钠钙硅玻璃和厚度为0.3mm的无碱超薄玻璃。

二、柔性玻璃的制备方法

玻璃属于脆性材料，机械强度及抗冲击强度低，玻璃柔性与玻璃厚度及玻璃缺陷具有密切关系。随着玻璃厚度的减薄，玻璃弯曲变形量变大，减薄后的玻璃弯曲强度增大，弹性模量与硬度不变，裂纹扩展速度减慢，有利于制备强度高的柔性玻璃。同时，玻璃本身存在的制备缺陷及后续加工造成的缺陷，皆会引起缺陷的扩展及放大，降低玻璃强度，增加制备柔性玻璃的难度。结合超薄玻璃的制备技术，本书主要可用于柔性玻璃的制备方法，主要有一次成形法和二次成形法。

一次成形法含溢流下拉法、浮法及狭缝下拉法；二次成形法含化学减薄法及再次拉引法。

1. 一次成形制备方法

（1）溢流下拉法

溢流下拉法（图 4-2）是将原料按照一定比例混合，经过熔化制成玻璃液，玻璃液经过搅拌、澄清后通过铂金通道流入溢流槽，溢满后玻璃液从槽两边溢流，沿着锥形部分均匀地向下流动，在锥形下部融合在一起，并下拉形成一大片玻璃。此方法由美国康宁公司发明。

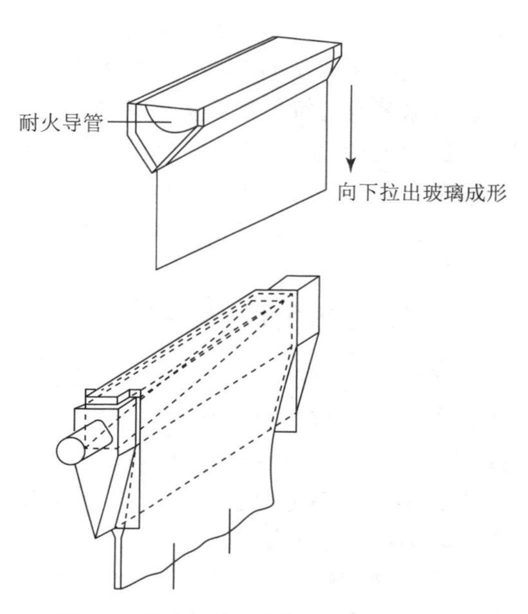

图 4-2 溢流下拉法制备柔性玻璃示意图

溢流下拉法利用玻璃自身重力进行拉薄，在整个成形和退火过程中不与外界固液界面接触，溢流下拉法由于玻璃板是在空气中形成，表面不会因成形过程而留下痕迹或损伤，制成的玻璃板表面纯净无瑕且光滑，无须再研磨抛光。但是采用溢流下拉法制备柔性玻璃，其存在的难点是，要求溢流处玻璃黏度可精准控制，在溢流口处整个板宽方向玻璃液溢出量是绝对的一致，这是溢流下拉法制备柔性玻璃的关键技术。同时，溢流下拉法产量小，板宽受溢流槽尺寸限制，板宽通常不足浮法玻璃板宽的一半。采用溢流下拉法制备柔性玻璃的主要是美国康宁公司，在其丰富的溢流下拉法制备超薄玻璃的经验及技术积累上，2012 年发布了厚度为 100μm 的超薄可绕式屏幕玻璃，并命名为 WillowGlass。

（2）浮法

浮法（图 4-3）系将熔炉中熔融的玻璃液输送至液态锡床，因黏度较低，可利用拉边机来控制玻璃的厚度，随着流过锡床距离的增加，玻璃液便渐渐固化成平板玻璃，再利用过渡辊将固化后的玻璃平板引出，再经退火、切割等后段加工程序而成。浮法工艺相对于溢流下拉法，最大的特点是生产能力大、生产的玻璃面板宽。与溢流下拉法相比，其优势是玻璃经过了退火工艺参数精密控制的退火处理，玻璃残余应力低，再热收缩率低。同时其劣势为制备的玻璃在制备过程中与锡液接触，玻璃表面质量不如溢流下拉法高，会影响柔性玻璃的成品率。虽然采用浮法工艺制备柔性玻璃存在多种技术难题，但德国肖特、日本电气硝子和旭硝子已采用浮法工艺制备柔性玻璃。日本电气硝子公司在“Ceatec Japan 2014”上，展出了全球最薄、厚度仅有 30μm 的超薄玻璃板“G-Leaf”等玻璃材料。2014 年

6月，日本旭硝子公司在美国圣地亚哥市开幕的“Society for Information Display（SID）”展会上，展示了厚度只有50μm的超薄浮法玻璃“Spool”的卷状产品。

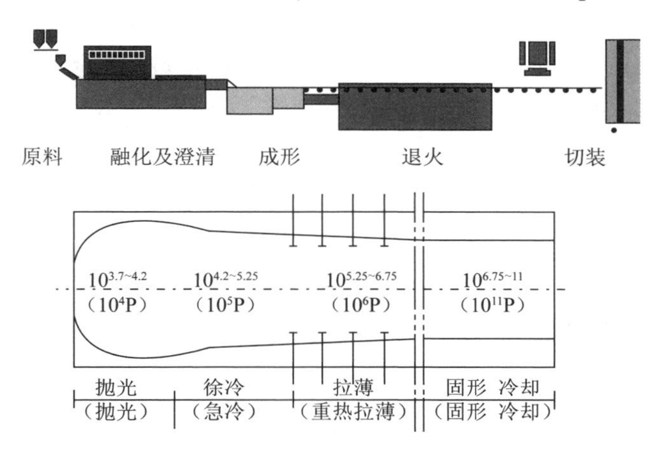

图4-3 浮法制备柔性玻璃示意图

（3）狭缝下拉法

狭缝下拉法如图4-4所示，将熔融玻璃液导入铂合金所制成的槽中，从槽底的狭缝流出，利用自身重力及向下的拉力拉制成柔性玻璃。采用这种工艺制备的玻璃厚度根据熔窑的拉引量、狭缝的大小及下拉速度来控制，玻璃的翘曲度根据温度分布的均匀性控制，可以连续生产柔性玻璃。采用这种工艺在下拉时的温度区域从玻璃低黏度的高温区域到接近固体的低温区域，由于温度区域较广，不利于控制玻璃基板的变形。同时狭缝下拉法必须要在垂直方向上进行退火，如果将其转向水平方向则可能会增加玻璃表面与滚轮的接触及水平输送产生的翘曲，导致良率下降，所以设计时需考虑退火的高度。在生产中柔性玻璃表面与狭缝接触容易受到狭缝的形状、材质的影响，平整度较差造成玻璃表面品质变差，需进行二次抛光，才能保证电子显示的要求。

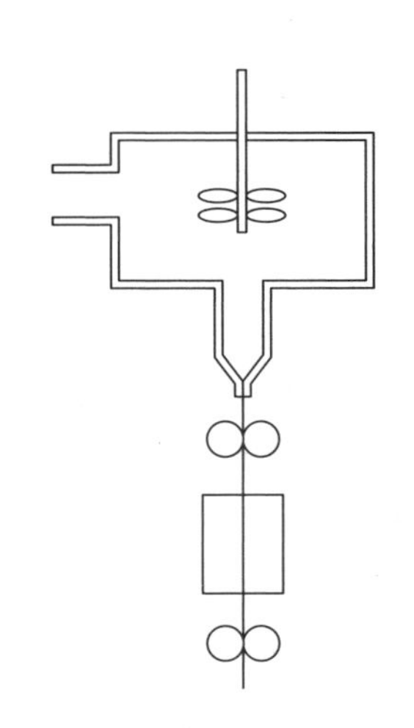

图4-4 狭缝下拉法制备柔性玻璃示意图

2. 二次成形制备方法

（1）化学减薄法

化学减薄法是针对玻璃的网络结构，采用不同的酸液对玻璃表面进行刻蚀以减薄玻璃厚度，达到柔性的目的。化学减薄的机理具体为：硅酸盐玻璃与二氧化硅一样，都是以硅氧四面体［SiO_4］作为基本结构单元，其以顶角相连而组成三维架状结构。硅氧四面体中，Si^{4+} 为硬酸，更倾向于和硬的碱 F^- 结合，这是因为 F 的成键能力比 O 强，从而迫使 Si–O 键断裂，形成键能很大且稳定的 Si–F 键，再加上生成的 SiF_4 是气体，容易离开反应体系，更促进了反应的进行。这样可以通过利用液体溶液与玻璃表面进行化学反应，进而使玻璃面板厚度变小，达到柔韧可弯曲的目的。目前，国内安徽方兴科技股份有限公司等公司采用化学减薄法制备超薄 TFT–LCD 玻璃基板。但采用此法制备柔性玻璃，工艺需改进，以满足柔性玻璃柔韧性的要求。化学减薄法主要有三种工艺：垂直浸泡法、喷淋法及瀑布流法。

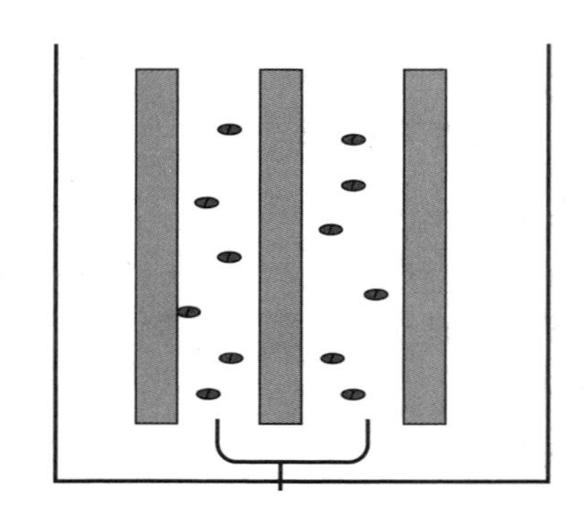

图 4–5　垂直浸泡法示意图

①垂直浸泡法（图 4–5）通过隔膜外室中彼此划分出了单元区，玻璃基板分别设置在单元区的各单元内。蚀刻溶液装在外室中，并供给至各单元。其后，从室的下端向上提供泡沫，由此使分别设置在各单元中的玻璃减薄。该方法的优点在于工艺简单，并且可以同时减薄多个玻璃基板。该方法减薄玻璃基板所需要的时间长，当泡沫产生时引起玻璃基板所产生的残余物与玻璃基板表面碰撞，或者产生各种颗粒，以致在玻璃基板的表面上形成划痕或者在玻璃基板的内表面上形成颗粒，需后期进行清洗，且装置大型，增加了成本，并且表面质量差，不易制备出高强度的柔性玻璃。

②喷淋法是通过设置在玻璃基板两侧的喷嘴，将蚀刻溶液喷射在玻璃基板的两个表面以蚀刻玻璃基板的表面，由此减薄玻璃基板，得到柔性玻璃。该方法相较于浸泡技术的玻璃减薄方法，具有可处理大尺寸玻璃基板、可同时处理两面不同蚀刻要求，以及蚀刻溶液可有效回收利用等优点。但由于喷射压力高，会有少量残余物生成，在玻璃基材表面易产生酒窝形划痕及凹点，需后续抛光处理。对于柔性超薄玻璃，由于厚度极薄，在研磨抛光过程中，容易破碎，成品率低。

③瀑布流法（图 4–6）是将蚀刻溶液以固定流速或可变流速沿着玻璃基板的一个或两个侧面从玻璃基板上部流到下部，由此依靠重力作用沿着玻璃基板的两个侧面均匀流动，并因此精确控制蚀刻厚度。瀑布流法在处理中几乎不会产生残余物，划痕和凹点少，不需后期的磨抛处理，有利于制备高强度的柔性玻璃。

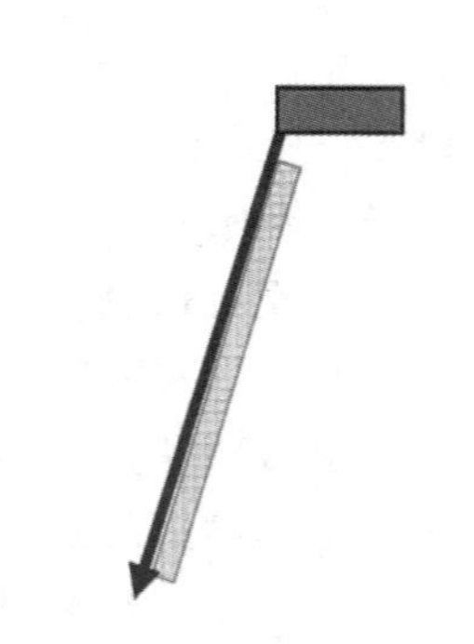

图 4–6　瀑布流法示意图

（2）再次拉引法

再次拉引法是垂直地保持玻璃基板并向下方输送，利用电炉等的加热工序将输送到下方的玻璃基板的下端加热至软化点附近，使软化后的玻璃基板向下方延伸，从而制造柔性玻璃基板。薄板玻璃基板的截面成为加热前的玻璃基板（即预成型坯）的相似形，因此通过提高预成型坯的尺寸精度，而能够高尺寸精度地制备出柔性玻璃。Kuroiwa 等、黑岩裕等、伊贺元一等分别采用玻璃预成型坯为原板，预成型坯厚度小于 0.3mm，缠绕于滚筒上，可进行连续生产；HideyuldItoi 等提供一种采用相邻两块玻璃板端部加热对接的方式实现原板的连续供应、再进行加热拉制的方式生产柔性玻璃；中尾刚介等通过提高原板的厚度均匀性来得到厚度均匀性良好的薄玻璃；王衍行、祖成奎等提供一种超薄无碱玻璃的制备方法，先熔制玻璃液，做成预成型坯，再加热拉薄，拉薄温度为 1300℃～1360℃，可进行超薄无碱玻璃的小批量生产。旭硝子采用再次拉引法进行 0.1mm 及以下厚度柔性玻璃的制备，如图 4-7 所示。采用这种工艺生产时需预先制备成型坯，同时玻璃宽度会变窄，不利于生产的控制。国内的智广林等将再次拉引法进行了改进，对再拉法的加热炉进行了研究设计。加热炉设计成加热区和退火区，各个加热单元独立控制，架构简单，组装方便，横向温度温差小，可根据需要对各部分温度进行单独控制，所拉制的玻璃偏差小、平整度好，可拉制出厚度 0.03～0.2mm、宽度 20～2000mm、长度 5m 的柔性玻璃。再次拉引法最大的缺点就是无法进行连续生产，不利于批量生产。

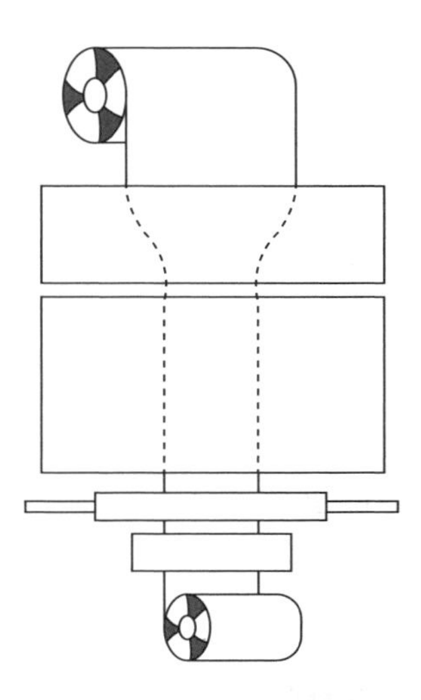

图 4-7　再次拉引法示意图

溢流下拉法能够连续生产、玻璃的平整度好、缺陷少，但是成形控制困难，对成形和退火的技术及装备要求高；浮法虽然拉引量大，大板宽，技术比较成熟，不需要二次加工，但是在成形过程中玻璃下表面极易沾锡，难以去除，增加生产工艺流程，导致投资巨大，降低玻璃的成品率；狭缝下拉法投资少，能够连续生产，但是平整度差，牵引速度慢时拉制的玻璃板易产生条纹和节瘤；二次下拉法玻璃平整度好，可高效连续生产精度高的薄板玻璃，但是难以生产大尺寸的薄板玻璃。

总体上，二次下拉法和狭缝下拉法属于间歇生产，具有投资成本低、配方变化容易等特点，更适用于科研机构实验室研究开发；浮法和溢流下拉法具有大规模、大板宽、连续性生产的特点，更适用于大规模工业化生产，在工业化过程中具有成本低的优势；国内浮法工艺技术和装备成熟，国内采用浮法技术更具有发展前景，目前已经能够生产 0.15mm 的普通钠钙硅玻璃。大尺寸、高性能、后期加工简化，是发展趋势。

第五节 铝箔片

一、铝箔及其分类

1. 铝箔

铝箔是用铝材制作而成的薄膜，箔通常指纯金属薄片。

铝箔具有以下的特点：①表面干净、卫生，细菌或微生物不能在其表面生长。②无毒性、无味无臭、包装食品不会干燥或收缩、无油脂渗透、不透光、可塑性好，是一种优异的包装材料。③硬度大，张力强度也大，但其撕裂强度小，极易撕破。④本身无法加热封密，必须在其表面涂抹可热性的材料，才能热封闭。⑤与其他重金属或重金属类接触时，可能会有不良反应。

2. 分类及用途

铝箔规格有（0.05 ～ 0.08mm）各种宽度和长度。铝箔胶带适用于各类变压器、手机、电脑、掌上电脑（PDA）、等离子显示器（PDP）、LED 显示器、笔记本电脑、复印机等各种电子产品内需电磁屏蔽的地方，PS 版是印刷用的铝板，大量应用于印刷行业，锂离子电池用电池铝箔等（表 4-8）。

表 4-8 铝箔分类一览表

分类依据	种类	应用
厚度	①厚箔：厚度为 0.1 ～ 0.2mm。 ②单零箔：厚度为 0.01mm 和小于 0.1mm。 ③双零箔：厚度以 mm 为计量单位时小数点后有两个零的箔，通常为厚度小于 0.0075mm。	铝箔深加工毛料大多数呈卷状供应，只有少数手工业包装场合才用片状铝箔。 硬质箔在印刷、贴合、涂层之前必须进行脱脂处理，如果用于成形加工则可直接使用。 包装、复合、电工材料等，都使用软质箔。食品、香烟等复合包装材料、电器工业等应用领域有空调箔、铝塑管用箔等
形状	卷状铝箔和片状铝箔	
状态	①硬质箔（H18 状态）：轧制后未经软化处理（退火）的铝箔，不经脱脂处理时，表面下有残渣。 ②半硬箔（H14、H24 状态）：铝箔硬度（或强度）在硬质箔和软质箔之间的铝箔，通常用于成形加工。 ③软质箔（O 状态）：轧制后经过充分退火而变软的铝箔，材质柔软，表面没有残油。 ④四分之一硬箔（H12、H22 状态）：指铝箔的抗拉强度介于软状态箔和半硬箔之间的铝箔。 ⑤四分之三硬箔（H16、H26 状态）：指铝箔的抗拉强度介于全硬箔和半硬箔之间的铝箔。	
表面状态	①一面光铝箔：双合轧制的铝箔，分卷后一面光亮，一面发乌，这样的铝箔称为一面光铝箔。一面光铝箔的厚度通常不超过 0.025mm。 ②两面光铝箔：单张轧制的铝箔，两面和轧辊接触，铝箔的两面因轧辊表面粗糙度不同又分为镜面、二面光铝箔、普通二面光铝箔。二面光铝箔的厚度一般不小于 0.01mm。	

续表

分类依据	种类	应用
加工状态	①素箔：轧制后不经任何其他加工的铝箔，也称光箔。 ②压花箔：表面上压有各种花纹的铝箔。 ③复合箔：把铝箔和纸、塑料薄膜、纸板贴合在一起形成的复合铝箔。 ④涂层箔：表面上涂有各类树脂或漆的铝箔。 ⑤上色铝箔：表面上涂有单一颜色的铝箔。 ⑥印刷铝箔：通过印刷在表面上形成各种花纹、图案、文字或画面的铝箔，可以是一种颜色，最多的可达 12 种颜色。	

3. 电池铝箔市场前景及发展趋势

模糊估算，1GWh（1GEh=100 万 kWh）锂电池用铝箔在 600 ～ 800 吨左右。曾有估算年电池箔用量如表 4-9 所示。

表 4-9 电池箔年用量表

地区	年用量 kt					
	2015 年	2016 年	2017 年	2018 年	2019 年	2020 年
中国	28 ～ 38	33 ～ 45	40 ～ 53	47 ～ 63.6	57 ～ 76	72 ～ 96
全球	42 ～ 58	56 ～ 75	67 ～ 89	79 ～ 106	95 ～ 127	120 ～ 160

二、锂电池铝箔

电池用铝箔，通常是指用于锂离子电池正极材料的铝箔。常用 1235、1060、1070。1100、3003 合金主要用于生产超高强度电池箔（表 4-10）。

表 4-10 常用电池箔产品规格表

项目	合金（H18）	厚度 mm（单面光）	拉伸性能（Mpa）		延伸率（%）	
			最大值	最小值	最大值	最小值
一般强度电池箔	1 系（普通纯铝）	0.012mm 0.015mm 0.016mm 0.020mm	190	160	4	1.5
	1 系（高纯铝）		190	160	4	1.5
高强度电池箔	1 系	0.012mm 0.020mm 0.030mm	240	200	5.0	2.0
	3 系		300	260	5.0	3.0
双零电池箔	1 系	0.008mm 0.009mm	230	210	2.0	1.0
高达因产品	31dyne 的电池箔产品					

1. 锂电池集流体用的非改性铝箔

（1）锂电池集流体用的非改性铝箔的结构与性能

锂电池集流体用的非改性铝箔一方面是集流体的电极，另一方面又作为锂电正极材料的载体，也就是锂电材料涂布载体。正负极分别使用铝箔和铜箔材料，图 4-8、图 4-9、图 4-10 分别为锂电池结构原理图、正极结构原理图、磷酸铁锂电池电芯剖面示意图。

锂电池成本构成中，正极材料占 30%，负极材料占 20%，隔膜材料占 20%，电解液占 20%，外壳占 10%。隔膜为聚丙烯酸。正极材料（铝箔表面的锂化物涂层）影响电池性能，是正极锂电池关键部件。

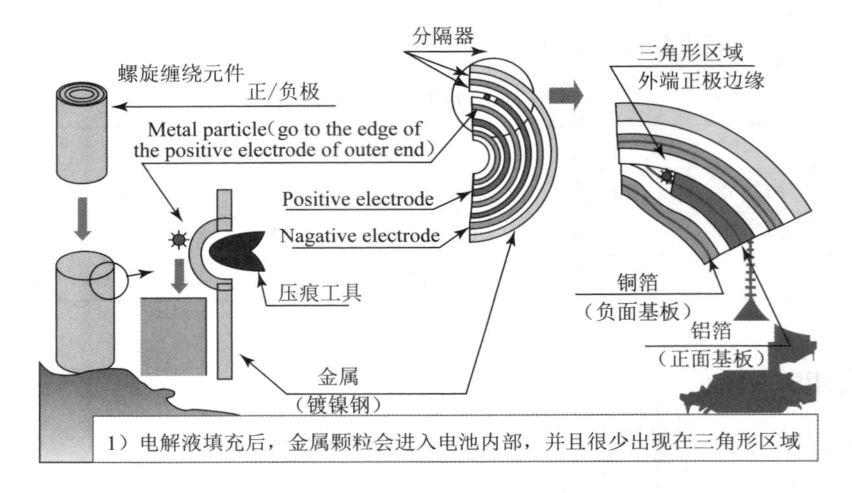

图 4-8　锂电池结构原理图

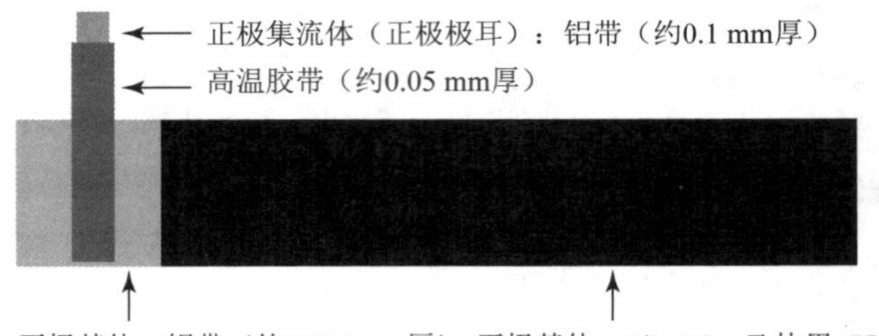

图 4-9　正极结构原理图

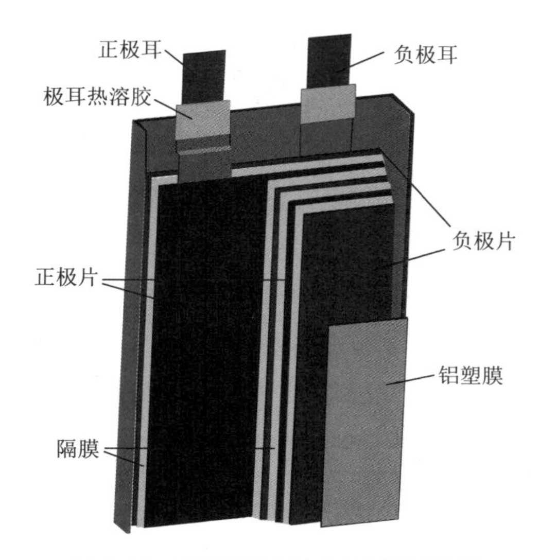

图 4-10　磷酸铁锂电池电芯剖面示意图

（2）集流体用铝箔的表观质量要求

①色泽均匀、无色差，干净、板型平整，无明显辊印、麻点、针孔、腐蚀痕迹。

②无折痕、花斑、亮线等轧制缺陷。

③无油，无严重油气味，无肉眼可见油斑。

④铝箔卷缠绕松紧适度，端面平整洁净，边缘光滑；铝箔卷错层不得超过±1.0mm；铝箔卷管芯宽度大于等于箔宽，一般管芯二端长度不超过箔宽 5mm；铝箔应缠绕在管芯中心；接头部位在铝卷二端有清晰接头标记。

（3）集流体用铝箔（以下简称电池箔）技术指标要求

①异物控制

异物包括铝粉、磁性物质（铁粉）等，锂电池的安全性要求对异物质严格控制，整个生产环节都要防止带入异物，在成品环节要设立检验异物的装置并予以精确计量，标准为≤ 50mg/30 万平米。

②润湿性能与表面张力

电池箔表面张力 32dyn/mm 以上，要求高的涂碳产品要达到 34dyn/mm 以上。

表面张力是电池箔重要技术指标之一。它直接影响涂布液的润湿、铺展和黏附，影响与涂层的黏合质量，影响涂炭箔的涂层牢度。达因值偏低时，会发生铝箔与黏合材料黏接不牢、漏涂等缺陷。

润湿性能通过液体在铝箔表面的接触角衡量。铝箔表面带油、褶皱不平，都会影响表面张力。

通常用甲酰胺及乙二醇乙醚按照 GB/T22638.4-2008《铝箔试验方法第四部分：表面润湿张力的测量》的方法进行配制和测量。产品的达因值往往随时间衰减，达因值越高衰减越快，7 天以后逐渐稳定于某一固定值。

铝箔表面达因值的高低及衰减程度的轻重，还与轧制工艺参数、产品表面带油量等因素有一定的关系。

（4）板形

板形在电池箔行业称为张力，无论板形，还是张力，其直观表现是产品的平直度。电池行业用张力和塌边量来表征产品板形的质量。简言之，张力就是板形，塌边量就是在规定张力，规定长度下产品边部的下垂量。表 4-11 和表 4-12 分别展示了两个公司的张力测量标准。

表 4-11　X 公司的张力测量标准

料卷宽度 mm	测试的单位张力 kgf/mm^2	下塌量 mm	测试有效距离
≤ 600	0.8	1.00	1m
≤ 600	0.8	2.00	1m

测试间距为 5m，三次以上数据≤ 2mm，则判定此料卷板形为合格。

表 4-12　Y 公司的张力测量标准

料卷宽度 mm	测试的单位张力 kgf/mm^2	下塌量 mm	测试有效距离
≥ 600	0.8	10.00	2m

板形质量是电池箔关键技术指标。图 4-11 为某涂布机在线板形检测装置。

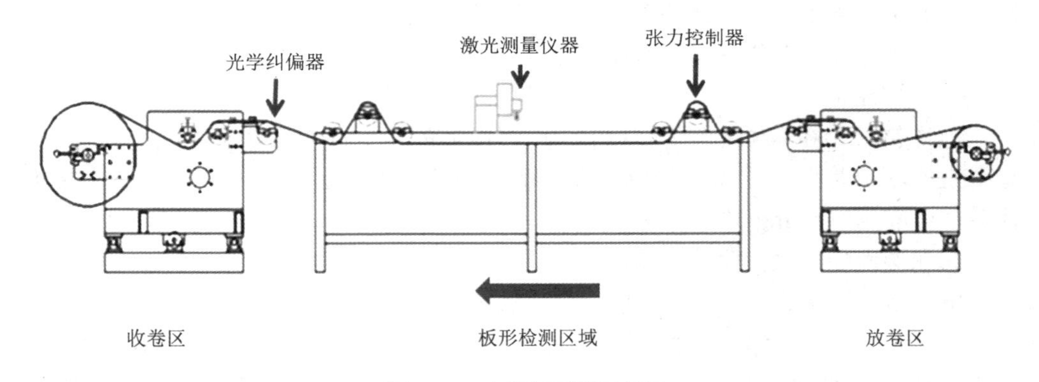

图 4-11　在线板形检测装置

（5）力学性能

主要包括抗拉强度和延伸率，表 4-13 是不同等级的电池箔产品对于产品力学性能的不同要求。

表 4-13 不同等级的电池箔产品对于产品力学性能的要求

等级	抗拉强度 Mpa	延伸率 %
普通强度	150 ～ 180	≥ 3%
高强度 1	180 ～ 210	≥ 3%
高强度 2	210 ～ 250	≥ 3%
高强度 3	250 ～ 270	≥ 3%
高强度 4	270 ～ 310	≥ 3%

普通强度与普通单零箔一样。高强度要用特别工艺生产，特别是厚度低于 0.015mm，高强度生产技术难度很大，要在设备、工艺和润滑上做大量工作。

通常认为，310Mpa 的强度是工业纯铝冷作硬化的极限。电池箔要求强度提高，同时厚度减薄，从 15μm 降到 10μm，强度由 150Mpa 提高到 250Mpa。电池箔之所以需要提高强度，目的是为减少铝箔厚度，提高能量密度提供条件。

强度与厚度是反比关系，厚度越薄，对于产品强度的要求越高。例如，某电池箔厚度为 0.02mm 的产品，强度要求≥ 170Mpa；而厚度为 0.013mm 的产品，强度则要求≥ 190Mpa。

市场上的电池箔产品强度普遍大于 160Mpa，国内已经具备了生产强度大于 280Mpa 的超高强度产品的技术实力。

（6）厚度

电池箔要求厚度越来越薄，从 20μm 到 8μm 一直下降，而为了能够保持足够的耐破度，就需要不断地提高强度。铝箔产品的厚度公差要求控制在 ±2% 以内。图 4-12 是一些公司的 EV 产品开发计划，基材减薄，是提高能量密度的措施之一。

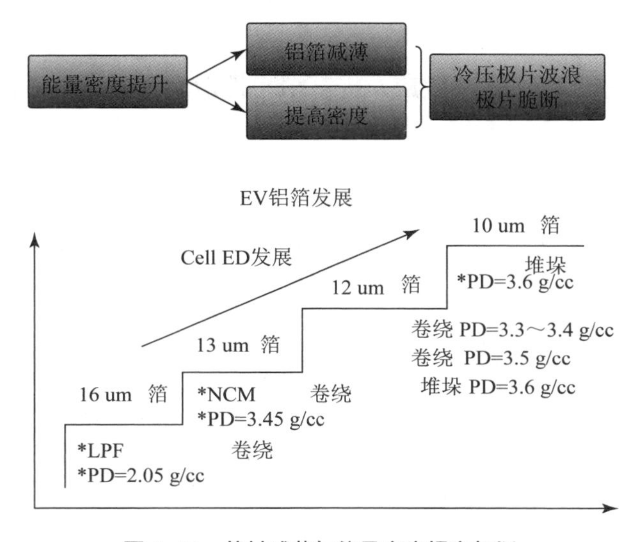

图 4-12 基材减薄与能量密度提高规划

（7）切边质量

电池箔属于铝箔产品中的精加工产品，对切边质量的要求极为严格，裂边、毛刺等缺陷是不允许的。

电池箔要求边部在无张力情况下，波峰不大于2mm，断面铝粉胶带法检测＜25个/10cm。

（8）表面质量

不允许有＞1mm的表面麻点，暗面不允许有凸点，0.5～1mm的麻点，每平方米小于3个，＜0.5mm的麻点不允许成片出现＞1mm。单面光产品，暗面不容许有亮点缺陷。黑油线长度＜5mm的每平方米不多于3条。打底起皱长度≤10m，杠印≤50m。

2. 表面涂碳改性处理铝箔

（1）表面涂碳改性处理铝箔的结构与特点

涂碳铝箔是为了提高磷酸铁锂（化学式为$LiFePO_4$）动力电池比功率性能。与其他正极活性材料相比，$LiFePO_4$材料固有的导电能力差的缺点，极大地限制了其在室温下的动力学特性。主要通过在浆料中加入一定的导电剂，如石墨、碳黑、纳米碳管等导电性材料，来提高正极活性颗粒之间以及与集流体之间的导电性。

为了改善电池性能，减少界面电阻，保护集流体，减少极化，提升电池一致性和寿命，需要对电池箔进行表面改性处理。涂碳铝箔是在铝箔表面涂0.5～$2g/m^2$的碳，涂层双面厚度：A款4～6μm，B款2～3μm。

涂碳铝箔可以提高电池内阻一致性；通过采用涂碳铝箔作为正极集流体，并选择适当匹配的正极材料，来实现更佳的倍率性能；涂碳铝箔对电池循环有良性的影响作用；在电池极片黏结性、软包装电池保液量方面，也有提升作用。

（2）涂碳铝箔优势

①抑制电池极化，减少热效应，提高倍率性能。②降低电池内阻，并明显降低了循环过程的动态内阻增幅。③提高一致性，增加电池的循环寿命。④提高活性物质与集流体的黏附力，降低极片制造成本。⑤保护集流体不被电解液腐蚀。⑥改善磷酸铁锂、钛酸锂材料的加工性能。

铝箔表面涂碳处理后，可以有效延长电池的寿命，图4-13和图4-14的曲线表明了这一点。

（3）涂碳铝箔的工艺

利用功能涂层对电池导电基材进行表面处理是一项技术创新，覆碳铝箔/铜箔就是将分散好的纳米导电石墨和碳包覆粒，均匀、细腻地涂覆在铝箔/铜箔上。它能提供极佳的静态导电性能，收集活性物质的微电流，从而可以大幅度降低正/负极材料和集流之间的接触电阻，并能提高两者之间的附着能力，减少黏结剂用量，使电池整体性能显著提升。涂层分水性（水剂体系）和油性（有机溶剂体系）两类。

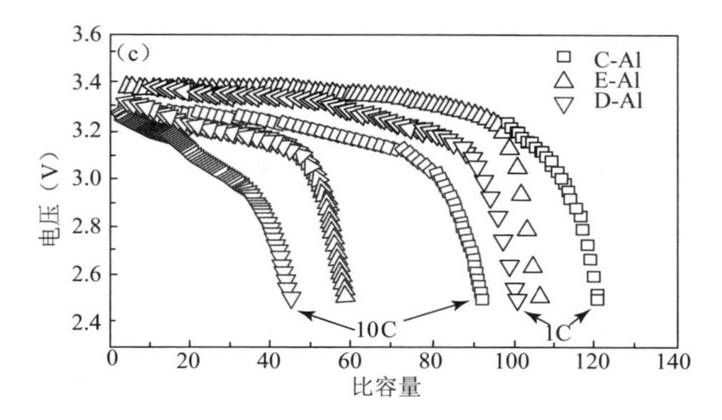

图 4-13　涂碳后的倍率实验结果

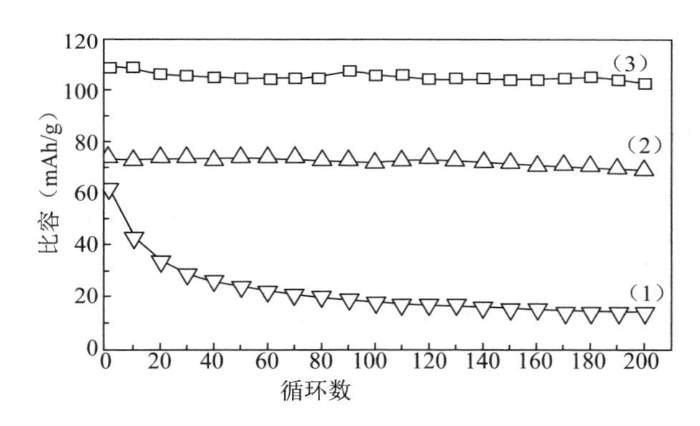

图 4-14　涂碳对电池寿命的影响

3. 电池箔的技术难点

电池箔产品，属于铝箔的精加工产品，生产难度较普通铝箔产品更大，对于工艺控制精度及生产工艺技术的要求也更高。与普通铝箔产品相比，主要技术难点如下。

①厚度要求严格。产品厚度希望达到 9μm 甚至 8μm 双面光，这已经超过了目前铝箔产品单张轧制的最小可轧极限厚度。厚度精度要求 ±2%，这种精度是目前铝箔产品中最高的。

②高强度。一般电池箔产品，要求强度≥ 180Mpa，而且是纯铝合金。这相当于 8 系合金的性能。随着电池技术的不断发展，200Mpa 以上强度的要求已经很普遍，有些要求达到 270 甚至 300Mpa 以上达到了铝箔产品冷硬化的强度极限，生产难度极大。

③高表面达因值。涂布过程及涂碳过程，电池箔产品对于表面达因值的要求较高，但是高的表面达因值控制，却与高强度轧制相互矛盾，极高的板形要求及厚差都与高强度超薄轧制相矛盾。也就是说电池箔要求最薄的厚度，最高的强度，

最高的表面达因值，最小的厚差，最优的板形，最洁净的表面。同时追求六个极限值，是难点所在。

三、电极箔

电极箔是铝电解电容器专用的高性能电子材料。

1. 电极箔的应用

铝电解电容器主要应用于电视、手机、电脑、音响等电子数码产品中，由于全球电子产品的不断更新换代，全球铝电解电容器需求量近年来以年平均10%以上的速度稳步上升，行业前景看好。

电极箔厚度多为100μm，对纯度大于99.99%的高纯铝箔表面进行电化学处理，以满足铝电解电容器所需电压、容量、强度的需求，其腐蚀比容的高低决定了电容器性能的大小，氧化膜的质量决定了电容器的主要性能指标。

2. 电极箔的分类

电解电容器用铝箔，分为阳极箔和负极箔。

阳极箔是指在电解电容器中用作阳极的铝箔。阳极箔在电容器生产过程中不仅经过浸蚀而且要经过阳极氧化，所以在电容器厂家又叫化成箔。

负极箔是指在电解电容器中用作负极的铝箔。铝电解电容器中的阴极实质上是电解质糊体，负极箔又是阴极的阴极，所以习惯把阴（负）极箔混用。负极箔也有软态和硬态之分。日本以软态电化学腐蚀为主，西欧以硬态化学腐蚀为主。

3. 电极箔的质量要求

电极箔要求铝纯度高，杂质含量低，表4-14是电子铝箔的各元素成分，表4-15是铝箔部分机械性能指标。

表4-14 电极铝箔的各元素成分（质量分数/%）

品种	合金牌号	Si	Fe	Cu	Mn	Mg	Zn	Ca	V	Ti	其他单个	Al
特种高压阳极箔	1199	0.001	0.001	0.005	< 0.001	< 0.001	< 0.001	< 0.001	< 0.001	< 0.001	< 0.001	> 99.99
	1199	0.002	0.002	0.002	< 0.001	< 0.001	< 0.001	< 0.001	< 0.001	< 0.001	< 0.001	99.99
通用高压阳极箔	1198	0.006	0.006	0.005	< 0.005	< 0.005	< 0.005	< 0.005	< 0.005	< 0.005	< 0.005	99.98
	1196	0.008	0.006	0.016	< 0.005	< 0.005	< 0.005	< 0.005	< 0.005	< 0.005	< 0.005	99.96
	1199	0.003	0.003	0.005	< 0.002	< 0.002	< 0.002	< 0.002	< 0.002	< 0.002	< 0.002	99.99

续表

品种	合金牌号	Si	Fe	Cu	Mn	Mg	Zn	Ca	V	Ti	其他单个	Al
低压阳极箔	1198	0.006	0.006	0.005	< 0.005	< 0.005	< 0.005	< 0.005	< 0.005	< 0.005	< 0.005	99.98
	1197	0.007	0.007	0.006	< 0.005	< 0.005	< 0.005	< 0.005	< 0.005	< 0.005	< 0.005	99.97
	1185	0.050	0.070	0.005	< 0.020	—	< 0.030	< 0.030	< 0.020	< 0.020	< 0.020	99.85
	1170	0.060	0.016	0.010	< 0.030	—	< 0.030	< 0.030	< 0.030	< 0.030	< 0.030	99.70
阴极箔	3003	0.300	0.500	0.250	1.200	—	< 0.050	—	—	—	< 0.050	98.0
	2301	0.150	0.300	0.250	< 0.150	—	< 0.050	< 0.050	< 0.050	< 0.100	< 0.050	99.0

表 4-15　电极铝箔部分机械性能指标

品种	牌号	状态	厚度 /μm	抗拉强度 /Mpa
低压阳极箔	1198	O/H19	40 ～ 100	50 ～ 90/140 ～ 180
	1197	O/H19	40 ～ 100	50 ～ 100/150 ～ 190
	1185	O/H19	30 ～ 60/15 ～ 60	4 ～ 5/16 ～ 23
负极箔	1170	O/H19	30 ～ 60/15 ～ 60	5 ～ 9/18 ～ 26
	3003	H19	25 ～ 50	25 ～ 30
	2301	H19	20 ～ 50	18 ～ 23

四、铝箔的制作

1. 铝箔的生产工艺流程

铝箔的生产工艺流程中，不同工序的轧制都有其特定的作用，图 4-15 所示为一种工艺流程。

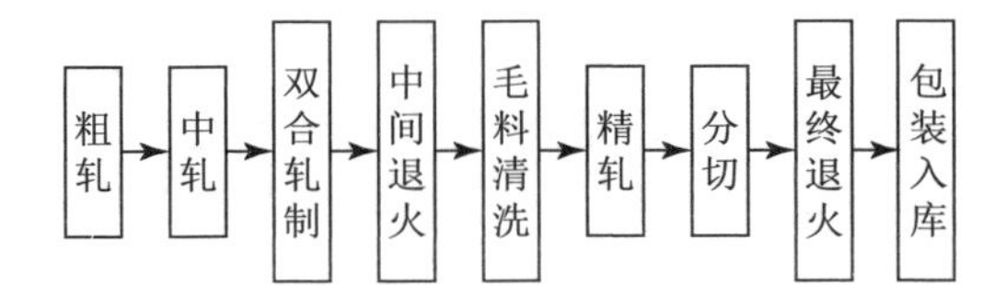

图 4-15　铝箔轧制流程

第一道粗轧工序是将铝坯卷材投入粗轧机，用轧制油进行润滑，然后在轧辊的作用下得到较薄的铝箔的工艺过程。接着进入中轧阶段，就是将经过粗轧后的铝箔毛料进一步轧制，同样需要用轧制油进行润滑，但参数控制和粗轧不同。

经过两次轧制之后的铝箔已经减薄到一定程度，采用双合轧制提高对超薄铝箔的轧制效率。当轧件的厚度已经达到轧辊工作的最小极限厚度时，轧辊之间的轧制压力对轧件的作用相当小，使轧件变得更薄有难度，采用双合轧制方法增加轧件厚度来克服这种缺陷，就是把两张铝箔进行重合一同进入轧辊之间进行轧制，在实践中是将两卷箔料重叠，然后用双合油喷淋防止铝箔之间粘连，然后经过合卷机合卷加工。

退火是将铝箔缓慢加热到一定温度，保持足够时间，然后以适宜速度冷却。为了提高铝箔的性能，在后续的精轧过程中不会因为铝箔的过分硬脆而断裂，采用中间退火技术。中间退火工艺可以消除铝箔的部分僵硬化缺陷，恢复其塑性并且降低变形抗力；大大稳定铝箔晶粒与晶粒之间的连接使其不易发生断裂，从而减少了晶界断裂造成的针孔，这些少量的针孔在后续的轧制过程中也会得到大大改善。

毛料清洗是利用轧制油对退火后的铝箔进行轧制油清洗过程，使铝箔在下一步精轧过程中与轧辊之间形成一层润滑膜，有效降低了摩擦系数，提高轧制力，从而使轧出的铝箔更薄，更平整均匀，大大提高双零铝箔的质量。

精轧工序是将清洗后的毛料投入精轧机进一步轧制到成品厚度的铝箔。最后再经过分切加工成设计宽度的铝箔制品，经过最终退火去除轧制油和其他污渍得到成品铝箔。

2. 铝箔的生产工艺参数

（1）轧辊参数

在铝箔的轧制过程中，铝箔经过轧辊反复轧制变薄，与轧辊直接接触反复摩擦，其表面粗糙度、辊型以及尺寸参数都会对铝箔的质量以及能否成功轧制产生重要的影响。表面粗糙度直接影响铝箔表面的平整度、均匀度以及针孔数目，除此之外，轧辊的表面粗糙度对压下量的大小、轧制速度的快慢和铝箔表面的光亮度也有很大的影响。不同道次的轧辊应与各道次的粗糙度相适应，且要求粗糙度均匀。粗糙度过小不利于压下量的控制，铝箔在其表面易发生打滑的现象，对铝箔的板形控制较难。粗糙度过大不利于精轧，因为很难保证轧制的厚度，对铝箔的质量也会造成影响。辊型是指辊身中部和辊身两端的直径差和该差值的分布情况，它影响压下量和铝箔板形。要综合考虑选用合金的规格以及轧辊的其他参数。

（2）轧制油配比

轧制油是铝箔生产的三大要素之一，它对铝箔的压下量、轧制速度、产品板形和表面质量具有很大的影响。在生产双零铝箔的实践过程中，为了获得性能优良、质量优异的产品，对轧制油的选择和配比都有严格的要求。在不同的道次中选择不同基础油和添加剂的轧制油以达到最优的效果。

（3）道次分配及其工艺

轧制道次是影响铝箔质量重要参数。不同轧制过程中的铝箔毛料是逐渐变化的，后道工序中，铝箔减薄到一定的厚度，即使采用双合轧制技术轧制铝箔，每一步的减薄仍然是很困难的。

轧制速度是影响道次加工率和生产率的重要因素。速度变化影响变形区油膜厚度，从而影响轧辊和铝箔的摩擦系数。速度高时，变形区油膜厚度增加，润滑性好，摩擦系数低，且高速轧制热效应产生的动态回复能使箔材发生明显的加工软化，从而提高道次加工率和生产率。速度过高时，不利于铝箔行走过程中的板形控制。前后张力主要控制的是铝箔在运动过程中的走向，设置不当易造成铝箔形变，应当与轧制速度相互配合，最大限度地保证铝箔板形。

参考文献：

[1] 魏晓娟 . 多功能性推动 BOPET 薄膜的快速增长 [J]. 现代塑料加工应用 , 2019, 31(6).

[2] 冯树铭 . 双向拉伸 PET 薄膜生产线技术 (续六)[J], 聚酯工业 , 2012, 25(1).

[3] 李春阳 , 孙炜 . 双向拉伸聚对苯二甲酸乙二醇酯薄膜的生产工艺及应用 [J]. 郑州轻工业学院学报 , 1998(2).

[4] 沙锐 , 沈育才 , 王庭慰 . 光学级高透明 BOPET 薄膜母料的合成制备研究进展 [J]. 高分子通报 , 2014(6).

[5] 袁东芝 , 等 . PET 型光学薄膜用涂层及相关技术研究现状 [J]. 2012, 34(2).

[6] 杨兴娟 , 修志锋 , 尤丛赋 , 张超 , 常燕 . PET 薄膜表面改性研究进展 [J]. 工程塑料应用 , 2015(4).

[7] 贾振福 , 席祯珂 . 聚萘二甲酸乙二酯的生产和应用 [J]. 合成树脂及塑料 , 2015, 32(3).

[8] 张素风 , 康春蕾 , 孙召霞 . 聚萘二甲酸乙二醇酯的合成、性能及应用 [J]. 造纸科学与技术 , 2014, 33(3).

[9] 周晓沧 . 聚萘二甲酸乙二醇酯的市场现状及发展前景 [J]. 聚酯工业 , 2005(6).

[10] 刘乃青 , 顾巍 , 乔迁 , 田一光 . 聚萘二甲酸乙二醇酯 (PEN) 的优异特性 [J]. 长春工业大学学报 (自然科学版), 2004(2).

[11] 王百年 , 韩效钊 . PEN 聚酯工艺的研究进展 [J]. 安徽化工 , 2003(6).

[12] 张勇、彭而康 . BOPI 薄膜生产线的组成及其主要结构的设计要点 [J]. 绝缘材料通讯 , 1996(5).

[13] 陈福 , 武丽华 , 王迎春 . 柔性玻璃国内外发展现状及趋势 [J]. 玻璃 2017(11).

[14] 彭寿 , 石丽芬 , 马立云 , 王芸 , 曹欣 . 柔性玻璃制备方法 [J]. 硅酸盐通报 , 2016(6).

[15] 司敏杰 , 郭卫 , 田芳 , 郭利波 , 杨慧杰 , 王艳霞 . 柔性玻璃的研究现状及发展趋势 [J]. 玻璃 , 2016(5).

[16] 杜江 . 特薄双零铝箔生产工艺研究与实践 [J]. 铝加工 , 2017(2).

[17] 夏震 . 浅谈电子铝箔的应用及工艺技术 [J]. 有色金属加工 , 2017(6).

第5章 导电膜材料及其制备

第一节 导电膜概述

一、导电膜构成及分类

导电膜材料是能导电并能实现一些特定功能的电子薄膜材料，包括导体薄膜和弹性可拉伸导电膜。半导体薄膜主要有外延生长的 Si 单晶薄膜和 CVD（化学气相沉积法）生长的掺杂多晶硅薄膜、半绝缘多晶硅薄膜。弹性导电薄膜是具有良好的拉伸弹性和弹性张力的导电膜材料。

导电膜材料通常由基膜和导电涂层构成。

从透光率角度来分类，导电膜可分为透明导电膜和非透明导电膜。

透明导电膜是电学和光学性能优良的薄膜材料，它具有较高的可见光波段（λ=380–760nm）的透光率（平均透光率 $T > 80\%$）和较好的导电性（$\rho < 10^{-3}\Omega \cdot cm$）。通常用方块电阻值表征薄膜的导电性能。例如，对于厚度为 100nm 的薄膜，其方块电阻值小于 100Ω 即视为导电性良好。非透明导电膜，则是指因基材不透明或涂层透明度不够，导电膜整体透光率偏低的产品。由于绝大多数的透明材料本身并不导电或导电性极差，而几乎所有的导电材料又都不透明，因此，研发一种兼具良好导电性和透光性的薄膜材料具有相当的难度。

根据制成材料，透明导电膜包括金属膜系、氧化物膜系、高分子膜系、其他化合物膜系和复合物膜系等（表 5-1）。其中，以掺锡氧化铟（Indium Tin Oxide,

ITO）、掺氟氧化锡（Fluorine Tin Oxide，FTO）、掺铝氧化锌（Aluminum Zinc Oxide，AZO）和掺锑氧化锡（Antimony Tin Oxide，ATO）等为代表的透明导电薄膜应用最多。

表 5-1　不同透明导电膜光电性能一览表

透明导电膜		特性	
		表面电阻 Ω/□	透光率 %
金属薄膜	Au	$1 \sim 10^2$	60 ～ 80
	Pd	$10^3 \sim 10^8$	60 ～ 80
	Pt	$10^3 \sim 10^8$	60 ～ 80
	Ni-Cr	$10^3 \sim 10^8$	60 ～ 80
	Al	$1 \sim 10^4$	15 ～ 50
	Al 网	$10 \sim 10^2$	60 ～ 70
半导体薄膜	In_2O_3-SnO_2	$10^3 \sim 10^6$	75 ～ 85
	CuI	$10^4 \sim 10^6$	70 ～ 80
	CuS	$10^4 \sim 10^6$	70 ～ 80
复合物薄膜	$Bi_2O_3/Au/Bi_2O_3$	1 ～ 10	70 ～ 80
	$TiO_2/Ag/TiO_2$	1 ～ 10	70 ～ 85
高分子电介质	聚苯胺	$10^7 \sim 10^8$	75 ～ 80
	聚吡咯	$10^7 \sim 10^9$	70 ～ 80

ITO 导电膜，即氧化铟锡（IndiumTin Oxide）透明导电膜，多通过磁控溅射技术在玻璃上溅射氧化铟锡导电薄膜镀层并经高温退火处理，或者在 BOPET 薄膜上溅射氧化铟锡导电薄膜镀层制成的。

透明导电氧化膜中，掺 Sn 的 In_2O_3（ITO）的 TCO 膜，透过率最高和导电性能最好，透光率达 90% 以上。ITO 薄膜透光率和电阻值分别由 In_2O_3 与 SnO_2 之比例控制，通常 SnO_2：In_2O_3=1：9。

柔性透明基材的透明导电膜，可弯曲、重量轻、不易碎、便于运输、易于大面积生产，特别是纳米金属栅格或纳米银线构成的透明导电薄膜，近年来，在光电领域中展现了一定的应用前景。主要类型及部分应用见表 5-2。

表 5-2　纳米银导电膜的分类及性能对比

性能	纳米银导电膜分类	
导电方式	单面导电型	双面导电型
导电层	可转移	不可转移
耐寒	耐寒	不耐寒
耐高温	耐高温	不耐高温

续表

性能	纳米银导电膜分类			
可否成型	平面应用纳米银导电膜		曲面应用纳米银导电膜	
牛顿环	无彩虹（超低彩虹）	轻微彩虹	严重彩虹	
保护涂层类型	UV 型	热固型	多重固化型	
外层保护膜类型	单面保护膜（一般 PE 膜）	双面保护膜（PET/PE，PE/PE，等可根据客户要求选择保护膜）		无保护膜
图形制作工艺	黄光工艺纳米银导电膜，蚀刻膏丝工艺，激光工艺，压印图形纳米银导电膜，打印工艺纳米银导电膜			
表面电阻	10 欧姆，20 欧姆，40 欧姆，60 欧姆，80 欧姆，特殊电阻可定制			
基材厚度	50μm，75μm，100μm，125μm，188μm，250μm			
材质	PET	PMMA	PC	玻璃等
雾度	高雾度（雾度大于 2.5%）	中雾度（1.1% ～ 2.5%）	低雾度（0.6% ～ 1.1%）	
老化翘曲度	低翘曲（0 ～ 0.4cm）	中翘曲（0.4 ～ 1cm）	高翘曲（1 ～ 5cm）	超高翘曲 5 ～ 15cm 卷曲（应用超大尺寸）
触控模组是否为单片式触控薄膜（One Film Solution，OFS）	OFS 工艺触屏		非 OFS 工艺触屏（G+F+F，GF2，GF，PF，P+F+F，PF2 等工艺）	
折叠性	自由折叠（包括卷曲收纳，R 小于等于 1mm）	可折叠（R 角大于 1 小于等于 5mm）	半可折叠（R 角大 5mm 小于 10nm）	不可折叠 R 角大于 10mm（主要针对手机和中小尺寸笔电）
应用尺寸大小	小尺寸应用纳米银导电膜（6.5 寸以下）	中尺寸纳米银导电膜（6.5 ～ 42 寸）	大尺寸应用纳米银导电膜（42 ～ 65 寸）	超大尺寸纳米银导电膜（大于 65 寸，如 110 寸，120 寸等）根据需要定制

从表面电阻和柔韧性等方面比较，不同导电膜性能对比见图 5-1、5-2、5-3 所示。

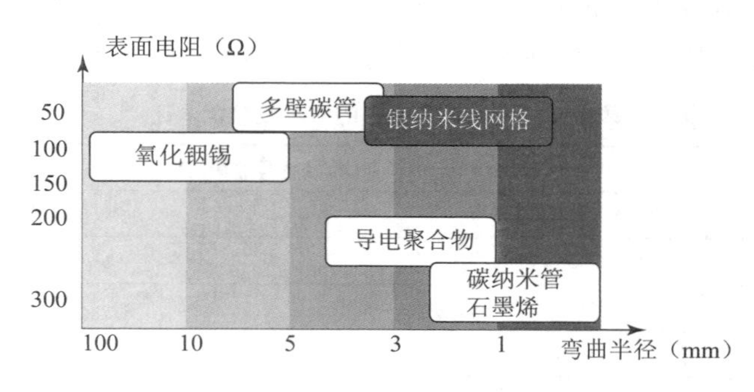

图 5-1　不同导电墨耐弯折性与表面电阻

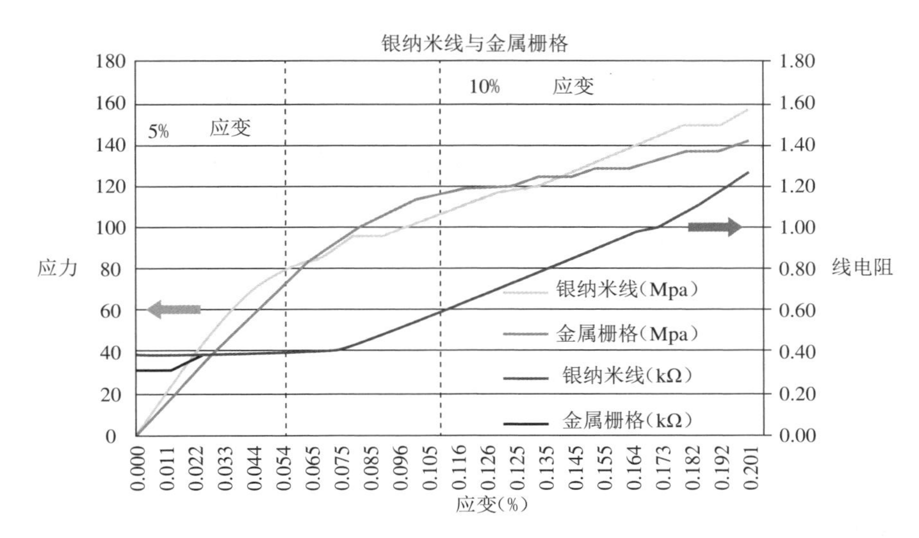

图 5-2 银纳米线与金属栅格导电膜

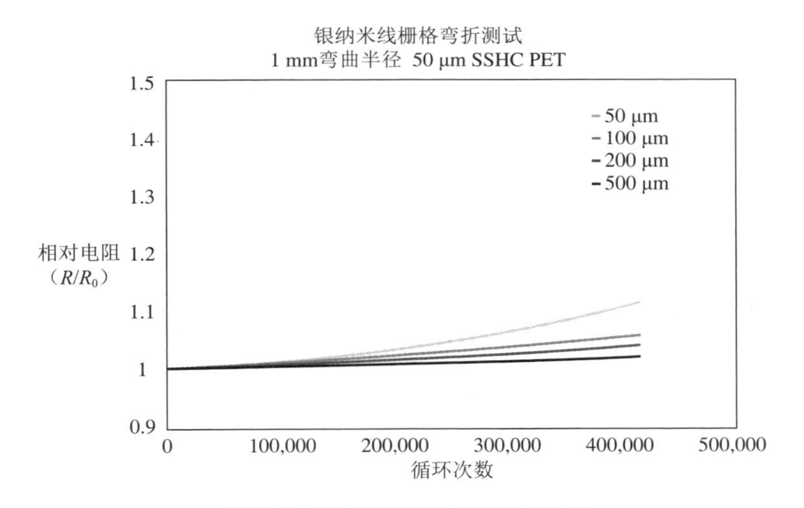

图 5-3 银纳米线导电膜耐弯曲性能

各向异性导电膜。平板显示和驱动电路，需要均匀分散在热硬化性黏结膜中的导电性粒子的各向异性导电膜(ACF，Anisotropic Conductive Film)进行安装连接。ACF 具有适应显示器的大型化和高精细化，以及 PDP（等离子显示屏）或者有机 EL（电致发光显示器）等新方式显示器的特性而被广泛采用。图 5-4 是 ACF 的连接机理。

为了获得高可靠性，ACF 必须具有与连接结构材料的高黏结力，维持电极与导电粒子黏结的 ACF 的凝集力以及维持连接的导电粒子与电极的接触面积的变形斥力。

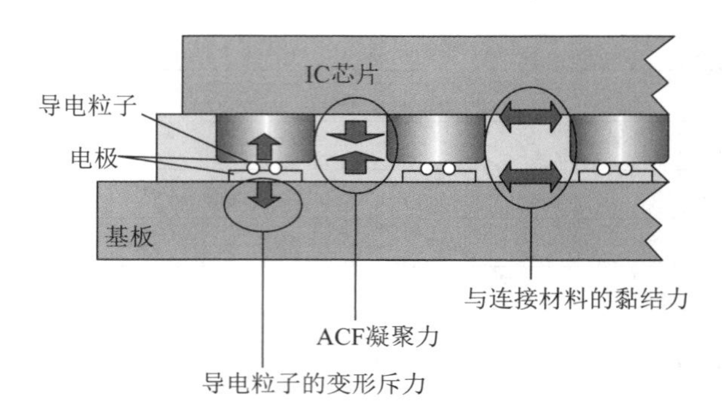

图 5-4 ACF 的连接机理

二、导电膜发展历程

1907 年，CdO 透明导电薄膜的研究见诸报道；20 世纪 50 年代，人们尝试将 CdO 透明导电薄膜作为一种窗口材料，制作飞机的挡风玻璃；20 世纪 60 年代，掺锡的 In_2O_3 成为主要的透明导电膜材料；20 世纪 70 年代，人们结合纳米技术，利用金属材料良好的导电性能，开发了金属基复合多层膜，进入了透明导电多层膜的研究领域；80 年代，掺杂铝的 ZnO 薄膜（简称 AZO 膜）作为 ITO 的最佳替代材料而广泛研究；90 年代，随着光电子产业的快速发展，透明导电膜的应用范围不断扩大，对其物理化学性能提出了更高、更多的要求。这样，多组元透明导电氧化物（Transparent and Co nductive Oxide，TCO）材料、金属基复合多层膜导电高分子膜及其他新型透明导电膜材料的研究开发，促使以非氧化物透明导电膜、高分子透明导电膜等为代表的透明导电薄膜材料相继问世。进入 21 世纪后，服务于智能手机、平板显示电脑、触摸显示技术等方面的导电膜制备技术，陆续涌现。

第二节 导电膜制备技术

理论上，所有薄膜制备的物理法和化学法，都可以用于导电膜的制备。物理法有磁控溅射法、真空蒸发法，化学法有喷雾热解法、溶胶凝胶法、气相沉积法。表 5-3 是部分透明导电膜制备技术对比。

表 5-3　部分透明导电膜制备方法及性能参数一览表

导电成分	典型制备方	制备技术	膜厚（μm）	透光率 T%	导电性能	其他
ITO（氧化铟锡）	日久光电（昆山） 日东电工（日本）	低真空磁控溅射法	5 ～ 20	＞ 90%	电导率（S/cm）2000 ～ 6000	玻璃基板易碎裂，PET 基板柔韧，ITO 层较脆，不耐弯折
ITO 20nm 的 ITO 胶体粒子	日立麦克赛尔（日本）	涂布	—	87%	—	可弯曲
聚苯胺	出光兴产（日本）	涂布	0.2	约 90%	电导率（S/cm）300	溶于溶聚苯胺
PEDDT：PSS 聚 3，4-乙烯二氧噻吩聚苯乙烯磺酸盐	山梨大学 住友商事 信越（日本） 北京印刷学院	涂布	—	89%	电导率（S/cm）443 表面电阻 300Ω/ □	不耐日照
$Mg(OH)_2$	东海大学（日本）	低真空磁控溅射法	2.4	＞ 89.8%	—	—
纳米银自组装涂布液	东丽（日本）	连续涂布	—	＞ 80%	表面电阻 1 ～ 50Ω/ □	对基材改性实现连续涂布
纳米银自组装涂布液	cima nano tech（美）	间隔涂布	—	78 ～ 86%	表面电阻 1 ～ 270Ω/ □	连续涂布易产生缺陷
纳米银线	日立化成 富士胶片 TPK&Cambrios（厦门） 诺菲科技（苏州）	涂布	—	＞ 80%	表面电阻 0.2 ～数千 Ω/ □	耐老化性能比 ITO 差
银盐胶片	富士、中国乐凯	银盐涂布、曝光、镀铜	—	—	表面电阻 0.15 ～ 500Ω/ □	电阻可调控
纳米银	北京印刷学院等 欧菲光（南昌）	凹版 / 柔版涂布复合纳米压印	—	＞ 80%	表面电阻 10Ω/ □	—

由上可见，除去等离子体沉积的干式涂布，喷涂、旋涂等湿式涂布复合方式，也可以制备透明导电薄膜。

一、干法涂布制备透明导电膜

1. ITO 导电玻璃

ITO 透明导电膜玻璃主要应用于 LCD 液晶显示器和电容式触摸屏。其电阻率达 $10^{-4}\Omega cm$，导电性良好，并且耐磨、耐腐蚀，具有较好加工性，可见透光率 85%，红外线反射率达 80% 以上，紫外线吸收率达 85% 以上，微波衰减率则能达到 85% 以上。

在实际生产时，需要使用厚度在 0.4 ～ 1.3mm 的超薄玻璃、ITO 靶材等原料，并使用镀膜设备完成镀膜加工。

在玻璃镀膜阶段，可用的生产方法有浸渍法、喷涂法和溅射法等。其中，利用直流磁进行溅射控制的方法使用较为广泛，可以完成 ITO 膜层的连续镀制。使用该技术镀制的膜层拥有均匀的厚度，并且具有较好的重复性及稳定性。此外，在生产环境温度较低的情况下，使用该技术也能完成致密膜层的镀制，并且能够按照需求完成基片和靶的安放。生产效率高，可完成多种规格和质量良好的玻璃材料制备。具体生产时，需要先用去离子水和超声波对超薄玻璃片预处理，再在真空环境中完成二氧化硅的镀制。

镀膜时，在镀膜室内进行材料加热，并在材料固化退火后完成制备。生产需要充入氧气和氩气的，保持生产环境无尘洁净。为了确保玻璃膜层的导电性和透明度，控制要素包括靶材组分、沉积速率、溅射压力等，还要尽量低压溅射，以免膜层受损。优质 ITO 透明导电膜玻璃的生产，离不开优质玻璃基片。

2. 柔性 ITO 导电膜

柔性 ITO，主要以 PET 为基膜制备。并通过卷绕磁控溅射技术实现。

卷绕磁控溅射技术特征如下：①溅射沉积薄膜与基片结合较好；②溅射沉积薄膜纯度高、致密性好、成膜均匀；③能够精确控制镀层的厚度，组成薄膜的颗粒大小可控；④溅射环境温度较高，对于高分子膜材料做基材，需考虑其耐热性。

柔性卷绕镀膜制作流程如下（图 5-5）：

①通过撕膜设备，将 PET 卷状基材原保护膜撕去后，收成卷。

②将待镀 PET 基材放到放卷室的放卷辊上，穿片，经传动辊缠到收卷辊上，关闭腔体门抽真空。

③待腔体真空度达到 3.0×10^{-5}Pa 时，充入工艺气体至工艺真空，PET 基材经过预处理，依次镀制所需膜系。

④镀制完成后，关闭收、放卷室与工艺室之间的阀门；对收、放卷室进气处理，然后打开收卷室的腔体门，取出成品。

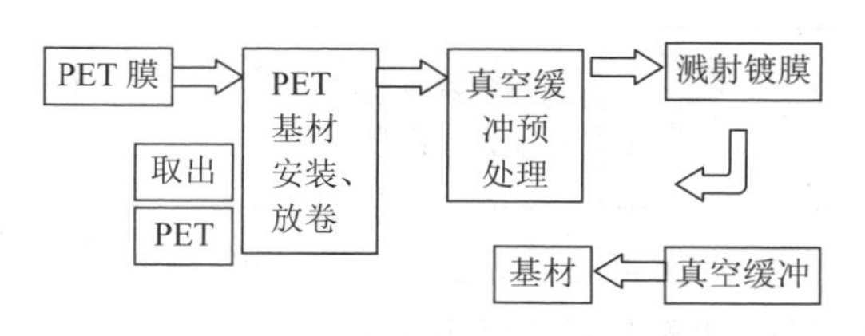

图 5-5　柔性卷绕镀膜制作流程

3. 低阻高透柔性导电膜

低阻高透膜系匹配方案如图 5-6 所示。

图 5-6　低阻高透膜系匹配方案

（1）膜系搭配

蚀刻痕消除工艺是通过膜系的叠加实现低蚀刻痕的，其优点如下。

①根据物质的理化性能（附着力、光学性能、电学性能等）进行搭配，导电层由ITO/Ag/ITO膜层组成，在导电层和柔性基底之间引入折射率膜层 SiO_2，PET 基材经过等离子设备预处理后工艺室的阴极依次镀制 SiO_2、ITO、Ag、ITO 等膜系。

②通过光学干涉减反设计，调节膜层厚度搭配，得到可产业化的低阻高透膜系结构。

③ ITO 膜透过率高，在同等背光源的前提下，能通过减少环境光影响获得更好的视觉亮度。

（2）低阻高透柔性导电膜产品性能指标

低阻高透柔性导电膜经 150℃、60min 退火后理化指标如下：

①电阻：⩽ 15Ω/ □；

②白透光率：⩾ 87%。

4. 低阻高透柔性导电膜结构及参数调整

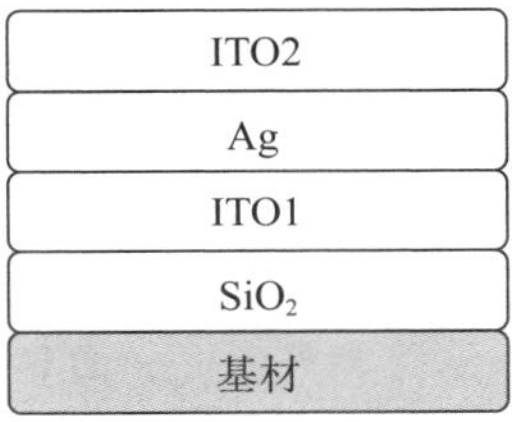

（1）膜层厚度

根据需溅镀物质的光电性质，使用模拟软件设计、匹配膜层厚度；预达到所需低阻高透成品，需依次溅镀 SiO_2 层膜厚约 60nm、ITO1 层膜厚约 25nm、Ag 层膜厚 10nm、ITO2 层膜厚约 50nm，结构如图 5-7 所示。

ITO2
Ag
ITO1
SiO_2
基材

图 5-7　低阻高透柔性高透膜层结构

根据模拟数据设计溅镀所需工艺参数，镀制后取样测试。

阻值（取平均）：16.3W/ □；透过率：⩾ 85.3%。

（2）参数调整

根据模拟数据调试所得样品参数，需按控制变量法分步骤进行以下实验。

保持 SiO_2 层膜厚不变，调整 ITO-Ag-ITO 膜层厚度，计算设计工艺参数，达到低阻高透的产品需求。根据模拟数据取样测试结果：平均阻值 16.3Ω/ □，直到电膜层整体偏薄，需增加导电层厚度以降低方阻，导电层膜层厚度调整参数见表 5-4。

表 5-4　导电层膜层厚度调整参数

	膜厚 /nm			
	SiO_2	ITO1	Ag	ITO2
方案 1	60	25	14	50
方案 2	60	30	10	50
方案 3	60	25	10	55

所选样品取 9 个点测试方阻以及透过率，样品调试后取 344mm×406mm 片材，按图 5-8 所示标记 9 个点位置进行测试，结果见图 5-9、图 5-10。

1	2	3
4	5	6
7	8	9

图 5-8　样品方阻取点测试分布

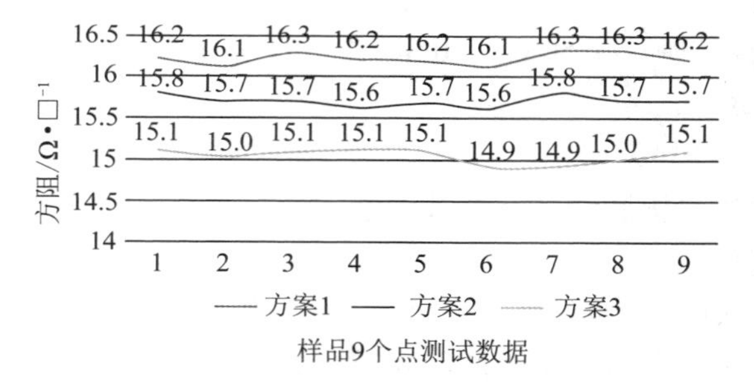

图 5-9　导电层膜厚参数调整后样品方阻测试结果

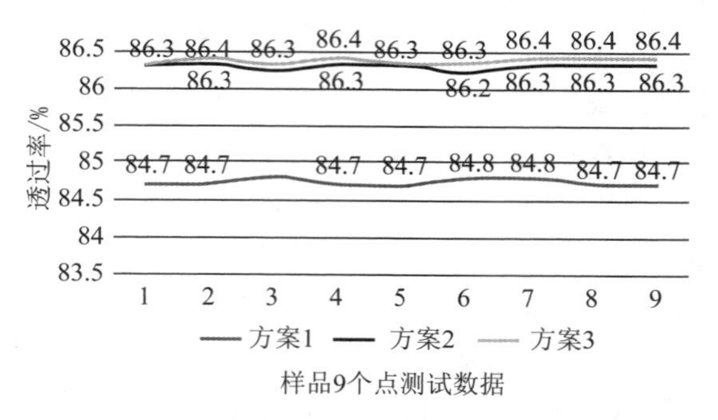

图 5-10　导电层膜厚参数调整后样品透过率测试结果

根据以上测试数据可知，当 SiO_2 膜层厚度不变，只变导电层膜厚：

①只增加 Ag 层膜层厚度时，样品方阻几乎没有改变，并且透过率偏低。

②同等膜厚增加到 ITO1 与 ITO2 时，可见 ITO2 层厚度增加时方阻以及透过

率的影响较大。

③可根据需求减低 ITO1 和 Ag 层膜厚，并增加 ITO2 层膜厚，以达到低阻高透的效果。

在方案3的基础上保持导电层（ITO-Ag-ITO）层膜厚不变，调整膜层 SiO_2 厚度，计算设计工艺参数，做样品测试。折射层膜层厚度调整参数见表 5-5，测试样品透过率变化情况，见图 5-11。

表 5-5 折射层膜层厚度调整参数

	膜厚 /nm			
	SiO_2	ITO1	Ag	ITO2
方案 1	55	25	10	55
方案 2	60	25	10	55
方案 3	65	25	10	55

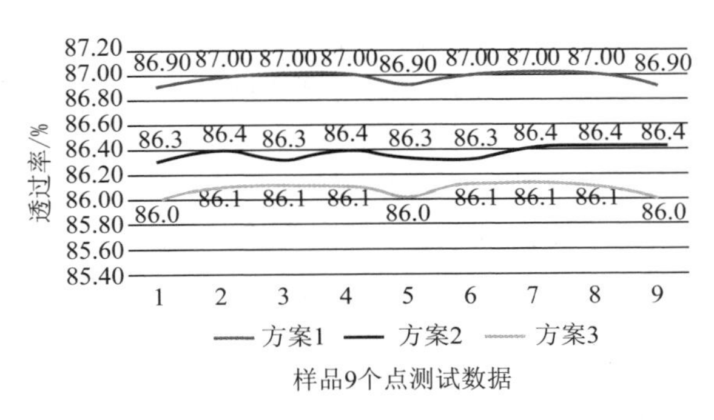

图 5-11 折射膜厚参数调整后样品透过率测试结果

根据以上测试数据可见，当导电层厚度不变，SiO_2 层膜厚增加时，样品透过率降低；当 SiO_2 层膜厚降低时，样品透过率增加。

二、印刷 / 涂布制备导电膜

1. 金属网格导电膜

人眼对于线条的鉴别度约在 6μm 左右，因此线径小于 6μm 金属网可布成裸眼看不到金属线的透明导电膜，金属网格（Metal Mesh）技术制备导电墨，是利用银、铜等金属材料，在玻璃或 PET 薄膜上形成导电金属网格图案而透光并导电。金属网薄膜可以利用蚀刻、网印形成图案可控制的金属网格，也可以利用金属粒聚集或是纳米金属线交织成图案不定型的金属网络。金属网格的电阻通常小于 10Ω/ □，可以卷对卷生产，且网格的抗弯折性良好，光学透过率和电阻率可调，可用于柔性器件。蚀刻的铜金属网格是一个成熟的产品，显示器（Plasma

Display）就应用铜金属网格作电磁遮蔽（EMI）。

以曝光、显影、蚀刻等黄光制备工艺的金属网格透明导电膜，应用于触控面板产业。利用 $Cu_2O/Cu/Cu_2O$ 结构，曾经制成线宽 7μm、格距 450μm 的金属网格透明导电膜，在电阻 15.1Ω/sq 时，透光率可达 89%。

有别于黄光的蚀刻工艺，直接在基板印制网格的工艺更多。日本富士胶卷（FujiFilm）开发银盐曝光技术，首先在基板上面进行溴化银涂布，然后经过曝光、洗银等程序制出网格图案，再以化学增厚工艺，制作出银金属网格。

或者利用精密网印（Direct Printing Technology，DPT）印制 20μm 线宽的银网，方块电阻 0.5 ～ 1.6Ω/ □，透光率达 78% ～ 88%。日本 Komura-Tech 以凹版转印（Gravure Offset）印制了 5μm 线宽的透明导电膜。也有以喷墨印刷方式直接印出网格，面阻值达 0.3Ω/ □。印刷法最大的挑战在于印制 5μm 以下的线宽。

无论何种方式印刷，纳米金属浆料都要经过烧结才能具备导电性。高分子基材耐热能力差，烧结时纳米金属极易氧化等，都是需要解决的问题。

激光烧结可以同时达到网格图案化与高温烧结的目的，可用铜纳米粒子激光烧结，或以纳米银粒子激光烧结，分别制出铜金属网格与银金属网格。其中银金属网格电阻在 30Ω/ □以下，透光率大于 85%。

相对于经过设计，并通过一定工艺成形的金属网格，自然形成的金属网络可省略图案化制备工艺，却可以达到形成导电网络的目的。

利用悬浮液干燥时固体会聚集形成咖啡环（Coffee Ring）的效应，适当的悬浮液干燥成膜后可以自序组装（Self Alignment）自然形成金属网络；利用纳米金属线交错也可以形成导电金属网络，分述如下。

纳米银经过特殊的墨水设计，可以在液体挥发干燥后让纳米银自动形成网络，而省去印刷图案化的制备工艺。可以利用气泡破裂自动形成纳米银线聚集网络，经过烧结可以形成面电阻 6.2Ω/ □，透光率达 84% 的透明导电膜。

另一种金属网络是由纳米金属线所组成，纳米金属线非常纤细，肉眼无法察觉线的存在，纳米金属线交织的金属网络，可形成导电度极佳的透明导电膜。利用纳米金属线的搭接形成的金属网络（图 5-12），制造工序更简单，成本更低廉。

以化学法合成的纳米铜线，可生成电阻小于 51.5Ω/sq、透光率为 93.1% 的透明导电膜；银的导电性比铜好，少量银纳米线即可交织成高导电度、高透光率的透明导电膜。

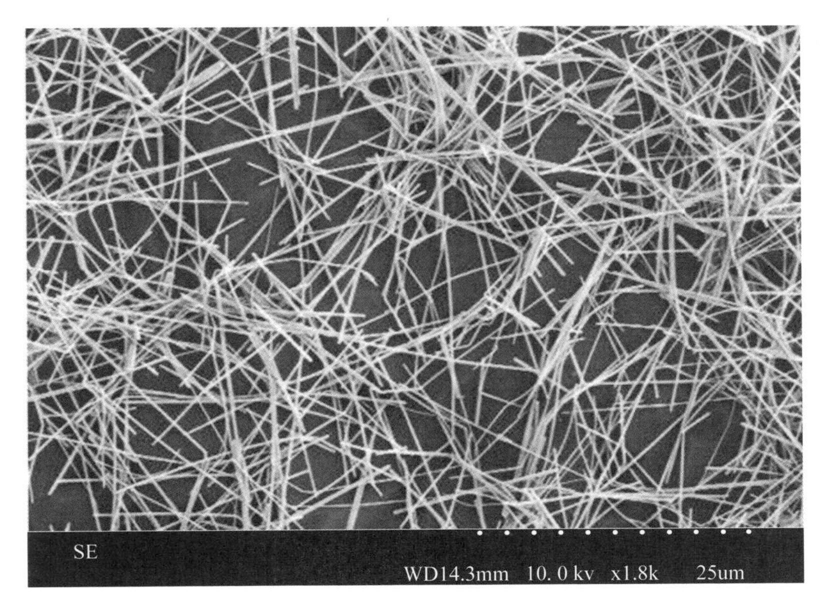

图 5-12 银纳米线搭接导电膜

随着大面积银纳米线透明导电膜连续生产的技术已日臻成熟，研究人员以连续卷对卷的狭缝涂布（Slot-die Coating），制出 400mm 幅宽的柔性银纳米线透明导电膜，面电阻 30Ω/sq 时，透光率可达 90%。

但是，银纳米线高长径比的材料特性，使得涂布均匀度难以控制，因此，开发均匀涂布设备与工艺，是银纳米线透明导电膜产品产业化的关键之一。

2. 金属网格导电膜制备

（1）凹版涂布复合制备透明导电膜流程及产品结构

金属网格透明导电膜的制作工艺有很多，卷对卷狭缝式挤压涂布方法具有卷到卷式加法生产、流程短、效率高、无废弃物、无污染的特点，可以大面积制作柔性栅格透明导电膜。此外，丝网涂布复合、喷墨涂布复合、转移涂布复合等涂布复合方式也被用来制作金属栅格透明导电膜。

北京印刷学院涂布制备的金属网格导电膜，透光率 70% ～ 80%，且随周期 / 线宽增大而分别增大 / 减小，电磁屏蔽效能最高达到 15dB 以上。研究发现，网栅的光电特性是矛盾的，线宽与周期越小，电磁屏蔽效果越好。图 5-13 和图 5-14，分别是导电膜印制过程示意图和三维显微图像。

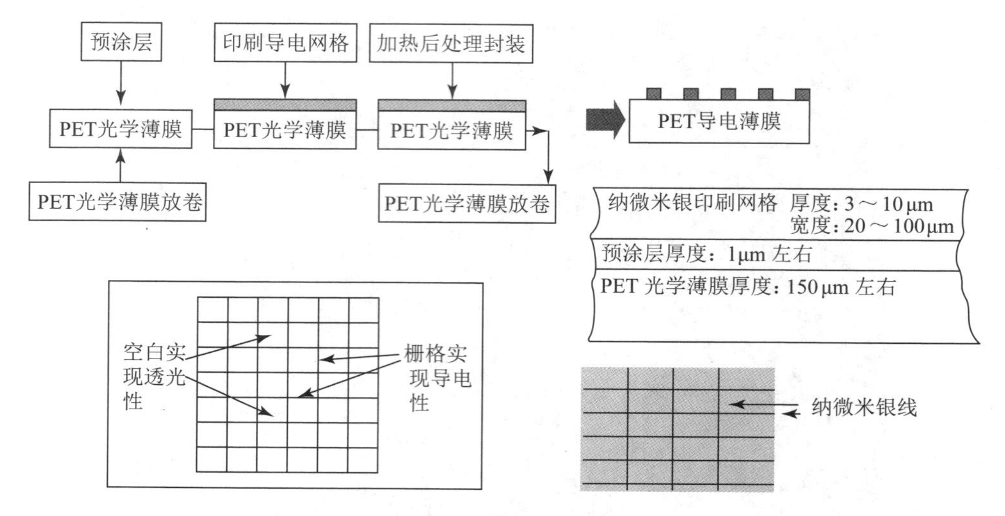

图 5-13 柔 / 凹版印刷金属网格导电膜工艺过程

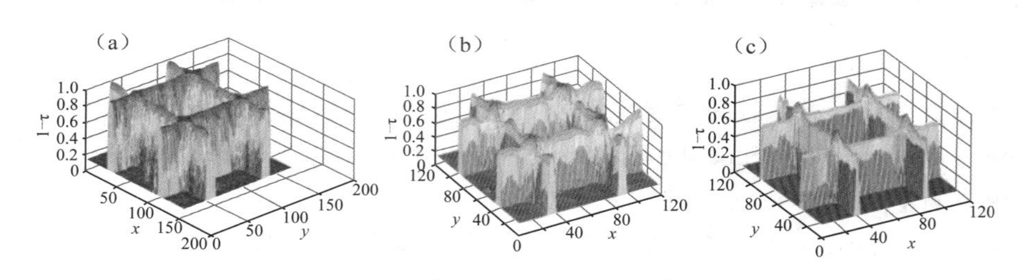

图 5-14 金属网格导电膜三维显示图像

（2）卤化银乳剂涂布法制备透明导电膜

乐凯胶片公司通过卷对卷涂布工艺制备的卤化银感光胶片进行曝光和显影加工，在聚酯片基上形成了由金属银构成的网格图案（银网格线宽 15～17μm，网线间距 285μm），经化学镀铜制得了透明导电膜。该透明导电膜的透光率为 80%，面电阻 0.1～1000Ω/□可调。该导电膜可用于制造 PDP 电视的透明电磁波屏蔽（EMI）膜；也可用于制造触摸屏的导电膜、聚合物和染料敏化太阳能电池的阳极，以替代 ITO 膜。此方法属于减法制备导电网格，具有显影和镀铜有环境污染，流程长，效率低的特点，制备流程如图 5-15。表 5-6 是其应用于电阻式触摸屏的性能参数测试结果。

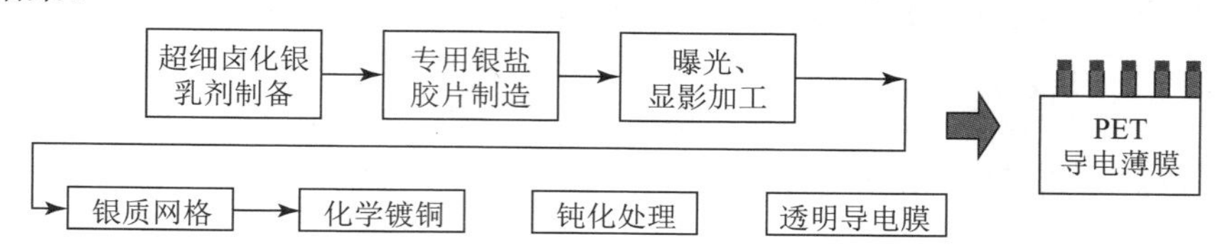

图 5-15 卤化银乳剂涂布制备透明导电膜流程示意图

表 5-6 用于电阻式触摸屏的透明导电膜性能参数测试结果

测试项目		技术指标	银盐法透明导电膜	测试仪器及条件
基膜厚度（μm）		175±10	175±5	千分尺
表面硬度		≥ 3H	≥ 3H	铅笔
雾度值		≤ 12%	10%	雾度计
电阻线性度		≤ 1.5%	≤ 1.5%	电阻线性度测试仪
可见透光率	135℃，60min 前	≥ 75%	75.9%	雾度计
	135℃，60min 后	≥ 75%	76.9%	
表面电阻（Ω/□）	135℃，60min 前（R0）	350±100	339±96	广州 RTS-8 型四探针电阻测试仪
	135℃，60min 后（R1）	350±100	340±89	
	热稳定性（R0/R1）	1.0±0.15	1.00	
	高温（R2/R1）	≤ 1.3	1.14	80℃，120h
耐热稳定性	高温高湿（R5/R1）	≤ 1.3	1.20	温度 60℃，湿度 90%RH，120h
化学稳定性	丙酮（RC1/R1）	≤ 1.3	1.13	浸渍 10min
	乙醚（RC2/R1）	≤ 1.3	1.17	浸渍 10min
	1%HCl（RC4/R1）	≤ 1.3	0.97	浸渍 30min

（3）纳米压印涂布 PET 透明导电膜

纳米压印是指将母模或模板压入载有保形材料（一般为光刻胶）的基材上，保形材料将按照模板凸起的形状发生变形，通过紫外曝光或者热处理的方法使保形材料固化，移除母模或模板后，就可以得到与模板高低位置相反的图形信息。通过在图形信息表面刮涂纳米导电涂布液，使凹槽填充导电涂布液，经过热 / 光固化得到透明导电薄膜。

纳米压印 TCF 的关键材料是纳米金属涂布液。纳米金属涂布液在应用时具有纳米颗粒的尺寸小、固化温度低于 100℃的优势。纳米压印技术对纳米金属涂布液的基本要求为高固含量。固含量直接影响导电线路的导电性能；较高的表面张力与较慢的干燥速度，与涂布液所用溶剂的类型关系密切；高柔韧性与高附着力，与涂布液采用的树脂类型有关。

表 5-7 为纳米压印 TCF 与其他同类产品的比较，可见，纳米压印 TCF 在性能上等同或优于同类产品，并在工艺上具有独特优势。

苏州大学袁晓峰通过银浆刮涂技术，制备了面电阻为 3Ω/sq 的金属网格导电薄膜。苏大维格光电科技股份有限公司及苏州纳格光电科技有限公司，结合可见光透光率达 90% 以上的热塑性聚合物、热固性聚合物或紫外光固化聚合物，在 PET 基材上压印涂布，得到了表面电阻小于 10Ω/sq、透光率大于 80% 的柔性透明导电薄膜，实现了纳米压印透明导电膜产业化。基本工艺过程如图 5-16 所示。

表 5-7　纳米压印 TCF 与同类产品的比较

特性	纳米压印 TCF	纳米银线	ITO	导电高分子（PEDOT：PSS）
表面电阻（Ω/ □）	＜ 10	150 ～ 250	270	820
透明率（%）	88 ～ 90	90 ～ 91	86	90
雾度（%）	0.8 ～ 1.3	0.9 ～ 1.3	0.8	1.5
柔性化	优	好	差	好
黄光工艺与蚀刻	不需要	需要	需要	需要

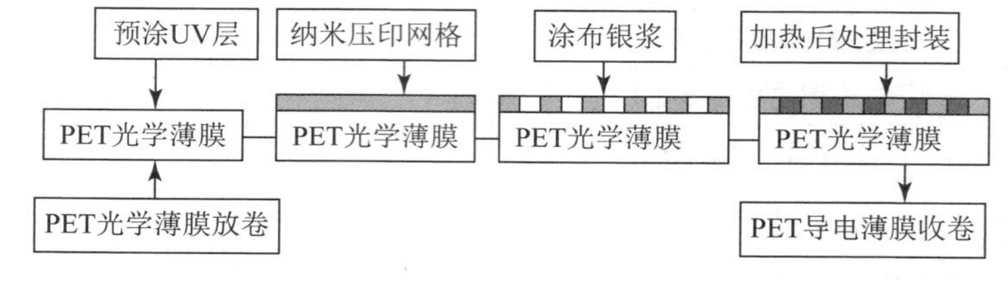

图 5-16　纳米压印透明导电膜工艺过程

该工艺属于加法卷到卷式生产，流程短、效率高，但涉及银浆回收。

（4）激光烧结法

有人通过用激光烧结银颗粒墨水，并洗去未烧结的银墨水的方法，在柔性基材上制备了二维金属方格透明导电薄膜，如图 5-17 所示。制得网格线宽 10 ～ 15μm，透光率 85%，方阻小于 30Ω/ □。还有人利用该方法直接烧结 NiO 颗粒墨水制备了 Ni 金属网格，当相邻线中心间距为 80μm 时，网格的透光率为 87%，方阻 655Ω/ □。该方法的主要缺点是金属颗粒墨水利用率低，使成本升高。

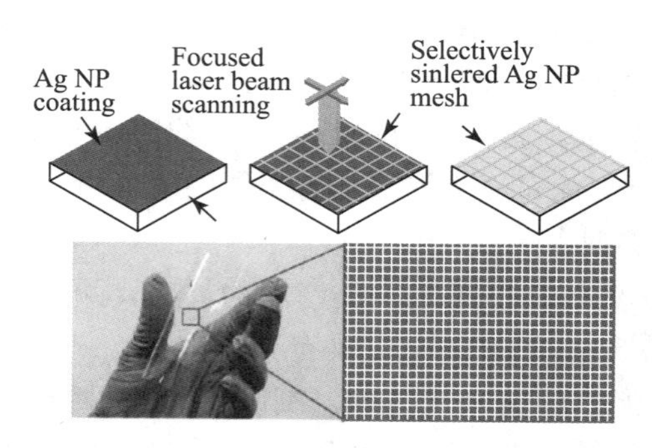

图 5-17　激光烧结银颗粒墨水制备透明电极流程，下部为 PEN 上生长的透明电极

（5）微凹版涂布透明导电膜

导电高分子透明导电膜，可用液相法大规模制备，成本低，且具有优良的力

学性能，最常用的材料是 PEDOT∶PSS，当透过率高于 90% 时，电阻率通常大于 100Ω/ □。可以用在触摸屏上，但无法替代 ITO 用于太阳能电池和 OLED 器件。

与普通凹版涂布相比，微凹版涂布辊的直径小，且没有一般凹版涂布的压紧背辊。凹版直径越小，与被涂支持体的线接触就越小。在一般凹版涂布情况下，在支持体进入和离开凹版辊处，都会有涂料积累，辊的直径越大，接触线越长，其积液也越多，对涂布的扰动也越大，如图 5-18（b）所示。采用微凹版辊，进入和离开处的积液量很小，所以大大减少了这种扰动的影响。另外，不采用压紧辊也减少了由于压紧辊所造成的一些缺陷。

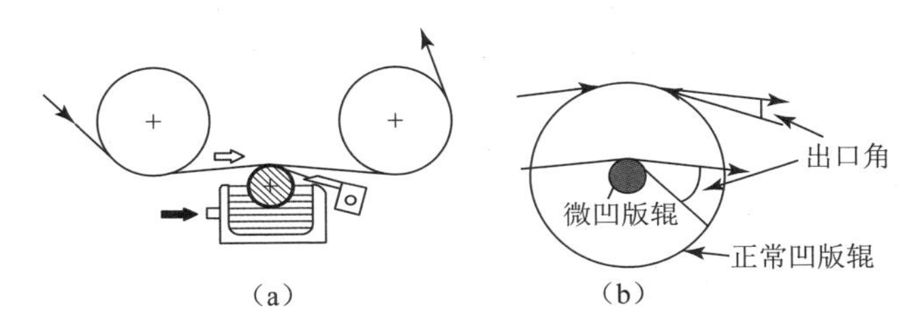

图 5-18　微凹版涂布工作原理

由于微凹版辊与被涂支持体接触面很小，而且又没有压紧辊，所以可实现用很薄的支持体涂很薄的涂层。北京印刷学院与乐凯公司合作，通过微凹版涂布复合方式，制备了导电高分子透明导电膜。

（6）ITO 透明导电膜的湿法制备

氧化铟锡传统制备方式是通过干式涂布，如直流磁控溅射、化学气相沉积、喷雾热分解法等，但这些方法均不可避免地要求苛刻的真空环境及相应的设备。湿法制备 ITO 薄膜的，是将分散好的、含有纳米 ITO 颗粒的溶胶，采用浸渍、涂布等方式，直接制备出所需的 ITO 薄膜。目前存在分散性、表面粗糙度以及热处理条件等诸多问题，有待解决。

杨鑫等人分别以去离子水和乙醇作为溶剂、助溶剂，聚乙烯基吡咯烷酮（PVP）为保护剂，将固态 ITO 粉末直接搅拌分散，制备出 ITO 溶胶，以涂布的方式制作了 ITO 透明导电膜。

热处理温度，对涂布制备的 ITO 薄膜最终性能具有重要的影响，透明导电膜的表面粗糙程度，与其透明性和导电性有直接影响。较高的处理温度及较低的表面粗糙度，有助于提高薄膜的导电性。

ITO 溶胶的制备：将 0.40g ITO 纳米颗粒及 0.04g 分散剂 PVP 加入到 1ml 乙醇与 3ml 去离子水的混合溶剂中，室温下超声处理 30min 后，再在 80℃下磁力搅拌 2h 得到黄色不透明 ITO 溶胶。过滤器（0.45μm）分离出大颗粒，得粒径均一的 ITO 溶胶。

ITO 透明导电膜的制备：将 ITO 溶胶涂布在净化后的载玻片上，置于马弗炉中热处理，得到 ITO 透明导电膜。

热处理：处理温度分别为 150℃、250℃、550℃，时间均为 45min，升温方式由马弗炉程序控制自动进行，升温速率设为 10℃ /min。

PVP 对 ITO 颗粒有很好的分散与保护作用。PVP 水溶性良好，其分子中的酰胺基与 ITO 表面的羟基活性基团形成氢键，因此很容易吸附在 ITO 颗粒表面。以 PVP 为分散剂制得的 ITO 溶胶，平均粒径约为 100nm，具有较窄的粒径分布，说明 PVP 分散剂对 ITO 颗粒具有良好的分散效果。

（7）Ag NWs 透明导电膜的制备

AgNWs 导电膜的制备方法主要有旋涂法、刮涂法、喷涂法、印刷法和真空抽滤法等。

旋涂法可通过转速、时间及滴料量来控制膜的厚度。虽然旋涂法在小面积生产工艺中具有相对简单，性价比较高等优点，但由于生产设备的因素，不能生产单片大面积样品，尤其是卷状样品。

刮涂法是适合大面积批量生产的一种涂布工艺技术，尤其在卷对卷生产工艺有较大的优势。通过将一定量 AgNWs 透明导电材料的分散液滴在基材上，再用迈耶棒将溶液铺平成膜。使用该方法制备出的导电膜，不仅取决于导电液的性质、涂布棒的间隙规格，更与涂布的速度和基材的平整度有关。迈耶棒刮涂法制得的样品具有厚度均匀性高、成本低、原料利用率高等优点。但该方法与旋涂法有着相同的缺点，在制备的过程中与基材之间的接触较差，导致薄膜的导电性能受到影响。

喷涂法虽然在制备柔性透明导电膜已有应用，但存在原料利用率低，浪费较多且薄膜均匀性差等缺陷。

印刷法可分为凹版印刷、丝网印刷以及网版印刷等，其原理是通过模板将原料印刷在基体上的制备方法，目前最常用的为丝网印刷和凹版印刷。印刷法操作相对较方便，易于实现卷对卷生产和薄膜的图形化。而其主要缺点在于对银浆的性能要求苛刻，且制备的导电膜易存在缺陷，同时表面不均匀。

真空抽滤法是通过抽真空的方式将分散在溶液中的滤料沉积在滤膜表面，形成均匀而具有一定厚度的导电薄膜。主要优点：①易于通过控制滤液的浓度和体积来制备不同厚度的薄膜。②在抽滤时，若局部出现滤料偏少，该处内外压强差较大，促使更多的滤液通过，沉积加快变厚，因此，滤料分散更加均匀。③抽滤过程时由于内外压力不同，可使得滤料更好接触，进而改善薄膜的导电性。但该方法存在工艺复杂，制备出的薄膜尺寸有局限性，不能实现大规模生产。

三、柔性可拉伸导电膜制备技术

1. 柔性基底材料

柔性基底材料一般分两类，一类是具有高透光率的材料，如用聚碳酸酯（PC）、聚萘二甲酸乙二醇酯（PEN）、聚酰亚胺（PI）和聚对苯二甲酸乙二醇酯（PET）等有机聚合物作为基底来制备柔性电子器件，这种基底材料能提供优异的可变形性、柔韧性以及高光学透明度。另一类是聚二甲基硅氧烷（PDMS）和硅橡胶，因为这些材料具备非常优异的拉伸性能。以 PDMS 为基底通过无电沉积制备出优秀拉伸性能的薄膜电极，拉伸应变达到 300% 时仍能导电（表 5-8）。

表 5-8　柔性基底材料分类

名称	类　型	示　例
柔性基材	高透光率	聚碳酸酯（PC）、聚萘二甲酸乙二醇酯（PEN）、聚酰亚胺（PI）和聚对苯二甲酸乙二醇酯（PET）、柔性玻璃
	可拉伸（波纹状、岛桥结构、随机褶皱结构、弹簧结构、切割 / 印刷网格）	聚二甲基硅氧烷（PDMS）和硅橡胶等

聚酰亚胺薄膜在众多领域中得到广泛应用，如半导体及微电子领域和柔性电路板领域，表 5-9 为 CPI、UTG、PET 三种材料对比情况。

表 5-9　CPI、UTG、PET 材料对比

性能	CPI	UTG	PET
厚度 /mm	0.1	0.1 ～ 1.1	0.1
透光率 /%	30 ～ 60	92	90.4
折射率 /%	1.76	1.47	1.66
Tg/℃	＞ 300	—	78
CTE/ppm/℃	8 ～ 20	3.17	33
吸湿率 /%	2.0 ～ 3.0	—	0.5
水汽透过率（g/m^2 • d）	—	—	9

资料来源：民生证券

柔性显示对聚酰亚胺薄膜的性能要求如下。

（1）耐高温的同时保证尺寸稳定性

柔性 OLED 器件中的低温多晶硅薄膜晶体管至少在 450℃以上加工，普通材料在此高温下难免产生形变。为了保证高温制备工艺中材料的尺寸稳定性，作为柔性基板的聚酰亚胺薄膜不仅需要极好的耐热性能（Tg ＞ 450℃），还要超低的热膨胀系数（CTE ＜ 4ppm/℃，室温 -400℃）。

（2）光学透明度高

普通聚酰亚胺薄膜对于可见光透光率低下，500nm 可见光的透射率小于 40%，

400nm 的可见光几乎被 100%吸收，严重限制它在光电领域的应用。

（3）易加工成型性

大多数的聚酰亚胺难以溶解或熔融，故难以成型加工，限制了聚酰亚胺的应用。所以作为柔性导电膜、触控基板、显示基板或盖板的光学透明薄膜，需兼顾其可溶性，以便加工成型。

（4）优异的机械性能

OLED 显示屏的盖板，要求韧性好、耐刮擦、耐撞击等出色的机械性能。为了开发柔性可折叠的手机，LGD 等公司已把表面有硬涂层的透明聚酰亚胺应用于可折叠柔性显示屏中。

综上，在保持力学性能和热性能的前提下，可溶、透明、高性能、光学级聚酰亚胺薄膜是研究热点之一。

透明聚酰亚胺薄膜市场由美日韩主导，主要生产企业包括杜邦、今山电子、长春高琦、日本三菱瓦斯、东丽杜邦、东洋纺公司、三井化学、韩国 KOLON。

日本占全球透明聚酰亚胺薄膜产量的 95%，MGC 是日本透明聚酰亚胺薄膜的重要生产商，其最早将聚酰亚胺薄膜产业化。SKC 和 KOLON 也在积极研发透明聚酰亚胺薄膜。

2. 可拉伸密封材料

可拉伸性与可渗透性密不可分：从分子层面来看，可拉伸且低渗透性的材料是不存在的。平坦的密封结构难以满足同时可拉伸、低韧性和低可透性，而褶皱密封结构却可以实现。这种褶皱结构在循环加载下，褶皱的铝箔结构经历数个循环后便生成疲劳裂痕并迅速扩展；而褶皱的聚乙烯和二氧化硅结构在 10000 次循环后仍能维持低可透性。

3. 金属材料

金属材料一般为金银铜等导体材料，主要用于电极和导线。对于现代印刷工艺而言，导电材料多选用导电纳米油墨，包括纳米颗粒和纳米线等。金属纳米粒子除了具有良好的导电性外，还可以烧结成薄膜或导线。通过静电纺丝技术大规模生产银纳米颗粒覆盖的橡胶纤维的电路，在 100% 拉力下，导电性为 $2200S \cdot cm^{-1}$。

4. 柔性导电膜

柔性导电膜除了具有传统电极良好的导电性能外还需要良好的柔性。导电填料特别是碳系导电材料的发展推动了柔性导电膜的研究。其中石墨烯、碳黑、碳纳米管的研究最多。

石墨烯薄膜电极具有良好的机械弯曲性、良好的透明度（高于 90%）和导电性（薄层电阻 100 ～ 1000Ω/sq）。石墨烯不仅具有一定的弯曲性，其本身也可拉伸。Hong B. H. 研究表明，通过化学气相沉积法生长的大尺寸的石墨烯薄膜，当发生形变时在石墨烯膜中形成的微裂纹进行调节，使其可以单次拉伸至 30%，在几个循环中反复拉伸也可达到6%。徐萍等利用石墨烯膜和PDMS基体间弹性模量的不匹配，将石墨烯贴在预先拉伸量为50%的PDMS基体膜上然后释放PDMS的方法，制备了屈曲起伏结构的石墨烯膜，根据表征数据显示其光学透射率为72.9%，最高可承受高达40%的拉伸应变，有望制备高性能超级电容器。

吴宸宇在中国高新科技杂志2019年第45期发文，认为相较于Ag、Cu和Au的高导电金属超薄金属膜，石墨烯和PEDOT∶PSS薄膜均表现出较低的导电性，限制了其在高性能光电子学中的进一步应用。理论上，由高导电金属制成的超薄金属膜具有低薄层电阻和高透明度，1nm厚的Ag膜具有16.5Ω/sq的薄层电阻，并且在该厚度下几乎是透明的。然而，由于金属岛的存在使得许多薄金属膜在膜厚度超过一定阈值之前不导电，厚度增加必然导致其透明度的下降。连续的金属纳米线网络有望解决该问题。研究发现薄金属纳米线膜具有高导电性和透光性，并且可以循环弯曲、拉伸，甚至刮擦多次，表现出良好的机械性能持久性。然而，在增加的拉伸应变下，线与线之间会断裂，导致接触电阻在几Ω到千兆Ω范围内大幅增加，因此电极不能保持相当低的薄层电阻。对于纳米线的改性有助于解决该问题。例如，用氧化石墨烯改性的银纳米线（$AgNW_s$）拉伸性高达130%。

国内，对柔性导电膜也开展了一系列研究。2015年北京化工大学等利用导电填料间的协同性，在前期单相填料制备电极的基础上，将银纳米线和石墨烯混用制备柔性导电膜，进一步提高柔性导电膜的导电性和应用范围。

国外，2010年斯坦福大学研究了一种工艺简单、可拉伸、多孔结构的单壁碳纳米管/棉柔性导电膜，重复多次浸渍的过程提高了碳纳米管在织物纤维上的上载量，增强了复合材料的电导率。2012年韩国延世大学选用银纳米颗粒沉积在苯乙烯系热塑性弹性基底（SBS）形成导体，导电性好且重复性好。2013年美国麻省理工学院利用层层自组装技术，基于多壁碳纳米管和电纺纤维的基础上制备电极，该电极具有柔性且导电性好。2014年，基于石墨烯和聚酰亚胺的基础上，原位聚合制备了柔性导电膜，该柔性导电膜同时还具有较好的储能特性，被作为超级电容器电极材料使用。

2017年，汪月对单壁碳纳米管/莱卡复合导电织物与单壁碳纳米管/聚苯胺/莱卡复合导电织物的导电特性和拉伸特性进行分析及实验研究。通过对单壁碳纳米管进行表面改性及分散处理，利用高温浸渍—干燥法制备复合导电织物，并在此基础上将复合导电织物进行固色处理获得导电性、黏附性及稳定性较好的复合导电织物。发现单壁碳纳米管/莱卡复合导电织物具备良好的拉伸特性（初始方阻为65Ω/□，拉伸应变可达35%且保持初始导电性）；单壁碳纳米管/聚苯胺/莱卡复合导电织物具备良好的导电性（初始方阻值35Ω/□，拉伸应变在25%范围内保持良好导电性）。

柔性导电膜技术，还存在不足。

材料方面，目前应用广泛的柔性金属丝电极，而金属丝只有柔性，拉伸特性不明显，制约了柔性导电膜在手掌等曲率较大部位的应用。如涂刷银纳米线在PET上形成银纳米线/PET电极和用丝网印刷技术制作的石墨烯/不同橡胶基底电极导电性虽然较好，但是柔性不如其他电极且不能拉伸或拉伸范围很小。基于金属氧化物和导电聚合物的柔性导电膜对环境适应性较差，稳定性差，使用寿命短不利于产业化，如现在制作技术较成熟的ITO电极，ITO材料本身固有的脆性一直是最大的瓶颈。

工艺方面，柔性导电膜大多数情况下以导电填料/电子材料薄膜即柔性衬底的结构形式出现，但是有机材料润湿性差的缺点使其在柔性基底上制备的电极很容易脱落，柔性导电膜和有机衬底材料的黏附性是柔性导电膜急需解决的技术瓶颈。比如，用喷墨打印技术制备的PEDOT：PSS电极以及美国麻省理工学院用逐层喷射技术制作的MWCNT/ES电极在大拉伸下导电性不强。实现柔性导电膜在柔性电子设备中应用的关键问题是改善在大拉伸下柔性导电膜的稳定性和导电性，同时也是该类电极材料研究的难点之一。

5. 可拉伸结构的设计

通常，具有高导电性和透明性的材料是不可拉伸的。然而，通过几何结构设计，可以使坚硬的材料实现结构上的可拉伸。通过将纳米网络与一维波纹结构相结合，研究者们成功设计并制造了一系列高度可拉伸的透明电极（图5-19，图5-20）。通过施加预应变，将面内屈曲结构引入互连的Au纳米网络中，网络结构电极拉伸性可达300%，且在100%应变下循环拉伸10万次而无疲劳产生，为超拉伸电子设计提供了新思路。

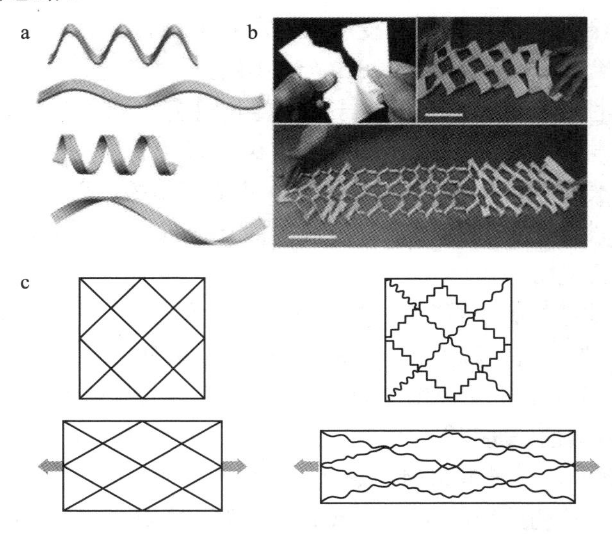

（a）可拉伸的1D结构：波浪形（上部）和弹簧形（下部）；
（b）通过kirigami（剪纸艺术）切割设计网络结构，实现硬质不可拉伸材料（如纸张）的可拉伸性能；
（c）具有直线（左）和蛇形（右）结构的可拉伸网络结构，后者显示出更高的可拉伸性能

图5-19 三种可拉伸结构设计

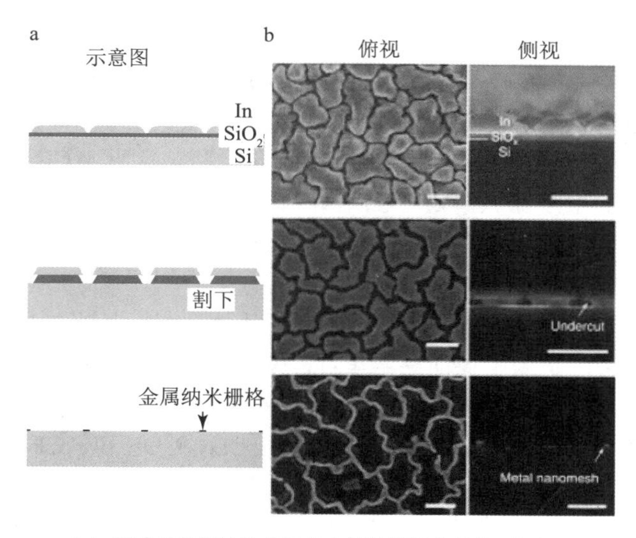

（a）通过晶界刻蚀技术制备金属纳米网络结构（左）；
（b）自相似互连 Cu 电极的光学图像（左侧）及具有自相似蛇形结构的互连可拉伸性电极的实验和模拟结果（右）

图 5-20　两种可拉伸结构设计

四、各向异性导电膜制备

关于 COF（覆晶薄膜）用各向异性导电膜，图 5-21 是以 LCD 为代表的 FPD（平板显示器）的安装方式，大致分为三种：①采用 ACF 安装驱动的 IC 封装化的 TCP（Tape Carrier Package）；②采用 ACF 在基板上安装裸芯片的驱动 IC 的 COG（Chip Onglass）；③在基板上安装 COF。COF 是在高柔性二层 FPC（Flexible Printed Circuit）上连接驱动 IC。虽然这三种安装方式的应用广泛，近年来正在

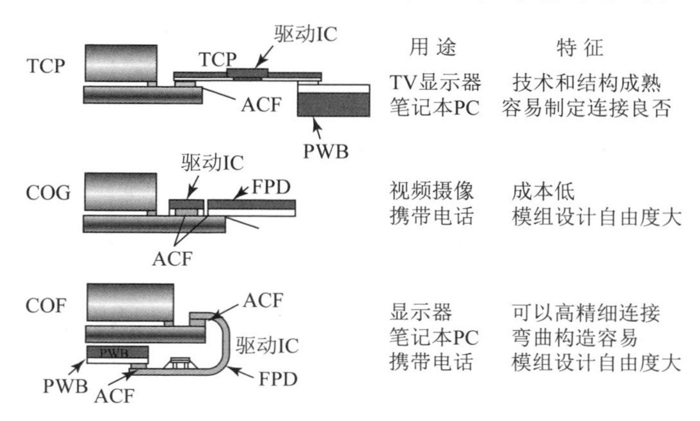

图 5-21　FPD 的安装构造

采用以COF代替TCP的安装方式。采用ACF在液晶基板上安装COF时，由于TCP与COF的差异，必须使COF用的ACF设计和安装条件最佳化。过去的TCP是在Cu电路与聚酰亚胺膜之间，介入黏结剂层的三层结构，而用于COF的两层FPC，则是在聚酰亚胺膜上直接形成Cu电路。因此ACF必须以高弹性与难以获得黏结性的聚酰亚胺膜进行黏结。两层FPC有金属化法（电镀法）、浇铸法和层压三种构造方法。最适合于高精细化的金属化法是在聚酰亚胺膜上用镀层形成电路。

聚酰亚胺膜表面比TCP平滑，难与ACF牢固黏结。因此，TCP用ACF不使用高透明聚酰亚胺，是为了保证黏结牢度。除了通过ACF的黏结剂官能团或者黏结助剂来提高聚酰亚胺表面的化学的或者电的黏结性外，还可以通过降低界面应力实现。ACF连接时，必须加热加压，基于LCD、COF和ACF之间的热膨胀系数的差异，在LCD/ACF界面和COF/ACF界面上形成了残留应力，残留应力会降低与ACF的黏结力。为了获得最大黏结强度，ACF与FPC的界面应力和ACF的凝集力的整合很重要。ACF的弹性模数以700～900MPa为佳，可以确保COF连接时的高黏结强度和低连接电阻。

此外，还有PDP和有机EL用各向异性导电膜，低温连接型各向异型导电膜等。为了使ACF适应于高精细化，微小的连接面积上确保导电，必须研究ACF的导电粒子的稳定连接功能与NCF、NCP中的绝缘性优势的关系。根据工艺稳定性、短流水作业性、多层板的适应性、耐回流焊性和贮存稳定性等特性要求，日本公司开发了由导电粒子层与黏结剂层构成的二层构造，确保高效率的捕捉导电粒子，确保连接部分的高性能导电粒子，可以低温连接的黏结剂和低温连接型ACF也是研究方向。

第三节 导电膜材料及其制备

一、导电材料、导电膜及其基本性能

各种导电材料在导电膜制备方面，均有应用。

金属材料一般为金、银、铜等导体材料，主要用于电极和导线。对于现代涂布复合工艺而言，导电材料多选用导电纳米涂布液，包括纳米颗粒和纳米线等。纳米粒子除了具有良好的导电性外，还可以烧结成薄膜或导线。通过静电纺丝技术大规模生产银纳米颗粒覆盖的橡胶纤维的电路，在100%拉力下，导电性达到2200S • cm^{-1}。

以ZnO和ZnS为代表的无机半导体材料压电特性出色，有望在柔性电子传感器领域获得应用。

碳材料方面，碳纳米管结晶度高、导电性好、比表面积大、微孔大小可通过合成工艺加以控制，比表面利用率可达 100%。石墨烯轻薄透明，导电导热性好，利用多壁碳纳米管和银复合并通过涂布复合方式得到的导电聚合物传感器，拉伸 140% 导电性仍然高达 $20S \cdot cm^{-1}$，在碳纳米管和石墨烯的综合应用上，已经制备了可以高度拉伸的透明场效应晶体管，存在褶皱的氧化铝介电层，在超过一千次 20% 幅度的拉伸—舒张循环下，没有漏极电流变化。天津工大耿宏章团队，将快速喷涂与酸处理以及棒涂法与酸处理技术相结合，大面积快速制备碳纳米管柔性透明导电薄膜，在保持高透光率的前提下，提高柔性碳纳米管导电薄膜的导电性能，降低面电阻，降低成本。

光电产品都需要光的穿透与电的传导，因此透明导电膜是光电产品的基础，平面显示器、触控面板、太阳能电池、电子纸、PDLC 调光玻璃、OLED 照明等光电产品都需要用到透明导电膜。

国际市场研究机构 Research and Markets 在 2017 年市场调查中指出，预估全球透明导电膜的市场从 2017 到 2026 年平均年成长率超过 9%，不管是从光电产品的产业链或是市场规模来评量，透明导电膜都是光电产业不可忽视的重要材料。

透光率与导电性互相掣肘，透光率代表可见光可以穿透介质的多寡，而导电性代表介质传导载子（Carrier，包括电子与空穴）的多寡，与载子浓度有关。

在光学性质上，载子可视为处于一种等离子状态，与光的交互作用很强，当入射光的频率小于材料载子之等离子频率（Plasma Frequency）时，入射光会被反射，因此，材料的载子等离子频率在光谱的位置是可见光波段（380 ～ 760nm）是否能够穿透的决定因素。

金属薄膜的等离子频率在紫外光区，所以可见光无法穿透金属，这是金属在可见光区呈现不透明光学性质的原因，而金属氧化物的等离子频率落在红外光区，因此可见光区的光线，可以透过金属氧化物，呈现透明状态。

但是，金属氧化物能隙（Energy Band Gap）太大，载流子的浓度有限，导致金属氧化物的导电性很差。

降低金属材料厚度是增加光线穿透的一个方法，唯金属薄膜厚度太薄，加工不易，如以蒸镀方式成膜会形成岛状不连续的生长；另外也因为膜厚较薄，在空气中容易有氧化的现象产生，造成电阻值剧变，不利于后续应用。

提升金属氧化物的载流子浓度以增加其导电性，是透明导电膜的另一个方向。氧化物稳定，成膜性好，通过掺杂（Doping）或是制造缺陷增加载流子的浓度来提高其导电性，是透明导电膜的选择之一。

掺杂的氧化锡、氧化锌等，都具有高透明、高导电特性，氧化铟锡（Indium Tin Oxide，ITO）应用最为广泛。ITO 导电好，可见光透光率高，成膜技术与后续蚀刻图案化制备工艺都成熟可靠，并因此成为透明导电膜主要的材料。

从柔性电子对可挠性需求来看，受力弯曲碎裂的特性，使 ITO 在柔性电子组件应用上遇到瓶颈，具有可挠特性，取代 ITO 透明导电膜的产品，会是未来柔性光电产品的基础材料，非 ITO 透明导电膜之市场需求将逐渐地上升。

虽然单一材料同时具有高透光率、高导电率与可挠曲特性比较困难，但透过材料设计，如金属薄膜、一电介质 / 薄金属 / 电介质 Dielectric/thin Metal/Dielectric，DMD）复合材料结构、掺杂具共轭键的导电高分子（Organic Conductive Polymer）；具导电性的导电碳材如石墨烯（Graphene）、纳米碳管（Carbon NanoTube，CNT）；或是金属网格（Metal Mesh）、金属网络（Metal Web），都可制成柔性透明导电膜（图 5-22）。

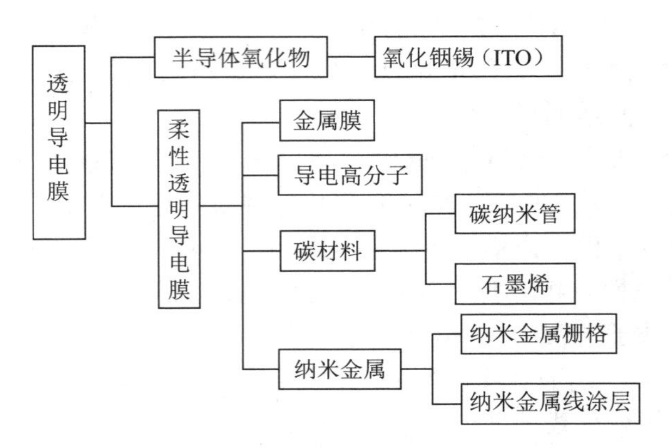

图 5-22 潜在的柔性透明导电膜材料

鉴于导电膜透光性能要求，新型导电膜，特别是透明导电膜涂层导电材料，大多突出纳米尺度效应。预期 ITO 替代材料主要有石墨烯、导电高分子、纳米碳管、金属网格、纳米银线等（图 5-23）。

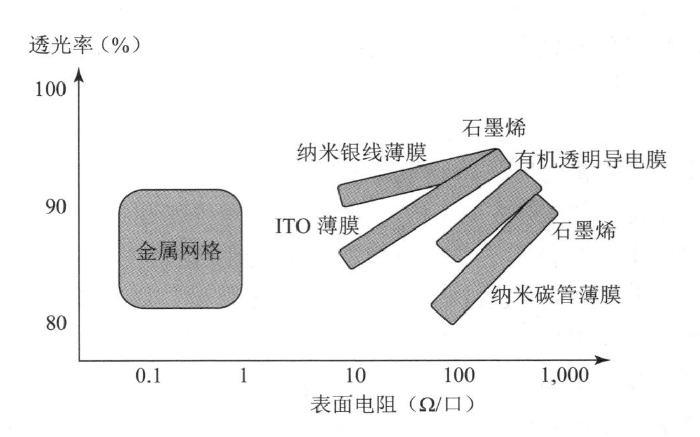

图 5-23 ITO 及其替代物质透光率和导电性能对比

金属网格成本低，导电性好，但透光率偏低、显示屏图像容易受到干扰形成摩尔纹缺陷。银纳米线导电膜生产工艺简单、损耗少，透光性、柔韧性和图像清晰度更好。

二、柔性导电膜基材的选择及其处理

1. 柔性导电膜基材的选择

柔性导电膜基材的选择，一般要考虑到以下几点。

①良好的透光性。500nm 以上波长的透光率超过 90%。

②良好的耐热性。满足磁控溅射等工艺要求，玻璃化转变温度在 250℃以上，并能保持良好的机械强度。

③与导电薄膜的热膨胀系数要匹配。

④与导电薄膜的黏附性好。

⑤表面光洁、平整、无针孔、瑕点。

⑥阻氧、阻水蒸气性能好。

⑦化学稳定。

根据以上基本要求，可用基材有：米拉（Mylar）薄膜、聚对苯二甲酸乙二醇酯（PET）、聚碳酸酯（PC）、聚丙烯（PP）、聚酰亚胺（PI）、对苯二甲酰胺（PPA）、聚四氟乙烯（PTFE）、聚甲基丙烯酸甲酯（PMMA）等。常用的是 PET 和 PI，PET 可短期耐受 150℃高温，PI 可耐受 400℃以下高温，温度升高时，薄膜致密性提高，密度增加。此外，导电层薄膜在基材上的附着性，影响应用性能。

（1）聚酰亚胺（PI）

在聚酰亚胺基材上采用磁控溅射方法制备 ZnO：AI 的透明导电膜，可见透光率 74%，最低电阻率为 $8.5\times10^{-4}\Omega\cdot cm$。

（2）聚对苯二甲酸乙二醇酯（PET）

聚对苯二甲酸乙二醇酯无色透明，机械性能优良，气密性好，耐热温度可达到 150℃，可用作透明导电膜的基材材料。

（3）其他聚合物基材

有人在柔性透明基材如 PC 和环烯烃共聚物（COC）上，利用射频磁控溅射技术沉积 ITO 导电膜，考察了溅射功率、厚度、氧气流量对 ITO 膜光学性能和电性能的影响。发现沉积在玻璃、PC 和 COC 上的 ITO 膜，可见透光率为 85% ～ 90%，电阻率分别为 $6.35\times10^{-4}\Omega\cdot cm$、$5.86\times10^{-4}\Omega\cdot cm$ 和 $6.72\times10^{-4}\Omega\cdot cm$，优选的 ITO 厚度为 150 ～ 300nm。

2. 柔性导电膜基材的处理

有机柔性基材不耐高温，给导电薄膜的沉积带来较大的难度。沉积材料的附着晶化一般要高于 300℃，而一般的有机基材在 130℃左右即开始变形；当基材温度太低时，沉积上去的原子团没有足够的能量迁移、结晶，增加薄膜中的缺陷，使获得的薄膜晶粒尺寸偏小，电阻率偏大，可见透光率低。

有机柔性基材与导电薄膜的晶格匹配也不如玻璃基材，薄膜不易附着。尤其当基材温度较低时，键合作用很弱，导电薄膜容易脱落或根本无法成膜；此外，对氧气、水蒸气的阻隔性能差。与此同时，有机基材的表面平整度较差，造成沉积的导电薄膜厚度不均匀，这些特点使在柔性基材上制备的透明导电膜的电阻率较大。因此，需要提高有机柔性基材的耐热温度和表面均匀性，增加与导电薄膜的晶格匹配性。

为了降低透明导电薄膜的电阻率，在沉积透明导电膜之前，可以通过以下方法，对柔性基材进行处理。

①在基材上施加一负偏压。

②在柔性基材上沉积无机缓冲层。

③在柔性基材上沉积有机缓冲层，如聚酰亚胺、聚对二甲苯等。

此外，偶联剂是有效连接无机材料与有机材料的桥梁，柔性基材通过硅烷偶联剂的处理，表面性能也可以得到明显改善。

无色聚酰亚胺膜是研究及产业化方向之一。表 5-10 是几种无色聚酰亚胺材料性能对比及应用。

表 5-10　无色 PI 膜性能对比及应用

性能	高透光型	紫外阻隔	耐黄变型	低 CTE 型	韩国某公司	美国某公司
厚度 /μm	20	20	20	50	20	10
Tg/°C	＞ 400	270 ～ 340	＞ 400	330	330	262
CTE/ppm/K	＜ 50	＜ 60	＜ 40	＜ 15	＜ 15	38
Td/5wt%	＞ 500	＞ 500	＞ 500	＞ 450	＞ 450	459
断裂强度 /MPa	102	＞ 140	＞ 140	＞ 200	176	116
模量 /GPa	＞ 1.5	→ 2	1.5	4.5	4.5	3.4
截止波长 /nm	340	380	350	356	N.A.	360
总透光率 /%	92	＞ 88	90	＞ 90	90	90
T400nm/%	87	＞ 40	81	＞ 80	88	68.5
b*	＜ 1.2	＜ 3.5	2.0	2.0	1.7	1.5
用途	柔性触控	工业用途	OLED 照明	柔性显示盖板	柔性显示盖板	柔性显示盖板

三、纳米金属材料

1. 纳米银

（1）基本性质

在印刷电子领域，银是银基导电油墨中的重要成分之一。银导电油墨用纳微米尺度银或可溶性银化合物。银导电油墨是开发与应用较成功的导电油墨之一。

当银颗粒的直径达到纳米尺度时，单位体积的表面积大幅增加，因此具有较高比例的原子位于颗粒表面，而使其具有较高化学物理活性。纳米银颗粒通常有：球形、三角片形和方块形及纳米银线（图5-24）。

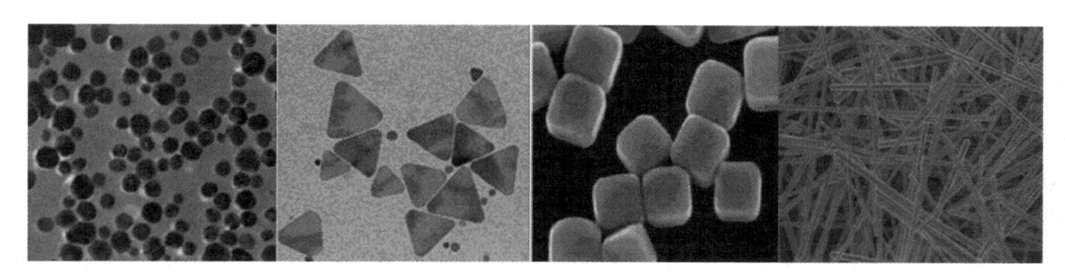

图5-24　纳米银的四种形态

纳米银颗粒在集成电路（IC）中有广泛的应用，掺入纳米尺度银能提高微米银导电墨质量。纳米银颗粒的熔点可降低至150℃，用其制成的导电浆料可在低温烧结，因此可采用塑料等普通材料代替耐高温的陶瓷材料做基片。此外，掺杂了纳米银颗粒的绝缘体和半导体光学特性优良，适于制造光电器件。

微米尺度银的直径比纳米尺度银的大了三个数量级，微米尺度银同样具有良好的导电性，在硅基太阳能电池面板电极中应用广泛。此外，由于微米尺度银粒径较大，不容易渗入皮肤或黏膜，是化妆品、织物、涂料等应用中的理想抗菌添加剂。

（2）制备方法

银导电材料的制备技术，主要在于纳米尺度银的制备。低廉、便利、高效的纳米银制备技术是研究的重点。已经开发的纳米尺度银制备包括物理法和化学法及纳米银制备。物理方法原理简单，缺点是对仪器设备要求较高、生产费用昂贵，主要适用于对纳米银颗粒的尺寸和形状要求都不高的产业化制备。化学制备方法主要有液相化学还原法、电化学还原法、光化学还原法等。

①物理法

物理法是将大块的单质银变成纳米级的银粒子，包括高能机械球磨法、蒸发冷凝法、雾化法、激光法、等离子法等。

a. 机械球磨法。机械球磨法是在密闭的容器内放置大小不一的钢球，通过容器的振动、旋转，钢球对粉体进行撞击、研磨和搅拌来改变粒子的形状和大小。机械球磨过程实际是大晶粒变成小晶粒的过程，但是要控制时间，由于晶粒细到一定程度，表面积增大，会造成晶粒团聚。机械球磨的特点是操作简单、成本低，但产品纯度低，颗粒分布不均匀。有人在低温下采用高能机械球磨法制备银纳米颗粒，得到了平均粒径约为20nm的银纳米颗粒。

b. 蒸发冷凝法。蒸发冷凝法是目前制备具有清洁界面纳米粉体的主要手段之一。该法是在密闭空间内充入惰性气体，将金属块体气化，然后与惰性气体原子碰撞失去能量，然后冷却、凝结形成纳米粒子。气相冷凝法可制备悬浮的纳米银粉。在惰性气体的氛围中，利用真空冷凝的方法，可以制备形貌和分散都较均匀的纳米银颗粒。通过高压磁控溅射的方法，在惰性气体的气氛中，于低温的基材上也得到了3～60nm的纳米银颗粒。

c. 雾化法。雾化法主要是利用高速的气流或者水流直接击碎液体金属或合金来制取粉末。雾化法工艺简单，可连续、大量生产，被广泛采用。工业上主要采用的是气雾化法和水雾化法，两种方法的主要区别在于所采用的雾化介质不同，其制粉的原理是一样的。有人采用雾化法制备了粒径分布在5～20nm的银超细颗粒。

d. 激光法。利用激光制备纳米银是近年来的一种改进方法。用Nd：YAG激光器，以1064nm波长的激发照射在银金属的表面，通过控制照射时间，可以控制银颗粒的粒径。在丙酮、水、异丙醇、甲醇等溶剂中，将532nm，10ns的激光照射在溶液与银基材料的界面处，制备了纳米银溶胶。在表面活性剂存在的前提下，利用激光照射金属银，可得到十分稳定和高分散的纳米银颗粒。在PVP（聚乙烯吡咯烷酮）存在下，利用C-辐射制备了较稳定的纳米银。在表面活性剂CTAB（十六烷基三甲基溴化铵）和SDS（十二烷基磺酸钠）存在的前提下，采用120mJ强度的激光脉冲得到高分散的银纳米颗粒，所得到的银纳米粒子粒径约为4.2nm。

e. 等离子体法。阳极电弧放电等离子体法制备纳米银是对真空冷凝法的一种改进。这种方法的阳极为纯银金属，阴极在高电流下发射电子，使周围的惰性气体形成稳定的等离子体。点燃电弧后，阳极金属被加热熔融蒸发形成银蒸气，然后成核得到纳米银。用此法制备的纳米银粉，粒径比较均一。有人用自行研发的直流电弧等离子体蒸发设备，制备粒径在38～220nm的纳米银粉末。

②化学法

化学法制备的纳米银颗粒主要应用于对纳米颗粒性能要求较高的光学、电学和生物医学等领域，关键技术是控制颗粒的尺寸、较窄的粒度分布和得到特定而均匀的晶型结构。化学制备方法主要有液相化学还原法、光化学还原法、微乳液法、电化学还原法、水热法、溶胶—凝胶法、微波法等（见表5-11）。

表 5-11　制备银纳米粒子的化学方法

方法	还原剂	制备方法	纳米银特性
液相化学还原	水合肼	以 PVP 为分散剂，还原硝酸银溶液	近似球状的、平均粒径约为 50nm 的纳米银粉
		以柠檬酸三钠为分散剂，还原硝酸银溶液	粒径为 20 ～ 50nm 的纳米银颗粒
		采用 AOT（琥珀酸二异辛酯磺酸钠）为分散剂，还原硝酸银溶液	粒径为 20mn，较为稳定的纳米银溶胶
	甲醛	以 PVP 为保护剂还原硝酸银溶液	平均粒径约为 20nm 的纳米银粉
	硼氢化钠	利用月桂酸为保护剂，还原硝酸银溶液	粒径 30 ～ 50nm 的纳米银颗粒
	次磷酸钠	以六偏磷酸钠为分散剂、次磷酸钠为还原剂、PVP 为保护剂，在一定的条件下与硝酸银溶液反应	得到红色的纳米银溶胶
	乙醇	利用 PVP 为保护剂、乙醇为溶剂及还原剂	粒径较小的纳米银颗粒
微乳液法	水合肼	以十二烷、环己烷等为溶剂，AOT 作为表面活性剂，在硝酸银的水溶液中形成微乳液，再用同样的方法制得水合肼的微乳液。然后把水合肼的微乳液滴加到硝酸银的微乳液中，反应两个小时，得到稳定的亮黄色透明纳米银溶胶	纳米银的平均粒径为 1.5 ～ 6nm
	硼氢化钠	十二硫醇为表面活性剂	粒径为 3nm 左右的纳米银
	抗坏血酸	以庚烷为溶剂，AOT 为表面活性剂，分别在硝酸银和抗坏血酸的水溶液中制得微乳液，然后混合两种微乳液反应得到纳米银溶胶	银纳米颗粒的平均粒径为 3.39nm
水热法	无须还原剂	采用海藻酸钠、柠檬酸钠、硝酸银为原料	制备了不同形貌的纳米银粒子及银纳米线
	葡萄糖	以聚乙烯吡咯烷酮、硝酸银为原料	纳米银颗粒
溶胶 - 凝胶法	柠檬酸三钠	以柠檬酸三钠为还原剂，二次蒸馏水为分散剂，还原硝酸银溶液	纳米银溶胶
光化学还原法	PVP	以硝酸银溶液、银氨溶液为前驱体、PVP 为还原剂和保护剂	粒径较小、分散性较好的纳米银溶胶
		以 PVP 为保护剂和还原剂，以氨水添加到氧化银中形成的无硝酸根子的银氨溶液为前驱体，在 40W 的水银灯照射下制备纳米银	高分散的，粒径分布均匀的球状纳米银粒子，平均粒径为 4 ～ 6nm
	壳聚糖	在壳聚糖内原位还原硝酸银	获得球状粒径为 10 ～ 30nm 的纳米银粒子，所得到的纳米粒子为三角形、六边形的银单晶体
	聚乙烯醇	紫外光辐射聚乙烯醇和硝酸银的混合溶液	纳米棒、纳米线及树枝状银
	柠檬酸钠	在柠檬酸钠和硝酸银的混合水溶液中制得银晶种，再用紫外光辐射含有银晶种的 PVP 和硝酸银的混合溶液	直径为 50 ～ 120nm，长度约为 50um 的银纳米线和树枝状结构的纳米银。

续表

方法	还原剂	制备方法	纳米银特性
电化学还原法	无须还原剂	采用 PVP 为保护剂，发现 PVP 的浓度对纳米银的粒径有较大的影响	纳米银的粒径为 1-15nm
		利用柠檬酸或半胱氨酸为配位剂	树枝状或球状的纳米银
		采用聚乙二醇为保护剂	纳米银棒和纳米银线
		用巯基乙酸或 N，N- 二甲基甲酰胺保护剂	纳米银溶胶，用巯基乙酸为保护剂的纳米银溶胶稳定性更好
微波法	亚甲基蓝	以亚甲基蓝为还原剂，PVA 为分散剂，硝酸银为银源，利用微波反应制备纳米银	平均粒径为 20nm 左右球形纳米银颗粒

梁树华等采用水热法，以乙二醇（EG）作为还原剂和溶剂制备银纳米线，在硝酸银（$AgNO_3$）与聚乙烯吡咯烷酮（PVP–K30）摩尔比为 1∶2 时，加入 1.0mg/ml 的氯化钠（NaCl），在 160℃的高压反应釜中反应 7h，经用去离子水洗涤静置，得到直径为 100nm 左右、长度 30 ～ 50μm 的银纳米线。将得到的银纳米线用无水乙醇配制成 1.0mg/ml 的分散液，在 1000r/min 下旋涂制备成膜，然后再以 4000r/min 速率旋涂浓度为 21mg/ml 的聚甲基丙烯酸甲酯（PMMA）的 1- 甲基 -2- 吡咯烷酮溶液，制备了附着良好、透光率 92.90%、方块电阻 12Ω/ □的透明导电膜。

（3）纳米银线制备

AgNWs 的性能同时取决于成分和制备工艺。制备工艺影响微观结构，尤其是 AgNWs 的长径比。主要制法有：模板法、溶液法、软化学法。

①模板法是通过模板的主体结构，控制材料与修饰材料的尺寸和外貌的一种方法。该方法是合成纳米银材料的重要手段。可以根据合成纳米银材料的性能和形貌要求设计模板的材料与结构，制作所需要的长径比颗粒。模板法局限性在于银线的外貌改变不够简便，后续处理过程复杂，得到的银线表面形貌不理想。

②溶液法又称湿化学法，主要以液相反应体系，通过长链高分子、大分子等作为形貌控制剂，限制纳米晶体的生长，达到各向异性生长。目前最常用的为多元醇法制备 AgNWs。多元醇法能制备出尺寸与形貌均一的 AgNWs。虽然多元醇法制备 AgNWs 工艺相对简单、反应速度快、产物较纯，但反应温度过高。

③软化学法是在比较温和条件下，将溶胶—凝胶法与水热法结合起来的一种方法。以硝酸银为原料，使用 DMF（N，N- 二甲甲酰胺）为溶剂和还原剂，在低温下通过软化学法，能合成直径为 15 ～ 30nm，长度 20μm 结构均匀的 AgNWs。软化法简易，但效率低，产量小。

对于 AgNWs 浆料，主要是向浆料中掺入增稠剂以提高其稳定性和均一性从而影响薄膜的导电性，掺入少量的羧甲基纤维素（CMC）能明显提高浆料的分散性和稳定性；随着掺入 CMC 质量分数的增加，薄膜的透过率逐渐减小，方阻和雾度逐渐增加，当掺入 CMC 质量分数为 0.75%，薄膜光电性能最佳。同时，从涂布厚度和速度对涂布工艺设备参数进行研究。发现随着涂布厚度的增加，薄膜的方阻和透过率随之减少，雾度随之增大，当涂布厚度为 10μm 时其光电性能最佳；随着涂布速度的增加，薄膜的方阻和透过率都先增加后减小，雾度先减小后增大，当涂布速度为 25cm/min 时，薄膜光电性能最好。降低银线直径以及纯化银线浆料，均能提高薄膜透过率；随着干燥温度的升高，干燥前后薄膜的透过率和雾度无明显变化，但其导电性明显提高，当干燥温度为 110℃时，其方阻下降率最大为 80.1%；处理湿度也会影响薄膜导电性，当湿度为 90% 时，方阻降低率最大为 80.5%。综合最优工艺，最终制备出了尺寸为 20×20cm^2，方阻为 100Ω/sq，透过率（波长在 550nm 处）为 91.8%，雾度为 1.23%（含基材）的大尺寸高性能 AgNWs 透明导电薄膜。

2. 纳米铜

（1）基本性质

铜颗粒是铜导电油墨的导电主体，目前制备的纳米铜颗粒有球形、立方、五边形棒状、五边形线状、片状三角形和片状六边形等（图 5-27）。

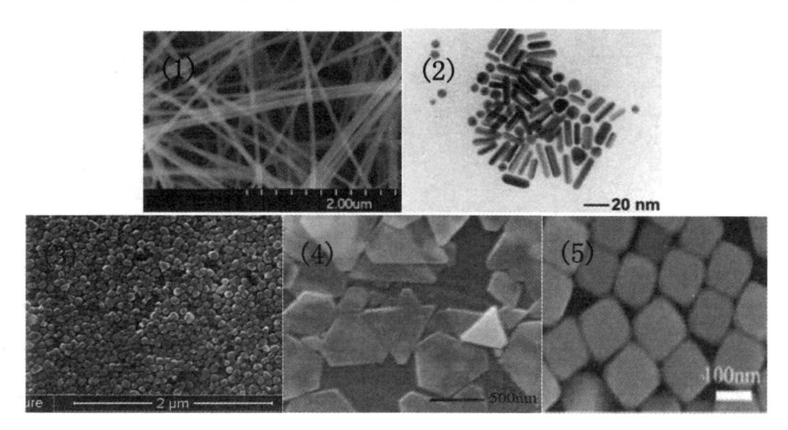

（1）五边形线状；（2）五边形棒状；（3）球形；（4）三角形 / 六边形；（5）立方

图 5-25　不同形貌的纳米铜的 SEM 图

（2）制备方法

纳米铜的制备方法有物理方法和化学方法。

①物理法

物理方法是将块状铜转变成铜纳米颗粒，然后分散在适宜的介质中，包括机械粉碎法（球磨法）、激光烧蚀法、气相蒸汽法、加热蒸发法和等离子体蒸发法传统的电解法。以上物理方法可以主要分为气相法和固相法。物理方法制备成本高，设备昂贵，工艺复杂，研究最多的是气相法和固相法。

a. 气相法

气相法是直接利用气体或者通过各种手段将金属铜变成气体，使之在气体状态下发生物理变化或化学反应，最后在冷却过程中凝聚长大形成铜纳米微粒的方法。气相法大致可分为：气体蒸发法、化学气相反应法、化学气相凝聚法、溅射法等。气体蒸发法是在惰性气体（或活泼性气体）中将金属铜蒸发气化，然后与惰性气体冲撞，冷却、凝结（或与活泼性气体反应后再冷却凝结）而形成铜纳米微粒。气体蒸发法制备的铜纳米微粒具有表面清洁、纯度高、颗粒分散性好、结晶组织好、粒度齐整且粒径分布窄、粒度容易控制等特点，在超微粉的制备技术中占有重要的地位，尤其是通过控制可以制备出液相法难以制得的铜超微粉。由于这些优点使得对气体蒸发法的研究较为深入，对制备方法进行了改进，产生了许多新的铜纳米微粒制备方法，并扩大了制备铜纳米微粒的范围。目前，根据加热源的不同，可将气体蒸发法分为以下九种：电阻加热法；高频感应加热法；等离子体加热法；直流电弧等离子体法、直流等离子体射流法、双射频等离子体法、混合等离子体法；电子束加热法；激光加热法；通电加热蒸发法；流动油面上真空沉积法；爆炸丝法；自悬浮定向流法。

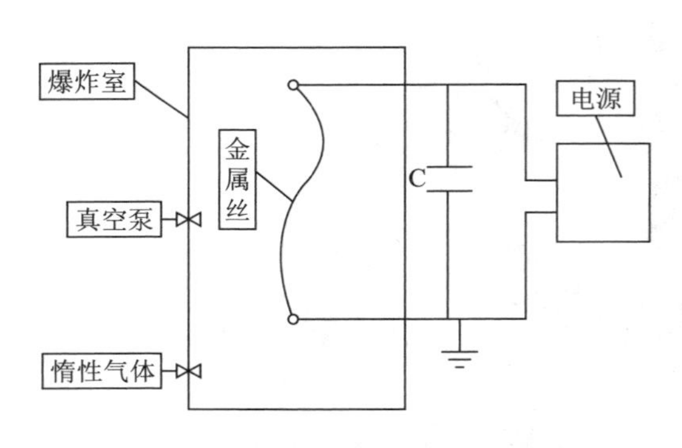

图 5-26 电爆法原理

激光加热法的基本原理是在惰性保护气氛中，利用激光作为热源使原料快速加热，物质分子吸收到能量后会发生气相反应，然后蒸发、冷却、凝聚成为纳米粉粒。激光加热法的优点是热源（激光）可以在反应器外面，加热源不受空间的限制，也不会被物质蒸发后污染。电爆炸法（图 5-26）是一种新型高效的制备纳米材料的物理方法。其工作原理是在电爆炸室内充入惰性保护气体 Ar 气，对处于两电极间的金属丝沿轴线方向施加直流高电压，金属丝发生高电压放电，使金属丝瞬间熔化并发生爆炸，经冷却、沉积形成纳米颗粒。电爆炸法形成的金属纳米粉末悬浮在爆炸腔体内的惰性气体介质中，并继续与低温的惰性气体不断碰撞交换能量而逐渐沉降下来形成纳米颗粒。从生产工艺上讲，电爆炸法制备纳米颗粒具有工艺参数便于调整、适用材料范围广泛的特点，利用电爆法可以制备出多种金属的纳米粉体，如钨等难熔金属；所制得的纳米金属粉末具有很高的化学活性，粉末纯度高且制备过程对环境无污染等优点。

b. 固相法

固相法是一种传统的粉化工艺，通过从固相到固相的变化来制造粉体，用于粗颗粒微细化。其微粉化机理大致可分为两类，一类是将大块物质极细地分割，即尺寸降低过程（Size Reduction Process）的方法即球磨法；另一类是将最小单位（分子或原子）组合，即构筑过程（Build up Process）的方法即机械化学法。高能球磨法产量较高、工艺简单，能制备常规方法难以制备的高熔点金属、互不相溶体系的固溶体、纳米金属间化合物及纳米金属陶瓷复合材料；缺点是晶粒不均匀、球磨过程中易引入杂质。将氯化铜和钠粉混合进行机械粉碎，发生固态取代反应，生成铜及氯化钠的纳米晶混合物。清洗去除研磨混合物中的氯化钠，得到超细铜粉。若仅以氯化铜和钠为初始物机械粉碎，混合物将发生燃烧，如在反应混合物中加入氯化钠则可避免燃烧且生成的铜粉较细，粒径在 20 ～ 50nm。

②化学法

铜纳米颗粒可以采用类似于金、银纳米颗粒的溶液化学方法制备。由于反应性的差异，通常要采用联胺等强的还原剂在更高温度下制备。为了避免铜的氧化，制备过程需要惰性气体保护，多种文献报道的制备产物，实为氧化铜。

a. 液相化学还原法

通过铜盐前驱体与还原剂在水相或溶剂中发生氧化还原反应，将铜离子还原生成不同尺寸和形貌的铜单质。常用还原剂有硼氢化钠 / 硼氢化钾、水合肼、次亚磷酸钠、抗坏血酸、多元醇等。通常还需加入各种大分子保护剂和小分子修饰剂，如羧酸、十二烷基氯化铵、聚乙烯醇、聚乙烯吡咯烷酮等高分子聚合物等对铜颗粒表面进行修饰，经过修饰后的铜颗粒表面形成有机包覆层，保持铜颗粒在不同溶剂中的稳定性和分散性，控制铜颗粒的尺寸及形貌，防止铜颗粒因直接裸露而被氧化。

b. 热分解法

Kim 等以 $CuCl_2$ 和油酸钠为原料制备了油酸铜络合物，然后将该络合物在 290℃的条件下加热还原，在还原的同时油酸对铜表面包覆防止其氧化得到纳米铜。在正辛醚中，190℃下，以 1，2- 十六烷基二醇还原 $Cu(AC)_2$，以油酸和油胺为修饰剂制备了可溶于有机溶剂的尺寸形貌可控的纳米铜微粒，通过改变温度（150℃～ 190℃），制备了尺寸 5 ～ 25nm 的纳米铜微粒；通过调节油酸和油胺的比例制备了立方形、四面体形、棒形等不同形貌的纳米铜微粒。Yu 等在油酸和三辛胺的混合溶剂中，270℃下分解醋酸铜制备了纳米铜，但产物容易被氧化。

c. 电化学法

电化学还原法是指在外加电压下，金属离子在阴极区被还原为原子，原子成核生长形成纳米粒子的方法。该方法设备简单，操作方便，反应条件温和，通过调节电解液浓度和电极电位等参数来调变产物的形貌和粒径，但是该方法产物比较少，不适合规模化生产。Wang 等采用超声存在下的电化学还原法制备得到了小于 100nm 的铜粉。通过单变量讨论发现电流密度可以直接影响产物的粒径，在体系中加入表面活性剂也可以吸附在阴极表面，在减小产物的粒径超声过程中，超声功率会影响电沉积过程，进而影响产物的粒径。Haas 等采用超声脉冲电化学法制备了单分散纳米铜球形颗粒，在该体系下加入 PVP 作为保护剂。Yu Li 等在没有加入模板的情况下，电解硫酸铜制备了有高度单晶结构的金属铜纳米线。

d. 多元醇法

多元醇本身具有还原性，可以作为还原剂和溶剂来使用，通过液相加热的方法来制备纳米微粒。常用的溶剂有乙二醇、丙三醇、聚乙二醇等，在水中有较强的水溶性，极性强可以溶解金属盐等前驱物，通过改变实验条件和反应参数可以控制纳米铜粉的粒径和形貌。

用乙醇和乙二醇水热还原制备氧化亚铜晶体，制备了约 80nm 的立方体和棱长约 1μm 的正八面体结构的 Cu_2O 晶体；采用乙醇水热法制备出 80nm 的立方体的 Cu_2O；用 PEG400 作为还原剂制备了纳米银粒子，具体的做法为在圆底烧瓶中加入硝酸银，然后加入 PEG-400，搅拌通入 H_2，维持 10h。

e. 液相沉淀法

采用均匀沉淀法以 $CuSO_4 \cdot 5H_2O$ 和 NaH_2PO_2 为主要原料制备出粒子尺寸细小、性能优异的纳米铜粉，所得粉末粒径范围为 30 ～ 50nm。温传庚等人用甲醛作为还原剂，采用液相沉淀法制备了纳米铜粒子。加入高分子保护剂聚乙烯吡咯烷酮（PVP）有利于稳定晶粒防止团聚。

f. 微乳液法

微乳液法是指在一定的反应条件下两种互不相容的反应物在表面活性剂的作用下形成均匀的微乳液体系，并从乳液中析出相应的纳米颗粒的方法。与合成银纳米粒子类似，微乳液法同样可用于合成铜纳米粒子。有人利用微乳法制备了纳米铜粒子，所得到的纳米铜的粒径较小，分散性较好（表 5-12）。

表 5-12　纳米铜的不同制备方法及特点

方法	还原剂	制备方法	纳米铜特性
液相化学还原	水合肼（$N_2H_4 \cdot H_2O$）	在水溶液中，控制保护剂聚丙烯酸（PAA）的含量，用水合肼还原 $CuSO_4 \cdot 5H_2O$，通过调节 pH 得到纯净纳米铜	粒径为 30 ～ 80nm，在 560nm 处有强 UV-Vis 吸收
		在强碱条件下，以乙二胺为保护剂，$N_2H_4 \cdot H_2O$ 还原 $Cu(NO_3)_2 \cdot 3H_2O$	得到超长一维纳米线，直径 20 ～ 90nm，长度 40 ～ 50μm，纵横比 350 ～ 450
		以 CTAB 为修饰剂，用水合肼还原硝酸铜得出不同形貌的纳米铜晶体，研究了硝酸铜浓度和 pH 对铜颗粒形貌的影响，如图 5-27	CTAB 对立方晶系铜的（100）面有较强吸附；控制 pH、硝酸铜浓度得到不同形貌的铜

续表

方法	还原剂	制备方法	纳米铜特性
液相化学还原	$NaBH_4$	在水溶液中以聚氧乙烯山梨醇酐为表面活性剂，用 $NaBH_4$ 还原硝酸铜，研究了反应不同条件对形貌和尺寸的控制	粒径为 25 ～ 35nm，操作简单
	抗坏血酸	以 PVP 为保护剂，在乙二醇中用抗坏血酸还原硫酸铜，研究了 PVP 和铜盐的比例，反应时间对纳米铜形貌的影响	得到平均粒径为 100±25nm 的立方体纳米铜
	葡萄糖 抗坏血酸	用油酸修饰，第一步用葡萄糖将二价铜还原为一价铜，第二步用抗坏血酸还原为铜原子	铜颗粒有良好的油溶性和稳定性
	$NaH_2PO_2 \cdot H_2O$	以 PVP 为保护剂，在二甘醇中还原硫酸铜，改变保护剂和铜盐的摩尔比、温度、进料速度等得到不同形貌的铜颗粒	可得到不同形貌的球形，立方形铜颗粒
	1，2- 十六二醇	以油酸、油胺为修饰剂，在正辛烷 / 辛醚 / 辛胺的混合物溶剂，用 1，2- 十六二醇还原醋酸铜	得到了粒径为 5 ～ 25nm 的纳米铜颗粒
微乳液法	水合肼 （$N_2H_4 \cdot H_2O$）	以山梨糖醇酐单油酸酯、正丁醇等为表面活性剂，石蜡为有机相的 W/O 型微乳液体系，以水合肼还原硝酸铜	制备单分散的纳米铜，在表面活性剂作用下，形成玉米棒状超晶格结构（NCSs）
溶剂热法	—	在有机溶剂体系中，在一定温度、高压环境中，进行无机材料合成	防止铜粉的氧化，分散相相对较好
热分解法	—	先将草酸铜和油胺反应生成前驱体，加入磷酸三苯酯，在 240℃生成纳米铜	纳米铜能在非极性溶剂中（如甲苯）分散良好
相转移法	$NaBH_4$	以油胺为修饰剂，四辛基溴化铵为相转移剂，在 N_2 保护下，在甲苯中还原 $CuCl_2$	平均粒径为 6nm，有面心立方结构，分散性良好
电化学沉积法	—	以氯化铜为前驱体，SDS 为添加剂，成功制备了微米级树枝状铜晶体	枝晶铜生长晶粒成核—生长—再生长过程
横电位电化学沉积法	—	在氧化铝模板纳米孔直接制备铜纳米线	直径 100nm，长 40 ～ 50μm，在（111）方向生长

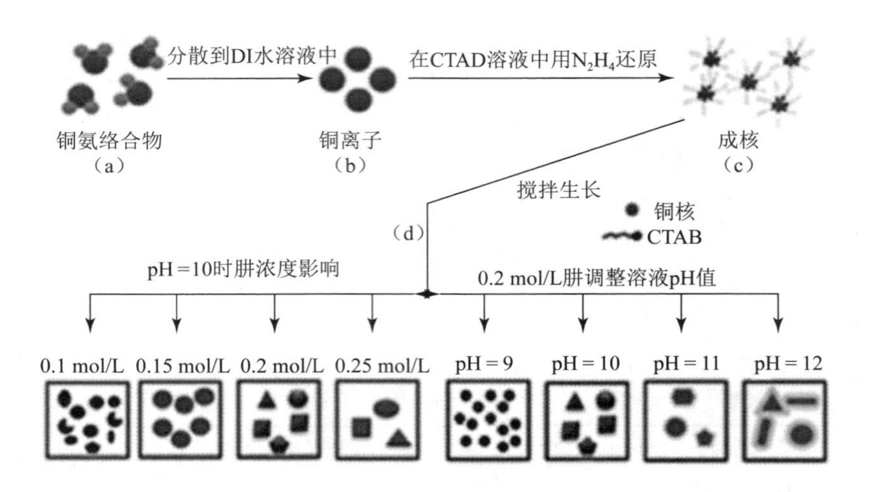

图 5-27 控制还原剂浓度和 pH 值制备不同形貌的纳米铜晶型

(3)纳米铜复合材料的制备

单一纳米金属材料种类有限、应用范围窄，虽可生成不同含量的金属材料，但性质单一，通过设计和控制，与其他金属或特定功能高聚物材料形成功能性复合材料，是发展趋势之一。

纳米铜复合材料包括：纳米铜与 ZnO、TiO_2、SiO_2、硅酸盐等形成纳米无机复合材料，纳米铜与有机化合物、大分子纳米有机复合材料（表 5-13）。

表 5-13 部分铜纳米复合材料的制备对比表

名称	制备方法	效果
纳米铜与无机物复合	Bai 等采用低温水热法和光化学气相沉积法制备出“玉米棒状”结构的 ZnO/Cu 纳米复合材料	Cu 沉积在 ZnO 的表面使样品在光照下有优异的光降解和抗菌性能
	Viesca 等研究粒径为 25nm 的碳包覆在纳米铜颗粒表面添加到润滑油聚 α 烯烃（PAO6）中的抗菌性	添加剂能减小磨损，提高基础油的承载力
纳米铜与有机物复合	Yu 等制备出纳米铜 / 聚氨酯复合涂层，研究了纳米铜含量、表层粗糙度、涂层厚度和温度对涂层外发射率的影响	纳米铜 / 聚氨酯复合涂层可应用在隔热、隐身等领域
	陶庭先等采用改性 PAN 为基体，用配位—还原法制备了 Cu/PAN 复合材料	有抗菌速度快，效率高，断裂强度，初始模量，应力提高

3. Cu_xS 透明导电膜

Cu_xS 透明导电膜兼具良好透光率和导电性，具有广阔的应用前景。采用一定的步骤与方法，将适宜厚度的 Cu_xS 材料以薄膜的形式沉积于柔性基材表面，制成兼具良好透光性与导电性的柔性透明导电薄膜，有望为解决当前ITO材料存在的诸多问题开辟一条新的路径，助力于柔性光电子产业的进一步发展。

（1）基本性质

Cu_xS物质具有优良的功能特性，包括表面等离子体激元特性，显著的电荷载流子迁移率，高载流子浓度和低热导率；相比于镉基、铅基薄膜材料，含铜类薄膜原材料储量更为丰富，成本更加低廉，对环境及人体的危害相对较小；与其他金属硫化物相比，铜硫化物在组成和结构上的多样性，如多种非化学计量相和晶相结构等，使其在性能上可调控的范围更宽泛。

Cu_xS是典型的P型半导体材料，不但禁带宽度范围较宽，且其禁带宽度数值还会根据化学计量组成x的改变而发生变化。研究表明：当Cu_xS中的x值减小时，Cu_xS的直接带隙宽度会增大，可以从1.2eV增加到2.0eV（Cu_2S：1.2eV，$Cu_{1.8}S$：1.5eV，CuS：2.0eV）。由此可见通过调节Cu_xS类纳米晶体的化学计量组成，能够有效地改变材料的电学性质。从微观上看，Cu_xS半导体材料的晶体结构内存在大量的铜空穴，铜空穴越多，材料导电性就越好。当然如果单就禁带宽度而言，禁带宽度越窄，导电性越好。

（2）制备方法

目前用于制备Cu_xS透明导电薄膜的工艺方法，主要有物理气相沉积法（Physical Vapor Deposition，PVD）、化学气相沉积法（Chemical Vapor Deposition，CVD）以及液相沉积法（Liquid-Phase Deposition，LDP）等。

（3）研究现状

有人用一种简便的提拉浸渍法，在2.56cm×7.56cm的玻璃基材上附着了Cu_xS的薄膜，然后在160℃～350℃的热板上烧结，获得的样品方块电阻值为9.9～302.4Ω/□，透光率达75%；采用射频磁控溅射法，在氩气压力2.4Pa，溅射功率120W的条件下，于PET基材上制得了CuS透明导电膜，其方块电阻为50Ω/□，透光率达85%；通过电纺丝和溅射结合法成功制备了一种柔性ITO/CuS纳米网状复合膜，并将其用作染料敏化太阳能电池中的对电极，能量转化效率达6%，经200次弯曲循环测试，能量转化效率几乎保持不变。

通过真空热蒸发法，在2.5cm×2.5cm玻璃基材上成功制得了Cu_xS透明导电膜，在270℃下后处理4～6min，膜层的透光率达65%，最低电阻率为$1.8\times10^{-3}\Omega\cdot cm$；采用化学浴沉积法在室温下反应4～8h，在聚酰亚胺基材上沉积了CuS透明导电膜，在150℃～400℃的氮气环境中热处理后，薄膜方块电阻为10～50Ω/□，透光率在30%左右；采用化学浴沉积法，在常温下反应24～48h，于PET基材上沉积了CuS透明导电膜，经100℃热处理1h，薄膜方块电阻值为1721Ω/□，然后经过掺杂In^{3+}，将方块电阻值降至270Ω/□，透光率提高到80%。

以PET为基材，采用简便的化学浴沉积法，分别在酸性和碱性环境中，制备得到了柔性 CuS 透明导电膜。无论是酸性还是碱性环境，PET 表面的固态沉积物均为六方晶相纳米 CuS 颗粒，其在形态上呈现为致密堆积状，两者所不同之处仅在于：前者由片状颗粒组成，后者由球状颗粒组成。其中，在酸性条件下，通过对铜源和硫源种类、前驱体中铜硫摩尔比、络合剂种类、反应温度和反应时间等主要实验条件的优化，可制备得到最小方块电阻仅为 20.12Ω/ □的 CuS 薄膜，其相应的透光率为 49.9%；调节实验参数，可兼顾薄膜的导电性和透光性，此时制得的薄膜的方块电阻值为 122.40Ω/ □，透光率为 82.3%，CuS 膜层与 PET 基材间的附着力为3B 级，膜层经受250 次大尺度弯曲后，仍能保持理想的导电能力。而在碱性条件下，通过对反应温度、反应时间、反应物浓度、络合剂浓度、干燥温度和干燥时间等实验条件的优化，制备得到了最小方块电阻为 81.37Ω/ □、透光率为 59.6% 的 CuS 薄膜；调节实验参数，可获得兼具良好导电性和透光性的 CuS 薄膜，其方块电阻为 174.20Ω/ □，透光率为 80.2%。CuS 膜层与 PET 基材间的附着力可达最高的 5B 级，薄膜的导电性能在经过 1000 次的大尺度弯曲操作后，仍能保持基本稳定。将碱性环境下的反应体系进行优化放大，可得到具有良好导电及透光均匀性的 A4 大尺寸 CuS 薄膜。

在 Cu_xS 透明导电薄膜的研究方面，但仍存在一系列需要解决的问题。例如，反应条件苛刻、反应设备昂贵、反应时间过长等。需要研究开发反应条件温和、制备成本低廉、成膜效率高、薄膜性能佳的 Cu_xS 透明导电薄膜制备方法。

四、无机半导体材料

迄今为止，透明导电膜的研究工作重点，大多集中在氧化铟锡（ITO）、氟掺杂氧化锡（FTO）、铝掺杂氧化锌（AZO）以及铝掺杂氧化锡（ATO）等几种金属氧化物类薄膜上。

1. ITO 薄膜

ITO 薄膜的主要成分是 In_2O_3，它是通过掺入高价态的 Sn^{4+} 来取代 In_2O_3 晶格中的 In^{3+}，获得在可见光范围内透光性好且电阻值低的薄膜材料。ITO 薄膜在可见光区的透过率大于 85%，其电阻率可低至 10^{-4}Ω • cm。

早在 20 世纪 60 年代，ITO 薄膜材料就占据了透明导电膜领域的主导地位，人们对于 ITO 薄膜的研究工作也从未停止。例如，Guillen 等采用溅射法分别在玻璃和 PET 基材上沉积 ITO 薄膜，对比两种不同基材对 ITO 薄膜的性能影响。结果表明，在相同实验条件下，沉积在 PET 表面与玻璃表面的 ITO 薄膜的透光率基本持平，但前者的方块电阻值明显低于后者，具有较优的导电性。以玻璃为基材的 ITO 薄膜透光率为 85%，方块电阻值为 9Ω/ □；而以 PET 为基材的 ITO 薄膜透光率为 84%，方块电阻值为 7Ω/ □。Xu 等采用真空蒸镀法在石英基材上制备了厚度为 300nm 的 ITO 薄膜，并考察了 200℃～600℃的热处理温度对薄膜性能的影响。

经 300℃下热处理 10min 后，ITO 薄膜的方块电阻值可降至 6.67Ω/ □，此时膜层的透光率为 76.28%；经 400℃下热处理 10min 后，膜层的透光率可高达 89.03%，此时其方块电阻值为 17.59Ω/ □。

2. FTO 薄膜

FTO 薄膜的主要成分是 SnO_2，是一种宽禁带的 N 型半导体，其材料本身的导电性较差，不能够直接用于透明导电薄膜的制备，但当在 SnO_2 中掺入 F^- 后，因为 F^- 与 O^{2-} 的离子半径相差不大，且 Sn−O 的化学键能与 Sn−F 的键能相近，掺入的 F^- 能够部分取代原来 SnO_2 结构中的 O^{2-}，因而薄膜的导电性就会得到大幅提升。

近年来，有关 FTO 薄膜的研究工作取得了较大进展。例如，Shi 等采用溶胶—凝胶—蒸镀法在玻璃基材上制备了 FTO 透明导电薄膜，当反应温度为 50℃、反应时间为 5h、蒸镀温度为 600℃，F/Sn 为 14mol% 时，制备的 FTO 薄膜的透光和导电性能最佳，其方块电阻为 14.7Ω/ □，平均透光率为 74.4%。又如，Premalal 等采用喷雾热解法在玻璃基材上沉积了 FTO 薄膜，当基材温度为 470℃时，获得的膜层性能最佳，其方块电阻值为 4.4Ω/ □，平均透光率高于 80%。研究表明，经掺杂后形成的 FTO 薄膜的电学性能明显优于本征 SnO_2，且具有原料来源广泛、薄膜热稳定性与化学稳定性良好等优点，因而有望在某些应用领域成为 ITO 薄膜的替代材料。

3. ATO 薄膜

ATO 薄膜的主要成分也是 SnO_2，但与 FTO 不同的是，ATO 薄膜是在 SnO_2 中掺入高价的 Sb^{5+}，使其替代 SnO_2 晶格中的 Sn^{2+} 而形成的。在 SnO_2 中掺入一定比例的 Sb^{5+} 后，其具有的正四面体金红石结构不会被改变，但是薄膜导电性会得到大幅度的提升。

ATO 薄膜是继 ITO 薄膜之后，关注度较高的氧化物透明导电膜之一。Koo 等引采用电喷雾技术在玻璃基材上制备了 ATO 薄膜，当退火温度为 650℃时获得的样品性能最佳，其电阻率为 $8.14\times10^{-3}\Omega\cdot cm$，在 550nm 处的透光率为 91.4%。Yang 等采用射频磁控溅射技术在石英基片上制备了 ATO 透明导电膜，并对其结构、透光和导电性能进行了研究。在 O_2/Ar 流量比为 0.5∶20 时，获得薄膜样品具有最低的电阻率，其值为 $1.99\times10^{-3}\Omega\cdot cm$，此时在可见光范围内的透过率可达 85% 以上。

与 ITO 薄膜相比，ATO 薄膜不仅具有类似的光学和电学性能，且原材料储量丰富、价格低廉，能够部分弥补 ITO 材料稀缺性和成本高昂的不足，因而在某些领域可用来替代原来使用的 ITO 薄膜材料。

4. AZO 薄膜

AZO 薄膜主要成分为 ZnO。ZnO 在可见光范围内具有较高的透光率，但其导电性较差，需要在原结构中掺入一定量的 Al^{3+} 来替代 ZnO 晶格中的 Zn^{2+}，才能增强薄膜的导电性。通常情况下，虽然 Al^{3+} 的掺入可以在保持 ZnO 晶体结构不发生改变的情况下使其导电性得以改善，但是当 Al^{3+} 的掺杂量超过一定值后，将会在晶体内部聚集团聚，抑制晶粒长大，使薄膜导电性能下降。因此，要想获得性能优异的 AZO 薄膜，Al^{3+} 的掺入量需严加控制，相关的掺杂浓度通常以在 2% ～ 4%wt 为宜。

由于制备薄膜的 Zn、Al 等金属原材料资源丰富、易得，价格低廉，AZO 薄膜在某些情况下具有成为 ITO 薄膜替代材料的潜在优势。但 AZO 薄膜也存在较为明显的缺点，即其抗腐蚀能力差，因此只能应用于某些没有腐蚀或者腐蚀性较弱的环境中，限制了其使用范围。

五、有机导电材料

1. 有机导电材料及其电导率范围

按照材料的电学性能，有机导电材料可以分为导体、半导体、电介质材料。半导体材料是电子器件的核心，有机半导体同样是有机电子领域的主要研究对象。有机半导体材料的电导率、载流子迁移率和能带间隙等方面的性质和应用领域与传统的无机半导体材料相似。有机半导体材料具有不同于无机半导体材料的特点。

分子的结构可以通过分子设计改变，从而为有机半导体材料的选择提供了丰富的资源。可以选择完全不同于无机器件的加工手段，如分子自组装、成膜技术等，制备工艺简单、成本低，基于有机半导体材料的器件能够与柔性衬底相兼容，有利于大面积涂布制备。

有机半导体材料的这些独特性质，使其在有机发光二极管（Organic Light-Emitting Diode，OLED）、有机太阳能电池（Organic Solar Cell，OSC）及有机薄膜晶体管（Organic Thin-Film Transistor，OTFT）等领域都得到了广泛的应用与研究。

材料的导电性用电导率表示。表 5-14 是一些典型材料的电导率及分类标准。

表 5-14 典型材料的电导率范围及分类标准

材料	电导率 /（$S \cdot cm^{-1}$）	典型代表
绝缘体	$< 10^{-10}$	石英、聚乙烯、聚苯乙烯、聚四氟乙烯
半导体	$10^{-10} \sim 10^{2}$	硅、锗、聚乙炔
导体	$10^{2} \sim 10^{8}$	汞、银、铜、石墨
超导体	$> 10^{8}$	铌（9.2K）、铌铝锗合金（3.3K）、聚氮硫（0.26K）

2. 导电高分子

具共轭键的高分子材料，电子在 π 键结受到的束缚较小，在适当的掺杂下可以增加载子的浓度，成为导电高分子。结合导电高分子材料的结构特征和导电机理，分为复合型、结构型。复合型是通过在塑料或者橡胶中加入碳黑或者金属粉末等导电性填料来制备；结构型主要通过化学合成、光化学合成或者电化学合成方法制备，其导电性能与其化学结构和掺杂状态有直接关系。

结构型导电高分子是指具有共轭 π 键长链结构的一类有机聚合物。导电高分子的导电性能是自身固有的，与普通绝缘高分子与无机导电材料（如金属粉末或碳粉）复合而成的导电物不同，因此又被称作结构型（或本征型）导电高分子（Intrinsically Conducting Polymer）。常见的导电高分子有聚乙炔（PA）、聚噻吩（PTh）、聚对苯乙烯撑（PPV）、聚吡咯（PPY）和聚苯胺（PANI）等。

导电高分子是从绝缘体到半导体再到导体的变化跨度最大的物质，主要应用领域如下。

①透明导电膜。导电高分子导电薄膜，用于光电领域的透明电极、触摸屏、透明开关等。

②电极材料。蓄电池的电极材料采用导电高分子代替传统的金属或石墨电极，加工方便，质轻、高比能。

③电磁屏蔽材料。导电聚合物防静电，用于电磁屏蔽，作为电磁屏蔽材料替代品。

④抗静电材料。

具可挠特性的导电高分子薄膜是采用涂布方式成膜，加工成本低廉，是柔性透明导电膜理想的材料。

掺杂樟脑磺酸（CSA）的聚苯胺（PANI）、采用微乳胶聚合法制成纳米球聚吡咯（PPY）、掺杂 $AuCl_3$ 的聚 3- 己基噻吩（P3HT）与掺杂聚苯乙烯磺酸（PSS）的聚 3，4- 乙烯二氧噻吩（PEDOT）都可以形成柔性透明导电膜，已经商品化的 PEDOT：PSS 材料在透明导电膜的应用研究最为广泛。

经过添加二甲基亚砜（DMSO）与含氟结构活性剂修饰的 PEDOT：PSS，Vosgueritchian 研发出 46Ω/sq 的电阻，82% 的穿透率的柔性透明导电膜。

另外，也有以甲磺酸（MSA）处理的方式，如有报道 50Ω/sq，92% 透光率的膜层制作技术；或是控制 PEDOT：PSS 分子的排列研制出 17Ω/sq，透光率 97.2% 的膜层。

导电高分子透明导电膜是以涂布方式成膜，具有生产成本的优势，只是导电高分子材料的稳定性较差，在 UV 照射下，共轭键结容易断裂产生自由基导致材料不可逆的破坏，使导电度下降。表 5-15 是乐凯胶片与北京印刷学院联合制备的导电高分子微凹版涂布透明导电膜测试性能。

此外，掺杂材料一般为带电的离子，容易吸收水分造成导电薄膜的电阻变异。虽然有许多增加导电性高分子稳定性方法在开发中，仍无法实际取代 ITO 的应用。

表 5-15　导电高分子微凹版涂布透明导电膜性能

性能指标	测试条件	树脂 1	树脂 2	
		Coat W1	Coat W2	Coat W3
方阻（Ω/ □）	涂布后直接测试	705	360.5	471.5
热老化	135℃，1 小时	11.6%	-10.4%	-2.0%
热稳定性（变化率＜ 1.3）	80℃ 120hr	1.17	1.03	1.09
	-70℃ 120hr	1.05	1.06	1.12
	60℃ 80%RH，15	0.76	1.02	1.04
	冷热循环（-20℃～ 80℃）	1.13	1.28	1.12
化学稳定性（变化率＜ 1.3）	1% HCl	0.86	1.06	0.87
	0.25M KOH	2.44	4.89	5.75
	丙酮	1.00	1.08	1.12
	乙醚	1.13	1.17	1.19
耐击打性（变化率＜ 1.3）	80g 压力 60 万次	1.22	1.21	1.26
树脂用量		5.3%	5.0%	7.0%

有人研究了 PEDOT：PSS 导电浆料的制备及其导电膜性能影响因素。

（1）PEDOT/PSS 导电浆料的制备

先将少量的 PSS 用一定量的超纯水溶解后，加入 EDOT 单体与其混合，超声分散 10min，30℃水浴下充以氮气进行磁力搅拌，将引发剂 KPS 和硫酸铁水溶液分别加入到反应瓶，反应 7h 后，补加少量的 KPS 溶液继续反应，总反应时间为 24h，最后将得到的浆料用 200 目的纱布过滤即得导电浆料。

（2）SSNa/（BA+St）不同质量比对导电液性能的影响

在总固含量不变的条件下，保持 BA/St 质量比不变，探讨了 SSNa/（BA+St）不同质量比对 PEDOT/P（SSNa-BA-St）膜表面电阻的影响，结果如表 5-16 所示。

表 5-16　SSNa/（BA+St）不同质量比对 PEDOT/P（SSNa-BA-St）膜表面电阻的影响

导电液编号	$m_{SSNa}/m_{(BA+St)}$（质量比）	m_{BA}/m_{St}（质量比）	PSS/g	EDOT/g	表面电阻 /Ω
PEDOT/PSS	-	-	1.35	1.5	10^7
PEB-1	7：3	7：3	—	1.5	10^4
PEB-2	6：4	7：3	—	1.5	10^5
PEB-3	5：5	7：3	—	1.5	10^5
PEB-4	4：6	7：3	—	1.5	10^5
PEB-5	3：7	7：3	—	1.5	10^4

注：表中 PEB 代表 PEDOT/P（SSNa-BA-St），下同

由表5-16可知，PEB膜的表面电阻比PEDOT/PSS膜的表面电阻小2～3个数量级，说明BA和St的加入有助于提高导电液的导电性能。同时从表5-16可以看出，随着SSNa/（BA+St）质量比的减小，膜的表面电阻呈先增大后减小的趋势变化，即SSNa量最大和最小时膜的表面电阻最小，导电性最好。其原因为：①聚合物PSS在反应体系中作为电荷平衡离子，模板剂和分散剂，它可以提高PEDOT的聚合度和在水中的分散稳定性，当PSS的量较多时，PEDOT的聚合度会很高，聚合度越高，PEDOT的导电性越好；② PEDOT/PSS在成膜过程中会出现微相分离，导致PEDOT富集区和PSS富集区，而PSS是绝缘物质，PEDOT是导电物质，当PSS的量越少时，导电的PEDOT在复合物中的比例越高，所以导电性越好。

（3）EDOT用量对导电液性能的影响

保持SSNa/（BA+St）比例不变，探讨EDOT的用量对PEDOT/P（SSNa-BA-St）膜性能的影响，结果如表5-17所示。

表5-17　EDOT用量对PEDOT/P（SSNa-BA-St）膜的影响

$m_{SSNa}/m_{(BA+St)}$	EDOT/g	表面电阻/Ω	玻璃板上成膜状态
3 ∶ 7	0.5	10^7	不连续
3 ∶ 7	1.0	10^5	很完整
3 ∶ 7	1.5	10^4	很完整
3 ∶ 7	2.0	10^3	很完整
3 ∶ 7	2.5	10^5	部分膜开裂

由表5-17可知，随着EDOT量的增加，薄膜的表面电阻先减小后增大，当EDOT的量为2.0g时，膜的表面电阻达到最小值10^3Ω，导电性最好，继续增大EDOT的量，膜的表面电阻反而增大，不利于提高膜的导电性。因为EDOT的量过少时，起导电作用的PEDOT之间无法形成很好的网络通道，电子传输受到阻碍，导致导电性变差；当EDOT的量过多时，在体系中充当模板剂和电荷平衡剂的PSS的量不足以对所有的PEDOT进行掺杂，未掺杂的PEDOT会以本征态的形式沉积下来，且本征态PEDOT导电性很差，导致导电浆料中起导电作用的PEDOT的含量减小，导电性变差；同时EDOT的量过多时形成的PEDOT/P（SSNa-BA-St）链刚性增加，所成的膜很脆，容易出现开裂，也会导致膜的导电性下降。

（4）复合膜的柔韧性

将PET为基材的导电膜弯曲180°不同次数，测试弯曲前后膜表面电阻R的变化来判断膜的柔韧性，当R弯曲/R未弯曲的值越小时，膜的柔韧性越好，反之，膜的柔韧性越差。实验结果如表5-18所示。

表 5-18 弯曲 180° 不同次数对导电膜的表面电阻的影响

样品编号	表面电阻 R/Ω								
	未弯曲 R_0	弯曲测试 10 次 R_1		弯曲测试 40 次 R_2		弯曲测试 70 次 R_3		弯曲测试 100 次 R_4	
	R_0	R_1	R_1/R_0	R_2	R_2/R_0	R_3	R_3/R_0	R_4	R_4/R_0
PEDOT/PSS	10^7	10^7	1	10^7	1	10^8	10	10^9	100
PEB-1	10^4	10^4	1	10^4	1	10^4	1	10^5	10
PEB-2	10^5	10^5	1	10^5	1	10^5	1	10^6	10
PEB-3	10^5	10^5	1	10^5	1	10^5	1	10^5	1
PEB-4	10^5	10^5	1	10^5	1	10^5	1	10^5	1
PEB-5	10^4	10^4	1	10^4	1	10^4	1	10^4	1

由表 5-18 可知，增加 BA 和 St 的量有助于提高 PEB 膜的柔韧性。

3. 有机小分子半导体材料

有机半导体材料按相对分子质量可分为两类：一类是有机小分子化合物，主要包括共轭低聚物及一些稠环分子；另一类是高分子聚合物，主要为非晶的共轭聚合物。有机半导体材料按传输载流子种类的不同可以分成以传输空穴为主的 P 型材料和传输电子为主的 N 型材料。影响有机半导体材料迁移率的因素很多：①分子的能带结构在固态晶体状态下需要有足够的分子轨道重叠，以保证载流子在相邻分子间迁移时不会经历过高势垒；②有机分子在固态下能够形成紧密、规整的堆积，使分子间具有强的相互作用，以利于载流子在分子间的传输；③分子的能级能够与电极材料匹配，便于器件中载流子的注入；④另外，为降低器件的漏电流，提高器件开关比，半导体的本征电导率应尽可能低。

4. 有机聚合物半导体材料

采用聚合物作为场效应晶体管材料是令人瞩目的研究方向之一。性能良好的聚合物场效应晶体管的迁移率已经超过了 $1cm^2 \cdot V^{-1} \cdot s^{-1}$，开关比可超过 10^6。其性能已经接近非晶硅晶体管。

聚合物晶体管在智能卡、识别卡、存储器、传感器、平面显示等方面具有潜在应用价值。

聚合物晶体管器件要在光电集成电路和逻辑电路中，迁移率要达到 $0.1 \sim 1.0cm^2 \cdot V^{-1} \cdot s^{-1}$，开关比达 $10^6 \sim 10^8$。目前，性能优异的聚合物材料的迁移率和开关比能达到上述要求。当然，进一步提高聚合物晶体管的迁移率和开关比仍然是该领域的一个问题。

有人发现，N 型 OFET 难以制备的一个重要原因是绝缘层材料的影响。由于在半导体—绝缘层界面上通常存在羟基，它可作为陷阱将电子捕获，从而使器件的 N 型性质消失。例如，在常用的 SiO_2 为绝缘层的器件中，烃基以硅烷醇的形式存在。基于此，人们设计了不含烃基的化合物 BCB，研究发现以 BCB 做栅极绝缘层材料，大多数共轭聚合物可显示 N 型性质。PFO、PPV、P3HT 等聚合物的电子迁移率为 10^{-4} ～ $10^{-2}cm^2 \cdot V^{-1} \cdot s^{-1}$。可见其电子场效应迁移率不比空穴低，打破了长期以来人们认为电子的场效应迁移率比空穴低 10 ～ 100 倍的观点。聚乙烯、聚甲基丙烯酸甲酯、聚对二甲苯也可作为 H 型 FET 的绝缘层。

5. 有机电子材料面临的问题

有机电子材料作为一个多学科交会融合的重要方向，一直吸引着学术界和工业界的极大关注。无数新型有机 / 聚合物材料伴随着大量新理论、新的制造技术以及新的应用涌现出来。

尽管如此，有机电子材料具有成本低、制造工艺简单、可实现大面积柔性应用等优点，使其可以与涂布技术紧密对接。

六、碳材料

1. 导电性碳材料及其发展

碳的同素异形体可以有极佳的绝缘特性如钻石膜，也可以有极佳的导电特性如石墨烯。表 5-19 展示了碳材料种类及其发展的基本历程。

导电性的碳材有石墨、纳米碳管（Carbon Nanotube，CNT）与石墨烯（Graphene）等。

表 5-19　碳材料种类及其基本发展历程

代序	名称	基本描述
第一代（5 千～ 1 万年前）	木炭	木质材料不完全燃烧，隔绝空气热解生成的多孔材料，用于燃料、炼钢、炼铁
第二代（19 世纪）	烧结型炭材（人造石墨）	因导电、耐热、耐腐蚀、耐摩擦等性质，用作电极、电刷、各种机械、化工、原子反应堆等
	炭黑	含碳物质（煤、天然气、重油、燃料油等）不完全燃烧或受热分解形成的轻、松、细无定形碳粉末，比表面积 10 ～ $3000m^2/g$，用于轮胎、塑料、化妆品等
第三代（第二次世界大战后）	金刚石	碳同素异形体。最坚硬的天然物质。具有高热传导率，低热膨胀系数，低摩擦系数，高硬度，高透明，高折射系数，化学和放射惰性。应用：首饰、切割、研磨、热探头、放射性检出、压敏器、荧光显增器、光学窗、微机元件，高密度、高能量电子元件等
	线型碳（卡宾）	碳同素异形体，线型碳结构，在高温低密度的液体碳中存在。发现于火山口的石墨片麻岩和陨石和宇宙粉尘。性能：高热力学稳定、生物体的高亲和性等。用作超导材料、外科手术缝合线及动物硬组织材料、合成金刚石

续表

代序	名称	基本描述
第三代（第二次世界大战后）	碳纤维	含碳量95%以上，高强度、高模量，由片状石墨微晶等有机纤维沿纤维轴向方向堆砌而成，或经碳化及石墨化处理而得到的微晶石墨材料。性能：比钛、钢、铝等金属强度大、模量高、密度低、线膨胀系数小。应用：航天航空、汽车、电子、机械、化工、轻纺、运动器材
	活性炭纤维（ACF）	性能优于活性炭，高效活性吸附材料，被称为表面性固体。性能：比表面积大、吸附性能好。应用：环保、储能、隐身、核防护、催化剂载体、生物医药、水果保鲜、除臭除湿、高能电极及双层电容
	玻璃炭	又称聚合炭（Polymeric Carbon），由高纯度的交联结构的酚醛树脂（或呋喃树脂），经特殊高温热解制得。耐3000℃高温，低密度，高透气，高耐酸碱，生物相容。应用：分析电极、电池电极隔板、半导体器件
	金刚石薄膜	DLC薄膜，性质近似金刚石，是高硬度、高电阻率、良好的光学性能及自身独特摩擦学性能的非晶碳薄膜。高温晶体管、激光器件、绝缘材料等
	石墨层间物（可膨胀石墨）	石墨层间化合物（GIC）是通式为XCy的化合物，它是使具有极性的插入剂（酸、碱、卤素）分子或离子插入石墨层与碳网平面形成石墨层间化合物（GICs）。性能：轻、高导电性、电化学性、反应性等。应用：高导电材料、电池活性物质、催化剂等
	气相生长炭纤维	化学催化气相沉积，以过渡族金属（Fe、Co、Ni）或其化合物为催化剂，将低碳烃化合物（如甲烷、乙炔、苯等）裂解生成的微米级碳纤维。性能：极细、比表面积大、中空、结晶性好。应用：增强材料、催化材料、导电材料等
	中间相沥青炭纤维	是以燃料系或合成系沥青原料为前驱体，经调制、成纤、烧成处理制成的纤维状炭材料。性能：原料便宜、碳收率高、易制得超高模型炭纤维。应用：航天、航空，隔热、磨耗制动、耐腐蚀、导电和屏蔽，水泥增强
	碳化硅晶体	1824年，瑞典科学家在人工合成金刚石的过程中观察到了SiC。1885年，首次生长出SiC晶体。性能：化学性能稳定、导热系数高、热膨胀系数小、耐磨性能好。应用：磨料、高级耐火材料、脱氧剂、电热元件硅碳棒、半导体，用于叶轮或气缸体内壁的碳化硅粉末涂布
	碳/碳复合材料	碳/碳复合材料是碳纤维及其织物增强的碳基体复合材料。低密度（$< 2.0g/cm^3$）、高强度、高比模量、高导热性、低膨胀系数、摩擦性能好、抗热冲击性能好、尺寸稳定。应用：火箭发动机喷管及其喉衬、航天飞机的端头帽和机翼前缘的热防护系统、飞机刹车盘等

续表

代序	名称	基本描述
第四代——新型炭材料	富勒烯（Fullerene）	碳同素异形体。以球状、椭圆状、或管状结构存在的碳，都可以被叫作富勒烯。富勒烯与石墨结构类似，石墨中只有六元环，富勒烯中可能存在五元环。性能：线性和非线性光学特性，碱金属富勒烯超导性等。应用：非线性光学器件、光导体、超导材料、有机太阳能电池、催化剂、抗癌药物、CVD 金刚石膜、高强度碳纤维、高能轰击粒子
	碳纳米管	又名巴基管，是具有特殊结构（径向尺寸为纳米量级，轴向尺寸为微米量级，管子两端基本上都封口）的一维量子材料。主要由呈六边形排列的碳原子构成数层到数十层的同轴圆管。层间距离约 0.34nm，直径 2 ～ 20nm。性能：高电导率、高热导率、高弹性模量、高抗拉强度。应用：纳米复合材料，新能源，传感器，超级电容器，场发射管
	石墨烯	碳原子的单层片状结构，只有一个碳原子厚度的二维材料，由碳原子以 sp2 杂化轨道组成六角形呈蜂巢晶格的平面薄膜。性能：极高导电性、机械强度、透光性、导热性。应用：光电显示、触摸屏、储能电池、传感器、军工、生物医药等
	碳纳米洋葱	是用爆炸技术合成的新材料，具有金刚石的高硬度特性、小尺寸效应、大比表面积效应、量子尺寸效应等纳米材料的特性。应用：纳米金刚石与金属复合镀层、纳米金刚石抛光液、纳米金刚石 - 聚合物复合体、润滑油、烧结体、磁性记录系统、医学
第四代——新型炭材料	碳包覆纳米金属颗粒（CEMNP）	又称碳包覆纳米金属晶，是碳 / 金属纳米复合材料，数层石墨片层紧密围绕核心的纳米金属颗粒有序排列，形成类洋葱结构。性能：可避免环境对纳米金属材料的影响，提高金属与生物体之间的相容性。应用：磁记录材料、锂离子电池负极、电波屏蔽、催化剂、核废料处理、精细陶瓷和抗菌
	碳气凝胶	2013 年，浙江大学研制出了一种超轻材料，这种被称为“全碳气凝胶”的固态材料，具有高弹性、强吸附。密度仅每立方厘米 0.16 毫克，是空气密度的六分之一，迄今为止世界上最轻的材料。应用：海水淡化、相变储能保温、催化载体、吸音以及高效复合

2. 碳纳米管

碳纳米管是由碳原子组成的管状结构材料，有单层壁（Single Wall CNT，SWCNT）与多层壁结构（Multi-Wall CNT，MWCNT），碳纳米管经过适当的化学处理或是掺杂可以具有高导电性。

碳纳米管的制备方法主要有：电弧放电法、激光蒸发法、催化裂解法、化学气相沉积法、模板法以及凝聚相电解生成法等。

应用这些纤维状、具有导电性的纳米碳管交错搭接即可形成导电的网络。有学者以干式转移法，直接转移高温成长高质量的 SWCNT 到柔性基板形成 110Ω/sq，透光率 90% 的导电膜。

以涂布法形成透明导电膜，难达到直接转移法的光电特性，这是因为CNT间范德华力强，在液体中容易形成CNT捆束，涂布液中加入的CNT分散剂，影响膜的光电特性。

以非离子型界面活性剂为分散剂，学者Woong利用旋转涂布法制得59Ω/sq下，透光率达71%之薄膜；学者Kim则以羟丙基纤维素混和SWCNT调制成刮刀涂布浆料，涂布后再经过脉冲光后处理，制得柔性透明导电膜，在68Ω/sq时，透光率达89%。

图5-28为适用于工业生产柔性CNT透明导电膜制备工艺示意图，其中，墨水分散、涂布成膜与后处理是CNT透明导电膜产业化的三大关键技术。

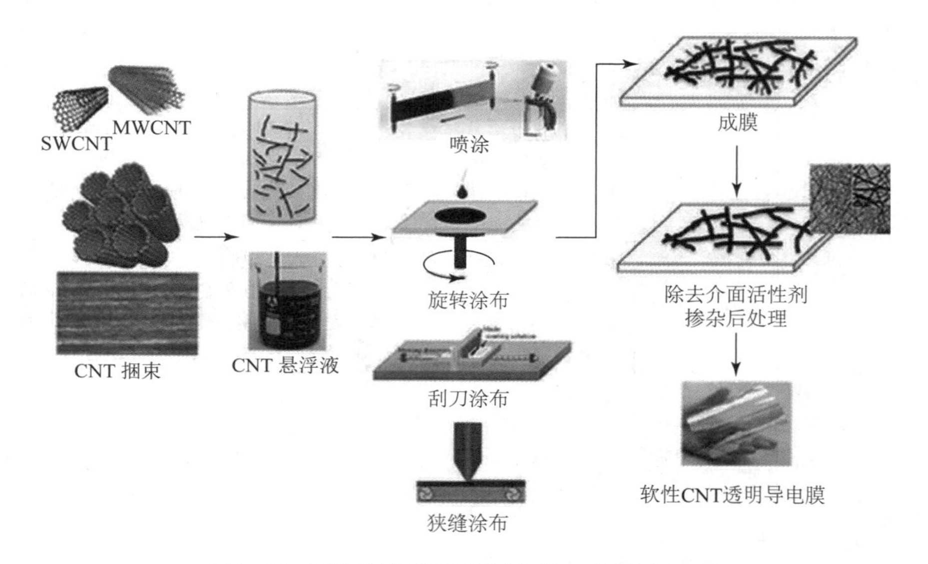

图5-28　碳纳米管制备透明导电膜工艺流程示意图

3. 石墨烯

与氧化铟锡（ITO）薄膜相比，石墨烯透明导电膜具有透光性和稳定性好、柔性更佳等特点。

石墨烯的制备方法主要有：机械剥离法、氧化石墨—还原法、化学气相沉积法、外延生长法、电化学法、电弧法以及其他的方法。

与CNT相类似，直接干式转移石墨烯薄膜与墨水涂布，都是透明导电膜成膜的方法。

利用高温CVD工艺与掺杂，可以制出电阻150Ω/sq，透光率87%的石墨烯透明导电膜，唯高分子的柔性基板无法承受CVD高温制备工艺。

日本Sony以转移法来克服此问题，在铜箔基板上成长高质量石墨烯，再转移到PET薄膜上，然后将铜溶解掉，得到柔性石墨烯透明导电膜（图5-29）。只是这种连续转移制备工艺的成本高，产业化困难。

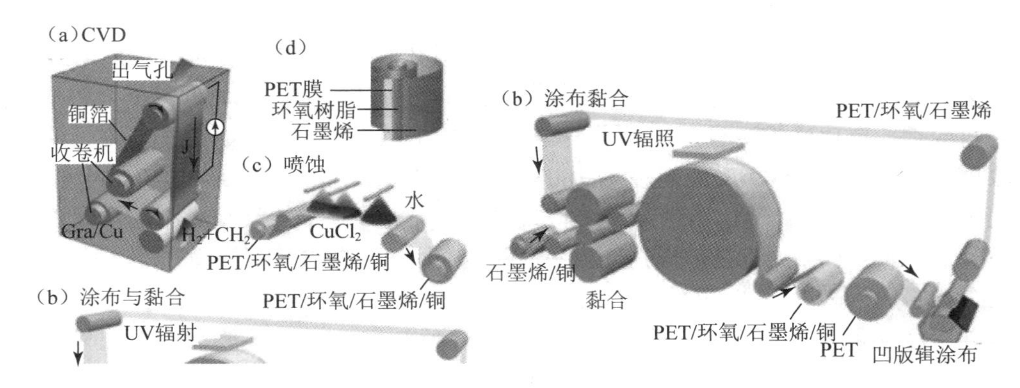

图 5-29 多阶段转移去发制备石墨烯透明导电膜

石墨烯涂布制备工艺与CNT相似，都是墨水调制、涂布成膜、除去添加物与后处理。由于石墨烯片状结构，因范德华力造成的聚集比CNT更严重，使得石墨烯在液体中分散比CNT更困难。

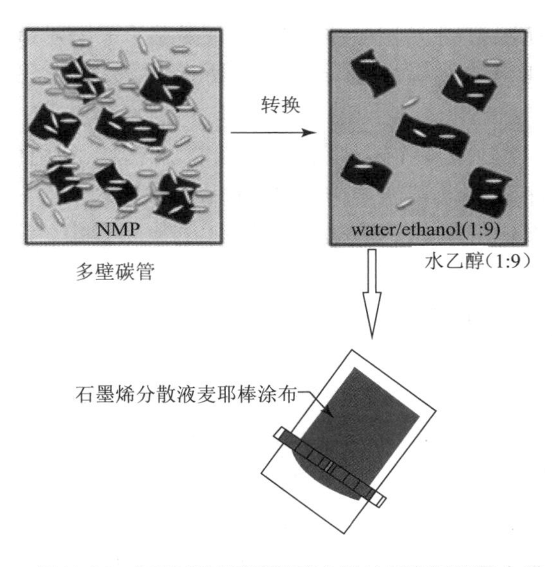

图 5-30 石墨烯悬浮液转移分散法制备透明导电膜

良好的石墨烯分散技术，一直困扰石墨烯应用，也是柔性石墨烯透明导电膜制备工艺中的关键。利用石墨烯悬浮液直接转移分散到水 / 酒精溶液中，剥离石墨烯，制得石墨烯墨水（图 5-30），是避开石墨烯分散困难的方法。

此外、氧化石墨烯（Graphene Oxide，GO）具有较多的极性氧键，容易制成稳定的浆料，有利于涂布成膜制艺，只是氧化石墨烯在涂布后尚需将其还原成导电石墨烯薄膜，需要开发较温和的还原制备工艺。

七、复合导电材料

张红制备的低阻高透柔性导电膜膜层结构，导电层由 ITO/Ag/ITO 膜层组成，在导电层和柔性基底之间，引入折射率膜层 SiO_X，PET 基材经过等离子设备预处理后，依次镀制 SiO_X、ITO、Ag、ITO 等。按照控制变量法，通过对导电层以及折射层膜厚设计，经工艺调整得到了产品。

邹清清结合石墨烯 / 银纳米线透明导电膜的制备及性能开展研究。采用改进的多元醇法，以硝酸银为银源、乙二醇为还原剂和溶剂、聚乙烯吡咯烷酮（PVP）为封端剂、氯化铁为诱导剂、硝酸银与 PVP 的质量比为 1：2、氯离子与银离子的浓度比值为 0.00283、反应温度为 180℃时，所得银线直径在 60 ～ 140nm，长径比可达 833。之后，通过滴落涂布法将银线均匀涂布、迈耶棒法将成膜物质聚乙烯醇铺展，得到银纳米线基透明导电膜。研究发现，膜整体表面光滑平整，银线均匀分布于膜的表面，当银线的沉积密度为 352mg/m^2 时，膜的方阻为 63.40Ω/ □，电导率可达到 2.25×10^{-2}S/m，透光率（550nm 处）为 58.87%，膜的附着性和柔韧性优良。同时，保持银纳米线的沉积密度不变，研究了石墨烯的沉积密度对石墨烯 / 银纳米线透明导电膜性能的影响。结果发现，对比银纳米线基透明导电膜，总导电材料沉积密度相同的石墨烯 / 银纳米线透明导电膜透光率略有降低，膜的外观整体发黑，但导电性有所提高，从 63.40Ω/sq 降低至 23.86Ω/sq，石墨烯 / 银纳米线透明导电膜的附着性和柔韧性良好。

为了提高铜浆料的导电性能，成小乐利用微胶囊技术对铜粉表面做改性处理，添加碳纳米管为导电增强相，制备碳纳米管 - 微胶囊铜复合浆料。结果表明：微胶囊化的铜粉具有较好的抗氧化性和导电性。当碳纳米管与铜粉的质量比为 4：96 时，采用管径 1 ～ 2nm，长度 5 ～ 30nm 的碳纳米管制备的复合浆料的电阻率达到最小值 6.05mΩ • cm，与纯铜浆料相比降低了 89.39%。以碳纳米管 - 铜复合浆料与铜浆料分别制得导电膜，两者相比，前者更平坦、更致密，导电相间的接触更紧密，大量的碳纳米管覆盖在铜粉颗粒表面或填充铜粉颗粒间隙，同时碳纳米管之间相互“吸引”，形成致密的网状结构，在铜粉颗粒之间建立起大量的导电“桥梁”，改善了复合浆料的导电性能。

刘茜采用醋酸锌、乙醇和乙二醇甲醚比例为 1g ：200μL ：10ml 配制 ZnO 前驱体溶液，然后将其旋涂在湿纤维素膜表面，进一步通过退火处理获得性能优异的纤维素 /ZnO 复合膜，并以纤维素 /ZnO 复合膜为基材制备透明导电膜。研究表明，提高退火温度，纤维素 /ZnO 复合膜的透光率呈现先降低后趋于平稳的趋势。当旋涂转速为 2000r/min，退火温度为 23℃时，纤维素 /ZnO 复合膜的透光率高达 89.6%，升高退火温度至 160℃，复合膜的透光率降低至 86.3%。退火温度和旋涂转速会影响纤维素 /ZnO 复合膜的热稳定性能，升高退火温度和旋涂转速会提高复合膜的热稳定性能。在 80℃和 2000r/min 的处理条件下，可以制备形貌比较均匀的纤维素 /ZnO 复合膜；与纤维素膜相比，以纤维素 /ZnO 复合膜为基材制备的透明导电膜，其电阻降低约 65%。

第四节 导电膜材料应用与发展

一、导电膜及其应用

常见透明导电膜的应用领域以及性能要求如表 5-20 所示。

表 5-20 透明导电膜的用途及性能要求

应用	透光率/%	用途	性能
航空航天	≥ 88	飞机座窗、巡航导弹透明示窗	吸收散射雷达波减少其散射截面积
电子显示	≥ 85	电致发光、电致变色、LED 显示	厚度薄、质量轻、易于蚀刻
光电转换器	≥ 80	太阳能电池的异质窗放大器	透明度佳、容易加工
光存储器	≥ 80	铁电体存储器、热塑性记录	尺寸大、抗挠曲、透光性佳
终端设备	≥ 80	透明开关、透明平板	面积大、耐挠曲
静电屏蔽	≥ 80	金属窗、电磁场屏蔽、电视阴极管	面积大、易加工、抗挠曲、耐冲击
热反射	≥ 80	热反射选择性透射膜	面积大、透光性好
面发热体	≥ 80	除霜	面积大、耐冲击、透光性好
电子照相	≥ 80	缩微胶片	面积大、耐弯曲、透光性好
其他应用	≥ 80	装饰、食品包装、激光防伪等	透光性好、透光范围宽、可弯曲

由上可见，不同应用对透明导电膜导电性和透光性的要求也不尽相同。

对于关注薄膜导电性的场合，如光电转化器和光存储器时对材料的导电性要求较高，方块电阻值最高不能超过 500Ω/ □，此时对透光性没有特殊的要求，满足普通透明导电薄膜的透光率要求（T ≥ 80%）即可。如果将透明导电膜用于突出透光性的场合，如航空航天领域，对薄膜的透光性一般要求较高（T ≥ 88%），此时可适当降低其导电性指标，相应的方块电阻值低于 1000Ω/ □即可。对于需要同时兼顾导电性和透光性的场合，如在电子显示领域，通常要求透光率不低于 85%，方块电阻值不超过 500Ω/ □。

表面电阻值与实际应用，有密切关联（表 5-21）。与此同时，显示器、手机等多电路应用器件中，电磁屏蔽必不可少，电磁屏蔽用导电膜（表 5-22），也必须满足相应需求。

表 5-21 不同表面电阻透明导电膜的市场应用情况

不同表面电阻透明导电膜	2.5Ω/□以下	7～15 Ω/□	10～30 Ω/□	80～300 Ω/□	300Ω/□左右	300～500 Ω/□
用途	PDP 前置光学滤色片、视窗屏蔽膜	薄膜太阳电池透明电极	柔性显示（有机 EL、电子纸）及加热膜	无机 EL 电极	垂直型 LCDTV（20V 型以上）的电磁波屏蔽材料	触摸屏
适用的制备	技术蚀刻网格、纤维网格、印刷网格、银盐网格、溅射复合膜	溅射膜（ITO）、印刷网格、银盐网格		溅射膜（ITO）、导电高分子膜、印刷网格银盐网格、金属纳米导电涂层膜、CNT（碳纳米管）		

表 5-22 显示器用透明电磁波屏蔽膜材料的主要制作方法及优缺点比较

类型	制作方法	优点	缺点
溅射型复合膜	将银和铟锡氧化物溅射在 PET 薄膜或玻璃上而制成的复合膜材料	能同时屏蔽电磁波和近红外线	柔韧性差、透光率偏低、表面电阻偏高、屏蔽效果较差；设备（磁控溅射）投资大、效率低、铟为稀有资源且有毒
蚀刻导电网格膜	将铜箔贴合在透明 PET 薄膜上，经光刻胶涂布、曝光、显影、蚀刻形成铜制细线的栅网图案	表面电阻低、屏蔽效果优异	柔韧性差，网格交叉线宽变化大，易造成 Moire 条纹；工艺复杂，大量铜被蚀刻浪费，成本较高
纤维编织导电网格膜	采用金属丝（直径 2μm）与导电纤维（直径 27～29μm）编织而成	具有屏蔽效果优异，成本低的优势	线径较粗，透光率低，影响其推广应用
印刷法导电网格膜	将纳米金属涂料直接印刷在 PET 薄膜上，然后再进行化学镀处理	具有较好的屏蔽效果，柔韧性好，成本较低	受印刷精度所限，线径较粗，透光率偏低
银盐法导电网格膜	应用卤化银银盐胶片，经曝光、显影加工形成银制网格图案，再经铜镍成型处理形成 EMI 膜	电磁屏蔽性好、透光率高、无 Moire 干涉条纹，网格图案设计灵活、柔韧性好、电阻可调范围宽、成本较低	工艺较为复杂，对设备精度要求高

二、柔性导电膜技术发展

人们已在玻璃等硬质基材上沉积了包括 ITO、FTO、AZO、ATO 等在内的各种透明导电薄膜，但仅 ITO 和 FTO 两种透明导电薄膜实现了商品化生产，并广泛应用于多种光电器件的制备中。其中，ITO 市场占有率为大约 94%，其余几种薄膜材料，只用于某些特定的领域。即使是目前使用最为广泛的 ITO 透明导电膜，依然存在以下问题。

（1）原料来源稀缺

关键原料铟是稀有金属，在地壳中的含量很低，且可供开采的铟仅占其储量的一半。自然界没有独立的铟矿，用于制备 ITO 薄膜的铟，大多取自于各种有色金属硫化矿物中，如硫化锌矿、硫化铜矿、方铅矿等。工业上一般在锌、锡、铅冶炼过程得到的副产物中提取铟，回收率在 50% 左右，经计算后实际可以利用的铟仅为大约 1.5 万吨。鉴于过去 20 年间铟金属的大量开采和使用，可以预期，随着 ITO 材料市场需求量的持续增加，铟金属的供应终将会出现短缺，寻找不使用铟的 ITO 透明导电膜替代材料，已成为当务之急。

（2）制备成本

目前，在磁控溅射、溶胶—凝胶和喷雾热解等常见的制备 ITO 薄膜的方法中，以磁控溅射法制备得到的 ITO 薄膜的性能最佳。与其他方法相比，高成本主要来自两个方面：①设备成本，要想获得高性能的 ITO 薄膜，就要求使用价格昂贵的高端、精密设备。②材料成本，在溅射过程中，只有少量 ITO 靶材会被溅射到基材上，其余大量的材料会被溅射到室壁上，造成原材料的浪费。

（3）基材脆性

随着各种微电子产品日益向小型化、柔性化方向的发展，开发以 PET、PI 等塑料为基材的柔性透明导电膜已成为亟需解决的问题。由于 ITO 材料本身缺乏柔韧，且目前商业化的 ITO 薄膜，大多是以玻璃等脆性材料为基材，限制了其在柔性电子产品中的应用。寻找可以方便地沉积于 PET 一类柔性基材上的柔性透明导电材料，并制备具有实际应用前景的透明导电薄膜，是当前面临的难题。

与此同时，随着柔性电子器件在显示、能源及可穿戴等领域的迅速发展，对透明导电薄膜的柔性化提出了新的挑战。高导电性下仍然保持高透光率，是发展趋势。柔性透明导电膜技术发展，在可挠曲、透光率、导电性方面，取决于材料、工艺与技术成熟度。

1. 材料

超薄金属导电薄膜柔性、导电性好，光电性能均匀稳定性，成本低和可大规模制备。有望成为替代 ITO 的理想材料。金属薄膜的超薄、低阈值厚度连续生长，是同时获得良好的光学和电学特性的关键。

部分材料制备的透明导电膜面电阻与透光率对比，如图 5-31 所示。

由图 5-31 可见，若以透光率大于 80% 为基准，当膜方阻大于 100Ω/sq 时，上述各技术都能达到需求；但到 100Ω/sq 以下时，石墨烯与碳纳米管就必须以真空法生长，再以转移技术成膜方可。

导电高分子与金属网格可以达标，而 10Ω/sq 以下，就只有金属网格与金属网络可以达标。纳米银线网络在 100Ω/sq 以下，甚至更低都能性能优异。这是由于银的导电性出色，少量的纳米银线，即可达到低电阻与高透光率性能。

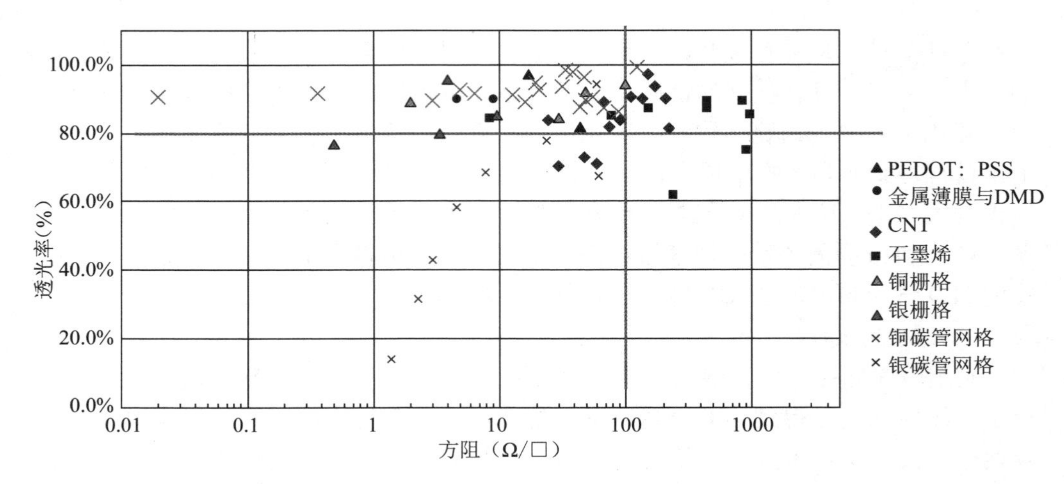

图 5-31　不同材料制备的导电膜面电阻与透光率

2. 批量化制备技术

批量化制备的复杂程度，与柔性透明导电膜的成本紧密关联，柔性透明导电膜技术的批量化制备对比如表 5-23 所示，薄金属膜与氧化物 / 金属薄膜 / 氧化物都是真空镀膜。

表 5-23　各种柔性透明导电膜之生产制备工艺对比

	主要导电材料	真空材料成长	转移	墨水调制	涂布印刷	黄光				烧结	掺杂
						曝光	显影	蚀刻	脱模		后处理
氧化物 / 金属薄膜 / 氧化物	金属薄膜	√									
石墨烯（干式转移制备工艺）	石墨烯	√	√								
纳米碳管（干式转移制备工艺）	纳米碳管	√	√								√
金属网格（蚀刻制备工艺）	金属箔				√	√	√	√	√		
纳米碳管（涂布制备工艺）	纳米碳管			√	√						√
石墨烯（涂布制备工艺）	石墨烯			√	√						√
金属网格（印刷制备工艺）	纳米金属粒浆料			√	√					√	
金属网格（自组装制备工艺）	纳米金属粒 / 线			√	√					√	

续表

	主要导电材料	真空材料成长	转移	墨水调制	涂布印刷	黄光				烧结	掺杂后处理
						曝光	显影	蚀刻	脱模		
金属网格（纳米线搭接）	纳米金属线			√	√						
导电高分子	导电高分子				√						

碳纳米管、石墨烯的干式转移制备工艺，需要开发新的设备。蚀刻法的金属网格虽然制备工艺复杂，曝光、显影、蚀刻、剥膜的黄光设备昂贵，但技术成熟，铜网格透明导电膜，已经应用到触控面板产业。

印刷金属网格，是将黄光图案化的制备工艺以印刷工艺实现，预计可以再简化图案化设备投资，但需要低温烧结工艺与设备。自组装的金属网络，省去了图案化制备工艺，制造成本低于印刷金属网格。

涂布型碳纳米管，涂布成膜后须做掺杂处理；石墨烯在氧化石墨烯涂布成膜后须还原，设备与制造成本应该与自组装的金属网络接近。纳米线搭接的金属网络与导电高分子，利用涂布成膜设备即可生产，是最具竞争力的技术。

3. 商业化

铜金属网格的触控面板已经上市；纳米银线触控面板在许多专业触控面板厂已有展示，接近商品产业化。导电高分子透明导电膜虽有多家展示，实际应用仍在开发探索阶段。以印刷、自组装工艺制备的金属网络，材料与制备工艺部分已有进展，量产制备工艺与设备则仍开发中（图 5-32）。石墨烯在墨水材料与制备工艺技术上，尚处于开发阶段。

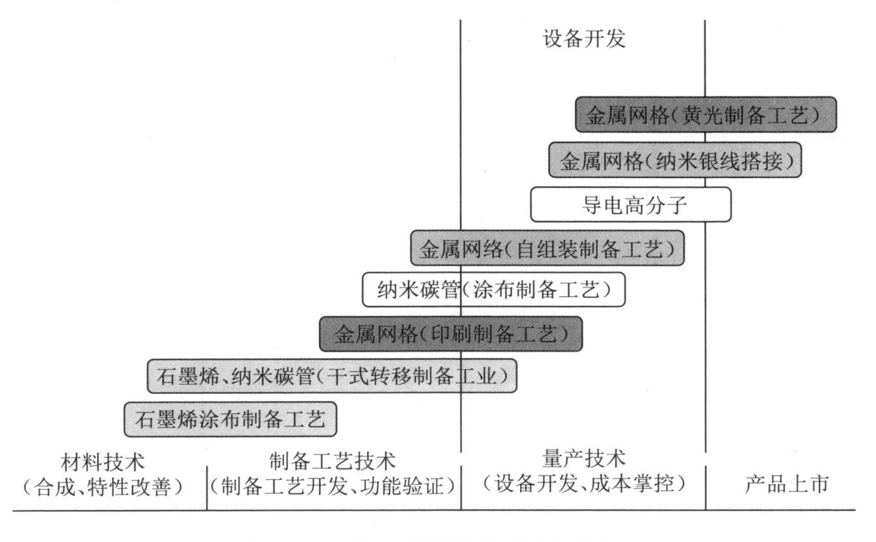

图 5-32　柔性透明导电膜产业化进展

在透明导电膜方面，石墨烯、碳纳米管具有较好的应用前景。ITO 在蓝光区有较强的吸收，影响了透光性。石墨烯具有优良的光透射性，单层石墨烯的透光率在理论上为 97.5%，而且没有波长依赖性。石墨烯非常薄，几乎不会出现其他薄膜存在的光封存问题，也具有很好的机械柔韧性。但是，由于无法得到较完美的大尺寸的石墨烯单层薄膜，所得石墨烯电极的方块电阻一般都在几百 Ω/ □以上。韩国研究的卷对卷在铜箔上通过 CVD 生长，再向 PET 衬底转移的工艺，通过叠加四层石墨烯和 HNO_3 掺杂，可以得到接近 30Ω/ □的导电率。该工艺工艺复杂、成膜耗费时间、材料耗费大。

从材料特性、量产制备工艺与技术成熟度来看，银纳米线透明导电膜最具竞争力。在光电特性上，从数 Ω/sq 到百 Ω/sq 范围都有优异的透光率；低成本涂布成膜制备工艺，加上从纳米银线、墨水、柔性透明导电膜材到触控面板应用的产业链完整，唯需设备与制备工艺的整合。

银纳米线墨水，涂布成膜时均一性不易控制，针对银纳米线导电网络，需要开发特殊的涂布设备；另外银纳米线透明导电膜相对于 ITO 导电膜，耐候性较差，需要开发具有更佳耐候性的墨水配方。

参考文献：

[1] 徐艳芳，李修，刘伟，等．栅格式透明导电膜透光性能的表征和测试方法 [J]. 光学学报，2014, 34(2).

[2] 章峰勇．柔性透明导电膜的研究进展 [J]. 信息记录材料，2010, 11(3).

[3] 李修，五瑜，徐艳芳，冉军，莫黎昕，李路海．柔版涂布复合金属网栅光电性能研究 [J]. 红外与激光工程，2013, 42(12): 3296-3299.

[4] 邹竞，章峰勇，安国强．银盐法制备透明导电膜的研究与应用 [J]. 信息记录材料，2010, 11(2): 3-7.

[5] Hong S, Yeo J, Kim G, et al. Nonvacuum, Maskless Fabrication of a Flexible Met al Grid Transparent Conductor by Low-Temperature Selective Laser Sintering of Nanoparticle Ink[J]. ACS Nano, 2013, 7: 5024.

[6] 齐亮飞，朱超挺，杨晔，等．金属网格透明导电薄膜研究现状与应用分析 [J]. 材料导报 A：综述篇，2015, 29(9): 31-36.

[7] 杨鑫，李小丽，王虹．ITO 透明导电膜的湿法制备与性能研究 [J]. 化工新型材料，2015, 43(4): 76-78+85.

[8] Jiang, J. K. ; Bao, B. ; Li, M. Z. ; Sun, J. Z. ; Zhang, C. ; Li, Y. ; Li, F. Y. ; Yao, X. ; Song, Y. L. Adv. Mater. 2016, 28, 1420.

[9] Park, M. ; Im, J. ; Shin, M. ; Min, Y. ; Park, J. ; Cho, H. ; Park, S.; Shim, M. -B.; Jeon, S.; Chung, D. -Y. ; Bae, J. ; Park, J. ; Jeong, U. ; Kim, K. NatureNanotechnol. 2012, 7, 803.

[10] Chun, K. -Y. ; Oh, Y. ; Rho, J. ; Ahn, J. -H. ; Kim, Y. -J. ; Choi, H. R. ; Baik, S. NatureNanotechnol. 2010, 5, 853.

[11] Chae, S. H. ; Yu, W. J. ; Bae, J. J. ; Duong, D. L. ; Perello, D. ; Jeong, H. Y. ; Ta, Q. H. ; Ly, T. H. ; Vu, Q. A. ; Yun, M. ; Duan, X. F. ; Lee, Y. H. Nature Mater. 2013, 12, 403.

[12] 鲁云华，康文娟，胡知之，等. 柔性透明导电膜基材材料的研究进展 [J]. 化工新型材料，2010, 38(9): 27-29.

[13] 李路海. 印刷电子的前世今生 [M]. 北京：北京艺术与科学出版社，2016.

[14] 黄坤林. Conductive Polymers-A brief Introduction to the 2000 Nobel Prize in Chemistry, Chemical Education, 2001, 22(1).

[15] 尹周平，黄永安. 柔性电子制造：材料、器件与工艺 [M]. 北京：科学出版社，2016.

[16] 崔铮. 印刷电子学：材料、技术及其应用 [M]. 北京：高等教育出版社，2012.

[17] Xubx, Akhtara, Liuyh, et al. An Epidermal Stimulation and Sensing Platform for Sensorimotor Prosthetic Control, Management of Lower Back Exertion, and Electrical Muscle Activation[J]. Advanced Materials, 2016, 28(22): 4563-4563.

[18] Kimdh, Lun, Ghaffarir, et al. Materials for Multifunctional Balloon Catheters With Capabilities in Cardiac Electrophysiological Mapping and Ablation Therapy[J]. Nature Materials, 2011, 10(4): 316-323.

[19] Hammockml, Chortosa, Teebck, et al. 25th anniversary article: The Evolution of Electronic Skin(e-skin): A Brief History, Design Considerations, and Recent Progress[J]. Advanced Materials, 2013, 25(42): 5997-6038.

[20] 于翠屏，等. 柔性电子材料与器件的应用 [J]. 物联网学报，2019, 3(3): 102-110.

[21] 史冬梅，等. 印刷与柔性显示材料与器件技术发展现状与趋势 [J]. 科技中国，2018, 3: 16-18.

[22] 纳米银导电墨水在柔性显示方面的应用 [J]. 网印工业，2019(7): 31-32.

[23] 李路海，等. 柔性与印刷电子专题 [J]. 科技导报，2017, 17.

[24] 李文博，莫黎昕，李伟伟，等. 用于导电油墨的纳米铜分散液的制备 [C]. 中国印刷科学技术研究所、北京印刷学院. 颜色科学与技术——2012 第二届中国印刷与包装学术会议论文摘要集. 中国印刷科学技术研究所、北京印刷学院：中国印刷与包装研究编辑部，2012: 181.

[25] 李路海，胡旭伟，莫黎昕. 液相化学还原法制备片状银颗粒的影响因素及研究进展 [J]. 中国印刷与包装研究，2012, 4(5): 1-6+40.

[26] 李伟伟，莫黎昕，付继兰，李路海. 晶型可控纳米银合成的简单方法及表征 [J]. 稀有金属材料与工程，2013, 42(8): 1734-1737.

[27] 王玲丽，葛雪松，吴琳，等. 聚氨酯柔性电子封装胶的研制 [J]. 化工新型材料，2019, 47(6): 97-101.

[28] 汪月．基于导电织物的可拉伸电极的研究及应用 [D]. 合肥：合肥工业大学，2017.

[29] Huang Siya, Liu Yuan, Zhao Yue, et al. Flexible Electronics: Stretchable Electrodes and Their Future[J]. Adv. Funct. Mater, 2018.

[30] 吴美兰，周雪琴，李巍，莫黎昕，刘东志．纳米金属喷墨导电墨水研究进展 [J]. 化工进展，2012, 31(8): 1806-1810.

[31] ReinholdI, HendriksCE, EckardtR, et al. Argon Plasma Sintering of Inkjet Printed Silver Tracks on Polymer Substrates[J]. J. Mater. Chem., 2009, 19(21): 3384-3388.

[32] 梁树华．银纳米线及其透明导电膜的制备 [J]. 硅酸盐学报，2016, 44(5): 707-710.

[33] 陈亚男．超细银纳米线的制备及其透明导电薄膜涂布工艺研究 [D]. 哈尔滨：哈尔滨工业大学，2018.

[34] 孙月月．柔性 CuS 透明导电薄膜的制备及性能研究 [D]. 天津：天津大学，2018.

[35] Sendova M, Sendova-Vassileva M, Pivin J, et al. Experimental Study of Interaction of Laser Radiation with Silver Nanoparticles in SiO_2 Matrix[J]. Journal of Nanoscience and Nanotechnology, 2006(3): 748-755.

[36] 杜勇，杨小成，方炎．激光烧烛法制备纳米银胶体及其特征研究 [J]. 光电子激光，2003, 14(4): 383-386.

[37] 田军，邓艳辉，周兵，等．纳秒激光消融法制备银纳米材料 [J]. 吉林大学学报（理学版），2005, 43(4): 521-523.

[38] ShinHyeonSuk, YangHyunJung, KimSeimgBin, et al. Mechanism of Growth of Colloidal Silver Nanoparticles Stabilized by Polyvinyl Pyrrolidone in Gamma-Irradiated Silver Nitrate Solution[J]. Journal of Colloidand Interface Science, 2004, 274(1): 89-94.

[39] ChenYu-Hung, YehChen-Sheng. Laser Ablation Method: Use of Surfactants to Form the Dispersed Ag Nanoparticles[J]. Colloids and Surfaces A: Physicochemical and Engineering Aspects, 2002, 197(1-3): 133-139.

[40] 魏智强，马军，冯旺军，等．等离子体制备银纳米粉末的研究 [J]. 贵金属，2004, 25(3): 29-32.

[41] 段志伟，张振忠，江成军，等．直流电弧等离子体法制备超细 Ag 粉研究 [J]. 铸造技术，2007, 28(1): 23-26.

[42] LeePC, MeiselD. Adsorption and Surface-Enhanced Raman of Dyes on Silver and Gold Sols[J]. J. Phys. Chem, 1982, 86(17): 3391-3395.

[43] SastryM, et al. Organization of Polymer-Capped Platinum Colloidal Particles at the Air-Water Interface[J]. Thin Solid Films, 1998, 324(1-2): 239-244.

[44] SharmaVK, YngardRA, LinY. Silver Nanoparticles: Green Synthesis and Their Antimicrobial Activities[J]. Adv. Colloid Interface Sci, 2009, 145(1-2): 83-96.

[45] RivasL, et al. Growth of Silver Colloidal Particles Obtained by Citrate Reduction to

Increase the Raman Enhancement Factor[J]. Langmuir, 2001, 17(3): 574-577.

[46] SondiI, GoiaDV, MatijevicE. Preparation of Highly Concentrated Stable Dispersions of Uniform Silver Nanoparticles[J]. J. Colloid Interface Sci, 2003, 260(1): 75-81.

[47] SuberL, et al. Preparation and the Mechanisms of Formation of Silver Particles of Different Morphologies in Homogeneous Solutions[J]. J. Colloid Interface Sci, 2005, 288(2): 489-495.

[48] PatakfalviR, et al. Synthesis and Direct Interactions of Silver Colloidal Nanoparticles with Pollutant Gases[J]. Colloid Polym. Sci, 2008, 286(1): 67-77.

[49] Maillard M, Giorgio S, Pileni MP. Tuning the Size of Silver Nanodisks with Similar Aspectratios: Synthesis and Optical Properties[J]. J. Phys. Chem. B, 2003, 107(11): 2466-2470.

[50] Manikam VR, Cheong KY, Razak KA. Chemical Reduction Methods for Synthesizing Ag and Al Nanoparticles and Their Respective Nanoalloys[J]. Mater. Sci. Eng. B, 2011, 176(3): 187-203.

[51] Maillard M, Giorgio S, Pileni MP. Silver Nanodisks[J]. Adv. Mater, 2002, 14(15): 1084.

[52] Sun YG, et al. Uniform Silver Nanowires Synthesis by Reducing $AgNO_3$ with Ethylene Glycol in the Presence of Seeds and Poly(Vinylpyrrolidone)[J]. Chem. Mater, 2002, 14(11): 4736-4745.

[53] Manikam VR, Cheong KY, Razak KA. Chemical Reduction Methods for Synthesizing Agand Al Nanoparticles and Their Respective Nanoalloys[J]. Mater. Sci. Eng. B, 2011, 176(3): 187-203.

[54] ChenC. N, ChenC. P, DongT. -Y, et al. Using nanoparticles as Direct-Injection Printing Ink to Fabricate Conductive Silver Features on A Transparent Flexible PET Substrate at Room Temperature [J]. ActaMaterialia, 2012, 60(16): 5914-5924.

[55] Pham LongQuoc, Sohn JongHwa, Kim ChangWoo, et al. Copper Nanoparticles Incorporated with Conducting Polymer: Effects of Copper Concentration and Surfactants on the Stability and Conductivity[J]. Journal of Colloidand Interface Science, 2012, 365(1): 103-109.

[56] IdaKiyonobu, TomonariMasanori, SugiyamaYasuyuki. Behavior of Cu Nanoparticles Ink under Reductive Calcination for Fabrication of Cu Conductive Film[J]. Thin Solid Films, 2012, 520(7): 2789-2793.

[57] JudaiKen, NumaoShigenori, NishijoJunichi, et al. In Situ Preparation and Catalytic Activation of Copper Nanoparticles From Acetylide Molecules[J]. Journal of Molecular Catalysis A: Chemical, 2011, 347(1-2): 28-33.

[58] ChenShilong, LiuKonghua, LuoYuanfang, et al. In Situ Preparation and Sintering of Silver

Nanoparticles for Low-Cost and Highly Reliable Conductive Adhesive[J]. International Journal of Adhesion and Adhesives, 2013, 45: 138-143.

[59] XuJ, YinJ. S, MaE. Nanocrystalline Ag Formed by Low-Temperature High-Energy Mechanical Attrition[J]. Nanostructured Materials, 1997, 8(1): 91-100.

[60] ChouKan-Sen, LaiYueh-Sheng. Effect of Polyvinyl Pyrrolidone Molecular Weights on the Formation of Nanosized Silver Colloids[J]. Materials Chemistry and Physics, 2004, 83(1): 82-88.

[61] 汤皎平 . 水合肼还原法制备银纳米粒子 [J]. 科学技术与工程 , 2005, 5(16): 1187-1188, 1192.

[62] Abdvilla-Al-MamunMd, KusumotoYoshihuini, Muruganandham Manickavachagam. Simple New Synthesis of Copper Nanoparticles in Water/Acetonitrile Mixed Solvent and Their Characterization[J]. Materials Letters, 2009, 63(23): 2007-2009.

[63] MBiçer, İlkayŞişman. Controlled Synthesis of Copper Nano/Microstructures Using Ascorbic Acid in Aqueous CTAB Solution [J]. Powder Technology, 2010, 198(2): 279-284.

[64] 顾大明 , 高农 , 程谨宁 . 次磷酸盐液相还原法快速制备纳米银粉 [J]. 精细化工 , 2002, 19(11): 634-635, 674.

[65] ParkSunghyun, SeoDongseok, LeeJongkook. Preparation of Pb-Free Silver Paste Containing Nanoparticles[J]. Colloids and Surfaces A: Physicochemical and Engineering Aspects, 2008, (313-314): 197-201.

[66] KosmalaA, WrightR, ZhangQ, et al. Synthesis of Silver Nanoparticles and Fabrication of Aqueous Ag Inks for Inkjet Printing[J]. Materials Chemistry and Physics, 2011, 129(3): 1075-1080.

[67] LiuJianguo, LiXiangyou, ZengXiaoyan. Silver Nanoparticles Prepared by Chemical Reduction-Protection Method, and Their Application in Electrically Conductive Silver Nanopaste[J]. Journal of Alloys and Compounds, 2010, 494(1-2): 84-87.

[68] Capek1. Preparation of Metal Nanoparticles in Water-in-oil(w/o)Microemulsions[J]. Advances in Colloid and Interface Science, 2004, 110(1-2): 49-74.

[69] 张万忠 . 纳米银的可控制备与形成机制研究 [D]. 武汉 : 华中科技大学 , 2007.

[70] SinghaDebabrata, BarmanNabajeet, SahuKalyanasis. A Facile Synthesis of High Optical Quality Silver Nanoparticles by Ascorbic Acid Reduction in Reverse Micelles at Room Temperature[J]. Journal of Colloid and Interface Science, 2014, 413: 37-42.

[71] RongMinzhi, ZhangMingqiu, LiuHong, et al. Synthesis of Silver Nanoparticles and Their Self-Organization Behavior in Epoxy Resin[J]. Polymer, 1999, 40(22): 6169-6178.

[72] ZhangDanhui, LiuXiaoheng, WangXin, et al. Optical Properties of Monodispersed Silver Nanoparticles Produced Via Reverse Micelle Microemulsion[J]. Physica B: Condensed

Matter, 2011, 406(8): 1389-1394.

[73] YangJisheng, PanJin. Hydrothermal Synthesis of Silver Nanoparticles by Sodium Alginate and Their Applications Insurface-Enhanced Raman Scattering and Catalysis[J]. Acta Materialia, 2012, 60(12): 4753-4758.

[74] YangZhiqiang, QianHaijun, ChenHongyu, et al. One-Pot Hydrothermal Synthesis of Silver Nanowires Via Citrate Reduction[J]. Journal of Colloid and Interface Science, 2010, 352(2): 285-291.

[75] 刘艳娥，尹蔡松，范海陆．水热法制备球形纳米银粒子及其表征 [J]. 材料导报，2010, 24(16): 132-134, 144.

[76] TekaiaáElhsissenK. Preparation of Colloidal Silver Dispersions by the Polyol Process: Part 1-Synthesis and Characterization[J]. Journal of Materials Chemistry, 1996, 6(4): 573-577.

[77] SunY, GatesB, MayersB, et al. Crystal Line Silver Nanowires by Soft Solution Processing[J]. Nanoletters, 2002, 2(2): 165-168.

[78] SunY, XiaY. Large-Scale Synthesis of Uniform Silver Nanowires Through a Soft, Self-Seeding, Polyolprocess[J]. Nature, 1991, 353(1991): 737.

[79] SunY, XiaY. Shape-Controlled Synthesis of Gold and Silver Nanoparticles[J]. Science, 2002, 298(5601): 2176-2179.

[80] ImSH, LeeYT, WileyB, et al. Large—Scale Synthesis of Silver Nanocubes: the Role of HCl in Promoting Cube Perfection and Monodispersity[J]. Angewandte Chemie, 2005, 117(14): 2192-2195.

[81] 陈焙才，汤立文，黄石娟，等．纳米银线基柔性透明导电膜的制备及研究进展 [J]. 中小企业管理与科技 (下旬刊), 2018(7): 158-159.

[82] 周洪彪，肖昕，袁昭岚．掺铝 ZnO 透明导电膜动态制备及性能研究 [J]. 电子工业专用设备，2019, 48(4): 32-36.

[83] 赵路，沈艳，张金枝，等．PEDOT 复合导电浆料的制备及性能研究 [J]. 粘接，2014, 45-49.

[84] 李运清，史浩飞．石墨烯透明导电膜研究与产业化进展 [J]. 电子元件与材料，2017, 36(9): 60-63.

[85] 张红．低阻高透柔性导电膜制作技术 [J]. 玻璃，2019, 46(5): 40-43.

[86] 邹清清．石墨烯 / 银纳米线透明导电膜的制备及性能研究 [D]. 西安：西安理工大学，2019.

[87] 钟艳莉，李洁，张官理，等．有机玻璃透明导电膜配套涂层的应用研究 [J]. 现代涂料与涂装，2011, 14(8): 4-8.

[88] 成小乐，梅超，屈银虎，等．碳纳米管对微胶囊铜复合浆料导电性能的影响 [J/OL]. http: //kns. cnki. net/kcms/detail/23. 1345. tb. 20191228. 1313. 002. html, 2019-12-30.

[89] 刘茜，李顺，李建国，等．纤维素 /ZnO 复合膜的制备及其性能研究 [J]. 中国造纸，2019, 38(10): 1-6.

第6章 窗膜涂布材料

第一节 窗膜构成

窗膜是由多层聚酯薄膜经精密涂布工艺加工复合而成的功能化薄膜材料，将其贴在玻璃表面可以改善玻璃的性能和强度，使玻璃具有隔热节能、阻隔紫外线、提高安全防护、增加美观装饰性、遮避私密等功能。因此广泛应用于汽车挡风玻璃、建筑物门窗玻璃、幕墙和隔断玻璃等材料表面。窗膜按照其使用场所可分为汽车玻璃窗膜、建筑玻璃用的功能窗膜两大类。窗膜按照功能可分为遮阳膜、隔热膜、保温膜、安全膜、装饰膜、防雾膜、抗菌膜、家居防护膜、智能光谱选择窗膜等；按照加工工艺及材料不同可分为夹层染色膜、原色膜、磁控溅射膜、纳米隔热膜、安全防爆膜等。

抗耐磨刮层
聚脂薄膜层
复合功能层
聚脂薄膜层
压敏安装胶+紫外阻隔层
离型保护层

图 6-1 窗膜基本结构

窗膜的结构可由抗磨耐刮层、聚酯基材层、复合功能层、功能聚酯层、安装胶层以及离型保护膜层组成，如图 6-1 所示。其中抗磨耐刮层具有良好的耐划伤和耐磨性能，擦拭或清洗不会产生刮痕，使窗膜表面经久如新；复合功能层经过配方功能结构设计，在复合胶层中添加功能材料，如染料、紫外吸收剂、纳米功能材料、有机 / 无机红外吸收材料等，使复合功能层选择性反射、吸收、透过光线中的可见光、红外线和紫外线，实现遮阳防晒、抗老化、隔热保温等功能；功能聚酯层由聚酯薄膜经本体染色、磁控溅射、层压复合等工艺加工处理而成，以实现防护功能；安装胶层提供安装黏着性能，同时可与膜材一起实现安全防护效果，贴膜玻璃在受到外力冲击时，膜材抗拉伸性能与安装胶层共同作用牵拉玻璃，防止碎片飞溅和外力穿透；离型保护层一般为透明聚酯薄膜，用来保护安装胶层，窗膜装贴时将离型保护层撕除。

窗膜可根据其功能需要和环境建设要求进行结构设计和制备，同一窗膜可以兼具多种功能。可见光透过率可实现范围为0～90%，隔热效果在近红外线阻隔可达到90%以上，紫外线阻隔率达99%以上，安全膜可实现抗强冲击、防玻璃碎片飞溅、防砸防穿透的功能，甚至可实现防弹的效果，颜色丰富多彩可持久耐候，在不影响采光和视野的前提下，遮阳防晒效果良好，并可通过表面处理，实现窗膜的防雾、防油污功能。随着智能材料和功能结构设计的发展，窗膜还可实现智能化防护的效果。

第二节 窗膜材料与工艺技术要求与分类

1. 窗膜基材基本要求和分类

窗膜的涂布基材是高透明聚酯薄膜通过结构和功能设计，经本体染色、金属化镀层、磁控溅射、夹层合成等多种工艺处理，成为具有不同功能的基膜。窗膜产品对于聚酯薄膜的选择主要有以下几个方面，如表6-1所示。

窗膜根据基材加工工艺的不同，历经了不同的发展阶段：①普通膜，俗称茶纸，是将染料混在胶内涂在聚乙烯基材上制成的，由于不隔热、不隔紫外线且保质期很短，现在已淡出市场。②夹层染色膜，将染料通过胶黏树脂，涂布在两层PET基材之间，有较好的耐紫外线老化性能和丰富的色彩，一般可见光反射率低，可增加隔热和安全防护效果。③原色膜，在聚酯切片形成时加入颜色共挤形成或采用浸染方式着色。带有颜色的聚酯薄膜通过涂布胶黏剂复合后形成产品。④真空蒸镀镀膜，通过热蒸发工艺，可以镀上各种金属、合金或氧化涂层。真空蒸镀工艺通常用纯铝作为窗膜所采用的基材，它能有序均匀地沉积在聚酯薄膜表面形成金属镀膜层，通过复合可制成各种各样独特的薄膜产品，可以制成不同可见光透过率和可见光反射比的金属膜，使膜具有一定的阳光控制性能。⑤磁控溅射膜，真空室惰性气体环境中，在电能作用下，各种金属或金属合成靶材被带电离子撞击，沉积在聚酯基材层制成多层致密的低反射高隔热的金属膜。磁控溅射窗膜是结合磁控溅射技术和涂布复合工艺制备的功能薄膜产品，此类产品具有金属质感，利用物理反射可起到隔热的效果，不易氧化、稳定性强，是应用良好的隔热保温节能产品。⑥纳米隔热膜，含有硅、钛、碳以及纳米金属氧化物的材料通过与色母粒混合或与树脂材料混合形成浆料，色母粒通过共挤拉伸形成功能膜基材，浆料与复合胶共混形成涂层材料，制备窗膜产品。产品中不含金属层，材料稳定性良好，经久耐用，且具有低反光率及适中的透光率，隔热效果佳，该工艺制备的窗膜应用较广范。

表 6-1　窗膜基材的要求与分类

<table>
<tr><th>分类名称</th><th>表观要求</th><th>常用膜厚度（μm）</th><th>机械强度</th><th>稳定性</th><th>加工性</th><th>备注</th></tr>
<tr><td>透明 PET</td><td>高透明、低雾、高清、无晶点杂质</td><td>16、19、25、50、100、125、175</td><td rowspan="7">拉伸强度、断裂伸长率、抗冲击性能</td><td rowspan="6">耐油、耐水、耐光、耐有机溶剂、耐高低温、耐酸碱、耐燃烧，且有阻隔性</td><td rowspan="6">表面张力、热收缩率、摩擦系数、抗张</td><td rowspan="5">窗膜用透明无色基材透光率需 ≥ 88%，抗 UV 型 PET 紫外阻隔率 ≥ 90%，原色膜根据加工产品要求，透光率范围为 0 ～ 80%</td></tr>
<tr><td>耐紫外型 PET</td><td>高透明、低雾、高清、无晶点杂质</td><td>16、19、25、50、100</td></tr>
<tr><td>原色膜</td><td>有色、低雾度、颜色均匀、无晶点杂质</td><td>16、19、25、36、50</td></tr>
<tr><td>镀铝膜基材</td><td>透明、低雾度、镀层均匀、无晶点杂质</td><td>16、19、25、36、50</td></tr>
<tr><td>磁控溅射膜基材</td><td>透明、低雾度、镀层均匀、无晶点杂质</td><td>19、25、36、50</td></tr>
<tr><td>装饰膜基材</td><td>涂层或印刷均匀</td><td>20 ～ 100</td><td></td></tr>
<tr><td>离型膜</td><td>透明、高清、无斑纹</td><td>19、25、36、50</td><td>残余黏着力、耐酸碱、耐溶剂</td><td>复合性能、离型力</td><td>硅油型涂层</td></tr>
</table>

2. 窗膜制备对产品性能的影响

窗膜采用光学聚酯薄膜基材为载体，结合精密涂布技术、光谱选择技术以及材料复配相容技术，进行多层复合结构设计，通过功能薄膜材料与胶黏剂相容性能测试，与高性能胶黏剂进行复合，纳米材料以及磁控溅射不同膜系金属材料的选择，将功能材料复配应用于贴膜结构中。影响窗膜产品综合性能的制备技术主要有以下几点。

（1）涂布工艺影响。

窗膜的涂布制备均在洁净的室内，在采用精密涂布制造工艺时，首先需保证生产环境的稳定，包括环境洁净度、温度、湿度，甚至还要注意物料温度与环境温湿度的匹配性。环境洁净度、涂布设备制造和安装精度、车速和张力控制精度、物料均匀性等均会影响涂布表观和性能，此外，还涉及到涂布工艺参数以及固化方式。窗膜涂布方式主要是狭缝式涂布、微凹版涂布以及逗号涂布，三种涂布方式各具备自身的优点。其中狭缝喷涂方式在窗膜的不同结构配方涂布性能效果适用性最佳。微凹版涂布还涉及一些其他的影响因素，如凹版辊本身结构、压辊（吻辊）调节、基材速度与凹版辊线速度的比率、刮刀负载、包角、微凹版辊清洗程度等。

在窗膜涂布过程中常见的涂布弊病有斑纹（包括横纹、纵纹、斜纹）、胶纹（水波纹、拉丝纹等）、复合气泡、涂布不良或漏涂、点状缺陷等。横纹的产生主要来自设备振动和基材张力变化，如驱动不合理、共振现象、驱动连轴节异常、轴承异常、张力控制等偏差都可能带来振动。纵纹主要是由张力线、温度高引起纵皱、涂布处杂质或刀口缺陷等。斜纹的产生与涂布方式匹配性以及放料张力松紧不一等相关。窗膜涂布产生胶纹是很常见的现象。基材的表面张力不均匀、胶液黏度、烘箱干燥梯度温度不佳等均会影响表观涂布纹路的均匀性。复合气泡多为压合橡胶辊异物或缺陷造成，工艺不匹配后的空气夹带也会造成气泡。涂布不良或漏涂产生的原因较多，最常见的漏涂是物料供应不足，涂布量要根据物料和涂布方式及工艺条件来确定。点状缺陷产生的原因是多方面的，由于基材某处的表面张力不同而产生不润湿点，由于物料或基材里含有杂质或析出物，物料本身、空气夹带以及由于基材的多孔性影响孔穴转移而产生气泡，背辊的损伤以及杂质也会造成周期性点状弊病。因此，窗膜制备对精密涂布设备、安装精度、物料以及工艺匹配要求较高。

（2）聚酯基材的性能对窗膜基本物理性能的影响。

聚酯基材的制备性能包括表观和光学、力学性能。力学性能方面主要研究测试聚酯材料的断裂性能、抗拉性能、断裂伸长率、弹性模量、摩擦力、表面张力等；光学性能方面主要测试膜材的可见光透光率、可见光反射率、雾度、清晰度等性能。聚酯基材应用于窗膜产品中，基材本体表观和预处理效果对窗膜表观和涂布性能均影响较大，聚酯薄膜多采用双向拉伸工艺制备，并对表面进行预处理，如电晕、亚克力涂层、聚氨酯涂层以及抗静电处理。

（3）光谱选择技术的应用。

进行纳米材料和磁控溅射不同膜系金属的测试，通过光学功能设计，不同膜材间的复合匹配性与复合功能胶黏剂进行相容测试，实现复合功能层在紫外线、红外线以及可见光区域的透过、吸收和反射，以及光学性能的稳定性，确认功能结构和配方的应用效果。

（4）紫外光固化。

窗膜硬化防划伤涂层的制备，多采用紫外光固化的方式进行，涂层配方和涂布工艺的匹配性，对涂布效果以及涂层光学和力学性能均有影响。除涂层配方外，在进行紫外光固化时，紫外灯设置的功率、灯管使用时长、固化系统温度、车速等工艺条件对涂层固化效果及应用性能均会产生影响。

（5）综合性能测试。

窗膜综合性能测试，包括产品的各项表观、力学性能（断裂伸长率、热收缩、抗冲击、防飞溅等）、光学性能（可见光 / 红外线 / 紫外线透过和阻隔、雾度、清晰度等）、耐高低温性能、耐燃烧性能、耐老化性能、耐辐照性能、胶黏剂的初黏和持黏性能、挥发性有机物含量、产品安装铺贴性能等，产品各项性能的持久稳定性和适用性也是窗膜产品性能考察关键点。

第三节 涂层材料

一、窗膜涂层构成

窗膜的涂层根据结构来分，包括抗磨耐刮涂层、复合功能胶涂层和安装胶层。抗磨耐刮涂层主要是 UV 光固化树脂在窗膜表面形成的一层硬化层，主要起到耐磨、防划伤的功能，对其在涂布基材上的附着力以及抗磨性能均有要求。复合功能胶涂层主要是聚氨酯或丙烯酸脂胶黏剂涂布在 PET 上固化形成，用来黏结两层 PET，在复合功能胶涂层也会添加部分功能材料来改善窗膜的光学性能，如染料、纳米隔热材料、紫外线吸收剂等。安装胶层主要是黏结在玻璃上，起到安装的作用，同时对窗膜的安全防护效果起到重要作用。根据窗膜产品性能需求，对涂层中各材料的要求如表 6-2 所示。

表 6-2　窗膜涂层材料需求与性能

材料名称	性能
染料	色相、亮度、饱和度、着色力、分散相容性、耐光性、耐温性
紫外吸收剂	耐光性、相容稳定性、阻隔性能、耐温性
纳米材料	分散粒径、相容、耐候稳定性、阻隔性能
胶黏剂	高清高透、初黏、持黏、剪切力、剥离强度、玻璃转化温度、分子量大小与分布、残胶性能、稳定性、相容性
耐磨涂层	UV 固化能量、硬度、耐磨性、附着力、气味、稳定性

二、窗膜涂层材料分类及性能要求

1. 抗磨耐刮涂层

抗磨耐刮涂层外光固化涂料，它是利用紫外线（UV）辐射作用，使液体化学物质快速聚合交联来实现固化的一种新型涂料。主要组成有①预聚体，通常是一些含双键的不饱和聚合物，如聚氨酯丙烯酸酯、环氧丙烯酸酯。②单体，即活性稀释剂，主要作用是调节黏度和参加聚合反应，分为单官能团单体、二官能团单体和多官能团单体。单官能团单体有利于提高胶层的柔韧性和附着力；二官能团和多官能团不仅起反应稀释剂的作用，而且起交联剂的作用，对硬度、韧性和强度有重要影响。③光引发剂，对固化速率起决定作用。④溶剂，用于调节黏度和固含量以及助剂的溶解。⑤其他助剂，有稳定剂、附着力促进剂、流平剂、消泡剂等。紫外光固化涂料按照UV光固化体系分为自由基体系和阳离子体系，两者固化机理成分都有所不同。自由基体系是由光引发剂受UV照射激发产生自由基，引发单体和预聚物聚合交联；阳离子体系是由阳离子光引发剂受辐射产生强质子酸，催化加成聚合，使树脂固化。抗磨耐刮涂层的性能要求如表6-3所示。

表6-3　安装胶涂层的性能要求

项目	性能要求
涂布厚度	常规厚度1～5μm
表观	表面平整，无斑纹、晶点、气泡、针孔等缺陷
涂层性能	铅笔硬度、涂层附着力0级
光学性能	高清高透，雾度≤0.5%
涂层耐磨性能	耐磨测试前后可见光透射比变化≤4%或雾度变化值≤4%

2. 复合功能胶涂层

窗膜用复合功能胶涂层的胶黏剂主要有两种：聚氨酯胶黏剂和聚丙烯酸酯胶黏剂。聚氨酯胶黏剂因其具有胶膜坚韧，耐冲击，黏接力强，有突出的耐低温性能和耐油耐磨性能等优点被广泛运用于玻璃窗膜的层压复合胶黏剂。聚丙烯酸酯胶黏剂具有良好的黏合性能和功能材料相容效果，对聚酯基材黏合效果佳，稳定性好，在胶黏剂中可添加纳米隔热材料、光吸收材料以及功能助剂，以实现复合功能胶层的制备。涂层要求如表6-4所示。

表6-4　复合功能胶涂层的性能要求

项目	性能要求
表观	无斑纹、胶纹、气泡、杂质等缺陷，涂布颜色均匀
机械性能	黏合力、抗拉伸性能、相容性佳
光学性能	高清高透
稳定性	耐老化、耐水、耐高低温

3. 安装胶涂层

安装胶涂层主要有聚丙烯酸酯压敏胶黏剂和硅橡胶胶黏剂。聚丙烯酸酯胶黏剂在交联固化过程中采用金属络合物或三聚氰胺类为交联剂；硅橡胶胶黏剂具有耐候性能好、耐水强、耐温变等，多采用铂金催化进行交联反应，但该类铂金催化剂遇到氮、磷、硫、BPO（过氧化物）、有机锡类固化剂等材料会发生失效现象，导致固化变慢甚至不固化，涂布固化过程中应避免接触类似物质。使用于窗膜的安装胶黏剂以聚丙烯酸酯类胶黏剂居多。对安装胶涂层的性能要求如表 6-5 所示。

表 6-5　安装胶涂层的性能要求

项目	性能要求
表观	无斑纹、胶纹、气泡、杂质等缺陷，涂布均匀
力学性能	黏合力、初黏、持黏、抗拉伸性能
光学性能	高清高透、低雾度
稳定性	耐水、耐高低温、无残胶、耐酸碱、耐溶剂
环保	挥发性有机物含量、气味

三、窗膜涂层制备技术

窗膜各涂层的制备采用精密涂布方式进行，涂布设备系统如图 6-2 所示。

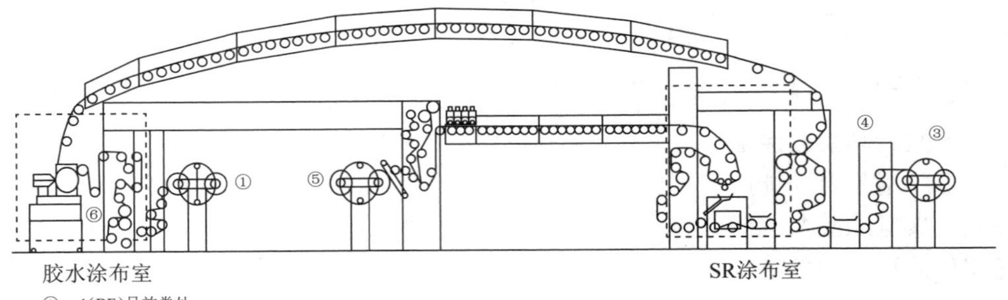

①：1(BF)号放卷处
②：烘箱
③：2 号(RF)放卷处
④：出料(复合处)
⑤：收卷处
⑥：涂布 BF(进料)

图 6-2　窗膜涂布设备系统

1. 抗磨耐刮涂层制备技术

紫外光固化涂料经溶剂稀释，通过充分搅拌均匀后，静置消泡，通过过滤系统除去里面的杂质和异物，管道输送进入到洁净涂布室，通过微凹版涂布方式在经过处理的 PET 表面涂布，经热风烘箱干燥后，进入 UV 固化系统固化形成抗磨耐刮涂层（简称 SR）。结合涂层性能要求，对涂布工艺及 UV 固化参数进行调整。

2. 复合功能胶涂层制备技术

聚氨酯胶黏剂或聚丙烯酸酯胶黏剂与功能材料、助剂、溶剂等搅拌均匀，调至合适的黏度，在聚酯基材表面采用精密微凹版涂布或者狭缝喷涂、逗号辊等涂布方式进行涂层的制备，涂层进入热风烘箱烘干，同时交联固化，然后与②号放卷基材进行复合形成复合功能胶涂层。涂布聚酯基材通过①号放卷进入涂布区，涂布前经过张力调整、除尘、除静电和EPC纠偏等装置进行处理。

第四节 窗膜产品的应用与发展

在环保、节能、安全等方面国家政策引导下，窗膜产品的市场应用空间更广泛。从安全防护效果来说，窗膜与玻璃之间有一层黏着力极强的胶，膜本身具有很好的抗撕裂性、抗穿透性，既可以减少玻璃的自爆，也可以在遭遇意外冲击导致玻璃破碎时能保持原来的整体状态，防止因玻璃破碎飞溅对人体的二次伤害。隔热保温窗膜可以实现良好阻隔门窗玻璃能量损耗，在不影响视野和采光效果的前提下，具有良好的节能效果。

基于对窗膜产品性能的多功能化应用需求，窗膜的综合性能在外观质量（高清低雾、颜色自然均匀、表观无缺陷、美观装饰效果）、光学性能（太阳能选择性透过或阻隔、智能化光谱选择阻隔、单向透视等）、力学性能（拉伸性能、断裂强度、伸长率、黏结力、复合强度、防飞溅、防穿透、抗冲击性能）、表面处理功能（防划伤、耐磨、抗油污、自清洁防眩光）、耐候性能以及安装性能（加工尺寸、热收缩、轻量化、便捷性）等方面不断提升，对应基材与涂层材料的发展不断进步，以胶黏剂、薄膜基材、涂布技术等的发展推动薄膜系统产品的升级。围绕节能、安全、健康、环保的功能主题不变，不断丰富和发展现有的窗膜多样化制造与开发技术，同时吸收精密涂布机械、高性能薄膜基材、黏合剂和表面防划伤等先进科研成果，开展产品的多功能、智能化、健康防护与环保性能方面的研究工作，提高制备技术和材料应用性能。

第7章 喷墨印刷承印物涂布材料

第一节　涂布基材

理论上，原纸、聚乙烯涂塑纸（也称RC纸基）、高分子薄膜及部分刚性基材，都可用作喷墨承印物基材。原纸纤维本身能吸收墨水，有利于提高吸墨量，但纤维吸水膨胀，印刷后墨水洇渗，导致画面质量下降；RC纸基、高分子薄膜有利于提高承印物表面平滑度和光泽度，其中RC纸基为传统银盐相纸的支持体，具有良好的物理性质，赋予照片平滑、厚实、挺括的感觉，将其用于喷墨印刷纸，是再现照片质量的重要手段。非吸收性基材或者非限定性吸收基材，必须涂布吸墨层，才能满足喷墨印刷过程的吸墨固墨要求。

一、涂布原纸

1. 涂布纸的基本组成

涂布原纸是根据涂布纸质量和印刷适性要求而特制的纸张。涂布纸是由原纸及覆盖在原纸表面（单面或双面）的涂层构成。在涂层中，颜料是主要成分，其次是胶黏剂和各种化学助剂。纤维交织和颜料排布所形成的孔隙，部分被胶黏剂填充，大部分为空气所占据，因此，颜料涂布纸是纤维—颜料—胶黏剂—空气的复合体。颜料覆盖纸面，填平由于纤维交织而在纸面形成的凹凸。胶黏剂使颜料粒子相互连接，并与原纸的纤维黏接在一起；化学助剂作用各不相同，可以改善涂层的黏附牢度、光泽度、色调，或者调整印刷适性等。

颜料涂布纸的基本组成如图 7-1 所示。

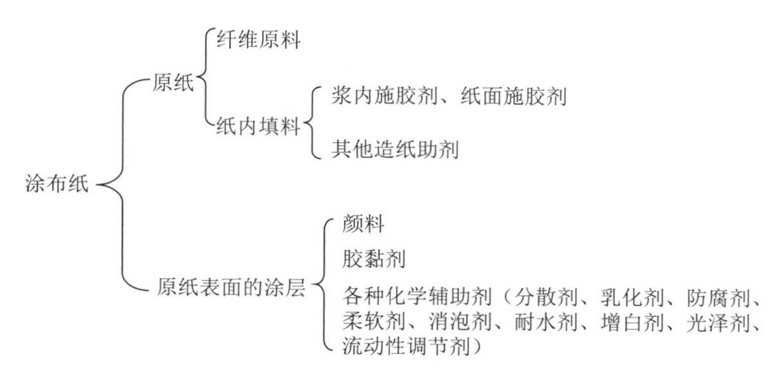

图 7-1　涂布纸的基本构成

颜料涂布纸的质量，除了涂层质量外，主要取决于原纸的质量，原纸的关键性能是具有较高的抗张强度，有好的表面强度，有较高的白度和不透明度，较高的撕裂度，适当的平滑度和多孔性。

2. 涂布原纸的基本特性

原纸施胶：纸张纤维素是亲水性很好的物质，纤维之间所构成的毛细管造成纸张发生吸液、吸水作用，为了抑制和调节这种由纤维的亲水性和纸张构造引发的纸张亲液性能，需要做施胶处理。施胶分为造纸浆内添加施胶剂的内部施胶（Internal Sizing）和成纸后表面涂胶的表面施胶（Surface Sizing）两种，一般两种方法同时进行。表面施胶剂多采用氧化淀粉、磷酸酯淀粉、酵素淀粉为主的改性淀粉等，可单独使用，也可在改性淀粉中加入其他合成胶，如聚乙烯醇、苯丙乳液、丙烯酸酯乳液、聚氨酯乳液、脲醛树脂和其他氨基树脂等。施胶度是液体和纸张相互作用的结果，这种相互作用十分复杂，液体向纸页渗透的过程包含着表面效应、扩散、纤维吸附和膨润等作用，同时这些作用相互交织，因此针对不同的用途施胶度测试方法有卷曲法、Stockigt 船法、Cobb 法、Bristow 法、边缘吸收法、墨水画线法等多达 20 多种，不同方法测定的施胶度数值会有很大差别甚至相互矛盾，设定原纸标准时需要特别注意这一点。单对涂布而言，原纸在涂布过程中涂布液经历了液体、凝胶体和固体三个不同阶段，表面施胶和内部施胶能形成一定的抵抗液体（含胶黏剂）向原纸内部渗透的阻碍层，因此表征表面吸收性的 Cobb 值施胶度是涂布原纸的重要指标。Cobb 值过低时，涂料中的胶黏剂向纸内迁移量就会增多，导致涂层颜料颗粒中间和颜料与纤维中间不能相互牢固地黏接，严重时掉毛掉粉。Cobb 值过高时，原纸吸收性降低，涂布时纸页两面湿度差增加，会造成卷曲和皱褶。一般银盐相纸原纸 Cobb 值（60s）$\leqslant 20g/m^2$，涂布美术原纸 Cobb 值 $30 \pm 10g/m^2$，喷墨铸涂原纸 $30 \pm 10g/m^2$，喷墨 RC 相原纸 $\leqslant 25g/m^2$。

原纸加填：原纸加填是为了提高白度和不透明度，但加填量与纸页的机械强度及表面强度成反比关系，原纸灰分增加，加填量在 5% ～ 15% 为宜。填料主要有滑石粉、高岭土、碳酸钙、钛白粉、二氧化硅、沸石、硫酸钡等。

表面强度：结合强度一方面取决于纤维自身的强度，另一方面还与造纸工艺过程中以下几个因素有关：①打浆工艺，未经打浆的纸浆不能直接用来造纸。打浆的目的与作用就是将混合在水中的粗纤维在外力搓揉的作用下细纤维化，使部分纤维横向切断，最终纤维表面和两端帚化发毛，增加了纤维的比表面积，提高其交织能力。同时纤维表面游离出大量羟基，在成纸过程中增强纤维间氢键结合的缔合力，提高了纸张强度。但打浆过度会使纤维过短，反而使强度下降，所以控制合适的打浆度是纸张强度和表面强度的关键。②加填，如前所述为改进纸张的白度、平滑度、不透明度等印刷适性，造纸时需在浆料中加入高白度、高折射率、颗粒细小、化学稳定性好的白色填料。由于填料与植物纤维化学结构上不相似，填料粒子的加入将会降低纤维间通过氢键结合的机会，导致纸张强度的下降，印刷中容易发生掉粉掉毛，甚至拉毛现象。③表面施胶工艺，如前所述施胶是为增加纸张抗液体渗透和扩散的性能，在纸张内部或表面施加某些具有抗液性的胶体物质。实验证明，无论是淀粉还是聚乙烯醇作为表面施胶剂，施胶后的纸张表面强度均明显提高，其原因是表面施胶剂不仅会渗入纸张内部增加纤维间的黏结，同时还会增加表面纤维间及与纸体间的黏结。目前纸张表面强度常见测定方法有丹尼逊蜡棒（Dennison Wax）法和 IGT 印刷适性仪加速印刷法，其中 IGT 法是基于流体在平面之间分离时的分离力与分离的速度成正比关系的理论设计的，在印刷时，当油墨的分离力大于纸面粒子间的结合力时，纸面将产生肉眼可见的破裂现象，即所谓的拉毛现象，把纸张开始拉毛时的印刷速度称之为拉毛速度。对于一定的油墨和印刷压力，纸张的表面强度越大，拉毛速度也越大，抗油墨分裂的能力越强。在原纸涂布环节，如原纸表面强度不够，刮刀、计量等工序产生高剪切力会拉出原纸表面层的纤维和填料，这些杂质停留、积聚在比如刮刀刃上就会形成涂布条痕，这些杂质回流至涂布工作站，也会影响涂料质量。

抗张强度：是指纸在一定条件下所能承受的最大张力。通常以下面几种方式表示。①绝对抗张力：一定宽度的试样断裂时所承受的张力，以 kN/m 表示。②裂断长：一定宽度的试样由本身重量将其拉断时的长度，以 m 表示。③伸长率：纸张受张力至断裂时的伸长与原长之比，用百分比表示。抗张强度受纤维的结合力和纤维本身的强度影响，而纤维的结合力是影响抗张强度的决定因素。机器方向（纵向）的原纸抗张强度和湿抗张强度是影响涂布的重要指标，涂布时会产生较大的张力和牵引力，对原纸的干强度有要求。水性涂布时涂布站和干燥前区由于涂料向原纸迁移水，湿强度不够的原纸将发生断裂弊病。

水分：纸张通常含有 6% 左右的水分，纸张放置在一定温度和湿度的空气中，就会从空气中吸收水分直到纸张达到恒定重量为止，此时空气中水蒸气压和纸中的水蒸气压达到平衡状态，纸张不再从空气中吸收水分或释放水分，此时纸中的水分含量为该温湿度条件下的平衡水分量。在同一温湿度条件下，由于纸质的不同也有不同的平衡水分，这与纸张的组成和造纸工艺有关，如半纤维素含量高的纸张平衡水分高。在保持空气中相同的相对湿度下，平衡水分随温度增加而减少且近似为直线关系。这点在生产过程中需要特别注意。

均一性：原纸的均一性是指原纸横幅定量或厚度、匀度、水分。横幅定量或厚度差，会造成涂布拖动时出现松紧边，严重时出现起褶和折痕，同时造成涂布不均匀或干燥变形。原纸的匀度反映纤维交织和分布的好坏。原纸的匀度差，容易造成纸面油墨吸收性、光泽度和平滑度的差异。原纸的水分不均匀，则涂布时对涂料的吸收不均匀，导致涂层表面性质差异。

透气度：透气度影响原纸的吸收性和涂料的渗透性，影响涂层的干燥速度。油墨的吸收能力，也与原纸透气度有关。对于铸涂原纸，必须具备较高的透气性。这是因为铸涂纸在加工过程中，原纸涂有涂料的一面与铸缸紧密接触，干燥过程中蒸发水分完全需要从原纸的背面透过，如果原纸透气度不够，干燥过程中产生的蒸气无法及时排出，势必导致蒸气从涂料侧冲出，造成铸涂层针孔，严重时铸涂表面产生许多无光泽的坑点。

伸缩率：伸缩率是纸张在不同湿度的环境中其尺寸发生收缩或伸长的变化率，也可以是由于纸张受水浸渍使尺寸发生变化及浸渍后再干燥所发生的尺寸变化。纸张发生伸缩的根本原因是水对氢键缔合的影响，使得单根纤维发生收缩及润胀；以及纤维之间相互贴紧或松散。一般纸张横向伸缩率比纵向要大，其原因一方面是由于多数纤维的排列方向和纸张的纵向相一致，而单根纤维的膨胀与收缩主要表现为横向。另一方面是因为干燥过程中纸张在纵向受到拉伸，而横向则无此拉伸张力，所以横向上纤维有更大的聚在一起的自由，从而形成了内在的可膨胀性。收缩率大的原纸，在涂布或淋膜开卷过程中易发生横向变形，由于设备牵引张力的限制，横向变形造成的应力无法释放，在收卷处纵向上会出现张力线，在膜卷的表面上表现出不规则的隆起筋条状态，俗称爆筋。

原纸紧度（松厚度）、挺度、白度、不透明度、平滑度、撕裂度、尘埃度等也是纸张性能的重要指标。表 7-1 是某喷墨铸涂用原纸的部分质量指标。

表 7-1　188g 定量喷墨铸涂用原纸的部分质量指标

质量指标 Specification	单位 Unit	检测结果 Test Result	检测方法 Test Method GB/T
定量 Basis Weight	g/m^2	187.5	GB/T 451.2
水分 Moisture	%	4.3	GB/T 462

续表

质量指标 Specification	单位 Unit	检测结果 Test Result	检测方法 Test Method GB/T
紧度 Density	g/cm³	0.83	GB/T 451.3
平滑度（正 / 反）Smoothness（FS/WS）	S	26/17	GB/T 456
抗张强度（纵）Tensile（MD）	kN/m	7.46	GB/T 465.2
湿抗张强度（纵）Wet Tensile（MD）	kN/m	0.27	GB/T 12914
D65 亮度 Brightness	%	107.5	GB/T7974
Cobb 值（60s）Cobb60	g/m²	23.3/23.9	GB/T 1540
撕裂度（横）Tear Resistance（CD）	mN	1360	GB/T 455
透气度 Air Permeability	μm/pa.s	5.434	GB/T 458

二、RC 纸基

1. RC 纸基结构及表面处理

RC 纸基（Resin Coated Paper Base）主体结构是，在纤维原纸双面以淋膜工艺涂上聚乙烯层（PE Laminating）（图 7-2），PE 层能阻挡浸泡时水渗入原纸纤维造成纸基变形。采用 RC 纸基，将赋予喷墨介质在影像输出领域更好的实用效果。PE 层亮度高，挺度好，机械性能非常优异，但聚烯烃层表面能低，涂布时润湿性差，需要加涂黏着层，或称为底层，提高涂布面的表面张力，调整润湿铺展性，提高吸墨层与 RC 纸基之间的附着力。

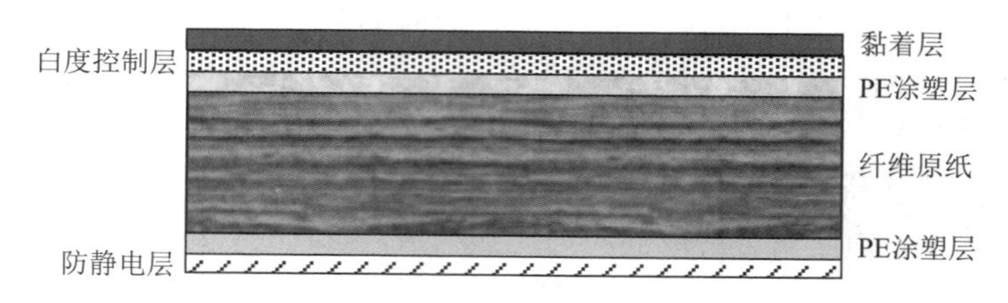

图 7-2　RC 纸基结构

当白度要求很高时，需要在 PE 涂塑层上加涂一白度控制层。此外，由于 PE 电绝缘性能好，如 PE 的体积电阻率高达 $10^{16}\Omega.cm$；而介电常数很小（60 ～ 100hz）/10^6hz 下仅 2.25 ～ 2.35，在摩擦过程中容易产生和积累静电，特别在桌面印刷场合，印刷机进纸器上散页叠放，如果静电吸附力太强，容易导致数张一并进入印刷机压纸轮造成卡纸。因此，优良的 RC 相纸纸基背面需要加涂防静电层，降低纸基背面的表面电阻率，或者向背面 PE 母料掺杂抗静电剂或抗静电母料，降低纸基背面的表面电阻率。基材正面（PE 层或黏着层），由于需要涂布吸墨层，表面电阻率可以放宽要求，但过高的电阻率容易导致大轴纸基在开卷过程中，以及经过涂布辊摩擦时产生更多静电，吸附涂布车间周围环境的粉尘，造成涂布弊病。

表 7-2 是纸基进行防静电处理前后的电阻率变化，表面电阻率数量级可下降 1 ～ 2 级，而涂布产品的正面表面电阻率低于 $10^{12}Ω$，满足实际使用要求。

表面电阻率参照国家标准 GB/T-3008，定义为绝缘材料表面层的直流电场强度与线电流密度之商，即单位面积内的表面电阻。表面电阻率按式 7-1 计算：

$$ρs=Rs \cdot p/g \quad (7-1)$$

式中，ρs 为表面电阻率，单位为欧姆 Ω；Rs 为试样的表面电阻，单位为欧姆 Ω；p 为所使用的特定电极装置或测量电极装置中，测量电极的有效周长，单位为米 m；g 为两电极之间的距离，单位为米 m。

表 7-2　纸基表面电阻率

	正面表面电阻率（Ω）*	背面表面电阻率（Ω）*
RC 纸基（背面无防静电层）	$9.50*10^{12}$	$9.00*10^{12}$
RC 纸基（背面有防静电层）	$1.40*10^{12}$	$3.00*10^{10}$
RC 防水高光（国产）	$2.00*10^{10}$	$1.60*10^{10}$
RC 防水高光（进口）	$1.00*10^{11}$	$3.00*10^{11}$

* 测试条件：25℃，50%RH 环境中平衡 24hr 后

2. RC 纸基淋膜材料

满足喷墨相纸应用的纤维原纸克重一般为 100 ～ 180g/m²，为保证基材以及最终相纸产品挺度，所用纸浆为高比例木浆，一般为硫酸盐木浆。灰分含量 5% ～ 8%，部分灰分来源于为提高原纸表面匀度而做的表面施胶。为了进一步地提高相纸的平滑度，成纸后大多采用机内软压光两道以上，将 bekk 平滑度提高到 100s 以上。

正反面涂塑量（PE 淋膜量）一般在 20 ～ 28g/m²。如果涂塑层太薄，基材机械性能不好，表面光泽也不理想；涂塑层太厚，则原料和生产成本上升。

聚乙烯的合成方法可分为高压法、中压法和低压法三种，通常高压法（100 ～ 300Mpa）生产低密度聚乙烯（LDPE 密度 0.910 ～ 0.935g/cm³），所以称高压聚乙烯为低密度聚乙烯。中压法和低压法高密度聚乙烯（HDPE 密度在 0.941 ～ 0.965g/cm³），市场上也有把密度为 0.941g/cm³ 左右的聚乙烯树脂称为中密度聚乙烯的。聚乙烯的规格按其熔体流动速率（MFR）的大小来区分，MFR 是指热塑性高分子在一定的温度和压力下，其熔体每 10min 通过标准毛细管的质量数，单位为 g/10min。一般当熔体流动速率高时，聚乙烯的分子量小，黏度低，成型温度也低，制品的力学性能较差；当熔体流动速率低时，其分子量大，黏度高，成型温度高，制品的力学性能好。RC 纸基多采用 MFR 6 ～ 8g/10min（190℃ /2.16kg）

的涂覆级 PE 颗粒。从结构上看，高密度聚乙烯线性结构整齐，支链少且短，结晶度高，密度高，硬度和拉伸强度好。低密度聚乙烯含有大量的支链结构，结晶度低，因此密度低，硬度和拉伸强度也低些。

相比与 HDPE，LDPE 具有更好的柔软性、延展性和透明度，熔融温度也低些，加工容易，应用于正面涂塑层可获得更好的光泽和更少的淋膜缺陷，因此 RC 纸基正面淋膜一般全部采用 LDPE，但 LDPE 耐温性能差，挺度低。在淋膜背面涂塑层时，由于背面对光泽和表观缺陷的要求降低，可加入一定比例的 HDPE 改善挺度和强度。正反两面的涂塑量和 PE 品种比例选择，视正面涂布吸墨层的具体情况再做调整，RC 纸基正面挺度一般需要略低于反面挺度，这样涂布吸墨层以后，吸墨层所增加的挺度可以使正反面获得平衡，避免涂布后产品弯曲变形。

虽然聚乙烯的化学稳定性好，热稳定性较好，但在大气、阳光、氧的作用下仍会发生明显老化，脆性增加，力学性能下降的问题。因此，在 PE 母料的生产过程中还需要添加抗氧化剂、紫外光吸收剂、热稳定剂、光稳定剂等防老化助剂来提高其耐候性。

一般而言，正面淋膜层同时提供白度控制作用。多数厂家通过向 LDPE 添加色母料的方法来调整白度，常用含钛白色母，蓝色母，紫色母，荧光色母按比例与 LDPE 共混挤出，得到所需白度和色调。

3. RC 纸基淋膜工艺

RC 纸基采用挤出复合工艺生产（俗称淋膜工艺），在挤出复合过程中，原纸（一般为纯木浆原纸）经过电晕后从橡胶辊和冷却辊间穿过，冷却辊启动，橡胶辊转动，挤出机前移，挤出薄膜状聚乙烯熔体均匀流在基材上，熔体随基材进入橡胶辊和冷却辊之间，此时橡胶辊在汽缸推动下前移提供一定压力，将基材和熔体压在冷却辊面上，熔体在冷却辊作用下降低温度，贴合在基材上冷却成薄膜，再经剥离导辊离开冷却辊，形成挤出复合材料，如图 7-3 所示。挤出复合产品的光泽和质量，主要由橡胶辊压力、熔体温度、基材和冷却辊表面情况决定，冷却辊是表面纹理高度均匀的圆柱形不锈钢辊，内通冷却水降低辊表面温度。生产高光 RC 纸基时，冷却辊为镜面高光辊；生产亚光纸基，则将冷却辊换成亚面辊；喷墨相纸等其他表面如光泽表面、粗绒表面、绸纹表面均由相应的冷却辊提供。

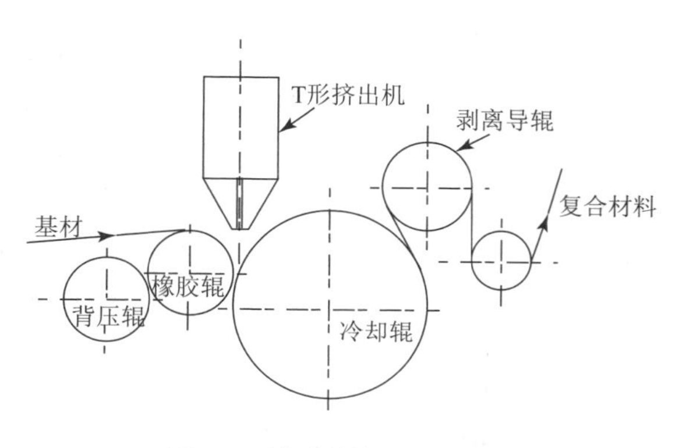

图 7-3　淋膜纸挤出复合过程

影响挤出复合纸塑复合强度的

因素如下。

①聚乙烯熔体流动速率 MFR，MFR 值越大，复合强度越好。②同等参数下，一般淋膜量越大，复合强度越好。③电晕功率密度越大，复合强度越好。④橡胶辊压力不足时，复合强度明显下降。⑤熔体温度越高，复合强度越好。

如前所述，喷墨 RC 纸基正反面均需要淋膜，正面淋膜层需要黏着层（底层）提高附着力，背层需要防静电层减少摩擦静电，而且，品牌厂商需要在纸基背面印刷商标，因此，适用于喷墨的淋膜线一般是双模头结构，即生产线设计有两个挤出机，分别淋膜正反面，同时具备背面原纸印刷、底层涂布、背涂防静电层等功能单元。各种功能在一条生产线上实现的优势是生产完毕即为合乎喷墨要求的纸基，避免二次加工，也减少了产生浪费，降低对环境或设备的粉尘污染。

4. RC 纸基性能要求

RC 喷墨相纸是为取代传统相纸，很多参数仍然沿用感光行业的指标要求来获得相纸性能的延续性，但由于喷墨印刷不涉及卤化银冲扩时的洗印工序，部分指标如边缘渗透性（Edge Penetration）可适度降低，但边缘渗透性过高，相纸在潮湿环境吸湿后边缘膨胀增厚，严重时甚至开裂。一般而言，用于喷墨行业的 RC 纸基生产成本，略低于感光相纸 RC 纸基的生产成本。表 7-3 列出了喷墨 RC 纸基的典型指标要求。

表 7-3　某典型喷墨 RC 纸基性能指标

参数＼项目		高光	粗绒	细绒	绸面	检测仪器	检测方法
厚度（μm）		220±5				测厚仪	GB/T-451.3 50±1KPa
质量（g/m²）		220±5				天平	GB/T-451.1
涂塑量 PE（g/m²）	正面	22-25				天平	标准（*1）
	反面	22-25					
涂塑均一性（g/m²）		±1.5				天平	标准（*2）
挺度 mN/m	纵向	≥ 150				卧式挺度测定仪	GB/T 22364-2008
	横向	≥ 70					
ISO 白度		105				白度仪	GB/T 7974-2002
荧光白度		21				白度仪	GB/T 7974-2002
不透明度（%）		＞ 94				白度仪	GB/T 1543-2005

续表

参数＼项目		高光	粗绒	细绒	绸面	检测仪器	检测方法
光泽度（60° 入射角）		＞90	7±2	6±2	6±2	光泽度仪 60°	GB/T 8941.3
色调 CIE Lab	L	96.5				X-rite 色差仪	GB/T 7975 D50 光源，2° 视角，无 UV 滤镜
	a	1.0					
	b	-4.5					
色差		同批次 ΔE ≤ 1.0 批次间（平均值）≤ 1.0				X-rite 色差仪	GB/T 7975 D50 光源，2° 视角，无 UV 滤镜
渗边		≤ 2.0mm，无荷叶边					标准（*3）
纸塑复合牢度		合格					标准（*4）
背面表面电阻		＜ $9.00*10^{10}$				表面电阻仪	GB/T 3008
底层均匀性		合格					标准（*5）
表观质量		合格				目测	

（*1）涂塑量：将测定定量后的样品从中间揭开，分成两层浸泡于浓碱液（20%NaOH）中，直至纸膜分离。再分别将塑料膜洗干净，先用滤纸吸干表面水分，再于 105℃下烘 30min。冷却后称其重量，计算 5 张试样的测定结果的计算平均值。

（*2）涂塑均一性：从幅宽方向依次取 5 个 $10cm^2$ 的纸样，用上述方法计算取样差值。

（*3）将纸基切成条状，将一端浸泡入水中，记录 1 小时后水向内渗透的深度，取出自然干燥，观察自然干燥后荷叶边情况。

（*4）纸塑复合牢度：将被测纸样边缘撕开两个口子，再撕成“V”字形，观察 PE 膜与纸结合均匀粘满纸纤维者为合格。

（*5）底层涂布均匀性：将全幅宽的纸基，取长约 20cm 的纸样，放在 0.05% 的蓝色染料盘中浸涂，取出后用自来水冲洗，晾干后，看蓝色是否均匀，均匀着色的为合格

三、合成纸

1. 合成纸及其特点

合成纸的品种主要为聚丙烯（PP，Polypropylene）、聚乙烯几大类，喷墨介质多用聚丙烯合成纸，特殊喷墨标签采用聚乙烯合成纸。合成纸在加工过程中，为了使其具有良好的白度、不透明度、印刷性和书写性，一般加入各种填充剂材料如碳酸钙、黏土、二氧化硅、二氧化钛等。

喷墨行业选用合成纸做基材的产品有：普通高光 PP，普通亚光 PP，消光防水 PP，弱溶剂墨 PP 等，主要应用于广告喷绘输出、易拉宝展示、海报、背景布喷绘输出等。与普通纤维纸相比，合成纸优势如下。

（1）环保，聚丙烯合成纸原料来源及生产过程均不会造成环境的破坏，产品可回收再利用，即使被焚烧处理也不会产生有毒气体，造成二次公害，符合现代环保的要求。

（2）合成纸具有强度大、抗撕裂、耐热性能好、耐潮湿、耐虫蛀等特点，俗称撕不烂。

（3）合成纸具有优良的抗水性，使其特别适用于露天户外的宣传广告及非纸类的商标标签。由于合成纸不生灰尘不掉毛的优点，使其在无尘室能得以应用。可与食品直接接触。

（4）合成纸具有优越的加工性能，可采用裁切、模切、压花、烫金、钻孔、热折叠、胶接等加工方法。

合成纸存在耐热变形差；不耐折叠，折叠会产生难以消失的折痕线；不做特殊处理不易染色，不易印刷和黏合等缺点。

构成合成纸的主体树脂是聚丙烯（PP），聚丙烯采用齐格勒—纳塔催化剂由丙烯单体聚合而成，按聚丙烯分子中甲基在空间的排列情况分为三种立体结构：甲基全部排列在主链一侧的称为等规聚丙烯，交替排列在主链两侧的称为间规聚丙烯，无规律排列的称为无规聚丙烯。等规聚丙烯为高度结晶的热塑性树脂，结晶度高达 95% 以上，分子量在 8 万～ 15 万之间，实际应用的聚丙烯主要为等规聚丙烯。而无规聚丙烯在室温下是一种非结晶的、微带黏性的白色蜡状物，分子量低（3000 ～ 10000），结构不规整缺乏内聚力，应用较少。

聚丙烯的密度只有 0.90 ～ $0.91g/cm^3$，是目前热塑性高分子中最轻的品种。聚丙烯的结晶度高，结构规整，因而具有优良的力学性能，其强度、硬度和弹性都比 HDPE 高，但由于合成纸含有大量的填料和拉伸孔隙，密度更低，挺度差于 RC 纸基，运用于喷墨基材，给人挺度低、抗变形性差的感觉。聚丙烯的耐候性较差，对紫外线尤其敏感，在光、热和氧的作用下，其制品 12 天就发脆，室内存放 4 个月就变质，因此聚丙烯母料中需要加入抗氧化剂、紫外光吸收剂、热稳定剂、光稳定剂等防老化剂改善耐候性能。

2. 合成纸制备工艺

合成纸发展至今，主要生产方法有压延法、流延法、吹膜法、双向拉伸法等。

（1）压延法

压延法是指用压延机上几根转动的高温辊，把 PP 物料的熔融料辗压成薄而宽，其长度可无限延长的薄膜或片材。其设备主要由意大利制造，生产以 PP 为基材的合成纸，即通过配料、混料、在线密炼、挤出造料、开炼至压延成 PP 薄膜，分切为合成纸产品。压延法工艺的缺点是工艺复杂，一般用于生产 0.1mm 以上的合成纸产品，产品比重较大，设备价格昂贵，但产品表面光滑，适用于印刷高级样品及书籍封面等产品。

（2）流延法

流延法合成纸的混料、密炼、混炼等工艺与压延相似，只是由流延机代替压延机，流延法的特点是模头挤出速度与流延辊的旋转存在较大的速度差，速度差不一样，生产出的合成纸厚度也不一样，在模头挤出的弯月面和冷辊之间形成了单向拉伸，流延法可以生产各种不同厚度的合成纸。但合成纸内的分子链分布存在单向性，因此合成纸产品的纵向、横向、物理性能有较大的区别，这是流延合成纸的一大缺点。流延法的比重是 1g/cm^3 左右，主要用于印刷。与压延法一样，流延法合成纸的基料也是 PP。其产品变形性稍大，但刚性、韧性较好。

（3）吹膜法

吹膜法生产合成纸用的基材是 HDPE 而不是 PP。将高密度 PE 熔体从机头环形缝隙中挤出成圆筒状的膜管，再从机头下面进气口鼓入一定量的压缩空气使其横向吹胀的同时，借助于牵引辊连续地纵向牵引，成为纵横向双向拉伸定向了的薄膜。国外吹膜法生产合成纸大部分采用三层共挤设备，并应用内冷装置，泡膜直径、泡膜厚度在线检测和闭环控制系统，保证合成纸的厚薄均匀度一致，吹膜法工艺过程实现了纵向及部分横向拉伸，工艺设备比较简单。

（4）双向拉伸法

双向拉伸法的原料混配与压延、流延法是基本一致的，但其使用的设备是双向拉伸机，在双向拉伸过程中，高分子的分子链纵横分布比较一致，减少了单向性，因此合成纸纵横向的物理机械性能也基本相同。

台塑的“双向拉伸珠光纸”，以聚丙烯树脂为主，以少量高密度聚乙烯树脂或线性低密度聚乙烯树脂为辅，再混合一定比例的碳酸钙（$CaCO_3$）填料和其他助剂后送入主挤出机，另取聚丙烯树脂、碳酸钙、二氧化钛和改性剂混合送入辅挤出机，以三层共挤方式经 T 形模头挤出后，经冷凝辊冷却成型。在双向拉伸过程中，高分子链段可以通过构象变化适应外界机械力的取向，但碳酸钙无机粒子不能被拉伸，因此高分子链段环绕无机粒子流动而产生许多空气小间隙，这些小间隙破坏了薄膜的折光性质，从而赋予薄膜珠光色彩。也正是由于这些小间隙降低了珠光纸的密度，使得珠光薄膜的密度（0.7g/cm^3）远低于普通双向拉升聚丙烯薄膜的密度（0.9g/cm^3）。由于薄膜中存在大量的无机物粒子，珠光纸的雾度显著增大（珠光膜的雾度一般为 85% 左右）。经改良设计的双向拉伸设备拉伸，每次拉伸后都要进行回火处理，以控制纸张的回缩率，最后经过电晕处理，使其具有更好的印刷适应性。

日本王子尤泊（YUPO）合成纸采用的工艺与台塑略有差异。YUPO 合成纸也是三层结构，由上下二层纸状层和中间基层组成，中间基层经过纵横两个方向的延伸，使其具有高超的强度、刚性、撕裂性等机械特性，上下两表面层只是横向延伸，在拉伸过程中产生了许多微孔，通过光的散射而变成白色不透明，具有书写性和印刷适应性。传统的 YUPO 合成纸为增加纸张表面的孔隙和不透明性，必须增加无机填料 $CaCO_3$、TiO_2 等。在新型的 YUPO 冷胶标签纸不需经过添加无机填料，经过拉伸即可成形。通过改变多层构造和各层比例以及含有的小空隙的比例，可以形成不同品级的纸张，满足不同的需求。

生产双向拉伸合成纸的设备基本多是在 BOPP 设备基础上改造，以适应合成纸的生产。双向拉伸合成纸的设备投资大，但该方法生产的制品应用广泛，可以根据不同的用途开发出多种产品以适应各应用领域。

（5）合成纸的其他生产工艺

美国杜邦公司将其无纺布的生产工艺推广到合成纸生产过程中，即聚丙烯经过熔融、抽丝、成网、挤压，最后生产成“无纺合成纸”。无纺合成纸由于是用聚丙烯纤维纺织而成，因而具有纤维纸类似的毛细管效应，渗透性强，但与普通纤维纸相比，其比重轻，防水性、抗撕裂、抗变形等物理机械性能非常好，尤其是防水性、抗撕裂性非常突出，适用于恶劣环境和特殊环境。

生产聚丙烯合成纸的公司有日本王子尤泊（YUPO）、日清纺绩积水化学株式会社、英国 BXL、美国杜邦、法国普利亚、中国台湾台塑南亚等，生产以 HDPE 为基材的合成纸的公司有日本三井、日本中川、瑞士舒尔曼公司、德国 ALPINE 等公司。与 RC 纸基类似，未做表面处理的聚丙烯合成纸表面能低，涂布时润湿性差，附着力不良。比如南亚的 PT 型合成纸，表面能亚光面和高光面为 41/38mN/m，因此需要在涂布面加涂一黏着层（prima，或称为底层），以提高涂布时的铺展性，和提高吸墨层与基材之间的附着力。PI、PG 型合成纸其雪铜面厂家已做过涂布处理，表面能高于 50mN/m，润湿性和附着力良好，但此类基材的售价明显高于未做雪铜处理的基材。

表 7-4 是合成纸用于喷墨基材的常见品种和参数，用于其他应用领域的 PM、PP 等型号在此不详细列举。

表 7-4　喷墨基材用 PP 纸基常见品种及参数

型号	用途	密度	克重 g/m^2	光泽度 %	白度 %	不透明度 %	粗糙度 μm	表面电阻 Ω	润湿张力 mN/m	胶带黏牢度 1～6
PQ-70	包装袋贴合用纸	0.55	38.5	25/79	91	86	1.2	10E13	41/38	6
PQ-150	购物袋	0.6	90	20/108	94	93	1.4	10E13	41/38	6
PQ-170		0.60	102.0	20/108	94	93	1.7	10E13	41/38	6

续表

型号	用途	密度	克重 g/m²	光泽度 %	白度 %	不透明度 %	粗糙度 μm	表面电阻 Ω	润湿张力 mN/m	胶带黏牢度 1～6
PT-80	离型底纸 喷墨涂布底纸 网印海报	0.70	56	20/118	94	87	1.7	10E13	41/38	6
PT-120		0.68	81.6	21/118	94	93	1.7	10E13	41/38	6
PT-150		0.68	102	30/118	94	94	1.7	10E13	41/38	6
PT-170		0.65	110.5	25/117	94	95	1.7	10E13	41/38	6
PG-75	单面雪铜 各式印刷、热转印标签、涂布基材	0.89	59.3	115/115	92	85	0.9	10E11	＞50/38	7
PG-95		0.83	74.3	115/115	92	88	0.9	10E11	＞50/38	5
PG-114		0.74	84.4	115/115	92	89	0.9	10E11	＞50/38	5
PG-144		0.72	103.7	14/115	92	90	0.9	10E11	＞50/38	5
PI-100	双面雪铜 热转移用纸、网印海报、平版印刷用纸卷	0.84	84.0	14/15	92	88	1.6	10E11	＞50/＞50	5
PI-120		0.78	93.6	13/15	92	90	1.5	10E11	＞50/＞50	5
PI-150		0.76	114.0	14/14	92	92	1.5	10E11	＞50/＞50	5
PI-180		0.73	131.4	14/14	92	93	1.5	10E11	＞50/＞50	5

四、聚酯薄膜

聚对苯二甲酸乙二醇酯（简称 PET）由对苯二甲酸二甲醇与乙二醇经酯交换后缩聚而成，是酯系 PET、聚对苯二甲酸丁二醇酯 PBT、聚萘二甲酸二乙醇酯 PEN、芳香族聚酯 PAR 中用量最大的一种，通常人们所说的聚酯薄膜，指聚对苯二甲酸乙二醇酯。

聚酯薄膜应用于喷墨介质基材，如背喷灯箱片，全透明片，印前制版片的基材。

双向拉伸聚酯薄膜（BOPET）的生产工艺过程如图 7-4 所示。

聚酯薄膜一般高度透明，但在原材料聚酯切片中添加钛白粉，经过类似的双向拉伸工艺可以制得平整度、光亮度、机械性能优异的白色不透明膜。可用于高端喷墨相纸。

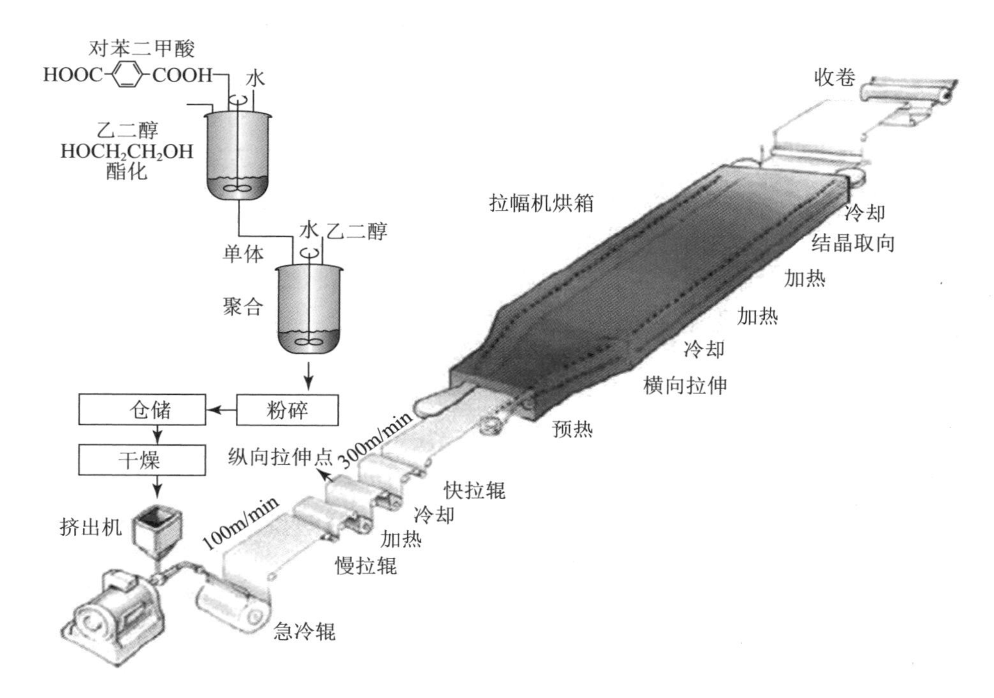

图 7-4 BOPET 生产过程

第二节 喷墨承印物涂层用颜料

颜料是为了填充、覆盖原纸凹凸不平的表面，提高白度和不透明度，改善纸平滑度和光泽度，使纸面具有良好均匀的油墨吸收性。在喷墨介质中，还通过颜料颗粒自身的孔隙和颗粒与颗粒之间的孔隙吸附和吸收印刷油墨。

一、颜料的基本物理性质

1. 散射率和遮盖力（不透明度）

当光进入一个含有颜料颗粒的涂层时，除了与体系发生光的吸收、反射作用外，还与体系中的颜料质点发生散射作用。散射与光的反射和漫反射不同，光散射的实质，是质点分子中的电子在入射光波的电场作用下强迫振动，形成二次光源，向各个方向发射电磁波，这种波称为散射光。在真空和均匀介质中，光是沿着直线方向传播的。当光波射入介质时，在光波电场的作用下，分子或原子获得能量产生诱导极化，并以一定的频率做强迫振动，形成振动电偶极子（偶极子是指相距很近的符号相反的一对电荷）。这些振动的偶极子就成为二次波源，向各个方向发射出电磁波。在纯净的均匀介质中，这些次波相互干涉的结果，使光线只能在折射方向上传播，而在其他方向上则相互抵消，所以没有散射光出现。但当均匀介质中掺入杂乱的微小颗粒后，破坏了介质的均匀性，从而破坏了次波的相干性，或者体系由于热运动而产生局部的密度涨落或浓度涨落时，也会破坏次波的相干性，从而在其他方向上出现散射光。例如，有的混浊介质如乳状液含有许多微小颗粒，它们的直径与入射光的波长为同一数量级，它们的折射率也与周围的均匀介质的折射率不相同。当入射光照射到这种乳状液时，可以看到在乳状液中，有一条明亮的光的通路，这就是典型的散射，称为丁达尔现象。

散射光与入射光的比值（I/I_0）称为散射率。散射率主要取决于颜料和涂层本体的折光率之差和颜料粒径。折光率差值越大，散射率越大，当涂层本体和颜料的折光率相同时，散射率为零。涂料中的大部分树脂的折射率在 1.45 ～ 1.60，一般颜料的折射率高于此范围。对于某种颜料颗粒，散射率还与粒径大小有关，粒子太大和太小，散射率都降低，每种颜料都存在一个粒径的最佳值，在该粒径下颜料的散射率最高。例如，TiO_2 的最佳粒径值是 0.2μm，而 $CaCO_3$ 约在 1.6μm 处。

所谓遮盖力是将含颜料涂布在基材上时，因存在光的吸收、反射和散射，颜料遮盖基材表观的能力。具体定义为刚达到完全遮蔽时，单位重量涂料所能涂覆的底材面积，或刚达到完全遮蔽时单位底材所需的涂料重量。遮盖力本质上，是散射率光学作用的结果。影响遮盖力的主要因素，是颜料晶体本身的折射率、粒径及其粒径分布。涂层中颜料颗粒的散射率越高，遮盖力越强。二氧化钛的折射率在常见的白色颜料中是最高的，甚至超过金刚石。金红石型二氧化钛由于其单位晶格较小，原子堆积密度更紧密，比锐钛型二氧化钛的折射率高。常见白色颜料的折射率见表 7-5。

表 7-5　常见白色颜料的折射率

物质	折射率	物质	折射率
金刚石	2.47	氧化锌	2.02
锐钛型二氧化钛	2.55	碱式碳酸铅	2.00
金红石型二氧化钛	2.71	碱式硫酸铅	1.93
钛酸铅	2.70	钛酸钾	2.68
二氧化锆	1.95	硫化锌	2.37
氧化钇	1.87	硫化锌	2.40

续表

物质	折射率	物质	折射率
硫酸钡	1.64	二氧化锆	2.40
二氧化铈	2.20	氧化镁	1.64 ～ 1.74
氧化锑	2.20	滑石粉	1.57

2. 白度

白度是衡量颜料等比例反射可见光谱范围内各波长光的能力。理想的白颜料是对可见光谱全反射，并且光谱曲线平整均匀。在实际的白度测量中，光源一般选用 457nm 蓝光光源，测定的反射系数称为蓝光漫反射因数 R457，又称为蓝光白度或 ISO 白度，如标准 ISO 2470 阐述的测量方法。白度值是把 457nm 蓝光照射到标准氧化镁板的漫反射率定为 100%，在同样条件下照射试样所得的漫反射率与标准氧化镁板的漫反射率之比值。

白度综合了亮度和色调两种光学效果。根据 Kubelka-Munk 理论，无限厚的涂膜（不透明膜）亮度或反射率 R 与颜料对光的吸收系数 K 和散射系数 S 有如下函数关系：

$$K/S=(1-R)2/2R \tag{7-2}$$

式中：K 为涂膜对光的吸收率；S 为涂膜对光的散射率；R 为波长 λ 下的反射率。

由式（7-2）可知 R 与 K/S 成反比，K 减少，S 增大，白度和亮度就增大。

以二氧化钛为例，影响二氧化钛白度的因素是复杂的，在生产中，具有实际意义的是二氧化钛中的杂质含量和粒径与粒径分布。为了提高白度，除了尽可能地减少杂质含量，提高化学纯度，避免二氧化钛晶格出现缺陷来降低 K 外，同时还要调整和控制二氧化钛的粒径和粒径分布，增强其分散性，提高 S。

3. 密度

密度对涂料中颜料的混合、沉降稳定性、胶黏剂用量有一定影响。密度值大，则易沉降，涂料稳定性差，但胶黏剂用量可相对减少。

4. 颗粒形状

颜料颗粒形状对涂料的分散性、保水性、流变性、遮盖力、白度、油墨吸收性有显著影响。例如，六角形片状颜料可获得高的白度、平滑度和光泽度；球形颗粒的涂料流动性好，而片状、鳞片状、针状颜料易使涂料流动性差；不规则颗粒容易增加涂料黏度降低流动性，但易形成多孔结构增加吸墨力。片状颗粒保水性比其他形状颗粒好，如高岭土颜料呈现形态比较高的片状结构，用于纸张表面涂料主要是为了改善保水性。对于片状结构形成的涂层，水必须通过迂回曲折的薄片，行进一段较长距离才能渗透出去。

5. 粒径分布

粒径分布宽的颗粒比粒径分布窄的颗粒分散黏度低，这可能与宽粒径分布的颗粒具有更高的堆积密度有关，即小颗粒可以进入大颗粒堆积的空隙中。

6. 吸油量

颜料的吸油量是指每 100g 颜料，在达到完全湿润时需要用油的最低质量，常用百分率来表示。吸油量既是一种重要的颜料性质，也是一个评价颜料优劣的指标，吸油量低的颜料有较高的颜料体积浓度（PVC），可以充分发挥颜料的各种光学性能。颜料的体积浓度（PVC）的定义是：100×Vp/（Vp+Vb），其中 Vp 是颜料的体积，Vb 是胶黏剂的体积。

影响吸油量的因素很多，如粒子小，比表面积大，粒子表面所包覆的油多，吸油量就高；凝聚和絮凝的颗粒多，粒子之间的间隙较大，间隙中所填充的油多，吸油量也高；片状颗粒，在捏合时呈平行排列，孔隙小，吸油量低；针状或不规则形状的颗粒，由于孔隙较大，吸油量高；而接近球形的颗粒，理论上吸油量在 40% 左右。

减少颜料的粒子的凝聚和絮凝的程度是降低吸油量的手段之一。

7. 比表面积

比表面积是单位质量颜料颗粒的表面积之和。比表面积与粒径直接相关，一般而言粒径越小比表面积越大，当然，除粒径外，颗粒形状、孔容也显著影响比表面积。

8. 孔容和孔径分布

在多数喷墨介质中，颜料起吸附和吸收墨水的作用，特别当吸墨层含有大量高孔容、高比表面积的无机颜料时，这些颜料是吸墨的主体，典型例子如孔隙型和微孔型的吸墨层。用于喷墨承印物的有机和无机颜料很多，如二氧化硅、高岭土、氧化镁、碳酸钙、硅酸铝、硫酸钙、硅藻土、蒙脱石、硅酸镁、硫酸钡、二氧化钛、氧化铝、氧化铝水合物等无机颜料，或是尿素树脂粉末、聚乙烯树脂粉末、聚氨酯交联颗粒、苯 - 丙聚合塑料颜料等有机颜料。不同的颜料因其特性不同，应用范围也不同。对于低折射率无机颜料，颜料颗粒的孔容和吸油值参数非常重要，图 7-5 示意了低孔容无机颜料和高孔容无机颜料对吸墨过程的影响。如果采用传统的低孔容碳酸钙，颜料颗粒本身基本不具备吸墨力，墨水在吸收过程中必需从颗粒附近“绕行”，反而成为挡墨点，印刷画面易发生堆珠甚至是流淌。而高孔容二氧化硅颗粒内部含有大量毛细管孔隙，颗粒本身可快速吸附墨水，毛细管内壁固定染料或颜料，印刷图像清晰度大幅上升。

喷墨涂料一般含有各种比例的无机颜料和胶黏剂，这些组分的比例影响这些涂料的性能，如油墨吸收性能。当以低颜料体积浓度配制涂料时，胶黏剂形成了涂料的连续相，颜料颗粒分散在其中。当以高颜料体积浓度配制涂料时，胶黏剂不再是连续相，即没有足够的胶黏剂来填充密集的、半刚性或刚性的颜料颗粒之间的空隙。胶黏剂不再看作连续相时的比例在本领域被定义为临界颜料体积浓度（CPVC）。比例大于 CPVC 时，在紧密堆积的颗粒之间形成粒间空隙网络，这些粒子间空隙空间和网络成为随后施加在已干燥涂层上的油墨的储留区。因此，设计喷墨涂料配方时，除颗粒自身空隙外，需考虑干燥过程中涂层能产生的颗粒间空隙。

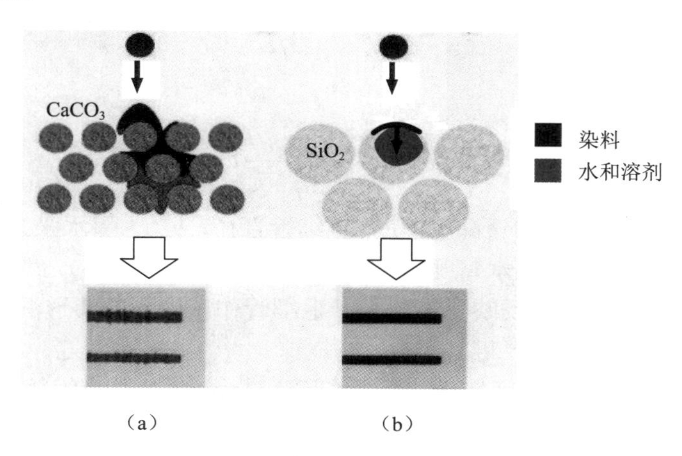

图 7-5　低孔容无机颜料和高孔容无机颜料对吸墨过程的影响

颜料体积浓度值的大小显著影响涂层的性能。颜料体积浓度值从 0 到 100% 变化，涂层从一个极端状态到另一个极端状态（从完全树脂到完全颜、填料），在此过程中，涂层性能一般如下变化。

①耐磨性、耐湿性、防腐蚀性、光泽度、弹性从高到低。

②抗起泡性、渗透性、孔隙率、遮盖力从低到高。

而在 CPVC 附近，此时涂层从完全的树脂填满状态到部分填满状态，涂层的物理和化学性能将出现一个转折点，如图 7-6 所示。

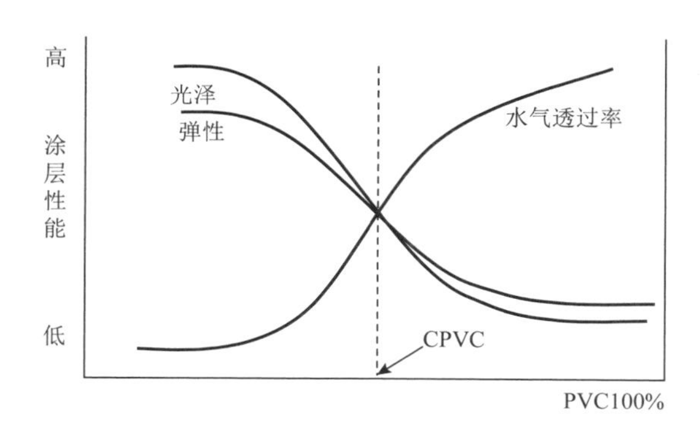

图 7-6　涂层性能与颜胶体积浓度之间的关系

此外，对于颜料、填料与树脂或乳液胶黏剂折光指数相近的涂层，在低颜料体积浓度时填料，填料遮盖力低。而当 PVC > CPVC 时，树脂已不能完全包住颜填料，涂层中形成颜填料、树脂和空气三相共存，而颜填料和空气的折光指数有一定的差距，此时涂层的遮盖力显著上升。

孔隙对墨水的吸附符合 Lucas-Washburn 方程，

$$\frac{dL}{dt}=\frac{r\gamma_{LV}\cos\theta}{4\eta L} \tag{7-3}$$

对 t 积分可得：

$$L=(\frac{r\gamma_{LV}\cos\theta}{2\eta}t)^{1/2} \tag{7-4}$$

式中，L 为毛细管深度或渗透深度，r 为毛细管直径，γ_{LV} 为墨水张力，θ 为液相与固相之间的接触角，η 为墨水黏度，t 为渗透时间。

Lucas-Washburn 方程反映了液体由于毛细管作用达到的渗透深度与渗透时间之间的关系。

大孔毛细管的吸墨速度快于小孔毛细管，1μm 以上的毛细管几乎在瞬间吸收 100pL 的墨水。但对于实际涂层而言，一滴墨滴打印于其上，墨点直径扩展至 50μm，墨滴覆盖的区域包含各种大小直径的孔隙，实际吸墨速度与该区域孔径分布情况有关。孔径分布需要借助于统计方法，吸附等温曲线可在一定程度上反映孔径特征，可以通过压汞法、氮气吸附法等方法测量得到。

微孔和亚微孔（小于 50nm 即 0.05μm）吸墨速度慢，水分子大小 0.4nm，染料大分子的直径为几个纳米，当发生墨水吸附时，水分子可快速扩散入微孔和亚微孔孔隙中被孔隙表面吸附，而染料分子直径大，并且当水分子快速吸附后浓度增加聚集态增加，易在孔隙表层析出。因此，微孔和亚微孔占主导的吸墨层，染料倾向于停留在吸墨层表面。大于 0.05μm 的宏孔吸墨速度快，吸墨量大，当它吸附墨水时，墨中的染料和水将一同渗入孔隙，这意味着部分染料将停留在吸墨层深处。如果吸墨层遮盖力大，这部分染料的色还原将被掩盖，导致色密度降低。

因此，喷墨涂层的设计，需要平衡色密度、干燥速度、吸墨总量三者的关系（图 7-7）。

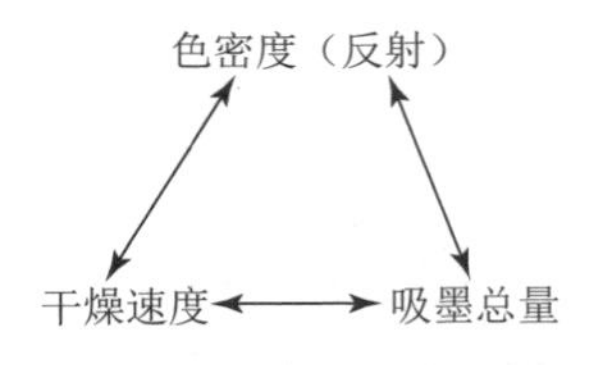

图 7-7　喷墨涂层设计的平衡因素

①干燥速度快，吸墨量高的涂层容易使墨水扩散入介质涂层内部而降低图像的反射色密度。反射密度与墨水扩散深度相关。并且，干燥速度快，吸墨量高的涂层往往将颜料体积浓度值控制在 CPVC 之上，涂层中颜料、树脂和空气三相共存，而颜填料和空气的折光指数有一定的

差距，此时涂层的遮盖力显著上升，进一步影响色密度。

②高色密度，快干燥速度的涂层须将孔隙大小控制为亚微孔级，此类介质的吸墨总量容易偏低，导致重墨区打印时出现堆珠弊病。

③为提高色密度，需尽可能使得墨水染料停留在介质表面，容易降低干燥速度。

实黑色块在600dpi精度下的打印墨滴典型大小约为30pL，出墨量大约在17ml/m²。彩色单色块的出墨量也大约如此，而需要两种原色混合的彩色色块，比如绿由黄和品混合而成，出墨量大些，大约23ml/m²。这些墨量都需要被介质吸附，或在空气和加热装置下挥发干燥。加热装置能使墨水更多地“驻留”在介质表面迅速挥发而不发生干燥不足的弊病，我们知道墨水着色剂在表层分布越多，色密度和最大黑区密度就越容易提高。但加热装置会造成打印机制造成本上升和体积增大，桌面打印机很少带有加热装置的，但溶剂墨型或弱溶剂墨型宽幅喷绘机基本带有加热装置，不过其加热装置不是采用热风顶吹的方式，而是采用加热面板形式安装在纸张片路的背面，可以对介质在进入打印状态前预热；在打印区域下加温；打印完成后再加热干燥。提高打印介质的温度不仅能提高干燥能力，也使得墨水与介质更易相溶，拓宽了耗材的适用范围。

由于在喷墨打印时需要快速将墨水吸附进吸墨层，避免临近墨滴因吸墨速度不够造成不规则融合——即堆珠弊病，这意味着吸墨层需要在短时间内吸收全部墨量，并且此时打印墨水尚未挥发，如前所述混合色块的出墨量约在23ml/m²，当吸墨层的孔隙率为60%时，那么需要厚度约38μm。

9. 硬度

颜料颗粒的硬度越大，涂布过程中对输送泵、计量泵、涂布辊、刮刀、刮棒的磨损也越大。近年来推广的塑料颜料（如苯－丙聚合中空颜料）由于具有颗粒表面平滑、壁易变形等特点，磨损性非常小，还可大幅提高压光处理工序后的光泽度。

10. 化学稳定性

颜料的化学稳定性指在氧气和水分存在的条件下抵御紫外线侵蚀，避免黄变、失光和粉化的能力。耐候性主要取决于颜料的光学性质和化学组成，也与暴露在自然光下的条件有关。由于二氧化钛的晶格缺陷，使得它在日光特别是紫外线的照射及水等催化剂的作用下被还原为不稳定的三氧化钛，同时释放出初生态氧，这个氧使作为涂层的有机物氧化，发生高分子的断链和降解，变成可溶性或易挥发的物质而破坏了涂层的连续性。为了改善二氧化钛漆膜的耐候性，在偏钛酸煅烧前，添加少量的盐处理剂，或对其进行包膜处理以堵塞其光活化点，隔绝二氧化钛与光（紫外线）的直接接触。碳酸钙颜料显然不能用于酸性涂料体系中。三水铝石也无法用在强酸或强碱的环境中。

表 7-6 所示是喷墨承印物常见颜料的物理性能。二氧化钛具有最高的折射率和最高的遮盖率，特别适用于背喷灯箱片的遮盖层，因为在相同遮盖力下使用 TiO_2 能有效降低遮盖层厚度，提高印刷效果。但如果将钛白应用于相纸涂层，因为有太强的遮盖率，反而会降低渗入涂层内部染料的显色效果。因此，相纸涂层一般采用二氧化硅、氧化铝或其水合物、碳酸钙等低散射率无机颜料。

表 7-6 喷墨用常用颜料的物理性能

颜料	成分	形貌	密度 g/cm³	折射率
高岭土	$Al_2O_3 \cdot 2SiO_2$	聚堆片状	2.69	1.55 ～ 1.57
滑石	$2Mg_3$ [Si_4O_{10}] $(OH)_3$	聚堆片状	2.7 ～ 2.8	1.50 ～ 1.59
沉淀碳酸钙	$CaCO_3$	变化，多棒状	2.7	1.49 ～ 1.67
研磨碳酸钙	$CaCO_3$, 2% ～ 3%$MgCO_3$	菱形，扁平	2.7	1.49 ～ 1.66
锐钛型二氧化钛	TiO_2	棒状，球形	3.7 ～ 3.9	2.55
金红石型二氧化钛	TiO_2	棒状，球形	3.8 ～ 4.2	2.72
沉淀法二氧化硅	SiO_2	不规则附聚体	0.2 ～ 0.6*1)	1.46
凝胶法二氧化硅	SiO_2	不规则附聚体		
气相法二氧化硅	SiO_2	不规则附聚体	0.05-0.10*2	1.46
硅溶胶	SiO_2	球状	2.0*3)	1.46
三水合铝	$Al(OH)_3$	扁平状	2.42	1.57
气相法氧化铝	Al_2O_3	不规则附聚体	0.05*2)	
拟勃姆石	AlOOH	扁平状，棒状	0.34 ～ 0.5*2)	1.70
塑料颜料 实心 中空	聚苯乙烯或苯 - 丙共聚物	球形 中空球形	1.05 0.6 ～ 0.9	1.59 1.59

*1）颗粒孔容越大，密度越小。堆积密度
*2）堆积密度
*3）颗粒本身密度

喷墨印刷中墨水的吸收过程受多种因素影响，其中颜料颗粒的影响是颜料颗粒各项性能综合作用的结果。图 7-8 是两种特征区别明显的二氧化硅颗粒在染料墨水上的实际应用效果。图中 2A 颗粒是富含内部孔隙的较大不规则球状颗粒，很明显染料墨水顺颗粒内部孔隙扩散，并通过颗粒间扩散入吸墨层底层颗粒；2B 颗粒为规整实心微球，微球孔容值为 0，其堆积的致密吸墨层形成一道屏障，打印过程中墨水无法渗透，发生明显堆珠弊病，最终溶剂挥发干燥后染料仅停留在涂层最表层。

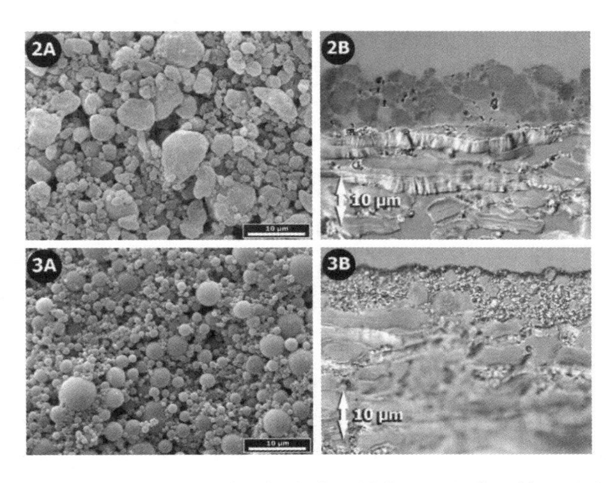

图 7-8　两种二氧化硅颗粒在染料墨水吸墨层应用效果对比

二、几种典型颜料

1. 二氧化硅

纯品二氧化硅常温下为无毒、无味、无色的固体，不溶于水，不溶于大多数酸，可与氢氧化钠和氢氟酸发生反应，具有良好的化学稳定性。自然界存在的二氧化硅可分为结晶型二氧化硅和无定形二氧化硅两种，结晶型二氧化硅如石英、方石英等，无定形二氧化硅如硅藻土等。工业二氧化硅产品多为无定形二氧化硅。二氧化硅的生产方式以亚微米级粒径为界，二次聚集体亚微米级以上的二氧化硅生产方式有干法二氧化硅和湿法二氧化硅。干法二氧化硅主要为气相二氧化硅，其是由四氯化硅或甲基三氯硅烷等氯硅烷在氢氧焰中燃烧的条件下水解制备的，其粒子以硅氧键连接，堆积构成三维立体结构；湿法二氧化硅如沉淀法二氧化硅、凝胶法二氧化硅等，是在以水或乙醇为介质的液相条件下合成制备的。制备分散性能稳定、特殊表面性能的 SiO_2 纳米颗粒是当前材料学的热点。

（1）沉淀法二氧化硅

沉淀法又叫硅酸钠酸化法，是目前最普遍的生产方式。工业一般采用水玻璃溶液与无机酸反应，经沉淀、过滤、洗涤、干燥而得到。目前沉淀二氧化硅的制法大多数是采用硫酸或盐酸溶液与硅酸钠溶液进行化学反应，此法所制得的沉淀二氧化硅的成本比较低廉。调整水玻璃浓度、硫酸浓度、水玻璃和硫酸的配比、反应温度和添加剂加入等工艺参数，可以控制产品二氧化硅原级颗粒大小、孔隙率、吸油值等技术指标。沉淀二氧化硅表面呈弱酸性，粒径一般从 1 ～ 50μm 不等，比表面积 30 ～ 800m²/g，沉淀二氧化硅具有内部多孔性，吸油值

175～320ml/100g，表面包含硅羟基团6～8个/nm^2。硅羟基赋予沉淀二氧化硅亲水特性。

沉淀法二氧化硅的表面结构为四层。内核是SiO_2结构单元，Si–O–Si（Syloxane Groups）和硅羟基Si–OH（Silanol Groups）紧紧分布在临近表面。外层是以氢键吸附的水分子。最外层是以物理吸附存在的水分子，如图7-9所示。当加热到105℃时，物理吸附的水分子先脱附。105℃～200℃间氢键吸附的水分子脱附。

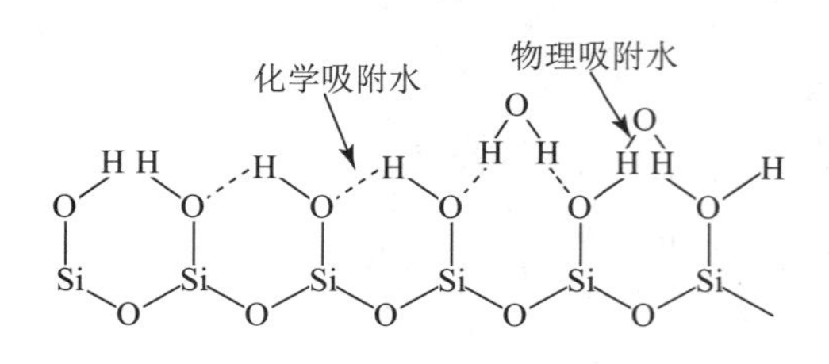

图7-9 二氧化硅表面吸附水

二氧化硅表面的硅羟基有三种：①孪连硅羟基（Geminal Silanol），$Si(OH)_2$；②孤立羟基（Isolated Silanol），SiOH；③邻位羟基（H-Bonded Vicinal Silanols）。此外，二氧化硅表面还有硅氧烷基团（Siloxane Group）以Si-O-Si形式存在。在固态29Si NMR上，孪连硅羟基，孤立硅羟基，硅氧烷基团依次以Q^2，Q^3，Q^4表示（图7-10）。对二氧化硅继续加热，有氢键作用的邻位硅羟基在200℃～600℃范围内发生缩合。孤立硅羟基热力学十分稳定，需要在1000℃下处理数小时。

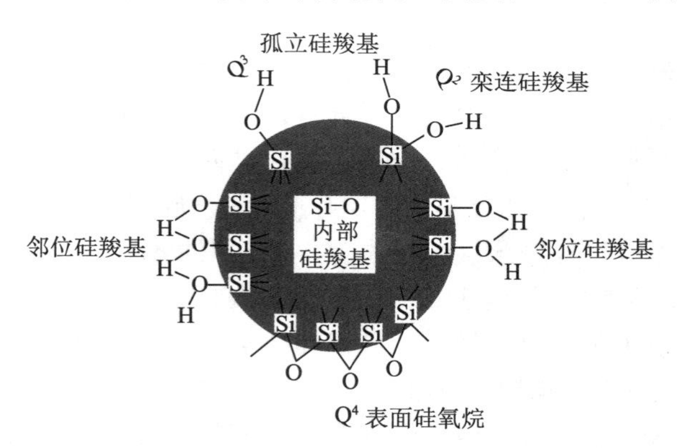

图7-10 二氧化硅表面硅羟基类型

（2）凝胶法二氧化硅

凝胶法二氧化硅原料与沉淀法相同，工艺路线也相似，不同的是其在酸碱反应过程中要经过“溶胶—凝胶”阶段。在“溶胶—凝胶”的阶段分子间通过缩合作用形成多聚硅酸，以至硅溶胶，再经胶凝形成多孔的三维网络结构的二氧化硅，这个阶段决定了成品的孔容和比表面积，是决定产品质量的重要阶段。凝胶法二氧化硅孔容一般在1.5ml/g以上，在筛分过程中采用微米及亚微米级分级装置，粒度分布窄。采用蜡处理工艺的凝胶法二氧化硅，长时间放置不会产生硬沉淀。凝胶法制的产品有些特性接近干法产品，价格比干法产品便宜但工艺较沉淀法复杂，成本亦高。

凝胶法及沉淀法从产品的外观上很难区别。往往从以下三方面对凝胶法和沉淀法加以区别。

①比表面积：凝胶法产品的比表面积一般比沉淀法高。

②孔径分布：沉淀法产品的孔分布较广，而凝胶法产品的孔分布有一个明显的峰值。

③工艺过程：将硅酸钠和硫酸在碱性条件下反应，二氧化硅颗粒聚集并且沉淀，其颗粒大小不断增大，然后经过过滤、清洗、干燥、研磨和分类处理，制成沉淀法二氧化硅成品。商购产品有 TOSOH SILICA CORP.（日本）的 Nipsil 和 K.K. TOKUYAMA 的 Tokusil，德固赛 DEGUSS ACEMATT 系列产品。凝胶法二氧化硅可以通过硅酸钠和硫酸在酸性条件下反应来制造，该方法中，小的二氧化硅颗粒在陈化过程中被溶解掉，并在其他体积较大的一级颗粒之间再次沉淀，从而使一级颗粒相互接合在一起，因此，结构清楚的一级颗粒消失，形成具有内部孔隙结构的相对较硬的附聚颗粒。商购产品有 TOSOH SILICA CORP.（日本）的 Nipgel，Grace Davision 的 Syloid、Sylojet 等。表 7-7 是喷墨上用的国产凝胶法二氧化硅典型指标。

表 7-7　喷墨涂层用国产凝胶法二氧化硅典型指标

品种＼指标		SD-520	SD-640	SD-680	SD-690
SiO_2（干基）%		99	99	99	99
孔容 ml/g		1.8	1.8	1.8	1.4
吸油值 g/100g		240	240	240	220
平均粒径	Coulter	2	4	5	6
	Malver	4	8	9	9.5
加热减量 % 105℃ 2 小时		≤ 5	≤ 5	≤ 5	≤ 4.5
灼烧减量 % 950℃ 2 小时		≤ 4.5	≤ 4.5	≤ 4.5	≤ 4.5
pH 值（5% 悬浮液）		6 ～ 7	6 ～ 7	6 ～ 7	6 ～ 7
用途		正喷灯箱片 背胶灯箱片 制版胶片	高光相纸 亚光相纸 彩喷打印纸 PVC 证卡纸 亚光 PP 合成纸 背胶 PP 纸 艺术布 白画布 油画布	高光相纸 亚光相纸 彩喷打印纸 PVC 证卡纸 亚光 PP 合成纸 背胶 PP 纸 艺术布 白画布 油画布	亚光相纸（防水） 彩喷打印纸（防水） PVC 证卡纸 亚光 PP 合成纸（防水） 背胶 PP 纸（防水） 艺术布（防水） 白画布（防水）

（3）干法（气相法 Fumed）二氧化硅

使氢气和氧气以一定比例混合通过 $SiCl_4$ 容器带出 $SiCl_4$ 的蒸汽，点火燃烧生成水，水蒸气使得 $SiCl_4$ 在气相水解生成烟雾状 SiO_2，如图 7-11 所示。

$$SiCl_4+2H_2O \longrightarrow SiO_2+4HCl$$

高温燃烧产生的原生纳米级颗粒大致为球状，原生颗粒直径 8 ～ 20nm，这些颗粒的表面是光滑的并不具有微孔性，原生颗粒的大小由燃烧条件决定。在燃烧过程中，原生颗粒无法以单独的形式存在，它们相互碰撞时能被迅速烧结在一起形成链状的聚集体，这些聚集体显示出链状微粒形态，聚集体的典型粒径在 100 ～ 500nm。破碎聚集体需要非常大的能量并且一般情况下是不可逆的。经过进一步的冷却和收集，聚集体通过氢键作用和其他弱的吸引力（如范德华力）作用形成更大尺寸的附聚体。在分散过程中，附聚体在较小的分散能量下能被重新破碎为聚集体。气相法二氧化硅的比表面积越大，它的附聚度就越大，如图 7-12 所示。

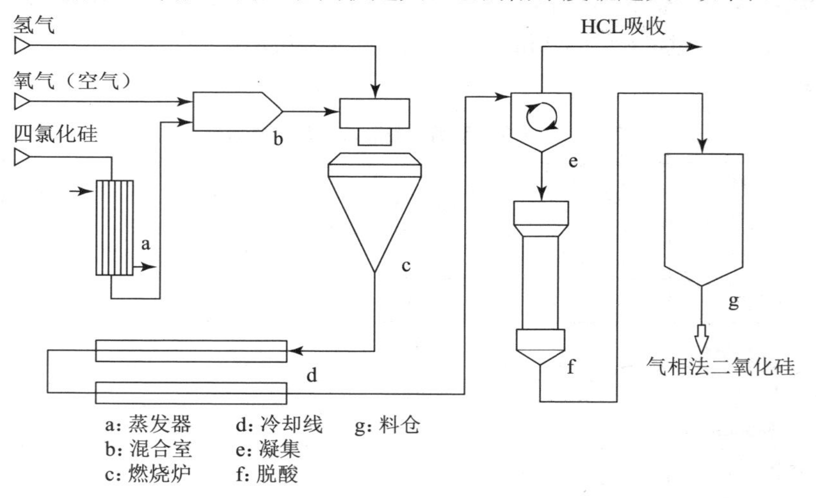

图 7-11　气相法二氧化硅生产流程

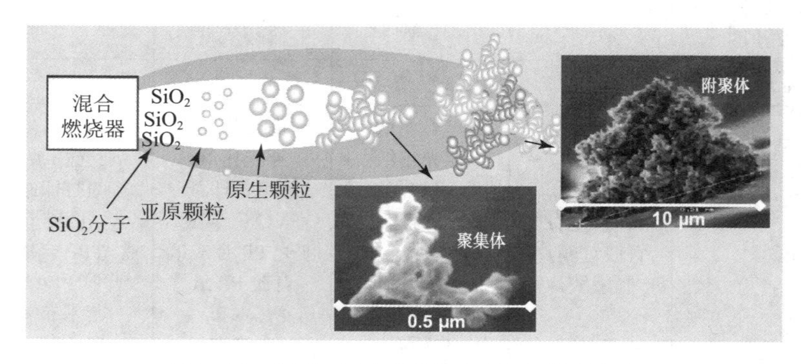

图 7-12　气相二氧化硅的比表面积与附聚度大

气相法二氧化硅具有显著的触变增稠和补强特性，这些特性源于表面大量的活性羟基作用。当气相法二氧化硅分散到液体之中后，这些硅羟基基团可以直接或者是通过液体中分子间接地相互作用，如图 7-13 所示。这种归因于氢键作用的吸引力同时导致可逆的、三维网状结构的形成，也就是肉眼可见的增稠性。在机械力的作用下，搅拌或者是剪切，这种结构被破坏，体系恢复更好流动性的同时黏度下降。一旦静置，网状结构重新形成，体系的黏度恢复到原值。这一过程称为触变性。

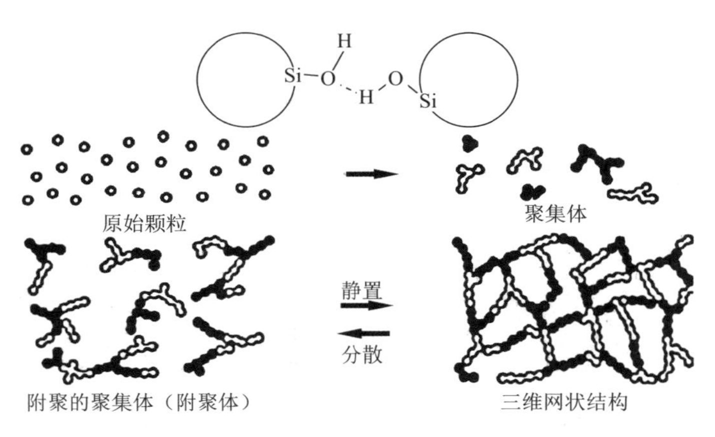

图 7-13　气相法二氧化硅聚集、附聚和触变三维网络形成

在非氢键键合体系中，二氧化硅聚集体颗粒和颗粒之间通过氢键键合形成稳定的网络结构，提高了黏度。中等氢键体系（如聚氨酯，醇酸，高分子量醇、胺、酰胺、醚）或高等氢键体系（如多元醇，酸，低分子量醇、胺、酰胺、醚，氧化物）中的其他基团也可与表面羟基形成氢键作用，某些多官能团物质同时与几个二氧化硅聚集体成键，形成凝胶，严重时絮凝（图 7-14）。

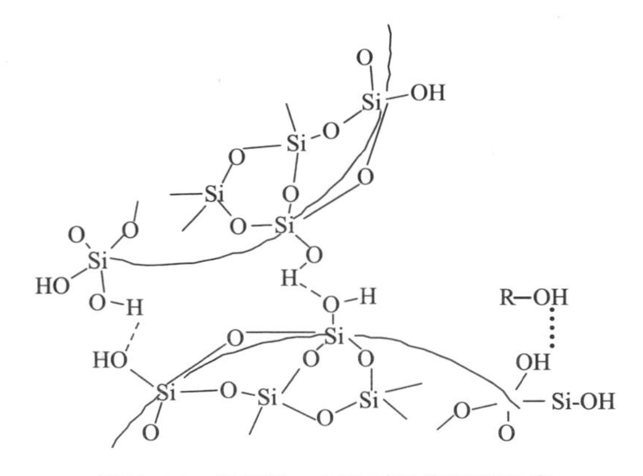

图 7-14　气相法二氧化硅触变机理示意

例如，乙二醇的双羟基在气相二氧化硅的相邻聚集体的某些表面羟基之间起桥梁作用，形成了由二氧化硅聚集体和有机分子所组成的键，如图 7-15 所示。通常将上述能起桥梁作用的化合物加入到弱氢键键合体系或非氢键键合体系中，以提高气相二氧化硅的网络形成作用。例如，加入 15% ～ 25% 重量比（相对于二氧化硅）的量，则能大大改善触变性能。但其浓度不可过高，如果浓度太高，则会使部分气相二氧化硅的表面羟基溶剂化，这样反而会阻碍氢键的形成。

亲水性气相法二氧化硅，平均 $1nm^2$ 有两个硅羟基，而憎水气相法二氧化硅平均 $1nm^2$ 有一个硅羟基，个别改性程度高的剩 0.5 个。

气相法二氧化硅适合于形成孔隙率高的三维结构，其机理尚不完全清楚。但推测，沉淀法二氧化硅的硅羟基密度为 5 ～ 8 个 $/nm^2$，二氧化硅颗粒容易紧密凝聚和聚集，而气相法二氧化硅硅羟基密度为 2 ～ 3 个 $/nm^2$，比较少，容易形成疏松的软聚集，其结果形成孔隙率高的结构。气相法二氧化硅在喷墨上有成本低、孔隙率高的优点，但在一般的涂布吸墨层中，pH 值 4 ～ 10 时显示出负电荷的表面，与胶黏剂如聚乙烯醇组合容易导致涂料高黏度和絮凝，涂层严重龟裂。采用气相法二氧化硅的喷墨微孔型涂层，需要在分散过程中将气硅颗粒阳离子化。

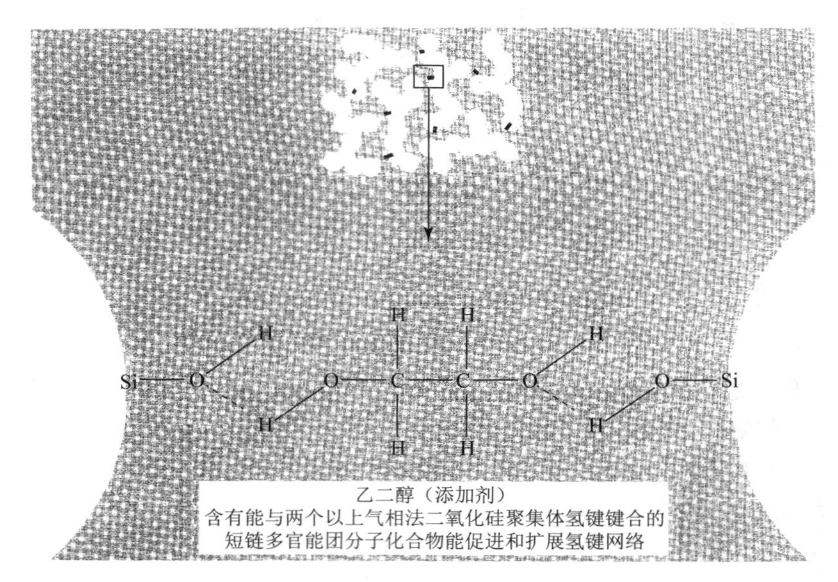

图 7-15　多官能团分子增强触变性作用机理

颗粒表面电荷的测定是 Zeta 电势，Zeta 电势应理解为在分散体中的无机颗粒 / 电解质的电化学双层内剪切表面上的电势。该 Zeta 电势部分取决于颗粒，如二氧化硅、氧化铝或复合氧化物的类型。与 Zeta 电势有关的一个重要值是颗粒的等电点 IEP。IEP 给出了 Zeta 电势为 0 时的 pH 值，氧化铝的 IEP 约为 pH 值 9 ～ 10，二氧化硅的 IEP 低于 pH 值 3.8。通过改变周围电解质中决定该电势的离子浓度可以影响表面电荷的密度。在颗粒表面上载有酸性或碱性基团的分散体中，通过调整 pH 值可以改变该电荷。同种颗粒表面具有相同性质的电荷因此彼此相互排斥，pH 值与 IEP 之间的差值越大，则分散体越稳定。当差值过小时，Zeta 电势太小，该排斥力不能抵消颗粒的范德华吸引，导致絮凝，或者在一些情况下颗粒沉淀。Zeta 电势可以通过测定分散体胶体振动电流 CVI 或者通过测定其电泳移动率来确定。

值得注意的是，二氧化硅 / 氧化铝，掺杂部分氧化铝，则阳离子聚合物的添加量可以大大降低。图 7-16 显示了等电点对掺有 0.25wt%Al_2O_3 的 SiO_2 和未掺杂的 SiO_2 的阳离子聚合物的量的依赖性。使用 BET 作为参照值对颗粒之间进行比较。阳离子聚合物的添加量的单位是质量 / 颗粒面积（μg/M²）。为获得同样的等电点，掺杂 SiO_2 的比未掺杂的 SiO_2 至少需要 25% 的阳离子聚合物。图 7-17 显示了掺杂 SiO_2 和未掺杂 SiO_2 的 Zeta 电势与 pH 值依赖性，和阳离子聚合物改性后的掺杂 SiO_2 和未掺杂 SiO_2 的 Zeta 电势与 pH 值依赖性。进一步显示，在没有阳离子聚合物改进的情况下，掺杂 SiO_2 和未掺杂 SiO_2 的 ZETA-pH 曲线没有实质上的区别。但阳离子聚合物改性后，掺杂 SiO_2 的等电点比未掺杂 SiO_2 的 pH 值向碱区移动了超过 2 个 pH 单位。掺杂 SiO_2 和未掺杂 SiO_2 的 ZETA-pH 曲线大致一致，这意味

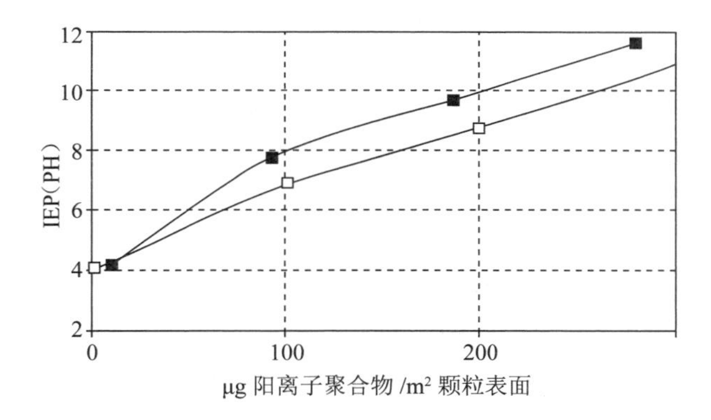

图 7-16　等电点对材料掺杂的依赖性

■代表不同比表面积的掺有 0.25wt%Al_2O_3 的 SiO_2；□代表不同比表面积的未掺杂的 SiO_2

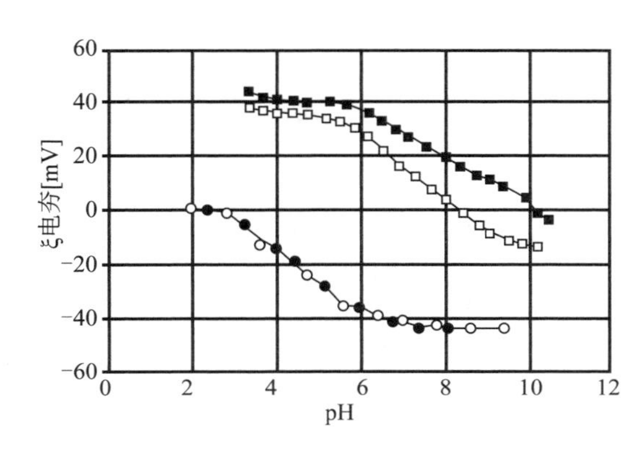

图 7-17　改性与掺杂阳离子聚合物之 Zeta 电势与 pH 值

■阳离子聚合物改性掺有 0.25wt%Al_2O_3 的 SiO_2；□阳离子聚合物改性未掺杂的 SiO_2

●掺有 0.25wt%Al_2O_3 的 SiO_2；○未掺杂的 SiO_2

着少量掺杂的 Al_2O_3 不足以改变二氧化硅本体的表面电荷性质。但与阳离子聚合物改性后表面电荷发生显著改变，这可以通过以下事实解释：阳离子聚合物在掺杂 SiO_2 的表面比在未掺杂 SiO_2 的表面上可能呈现不同的构造，在同等吸附量下可获得更高的阳离子电荷密度。

（4）硅溶胶

硅溶胶外观为乳白色半透明的胶体溶液，多呈稳定的碱性，少数呈酸性。硅溶胶中 SiO_2 的浓度一般为 10% ～ 35%，浓度高时可达 50%。硅溶胶粒子比表面积为 50 ～ 400m²/g，粒径范围一般在 5 ～ 100nm，即处于纳米尺度。与燃烧法二氧化硅相比，硅溶胶表面羟基更多，约 5 个 /nm²。

硅溶胶的胶团结构用以下化学式表示（图 7-18），m，n 很大，且 m 远小于 n。

硅溶胶是硅酸的超微粒子在水中的分散体，在制备过程中，为防止颗粒自行凝聚，常加入一定量的 NH_4^+ 或 Na^+ 稳定剂。球形结构的硅溶胶颗粒，内部是 SiO_2 的多聚体，表层则含有许多硅羟基。由于表层硅羟基的电离作用，H^+ 扩散到溶液中使胶粒带上负电荷。同时稳定剂的 NH_4^+ 和 Na^+ 存在，胶粒附近形成扩散双电层，使胶粒得以稳定分散。当 M^+ 为 H^+ 时，pH 值一般在 3 ～ 5，为酸性硅溶胶。当 M^+ 为 Li^+、Na^+、K^+ 或 NH_4^+ 时即为碱性硅溶胶。此时 pH 值＞ 7。

胶体粒子　扩散双电层

胶核　紧密层　扩散层

$$[(SiO_2)m \cdot nSiO_3^{2-} \cdot 2(n-x)H^+]^{2x-} \cdot 2xM^+$$

图 7-18　硅溶胶胶团结构

硅溶胶的制备方法主要有以下几种。

①单质硅一步溶解法

单质硅一步溶解法的制备原理是：硅粉在碱的催化作用下，与水反应，生成水合硅酸，水合硅酸在水介质中逐渐聚合，由单体自行脱水渐渐聚合成二元体、三元体乃至多元体，成为水合硅酸的水溶液，即硅溶胶。该方法的优点是硅溶胶成品中杂质含量少，二氧化硅的胶粒粒形、粒径、黏度、pH 值、密度、纯度均易控制，胶粒外形圆整均匀，结构致密，硅溶胶的稳定性较好。

其反应方程式为

$$mSi+(2m+n)H_2O \xrightarrow[NaOH]{65 \sim 90^\circ C} mSiO_2+(2m+n)H_2\uparrow \tag{7-5}$$

单质硅一步溶解法制备硅溶胶的工艺流程为：硅粉的活化主要是为了除去硅粉表面形成的惰性膜，较好的方法是先用质量分数为 48% 的氢氟酸洗涤，然后依次用纯水、醇、醚冲洗，最后在氮气保护下干燥。

②离子交换法

一般用强酸型阳离子交换树脂与稀释后的水玻璃进行离子交换，以除去水玻璃中的钠离子和其他阳离子杂质得到聚硅酸溶液。再用阴离子交换树脂进行离子交换，除去溶液中的阴离子杂质，制得高纯的聚硅酸溶液。此时得到的聚硅酸溶液稳定性较差，溶液偏弱酸性，可用少量的或其他试剂作为稳定剂，将溶液的值调节在一定的碱性范围内，该范围是制得溶胶溶液的稳定区域，必要时在低温下保存。将上述添加稳定剂之后的聚硅酸溶液进行结晶、增长、浓缩和纯化，得到所需的硅溶胶。

③ Stober 法

早在20世纪60年代，Stober等人首先提出以氨水为催化剂，将正硅酸乙酯（TEOS）水解以形成单分散的SiO_2微球。溶胶凝胶法一般需要加入酸或者碱来催化前驱体，两者会影响形成的网络结构和形貌。Stober法的水解聚合机理非常复杂，目前形成的基本共识是当酸催化时，水解速率较慢，TEOS一般只能形成两个Si-OH，如果水少，往往形成一个Si-OH。所以酸催化作用下，会导致硅烷氧化物体系形成低密度、低交联度的网络结构。而在碱性催化下，TEOS水解属于亲核反应，-OH会直接攻击硅原子核，TEOS水解十分完全，一般会水解出三个到四个Si-OH，但是这种形成后的Si（OH）$_4$聚合时的位阻效应很大，所以聚合速率较慢。因此，在碱催化作用下，水解速率比聚合速率更高。此时的聚合基本上是在完全水解条件下进行，这些颗粒最终交联，形成胶体粒子和密簇状结构。所以在碱催化过程中，水解速率大于聚合速率，可以认为聚合是在水解基本完全的条件下进行的，这些颗粒最终向着多维方向互相交联，形成密簇和胶体粒子。Stober方法合成出的硅溶胶多分散性良好，尺寸可以控制（图7-19）、表面容易功能化，但相对其他方式成本最高。

特定粒径的二氧化硅微球SEM照片(a)100 nm;(b)200 nm;(c)300 nm;(d)400 nm;(e)700 nm;(f)1000 nm

图7-19 粒径可控二氧化硅微球显微照片

Stober可方便地对硅溶胶表面进行一定的钝化处理，如Si（OMe）$_4$在MeOH中在氨水和表面钝化剂（Me_3Si）$_2$NH或（$SiMe_2O$）$_3$存在下水解制得。所得SiO_2表面羟基已被钝化的硅有机基团置换，颗粒增长受制。所得产品颗粒细，BET高达600m^2/g，疏水性能很好。

2. 高岭土

高岭土又名瓷土（Kaolin，China Clay），以高岭石或多水高岭石为主要成分，它是一种层状结构的铝硅酸盐，化学分子式为 $Al_4Si_4O_{10}(OH)_8$。高岭土单位晶格由两个原子层组成，一层八面体配位的氧化铝层和一层四面体配位的二氧化硅层。八面体层的分子式为 $Al_2(OH)_6$，其结构类似三水合铝（Gibbsite）。四面体由与四个氧等距的硅原子组成，四面体顶尖指向铝氧层并与它们共享氧原子。

高岭土的生产，由高岭土矿经过洗涤，水力旋流器分选，砂磨粉碎，磁性分离，凝聚浓缩，过滤，精制等工序提纯和精制而成。小于 20μm 粒径的适合用作造纸填料，适合纸张涂布的需要进一步精制到更小的粒径分布。

高岭土的分散流变性比较特殊，高岭土的颗粒形状为比较具有特征的准六角形片状结构，形态比（片径：片厚）6∶1 到 80∶1 之间变化。高岭土的悬浮水溶液在低 pH 值（pH=4）时凝集，而在碱性条件（pH=9）下分散。高岭土很特别，其各个高岭土粒子的边缘与表面可以有不同的电荷：表面往往是负电荷，而边缘则为可变电荷。表面负电荷在整个 pH 范围内保持不变，并被认为是由于少量八面体 Al^{3+} 原子被 Mg^{2+} 和四面体 Si^{4+} 被 Al^{3+} 的同态替代所造成的。但高岭土粒子薄片的边缘部分显露出氧化铝和硅醇基，其电荷可随 pH 值的变化而改变。在一般酸性条件（pH ＜ 4）下，氧化铝带有正电荷，提高 pH 值，硅醇基因去质子化（Deprotonation）而形成负电荷。高岭土粒子边缘的等电点在 pH=7.3 附近。因此，在酸性环境中，高岭土薄片粒子边缘带正电荷，表面带负电荷，边缘和表面发生静电吸附而凝聚。在碱性环境中，边缘和表面都是负电荷，导致相互排斥形成相对稳定的分散状态。

高岭土分散液固含量很高时，表面负电荷斥力不够，分散体稳定性不够，往往需要加入一定比例的阴离子聚合物（如聚丙烯酸钠），它吸附在薄片上，提高负电荷密度，增加了分散稳定性。阳离子分散也是可能的，此时需要将分散体控制在酸性环境中，加入阳离子分散剂的量需要“中和”掉表面负电荷，并形成正电荷排斥层，因此加入量比阴离子分散剂更高。

高岭土分散液的流变性呈现剪切变稀的假塑性流体性质。但在高剪切区，可能发生剪切增稠或膨胀的现象。高岭土形态比越扁平，剪切增稠或膨胀的可能性越大。在刮刀涂布过程中，涂布液通过刮刀的瞬间可能暴露在高剪切环境中，此时高岭土的异常流变效应需要特别注意。

高岭土煅烧目的：①在煅烧过程中，高岭土中的超细粒子凝集成大粒子，这些超细粒子因为粒径太小，光波发生衍射而降低了散射作用，通过煅烧将这些超细粒子凝集起来，将增强光的散射作用，从而使白度和不透明度增加。②煅烧凝集成的粒子，内部有很多微孔，这些微孔进一步提高了散射能力，也提高了填充于纸张时，对印刷油墨的吸收性。

作为造纸、橡胶和高分子制品、油漆、纺织等的充填料或白色颜料。表 7-8 列出了造纸用高岭土化学成分和物理要求的国家标准。

表 7-8　GB/T 14563-l993 造纸用高岭土化学成分和物理性要求

产品代号	白度 ≥	≤ 2μm 含量	45μm 筛余量 % ≤	分散沉降值	pH 高岭土化 ≥	黏度浓度（500）mPa·固含量≥	Al_2O_3%	Fe_2O_3% ≤	SiO_2
ZT-0A	90.0	90.0	0.02	0.02	4.0	68.0	37.0	0.60	48.00
ZT-0B	87.9	85.0	0.04	0.05	4.0	66.0	37.0	0.60	48.00
ZT-1	85.0	80.0	0.04	0.10	4.0	65.0	36.0	0.70	49.00
ZT-2	82.0	75.0	0.04	0.10	4.0	65.0	36.0	0.80	49.00
ZT-3	80.0	70.0	0.04	0.50	4.0	—	36.0	1.00	49.00

3. 碳酸钙

碳酸钙化学分子式为 $CaCO_3$，根据碳酸钙生产方法的不同，可以将碳酸钙分为重质碳酸钙（研磨碳酸钙，GCC）和轻质碳酸钙（沉淀碳酸钙，PCC）两大类。

重质碳酸钙是用研磨机械方法直接粉碎天然的石灰石、白垩、大理石甚至贝壳等提纯和分级制得的。由于重质碳酸钙的沉降体积比轻质碳酸钙的沉降体积小，因此称之为重质碳酸钙。重质碳酸钙为白色粉末，无臭、无味，露置空气中无变化，比重 2.6 ～ 2.8，10% 悬浮液 pH 值约 9，重质碳酸钙几乎不溶于水，但在含有铵盐的水中溶解，不溶于醇。遇酸则溶解并分解生产二氧化碳。重质碳酸钙颗粒形状为较低形态比的菱面体结构，粒径较大，粒径分布宽度大，因此具有非常卓越的流变性，可分散至高固含量仍具有很好的流动性。

轻质碳酸钙又称沉淀碳酸钙，是将石灰石等原料煅烧生成石灰（主要成分为氧化钙）和二氧化碳，再加水消化石灰生成石灰乳（主要成分为氢氧化钙），然后再通入二氧化碳碳化石灰乳生成碳酸钙沉淀，最后经脱水，干燥和粉碎而制得。由于轻质碳酸钙的沉降体积（2.4 ～ 2.8ml/g）比重质碳酸钙的沉降体积（1.1 ～ 1.4ml/g）大，所以称之为轻质碳酸钙。

制法及工艺流程如下所示。

$$CaCO_3 \xlongequal{\text{高温}} CaO+CO_2 \uparrow \tag{7-7}$$

$$CaO+H_2O \xlongequal{} Ca(OH)_2 \tag{7-8}$$

$$Ca(OH)_2+CO_2 \xlongequal{} CaCO_3 \downarrow +H2O \tag{7-9}$$

在第一步反应中，石灰石与白煤按一定比例混配后，经在 1000℃左右在石灰窑中高温煅烧，分解成氧化钙和二氧化碳。第二步氧化钙和水混合生产氢氧化钙，该工序很容易从石灰石沉积物中筛分出杂质，因为大部分杂质比氢氧化钙粒子要大。第三步反应是沉淀法的核心，二氧化碳在水中与固体氢氧化钙粒子起反应，生成 PCC，粒径大小、粒径分布和颗粒形状都在该工序控制。

轻质碳酸钙为人工合成，颗粒形状有纺锤形、立方形、针形、链形、球形、片形和四角柱形。常见的是高形态比的柱状或针状结构，粒径分布窄，流动性不如重质碳酸钙好。但针状颗粒具有良好的纤维覆盖能力，良好的纤维覆盖能力能提高涂布纸表面平滑度，从而提高光泽；针状结构交织后能形成疏松的堆积涂层，这意味着涂层内部具有更多的孔隙，能提高光散射性增加不透明度，并具有更高的吸墨性。

4. 氧化铝和氧化铝水合物

就分子式 Al_2O_3 而言，氧化铝看似是一种很简单的氧化物，但其实是一种形态变化多端的物质，到目前为止，已知它有8种以上的形态，过渡形态γ-，χ-，η-，θ-，ρ-，δ-，κ-Al_2O_3 七种，和终态 α-Al_2O_3（刚玉）。由于氧化铝具备的形态多样性，决定了其具有广阔的应用空间。这 8 种氧化铝在一定条件下可以相互转化，如图 7-20 所示。

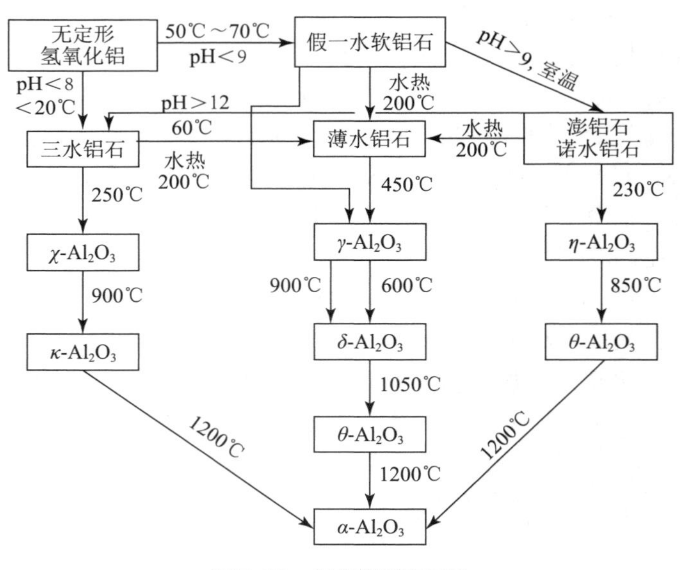

图 7-20　氧化铝形态互换

可脱水生成氧化铝的晶体氧化铝水合物，分为三水铝石和单水铝石两类。具体见图 7-21。其中，天然氢氧化铝（$Al_2O_3 \cdot 3H_2O$）有三种变体：三水铝石（Gibbsite）、拜耳石（Bayerite）、诺三水铝石（Nordstrandite）；2 种含水量低于氢氧化铝的羟基氧化铝矿物变体，一水软铝石（或勃姆石，Boehmite）和一水硬铝石（Diaspore）。此外，非晶态的氧化铝水合物有拟薄水铝石（Pseudo Boehmite）和氧化铝胶（Alumina Gel）。

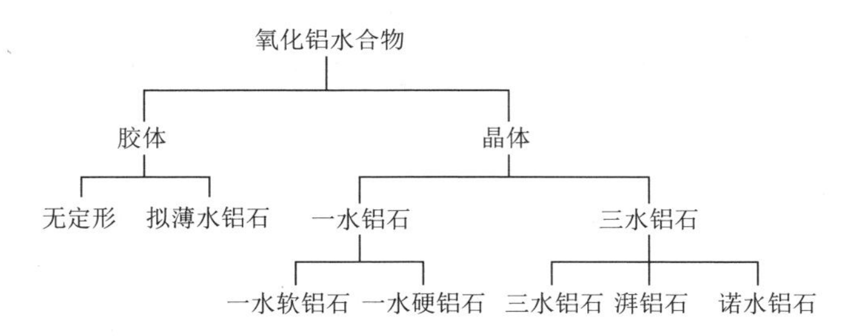

图 7-21　不同形态的氧化铝水合物

表 7-9 概括了常见结晶态铝氢氧化物和氧化物的晶体结构特征。

表 7-9　常见结晶态铝氢氧化物和氧化物的晶体结构特征

分子式	名称	晶体命名	结构单元	结构特征	晶粒外观
$A1_2O_3 \cdot 3H_2O$	三水铝石	γ-A1（OH）$_3$	A1（OH）$_6$ 八面体	单斜晶系，P21/n，八面体间共棱相连，层状结构	六角平锭状或棱镜状
	拜耳石	α-A1（OH）$_3$	A1（OH）$_6$ 八面体	单斜晶系，P21/a，八面体间共棱相连，层状结构，易沿 c 轴方向堆积	六角柱状
	诺三水铝石	β-A1（OH）$_3$	A1（O,OH）$_6$ 八面体	三斜晶系，P1（-），成层结构	柱状、板状
$A1_2O_3 \cdot H_2O$	一水硬铝石	α-AlOOH	A1（O,OH）$_6$ 八面体	正交晶系，Pbom，八面体共棱相连，双链间八面体角顶为 OH	柱状、板状、鳞片状、针状、棱状
	一水软铝石	γ-AlOOH	A1（O,OH）$_5$ 八面体	正交晶系，Amam，八面体共棱相连，层间以氢键相连	菱形体、棱面状、针状、六角板状
$A1_2O_3$	刚玉	α-Al_2O_3	AlO_6 八面体	三方晶系，R3c，八面体共棱相连成层，A1O 层交错构成	与氢氧化铝前驱物有关
	过渡态氧化铝	χ、η、γ-、κ-、θ、和 δ-Al_2O_3	AlO_6 八面体缺陷的八面体	存在大量晶格缺陷	与氢氧化铝前驱物有关

（1）三水合铝（Alumina Trihydrate，ATH）

三水合铝化学分子式 Al（OH）$_3$，是一种结晶形式的氢氧化铝。初生的三水铝石晶体受到生长环境及条件的影响，会生成不同的外形及大小，一般常见的有六角平板形、六角柱形、菱柱形等。用于白色颜料的三水铝石粒径一般为 1μm，颗粒形态比为扁平状，三水合铝具有吸湿性低、化学性能稳定、无毒和高白度的特点。其物理和光学性能如表 7-10 所示。

表 7-10　三水合铝物理性能

TAPPI 白度	95% ～ 100%	20% 浆料 pH	9.8
折射率	1.58	平均粒径（激光散射）	0.9 ～ 1.1μm
莫氏硬度	2.5	在酸碱中溶解性	在 pH 3.5 和 10.5 之间不活泼
耐磨性	1 ～ 3mg		

相比碳酸钙和高岭土，三水铝石具有更高的白度和亮度，可对含高岭土或碳酸钙涂料的白度提高几个百分点，此外，由于三水铝石具有更高的光散射性，替代高岭土或碳酸钙也能较大提高涂层遮盖力或不透明度。三水铝石在整个紫外光区有 95% 的反射率，它不干扰荧光增白剂的作用，因此特别适合需要用荧光增白剂提高白度的涂布纸场合。

三水铝石分散体系常用的分散剂为聚磷酸盐和聚丙烯酸钠。

（2）拟薄水铝石（Pseudo Boehmite）

拟薄水铝石是喷墨微孔型结构的重要颜料。结构式 AlOOH・nH_2O，n=0.08 ～ 0.62，无毒、无味，呈白色胶体或粉末状。其主要是一类含不确定数量结合水、结晶不完整的由无序到有序、由弱晶态到晶态的集合产品，其含湿存水产品为触变性凝胶。拟薄水铝石又被称为假一水软铝石（假一水合氧化铝）或无定型氢氧化铝。其颗粒细小、结晶不完整、具有薄的褶皱片层，比表面积和孔容大，含水量大于薄水铝石而晶粒尺寸小于薄水铝石，拟薄水铝石中铝为六配位结构，结构如图 7-22 所示。

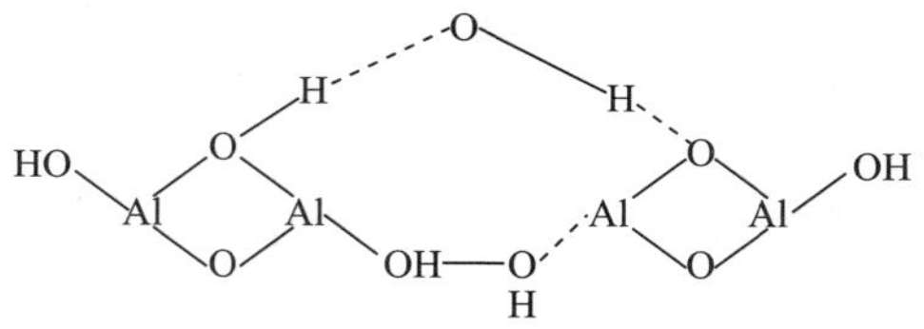

图 7-22　拟薄水铝石配位结构

拟薄水铝石的结构主要通过 X 射线衍射确定。从 X- 衍射图 7-23 上看，2θ 在 13.92°，28.33°，38.47°，49.21°，64.83° 这些位置出现拟薄水铝石的明显衍射特征峰。

拟薄水铝石的生产方法主要有四种：醇铝法、碱法、酸法、双铝法（摇摆法）。

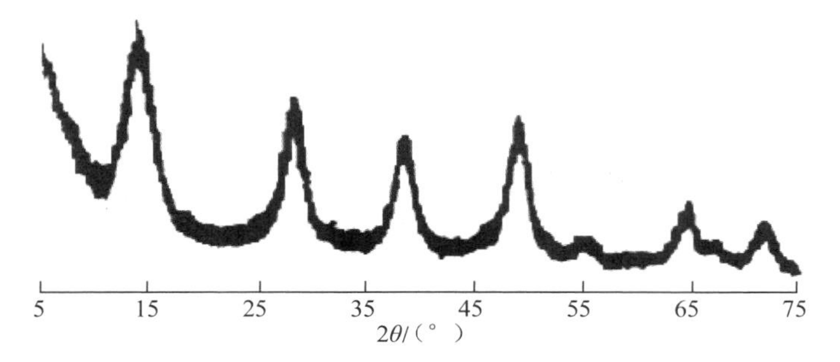

图 7-23 拟薄水铝石的 XRD 谱

SASOL HP14 是 Sasol 公司针对喷墨行业推出的具有高分散、高孔容的拟薄水铝石，工艺采用正戊醇、正己醇和金属铝在催化剂作用下反应生成液态复合铝醇盐，再经过滤、水解、老化、蒸馏，生成拟薄水铝石。其工艺流程见图 7-24。

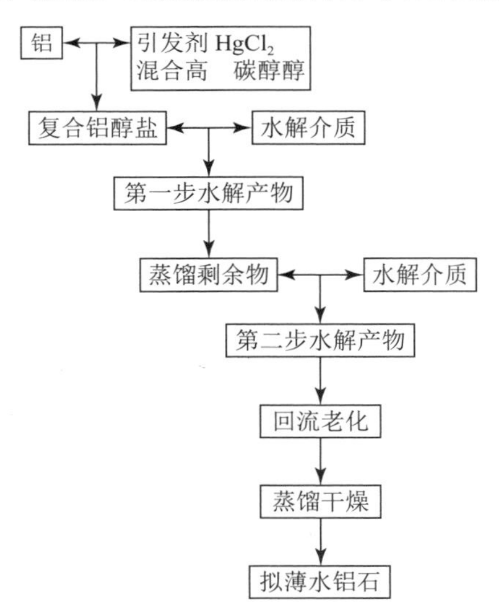

图 7-24 拟薄水铝石制备工艺流程

通过控制第一、第二步水解温度、时间、老化条件，可以得到不同粒径、孔容和形态的拟薄水铝石。HP14 孔容高达 1.0cm³/g 以上，孔径分布集中在 100Å，其特性见表 7-11。

表 7-11　拟薄水铝石性能表

化学组成	AlO（OH）
Al_2O_3 含量	75%
孔容（cm^3/g）*	＞ 1.0
比表面 *	160
胶溶性能 **	＞ 97%
堆密度（g/cm^3）	0.34 ～ 0.50
晶体大小（nm）	13 ～ 15

*550℃活化 3Hr，**0.46wt.%HNO_3 溶液中溶解 10wt.%HP14

图 7-25 是拟薄水铝石粒度分布状况。

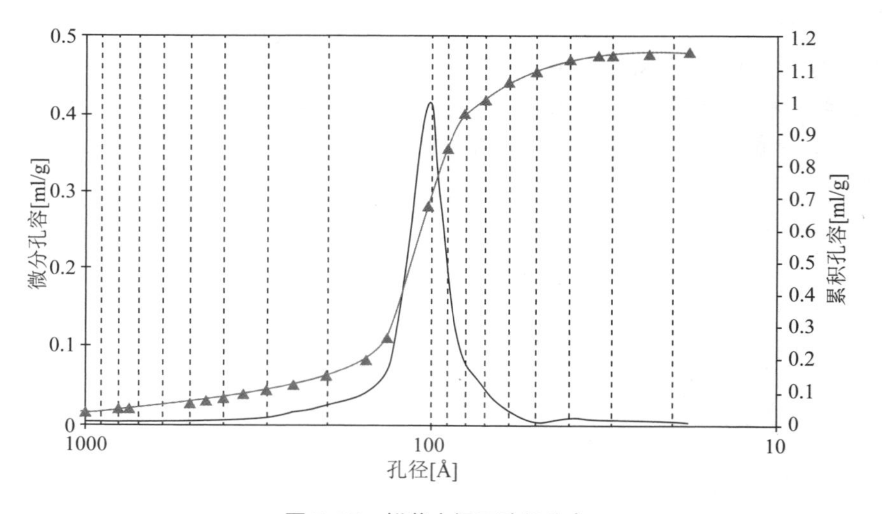

图 7-25　拟薄水铝石孔径分布

DTG 失重峰与 DTA 吸热谷在约 70℃和 410℃出现（图 7-26），拟薄水铝石的结合水存在两种状态：一是表面吸附水，水分子主要依靠范德华力与胶体粒子结合在一起，相互作用力较弱，失水峰和吸热谷温度较低；二是层间结构水，水分子依靠氢键与胶体粒子结合在一起，相互作用力较强，失水峰和吸热谷温度较高。一次粒子粒径越小，结晶水含量越多。

其粉体在酸性环境中具有胶溶性，分散粒径动态光散射实测粒径在 170nm 以下，分散液高度透明并且不沉降分层。在透射电镜下（图 7-27），分散后一次颗粒成较规整的四方体和片状，一次颗粒聚集成团簇状聚集体。

一般种类的拟薄水铝石，或者是高孔容但不具备分散性，或者具备分散性但孔容值很低，比如某国产的 CO_2 气体碳化法拟薄水铝石系列产品，其孔容值仅 0.30cm³/g（表 7-12）。

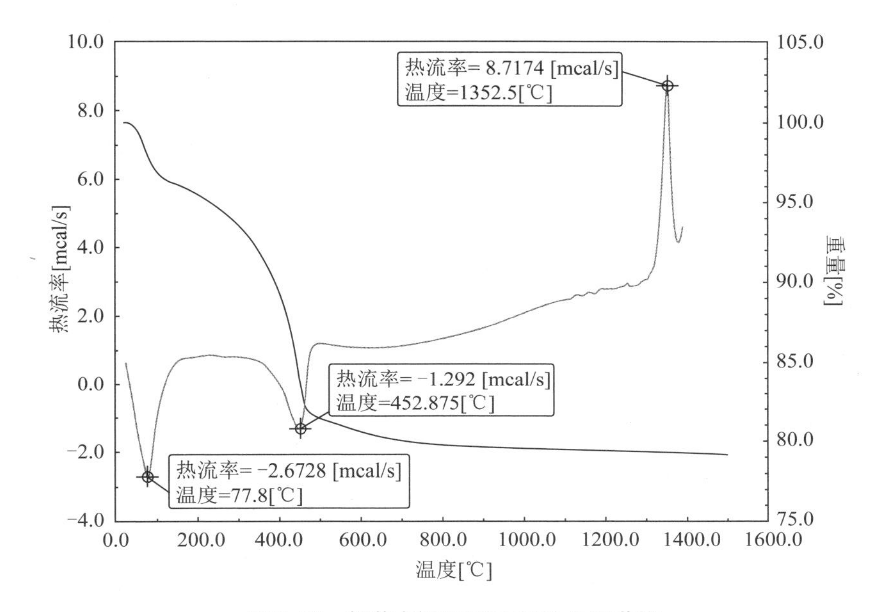

图 7-26 拟薄水铝石 TGA/DTA 失重曲线

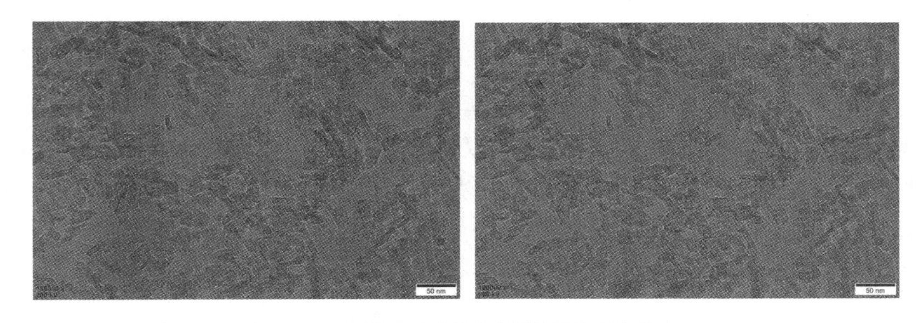

图 7-27 拟薄水铝石酸性环境颗粒状态

表 7-12 国产 CO_2 气体碳化法拟薄水铝石系列产品理化性能指标

产品牌号	化学成分，%					理化性能			
	SiO_2 ≤	Fe_2O_3 ≤	Na_2O ≤	水分 ≤	灼减≤	胶溶指数%≥	三水铝石%≤	孔容 ml/g ≥	比表面 m²/g ≥
P-G-03	0.30	0.03	0.30	—	24	95	5	0.3	250
P-D-03	0.30	0.03	0.30	25	24	95	5	0.3	250
P-DF-03	0.30	0.03	0.30	20	24	95	5	0.3	250
P-DF-03-LS	0.30	0.03	0.10	20	24	95	5	0.3	250

通过 pH 摆动法，可大大提高拟薄水铝石的孔容值并保留胶溶性能。典型的生产工艺如下：向带夹套的合成釜中加入 1 吨去离子水，开启循环泵，搅拌，打开蒸汽阀，加热至（78±1）℃，并流加入 $NaAlO_2$ 溶液（275g/L）和 $Al_2(SO_4)_3$ 溶液（75g/L），保持中和液 pH=7.8±0.1，控制反应时间 3h，60℃～65℃老化 60min，老化结束将反应液全部压入一级板框压滤机压滤，滤饼放入洗涤釜洗涤，洗涤釜温度 65℃～70℃，pH=8.0～9.0，然后压入二级板框压滤机压滤，间歇洗涤、压滤 5～6 次，直至滤液中的 SO_4^{2-} 和 Na_2O 含量合格为止。此样品标计为 pH 变化 0 次样品。$NaAlO_2$ 溶液和 $Al_2(SO_4)_3$ 溶液改为交替加入。先加入 $Al_2(SO_4)_3$ 溶液，将 pH 调至 4～5 保持 6～15min，再加入 $NaAlO_2$ 溶液，将 pH 调至 9.5～10.5 保持 6～15min。每一个循环记为一次，每隔一定时间变动一次，每批中和液所需 pH 变化次数分别为 3 次、6 次和 9 次，反应结束前 20min 将 $NaAlO_2$ 溶液和 $Al_2(SO_4)_3$ 溶液并流加入，稳定 pH=7.8±0.1，且每批中和总反应时间为 3h。其余步骤与上述相同。拟薄水铝石浆料用板框压滤机压成 30%～32% 滤饼，喷雾干燥成粉体。

摇摆法生产的高孔容拟薄水铝石孔容值可达 $0.65cm^3/g$，孔径 24nm，铁、钠、氯等杂元素含量高。虽然与醇铝法相比有差距，但成本显著降低，指标仍可满足喷墨微孔型产品结构需求。

5. 二氧化钛

二氧化钛俗称钛白，是涂料工业中广泛使用的遮光颜料，二氧化钛在自然界有三种结晶形态：金红石型（Rutile）、锐钛型（Anatase）和板钛型。板钛型属斜方晶系，是不稳定的晶型，在 650℃以上即转化成金红石型，因此在工业上没有实用价值。金红石型和锐钛型都属于四方晶系，但具有不同的晶格，金红石型其单位晶格由两个二氧化钛分子组成，锐钛型由四个二氧化钛分子组成，X 射线衍射图锐钛型二氧化钛的衍射角位于 25.5°，金红石型的衍射角位于 27.5°。金红石型的晶体细长，呈棱形，通常是孪晶；而锐钛型一般近似规则的八面体。锐钛型在常温下是稳定的，但在高温下要向金红石型转化。其转化强度视制造方法及煅烧过程中是否加有抑制或促进剂等条件有关。一般认为在 165℃以下几乎不进行晶型转化，超过 730℃时转化得很快。

金红石型比锐钛颜料有更紧密的晶体结构，因此金红石型二氧化钛具有更高的折射率、硬度、密度和稳定性（表 7-13）。

表 7-13　不同晶型二氧化钛性能对比

	金红石	锐钛		金红石	锐钛
折射率 在空气中	2.72	2.55	莫氏硬度	6～7	5.5～6
在水中	2.10	1.90	比热容	0.7	0.7

续表

	金红石	锐钛		金红石	锐钛
在油中	1.85	1.70	介电常数	114	48
密度	4.2	3.9	熔点	1855	转化成金红石

在白色颜料中，二氧化钛是最稳定的白色颜料，不溶于酸、碱和有机溶剂，稳定好，无毒性，被认为是非常安全的颜料。同时，二氧化钛为现有颜料中最白的颜料，具有极高的高光学性能。

①折射率高达 2.55/2.77，填充在涂层中时，与胶黏剂（折射率为 1.45 ～ 1.60）、纸浆纤维（折射率约 1.55）、空气（折射率为 1.00）折射率差值最大，因此散射率最高。

②最佳的晶体与粒子规格和分布。常见钛白的颗粒直径一般控制在 0.2 ～ 0.3μm，约为可见光波波长的一半，具有最强的遮盖力。粒径过大，则单位重量的颗粒数量和表面积减少，散射作用也减少。粒径过小，当小于可见光波波长的一半时，光波与颗粒发生的衍射效应大幅增加，散射作用也减少。因此，决定金红石型钛白遮盖力的主要因素就落到了散射和衍射作用强弱的平衡上，这个平衡点刚好落在半波长的位置。

③在可见光区的高反射率。二氧化钛粒子对可见光全部波长都有同等程度的强烈反射，所以在可见光的照射下呈现白色，白度和亮度很高。在紫外光区（350 ～ 400nm），金红石型吸收辐射能较锐钛型大，从另一角度讲，对于金红石型钛白粉，对紫外线的反射率要低于锐钛型钛白粉，在这种情况下，采用金红石型钛白周围成膜物、树脂所要分担的紫外光强度就要少，因此能延长这些有机物的使用寿命，这就是为什么通常所说的金红石型钛白粉的耐候性要比锐钛型好的原因。

由于金红石型钛白在紫外光区的强吸收，当体系中含有荧光增白剂时，金红石钛白将大幅降低荧光增白剂的作用。

钛白的工业生产方法有硫酸法和氯化法两种。氯化法生产的颜料具有较高的白度和色纯度，其生产比例逐渐增长。硫酸法从原料到成品需要约两周的生产时间，但硫酸法对原料的二氧化钛含量要求低。氯化法只用于金红石型钛白的生产，工序时间少，三废排放量比硫酸法小，但它需要高二氧化钛含量的原料，原料成本高。

二氧化钛的等电点 pH=3.5，在高 pH 值表面呈现负电荷，但需要用阴离子分散剂使其表面负电荷密度增加提高分散稳定性。但钛白产品大部分都经过表面处理。例如，使用矾土（铝硅化合物）处理的二氧化钛等电点将移至更高的 pH 值，IEP 甚至可到 7.5，即在 pH 值小于 7.5 时表面电荷为正。相比一般的颜料颗粒，二氧化钛属于易分散的颜料，颗粒形状一般接近球形，因此很容易提高二氧化钛的浆料浓度。另外，设想将较小球状的二氧化钛颗粒位于片状颜料颗粒之间，将片状粒子隔开并减少片状粒子之间的摩擦力，则能降低含片状颜料分散体系的黏度。

所谓表面处理，是指通过不同的表面处理剂和处理工艺，在二氧化钛颜料颗粒表面包覆一层或多层无机物或有机物，以改善其表面性质，提高它的耐候性、分散性等应用性能的方法。当然表面处理无法改变二氧化钛的晶型结构、粒径、粒径分布和白度。表面处理剂有铝、硅、锌和锆的氧化物或氢氧化物等，通过对无机表面处理剂的添加量、添加顺序、包覆温度、pH 值、速度、时间等的调整，可以改变二氧化钛包覆层的结构和疏松度，从而制得具有不同吸油量和遮盖力的颜料产品，包覆可以改变二氧化钛的表面电荷和等电点时的 pH 值，改变二氧化钛对树脂的吸附量，改变其在树脂中的分散性能。

包覆层在二氧化钛粒子表面形成连续完整的膜，甚至完全阻隔二氧化钛，这一点非常关键。完整连续膜能有效隔离钛白表面的光活性点。表面处理后钛白中的 TiO_2 含量一般为 84%～98%，余下的基本是包覆剂。因此，分散和使用二氧化钛时，要特别注意产品的表面处理状态，其分散工艺、树脂相容性、表面电荷、稳定性主要取决包覆层，而非二氧化钛本身。例如，硅包覆的钛白，宜选用锚定基团为氨基的分散剂；铝包覆的钛白，分散剂宜选用锚定基团为磺酸基、羧基的分散剂；铝硅包覆的，则采用两性分散剂为佳。

钛白常用无机表面处理剂如下。

①氧化铝（Al_2O_3）

铝包膜时所生成的水合氧化物，实际组分是勃姆石或假勃姆石型氧化铝（γ-AlOOH）、水铝石（*α*-AlOOH）和三羟铝石［*γ*-Al（OH）$_3$］的混合物，当形成丝状或带状结构的勃姆石或假勃姆石型水合氧化铝时为最佳，有利于颜料的分散。用氧化铝包膜的二氧化钛在漆料中与其中的酸性官能团反应生成盐类，在醇酸树脂中 Al^{3+} 吸附在二氧化钛的表面，在有少量水存在时，铝盐离解成双电层，使二氧化钛粒子带正电荷，在其表面吸附一层树脂层，由于树脂层的保护作用，使颜料粒子起到分散作用。同时氧化铝膜在二氧化钛表面形成一层保护层，并反射部分紫外线，降低了钛白粉的光化学活性，提高了抗粉化性和保色性。

②氧化硅（SiO_2）

硅包膜与铝包膜相比较复杂，一般不单独进行，因为水合氧化硅之间存在着微弱的氢键，造成浆料过滤洗涤性能差，滤饼有蚀变性，甚至发生胶冻状假稠现象，因此，硅包膜通常与铝包膜、锆包膜等配合使用。致密性氧化硅包膜一般是先将硅包膜剂硅酸钠（Na_2SiO_3）溶液的碱金属离子浓度（以 Na_2O 量计）维持在 0.1～0.3mol/L，大于 1mol/L 会增强活性硅的凝聚倾向，按 TiO_2 质量的 1.0%～10%（以 SiO_2 量计）的比例将硅酸钠溶液加入到具有一定浓度要求、pH 值为 8～11 的二氧化钛浆料中，同时用一定浓度的酸缓慢中和，维持浆料 pH 值在 8～11 之间，使硅以氢氧化硅的形式沉淀于二氧化钛粒子表面。如果中和反应速度快，就会生成很多 SiO_2 的沙状粒子，不能沉积在二氧化钛表面，当进一步增加活性硅数量时，砂粒争先吸附活性硅，破坏了致密膜的包覆过程，故反应时间一般在5h左右。致密硅沉淀反应温度要控制在80℃～100℃，低于60℃难以形成致密膜。在整个包膜过程中，要保持均匀的反应条件，硅酸钠和酸溶液最好采用分散淋加的方式，并配以良好的搅拌，避免局部pH值过高或过低，生成分散的游离硅胶。

硅包膜不是纯粹的物理沉淀式包膜，而是一种化学结合。硅包膜的化学反应式如式（7-10）所示。

$$Na_2SiO_3+H_2SO_4+(n-1)H_2O \rightarrow SiO_2 \cdot nH_2O \downarrow +Na_2SO_4 \quad (7\text{-}10)$$

硅包膜通过生成“活性硅”形成一层致密的无定型水合氧化硅的表皮状膜。当硅酸钠酸化时，最初析出 $Si(OH)_4$ 形式的正硅酸。这种单体形式的正硅酸活性很大，很快发生缩合缩聚反应，生成硅氧烷链的聚合硅酸。单体硅酸和低聚合度的水合二氧化硅具有活性，也称活性硅（高分子量的氧化硅是不活泼的）。构成的无定型水合氧化硅以羟基形式牢固地键合到二氧化钛的表面。这种化学结合的均匀、连续、致密状膜既不增加吸油量也不降低光泽，不仅极大地提高了钛白粉的耐候性、耐久性，解决了小粒径与抗粉化性的矛盾，增加了钛白粉的亲水性和水分散性，而且还可以保护钛白粉免受化学侵蚀。

在氧化硅包膜过程中，通过改变工艺条件（如浆料的pH值、反应温度、反应速度等），可以得到疏松、多孔性的海绵状膜，这种膜是大量极细的氧化硅粒子堆积在二氧化钛粒子之间。这种二氧化钛颜料具有高遮盖力、高吸油量，可以提高漆膜的不透明度，适用于高颜料体积浓度的平光乳胶涂料。

③氧化锆（ZrO_2）

锆包膜不单独进行，因其处理后的浆料过滤性差，滤饼不易抽干，易发生假稠现象，故常与铝包膜等配合使用。一般将锆包膜剂硫酸锆或氧氯化锆溶液按 TiO_2 质量的0.1%～2.5%（以 ZrO_2 量计）的比例（按0.5%～1.0%的加入量为最佳，超过2.5%会对颜料的光学性能有损害）加入到一定浓度的 TiO_2 浆料中，同时加入一定浓度的碱溶液并维持浆料pH值为8～10，控制反应温度在40℃～60℃，反应时间2小时以上，使锆以水合氧化锆的形式沉淀于二氧化钛粒子表面形成致密、均匀、连续的锆膜。锆包膜所形成的水合氧化锆以羟基的形式牢固地键合在 TiO_2 表面，其表面积和表面活性很大，具有很强的吸附力，能提高二氧化钛基体与包膜层之间的结合力。硫酸锆包膜的化学反应式如式（7-11）所示。

$$Zr(SO_4)_2+4NaOH+(n-2)H_2O \rightarrow ZrO_2 \cdot nH_2O \downarrow +2Na_2SO_4 \quad (7\text{-}11)$$

6. 塑料颜料

（1）塑料颜料

塑料颜料特指用来取代白色无机颜料的合成聚合物胶乳或颗粒。1972 年，Heiser 首次介绍了以苯乙烯聚合颗粒改善涂布纸光泽度的应用。塑料颜料分成两大类：实心球形和中空球形，图 7-28 是不同粒径和粒径分布的塑料颜料的扫描电镜照片，扫描电镜无法区分球体是实心还是中空。

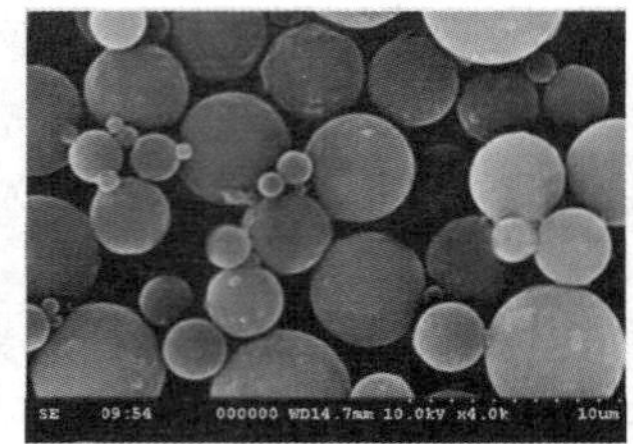

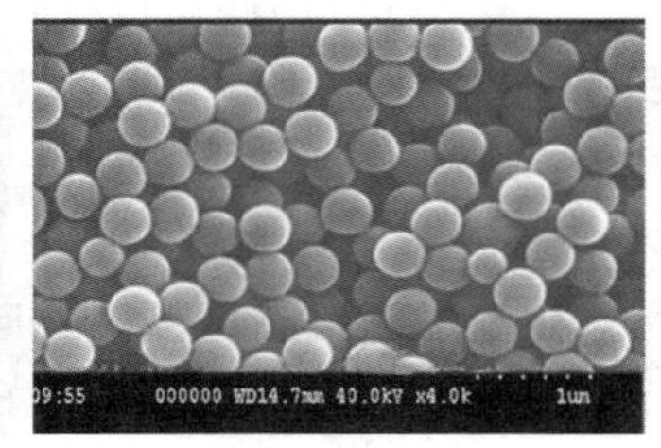

图 7-28　塑料颜料电镜照片

所有塑料颜料，都以分散在水中的聚合物粒子形式提供，合成工艺与多数高聚物乳液相同，采用自由基聚合反应而成，单体多用苯乙烯、丙烯酸酯类或其共聚物，构成球体或空心球壁的聚合物，玻璃化温度 Tg 要高于 50℃，否则，在涂布干燥过程中球体容易软化变形。实心球形要求精确控制粒径和粒径分布。中空球形，球体内部充满水，干燥时，这些水通过球壁扩散出来，留下充满空气的内心。中空球形要求有更复杂的聚合工艺，才能生产出充水小球和封闭光滑的球壁。表 7-14 是塑料颜料的典型性能。

表 7-14　塑料颜料性能一览表

性能	实心球形	中空球形	性能	实心球形	中空球形
外观	牛奶状白色液体		密度（g/cm³）	1.01 ～ 1.05	0.5 ～ 0.8
固含量（质量分数 %）	48 ～ 55	27 ～ 40	湿密度（g/cm³）	1.03 ～ 1.06	
固含量（体积分数 %）	47 ～ 57	47 ～ 57	玻璃化温度℃	＞ 50℃	
pH	6 ～ 10.5		粒子电荷	阴离子	
Brookfield 黏度 mPa・S	＜ 500		折射率	1.45 ～ 1.60	内腔 1.0 外壁 1.45 ～ 1.60

与实心球形和无机颜料不同，中空球形塑料颜料的质量分数与体积分数相差很大，分散时，体积分数或体积固含量更影响流变性。例如，罗门哈斯的空心颜料 Ropaque TP-55 产品，供应形式为悬浮浆料，质量固含量 26.5%，然而在使用中，它表现为在水性体系中固含量 57%。封闭在球体内的水分（ca30.5%）并不参与分散，但占据空间，可以被认作干燥的固体，所以 Ropaque TP-55 的分散行为，更

像固含量 57% 的分散（26.5%+30.5%）。

（2）塑料颜料制备工艺

空心球形的聚合工艺复杂，为各厂家的商业秘密。现有的技术路线大致有碱溶胀法，W/O/W 乳液聚合法，封装烃类非溶剂乳液聚合法等。其中，碱溶胀法工艺相对成熟。

①碱溶胀法

a. 含羧酸功能基的核的合成（简称酸核）。

b. 疏水性壳层单体在核上的包裹。

c. 碱处理。

成孔的动力来源于酸核中和后羧酸根离子的亲水性，要远大于羧酸的亲水性，富含羧基的链段拉着整个分子链段向胶粒的表面迁移，而外部壳层聚合物，由于疏水性将向内部迁移，内外不断挤压，致使壳层致密度增大，胶粒的孔径也不断增加，如图 7-29 所示。

② W/O/W 乳液聚合法

W/O/W 乳液聚合制备中空结构聚合物微球的主要过程包括先通过强剪切如超声分散制成 W/O 乳液，再将此乳液在搅拌作用下缓慢滴加到溶有第二乳化剂的水溶液中，从而制得 W/O/W 乳液，并经聚合反应制得聚合物乳胶微球内包含有水相的水系乳液，然后将该乳液加以干燥后即可得到中空结构的高分子微球（图 7-30）。

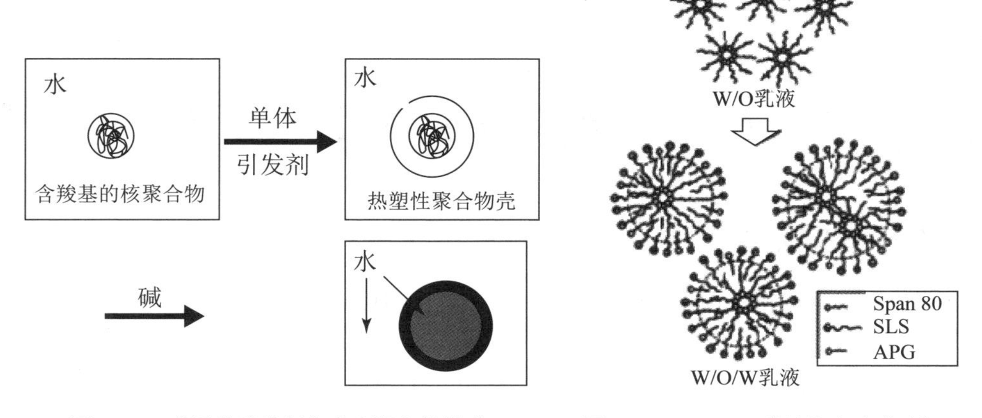

图 7-29　渗透溶胀法制备中空聚合物微球　　图 7-30　W/O/W 乳液聚合法成孔机理

③封装烃类非溶剂乳液聚合法

采用直接将单体和非溶剂烃混合，然后在水溶液中应用超声乳化成微乳液，接着以自由基引发聚合使生成的聚合物不溶于非溶剂烃而在其表面成壳，反应一步完成，最后去除非溶剂烃后得到纳米级中空聚合物微球。

（3）塑料颜料的应用

塑料颜料的分散稳定性很好，可能与聚合过程中添加的乳化剂和其他助剂有关。当混合到涂料中时，不需要进行高速剪切和添加分散剂。塑料颜料颗粒表面为弱阴离子型，只能与阴离子水性体系相溶，加入阳离子助剂则发生严重的絮凝沉降现象。由于颜料颗粒为球形，表面光滑完整，分散固含量很高时流变黏度也很低。

如前所述，聚合物树脂的折射率比较低，与高岭土相当，也与胶黏剂相当，因此光散射性不太理想，实心塑料颜料的白度和遮盖力一般，但在毛面剂、薄膜开口剂、消光粉、光扩散剂等方面具有优势。中空颜料当涂膜干燥时，壳中的水从共聚物壳中不可逆扩散而出，留下由空气取代水的芯加大入射光折射之差，当光透过树脂组成的壳穿过空气时，改变了入射光的折射角，从而产生折射效应，提高折射率，增加了漆膜的不透明性。中空颜料对近紫外区和可见光的反射率很高，白度很好（TAPPI 白度＞98%），由于在近紫外区没有吸收，因此不干扰荧光增白剂的使用性能。

塑料颜料能有效提高涂层的平滑度和光泽度，在压光工序，由于塑料颜料具有热塑性，在高于玻璃化温度整饰时，颗粒非常容易受压变形，中空颜料受压变形更易发生。颗粒被压扁平后，表面微孔减少，起伏度降低，提高了平滑度和光泽度。

由于特别低的密度，采用中空颜料，能提高涂层的松厚度。松厚度高意味着可压缩性增加，反过来又能进一度提高压光工序的效率和效果。

第三节 喷墨承印物涂布用胶黏剂

一、胶黏剂及其作用

胶黏剂和颜料是涂层中的两大主要成分，在喷墨介质中，胶黏剂的主要作用有以下三点。

一是作为黏结料，这里黏接有四种目的：①将颜料颗粒黏接到基材上；②使颜料颗粒相互黏接；③部分填充颜料颗粒和颗粒之间的孔隙；④当涂层中颜料比例很低时，此时胶黏剂自身相连在基材上形成连续完整的膜，又称为成膜物。

二是胶黏剂吸附墨水。例如，膨润型涂层多用水溶性高分子聚合物作为成膜物，印刷时墨滴接触吸墨层后胶黏剂高分子链吸湿溶胀，水和染料分子进入溶胀后的高分子链区，从而起到吸附、固着墨滴的作用。同样对于溶剂型介质，采用易被溶剂墨溶解或侵蚀的高聚物做成膜物，墨滴中溶剂能快速进入溶胀后的聚合物链段中，避免墨水堆珠甚至流淌的弊病。

三是固着染料，防止染料迁移扩散。干燥后染料分子以氢键、范德华力吸附在胶黏剂链段非晶区，提高了染料的固着能力。某些聚合物分子链上的功能基团能大幅提高对染料的固着能力，如聚乙烯吡咯烷酮的酰胺基、明胶的肽键可与染料分子形成氢键作用。

二、常用胶黏剂类型

1. 天然水溶性高分子

天然水溶性高分子以植物或动物为原料，通过物理或物理化学的方法提取而得。许多天然水溶性高分子一直是造纸助剂的重要组分，如常见的有表面施胶剂、天然淀粉、植物胶、动物胶（干酪素）、甲壳质以及海藻酸的水溶性衍生物等。

2. 半合成水溶性高分子

这类高分子材料是由上述天然物质经化学改性而得。用于造纸工业中主要有两类：改性纤维素（如羧甲基纤维素）和改性淀粉（如阳离子淀粉）。

3. 合成水溶性高分子

此类高分子的应用最为广泛，特别是其分子结构设计十分灵活的优势可以较好地满足造纸生产环境多变及造纸工业发展的要求。

（1）聚丙烯酰胺（PAM）

凡含有 50% 以上丙烯酰胺单体的聚合物，泛称聚丙烯酰胺，它们是一种线型水溶性高分子，在造纸工业领域应用广泛。

相对分子量 100 万～ 500 万的聚丙烯酰胺产品，其主要应用做纸张的增强剂和造纸用助留剂和助滤剂。低于上述相对分子质量的聚丙烯酰胺，可作为分散剂，改善纸页抄造匀度，高者可作为造纸废水处理用絮凝剂。

聚丙烯酰胺本身中性，几乎不被纸浆吸附，需要在其结构中导入一个电性基团。视电性基团的类型不同，聚丙烯酰胺有阴离子、阳离子、两性离子产品等。

①阴离子聚丙烯酰胺（APAM）

导入羧基时获得阴离子聚丙烯酰胺。由于与纸浆纤维上负电性相斥，必须加入造纸矾土作为阳离子促进剂。这种应用麻烦且无法实现中性抄纸技术带来的经济效益。国外造纸工业 20 世纪 90 年代 APAM 的应用比例，已由 60% 下降到 30%，阳离子聚丙烯酰胺由 20% 上升到了 50% 以上。

②阳离子聚丙烯酰胺（CPAM）

CPAM 的制备，是以丙烯酰胺为主要单体，与其他阳离子单体共聚，因其分子结构、电荷分布、相对分子质量易于控制而被越来越多地加以采用。阳离子聚丙烯酰胺可以在广泛的 pH 范围内直接吸附在纸浆上。

③两性聚丙烯酰胺（CPAM）

两性聚丙烯酰胺分子中既有阳离子基团，又有阴离子基团，其增强和助留、助滤作用，优于单独使用阳离子型高分子，更优于阴离子型高分子。

考虑到上述离子型聚丙烯酰胺仍为线型高分子，在与纤维结合程度上以及抵抗白水溶盐影响方面仍有不如人意之处，人们正试图设计、制备支链型乃至立体型聚丙烯酰胺水溶性高分子。

（2）聚酰胺环氧氯丙烷（PAE）

PAE 的制备分两步，第一步是合成聚酰胺，第二步是在此基础上引入环氧基。第一步合成的聚酰胺分子中含有阳离子基团，能与纤维素形成静电结合，而第二步引入的环氧基具有进一步的反应性能，因此 PAE 是反应型的水溶高分子材料，并且具备了纸张湿强剂必须具有的四个特性，即高分子、水溶性的、阳离子型、形成化学网络结构，反应为热固型。

PAE 作为一种重要的湿强剂，属于含有氯的高分子材料，不利于环保。

（3）聚乙烯亚胺（PEI）

作为水溶性高分子，PEI 直接加入浆料中，相对而言，PAE 提供的纸张湿强度要比 PEI 提供的低一些。PEI 是目前阳离子密度最高的聚合物，具有高密度的伯、仲、叔胺官能团，胺基能与羟基反应生成氢键，胺基能与羧基反应生成离子键，胺基也能与碳酰基反应生成共价键。同时，由于具有极性基团（胺基）和疏水基（乙烯基）构造，能够与不同的物质相结合。利用这些综合结合力，可广泛应用于接着 AC 剂。

（4）聚氧化乙烯（PEO）

PEO 是环氧乙烷经多相催化，通过阴离子开环聚合而成的水溶性高分子，与聚乙二醇（PEG）在结构上相同，以相对分子量大小区分，两万以下为聚乙二醇，两万以上为聚氧化乙烯。

PEO 在造纸工业中最主要的用途，是用作纸浆长纤维分散剂，还可用作助留助滤剂、水溶性功能纸黏合剂；还是某些合成纤维、玻璃纤维及聚烯烃专用纸制备的组方之一。

与上述水溶性高分子不同的是，PEO 是一种非离子型高分子，当用作助留助滤剂时，对木素含量较少的化学浆而言，其留着率显得不稳定，应考虑同时加入 PEO 活性助剂，如酚醛树脂硫酸盐浆木素等，以提高助留助滤的效果。

用作长纤维分散剂的 PEO，相对分子质量范围为 250 万～ 300 万，其伸展的高分子结构，阻止了纤维表面的相互接近，同时能提高纸料悬浮体的黏度。

（5）聚乙烯醇（PVA）

聚乙烯醇由聚醋酸乙烯经干法工艺碱性醇解而得。聚乙烯醇具有优越的成膜性能和黏接强度，在造纸工业中主要有两方面的应用。一是用作纸张施胶剂；二是用作涂布纸颜料的黏合剂。此外，还可用于与造纸工业紧密相关的纸与纸板加工用黏合剂等。

用于纸张表面施胶剂的PVA，一般选用聚合度为1700左右、基本达到完全醇解的牌号。用于颜料黏合剂时，PVA聚合度越高，则涂布纸表面强度越高，但涂料流动性变差；醇解度越高，纸张涂布层的抗油、抗溶性越好，但涂料流动性也会下降。为此可将PVA与合成胶乳复配使用，或对PVA专门进行改性以适应高速涂布机的生产要求。

聚乙烯醇在结构单元中含有羟基，能与气相法二氧化硅或氧化铝及其水合物的表面羟基形成氢键作用，结合交联剂形成包含无机颗粒的三维网络结构，这种无机—有机复合微粒具有足够的强度和高孔隙，既可通过孔隙的毛细作用快速吸收墨水，又不发生三维网络的溶解或湿强度过低的弊病。

聚乙烯醇可以是完全醇解（又称皂化）或部分醇解的，聚合度500～5000。聚合度越高，对无机颗粒的黏结能力就越高，但相应涂布液的黏度会上升。微孔型结构由于希望在保持一定涂层强度和抗龟裂性的前提下尽可能提高孔隙率，因此多选用高分子量的聚乙烯醇，如聚合度3500、4000甚至4500，国产高聚合度聚乙烯醇目前很少，仅四川维尼纶厂生产3500聚合度的牌号，进口日本可乐丽、合成化学，J&P有相应的产品，但售价明显高于中等聚合度的聚乙烯醇。

阳离子改性的聚乙烯醇是主链或侧链含有伯氨基、仲氨基、叔氨基或季氨基的聚乙烯醇。通过醋酸乙烯与含阳离子基团的单体共聚后醇解制备，阳离子结构单元占0.2～5.0mol%。此类单体具体实例有甲基丙烯酰氧乙基三甲基氯化铵、甲基丙烯酸二甲基氨基乙酯、N-乙烯基咪唑、N-乙烯基-甲基咪唑等。由于喷墨涂布液体系基本被设计成阳离子性，阳离子改性的聚乙烯醇在与体系的相容性方面有独特优势。另外，分子链中含有的阳离子基团也是染料的固着点。

（6）聚丙烯酸及其共聚物（PAA）

作为高吸水性树脂，聚丙烯酸钠在造纸涂布用颜料分散剂以及表面施胶剂方面的开发和利用，正成为新的课题。

（7）聚乙烯吡咯烷酮（PVP）

PVP分子中既有亲水基团也有亲油基团，喷墨染料分子含有较多的磺酸基、羧基，具有很强的亲水性。聚乙烯醇分子链功能基团由羟基和很少量未醇解的醋酸酯基团构成，对染料分子的作用力以氢键为主，因此以聚乙烯醇为主成膜物的吸墨层在墨滴干燥过程中与水竞争吸附染料基本无优势，染料墨随墨滴下渗在整个吸墨层纵向均匀分布。聚乙烯吡咯烷酮分子链含有内酰胺环（Lactam Ring），N-π

共轭功能团对染料分子共轭体系有较强的分子间范德华力，因此以聚乙烯吡咯烷酮为主成膜物的吸墨层在墨滴下渗过程中染料被优先吸附在分子链上，被吸附的染料分子凝集效应进一步造成染料墨停留在吸墨层的最表层。

第四节 喷墨承印物涂层助剂

一、表面活性剂及其选择

1949 年，美国学者 Griffin W.C. 首次提出用 HLB 值（HydropHile-LipopHile Balance）来表示表面活性剂的亲水亲油性质。以石蜡 HLB=0，油酸 HLB=1，油酸钾 HLB=20，十二烷基磺酸钠 HLB=40 作为参考标准，用实验直接或间接测定个表面活性剂的 HLB 值。HLB 范围为 1 ～ 40，由小到大亲水性增加，一般认为 HLB 值 10 以下亲油性好，大于 10 亲水性好。不同 HLB 值的表面活性剂功能不同，3 ～ 6 用于 W/O 乳化剂，7 ～ 9 用于润湿剂，8 ～ 18 用于 O/W 乳化剂，12 ～ 14 用于洗涤剂。

HLB 值与表面活性剂在水中的溶解度，cmc 临界胶团浓度，离子表面活性剂的 Krafft 点，非离子表面活性剂的相转变温度 PIT 等参数紧密相关。HLB 的测试方法很多，如乳化法、分配系数法、色谱法等。在实际生产中，根据表面活性剂在水中的溶解状态，可粗略估计 HLB 值范围（表 7-15）。

表 7-15　表面活性剂在水中的溶解状态与 HLB 值

水中的溶解状态	HLB	水中的溶解状态	HLB
不溶解	1 ～ 4	稳定的乳色分散体	8 ～ 10
溶解不好	3 ～ 6	半透明至透明分散体	10 ～ 13
激烈振荡后成乳色分散体	6 ～ 8	透明溶液	＞ 13

多数表面活性剂的 HLB 值可在专业手册上查到，对于结构较新、HLB 值无资料可询的表面活性剂，可用 Davis 法即基团法估算表面活性剂的 HLB 值，该方法将表面活性剂的分子结构分解为系列基团，每个基团均有 HLB 数（正或负），通过式 7-12 计算 HLB 值。Davis 法不是很精确，但基础数据全、实用。

$$\text{HLB}=7+\sum（\text{基团的 HLB}） \tag{7-12}$$

表 7-16 中列出了常见基团的 HLB 数。

表 7-16 部分基团的 HLB 数

亲水基团数	HLB 数	亲油基团数	HLB 数
$-COOK$	21.1	$-COONa$	19.1
$-SO_3Na$	11	$-CH-$	-0.475
酯（自由）	2.4	$-CH_2-$	-0.475
$-OH$（自由）	1.9	$-CH_3$	-0.475
$-O-$	1.3	$-CF_2-$	-0.870
$-CH_2CH_2O-$	0.33	$-CF_3$	-0.870

表面活性剂匹配使用时，HLB 可以采用质量分数加和法计算（式 7-13），结果虽然粗略，但完全可满足一般应用要求。

$$HLB=\frac{W_aHLB_a+W_bHLB_b+\cdots\cdots}{W_a+W_b+\cdots\cdots} \quad (7\text{-}13)$$

在喷墨介质涂层中应用的表面活性剂，除常见的磺酸类、羧酸类阴离子表面活性剂和聚氧乙烯类非离子表面活性剂外，由于多数涂布涉及聚乙烯 PE、聚丙烯 PP、聚酯薄膜 PET 等低能表面，有必要采用较特殊的如氟类、有机硅类表面活性剂以获得更低的表面张力；由于很多喷墨介质体系设计成阳离子性，更多情况下采用非离子和阳离子表面活性剂复配或者阴离子和阳离子表面活性剂复配的方法；另外，由于涂布生产过程对细小气泡敏感，在表面活性剂的选用上有时还得引入具有一定抑泡能力的表面活性剂；此外，对于一些流变要求高的涂布方式，配方中表面活性剂的选用还需要考虑动态润湿性，如近几年研究较多的孪连（Gemini）表面活性剂具有更高的表面活性和更快的动态润湿性。

对于阴离子和阳离子表面活性剂复配使用的方法，在低浓度使用时，两种表面活性剂可以并存在溶液中，特别是具有短链的表面活性剂相容性更好。

二、表面活性剂类型及其作用

1. 含氟表面活性剂

将碳氢表面活性剂分子碳氢链中的原子部分或全部用氟原子取代，称为碳氟表面活性剂。碳氟表面活性剂的独特性能常被概括为“三高”“两憎”，即高表面活性、高耐热稳定性及高化学稳定性；它的含氟烃基既憎水又憎油。

碳氟表面活性剂其水溶液的最低表面张力可达到 20mN/m 以下，甚至到 15mN/m 左右。碳氟表面活性剂在溶液中的质量分数为 0.005% ～ 0.1%，就可使水的表面张力下降至 20mN/m 以下。而一般碳氢表面活性剂在溶液中的质量分数为 0.1% ～ 1.0% 范围才可使水的表面张力下降到 30mN/m ～ 35mN/m。碳氟表面活性剂如此突出的高表面活性以致其水溶液甚至可在烃油表面铺展。另外碳氟表面活性剂在有机溶剂中也显示出良好的表面活性，特别是引入了 N- 取代的全氟辛酰胺类，它能使碳氢烃类溶剂降低表面张力 5 ～ 15 达因 / 厘米，碳氟表面活性剂所体现出的优良的热稳定性及化学惰性，主要是由于氟碳链憎水基取代碳氢链的憎水基后，由于 C-F 键的键能（116 千卡 / 摩尔）大于 C-H 键的键能（99.5 千卡 / 摩尔），因此 C-F 键要比 C-H 键稳定，不易断裂。又由于氟原子取代氢原子后，因氟原子的体积比氢原子大，使得 C-C 键因氟原子的屏蔽作用而得到保护，所以使原来键能不太高的 C-C 键也稳定了，这样使得 C-C 键也稳定了，这使得碳氟表面活性剂具有碳氢表面活性剂所没有的化学稳定性及热稳定性。例如，$C_9F_{17}OC_6H_4SO_3K$ 的使用温度可在 300℃左右，而此化合物的中间体 $C_9F_{17}OC_6H_5$ 在 50% 的硫酸或 25% 的氢氧化钠水溶液中，在 80℃时处理 48 个小时也不会分解。

碳氟表面活性剂的高表面活性是由于其分子间的范德华引力小造成的，活性剂分子从水溶液中移至溶液表面所需的能量小，导致了活性剂分子在溶液表面大量聚集，形成强烈的表面吸附，而这类化合物不仅对水的亲和力小，而且对碳氢化合物的亲和力也较小，因此形成了既憎水又憎油的特性，但它对油 / 水界面的界面张力作用能力不强。如将碳氟表面活性剂与碳氢表面活性剂复配使用，利用碳氟表面活性剂能选择性地吸附在水的表面，使表面张力降低；而碳氢表面活性剂能吸附在油 / 水界面上，使界面张力降低，这样就必定会提高水溶液的润湿性能。

表面活性最强、应用最为广泛的氟表面活性剂为不同疏水链长的全氟辛烷磺酸（PFOS，PerFluoroOctane Sulfonate）、不同疏水链长的全氟辛酸（PFOA，PerFluoroOctanoic Acid）以及它们的衍生产品等。这类氟表面活性剂有很高的化学稳定性，它们甚至可抵抗强氧化剂、强酸和强碱的作用。研究表明，PFOS/PFOA 类氟表面活性剂是目前发现的较难降解的物质之一，它们不但具有持久性、生物累积性，甚至还有远距离环境迁移的可能性。据此，美国环境保护署发布了自愿性 2010—2015 年全氟辛酸及其盐类环境计划，按此计划将逐步禁止生产、销售和使用 PFOS/PFOA 类氟表面活性剂，世界各国开始研制全新的可降解氟表面活性剂，研发取向大致分为三类：降低全氟链的长度、氟碳链中引入杂原子和引入氟碳支链。

降低全氟链的长度，PFBS（$C_4F_9SO_3H$）、PFHS（$C_6F_{13}SO_3H$）以及由它们衍生而来的表面活性剂都被报导。全氟链长为 4 和 6 的表面活性剂的疏油性不及全氟链长为 8 的表面活性剂。量产的环境友好全氟表面活性剂有基于短链 C_6F_{13} 结构的杜邦科慕 FS 系列（表 7-17）。

表 7-17　基于短链 C_6F_{13} 结构的系列产品性能及应用

产品名称	含量 /%	溶剂	离子性	结构	应用
FS-10	30	水	阴离子	磺酸盐	
FS-30	25	水	非离子	$6C_F$+ 聚氧乙烯醚类	流平润湿
FS-31	25	水	非离子	$6C_F$+ 聚氧乙烯醚类	流平润湿
FS-3100	100	—	非离子	FS31 纯品	流平润湿
FS-34	24	水	非离子		
FS-35	25		非离子	FS-31 复配物	佳能、HP 墨水
FS-50	27	水 / 乙醇	两性	甜菜碱	
FS-51	40	水 / 乙醇	两性	$6C_F$ 氧化胺	
FS-60	40	水 / 异丙醇	阴离子	磷酸胺类复配	
FS-61	14	水	阴离子	磷酸胺类	低发泡
FS-63	35	水 / 异丙醇	阴离子	同 FS61	低发泡
FS-64	15	水	阴离子		润湿流平抗粘连
FS-65	25	水	非离子		
FS-81	33	水	—	含氟丙烯酸低聚物	疏油抗污流平
FS-83	35	醋酸丁酯	—	含氟丙烯酸低聚物	溶剂型疏油抗污流平

含氟表面活性剂典型结构见图 7-31。

氟碳链中引入 N、O 等杂原子及亚甲基或次甲基。化合物中含有次甲基或亚甲基基团通常具有潜在的可降解性，基于这点，人们合成了一类含有 VDF（偏氟乙烯）和 TFP（3，3，3- 三氟丙烯）低聚物链的表面活性剂来作为 PFOS/PFOA 的替代物。

引入氟碳支链，直链的氟碳表面活性剂在相对高的使用浓度下表现出最低的表面张力，但支链氟碳表面活性剂在相对低的浓度下使用，降低表面张力却更为有效。已成功量产的有日本 NEOS 株式会社基于六氟丙烯三聚体开发出的氟碳支链全氟表面活性剂（图 7-32）。

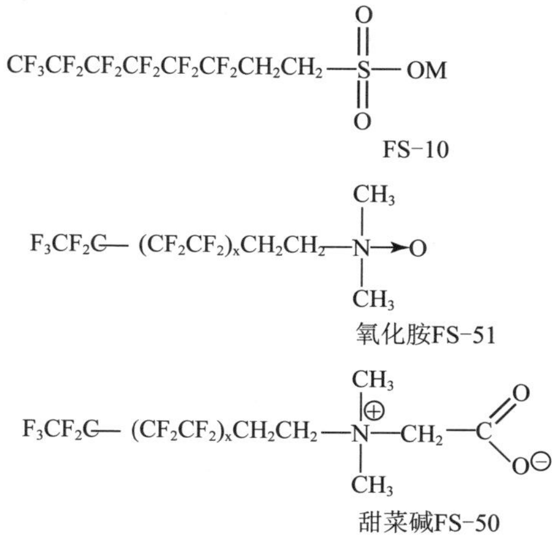

$CF_3CF_2CF_2CF_2CF_2CF_2CH_2CH_2-S(=O)_2-OM$

FS-10

$F_3CF_2C-(CF_2CF_2)_xCH_2CH_2-N(CH_3)_2\rightarrow O$

氧化胺FS-51

$F_3CF_2C-(CF_2CF_2)_xCH_2CH_2-N^{\oplus}(CH_3)_2-CH_2-C(=O)O^{\ominus}$

甜菜碱FS-50

图 7-31　部分表面活性剂结构

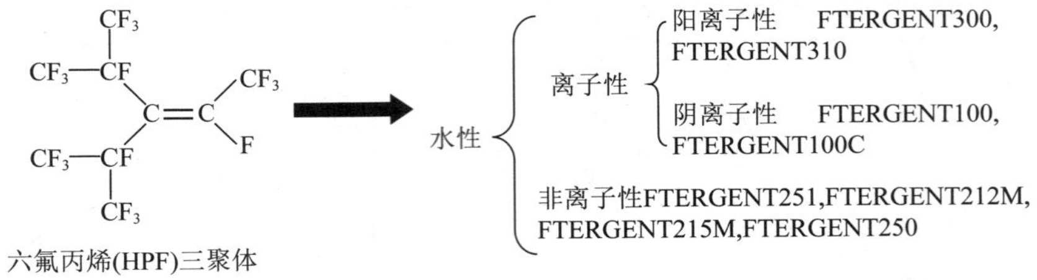

六氟丙烯(HPF)三聚体

水性
离子性
阳离子性 FTERGENT300, FTERGENT310
阴离子性 FTERGENT100, FTERGENT100C
非离子性FTERGENT251,FTERGENT212M, FTERGENT215M,FTERGENT250

图 7-32 部分氟碳支链全氟表面活性剂

2. 含硅表面活性剂

聚硅氧烷类表面活性剂是应用最广的硅类表面活性剂一般由亲水性的聚醚链段与疏水性的聚二甲基硅氧烷链段通过化学键连接而成，其结构通式为侧链结构（Pendant Structure）和线性结构（Linear Structure）（图 7-33）。

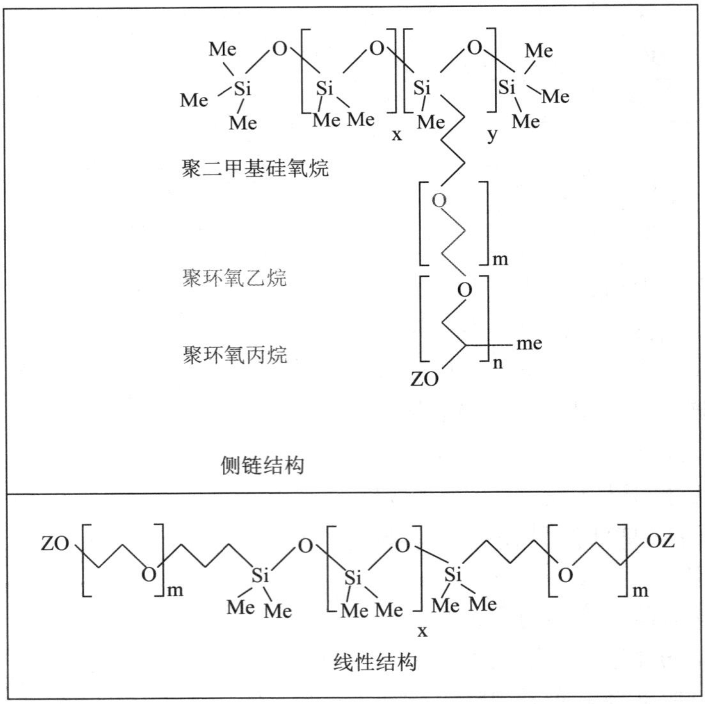

聚二甲基硅氧烷
聚环氧乙烷
聚环氧丙烷
侧链结构

线性结构

图 7-33 侧链和线性结构的硅类表面活性剂

其中，聚醚段由环氧乙烷 EO 和环氧丙烷 PO 组成，相比较而言，聚环氧丙烷是亲油的，而聚环氧乙烷是亲水的。运用不同的 PO 与 EO 比，可以控制聚硅氧烷的极性。改变图 7-33 中的 m、n、x、y 及 Z 基，可制得具有不同摩尔质量、黏度及亲水亲油平衡值（HLB 值）的聚醚改性硅氧烷，用于各种用途。有机硅表面活性剂分子的硅氧烷部分提供低表面张力和高表面活性。聚醚改性硅氧烷的作用取决于所含聚醚的种类和数量。含有高硅氧烷成分的分子将提高滑爽性和抗刮性；如果硅氧烷成分非常高，此助剂将作为消泡剂，并起防粘的作用。含有高聚环氧乙烷 EO 成分的硅氧烷将和水性涂料有很好的相容性，甚至可水溶；此助剂提高水性涂料的润湿、流动和流平，而且涂层具有再涂性和保光性。如果聚醚部分含有聚环氧丙烷 PO，此共聚物将和溶剂型或高固含涂料 / 油墨有很好的相容性，在配方中可作为流动和流平剂使用。

有机硅表面活性剂优异的表面活性源于其分子结构中疏水基团的结构，以三硅氧烷表面活性剂为例：其与普通碳氢表面活性剂的结构差异可用图 7-34 说明。从图中可以看出决定有机硅表面活性剂活性的是甲基（$—CH_3$），柔软的 Si-O-Si 骨架仅仅起着支撑作用，使得这些甲基呈伞形排布在气液界面上，布满甲基的表面。其表面能约 20mN/m，这正是采用硅氧烷表面活性剂所能达到的最低表面张力数值。而碳氢表面活性剂的疏水基团为长链烃基或烃基芳基，主要由亚甲基（$—CH_2$）构成且疏松地排布在气液界面上，因而采用碳氢表面活性剂一般能达到的表面张力为 30mN/m 或者以上。

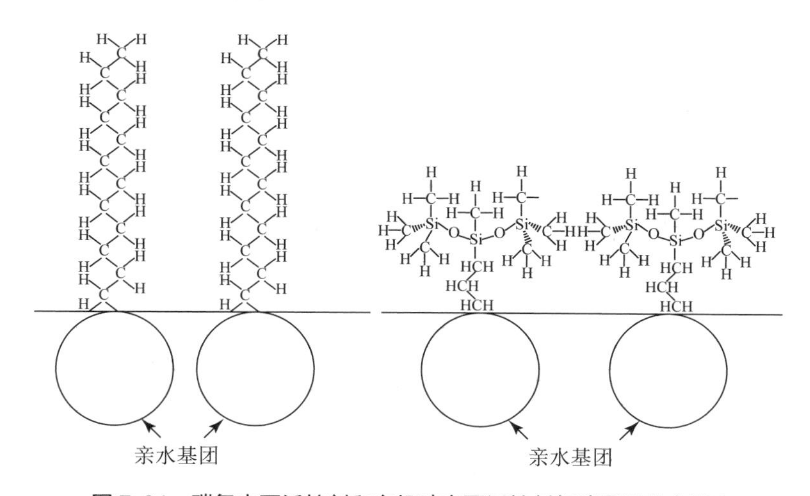

图 7-34　碳氢表面活性剂和有机硅表面活性剂气液界面分布形态

有机硅表面活性剂杰出的表面活性仅次于碳氟，表 7-18 是运用碳氢类表面活性剂和有机硅类表面活性剂提高在 PET 膜上和 PE 膜上铺展性的实验，表中数据是碳氢类表面活性剂和有机硅类表面活性剂质量分数为 1% 的水溶液的接触角。由此可见，有机硅表面活性剂可极大降低在低能表面的接触角，改善涂布铺展性能。

表 7-18 碳氢类表面活性剂和有机硅类表面活性剂水溶液接触角对比

表面活性剂品种	与聚酯膜的接触角（°）	与高压聚乙烯膜的接触角（°）
无表面活性剂	73	82
十二烷基硫酸钠	36	30
十二烷基聚氧乙烯醚（EO=7）	11	2
有机硅表面活性剂	0	1

聚硅氧烷类表面活性剂的代表产品有德国毕克（BYK Chemie）BYK 有机硅表面活性剂系列，汽巴精化（Ciba Specialty Chemicals，2001 年并购埃夫卡公司）的 EFKA，德国 EVONIK-*Degussa* 公司 TEGO 和电气东芝的 CoatOsil 系列。

当侧链结构硅类表面活性剂通式中 x=0 时，分子只含 3 个硅，称为三硅氧烷（图 7-35），分子量很小，这些分子也通常被称为超级铺展剂，是非常优异的润湿剂和铺展剂。m=10，n=0 结构的分子为赢创德固赛的 Tego wet 245。电气东芝的 CoatOsil 77，CoatOsil 7608 是 n=0 即只含有 EO 亲水醚的三硅氧烷，最低表面张力可低至 20.5mN/m。CoatOsil 7550 是只含有 PO（m=0）的三硅氧烷，适用于溶剂型体系而在水性体系中不溶解。

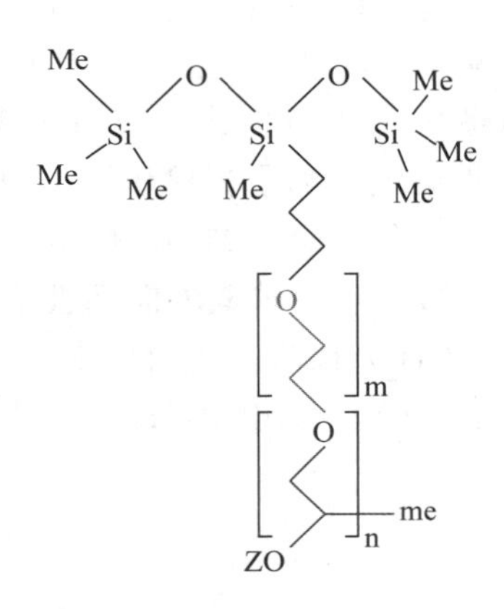

图 7-35 三硅氧烷

表 7-19 为不同品种表面活性剂与超级铺展剂的降低表面张力和铺展效果对比数据。

表 7-19 表面活性剂对表面张力和润湿铺展的影响

表面活性剂	降低表面张力的能力（mN/m）（0.1% 水溶液 25℃）	铺展润湿能力（cm^2）0.05ml 0.1% 水溶液在 PVC 上的铺展
含 EO 基壬基酚化合物	35	20
高分子有机硅表面活性	31	5
非离子型氟碳表面活性剂	17	20
Tego 245	21	160

由表 7-19 可以看出，降低表面张力强的表面活性剂，未必有良好的铺展润湿能力：氟降低表面张力的能力最强，但其铺展润湿能力与降低表面张力最差的有机化合物表面活性剂相同。原因在于其是否能在固 / 液界面定向排布，降低 γ_{SL}。

三硅氧烷系列产品能够快速在液 / 固界面排布，大幅降低 γ_{SL}。到此应给基材润湿剂下一个定义：基材润湿剂是指能在液 / 固界面定向排布，降低其界面张力的界面活性剂。超级铺展剂在使用时要注意 γ_{SL} 与 γ_{LG} 的关系，最好 $\gamma_{SL} \geqslant \gamma_{LG}$，否则会出现缩孔问题。特别是有粉料的体系，一定要与能降低 γ_{LG} 的流平剂配合使用。否则会导致粉料颗粒的表面张力低于涂料的表面张力形成缩孔弊病。

有机硅流平剂在水性体系中使用时，要考虑相容性问题。适中的相容性才能提供良好的流平性，当相容性太差时，有机硅易自聚形成过润湿；当相容性太好时，有机硅溶解于液体中，难以迁移到气液界面发挥作用。当体系中含有助溶剂时，助溶剂会改变有机硅在体系中的溶解性能，导致某些品种彻底失效。

图 7-36 表明，相容性太好，表面活性剂作用发挥不出来；轻微不相容表现出更好的迁移性；过于不相容易造成过润湿。

图 7-36　相容性对迁移性影响关系

此外，部分结构的有机硅表面活性剂可以提高涂膜表面滑爽性。显然，具有更好滑爽性的涂膜表面，抗划痕性越好，更不易玷污，更易清洁。滑爽性的提高主要取决于有机硅的化学结构，特别是二甲基基团的比例。二甲基基团的数量越多，滑爽性越好，而甲基烷基聚硅氧烷增进滑爽的效果就明显地差。如果增进滑爽性是主要目的，那么可以考虑一些产品如德国 BYK 化学的 BYK-306，BYK-307，BYK-331，BYK-333，BYK-310。有机硅表面活性剂由于其链长比较短，因此在大多数涂料体系中没有显示出典型的滑爽性增加。如果需要较好的滑爽性，有机硅表面活性剂必须与其他有机硅助剂一起使用（图 7-37）。

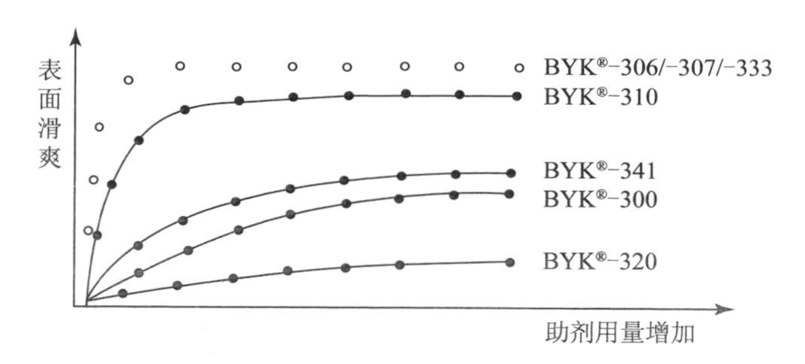

图 7-37　部分有机硅表面活性剂对涂层滑爽性的提高

3. 抑泡用表面活性剂

多数的表面活性剂具有稳定泡沫的作用，泡沫液膜吸附表面活性剂后，当泡沫液膜受到外力冲击或重力作用导致局部变薄或液膜面积增大时，表面活性剂有使液膜厚度恢复，使液膜强度恢复的作用。

然而当表面活性剂分子具有下述特征时 Gibbs-Marangoni 弹性将大大下降。

①表面活性剂的亲水基在分子链中央，油性侧链含有支链时，表面活性剂分子的内聚力大大下降，不易在泡沫液膜形成紧密吸附层。

②表面活性剂分子链中有双键和三键不饱和键，抑泡能力上升。

③表面活性剂分子具有过高的扩散系数，当扩散系数太高时，表面活性剂分子从液体本体很容易吸附至表面。在液膜受干扰后，液体本体中的表面活性剂分子可能迅速吸附到薄区，但这些吸附分子虽然使表面张力降低，却不能使液膜厚度恢复，因此此类表面活性剂对泡沫的稳定作用不强。

④极低的表面张力，使得表面张力梯度 $d\gamma / dx$ 值偏小，表面活性剂稳定气泡的能力也不强。

抑泡表面活性剂的代表产品有气体产品有限公司（Air Products）的 EnviroGem AE，和德国科宁公司（Cognis）的 Hydropalat 140 等。

涂布过程是一个产生新的界面膜的过程，如坡流挤出方式（Extrusion Slide Coating），从涂布嘴条缝挤出的液膜，由坡流面向基材流动，刚开始呈现纯液体的表面张力，随着时间的推移和在坡流面的距离增大，流体的表面张力会降到平衡值。而在涂布嘴间隙的涂布区，新生成的底部弯液面寿命很短（图 7-38），一般涂布嘴间隙控制在 200μm，涂布车速 20m/min 时，近似寿命为

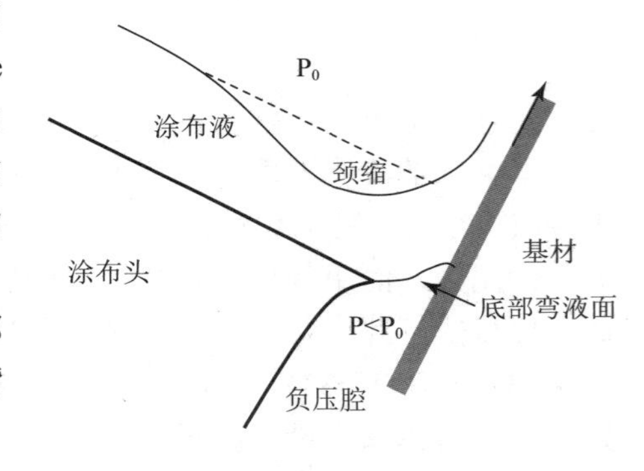

图 7-38 坡流挤压方式涂布嘴间隙的涂珠区

$$寿命 \approx 200\mu m/20m/min = 0.6ms$$

一般表面活性剂的扩散平衡时间均大于 1ms。因此对于这种涂布方式，需要引入能更快速扩散到界面上，使界面张力快速降低的表面活性剂，或者说该表面活性剂具有更低的动态表面张力。动态表面张力是很重要的性能，它与许多实际应用中的非平衡过程相关，如涂布、乳化、发泡过程等。在新的气液界面形成的瞬间，表面和内部的组成是一样的，表面张力接近两种纯组分表面张力的算术平均值。但在平衡过程中，具有低表面张力的组分优先吸附到表面，故表面张力将降低，这个过程取决于组分扩散和时间。

4. 孪连表面活性剂

孪连表面活性剂是结构特殊的表面活性剂，Gemini 是双生子的意思，这种结构的表面活性剂具有两个相同或几乎相同的两亲分子，在其亲水基部（类型一，图 7-39a）或靠近亲水基部处（类型二，图 7-39b）由连接基团通过化学键连接在一起。

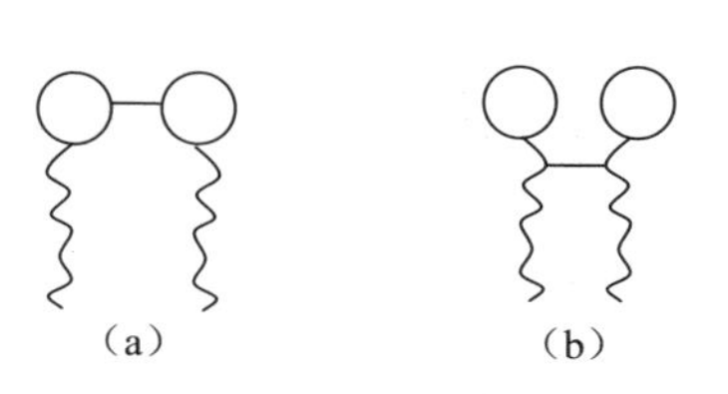

图 7-39　孪连表面活性剂结构

如图 7-40 所示，化合物 1 ～ 3 是不同连接基团的阳离子型孪连表面活性剂：化合物 1 的连接基团是疏水且柔性的，化合物 2 的连接基团是亲水且柔性的，化合物 3 的是疏水并且具有刚性。

由于两个亲水基被连接基团化学键连在一起，相当于两个表面活性剂单体紧密结合在一起。一方面，亲水基（尤其是离子型）之间的排斥作用受到化学键限制而大大削弱；另一方面，疏水基排列更加规整，疏水作用增强。与传统表面活性剂相比，孪连表面活性剂的 cmc 值低 1 ～ 2 个数量级，降低表面张力的能力更强，并且具有更快的扩散速度和定向排列速度。研究发现连接基团很大程度上影响动态表面张力，连接基团越长或越柔软，则降低表面张力的速度越快。

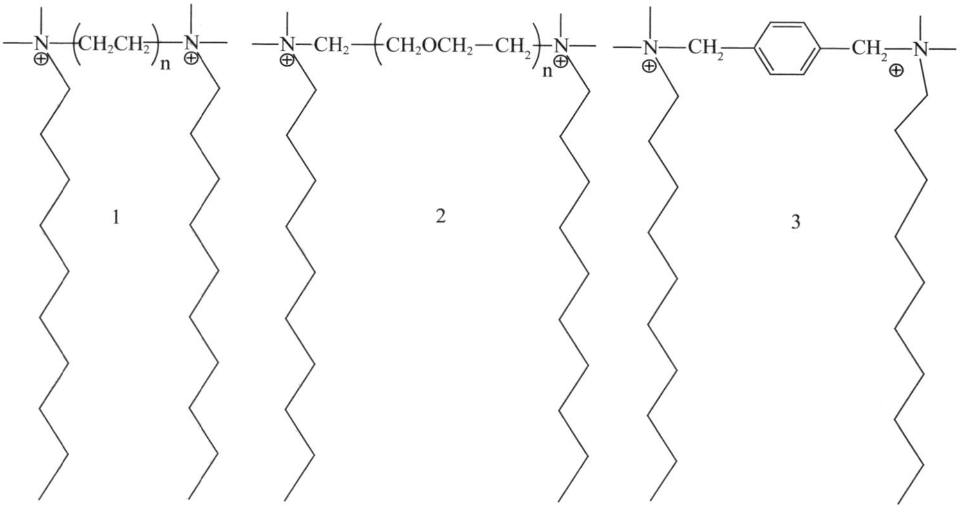

图 7-40　孪连表面活性剂

具有低动态表面张力的孪连表面活性剂代表产品是美国气体产品有限公司（Air Products）Surfynol 104 及其衍生物（图 7-41）。

	聚环氧乙烷重量比%	平均摩尔（x+y）	
Surfynol 104	0	0	非胶束
Surfynol 420	20	1	非胶束
Surfynol 440	40	3.8	非胶束
Surfynol 465	65	10	
Surfynol 485	85	30	
Surfynol 485W	85	30	

（S-485/Water 75/25）

当乙氧基化增加时：
——水溶性增加（HLB值增加）；
——抑泡性下降；
——稳定水包油乳液的性能增加

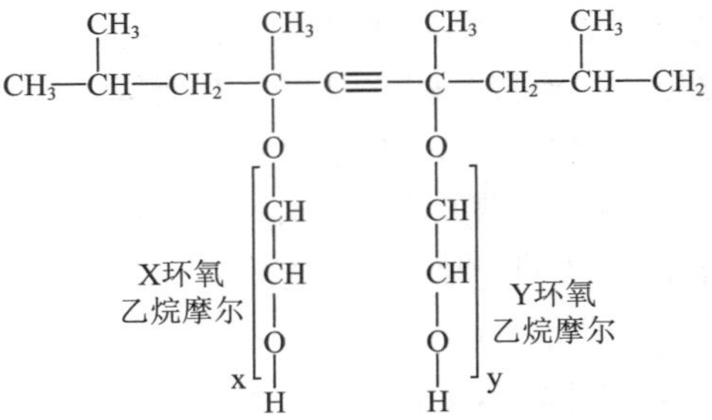

$CH_3-CH(CH_3)-CH_2-C(CH_3)(O[CH_2CH_2O]_xH)-C\equiv C-C(CH_3)(O[CH_2CH_2O]_yH)-CH_2-CH(CH_3)-CH_3$

X环氧乙烷摩尔　Y环氧乙烷摩尔

图 7-41　Surfynol 104 及其衍生物

其中 Dynol 604 同时具备特别低的静态和动态张力，其典型数据如表 7-20 所示。

表 7-20　Dynol 604 性能参数

性　能	指　标	
外观（25℃）	淡黄色透明液体	
活性成分	100%	
比重	0.974	
pH 值（1% 水溶液）	6 ～ 8	
闪点	85℃	
VOC 含量 Wt	＜ 1.5%	
HLB	6	
604 在水中浓度（25℃）0.1%	动态表面张力 *	静态表面张力
	28.4mN/m	25.8mN/m

5. 可聚合表面活性剂

表面活性剂在喷墨涂布液中具有乳化、稳定、润湿作用，但在涂布干燥过程中，需要注意表面活性剂的表面富集效应，特别对于涂布液黏度低、干燥时间长的涂布体系，表面富集效应对喷墨性能的影响需要引起密切关注。由于表面活性剂倾向于集中排列在膜—空气界面，疏水链指向空气方向，在干燥过程中，表面活性剂易从体相中迁移出来，并富集在涂层表面。例如，从 ESCA 谱计算表明，含有 1%

表面活性剂浓度的干燥涂层，其表面浓度可达 50%。当然，与整个膜的厚度相比，富集的表面区域是非常薄的一层，因而不影响表面活性剂 1% 的整体浓度。当进行二次涂布时富集的表面层将构成一层所谓的弱边界层，导致二次涂布时出现不易润湿、附着力差等各种问题。另外，有些场合表面活性剂还易发生相分离形成局部的富集团块，这些团块性能与涂层差异很大。例如，很多乳胶漆涂膜防水性差，就是从表面活性剂团块溶解于水形成凹坑而开始侵蚀的。

克服表面活性剂上述缺陷的方法之一是让表面活性剂与涂层组分发生化学键合，或者使表面活性剂在固化阶段发生均聚或与其他组分共聚。具有此类性能的表面活性剂称之为可聚合表面活性剂。

图 7-42 是一种具有自氧化性能的表面活性剂（a），自氧化通常被钴盐或锰盐催化，和可 UV 固化或自由基引发的热固化的表面活性剂（b，c，d）。

利用可聚合表面活性剂，可以对固体表面进行表面改性。例如，对于低密度聚乙烯膜，当吸附含有甲基丙烯酸基团或丁二炔基团的表面活性剂时，疏水链段吸附在聚乙烯表面，亲水链段朝外，再经 UV 辐射形成连续性膜。可以使聚乙烯膜具有亲水性。当表面活性剂分子含有两个或两个以上可聚合基团时，效果更加明显，这可能是因为含有多个可聚合基团的表面活性剂分子能够形成高分子量的交联网络，交联网络完全不溶于水，并牢牢附着在被改性表面，从而获得稳定性很好的永久性改性层。

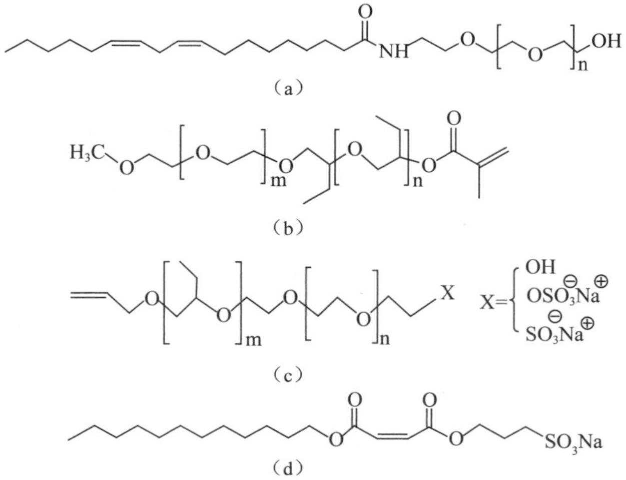

O NH O O n OH

（a）

H_3C O O m O O n O O

（b）

O O m O O n X　X= OH, $OSO_3^{\ominus}Na^{\oplus}$, $SO_3^{\ominus}Na^{\oplus}$

（c）

O O O O SO_3Na

（d）

（a）亚油酸单乙醇胺基乙氧基氧化物；
（b）甲基封端的乙氧基和丁氧基嵌段共聚物的丙烯酸酯；
（c）烯丙基封端的具有不同尾部的乙氧基和丁氧基嵌段共聚物；
（d）单十二烷基单磺酸基丙基马来酸酯

图 7-42　反应型表面活性剂

三、憎水剂

水性喷墨介质，需要快速吸附、固着水性墨水，表面往往被设计成亲水性，使得墨水在介质表面润湿铺展，否则容易出现印刷弊病。但亲水性过强的表面也给图像防水和耐污性带来损害，有时需要加入憎水剂来提高介质的耐污性能。在有些使用场合，可以对印刷干燥后的图像做后期防护处理，加涂一层防护层来保护图像，此时憎水剂可以大幅提高防护层的耐污性能。

固体石蜡、硅酮、硅烷偶联剂和氟代烷烃都是有效的憎水剂。图 7-43 给出了常见硅酮树脂的结构，即聚二甲基硅氧烷，该结构倾向于形成硅氧烷骨架和表面作用，甲基向外的形态，从而使被处理表面甲基化，甲基基团使表面高度憎水化。图 7-44 是用二氯二甲基硅烷憎水处理的玻璃表面结构，对于含羟基的表面，都可以采用类似的方式获得憎水性能。

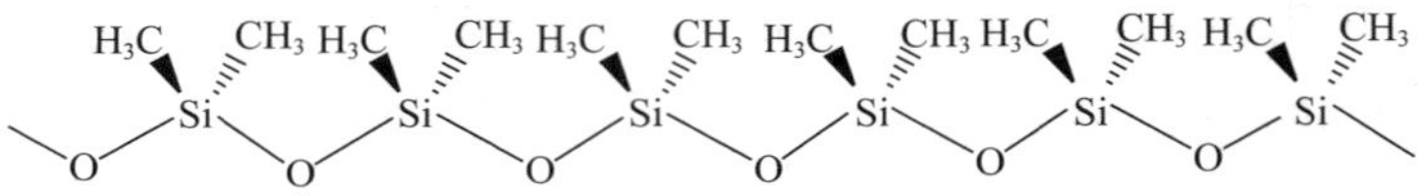

图 7-43 聚二甲基硅氧烷

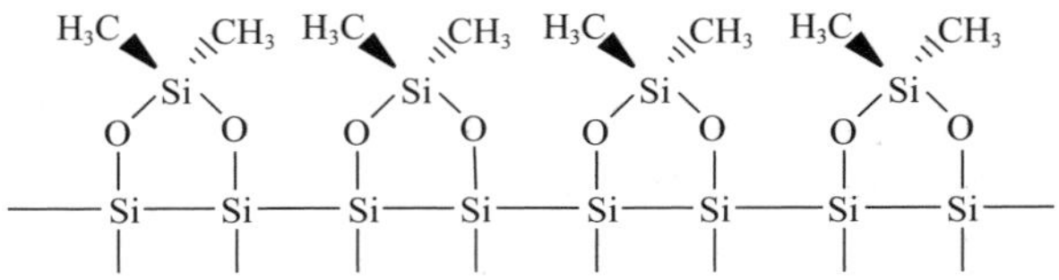

图 7-44 用二氯二甲基硅烷憎水处理的玻璃表面结构

对憎水机理的研究表明仅需部分覆盖憎水剂就可以形成非水润湿表面，水不能在部分憎水化的表面上铺展，很多时候 10% ～ 15% 的覆盖率就足够了，这可能就是为何极少量的憎水剂就足够有效的原因。

表面活性剂在喷墨承印物涂层中具有稳定、润湿、防静电等作用，并可较大程度地改善印刷质量，对部分氟碳表面活性剂与明胶结合以及 HLB 值 4 ～ 10 的部分非离子表面活性剂文献已有研究。考虑到应用于 O/W 型乳液，选择了一批 HLB 值较高的表面活性剂（表 7-21）。结构多样化，并包含了部分氟碳化合物，以考察不同结构类型或含氟与否的影响。

表 7-21 实验所选表面活性剂一览表

编号	类型	CMC*（mol/L）	HLB 值 **	来源
S1	非离子		16.44	自产
S2	阴离子		9.84	进口

续表

编号	类型	CMC*（mol/L）	HLB 值 **	来源
S3	阴离子	0.0019（20℃）	11.41	进口
S4	阴离子	0.0025	15.2	国产
S5	非离子	3.3×10^{-4}	5.65	国产
S6	阳离子		19.32	国产

*CMC 数据出自赵国玺：表面活性剂物理化学，北京大学出版社，1991.4

**HLB 值按 Davis 公式计算

溶液配制过程中，含氟化合物表现了较强的疏水性：S3 最难溶；S2 次之；S1 最易（S6 本身为液态）。在一定程度上反映了 HLB 值的正确性。

表面活性剂 S1 ～ 6 结构式见图 7-45。

①表面活性剂与印刷效果

基本结果是：S1、S3、S4、S5 在喷墨印刷纸涂层中，单用或者复配，对于改善印刷效果而言，都有一定的实用价值。

②表面活性剂与涂布效果

配制涂布液浓度 8% ～ 10%；表面活性剂用量：每升涂布液 30 ～ 60ml。试验获得涂布润湿效果见表 7-22。

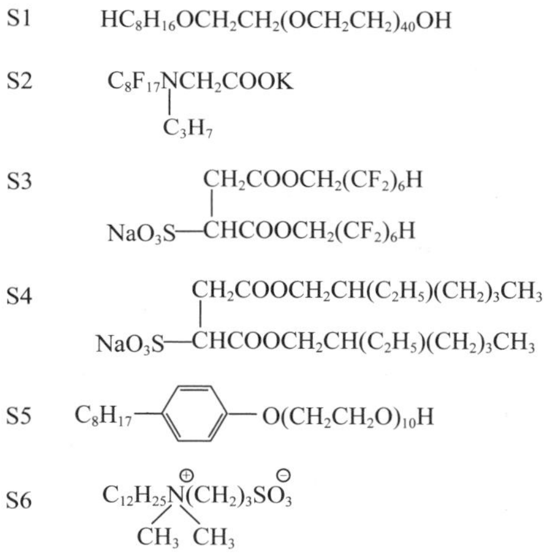

S1 $HC_8H_{16}OCH_2CH_2(OCH_2CH_2)_{40}OH$

S2 $C_8F_{17}NCH_2COOK$（N 上连 C_3H_7）

S3 $NaO_3S—CHCOOCH_2(CF_2)_6H$（CH 上连 $CH_2COOCH_2(CF_2)_6H$）

S4 $NaO_3S—CHCOOCH_2CH(C_2H_5)(CH_2)_3CH_3$（CH 上连 $CH_2COOCH_2CH(C_2H_5)(CH_2)_3CH_3$）

S5 $C_8H_{17}—C_6H_4—O(CH_2CH_2O)_{10}H$

S6 $C_{12}H_{25}\overset{\oplus}{N}(CH_2)_3SO_3^{\ominus}$（N 上连两个 CH_3）

图 7-45 试验用表面活性剂结构图示

表 7-22 表面活性剂涂布润湿效果

表面活性剂	涂布效果	表面活性剂	涂布效果
S1	发花、条道	S2+S3	发花、条道
S2	发花、条道	S2+S4	稍花、条道
S3	条道	S2+S5	润湿铺展良好
S4	发花、条道	S2+S6	润湿铺展可
S5	发花、条道	S3+S4	稍花、条道
S6	稍花	S3+S5	发花、条道
S1+S2	发花、条道	S3+S6	发花、条道

续表

表面活性剂	涂布效果	表面活性剂	涂布效果
S1+S3	发花、条道	S4+S5	发花、条道
S1+S4	稍花、条道	S4+S6	发花、条道
S1+S5	润湿铺展良好	S5+S6	发花、条道
S1+S6	稍花、条道	—	—

总之，表面活性剂在喷墨印刷接受材料的涂布润湿与铺展方面，有向上和向下润湿作用；在涂层形成时，有助于空隙率加大；在印刷过程中，有助于印墨的润湿、铺展与吸收。

第五节 无机颗粒纳米分散和改性技术

当吸墨层中填充的无机颜料颗粒直径小于入射光二分之一波长时，此时光波将发生衍射而穿透颜料颗粒，造成遮盖率迅速下降，吸墨层的光泽度重新上升。组成间隙型高光亮纸的颜料主体颗粒直径必须很好地控制在150nm以下并且不发生团聚现象，而常见的涂层填料颗粒直径一般在微米级即1000nm以上，因此喷墨涂层技术需要解决无机颗粒的纳米级或亚微米级分散难题。所谓分散是液体或固体一相进入到另一互不相溶的连续相（通常液体）的过程，当外部能量输入时，两相物料重组成为均一相。分散程度和分散效果的差异，除颗粒本身性质、分散配方、分散参数因素的影响外，与分散能量密度紧密相关。分散能量密度定义为单位体积的输入分散能量值，即：

分散能量密度 = 所输入分散能量 / 分散总体积

输入的分散能量密度越高，同等条件下颗粒的分散粒径可能越小。锚式搅拌，螺旋桨式搅拌，蝶式搅拌，涡轮式搅拌，齿列式剪切，定转子剪切，三辊研磨，传统珠磨，微珠磨，超声波分散，高压锐孔射流均质，高压射流对撞均质分散方式，输入能量密度基本依次升高，对于相同分散体系的物料，分散粒径也逐渐减小。

当二氧化硅、氧化铝等无机材料分散至亚微米级时，颗粒粒径显著减小，表面能上升很大，表面原子所占比例高，特别是纳米颗粒表面原子是缺少临近配位原子具有悬空键，众多的表面基团形成氢键、配位键和静电力、范德华力作用，极易发生颗粒与颗粒之间或颗粒与涂层聚合物之间的键联现象，团聚现象十分严重。多数情况下，即便得到性能良好的纳米级或亚微米级分散液，当分散液与喷墨胶黏剂、固色剂、助剂混合时，仍发生严重团聚现象而丧失光泽，因此，一般需要对分散颗粒表面做改性处理以提高与体系的相容性，改性的目的如下。

①降低颗粒表面能，如减少悬空键和表面活性基团。

②改变表面电荷状态。

③增加分散性能。

④提高颗粒与有机相亲和力。

纳米颗粒的改性方法如下。

①表面覆盖改性：用表面活性剂、硅烷偶联剂、钛酸酯偶联剂、硬脂酸或硬脂酸盐、有机硅等覆盖在颗粒表面，改变颗粒的部分性能。

②胶囊化改性：在颗粒周围均匀地包覆一层有一定厚度的其他物质的膜。

③局部活性改性：在颗粒表面接枝高聚物链，改变颗粒的分散性、相容性等。

④利用沉淀反应改性：利用有机或无机物在颗粒表面沉淀一层包覆物。

⑤高能量表面改性：利用高能电晕、等离子体等对颗粒表面进行改性。

⑥机械—化学表面改性：利用剪切、研磨、高压均质等手段强化机械分散应力，激活、改变分子晶格，发生位移、错位，从而与其他物质发生反应和吸附，达到表面改性的目的。

在机械分散过程中，新生成的表面具有活性高的基团，如果周围有聚合物单体存在，可在活性点上开始聚合反应，从而在颗粒表面接枝高分子；或者分散过程中聚合物链段被切断，切断点可与颗粒表面活性点发生反应，在颗粒表面接枝高分子。在喷墨介质的生产技术中，多运用表面覆盖改性和机械—化学表面改性技术对体系中的无机颗粒进行分散和改性，从而获得粒径大小和粒径分布理想的颜料应用于吸墨层中。

一、搅拌、剪切、砂磨和均质设备

分散相粒径大小，是影响悬浮液流变特性和稳定性的关键因素，较小颗粒的分散体系，抗絮凝、抗分层的稳定性高，所以有必要分析探讨分散过程中颗粒的变形和破裂的基本机理。要使分散相颗粒破裂，必须对颗粒表面提供足够的外来能量，在此能量作用下颗粒发生变形，当变形力超过使颗粒维持原状的界面张力或强度极限时，颗粒就会破裂。比如定转子分散机的均质过程就是通过定转子的高速旋转，给物料流体以足够的高剪切力，使物料在强剪切力的作用下发生形变，当剪切力大到一定程度时使悬浮液中的小颗粒发生破裂，以达到均质的效果。

但若固体颗粒的强度极限较高，完全靠液力的剪切力作用，则很难破碎，此时需要分散（均质）设备从各个方面加强物料的受力，提高均质效果。比如可以使物料在自由湍流状态下达到充分混合，进而可以使料液在层流、湍流状态下受更高剪切作用；可以使物料内产生高频压力波，加强液力剪切作用与压力波作用；使物料在流动过程中受到强烈液力及机械冲击、碰撞；产生空穴力效应，"爆破"颗粒。

所述空穴力（Cavitation Force），是由分散均质中流体的瞬间气化引发的：根据理想流体的伯努利方程，流体所具有的压力和动能之和为常数，所以瞬间的高速流会造成压降，当压力降低到工作流体的饱和蒸气压时，流体就开始沸腾而迅速气化，从而流体内产生大量的气泡，当压力再一次升高后，气泡会因受压而突然破灭，又重新凝结。由于流体内气泡的瞬时大量产生和破灭形成了空穴现象，空穴现象类似无数的微型炸弹，能量强烈释放产生强烈的高频振动，从而会在流体中产生很强的冲击波和射流作用，如发生在粒子附近，就会造成粒子的分散和破裂，并使生物大分子发生剪切，达到使分散相均质的目的。产生空穴效应的关键就在于能产生足够的压降。

图 7-46 示意了分散均质设备中分散物料受到的几种基本分散力：主要存在剪切力，拉伸力，湍流力，空穴力和冲击力。不同的分散均质设备其主要分散力不同。比如高压均质机是以空穴效应为主的。而对于多层定转子结构的高速剪切分散机而言，以剪切力为主，但由于转子的高速旋转所产生的离心力作用，使得料液经过转子的作用后压力升高，然后料液经过定子时会产生压降，再次经过转子时又产生压力升高，从而使得物料在通过多层定转子槽道时分散相颗粒会受到一定的空穴效应而被分散和破裂。

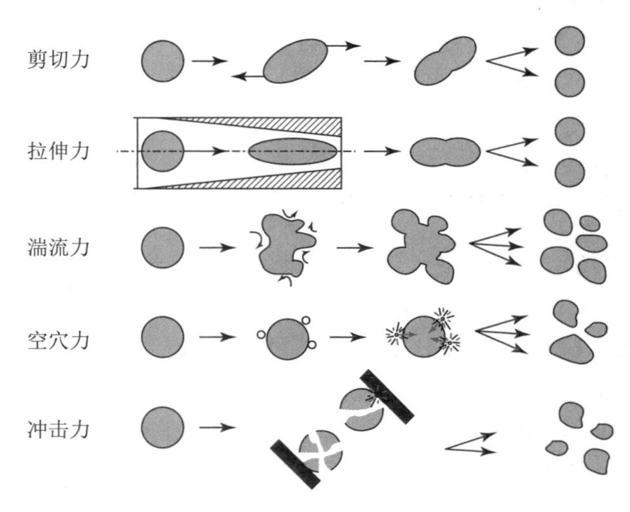

图 7-46　分散物料在均质设备中受到的分散力

1. 搅拌和剪切

锚式、螺旋桨式、蝶式、涡轮式和齿列式转子（图 7-47）旋转搅拌时，带动液体发生某种方式的循环流动，从而使物料混合均匀。搅拌体系中分散釜液体直径D、高度H、转子高度h、转子位置a、转子形式和直径均影响混合效果（图 7-48）。搅拌釜内流体的运动是复杂的单相流或多相流，目前都还没有完整的描述方法。搅拌釜内流体流动参数的测量，搅拌功率的预计，以及搅拌装置的放大方法等，都是搅拌理论研究和工程应用中的重要课题。

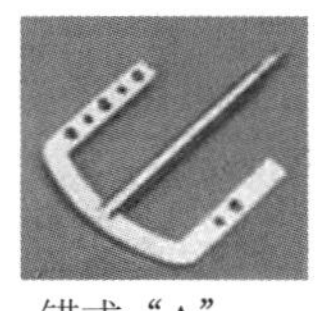
锚式“A”

螺旋桨式“P”

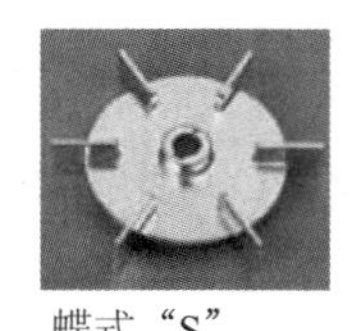
蝶式“S”

涡轮式“T”

齿列式“Z”

图 7-47 部分分散搅拌转子结构形式

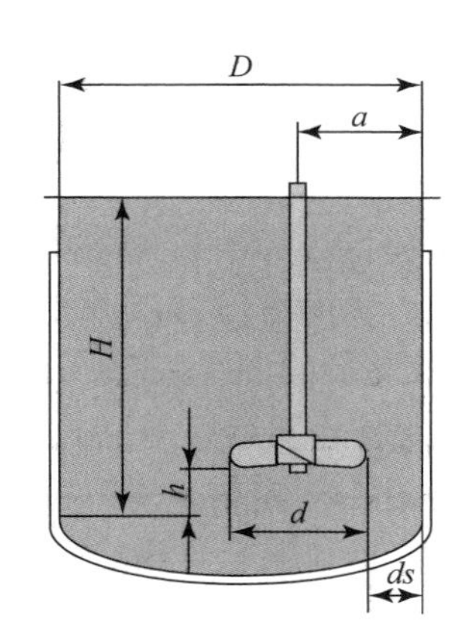

图 7-48 搅拌转子与搅拌效果

影响搅拌的主要参数如下。

转子圆周线速度（m/s）：$Vu=\pi\times d\times (n/60)$

剪切速率（1/s）：$Vs=Vu/ds$

d = 转子直径（m）

n = 转子转速（rpm）

ds = 定转子间距（m）

锚式、螺旋桨式转子旋转线速度一般较低，混合和循环能力强但剪切能力弱，适合于固液悬浮体系，当固体悬浮物沉降速度快时，可以加装底挡板和壁挡板提高循环能力。锚式搅拌转子直径大，一般设计成贴壁旋转（$0.9 < d/D < 0.98$），速度低但循环能力强，特别适合于涂布液静置锅搅拌，体系不易在搅拌中产生气泡而影响后期涂布。

蝶式、涡轮式转子转速较快，蝶式搅拌垂直叶片的剪切作用比斜叶和后弯叶的大，特别适合气液分散体系，其圆盘的下面可以保存一些气体，使气体的分散更平稳。涡轮转子有一定的剪切力和循环能力，适合固体溶解过程。

齿列式搅拌盘的边缘上交替冲压出锯齿，每个齿与盘的切线方向呈一定角度，当分散盘高速转动时，每个齿的立缘面可产生强冲击作用，齿外缘面推动水向外流动，形成循环与剪切。齿列式设计的旋转速度高，通常设计转速为500 ～ 3000r/min（实验机型最高可至8000rpm），圆周线速度15 ～ 25m/s。在低黏度液体场合，叶径与罐径之比（d/D）为0.25 ～ 0.35，随黏度的增加，叶径需要增大，但d/D不宜超过0.5。齿列式搅拌盘高速旋转时带动液体旋转并形成涡旋，在叶片附近区域形成较高的速度梯度区，输入能量中约75%作用在叶片近旁，以剪切的形式传递给物料。能量投入的密度较高，而这些能量大部分变成热量使分散液温度上升，若分散液对温度敏感，须用夹套进行冷却处理。齿列式分散时应保证有涡流形成，可通过调整转速、分散盘与容器底部距离h控制涡流程度，达到最佳分散状态。齿列式分散应用面广，可对多种不同性质的物料进行分散，并且容易清洗，特别适合对剪切有要求但要求不高的分散场合，如喷墨介质生产中二氧化钛、微米级二氧化硅、氧化铝、高岭土等材料的分散。由于锯齿的剪切作用，当分散体系中含有高聚物时，聚合物的链段容易被剪切力打断，影响聚合物的性能，因此齿列式不适合用于后期加胶黏剂的混合工艺。

齿列式搅拌的速度梯度区为叶片邻近区域，ds较大，降低了剪切速率。为提高剪切力，需要减少定转子间距ds，定转子分散头（Rotor/Stator Homogenizer）为一组或几组高速旋转的开槽转子和固定开槽定子组成（图7–49）。剪切时，在电动机的驱动下，高速旋转的转子产生离心力，将物料从分散头的上下区域顺着轴向吸入工作腔（图7–50a），强劲的离心力将物料从径向甩入定转子之间狭窄精密的间隙中，同时受到离心挤压、撞击等作用力，使物料初步分散乳化（图7–50b）。定转子间隙设计得极为狭窄，仅为0.25 ～ 1mm，在定转子之间的狭窄间隙中，高速旋转的转子外端产生23 ～ 40m/s的线速度，贴近定子内侧壁的液体流速接近零，形成强烈的速度梯度区，使得物料发生强烈的机械及液力剪切、液层摩擦、撞击撕裂，并通过定子开槽射出（图7–50c）。物料不断高速地从径向射出，在物料本身和容器壁的阻力下改变流向，与此同时在转子区产生的上、下轴向抽吸力的作用下，在分散釜内形成强烈的翻动湍流区。物料快速进行循环，最终完成分散、乳化、均质过程（图7–50d）。与传统的搅拌不同，定转子剪切叶轮小，叶轮直径与混合罐直径比d/D值为1/10 ～ 1/75，定转子剪切以小叶轮、高速度、高剪切速率的概念进行设计，大幅提高了分散输入能量密度，可将物料分散至亚微米级。在喷墨介质的生产中，凝胶法或沉淀法二氧化硅、氧化铝、钛白等材料均可以采用此类分散方式，也可用于气相法二氧化硅的预分散。

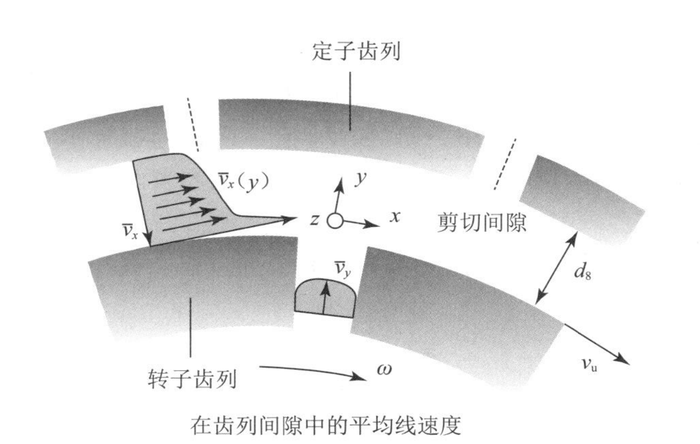

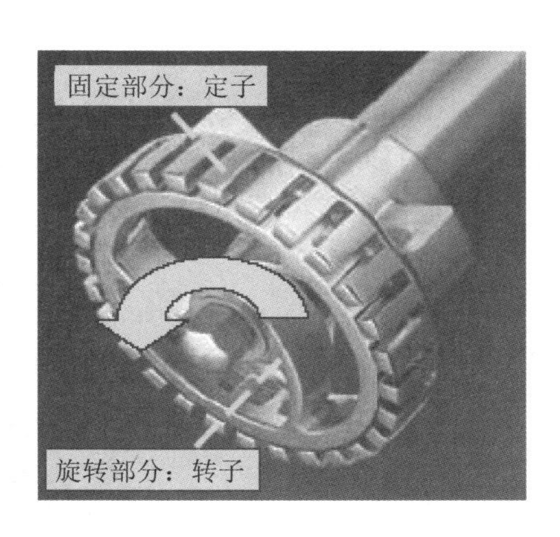

图 7-49　定转子分散头

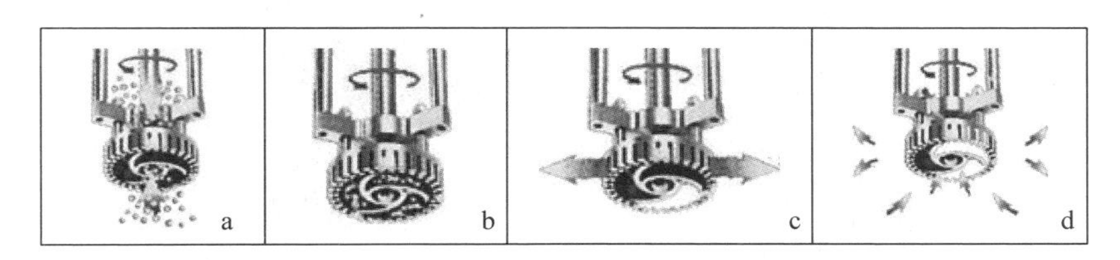

图 7-50　分散、乳化、均质过程

美国和欧洲等国家在定转子高剪的研究和开发方面，都取得了显著进展。比如美国 ROSS 公司研制的高剪切混合乳化机；德国 IKA-MASCHINENBAU 公司研制的 DR 系列分散机；德国 YSTRAL 公司生产的 X40 型分散搅拌机；德国 FLUKO 公司研制的管线式高剪切分散乳化机、管式分散乳化机；瑞士 KINEMATICA 公司生产的 POLYTORAN 盘式分散混合机等，相应地，国外也出现了该类分散均质机的专利。

IKA DR 系列机器转子线速度为 23m/s，根据一些行业特殊要求，IKA® 在 DR 系列基础上又开发了 DRS 超高速分散机系列，转子最高线速度可达 40m/s，剪切力更强，乳液粒径分布更窄。DR/DRS 的主要部件是不锈钢分散盘，在盘的边缘上交替冲压出锯齿，每个齿与盘的切线方向呈一定角度，当分散盘高速转动时，每个齿的立缘面可产生强冲击作用，齿外缘面推动水向外流动，形成循环与剪切（图 7-51）。

这种高剪切均质机结构的主要特征是泵体式多层定转子结构类型，转子（如图 7-51a）采用斜槽结构。斜槽是沿着基圆的切线方向开设，具有泵的功能，所以在加工过程中可以保证黏度较大的料液能够有足够的输送能力，并由于斜槽的增压功能，可使料液受到空穴效应。定子（如图 7-51b）槽道是沿着径向开设，可方便加工。这种泵体式高剪切均质机具有泵吸作用，可置于生产流水线上连续生产，从而有效解决传统定转子固定于釜中只能适合间歇分散的限制。料液通过入口流入均质泵内，在电机的高速驱动下，料液在多层转子与定子之间的狭窄间隙内高速运动，使物料在工作腔内承受每分钟几十万次的高速剪切，形成了强烈的液力剪切和湍流，使料液在同时产生离心、挤压、研磨、碰撞、粉碎等综合作用力的协调下得到充分分散、均质、乳化、破碎、细化、混合等工艺要求，然后由出口流出。

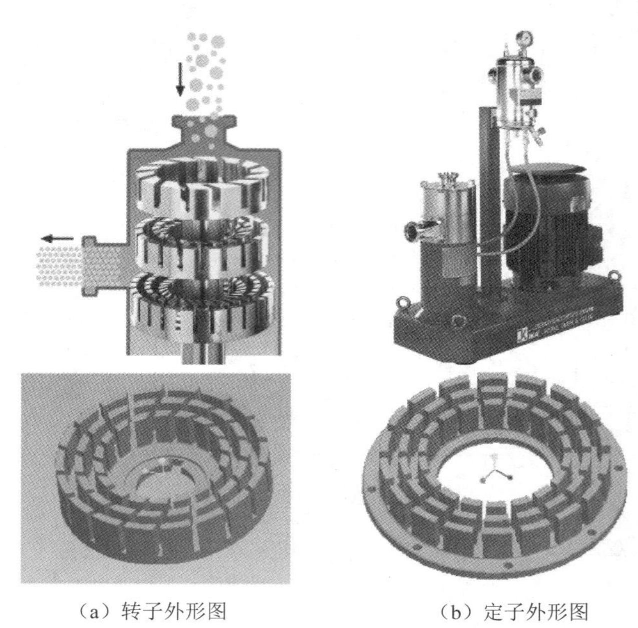

（a）转子外形图　　（b）定子外形图

图 7-51　均质机及其转子外形

2. 砂磨

剪切分散主要靠层流间的速度梯度形成剪切力使得颗粒分散。而砂磨通过搅拌轴和盘片（或是棒销、凸盘片）驱动研磨介质发生高速运动、碰撞和摩擦，除剪切力外，研磨介质之间还将产生很强的冲击力。剪切力和冲击力为分散过程提供了更高的输入能量（图 7-52）。

砂磨机（Agitator Beads Mill）由球磨机（Ball Mill）、搅拌磨（Attritor）发展而来。砂磨机发展大概经历了以下几个阶段（如图 7-53）。

第一阶段：球磨机→立式搅拌磨（底部筛网分离器 + 棒式研磨原件）；

第二阶段：立式圆盘砂磨机（盘式 + 顶部筛网分离器）；

第三阶段：立式销棒砂磨机（棒式 + 顶部缝隙分离器）；

第四阶段：卧式圆盘砂磨机（盘式 + 动态转子离心分离器）；

第五阶段：卧式销棒循环砂磨机（棒式 + 超大过滤面积分离器）。

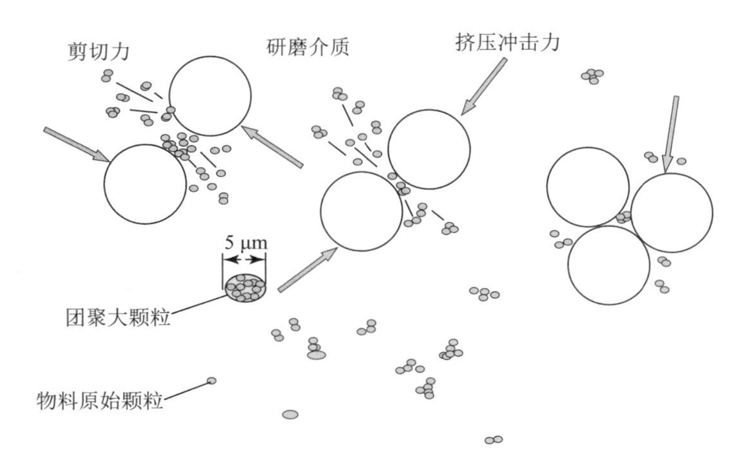

图 7-52　砂磨分散过程作用力

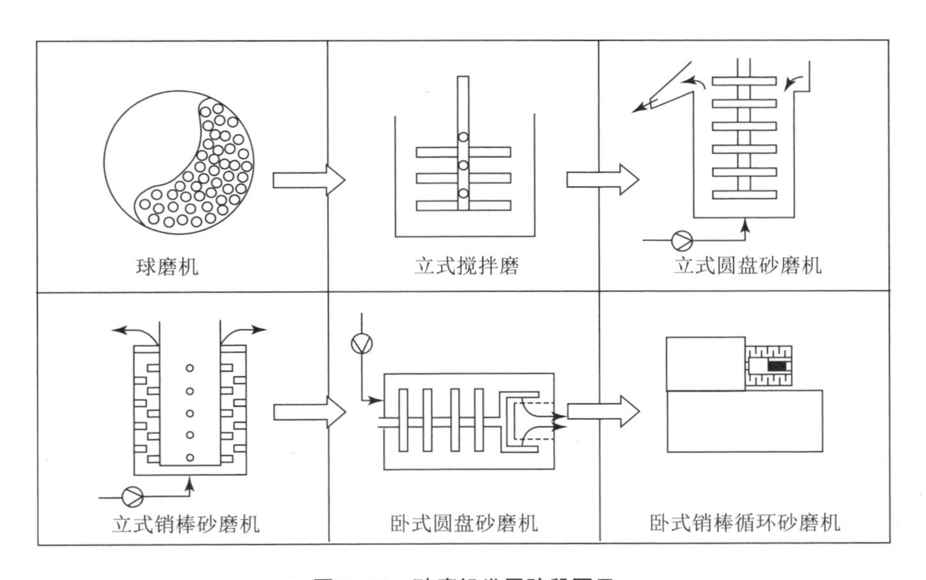

图 7-53　砂磨机发展阶段图示

砂磨介质采用球状的玻璃微珠、不锈钢珠、硅酸锆珠、氧化铝、碳化硅、碳化硼、氧化锆珠、钇稳定氧化锆等。砂磨介质的密度越大，同等大小研磨珠的运动动能 $1/2mV^2$ 就越大，研磨效率越高。研磨介质的尺寸是影响最终研磨分散粒径的重要参数，减少研磨珠直径，其一能有效增加碰撞点，0.05mm 直径的研磨介质碰撞点能比 0.5mm 的研磨介质多出 1000 倍；其二能有效增加剪切面积，从而提高剪切力和挤压力。经验表明，分散物料研磨后的最终直径约为研磨珠直径的 1/1000。图 7-54 是采用硅酸锆珠研磨碳酸钙的一组实验结果。喷墨墨水、印染墨水行业已经在用 200 ～ 300μm 的砂磨珠砂磨酞化青颜料和碳黑颜料。

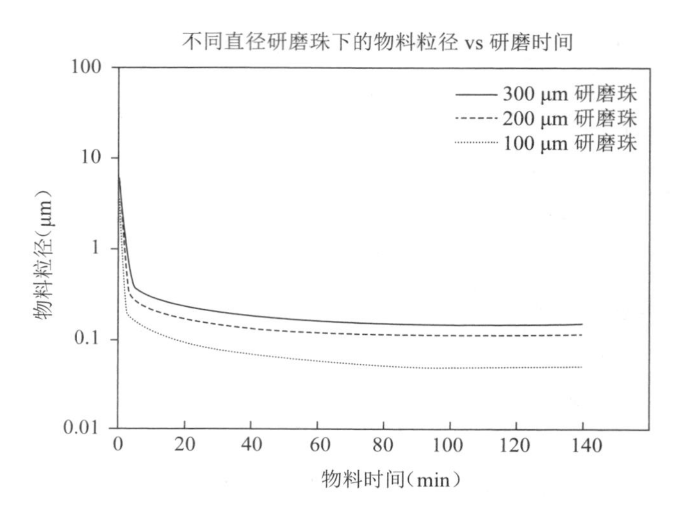

图 7-54　硅酸锆珠研磨碳酸钙实验结果

当然，研磨介质的尺寸受砂磨设备的限制，过小的研磨介质会造成砂磨机出口分离器的堵塞。因此砂磨机分离器的结构及缝隙宽度决定研磨介质尺寸大小，一般情况下研磨介质直径需要超过分离器缝隙宽度的 2 倍。

从结构上，砂磨机可按下列部件分为不同型号（表 7-23）。

表 7-23　砂磨机分类表

部件	类型			
研磨盘结构形式	盘式	销棒式		凸盘式
研磨筒布置方式	卧式		立式	
介质分离器类型	静态		动态	
搅拌轴密封形式	唇封		机械密封	
筒体和磨盘材质	不锈钢	超硬合金	陶瓷	聚氨酯耐磨材料

* 卧盘式砂磨机研磨腔内介质分布均匀，研磨效率较高，带载启动容易，操作方便，可以设计成大型或超大型。但能量密度（单位容积装机功率）较低，所以研磨细度受到一定限制。
* 立盘式砂磨机介质分布不均，研磨效率较低，带载启动困难。优点是无机械密封，结构简单。
* 卧棒式砂磨机能量密度大，研磨筒短，介质分离器过滤面积大，物料停留时间短，散热效果好，研磨效率高，产品粒度分布窄。一般用于难研磨物料的大流量循环研磨工艺。
* 立棒式砂磨机不仅搅拌轴上布置有销棒，往往在筒体内壁也布置有销棒。能量密度大，研磨强度高。主要用于高粘度物料，如胶印油墨，UV 油墨的生产。
* 陶瓷类和聚氨酯类筒体和磨盘材质可以有效避免研磨过程中的金属污染，但陶瓷类造价升高，聚氨酯类不耐物料中部分溶剂易溶胀。

砂磨机的发展趋势，一是使用越来越小的砂磨珠，以满足超细化分散的需求，这就要求介质分离器的设计不断更新。分离器最初是用静态的分离网或分离格栅，出口容易堵塞，只能用中等直径的砂磨珠；发展到动态的旋转分离筛网和分离环，可使用最小粒径为 0.2mm 的砂磨珠；瑞士布勒公司（Buhler AG）专利技术的 Superflow 型砂磨机，更合理地利用离心原理将砂磨珠与分离筛网隔开，从而使砂磨珠的应用粒径进一步减小。二是研磨缸的体积减小，而搅拌电机功率增大，从而增加研磨能量密度。

能量密度 Pv 的定义如式（7-14）所示。

$$P_V = \frac{P_{总} - P_{空转}}{V_{研磨腔}} (\text{Kw/L}) \qquad (7\text{-}14)$$

布勒 SuperFlow 研磨机能量密度正常情况下 Pv 为 2 ～ 4Kw/L，比传统砂磨机约 1 Kw/L 的能量密度高 2 ～ 4 倍。

Superflow 砂磨机转子设计成在顶部封闭的双夹套式中空圆柱体，转子外表安装了大量搅拌用销棒（图 7-55）。在转子的上部中心区域，开有较大尺寸和分布于四周的提供研磨介质由内到外循环用的开口槽。定子由外层定子筒和内层定子筒组成，外层定子筒上安装了大量的定子销棒，内层定子筒上的销棒呈螺旋排列。在内层定子上部有一个大比表面积并连接在中央卸料管上的圆柱形分离筛网。当砂磨机停止时，分离筛网将位于研磨介质装满时的水平面之上，减少启动、停机时对分离筛网的堵塞。当研磨时，物料通过给料泵从顶部进入研磨腔并在外层转子上部随着转子旋转而均匀散布，在转子离心区域与定子形成的圆柱状间隙内，产品得到预处理。在接下来的强烈研磨带中，通过转子和定子销棒的相互作用对研磨介质产生连续的强烈撞击，研磨介质再作用于分散物料。在定子底部区域，产品和研磨介质的混合物折返进入内研磨腔，并由底部向顶部流动。在内层研磨腔的上部，研磨介质通过导流板被加速到最大的圆周速度，由于密度不同，研磨介质通过离心力分离并通过转子上的开口槽返到圆柱形的涡流引导间隙，并随着新的产品流入研磨机，这样被分离的研磨介质又一次传送到转子 / 定子的外层研磨带。如此，研磨介质通过内外研磨腔的一个封闭的内部再循环就形成了。对于物料，由于给料泵的压力，产品沿与离心力相反的方向流动，再通过在中间设置的圆柱形保护筛和接下来的卸料管出料。与研磨介质通过离心力分离的产品以一定流速通过外层和接下来的环状内层研磨腔，使得产品在研磨机里停留的时间特别短，从而得到一个极窄的粒径分布。转子和内外层定子都被设计成带冷却装置，在产品以一定流速流经研磨机的过程中，物料经过许多冷却带，避免研磨过程中温度升高过多。

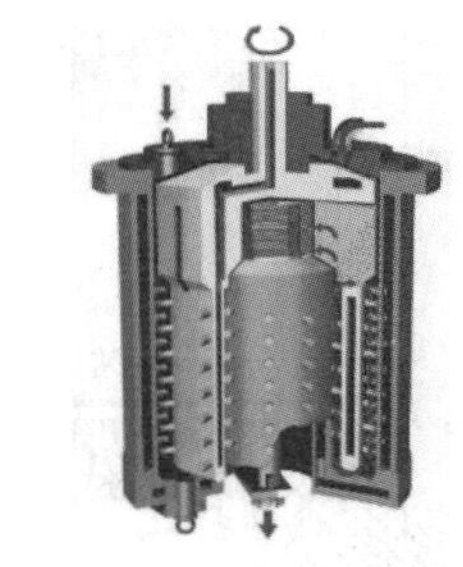

图 7-55　顶部封闭的双夹套式中空圆柱体砂磨机转子

耐驰 LME 型圆盘卧式砂磨机分离器采用专利的“转子—缝隙筒”技术（图 7-56）。该设备搅拌轴 8 的末端是带有销棒 11 的空心转子 1，转子上开有通道 2，通道的侧平面 21 朝向与搅拌轴的中轴相切。缝隙筒 3 由延伸范围为 360° 或 720° 的一个或几个螺旋 31 排列而成，螺旋由若干棒状或三角型材 311 构成。缝隙筒和空心转子之间形成一狭窄的柱状空腔 10。在砂磨机运行过程中，空心转子和主轴一起旋转，产生离心力，流入螺旋导程内的物料通过出料管 4 达到研磨物料出口 41，而研磨珠在侵入螺纹导程之前便通过转子通道 2 重新进入研磨腔 9 中。这种设计，使得空心转子内几乎无砂磨珠，分离器磨损很小，而过流面积大，过滤效果好，工作寿命长。

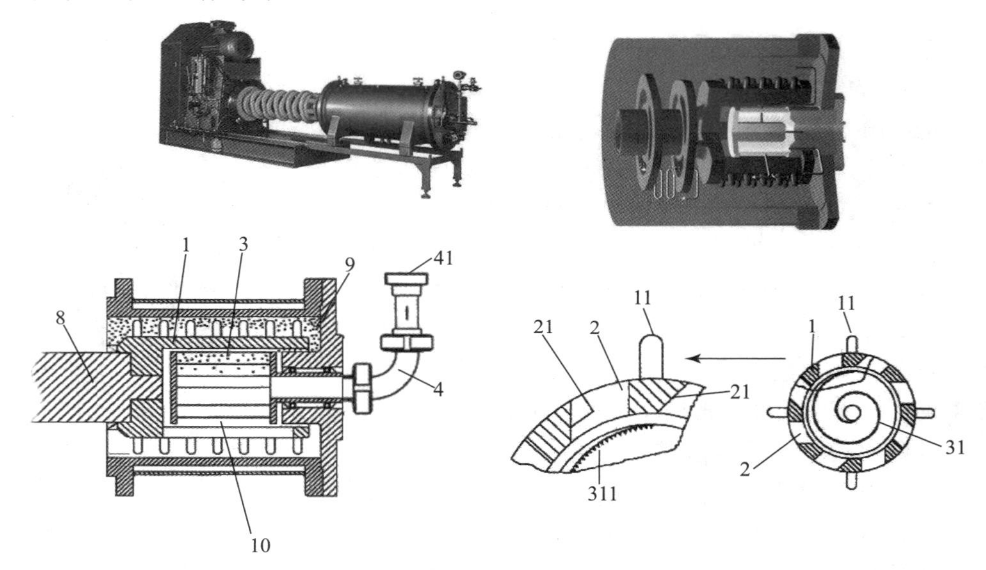

图 7-56　转子—缝隙筒结构

在砂磨过程中，影响产品砂磨性能的主要因素如下。

①砂磨机的流量：流量设定过大时，物料在研磨腔中停留时间缩短，研磨效果下降。当然循环研磨流量并不真正影响停留时间，但流量超过分离器分离能力时，砂磨珠容易在分离器聚集，造成磨损加重。另外，砂磨达到一定粒径后，延长停留时间只是在增加热量，并不能进一步提升砂磨效果，过长的停留时间反而会产生过磨返粗的现象。

②物料黏度：研磨腔内的物料黏度比进料时的物料黏度往往高出很多。黏度越高，对砂磨珠的拖曳力越大，容易将研磨珠带入分离器，造成磨损加重。

③搅拌轴线速度：线速度越快，研磨效率和研磨效果越好，研磨珠所处的离心力越大，也能增加动态分离器的分离效果。但研磨腔和销棒的磨损加重。最近发现有效研磨的区域集中在高剪切区，而低剪切区域的研磨效果差，只是在损耗能量和产生热量，因此砂磨机的设计也向更高的线速度发展。但搅拌轴线速度受限于电机功率、轴承密封技术和机械制造精度。

④研磨介质粒径和密度：如前所述，介质粒径越小，砂磨最终粒径也越小。但如果研磨介质和物料直径相差太大，也无法将物料分散。一般而言，加入物料的大小以研磨介质的 1/3 ～ 1/10 最为适当。

⑤介质填充率：卧式砂磨机的装填率一般为 80% ～ 85%；立盘式砂磨机的装填率一般为 75% ～ 80%；立棒式砂磨机的装填率一般为 85% ～ 95%。装填的质量 = 砂磨机有效容积 × 装填率（75% ～ 95%）× 介质堆积密度。研磨介质装填率过高，容易引起砂磨机温升过高或者出口堵塞。研磨介质装填率过低，研磨效率低，磨损加剧，研磨时间延长。

此外，对于亚微米级的分散物料，要特别注意筒体、磨盘和研磨珠材质在研磨过程中磨损造成的污染。物料分散越细，表面积和表面能越高，就越容易吸附磨损污染，严重时反而造成团聚变粗。

例如，采用超硬合金研磨材质——钇稳定氧化锆研磨珠体系对 pH=4.2 的气相法二氧化硅分散液进行砂磨，随砂磨时间的延长，发现分散液的颜色由半透明蓝白色变成灰白色，黏度轻微上升，触变明显上升。采用 X 射线荧光光谱仪对分散液中固体成分中 Si 和 Fe、Cr、Y、Zr 金属元素进行含量分析，发现随着分散时间的延长，Si 含量逐渐降低，Fe 含量上升，Cr 含量轻微上升，证实研磨腔筒体和磨盘存在一定程度磨损（图 7-57）。另外，Y、Zr 含量上升很明显。砂磨 40min 后 Zr 含量可达到 6.94%。Y/Zr 对比值基本稳在 0.06% ～ 0.07%，有一定的一致性，考虑到研磨珠的材质，推断该污染是砂磨珠不断磨损进入分散液所致。

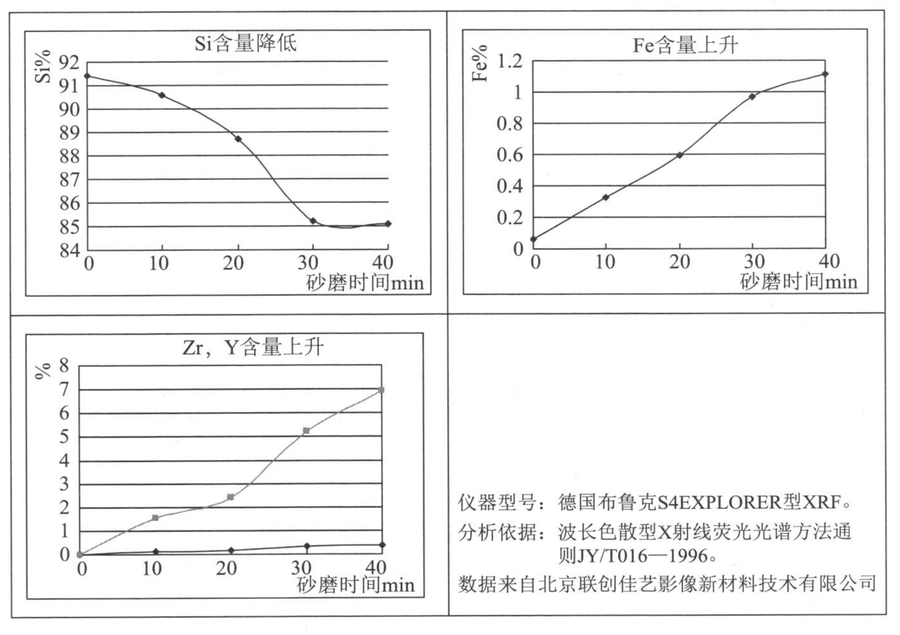

图 7-57 气相二氧化硅钇稳定氧化锆研磨效果

3. 高压均质

1900 年，德国人加林（Gaulin）设计了最早的均质机，最先用于牛奶的加工。1909 年，美国 Gaulin 开始批量生产均质机，1918 年，丹麦 Rannie 公司发展它的第一部均质机。20 世纪七八十年代，Gaulin 与 Rannie 先后被 APV 收购，其均质机作为液体加工机械的典范仍是遍布世界各地。

高压均质机以意大利 GEA Niro 生产的具有三柱塞二级均质阀的高压均质机为主流结构。柱塞泵先通过大功率电机驱动，再由曲轴和连杆带动柱塞泵进行往复运动。柱塞前端的工作腔上下各有单向阀一个，上端为出料阀，下端为进料阀。当柱塞移动时泵腔内低压，出料阀关闭，进料阀打开，物料吸入；当柱塞反方向移动时泵腔内高压，进料阀关闭，出料阀打开，物料排出。

高压均质机的核心在均质阀，简单来说，均质机等于高压泵加上均质阀。前面所说的动力源和出料阀，相当于给物料形成高压。如图 7-58 所示，力 F1 和 F2 使阀芯和阀座紧紧地贴合，当物料形成高压后，先通过右边的一级均质阀，推动阀芯，使得阀芯和阀座之间产生缝隙，并产生压力 P1 和 P2 与 F1 和 F2 平衡。一般地，总压力在 60MPa（600bar）以下，二级压力（P2）为总压力（P1）的

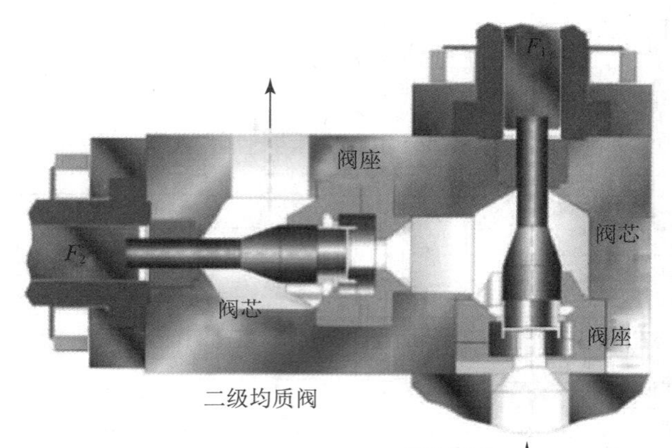

均质阀分解部件

均质阀工作状态

图 7-58　高压均质机均质阀

20%；总压力在 150MPa（1500bar）以下，二级压力（P2）为总压力（P1）的 10%。物料在通过一级均质阀后，压力从 P1 骤降至 P2。根据伯努利定律，巨大的压力差转变为动能，巨大的动能把物料流速提高到 300 ~ 500 米 / 秒，此时压力迅速下降至饱和蒸汽压力下，物料中形成气泡，出现空穴现象。这些空穴类似无数的微型炸弹，产生强烈的冲击、失压、膨胀作用，颗粒得以破碎。同时，在巨大动能的作用下，物料颗粒通过阀件的微小间隙产生很高的速度梯度，形成剪切力，物料并以 300 ~ 500 米 / 秒（100MPa 可达 500 ~ 1000 米 / 秒）的速度，撞击于冲击环、阀座界面，把物料颗粒破碎到极细微粒。

图 7-59 为 Microfuidics M-110EH 型高压射流对撞均质机实物和均质原理图，在气压驱动柱塞泵的作用下，预均质物料加压到 50 ~ 275Mpa，分成两股流体，从射流喷嘴中高速喷出，两股射流精确对准，在碰撞区发生相撞，发生强烈的剪切力、空穴力和撞击力，撞击将液体高速动能转化成破碎能和热能，从而不直接冲撞腔体壁，减少了设备磨损情况。喷嘴由高硬度耐磨材料组成，如氧化铝（蓝宝石或红宝石）、氮化硅和金刚石等，直径在 50 ~ 500μm，即便如此，在喷墨分散液的应用过程中，仍然观察到氧化铝、二氧化硅颗粒对射流喷嘴的磨损现象，造成对撞不准和压力不稳。为减少对均质液的污染，喷嘴材料与预均质液相同的或均质条件下发生化学反应后的结果与之相同。例如，均质氧化铝时使用氧化铝作为喷嘴；均质氨稳定的二氧化硅时使用氮化硅，在均质过程中氮化硅可能腐蚀转化成二氧化硅和氨。

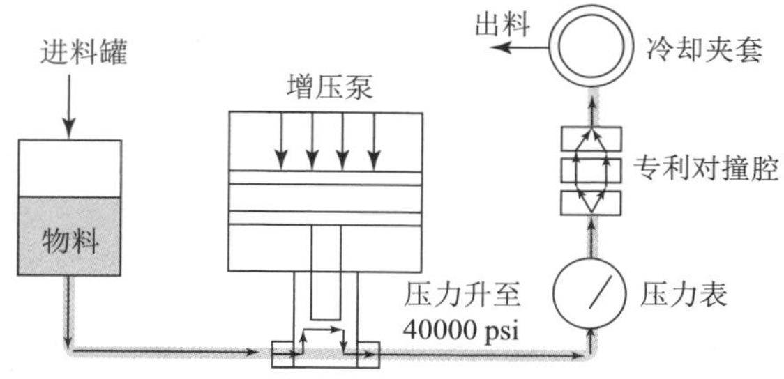

图 7-59　高压射流对撞均质机实物和原理

Sugino Machine Ltd 的 Ultimaizer 系统采用三射流室（Three-jet Chamber），高压下将预均质液分成三股，以非常高的速度在碰撞点相遇。碰撞点由蓝宝石球（三个底部的球每个直径 8mm，顶部的球 10mm）围成四面体，三股液体在同一个假想面上，相对于相邻射流的角度为 120°，进入四面体内碰撞，将动能转变成破碎能和热能。

目前实验室试验用均质机压力能够达到 400MPa，工业生产型的均质机能达到 150MPa，并且已经广泛使用。一般认为均质压力小于 10MPa 的为低压均质，均质压力范围在 20 ～ 40MPa 的为高压均质，压力范围在 40MPa 以上的均质为超高压均质，最高压力达 400MPa 左右的均质机，可以使物料粒径减少到 100nm 以内。均质压力越高，设备磨损越大，磨损不仅来源于物料，也来自空穴的气蚀效应。

耐驰收购瑞士 AC Serendip 技术推出的 OMEGA 中低压均质机，采用了独特的均质结构和模块化单元，在同等均质效果下可大幅降低均质压力，并降低均质过程中的热量。不同于传统的阀座阀芯单元，OMEGA 在高压喷嘴后方加入湍流模块，高流速和湍流力是 OMEGA 均质设备高效率工作的关键性因素。喷嘴采用超硬宝石材质，对喷嘴磨损小，物料加压到 10 ～ 70MPa 后以 200 ～ 300m/s 速度从喷孔喷出进入湍流模块，在此空间中产生剧烈的剪切力、湍流力和空穴力，物料发生一定程度的自研磨，压力释放掉 2/3，剩余 1/3 在撞击模块和阀座释放。从而最大程度地降低撞击模块和阀座磨损。此外，各模块都可独立拆卸和更换，减少易损件的损耗（图 7-60）。

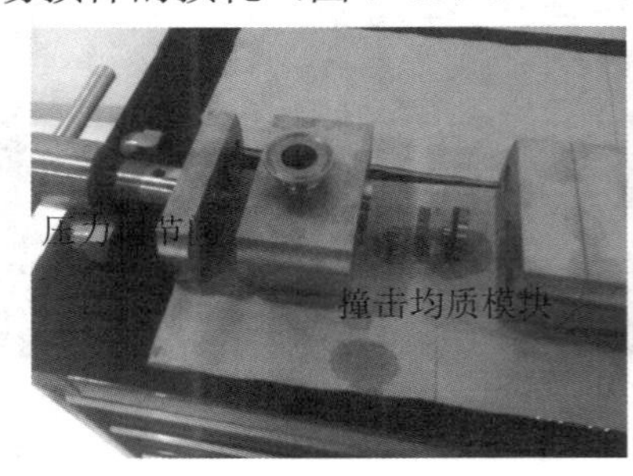

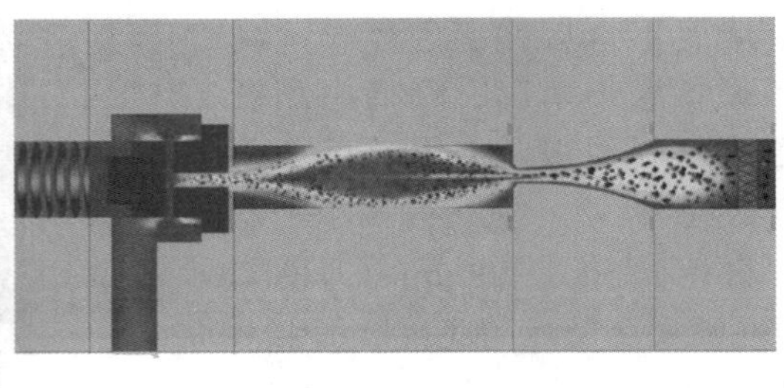

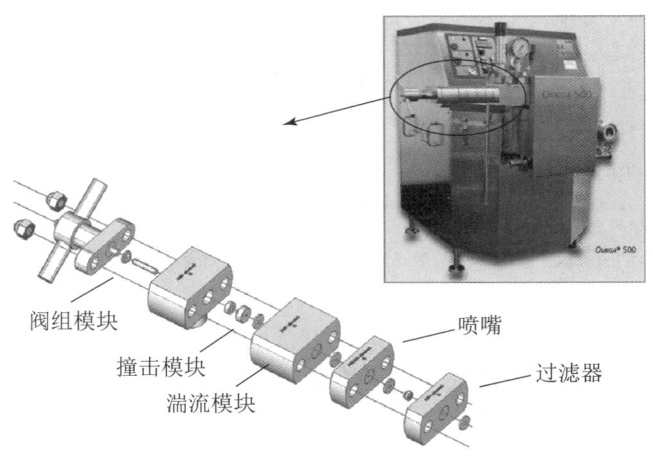

图 7-60 中压均质机

二、分散和改性技术在喷墨中的应用

如前所述，输入的分散能量密度越高，同等条件下颗粒的分散粒径可能越小。

光散射系数 n 可以衡量亚微米级或纳米级二氧化硅液的分散情况。用分光光度计（样品池光路长 10mm）扫描并测量 460 ～ 700nm 波长下低固含量二氧化硅分散液（用去离子水稀释至 1.5wt%）的吸收率值 τ，发现吸收率与波长之间满足：

$$\tau = \alpha\lambda^{-n} \tag{7-15}$$

式中，τ 为吸收率；α 为常数；λ 为波长；n 为光散射系数。

理想单分散二氧化硅分散液的 n 值为 4，分散粒径在 200nm 左右的气相法二氧化硅分散液 n 值将大于 2，n 值越大，表明分散性越好。

日本德山对比了高速剪切和高压均质对二氧化硅分散液透射系数、黏度、粒径和 Zeta 电势的影响。分散体系采用比表面积为 300 的气相法二氧化硅，分散入含一定比例的阳离子聚合物 PDADMAC 的去离子水中，二氧化硅的分散浓度为 20wt%。分散器是剪切速度为 25m/s 的定转子型；高压均质采用射流对撞型，均质压力为 80MPa。表 7-24 列出了分散结果。25m/s 的高速剪切无法将阳离子聚合物改性的二氧化硅团聚体分散开，颗粒形态复杂，体系黏度很大，颗粒分散粒径处于微米级。而高压均质后，分散粒径迅速降低至纳米级，光散射系数远大于 2。随着阳离子聚合物改性比例的增加，Zeta 电势越来越高，但黏度并非随 Zeta 电势升高而降低，而是存在最佳比例，当阳离子聚合物量超过这个比例时，分散体系的黏度反而升高。

表 7-24　高速剪切和高压均质对二氧化硅分散液影响

分散液	PDADMAC/ 二氧化硅（wt%）	二氧化硅固含量	分散方法	光散射系数	黏度（mPa・S）	粒径（nm）	Zeta 电势（mV）
Q1	12%	20%	高压均质	3.4	220	96	+47
Q2	10%	20%	高压均质	3.5	50	93	+35
Q3	12%	20%	剪切 25m/s	2.0	1500	53870	+49
Q4	10%	20%	剪切 25m/s	2.7	220	6450	+37

借助高分辨率透射电镜（TEM），可以观察到气相法二氧化硅分散体由最小的原生颗粒聚集成类似葡萄的链状形态，原生颗粒为一级结构，链状体为原生颗粒烧结而成的聚集体（Aggregate），聚集体再附聚成更大尺寸的附聚体（Agglomerate）。定转子剪切分散基本打开了附聚体，但附聚体枝状结构复杂，颗粒直径较很大，动态光散射激光粒径测试 d50 直径 240nm（Malvern Nanosizer）。经高压均质后（Niro NS3006 型高压均质机 90Mpa），链状结构的复杂度下降，粒径显著变小，激光粒径测试粒径下降到 164nm（图 7-61）。由此表明，在链状结构中一些结合力较弱的结合点在高速剪切条件下无法打开，但通过输入更高的分散能量如高压均质，

这些结合点能被打开，如图中实线指示的结合点。虚线表示是结合力更高的结合点，需要借助比高压均质输入能量更高的设备才能打开。高压均质，可以经过剪切分散的二氧化硅分散液在处理压力为30Mpa以上的射流对撞，也可以在锐孔（Oridice）入口侧和出口侧的压力差为30Mpa以上的压力差下喷射出，达到进一步减少粒径的均质效果。

均质前

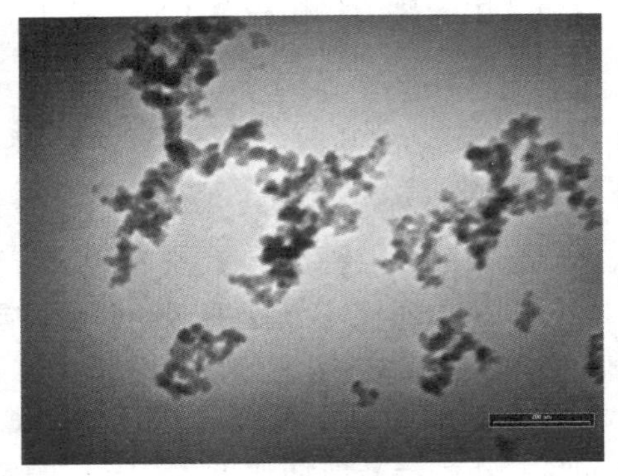

均质后

（图像取自北京联创佳艺影像新材料技术有限公司）

图 7-61　气相二氧化硅高压均质前后图像

随着固体颗粒表面电荷的增加，而粒子间静电斥力的增大，固体颗粒原有的稳定被破坏，形成新的双电层，固体大颗粒迅速地分散为大小在 1 ～ 100nm 范围内的胶粒，使电导率急剧增加，称这一阶段为固液界面双电层的形成过程。随着 H^+ 的吸附反应逐渐趋于平衡，体系的电导率基本不变。根据文献报道，胶粒形成后是一个多分散体系，胶粒的均匀化至少需要 5hr 才能完成，本文称之为胶粒的均匀化过程。

分散是纳米氧化铝（拟薄水铝石）在水中分散胶溶的过程，氧化铝胶核从含氨基磺酸的溶液中选择地吸附了带正电的 H^+，而带负电的反离子 $NH_2SO_3^-$ 由于静电吸附被束缚在胶体粒子周围形成紧密层，扩散层中的反离子由于热运动和溶剂化作用可脱离胶体粒子而移动（图 7-62）。纳米氧化铝胶体粒子呈现较强的正电荷，构成胶体稳定的 Zeta 电势，从而使原吸附在一起的氧化铝颗粒在酸性水溶液中逐步分离，达到纳米级的稳定分散。

分散状态的纳米级氧化铝颗粒，保留了颗粒原有的孔隙结构，在胶黏剂的黏接作用下，形成纳米级的无机—有机复合微粒（Inorganic-Organic Hybrid Fine Particle），这些颗粒分散得非常小，乃至于它们小于可见光波波长的二分之一而变得透明。由于这些孔非常小，人眼无法分辨，宏观上仍然呈现高光亮的表观。而在显微镜下，吸墨层呈现出类似海绵的微孔（图 7-63），故称为微孔型高光亮结构。

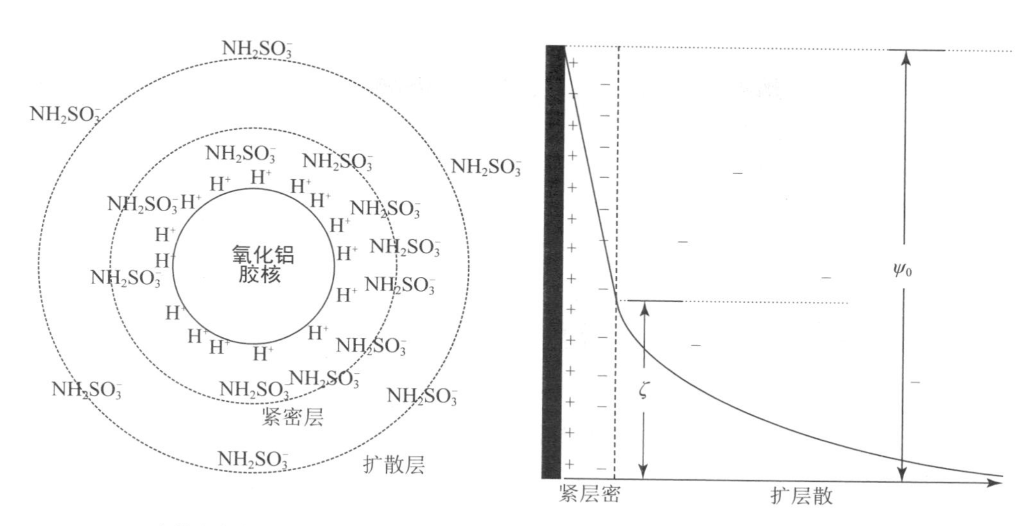

Zeta 电势为紧密层外界面与本体溶液的电势差，ψ_0 为固体表面与液体本体的总电势差

图 7-62 纳米氧化铝分散胶体双电层结构

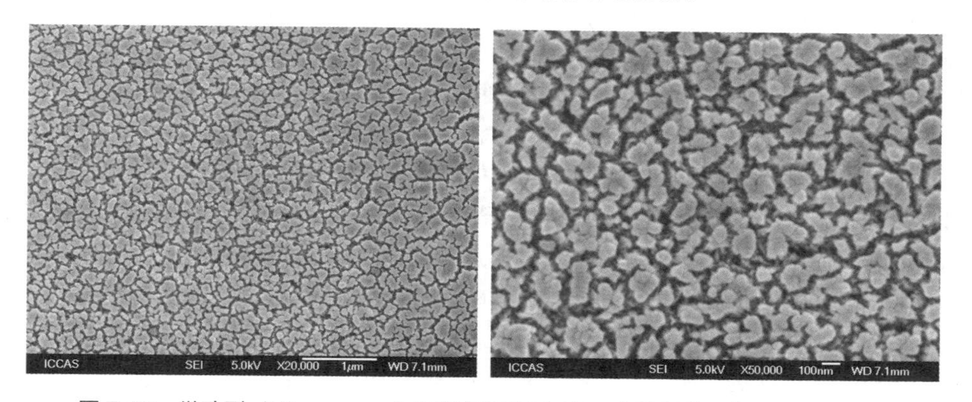

图 7-63 微孔型（Micorporous）吸墨层干态下 SEM 电镜照片，左 20K，右 50K

微孔型相纸的横断面扫描电镜和结构图（图 7-64），总体上分为基材（Base）和吸墨层（Ink Receiving Layer）两大部分。基材由纤维原纸（Cellulose Base）双面淋膜上聚乙烯层（PE Layer）构成，简称 RC（Resin Coating）纸基，淋膜厚度正反面基本控制在 25μm。基材材质与传统银盐的材质种类相同。基材之上为间隙型吸墨层，涂层厚度约 45μm，含有大量海绵状微孔。打印时，墨水中染料随同水和溶剂迅速渗透入吸墨层内，当水和溶剂挥发干燥后固着在吸墨层中，形成图像。

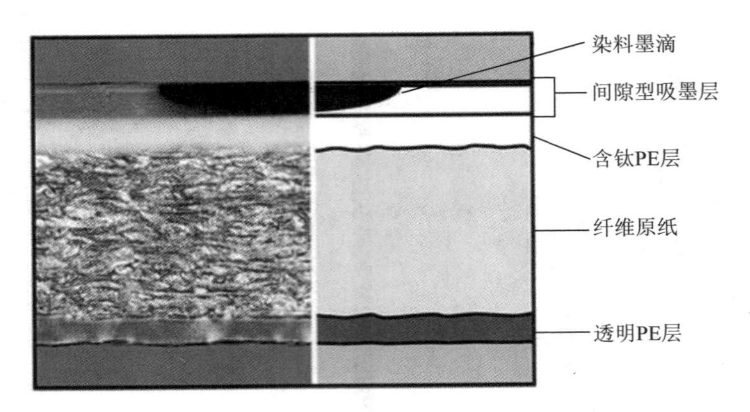

图 7-64 微孔型相纸的横断面结构扫描电镜

德固萨（Degussa AG）发现，在气相法二氧化硅分散液的体系中，颗粒表面吸附或复合一定数量的阳离子金属离子或其水解物后，在 PH2 ～ 6 的酸性环境中具有良好的分散稳定性。二氧化硅表面每平方米吸附 0.05 ～ 0.2mg 阳离子化合物（折算成金属氧化物质量），在酸性环境中分散稳定，但颗粒表面仍然保持甚至强化了负电荷性。阳离子金属可以是 Ca、Mg、Fe、Al、Ce、Ti、Zr 等元素的化合物。例如，将 500gBET 值为 200 的 Aerosil200 加入到 Lodige 犁刀混合器中，在 250rpm 的搅拌速度下将 0.1% ～ 0.4% 重量比（折算成氧化铝）的氯化铝溶液以约 100ml/h 的喷雾速度施加 10 ～ 15min，将粉末在流化床中干燥。改性后的二氧化硅经定转子高速剪切预分散，采用高压锐孔射流均质机（HJP-25050，Sugino Japan）在 250Mpa 下通过 0.3mm 直径的金刚石喷嘴射流均质，分散成 20% 浓度的分散液，黏度小于 1000 厘泊，采用胶体振荡电流法（CVI）测得的颗粒 Zeta 电势为 -7.75mV（pH=3.4）。

卡博特（Cabot Corporation）将 10kg 比表面积为 300 的气相法二氧化硅分散入含 150ml 浓盐酸的 90kg 去离子水中，高速剪切 1hr 后缓慢加入 2mol/L 的聚合氯化铝 $Al_2(OH)_5Cl$ 溶液（ACH），测量加入过程中颗粒 Zeta 电势的变化情况（图 7-65）。在加入 ACH 前，二氧化硅颗粒的 Zeta 电势为 -2mV，pH=2.0。加入 3mlACH 后，Zeta 电势迅速增加到 9mV，pH 轻微上升。再加入 3ml，Zeta 电势增加至 17mV。随着 ACH 加入量的增加，Zeta 电势上升逐步变缓。加入量 18ml 后，Zeta 电势增加至 28mV，pH=3.6。此时再增加 ACH Zeta 电势基本保持平台状态。依此改性后的分散液保持高度稳定的悬浮状态，25℃下放置 100 天未见黏度增加，底部未见沉降物。改性颗粒的 Zeta 电势基本取决于表面 ACH 的吸附量。例如，采用同样工艺分散 20kg 的二氧化硅，加入至 18ml 后，Zeta 电势 23mV（pH=3.5），与分散 10kg 加入 9mlACH 时的 Zeta 电势近似。

惠普公司采用美国 Waters 公司提供的改性二氧化硅（活性基团氨丙基、氰丙基和十八烷基），和未改性二氧化硅，用聚乙烯醇作为胶黏剂涂布在涂塑纸基上形成吸墨层。打印上宽度为 1mm 的青、黄、品染料墨线条。放在 35℃，80%RH 的环境中老化 4 天，测量线条老化后宽度变化情况，表 7-25 列出了线条宽度的增量，增量越大表示图像的耐潮性能越差。结果表明，未改性二氧化硅形成的吸墨层耐潮性能最差。在各原色中，青墨的耐潮性最好，而品色黄色洇渗快些。

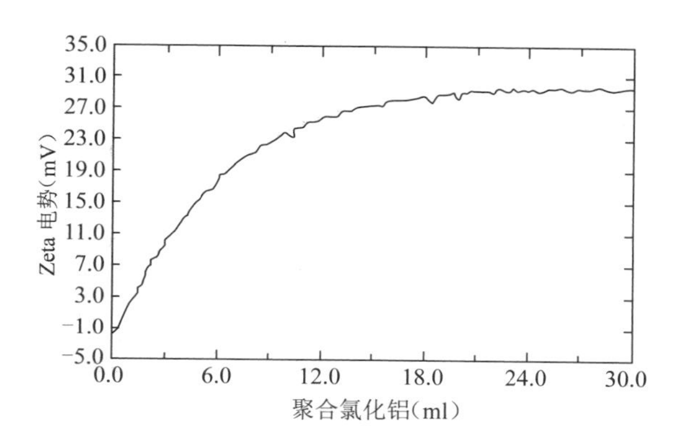

图 7-65　气相二氧化硅中加入聚合氯化铝过程中 Zeta 电势的变化情况

表 7-25　改性和未改性二氧化硅的色牢度比较

	未改性	氨丙基	氰丙基	十八烷基
青	2.8	0.7	1.1	1.3
黄	16.1	3.8	6.1	5.3
品	8.6	1.9	4.8	2.3

采用 N-（2- 氨乙基）-3- 氨丙基甲基二甲氧基硅烷（图 7-66）对沉淀法二氧化硅进行改性，在氮气保护下的无水甲醇中，用无水甲醇提取掉未反应的硅烷。元素分析表明改性后的二氧化硅含碳量 9%。用此类二氧化硅形成的吸墨层品色染料耐光性能提高到 28 年，而未改性的为 11 年，加速氧化褪色试验表明改性后的吸墨层耐空气氧化性提高了 2 ～ 3 倍。在二氯甲烷溶液中，采用四氯化硅对二氧化硅改性后，可在剩余官能团接上受阻胺型含羟基光稳定剂如 2，2，6，6- 四甲基 - 哌啶醇化合物（图 7-67），光稳定剂通过羟基与硅烷实现键连，受阻胺型光稳定剂能捕捉光辐射后产生的自由基，大幅提高染料的耐光性能。

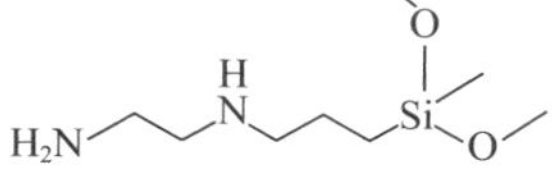

N-(2- 氨乙基)-3- 氨丙基甲基二甲氧基硅烷

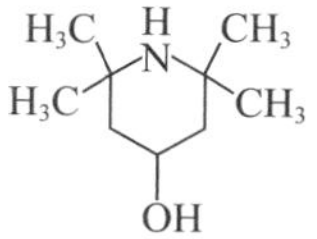

图 7-66　N-（2- 氨乙基）-3- 氨丙基甲基二甲氧基硅烷　图 7-67　2，2，6，6- 四甲基 - 哌啶醇

参考文献：

[1] 周殿明，张丽珍 . 高分子薄膜使用生产技术手册 [M]. 北京：中国石化出版社，2006.

[2] 刘瑞霞编著 . 高分子挤出成型 [M]. 北京：化学工业出版社 2005.

[3] 洪啸吟，冯汉保编著 . 涂料化学 [M]. 北京：科学出版社，1997.

[4] 张运展主编 . 加工纸和特种纸（第二版）[M]. 北京：中国轻工业出版社，2005.

[5] L. T. Zhuravlev. The Surface Chemistry of AmorpHous Silica. [J]. Zhuravlev model, Colloids and Surfaces A : pHysicochem. Eng. Aspects 173(2000)1–38.

[6] USP5 527 423

[7] CN03102275. 8

[8] Stober W, Fink A. Controlled Growth of Mono Disperse Silica Spheres in the Micron Size Range[J]. Journal of Colloid and interface Science, 1968, 26: 62-69.

[9] [芬] Esa Lehtinen. 纸张颜料涂布与表面施胶 [M]. 曹邦威，译 . 北京：中国轻工业出版社，2005.

[10] 王东升，杨晓芳，孙中溪 . 2007. 铝氧化物水界面化学及其在水处理中的应用 [J]. 环境科学学报，27(3): 353 – 362.

[11] 李国印，俞杰 . 直链烷烃脱氢催化剂载体制备新工艺 [J]. 工业催化，2015, 23(2).

[12] [瑞典] K. 霍姆博格，B. 琼森，B. 科隆博格，B. 林德爱，水溶液中的表面活性剂和聚合物 [M]. 韩丙勇，张学军，译 . 北京：化学工业出版社，2005.

[13] 张勇 . 新型高剪切均质机的理论分析与设计 [D]. 南京：东南大学，2006.

[14] Henry W., Grinding and Dispersing Nanoparticles, NETZSCH Incoprorated, Exton, PA

[15] 冯平仓 . 湿法大型研磨设备的特点及应用 [C]. 2008 国际粉体技术与应用论坛暨全国粉体产品与设备应用技术交流大会论文集，2008.

[16] 砂磨耐驰 CN200810212990. X

[17] 德山 Tokuyama, USP 6417264

[18] 德固萨 CN03819809. 6

[19] CN200410058757. 2 提高喷墨影像性能的化学改性涂层

第8章 软包装涂布复合材料

第一节 复合软包装材料及其构成

一、复合软包装材料

复合软包装材料就是将不同性质的薄膜通过一定的方式复合在一起，形成的多功能包装膜材料。

按生产工艺分为：干式复合膜、挤出复合膜、无溶剂复合膜、湿式复合膜、涂布复合膜等；按构成材料可分为：有纸复合材料、铝箔复合材料、塑料薄膜复合材料、织物复合材料等；按功能可分为：高阻隔膜、蒸煮膜、抗菌膜、抗静电膜、真空包装膜、气调包装膜等。

软包装复合材料的构成，至少包括外层、中间层、内层。通常，外层主要承担抗机械强度、耐热、印刷性能、光学性能，常用聚酯（PET）、尼龙（NY）、拉伸聚丙烯（BOPP）、纸等材料；中间层具有阻隔性、蔽光性、保鲜性、强度等特性，常用铝箔（Al）、镀铝膜（VMCPP、VMPET）、聚酯、尼龙、聚乙烯醇（PVA）涂布薄膜、聚偏二氯乙烯涂布薄膜（KBOPP、KPET、KONY）等材料；内层主要体现封合性，常用未拉伸聚丙烯（CPP）、聚乙烯（PE）及其改性材料等材料。

二、复合软包装各层材料基本要求

复合软包装材料中的复合，实际上即层合，就是将不同性质的薄膜或其他柔性材料黏合在一起，再经过封合，起到承载、保护及装饰内装物的作用。软包装的层合结构，按照不同的组合方式，可以有很多形式。但常规的结构通常用外层、中间层、内层、黏合层等来区分。

1. 外层材料

外层材料一般选用机械强度高，耐热，印刷性能、光学性能好的材料。外层材料的要求及功能如表 8-1 所示。

表 8-1　外层材料的要求及功能

要　求	功　能
机械强度	抗拉、抗撕、抗冲击、耐摩擦
阻隔性	防湿、阻气、保香、防紫外线
稳定性	耐光、耐油、耐有机物、耐热、耐寒
加工性	摩擦系数、热收缩卷曲
卫生安全性	低味、无毒
气体	光泽、透明、遮光、白度、印刷性

2. 中间层材料

中间层材料通常加强复合结构的某一特性，如阻隔性、遮光性、保香性、强度等特性。中间层材料的要求和功能如表 8-2 所示。

表 8-2　中间层材料的要求及功能

要　求	功　能
机械强度	抗张、抗拉、抗撕、抗冲击
阻隔性	隔水、隔气、保香
加工性	双面复合强度
其他	透明、遮光

3. 内层材料

封合性是内层材料最关键的作用，内层结构直接接触内包装物，要求无毒、无味、耐水、耐油。内层材料的要求及功能如表 8-3 所示。

表 8-3　内层材料的要求和功能

要　求	功　能
机械强度	抗拉、抗张、抗冲击、耐压、耐刺、易撕
阻隔性	保香、低吸附性

续表

要　求	功　能
稳定性	耐水、耐油、耐热、耐寒、耐应力开裂
加工性	摩擦系数、热黏性、抗封口污染、非卷曲
卫生安全性	低味、无毒
其他	透明、非透明、防渗透

4. 黏合层

为了将相邻的两层材料黏合在一起形成复合结构，根据相邻材料的特性和复合工艺，必须选择黏合剂作为黏合层材料。黏合层和被黏合材料间的黏合强度，是评价复合包装材料性能的重要指标之一。

第二节　软包装材料及其性能

一、常用热塑性塑料薄膜

通常，软包装材料主要分为软包装塑料薄膜和软包装复合材料。软包装塑料薄膜常用的薄膜基材一般以塑料薄膜为主，通常采用挤出流延、吹塑、双向拉伸等方法加工。

通用的塑料薄膜有聚乙烯薄膜（LDPE、HDPE、LLDPE、VLDPE、MPE）、聚丙烯薄膜（CPP、BOPP）、聚氯乙烯薄膜（PVC）、聚酯薄膜（PET）、聚酰胺薄膜（PA）、聚苯乙烯薄膜（PS）、纤维素塑料薄膜（PT）。聚碳酸酯薄膜（PC）和聚氨酯薄膜（PU）则属于高阻隔塑料薄膜。

常用塑料软包装材料如表 8-4 所示。

表 8-4　常用塑料软包装材料一览表

缩写代号	名　称	密度 g/cm³	膜厚度（μm）	印刷方式	复合性能	热封性能
BOPP	双向拉伸聚丙烯膜	0.92	15、19、20、28、38、48	里印	可	/
热封 BOPP	热封型双向拉伸聚丙烯膜	0.92	15 ～ 30	表印	/	可
MOPP	双向拉伸聚丙烯消光膜	0.83	20、22	里印	/	/
POPP（PL）	双向拉伸聚丙烯珠光膜	0.75	20 ～ 40	表印	可	可
CPP	未拉伸聚丙烯膜	0.92	20 ～ 70	里印	可	可

续表

缩写代号	名　称	密度 g/cm³	膜厚度（μm）	印刷方式	复合性能	热封性能
ACPP	聚乙烯醇（PVA）涂覆的未拉伸聚丙烯膜	0.92	20 ～ 70	/	可	可
VMOPP（热合）	热封型镀铝双向拉伸聚丙烯膜	0.92	20 ～ 38	/	可	可
VMCPP	镀铝聚丙烯膜	0.92	25 ～ 70	/	可	可
AOPP	聚乙烯醇（PVA）涂覆的双向拉伸聚丙烯膜	0.92	18 ～ 20	里印	可	/
KOPP	聚偏二氯乙烯（PVDC）涂覆的双向拉伸聚丙烯膜	0.92	20	里印	可	/
CPE	流延聚乙烯膜	0.925	20 ～ 110		可	可
APE	聚乙烯醇（PVA）涂覆的聚乙烯膜	0.925	20 ～ 110		可	可
IPE	吹胀聚乙烯膜	0.925	20 ～ 110		可	可
MBPE	乳白聚乙烯膜	0.925	20 ～ 110		可	可
PET	聚酯膜	1.4	12、15	里印	可	/
APET	聚乙烯醇（PVA）涂覆的聚酯膜	1.4	12、15	里印	可	/
VMPET	镀铝聚酯膜	1.4	12	/	可	/
BOPA（NY）	双向拉伸尼龙膜	1.2	15	里印	可	
APA（NY）	聚乙烯醇（PVA）涂覆的双向拉伸尼龙膜	1.2	15	里印	可	
PVC	聚氯乙烯膜（热收缩膜）	1.4	25 ～ 50	里印		/
VMPVC 扭结膜	镀铝聚氯乙烯扭结膜	1.4	25	表印		/
PAPER	纸	按重量计		表印	可	/
Al	铝箔	2.71	7、9、30、35	表印	可	/
EVA	乙烯 - 乙酸乙烯共聚物	0.96			可	可
EAA	乙烯 - 丙烯酸共聚物				可	可
EVAL	乙烯 - 乙烯醇共聚物	0.94 ～ 0.96		里印	可	
PVDC	聚偏二氯乙烯薄膜	1.65 ～ 1.72		表印	可	可

二、软包装材料性能及应用

1. 聚乙烯 PE

（1）低密度聚乙烯 LDPE

密度 0.92g/m²，一般用作复合膜的热封层，热封性能好，耐撕裂、耐低温，阻湿性好，抗冲击，具有较宽的热封范围，是常用的热封材料，但阻氧性差，透明度较低、易拉伸变型、强度差。

（2）高密度聚乙烯 HDPE

高密度聚乙烯的密度为密度 0.94 ～ 0.96g/m²，比低密度聚乙烯高一些，薄膜呈乳白色，半透明，质地刚硬一些，其强度、硬度、耐溶剂性、阻气性和阻湿性等都比低密度聚乙烯优越，并不易破损，强度为LDPE的2倍。但其表面光泽性较差。HDPE 的熔融温度更高，在 120℃左右，因此可以耐沸水。

（3）线性低密度聚乙烯 LLDPE

LLDPE 的刚性、冲击强度、撕裂强度和耐应力开裂等方面都优于低密度聚乙烯。和 LDPE 相比，LLDPE 的加工更困难，热封温度更高，热封的温度范围也更窄。但是 LLDPE 更强韧、更挺，更加不透明，而且一般情况下对水分和气体的阻隔性稍好。LLDPE 被广泛用作 LDPE 的替代物，但是使用厚度更低，因此可以提供整体成本的节约。同样也作为共混物和 LDPE 共用，利用了两种材料的最佳性能。

（4）茂金属聚乙烯 MLLDPE

茂金属作为催化剂合成的线性低密度聚乙烯，与传统的齐格勒纳催化剂得到的聚乙烯相比，链长均一，分子量分布窄，因而其热封性能、拉伸强度、抗冲击性、热粘性等特别好。用 MLLDPE 可以减薄厚度、降低成本。

2. 聚丙烯 PP（合成纸）

（1）双向拉伸聚丙烯 BOPP

具有非常好的透明性，耐热性一般，密度低，价格便宜，印刷适性好，广泛用在复合袋的外层，在包装材料中它的用量很大。但静电强，阻氧性较差，收缩率偏大。

（2）消光 BOPP

消光 BOPP 的表层为消光（粗化）层，使外观的质感像纸张，手感舒适。这类材料有遮光作用，光泽度低；消光表层滑爽性好，膜卷不易黏结；拉伸强度比通用膜略低。

（3）BOPP 珠光膜

BOPP 珠光膜是一种三层共挤复合膜，由两层热封共聚 PP 夹一层含有碳酸钙母料的均聚 PP 共挤成片。BOPP 珠光膜不仅有银白珠光色，可以反射光线，其阻气阻水性能也比其他品种的 BOPP 膜优良，它的密度比一般 BOPP 膜低 28% 左右，而价格比双面热封型 BOPP 膜仅高 10% 左右。因此，使用 BOPP 珠光膜是比较经济的。

（4）流延聚丙烯 CPP

流延聚丙烯属丙烯类，但加工方法与 BOPP 不同，它是用挤出机将聚丙烯通过 T 形模挤出薄片，马上用冷却辊冷却成膜，它具有热封强度高、耐撕裂、透明度较高等优点，但其阻氧性差，容易折断。共聚 CPP 的用途很广，一般用作热封层，特殊 CPP 还可耐 121℃以上高温蒸煮，可以用作蒸煮袋的内层。

3. 聚对苯二甲酸乙二醇酯 PET

（1）机械强度大，其拉伸强度大约是聚乙烯的 5 ～ 10 倍，因此 12μm 的 PET 薄膜已得到广泛使用，9μm 的极薄 PET 薄膜也开始被使用。此外，还具有挺度高和耐冲力强等优点。

（2）耐热性好。熔点在 260℃，软化点 230℃～ 240℃，即使采用双向拉伸工艺，在高温情况下它的热收缩率仍然很小，具有极其优良的尺寸稳定性，在高温下长时间加热仍不影响它的性能。

（3）耐油性、耐药性好、不易溶解，有很好的耐酸性腐蚀力，能耐有机溶剂、油脂类的侵蚀，但在接触强碱时容易劣化。

（4）有良好的气体阻隔性和良好的异味阻隔性。

（5）对水蒸气的阻隔性能不及聚乙烯和聚丙烯。

（6）透明度好，透光率在 90% 以上，光泽度好，特别适合用于里印。

（7）带静电高，印刷时要消除静电。

（8）PET 薄膜挺度佳，延伸性小，印刷时易套准，易操作。

PET 常用作耐高温杀菌的蒸煮袋、包装袋外膜等。

4. 聚酰胺或尼龙 PA

双向拉伸尼龙的性能如下。

①无臭、无味、无毒是食品包装的良好材料。

②抗张强度、耐磨性、耐穿刺性好，韧性较好、柔软。

③尼龙属于极性材料，表面张力高、印刷适应性好。

④对气体有优良的阻隔性。

⑤透明度、光泽度好。

⑥耐寒性、耐热性好，其使用温度可从 -60℃低温至 150℃～ 200℃高温。

⑦吸潮、透湿性较大，吸水后易产生尺寸偏移和起皱，所以对尼龙薄膜的包装要求较高。

5. 玻璃纸 PT

常见的玻璃纸类型如下。

PT：普通玻璃纸（未处理、透明）。

ST：两面防潮，有 W 热合性的玻璃纸。

MT：两面防潮，无热合性的玻璃纸。

MOT：单面防潮玻璃纸。

MOST：单面防潮有热合性的玻璃纸。

玻璃纸的性能如下。

①高透明度、高光泽度、不带静电、极性大，不需行进处理印刷适应性就非常好。

②挺性好、易撕、扭结后不反弹，适宜用作糖果包装和易撕包装。

③耐热性好、耐阳光照射不泛黄。

④不带静电、不易被污染。

⑤耐水性和防潮性差，水蒸气透过率大，尺寸稳定性差，但防潮玻璃纸没有这个缺点。

6. 真空喷镀膜

（1）真空镀铝膜

真空镀铝膜是在高真空状态下，将铝的蒸气沉积到各种基膜上，形成的一种复合薄膜，镀铝层的厚度一般为 350 ～ 400nm。

真空镀铝膜除了原有基膜的特点外，还具有强烈的金属光泽，类似铝箔具有漂亮的装饰性，真空镀铝后，薄膜对光线和各种气体的阻隔性能大大提高。一般用于复合膜中间层。

（2）陶瓷蒸镀膜

①阻隔性优异，几乎可以与铝箔复合膜比美。

②透明性、微波透过性好，耐高温，适用于微波食品。

③保香性好，长期储存或经高温处理后，不会产生异味。

④环保性好，焚烧后残渣低。

7. 铝箔

铝箔是用高纯度铝经多次压延后，使其变成一种极薄的基材，其具有抗紫外、导热、保香、阻氧、阻湿等性能。铝箔本身极薄，机械强度低，易撕碎折断，不能单独作为包装材料使用，要与其他塑料薄膜复合后才能充分发挥它的耐高低温性和高阻隔性的突出优点。铝箔的阻隔性取决其针孔数量和针孔大小。

8. 纸张

主要指纤维浆纸。软包装中所用纸的重要性能是：容易印刷，白色（如果经过漂白）的诱人表面，易撕，良好的挺度，可以做成具有优良抗油性的包装，易于回收，但不具备封口性能。常用的纸品种有牛皮纸、涂布纸、医用包装纸等。多用于休闲食品、药品、静电复印纸的包装等。

9. 乙烯－醋酸乙烯酯共聚物 EVA

乙烯和醋酸乙烯酯的共聚物，用来改善 LDPE 的韧性和透明性，用作共挤出膜的热封层以及热熔胶。挤出涂覆中用途较多的是改性 EVA 树脂。以改性 EVA 作为热封层材料常用作酸奶、果冻、果酱、牛奶、布丁、冷饮、杯面等塑料杯上的易撕揭盖膜。

10. 聚乙烯醇 PVA

聚乙烯醇阻气性好，耐油性和耐化学性良好，有较强的韧性，不带静电，易印刷，具水溶性但难溶于冷水中，薄膜吸水率高，吸潮后易发生伸缩，透湿性大。聚乙烯醇薄膜主要用于水转印、农药水溶包装。改性聚乙烯醇 PVA 涂布薄膜阻氧、印刷、复合性能良好，涂布的薄膜可循环回收使用，广泛用于含油脂类的干物食品包装。

11. 离聚体 – 如 Surlyn（杜邦）

这是一种高抗冲和耐刺穿性能的韧性薄膜，对于尖锐物体的贴体包装非常有用。Surlyn 具有很宽的热封温度范围，热黏性良好，这使其对于成型、充填和封口操作非常有用。Surlyn 还能和铝箔形成非常好的黏附，良好的抗油性，有污染时也能封口，所以可以包装含油和含尘制品，但其价格昂贵。

12. 乙烯－甲基丙烯酸共聚物 EMAA– 如牢靠 NUCREL（杜邦）

EMAA 与 Surlyn 这两种物质的化学特点很相似，但在热粘合性、热封温度、热封范围、耐油性等方面有些不同。EMAA 比 Surlyn 价格低，但这两种材料与铝箔的黏附性能基本相同，因此与铝箔黏附生产的复合包装，选用 EMAA 比较合适。

13. 牢靠 AE

挤出黏合性树脂——牢靠™（Nucrel®）AE，可以掺和在 LDPE 中使用。其性能介于 EMAA 与 LDPE 之间，由于牢靠 AE 与 LDPE 混合使用时，牢靠 AE 的比例很小，所以总体价格比较便宜，生产成本大大降低，并能显著提高铝箔和 PE 之间的复合强度。牢靠 AE 用于挤出复合工艺的典型结构为：PET（或 OPP）/AC 剂/LDPE+ 牢靠 AE/ 铝箔（或 VMCPP、VMPET）。

14. 乙烯－丙烯酸共聚物 EAA– 如百马（陶氏）

百马的主要分子结构特点为沿着主链均随机分布着羧基，羧基易与极性物质结合，故能提供极优良的黏合特性，而且相邻链中的羧基可相互以氢键结合，形成一种极佳的内部韧度。羧基能阻止结晶，可增加产品的透明度及降低熔点与软化点，从而能够改良热封性能。EAA 与 EMAA 的化学性能很相似。

15. 乙烯－乙烯醇共聚物 –EVOH

EVOH 是一种具有优异氧气阻隔性的韧性材料，耐油耐化学性良好。但是，它对水分高度敏感，由于这个原因，所以经常用在共挤出的夹层，在 EVOH 和聚乙烯或聚丙烯共挤出时，需要一层黏合层把非极性的 PE 或 PP 和极性的 EVOH 粘起来。形成 PE/AD/EVOH/AD/PE 结构。

16. 聚偏二氯乙烯 PVDC

PVDC 是一种同时对氧气和水蒸气具有高阻隔性的塑料。它有极好的防潮性和气密性，最适合制作食品包装袋。良好的耐药品性能，不易受有机溶剂和酸碱的侵蚀，阻止异味透过性好。但是 PVDC 涂布的薄膜不能回收循环使用，对环境不友好。

（1）PVDC 涂布材料

①薄膜类基材。要选用耐温性好、强度高的材料，如 BOPP、PET、PA、PT 等。

②底涂黏合剂。双组分聚氨酯黏合剂可作为底涂胶。

③ PVDC 乳液。是一种聚偏二氯乙烯的共聚物。有高的气密性、保香性、印刷适用性、耐药品性，适用于 BOPP、PET、尼龙、玻璃纸及纸等基材，主要用于干燥食品包装、煮沸处理食品包装、医药品包装、日用化学品包装、卷烟包装等。

（2）PVDC 涂布工艺

PVDC 涂布的工艺流程如下：基材→表面处理→涂布底涂黏合剂→干燥→PVDC 涂布→干燥→冷却→卷取→熟化→成品。

整个工艺过程中，PVDC 的涂布及干燥是关键环节，PVDC 的涂布有多种方式，每种方式的特点如下。

①反转涂布。涂布速度快（400 ～ 600m/min），适应大量少品种生产。但不容易改变涂布量，必须进行凸辊及乳胶固体成分的变更。

②气刀涂布。涂布量的变更容易（只要调整气压），适应于少量多品种生产。但涂布速度有限制（最大 100 ～ 120m/min），易产生气泡。

③刮杆涂布。容易变更涂布量，涂布机便宜，能以低的成本进行现有涂布机的改造。但不能进行厚层涂布，长时间连续生产，会有杆阻塞。

④凹版涂布。适合高速涂布，但涂布量不够稳定。

不同的基材和涂布量，干燥条件不同。PET 用于一般食品包装时，涂布量为 3 ～ 5g/m^2，干燥温度 100℃～ 140℃；PA 用于一般食品包装和煮沸处理食品的包装时，涂布量 3 ～ 5g/m^2，干燥温度 100℃～ 120℃。

涂布材料收卷后，通常在熟化室固化 2 ～ 3 天，固化温度为 35℃～ 40℃，使结晶和底涂反应完全。

涂布废液一般用 $CaCl_2$ 吸收后分层，上层水液排放，沉淀物自然干燥后埋于地下，不可焚烧。

17. BOPA 薄膜

双向拉伸尼龙薄膜（BOPA）是生产各种复合包装材料的重要材料，已经成为继 BOPP、BOPET 薄膜之后的第三大包装材料。

BOPA 薄膜是以聚酰胺 6（尼龙 6）为原材料制成的。聚酰胺分子内含有极性酰胺基（-CO-NH-），其中的 -NH- 基能和 -C=O 基形成氢键，氢键的形成使得聚酰胺具有较高结晶性，但不是所有聚酰胺中的分子都能结晶，非结晶性的聚酰胺分子链中的酰胺基，可以与水分子配位，即具有吸水性。正是由于其分子结构的这些特点，聚酰胺 6 具有以下特性：优异的力学性能，耐磨性和耐腐蚀性，自润滑性，耐高温，良好的氧气阻隔性，耐穿刺和耐撕裂性；缺点是吸水性强。

BOPA 薄膜比 PE、BOPP 薄膜具有更高的强度，比 EVOH、PVA 薄膜具有低成本和环保方面的优势，是食品保鲜、保香的理想材料，特别适合于冷冻、蒸煮、抽真空包装，且无毒无害。具体表现在以下几个方面。

①良好的透明性和光泽度，雾度低。

②优异的韧性和耐穿刺性。

③极好的气体（氧气、氮气、二氧化碳）、香味和气味阻隔性。

④优异的耐油性、耐油脂性和耐化学溶剂性。

⑤便于加工，可进行涂敷、金属化处理，或与其他基材复合等。

⑥适用温度范围广泛（-60℃～150℃）。

⑦耐热性强。

但是，尼龙薄膜极易吸潮，吸潮后尺寸变化导致印刷时套印不准，表面的水膜导致复合强度不足、起泡等，因而，在高湿度环境下要对尼龙薄膜做好防潮保护。

第三节 复合软包装用黏合剂

1. 无溶剂型单组分聚氨酯胶黏剂

产品类型：高温下使用的无溶剂型单组分聚氨酯胶黏剂。

应用范围：适用于塑料薄膜 OPP/PE 以及铝箔与纸张，纸板的复合。

注意事项：胶黏剂与待复合材料以及包装内容物之间可能会发生相互作用，并导致无法预见的质量变化。因此，在正式生产前，必须先进行试验，以确认胶黏剂与复合材料及被包装物之间的适合性。在尼龙 / 聚乙烯基乙酸乙酯结构中，可能会发生亚甲基二苯异氰酸盐的迁移。

食品规范：符合美国 FDA 的 CFR21，§175.105 所规定的食物卫生标准要求。

物化性能：NCO- 组分含固量 100%，黏度 825±75（100° C）mPa·s，比重 1.20±0.01（g/ml）。

2. 冷封胶黏剂

应用于软包装的水溶性冷封胶黏剂，通常要求适用性广，气味小，在压力作用下，即可与自身黏合，提供良好的封口强度。包装速度快，无收缩效应。

应用范围：特别适用于未经过处理的 BOPP 薄膜，BOPP 珠光膜，以及有丙烯酸和 PVDC 涂层的 BOPP 薄膜。

注意事项：冷封胶黏剂与待涂材料中的其他组分以及包装的内容物之间可能会发生相互作用，并导致无法预见的质量变化。因此，在正式生产前，必须先进行试验，以确认冷封胶黏剂与包装材料及被包装物之间的适合性。

食品规范：符合德国 BGA 食物包装条例和美国 FDA 的 CFR21，§175.105 所规定的食物卫生标准要求。

冷封胶黏剂 1 物化性能：含固量 55%，黏度 18 秒 /20℃（ISO 2431）；pH 值 9.5 ～ 10.5；比重 0.98（g/ml）；颜色：奶白色；干膜表观，轻雾样，稍硬。

冷封胶黏剂 2 物化性能：含固量 56%，黏度 18 秒 /20℃（ISO 2423）；pH 值 9.5 ～ 10.5；比重 0.98（g/ml）；颜色：奶白色；干膜表观，轻雾样，较软。

3. 无溶剂型双组分聚氨酯胶黏剂

（1）聚氨酯胶黏剂

产品类型：室温下使用的无溶剂型双组分聚氨酯胶黏剂。

应用范围：透明薄膜和铝箔的复合。

注意事项：胶黏剂与待复合材料中的其他组分以及包装的内容物之间可能会发生相互作用，并导致无法预见的质量变化。因此，在正式生产前，必须先进行试验，以确认胶黏剂与复合材料及被包装物之间的适合性。在尼龙 / 聚乙烯基乙酸乙酯结构中，可能会发生亚甲基二苯异氰酸盐的迁移。

食品规范：符合美国 FDA 的 CFR21，§175.105 所规定的食物卫生标准要求。无溶剂型双组分聚氨酯胶黏剂物化性能见表 8-5 所示。

表 8-5　无溶剂型双组分聚氨酯胶黏剂物化性能一览表

产品代号	1	2	3
功能基团	NCO- 组分	OH- 组分	OH- 组分
含固量 %	100	100	100
黏度（25° C）mPa · s	1700±400	2000±500	1100±300
比重（g/ml）	1.17±0.02	1.07±0.02	1.10±0.02
混和比例 w/w：标准	100	50	60
聚酰胺 / 聚乙烯	100	60	70
镀铝膜 / 赛璐玢	100	70	50

（2）双组分聚酯胶黏剂

产品类型：溶剂型双组分聚酯胶黏剂，对软性包装有极优良的复合性能。

应用范围：对于玻璃纸，已处理聚烯烃，聚酯，尼龙膜，铝箔，镀铝膜，带PVDC涂层的材料，及经过处理的挤出膜的热封层等，具有很好的附着力。它具有透明清晰，复合强度高和耐高温，耐化学品等优良性能，特别是对塑料薄膜与铝箔有极佳的复合效果。主要用于肉类、芝士、调味品及液体产品的软包装复合，和耐蒸煮包装的复合。

注意事项：胶黏剂与待复合材料中的其他组分以及包装的内容物之间可能会发生相互作用，并导致无法预见的质量变化。因此，在正式生产前，必须先进行试验，以确认胶黏剂与复合的材料及被包装物之间的适合性。

食品规范：符合美国FDA的CFR21，§175.105所规定的食物卫生标准要求。

部分性能指标见表8-6所示。

表8-6 双组分聚酯胶黏剂性能指标一览表

产品代号	1	2
功能基团	OH- 组分	NCO- 组分
固体含量 %	51	75
黏度（25° C）mPa · s	2500	1800
比重 g/ml	0.98	1.19
溶剂	醋酸乙酯	醋酸乙酯
混和比例 w/w	100	6.5

4. 水溶型丙烯酸类复合胶黏剂

产品类型：一种单组分的水溶型丙烯酸类复合胶黏剂。

应用范围：可用于透明薄膜及镀铝膜的复合用途，与溶剂型和水溶型油墨，及PVDC涂层有很好的相容性，复合强度高，透明度好。

注意事项：胶黏剂与待复合材料中的其他组分以及包装的内容物之间可能会发生相互作用，并导致无法预见的质量变化。因此，在正式生产前，必须先进行试验，以确认胶黏剂与包装材料及被包装物之间的适合性。

食品规范：符合美国FDA的CFR21，§175.105所规定的食物卫生标准要求。

物化性能：含固量42%，黏度（25℃）＜50mPa · s，比重1.06（g/ml），pH 6.9。

第四节 镀铝膜材料软包装

一、镀铝膜的特点及应用

1. 软包装用镀铝薄膜特点

镀铝膜复合产品具有塑料薄膜的特性，表面致密的“镀铝”有较好的阻隔效果；具有金属光泽和反射性，对包装商品起到美化、提高档次的作用；可以一定程度上替代铝箔复合包装，从而降低包装成本。

镀铝膜阻气性、阻湿性、遮光性和保香性好，不但对氧气和水蒸气有较强的阻隔性，而且几乎可以阻隔所有的紫外线、可见光和红外线，可以延长内容物的保存期和货架寿命，因此，镀铝膜属于阻隔性包装材料。

镀铝膜表面的镀铝层，具有良好的导电性，能够消除静电，因此，封口性良好，尤其是在包装粉状物品时，能够保证包装的密封性，降低了渗漏发生率。

镀铝膜的种类很多，应用最多的是聚酯镀铝膜（VMPET）和 CPP 镀铝膜（VMCPP），聚酯镀铝膜（VMPET）一般用作复合包装的中间层，由于其外观漂亮，在高档包装中应用最多，如奶粉、茶叶等包装袋。CPP 镀铝膜（VMCPP）一般用作复合包装的热封层，常用于普通的小食品（比如饼干）包装。

2. 镀铝膜的基本性能要求

①外观。表面平整、光滑，无皱折或仅有少量的活褶，无明显的凹凸不平，无明显的杂质和僵块，没有斑痕、气泡、漏镀孔洞等弊病，不允许有明显的亮条、阴阳面等现象。

②厚度均匀，横、纵向的厚度偏差小，且偏差分布比较均匀。卷筒上无明显凸筋，否则复合时容易产生皱折。

③镀铝层的厚度。镀铝层的厚度与镀铝膜的阻隔性有直接关系，随着镀铝层厚度的增加，对氧气、水蒸气、光线等的透过率逐步降低，相应地，镀铝膜的阻隔性能也就有所提高。因此，镀铝层的厚度应当符合标准要求，而且镀层应当均匀。

④附着力强、牢固度好。高质量的真空镀铝膜在加工过程中要先在镀铝基材膜的镀铝面上涂布一定量的底涂胶，提高镀铝层与基材膜的黏结力，从而保证镀铝层牢固，不容易发生脱落；而后，还应当在镀铝层上涂布双组分聚氨酯胶黏剂作为顶涂层，以保护镀铝层不被磨损掉。

⑤物理机械性能。由于镀铝膜在复合过程中要受到机械力的作用，因此，要求其必须具有一定的机械强度和柔韧性，应当具有良好的拉伸强度、伸长率、撕裂强度、冲击强度，优良的耐折性和韧性等性能，以保证其在复合加工过程中不容易出现揉曲、皱折、断裂等现象。

⑥阻湿性。透湿量表示了镀铝膜在一定的条件下对水蒸气的透过量，它从一定程度上体现了镀铝膜防潮性。比如厚度为12μm的聚酯镀铝膜（VMPET）的透湿量在0.3g/m²·24h～0.6g/m²·24h（温度30℃，相对湿度90%）；厚度为25μm的CPP镀铝膜（VMCPP）的透湿量在1.0g/m²·24h～1.5g/m²·24h（温度30℃，相对湿度90%）。

⑦阻氧性。透氧量代表了镀铝膜在一定的条件下对氧气的透过量的情况下，反映的镀铝膜对氧气的阻隔性的大小，比如厚度为25μm的聚酯镀铝膜（VMPET）的透氧量为1.24ml/m²·24h左右（温度23℃，相对湿度为90%）。

⑧表面张力。为了使印刷油墨和复合用胶黏剂在镀铝膜表面具有良好的润湿性和黏合性，要求镀铝膜的表面张力应当达到一定的标准。比如聚酯镀铝膜（VMPET）的表面张力要求达到45达因以上，至少也要达到42达因以上。

二、镀铝膜复合技术要点

在镀铝膜的复合过程中，应当注意以下几方面的问题。

（1）选用合适的胶黏剂

在干式复合中常用普通的双组分聚氨酯胶黏剂，但普通聚氨酯胶黏剂的相对分子质量较小，分子的活性比较强，很容易渗透入镀铝层内，破坏镀铝层的附着牢度；此外，普通胶黏剂的初黏力一般较高，溶剂释放性差，胶液很容易渗透到镀铝层，并且破坏镀铝层，固化后由于残留溶剂的影响，黏结强度反而会下降，甚至发生镀铝层迁移现象，因此，在复合镀铝膜产品时，经常发生复合强度差、镀铝层迁移、“斑点”等涂布复合质量缺陷。因此，在镀铝膜复合加工过程中，最好采用镀铝膜专用胶黏剂，以避免或者减少质量缺陷发生率。与普通胶黏剂相比，镀铝膜专用胶黏剂的分子量适中，且分子量分布比较均匀，而且还具有初黏力不太高、溶剂释放性好、涂布性能好等特点，能够很好地保证镀铝膜复合产品的质量。

（2）涂胶量

涂胶量过小，影响复合牢度，复合强度差，容易剥离。涂胶量太大，不但增加了成本，而且还使固化时间延长，容易发生镀铝层的迁移。一般来说，在镀铝膜复合加工过程中，在配制胶液时，应当适当减少固化剂的用量，提高胶膜的柔软性，使其保持良好的柔韧度和伸展性，防止发生镀铝层迁移现象。此外，还要保证涂胶的均匀度，否则容易出现“斑点”弊病。

（3）干燥温度的控制

在镀铝膜复合加工过程中，烘道干燥温度要提高5℃～10℃，使乙酸乙酯挥发彻底，保证胶黏剂充分干燥，降低溶剂的残留量，防止镀铝层发生转移，高温高湿的天气要特别注意。

（4）张力控制

在镀铝膜的复合加工过程中，要通过自动放卷，控制好镀铝膜的放卷张力。镀铝膜在较大张力的作用下会发生拉伸，产生弹性形变，其上的镀铝层也会相应地变得松动，附着力随之降低，有可能会发生镀铝层脱落现象。

（5）固化温度和固化时间的控制

通常，镀铝膜复合产品忌低温长时间固化，应当适当提高固化温度、缩短固化时间。一般温度控制在50℃～60℃，胶黏剂分子可快速固化，减少其对镀铝层的渗透破坏作用，保证复合产品的质量。

参考文献：

[1] 曹铁 . 在线涂布耐蒸煮 BOPET 薄膜改性新法 [J]. 印刷技术 • 包装装潢 , 2012(20).
[2] 胡焱清 , 李子繁 , 孙红旗 . 改性聚乙烯醇涂布工艺的研究 [J]. 包装工程 , 2009, (2):2.
[3] 江谷 . 软包装材料及复合技术 [M]. 北京 : 印刷工业出版社 , 2008.
[4] 阴其倩 . 软包装材料及其性能 [C]. 现代软包装基材发展暨设计与应用技术研讨会 . 2008.
[5] 唐翔 . 复合软包装材料的性能研究 [D]. 南京 : 南京林业大学 , 2006.

第9章 表面活性剂与涂布助剂

助剂是涂布液中必不可少的辅助成分，不同助剂，发挥不同作用，或用于涂布液制备过程，保证涂布液分散溶解稳定性及流变性；或用于涂布过程，保证涂布液动态润湿铺展性能，保证涂层干燥及成膜一致性；或在涂层中，保证涂层光学性能及生物稳定性，保证多层涂布可行性。根据各自发挥作用，包括并不限于分散剂、润滑剂、抗水剂、黏度调节和保水剂、消泡剂、防腐剂等。表 9-1 是部分涂布助剂一览表。

表 9-1　部分涂布助剂一览表

助剂	表面活性剂	分散剂，流平剂，乳化剂，消泡剂
	光学性能调节剂	增白，紫外线吸收，消光，增光
	黏度调节剂	增稠、稀释、保湿
	防腐剂	苯酚及其衍生物
	交联剂	是单体交联固化
	干燥性能调节剂	干燥、保湿

第一节　表面活性剂与涂布过程控制

一、表面活性剂及其分类

表面活性剂是指加入少量时就能显著降低溶液表面张力并改变体系界面状态的物质。

表面活性剂的特点在于，当它在溶液中达到一定浓度后，通过分子缔合形成胶团，从而具有润湿或抗黏、乳化或破乳、起泡或消泡，以及增溶、分散、洗涤、防腐、抗静电等一系列物理化学作用。在人类生产、生活运动的各个领域，表面活性剂是一种不可或缺的化学助剂；正因为如此，表面活性剂又被称为“工业味精”。它在涂布复合材料中，同样发挥着重要的功能性作用。

1. 表面活性剂结构及分类

从结构上看，表面活性剂的分子都是由亲水的极性基团和亲油（或增水）的非极性基团所构成。如图9-1所示。早期主要按其在水中是否电离、表面活性离子所带电荷来分类；也可按亲水基的种类来分类，一些新型表面活性剂，则按照多种方式分类。

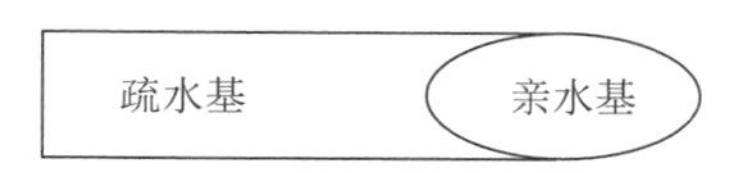

图9-1 表面活性剂分子结构

在水中能电离而生成离子的叫离子型表面活性剂；不能电离的叫非离子表面活性剂。在离子表面活性剂中，亲水基团带有负电荷的叫阴离子表面活性剂；亲水基团带有正电荷的叫阳离子表面活性剂。视溶液酸碱度不同而离解成阴离子或阳离子的，称为两性表面活性剂。按分子结构中亲水基团的带电性分为阴离子、阳离子、非离子和两性表面活性剂及新型五大类。详见图9-2所示。

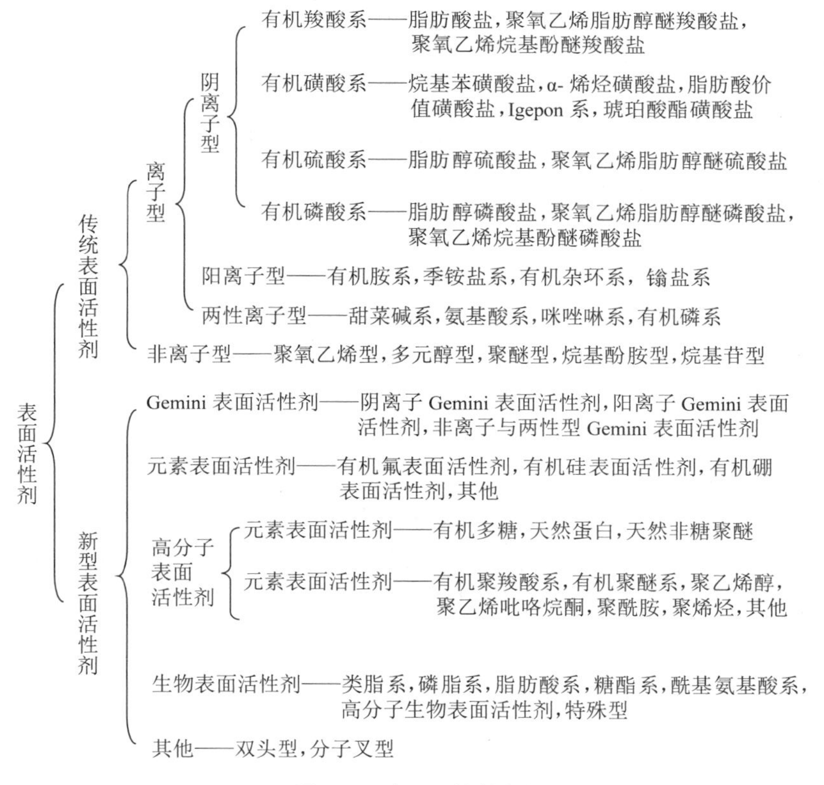

图9-2 表面活性剂分类

2. 涂布常用表面活性剂

（1）烷基苯磺酸盐

烷基苯磺酸盐是典型的阴离子表面活性剂（构成见图 9-3）。

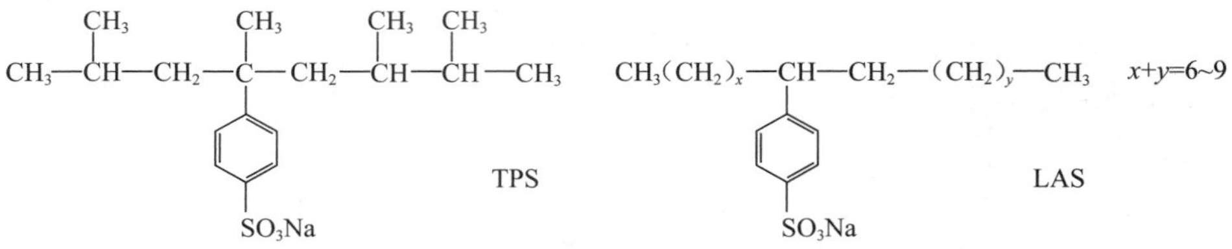

$CH_3-CH(CH_3)-CH_2-C(CH_3)(C_6H_4SO_3Na)-CH_2-CH(CH_3)-CH(CH_3)-CH_3$　TPS

$CH_3(CH_2)_x-CH(C_6H_4SO_3Na)-CH_2-(CH_2)_y-CH_3$　$x+y=6\sim9$　LAS

图 9-3　烷基苯磺酸盐

烷基苯磺酸钠亲水基团为磺酸基与疏水基团烷基苯间连接是 C-S 键，因而耐水解稳定性很好，在热的酸或碱中很稳定。

（2）烷基酚聚氧乙烯醚非离子型表面活性剂

烷基酚聚氧乙烯醚非离子型表面活性剂中，最重要的是壬基酚聚氧乙烯醚，商品牌号为乳化剂 OP 的系列产品。聚乙二醇系环氧乙烷聚合物，最简单的形式是链上没有取代基，可用化学式 $HO(CH_2CH_2O)_nH$ 表示。在其结构中醚键—O—和端羟基是亲水基。在涂布过程用作润湿剂。

（3）脂肪酸烷醇酰胺

脂肪酸烷醇酰胺是由脂肪酸和乙醇胺缩合制得的一类非离子型表面活性剂。最常用的品种是月桂酸单乙醇酰胺和月桂酸二乙醇酰胺。前者的水溶性较差，主要在液体类产品中用作增稠剂；后者常用作稳泡剂和助洗剂。

（4）阳离子表面活性剂

几乎所有阳离子表面活性剂，都是有机氮化合物的衍生物。大致分为两类：一类是胺盐型阳离子表面活性剂；另一类则是季铵盐型阳离子表面活性剂，分子中带有正电荷。阳离子表面活性剂主要用作抗静电剂和织物柔软剂，也可用于防霉和杀菌。在涂布液中应用比较少。

（5）两性表面活性剂

两性表面活性剂基本不刺激皮肤和眼睛；在相当宽的 pH 值范围内都有良好的表面活性作用；它们与阴离子、阳离子、非离子型表面活性剂都可以兼容。由于以上特性，可用作洗涤剂、乳化剂、润湿剂、发泡剂、柔软剂和抗静电剂。主要品种有甜菜碱衍生物、咪唑啉衍生物等。

（6）水性体系常用表面活性剂

图 9-4 列出了部分水性体系常用表面活性剂的结构和俗称。

1283 $HC_8H_{16}OCH_2CH_2(OCH_2CH_2)_{40}OH$

F-120 $C_8F_{17}N(C_3H_7)CH_2COOK$

N327 $NaO_3S—CH(COOCH_2(CF_2)_6H)—CH_2COOCH_2(CF_2)_6H$

1292 $NaO_3S—CH(COOCH_2CH(C_2H_5)(CH_2)_3CH_3)—CH_2COOCH_2CH(C_2H_5)(CH_2)_3CH_3$

7# $C_{12}H_{25}\overset{\oplus}{N}(CH_3)_2(CH_2)_3SO_3^{\ominus}$

图 9-4　部分表面活性剂俗称

（7）特种表面活性剂

含氟和含硅类表面活性剂，属于特种表面活性剂。有机硅表面活性剂在喷墨打印纸涂膜滑爽性方面的具体描述见第 7 章图 7-37。

有机硅表面活性剂的表面活性仅次于碳氟表面活性剂。表 9-2 是运用碳氢类表面活性剂和有机硅类表面活性剂的水溶液，提高在 PET 膜上和 PE 膜上铺展性的实验，由表中数据可见，有机硅表面活性剂可极大降低在低能表面的接触角，改善涂布铺展性能。

表 9-2　表面活性剂接触角（质量分数 1%）

表面活性剂品种	与聚酯膜的接触角（°）	与高压聚乙烯膜的接触角（°）
无表面活性剂	73	82
十二烷基硫酸钠	36	30
十二烷基聚氧乙烯醚（EO=7）	11	2
有机硅表面活性剂	0	1

二、表面活性剂的 CMC 和 HLB

1. 胶束理论和临界胶束浓度 CMC

在溶液中，表面活性离子会自动结合成胶体大小的质点，胶体质点和离子之间形成平衡。这种胶体质点具有特殊的结构，其极性基朝着水，而疏水基则互相接触，并使界面能降至最低，此类质点称为胶束。

非离子型表面活性剂也同样可形成胶束。离子型表面活性剂胶束主要靠表面活性离子缔合而成，且带电，这类物质也称为胶体电解质；后者的胶束是靠表面活性的分子缔合而成，不属于胶体电解质。统称为缔合胶体或胶束溶液。

简言之，形成胶束的原因是被水排斥的疏水基，通过分子间力相互吸引的结果。随着表面活性剂浓度的增加，表面活性剂分子就会吸附到气液界面上来，按疏水基朝向空气，亲水基伸进水相的方式定向。活性分子聚集在表面的结果，使表面张力下降。当浓度增加到一定值时，表面就为一层定向的表面活性分子所覆盖；即使继续增大浓度，表面上也不能再容纳更多的分子，表面张力不再下降；但溶液内部的表面活性分子，却可通过疏水基相互缔合形成胶束，降低体系的能量。也就是说，表面张力不再降低时的浓度，正是开始形成胶束的浓度。

表面活性剂能显著降低水的表面张力，如图 9-5 所示。基本过程是，开始时溶液的表面张力随表面活性剂浓度的增加迅速下降；待浓度大到一定值后，表面张力就几乎不再改变。有时在转折点附近表面张力甚至出现最低点（见图中虚线处）。已可确定最低点的出现，往往与表面活性剂中的杂质有关。如果将表面活性剂提纯，将杂质去除，最低点即消失。但 *r-c* 关系有一颇为明显的转折是肯定的。表面活性剂开始形成胶束的浓度为临界胶束浓度，简称 CMC（图 9-6）。当溶液浓度低于 CMC 时，由于表面活性剂分子的界面吸附和在界面上定向排列，溶液的表面张力随浓度的增高而迅速降低，直至达到 CMC 时，表面活性剂已在溶液的界面上排列成单分子膜，此时表面张力降至最低点。此后活性物浓度的增高，对于表面张力和应用性能的影响不大。表面活性剂的实际补加量，通常都执行超过 CMC 浓度的原则。

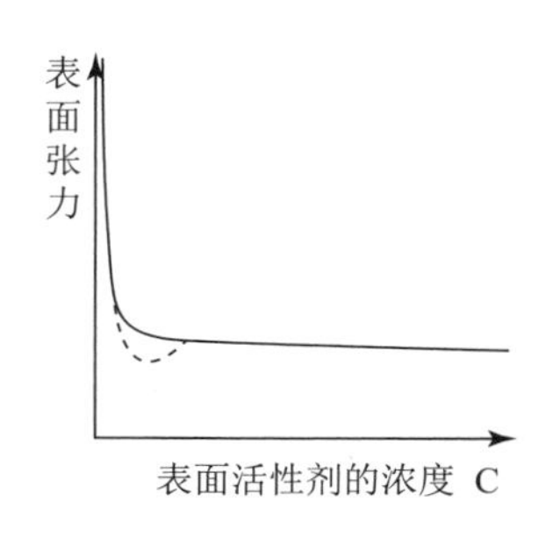

图 9-5　表面活性剂水溶液浓度与表面张力的关系

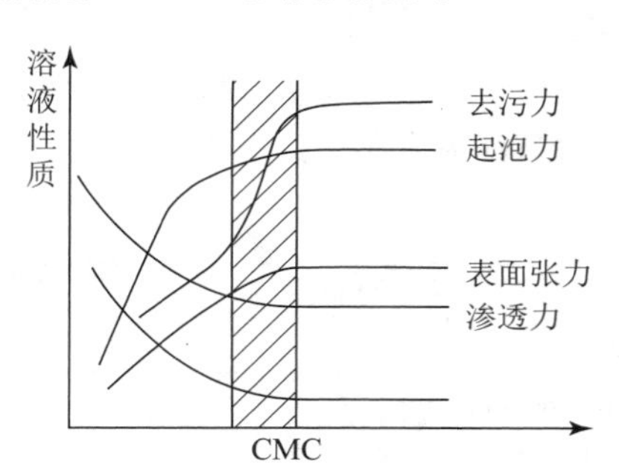

图 9-6　表面活性剂浓度与溶液性质的关系

图 9-7 是加有表面活性剂的溶液中，胶束、单体与表面活性剂的表面单分子层之间相互作用的图解。

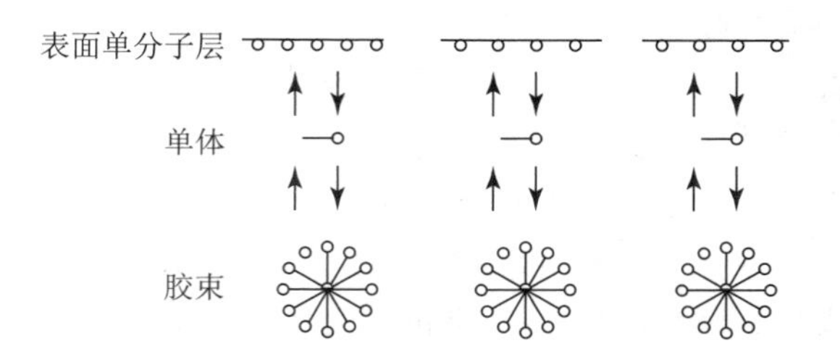

图 9-7　胶束、单体与表面活性剂的表面单分子层之间相互作用

胶束是高度的动态聚集，有资料介绍，胶束形成和解体的半衰期在 10^{-3} ～ 1s，

而单体在胶束中的停留时间是 10^{-7}s。

2. 亲水亲油平衡值 HLB

表面活性剂分子中亲水基的强度与亲油基的强度之比值，就称为亲水亲油平衡值，简称 HLB 值。HLB 值决定着表面活性剂的表面活性和用途，表面活性剂在水中的溶解性与 HLB 有极大的关系（表 9-3）。

表 9-3 HLB 值与水溶性关系

HLB 值	水溶性
0 ～ 3	不分散
3 ～ 6	稍分散
6 ～ 8	在强烈搅拌下呈乳状液
8 ～ 10	稳定的乳状液
10 ～ 13	半透明或者透明半分散
13 ～ 20	溶解呈透明状

表面活性剂的应用性能，取决于分子中亲水和亲油两部分的组成和结构，这两部分的亲水和亲油能力的不同，就使它的应用范围和应用性能有一定差别。

通常，HLB 值范围为 1 ～ 40，由小到大亲水性增加。一般认为 HLB 值 10 以下亲油性好，大于 10 亲水性好。不同 HLB 值范围的表面活性剂功能不同，3 ～ 6 用于 O/W 乳化剂，7 ～ 9 用于润湿剂，8 ～ 15 用于 O/W 乳化剂，13 ～ 15 用于洗涤剂（图 9-8）。

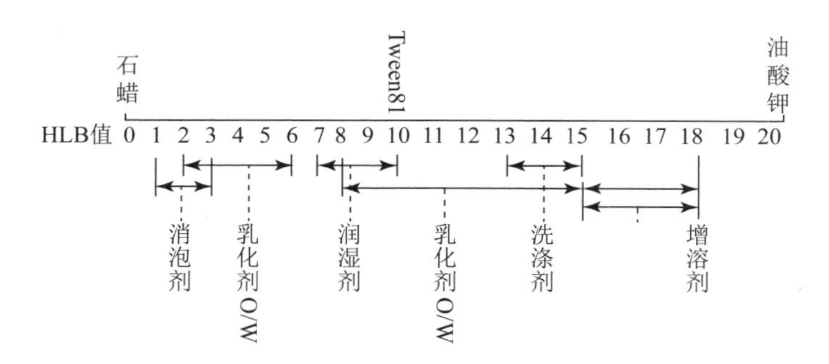

图 9-8 表面活性剂 HLB 值与功能作用对应

三、表面活性剂在涂布复合材料中的作用

1. 吸附平衡恢复作用

在涂布复合过程中，相关表面受到不同的干扰，胶束如同表面活性剂分子的仓库，它们会不断地扩散到表面或从表面扩散回来，表面活性剂通过扩散、传导和胶束形成过程，试图恢复吸附平衡。

涂布复合过程中，当表面被建立、拉伸或压缩时，有效的表面龄或在气—液界面流动的特定单元停留时间，会在较大区间发生变化。液层表面在坡流面上的滞留时间，对于表面活性剂发挥作用的时间是足够的。合适的表面活性剂响应，将会保证稳定的层间润湿、适当的界面润湿，并抑制物料形成的波纹。

2. 润湿作用

润湿是指在固体表面上，一种液体取代另一种与之不相混溶的流体的过程。因此，润湿作用必然涉及三相，其中两相是流体，常见的润湿现象是固体表面上的气体被液体取代的过程。

（1）润湿过程

润湿过程可以分为三步：沾湿、浸湿和铺展。

由于液体的表面张力总是正值，对于同一体系，凡能自行铺展的体系，其他润湿过程皆可自动进行。固体表面能对体系润湿特性的影响，都是通过黏附张力发挥作用。通常，固气界面能越大，固液界面能越小，也就是黏附张力越大，越有利于润湿。

（2）接触角与润湿方程

将液体滴于固体表面上，由于气液固三相界面性质不同，液体表现各异。液体或铺展而覆盖固体表面，或形成一定形态的液滴停于其上。所形成液滴的形状可以用接触角描述。在固、液、气三相交界处，作液体表面的切线与固体表面的切线，两切线通过液体内部的角度，即为接触角。以 θ 表示。

图 9-9 中 S、L、G 分别表示固、液、气三相。接触角理论上是可以在 0 ～ 180° 的任何值，一般说 $\theta < 90°$ 可以润湿；$\theta > 90°$ 不能润湿。而 $\theta=0°$ 代表完全润湿，$\theta=180°$ 代表完全不润湿。

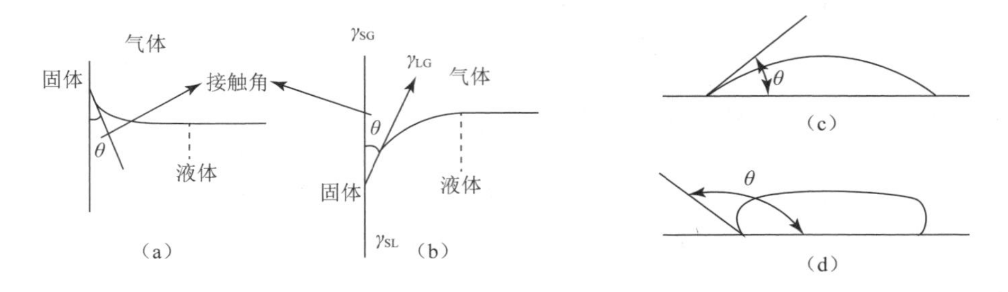

图 9-9 液体在固体表面的润湿接触角表现

平衡接触角与三个界面自由能之间有如下关系：

$$\gamma_{LG}-\gamma_{SL}=\gamma_{LG}\mathrm{Cos}\theta \quad (9\text{-}1)$$

用甲基氯硅烷处理玻璃、硅胶或其他带有表面羟基的固体表面，甲基氯硅烷与固体表面上的羟基作用，释放氯化氢，形成化学链（Si–O 键）。这使原来亲水的固体表面被甲基所覆盖，而具有疏水性强和长期有效的特点，是得到良好的防水、抗黏表面的一种方式。

有人发现，将聚乙烯、聚四氟乙烯、石蜡等典型的低表面能固体浸在氢氧化铁或氢氧化锡溶液中，经过一段时间，水合金属氧化物在低能表面上发生相当牢固的黏附。干燥后可使表面润湿性发生永久性改变。原来的疏水固体开始亲水。例如，最不容易被润湿的聚四氟乙烯固体，在三价铁浓度为 0.37mol/L 的铁溶胶中浸泡16分钟，干燥后，对水的前进角由105° 变为54° ，后退角由101° 变为0° 。

在非极性表面水性涂布液涂布复合时，除了用底层改变支持体（三醋片基、PET 薄膜和涂塑纸基等）的润湿性和增强与涂层的黏牢度之外，还常用等离子体电晕处理方法。在底层和顶层涂布液里采用非离子型表面活性剂，明显有利于改变水性墨润湿均匀性。

（3）动润湿

动润湿现象可从下列实验中观察到，如图 9-10。在玻璃管中充入一段液体，静止时液体与管壁形成一定的接触角，这就是静态接触角，以 θ_s 代表 [9-10（a）]。自左方加压使液体段向右运动。速度不为 0 时的接触角与 θ_s 不同。实验表明，运动着的液体前液面会凸出，与管壁形成大于 θ_s 的接触角；后液面则凹进，形成小于 θ_s 的接触角［图 9-10（b）］。这说明，动接触角与静接触角相比，前进角变大，后退角变小。

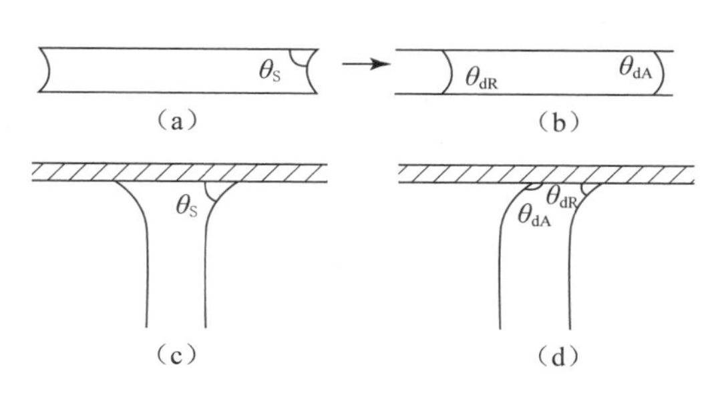

图 9-10　接触角（a、c）与动接触角（b、d）

动润湿现象也可以这样来研究：在管中装入液体，并挤出一些使之与固体平面接触形成静接触角 θ_s［图 9-10（c）］。使固体平面以一定速度向右运动，两者间接触角随之改变，显示如图［9-10（d）］的情况。此实验模拟了涂布复合涂膜工艺的润湿特性，结果表明，动前进角随运动速度加大而变大。

按照流体黏性的理论，当承印物向前运动时，在支持体的表面，由于内摩擦的作用，带上一层空气薄层。有人指出，空气膜的厚度 h 与支持体运行速度 v 之间，有下列关系：

$$h=Kv2/3 \tag{9-2}$$

上式表明，涂布速度越快，h 值越大。

溶液中有无机盐存在，会大大降低离子型表面活性剂水溶液表面张力的时间效应。例如，在 5×10^{-4}mo1/L 浓度的 $C_{12}H_{25}SO_4Na$ 溶液中，有 0.3mol/L 浓度的

NaCl 存在时，溶液表面张力几乎立即达到平衡。但无机盐对非离子型表面活性剂水溶液的表面张力时间效应影响不大。

②吸附速度

表面张力时间效应的直接成因，是溶液表面达到吸附平衡需要时间。表面吸附量随时间的变化，即吸附速度。影响吸附速度的因素很多。吸附作用至少包括溶质分子从溶液内部扩散到表面，和随后进入吸附层并定向的过程。每一阶段需要的时间，会受到各种物化因素的影响，如扩散速度受黏度、溶质分子尺寸和形态、溶质与溶剂间的相互作用以及温度等因素的影响，表面活性剂离子的吸附，还受已吸附离子的电性排斥作用影响。

③动态表面张力与表面龄

为对比不同类型的表面活性剂对动态表面张力的影响，采用 4% 照相明胶水溶液，补加不同量的阴离子和非离子表面活性剂，考察动表面张力与表面龄的关系。这两种表面活性剂，一个是阴离子型琥珀酸二异辛酯磺酸钠（1292）；另一个是非离子型聚环氧乙烷异辛基苯醚（1283）。明胶液补加后的表面活性剂浓度控制在 0.001 ～ 0.005mol/L。

图 9-11 为加琥珀酸二异辛酯磺酸钠明胶溶液，动态表面张力与表面龄关系。为考察明胶液的动态表面张力情况，同时做了不加表面活性剂的空白试验。

图 9-12 为加了聚环氧乙烷异辛基苯醚的明胶溶液，动态表面张力与表面龄关系。

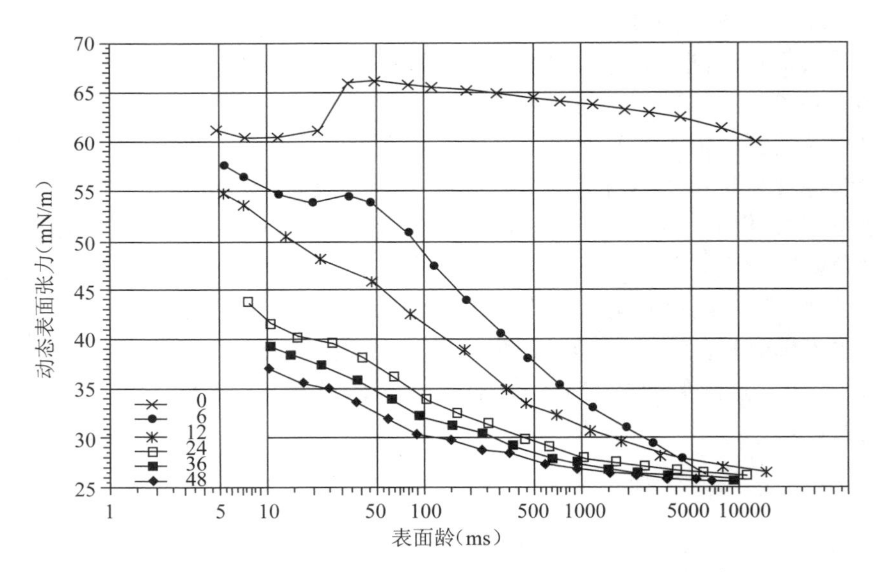

图 9-11　动态表面张力—表面龄关系（琥珀酸二异辛酯磺酸钠，38℃）

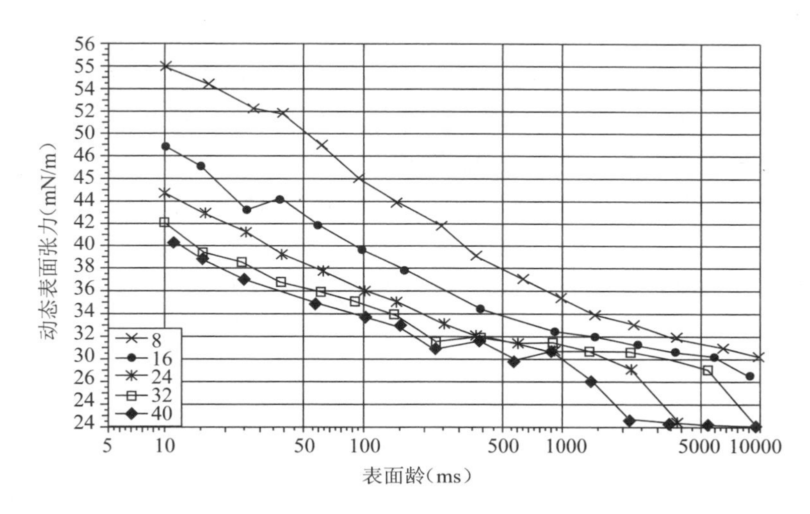

图 9-12　动态表面张力—表面龄关系（聚环氧乙烷异辛基苯醚，38℃）

上述曲线表明，可以通过增加表面活性剂用量，来减小静态与动态表面张力的差偏。当表面活性剂用量小时，动态表面张力对表面龄关系曲线的斜率较大；当表面活性剂用量大时，曲线斜率会减小。下面是 1292 用量对动态表面张力的影响（4% 明胶液）（表 9-4）。

表 9-4　1292 用量对动态表面张力的影响

用量 /（ml/L）	表面张力 /（mN/m）		
	10ms	1000ms	10000ms
6	55	34.0	27.0
12	52	31.5	27.0
24	47	28.0	27.0
36	39.5	27.5	26.2
48	37.2	27.2	25.9

（用量 36 ～ 48ml/L 相当于 0.003 ～ 0.004mol/L）

明胶对动态表面张力有着明显影响，这可能是形成了表面活性剂 - 明胶复合物，也可能仅是黏度的增加所致。阴离子表面活性剂在明胶溶液中，比在水中的数值大，非离子型表面活性剂则相反。含氟阴离子表面活性剂在明胶中的行为，与非离子型表面活性剂相似。

3. 控制涂布复合涂层缺陷

表面活性剂能避免涂液中杂质造成的局部缺陷，这些杂质包括未溶解的颗粒、疏水的油滴、不溶解的分子或微气泡。固态的支持体可以被疏水的杂质玷污，引起局部不润湿或排斥斑。（排斥这一术语引自液体从一个疏水带的缩回现象，表面张力梯度作用类似对邻近液体的剪切力，是排斥形成的动力。）

表面活性剂影响液膜对环境压力波动的响应。某种程度的表面弹性，又会抑制由于外部干扰而产生的波动，在一定程度上保留一些弹性与快速扩散，以克服潜在的疏水问题和避免气泡。所以，在实际应用中，必须找到平衡点。

4. 解决多层涂布复合对表面张力的要求

在水溶液或能互溶的多涂层时，界面张力为零的情况下，为了使涂布液之间顺利铺展，上面涂层的表面张力必须小于下面涂层（或固体）的表面张力（图9-13）。否则，会发生反润湿，即因表面张力引起的涂布液从支持体或下层收缩回来的过程（见图9-14）。

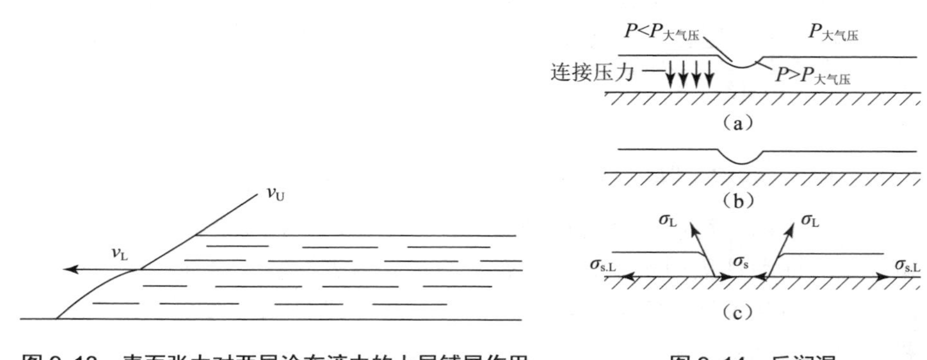

图 9-13　表面张力对两层涂布液中的上层铺展作用

图 9-14　反润湿

在多层涂布复合中，上层必须能铺展在下层上。因此，在所有涂层中上层的表面张力略小于其他层。

5. 表面活性剂复配

还需要一些特殊的或复配的表面活性剂。由于多数涂布涉及聚乙烯 PE、聚丙烯 PP、聚酯薄膜 PET 等低能表面，在水性涂层中应用的表面活性剂，除常见的磺酸类、羧酸类阴离子表面活性剂和聚氧乙烯类非离子表面活性剂外，有必要采用较特殊的如氟类、有机硅类表面活性剂以获得更低的表面张力；由于很多喷墨介质体系设计成阳离子性，更多情况下采用非离子和阳离子表面活性剂复配或者阴离子和阳离子表面活性剂复配的方法；由于涂布生产过程对细小气泡敏感，在表面活性剂的选用上有时还得引入具有一定抑泡能力的表面活性剂；此外，对于一些流变要求高的涂布方式，配方中表面活性剂的选用还需要考虑动态润湿性，孪连（Gemini）表面活性剂具有更高的表面活性和更快的动态润湿性。

对于阴离子和阳离子表面活性剂复配使用的方法，从直觉上会认为两者将因静电吸引而生成不溶复合物，发生沉淀而失效。实际上这种推断仅仅在高浓度体系中正确，而在低浓度使用时，两种表面活性剂可以并存在溶液中，特别是具有短链的表面活性剂相容性更好。

6. 影响产品的其他性质

某些表面活性剂（通常是非离子型）有助于形成易于润湿的亲水表面。但是非常亲水的表面，也容易为疏水物质所玷污而发黏。其他表面活性剂（通常是阴离子型），则倾向于产生疏水性表面，难于被润湿或再涂布复合，但也更难被玷污。

在涂布复合过程中首先是涂布液在基材表面的润湿铺展，之后是渗透附着和黏接。表面活性剂在其中发挥着调整涂布液表面张力和基材表面能作用，促进涂布过程进行。

润湿剂主要是一些低分子量（≤ 1500）的表面活性剂，主要作用是降低固体材料的表面能。润湿剂可在室温下将水溶液的表面张力从 0.72×10^{-3}N/cm 降至 0.4×10^{-3}N/cm，从而提高颜料表面的可润湿性，使分散剂易于在颜料表面铺展而形成稳定的分散体系，形成锚固关系，还有利于涂层流平。

第二节 涂布液分散稳定剂

一、分散稳定作用及其机理

从某种意义上说，分散剂就是表面活性剂，其主要功能在于调节涂布液黏度，影响涂布液流平性和流动性；减少或阻止颗粒絮聚，使颜料颗粒稳定悬浮在液体介质中，并在以后的生产过程中保持这一分散状态，保证涂料稳定。分散机理主要是双电层稳定和空间位阻稳定。

二、影响分散效果的主要因素

（1）转速及时间。多数情况下，提高转速和延长分散时间，粒子变细，分散效果变好。

（2）混合强度。在一定范围内，随着混合强度的提高，分散效果逐渐增强。

（3）分散液浓度。一般而言，分散液浓度越高，分散效果越好，颗粒越细。

（4）聚合物分散剂分子量。聚合物分散剂分子量低，单个粒子表面可停留多个小分子，这样吸附于粒子表面的聚合物多，分散效果好，黏度低。若分子量成倍增长，一个聚合物分子的周围停留多个粒子，形成颗粒桥而难达分散效果。聚合物分散剂的分子量大小应与颜料粒子大小相匹配。

（5）pH 值及分散剂用量。在低 pH 值阶段，增加 pH 值或分散剂用量，都可使絮聚作用减小，即分散效果增强，但 pH 值过高、用量过大会起反作用。多的分散剂用量在低 pH 值时有更好效果，少的分散剂用量在高 pH 值时效果好，但可能影响分散液黏度的稳定性。

（6）电解质。电解质会削弱平衡离子层，使其移向颗粒表面，颗粒就相互接近，也可压缩双电层，减少表面潜在电荷，引起絮聚。分散剂的不合理使用，可溶性盐、酸或高浓度碱都可减弱分散剂的稳定性。

（7）电荷效应。一般吸附离子为阴离子，相应地组成扩散层的阳离子云。单价的阳离子或溶液中阳离子浓度低，则云层厚而庞大；二价阳离子云或溶液中阳离子浓度高，则离子云层薄，粒子互相接近而凝聚，如钙、锌、镁等二价金属离子可引起分散剂负效应及聚合物交联剂的不溶，ZETA 电位为 30mV 左右时，分散体系比较稳定。

三、分散剂用量与涂料性能关系

（1）分散剂用量与黏度关系

随着分散剂用量的增加，颜料分散液黏度先下降，下降至最低点，接着便上升。不同颜料、不同分散剂有不同的黏度曲线，达到最低点时的分散剂用量是其最佳用量。针对不同颜料需作分散剂用量黏度关系曲线，求得最佳用量。

（2）分散剂用量与高剪切性

颜料分散剂的不同用量对高剪切性能也有一定影响，为了分散液的储存稳定性和流变性等其他涂料特性，选择分散剂的同时也必须测试此项性能，以确定最佳用量。

（3）最适分散剂用量的确定

结合对颜料、分散剂的最低黏度和最佳高剪切性能测试，综合考虑所用胶黏剂、涂布液储存稳定性等，确定最适宜分散剂用量。它有最低黏度要求量和操作要求量，一般分散剂的用量为 0.2% ～ 1.5%。

（4）分散剂种类

分散剂主要是一些 HLB 值在 7 ～ 9 的表面活性剂。常用分散剂种类及其适用范围如表 9-5 所示。从表中可见，分散剂和稳定剂之间，几乎无法完全区分。

表 9-5 主要分散剂及其应用

分散剂	适用范围
六偏磷酸钠、焦磷酸钠等多磷酸盐	高岭土、碳酸钙、二氧化钛、滑石粉等
硅酸钠	高岭土、二氧化钛
脂肪醇、醚	滑石粉、氢氧化铝
聚丙烯酸钠	高岭土、碳酸钙、缎白、硫酸钡等

续表

分散剂	适用范围
淀粉与羟乙基淀粉	缎白、碳酸钙等
羟甲基纤维素（CMC）	缎白、碳酸钙
阿拉伯树胶	缎白、钛白粉
干胳素或豆蛋白（碱性下）	缎白、高岭土、碳酸钙等无机颜料
木质素磺酸钠	碳酸钙

常见润湿分散剂见表 9-6。

表 9-6　常见润湿分散剂

名称	特征及分散原理	适用范围
水溶性高分子聚电解质类	以聚丙烯酸的盐（钠、钾、铵）类为代表，强离子性。商品形式大多为 20% ～ 30% 的水溶液；有的制成固体粉末。它大部分易溶于水，无味，依靠在颜料表面产生心电位的静电斥力作用使颜料分散；聚合度在 12 ～ 18，由于离子浓度大，分散体的稳定性并不好，且 HLB 值偏高，初期对颜料的润湿性差，需配用润湿剂	水性无机颜料
亲水性丙烯酸酯共聚物	离子浓度低，HLB 值适中。研磨料既有适宜的剪切力，又形成黏度稳定的分散体，对其结构多含有聚氧乙烯、磺酸基等接枝单元，双电层和空间位阻同时发挥作用	水性无机颜料
线型大分子离子型或非离子型化合物，聚氧乙烯类活性剂	相对分子质量低，聚集态易于流动。一端具有高密度活性基团结构的品种，用于无机颜料的分散，性能优良；此类助剂的 HLB 值与亲水性丙烯酸酯共聚物相似，但具有水溶性，可能会从涂膜中游离，有损涂层的理化性能。此类助剂也有疏水性的品种	无机、有机颜料，炭黑
疏水性共聚物分散剂	大部分是丙烯酸类，基本无离子性。有的含有胺类接枝单元等。以空间位阻和有效锚固基团作用稳定颜料。其 HLB 值低，制备颜料浆时提供适宜的剪切力，是水性分散剂的开发方向。用量为离子型助剂的数倍，但同时作为载体树脂，所得浆料具有优良的展色性和稳定性，可用作成膜物	无机、有机颜料，炭黑
丙烯酸共聚物接枝 PU	阳离子型共聚物分散剂，主要用于工业在线涂料，不宜与阴离子助剂复配	阴极电泳涂料
低相对分子质量分散剂	相对分子质量介于 400 ～ 2000。主要是线型烷基酞胺类或枝型多聚羧酸，或是多聚羧酸与多元胺组成的低聚物，非离子型居多。它不会赋予涂层亲水性，多元酸的羧基紧密排列在基底上，疏水端向外，排列成疏水层。缺点是相对分子质量低，不能形成有效的位阻空间，不适宜分散有机颜料和高色素	溶剂型防腐、防锈涂料

续表

名称	特征及分散原理	适用范围
高相对分子质量分散剂	又称超分散剂，是现代分散剂的主流产品	中高极性的工业涂料和粉末涂料
	聚酯主链结构的活性衍生物。典型结构 $T\text{-}[(O\text{-}A\text{-}C\text{-}O)_n\text{-}]_p\text{-}Z$ 式中：A——$C_{8\text{-}20}$ 线型亚烷基或链烯基； T——H 或链终止基团； Z——多元胺或聚亚胺残基 n=2-10，p ≥ 2 $[T(OACO)_n]_p$；Z=5：10-20：1（m/m） $[T\text{-}(O\text{-}A\text{-}C\text{-}O)_n\text{-}]_p\text{-}Z$ 式中：A——$C_{8\text{-}20}$ 线型亚烷基或链烯基； T——H 或链终止基团； Z——多元胺或聚亚胺的残基；n=2 ～ 10，p ≥ 2。 其中，$[T(OACO)_n]_p$：Z=5：1 ～ 20：1（m/m）	
	聚氨酯类。在分子链中，均匀分布着一系列的氨基甲酸酯基团或链段；或者是分布于接枝的侧链上，并以叔胺和环结构为锚固基团。性能全面，色浆黏度低，展色性优异，成本较高，不适用于低极性涂料	中高极性体系中各种颜料的分散
	接枝丙烯酸共聚物，相对分子质量高，分散能力略逊于 PU 分散剂。稳定性同 PU 分散剂，价格适中，适用范围广	普通工业涂料，从低极性到高极性均可应用

第三节 消泡抑泡剂

一、消泡

1. 消泡机理

表面活性剂会导致起泡且不易消除。当液膜表面有弹性或由于非平衡的表面活性剂吸附使得表面活性剂过剩导致泡沫稳定，泡沫长时间存在。快速吸附的表面活性剂能很快地恢复吸附平衡和静态表面张力，抑制了弹性因而降低了起泡性。一些长碳链醇如正辛醇就有类似效应，被用作有效的消泡剂。非挥发性的全氟化烃和高分子硅烷表面张力很低，更有效。

消泡剂是以低浓度加入起泡液体中，能控制泡沫的物质之总称。消泡剂是生产过程中不可缺少的助剂，它不仅能除去液面上的泡沫，还可改善过滤、脱水、洗涤和各种浆体的排液效果，确保各类容器的处理容量，提高生产效率。

消泡剂必须具有低表面张力和 HLB 值，不溶于起泡介质，以液滴、包裹固体质点的液滴或固体质点的形式，喷洒于起泡体系中，阻止气泡生成；同时，具有比起泡介质更低的表面张力，在气泡表面铺展，降低表面黏性，并进入液膜，气泡破裂水溶液消泡原理过程见图 9-15。

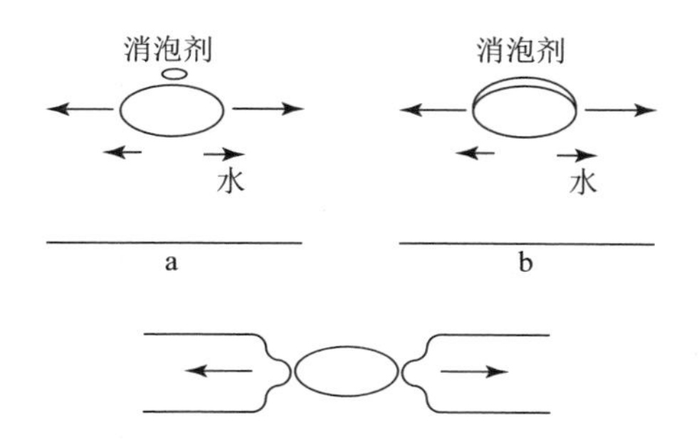

a.消泡剂在气泡表面润湿铺展；b.消泡剂液膜变薄；c.气泡液膜断裂

图 9-15　消泡剂消泡过程原理

常用的消泡物质，大致分为聚硅氧烷、酰胺、聚氧乙烯、羧基化合物及脂肪醇、磷酸酯等。多数消泡剂并非由一种物质组成，而是含多种成分，少则 2 ～ 3 种，多则 5 种以上，按基本功能分为类主防消泡剂、辅助防泡剂、载体、乳化剂或展开剂、稳定剂或配合剂。

此外，消泡剂还有抑泡和消泡两种功能，统称泡沫控制剂。有些泡沫可以通过加某些试剂与起泡剂发生化学作用而破坏。以脂肪酸皂为起泡剂而形成的泡沫可以加入酸类（如盐酸、硫酸）及钙、镁、铝盐等形成不溶于水的脂肪酸及相应的难溶脂肪酸盐，于是泡沫破坏。然而在工业生产中，因为存在腐蚀、堵塞管道的问题，一般不用。表 9-7 给出了部分泡沫控制剂及化学组成。

表 9-7　消泡剂各类型的化学组成

消泡剂类型	化学组成
油型	纯硅油、溶于烃中和其他溶剂中的硅油；脂肪酸、溶于油中的脂肪醇
青脂型	由饱和脂肪酸酯、石蜡、矿物油、脂肪酸皂、乳化剂、稳定剂组成
分散体型	分散相为二氧化硅、滑石、黏土、脂肪胺、重金属皂类和高熔点的聚合物等；分散介质常为矿物油、煤油、植物油、脂肪醇、有机硅液体等
乳液型	油相常为硅油、矿物油等；乳化剂为聚乙二醇脂肪酸酯、萘磺酸盐、脂肪酸甘油脂、山楂糖醇脂肪酸酯及脂肪酸皂等；稳定剂可用聚丙烯酸酯、醋酸乙烯－顺丁烯二酸酯共聚物和黄原酸树脂
固体或粉末型	由蜡、脂肪醇、酯类和皂类组成

2. 水性体系消泡

水性体系多用聚氧化烯类、乙二醇硅氧烷以及烃脂肪酸脂肪酸醋混合物的乳液型乳状液与疏水质点油的混合物构成的乳状液为消泡剂。醇类也是在一定条件下可以使用的单一构成消泡剂。

抑泡剂用量一般为胶黏剂量的 2% ～ 6%，为颜料量的 0.01% ～ 0.05%；消泡剂用量一般为总液量的 0.1% ～ 0.4%。消泡剂必须稀释使用，大多以喷雾形式加入，并慢慢搅拌，使气泡与消泡剂作用后慢慢上升破裂。配好的消泡剂即使不分层，使用前也应适当搅拌；若分层，更需充分搅拌后再用。

必须严格控制加入量，过多的消泡剂会带来针眼、泡痕、鱼眼、油点以及条痕等弊病。最好分次添加，在研磨分散阶段，用抑泡效果好的消泡剂，配制好后，用破泡效果好的消泡剂。

多数表面活性剂具有稳定泡沫的作用，泡沫液膜吸附表面活性剂后，当泡沫液膜受到外力冲击或重力作用导致局部变薄或液膜面积增大时，表面活性剂会使液膜厚度恢复，从而恢复液膜强度（图 9-16）。这可以用张力梯度驱动的马瑞冈尼效应（Marangoni Effect）解释，马瑞冈尼效应的详细解释参见《涂布复合质量控制》一书。

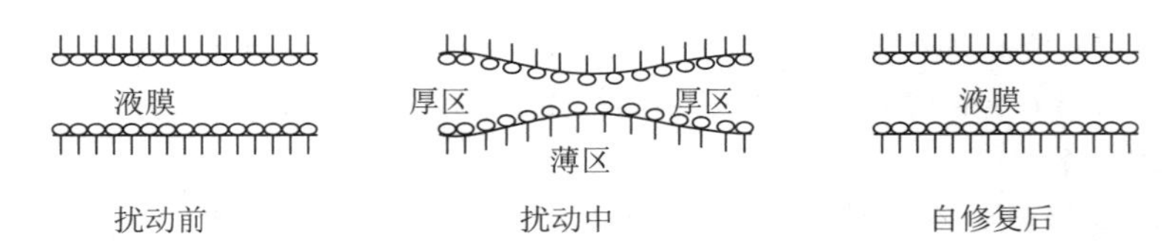

图 9-16　泡沫液膜在表面活性剂作用下的自我修复

二、有机硅消泡剂

1. 有机硅消泡剂作用机理

有机硅消泡或抑泡的能力，源于它具有的很低的表面张力，通过有机硅化合物（硅油）干扰气液界的表面张力，产生消泡效果。

当有机硅消泡剂加到泡沫介质中时，硅油的小颗粒落到泡的表面，同时有效地降低接触点的表面张力，在泡外皮引起一个薄弱点，从而引起破泡。

2. 有机硅消泡剂种类

有机硅消泡剂有油型、乳液型、固体粉末型及复合型等。均应具备下述性质：消泡力强，用量少；加入后不影响体系基本性质；表面张力小；与表面平衡性好；扩散性、渗透性好；耐热耐酸耐碱好；化学性稳定、耐氧化性强；气体溶解性，透过性好；在起泡溶液中溶解性小；生理安全性高。

（1）水乳剂型消泡剂：以聚二甲基硅氧烷（硅酮）为主体，及白炭黑复合物，在表面活性剂（乳化剂）的作用下制备成O/W型各种不同浓度的水乳消泡（适合水性介质消泡场合）或制成高浓度硅膏，用时采用涂抹法或临时稀释后使用。

（2）油体系消泡剂：借助溶剂携带硅油并分散到起泡液中。溶剂扩散，硅油或微滴发挥消泡作用（一般高、低黏度硅油调合）或制成硅油/矿物油分散体。例如，用于原油破乳脱水。

（3）固体粉剂消泡剂：含质量分数2%～5%有机硅消泡成分及质量分数50%～98%的粉状固体载体。

（4）消泡棒：硅油、磺酸钠盐及蜡的制剂。

（5）自乳化自分散型消泡剂：以聚硅氧烷与聚醚共聚的有机硅表面活性剂，在聚硅氧烷分子链上引入亲水基，可显著改善有机硅在水中的分散性，或成自乳化状，成为一类专门的消泡剂，在浊点以上消泡，适合高温高压喷射染色等消泡。

自乳化型消泡剂耐热，耐酸碱，可在苛刻条件下消泡，如聚酯纤维高温染色、二乙醇胺水溶液脱硫体系、各种油剂切削液、不冻液等体系消泡。

3. 有机硅消泡剂应用于涂布复合关联行业

（1）造纸工业

①制浆：有机硅乳液消泡剂（90g/T纸）。

②涂布纸：涂层涂料，压光后印刷画报等的用纸，涂布气泡一般用非硅消泡剂。

③污水处理：水乳剂型有机硅消泡剂，如BD-303有机硅消泡剂。

④涂料、油墨中的应用。

（2）涂料生产中对消泡剂的要求

①与泡沫表面的活性物质有一定亲和力，但在气泡液中应该是难溶与不溶的。

②表面张力低于气泡液的表面张力，且有较低HLB值。

③应使乳液（乳胶）稳定。

④涂料成膜后不能引起鱼眼和缩孔的不良后果。

⑤涂料生产中常用消泡剂包含以下两大类：a. 水性涂料用消泡剂，如矿物油、高级醇、有机硅树脂；b. 非水性涂料用消泡剂，如低级醇、有机硅树脂（有机硅树脂用量要适量，过量易缩裂、陷穴，现多采用改性的有机硅树脂或经乳化的有机硅树脂）。

（3）水性涂料中推荐使用的有机硅消泡剂

①硅油、疏水SiO_2混合物适用：环氧树脂，浇涂，用量0.3%；热塑丙烯酸树脂，喷涂，用量0.3%。

②聚醚聚硅氧烷与疏水SiO_2混合物适用：热固性醇酸树脂，浸涂用量0.3%，刮涂用量0.1%。

③疏水SiO_2、烃类、硅油的混合物适用：热塑性丙烯酸树脂，印刷、油墨，用量0.1%；空气干燥型丙烯酸树脂，浇涂，用量0.5%。

④硅油及疏水SiO_2混合物乳液适用：醇酸改性苯丙树脂，浇涂，用量0.5%。

三、抑泡

当表面活性剂分子具有下述特征时，抑泡效果变化明显。

①亲水基在分子链中央，油性侧链含有支链时，表面活性剂分子的内聚力大大下降，不易在泡沫液膜形成紧密吸附层。

②分子链中有双键和三键不饱和键，抑泡能力上升。

③分子具有过高的扩散系数，表面活性剂对泡沫的稳定作用不强。

④极低的表面张力，使得表面张力梯度 $d\gamma / dx$ 值偏小，表面活性剂稳定气泡的能力也不强。

抑泡表面活性剂的代表产品有气体产品有限公司（Air Products）的 EnviroGem AE，和德国科宁公司（Cognis）的 Hydropalat 140 等。

第四节　涂布液流变性调节剂

一、保水剂及流变性改进剂

1. 主要功能

涂布液的失水和保水很重要，无论是表面张力压力，还是机械压力所形成的水（胶黏剂）迁移，都可用增加涂布黏度来有效地减缓。保水剂及流变性改进剂（Water Retention and Rheology Moflifiers）可控制涂布液保水性和流变性，这对涂布液的可运行性、涂布量控制和成膜的光学机械性能等都有作用。

改进涂布液施涂后的保水能力，控制涂料中游离水的流动度，减少向涂布基材的迁移，促成涂层分布均匀，这对高固含量的涂布液尤其重要。

调整颜料或胶乳的聚集态，可以减少高岭土絮凝，对涂布液增稠，优化分散效果，改善涂布液流变性和干湿结构。

2. 常用保水剂及流变性改进剂

（1）海藻酸盐

海藻酸盐是由海藻植物精炼而成的天然多糖类化合物。

海藻酸盐水溶性和保水性好，对多孔基纸有较低的渗透性，应用于施胶压轧，可使胶黏剂留于成纸表面。应用于涂布纸，能使胶黏剂和填料停留于纸表面，改进成膜性和成纸的印刷性。

一般将海藻酸盐溶液加入涂布液中或直接将粒状海藻酸盐加入涂布液使用。高黏度产品有较大的剂量效应，小的剂量就会引起涂布液黏度的很大变化，涂布液黏度难控制。

（2）羧甲基纤维素钠

羧甲基纤维素钠（CMC）属于纤维素衍生物，是广泛使用的保水剂，也是辅助胶黏剂。其性能特点如下：

①保水性和黏度与羧甲基纤维素钠用量正相关。羧甲基纤维素钠用量达 0.5%（对颜料总量）时，黏度增值 3.6 倍，保水性增加近一倍。

②可在较广 pH 值范围内形成黏度稳定的溶液，容忍钙离子程度比海藻酸钠强。

③有较好的黏结力和成膜性，可用作涂布液的辅助胶黏剂，提高固含量，改善流变性，给成品纸以高的印刷光泽和油墨吸收性。

④分散性良好，且对光学增白剂有较高保留率。

⑤遇钙离子或食盐等不沉淀，但可引起涂料降黏，遇铅、铁、银、锝、钡等重金属盐，会产生沉淀。

羧甲基纤维素钠主要性能指标如表 9-8 所示。

表 9-8　CMC 主要性能指标一览表

性能	指标
固体外观	白色或微黄色粉末、颗粒或者纤维固体
醚化度 DS	＞ 0.8
黏度（2% 水溶液）/mPa・s	6 ～ 100 不等，分高中低
pH 值（1% 水溶液）	6.5 ～ 8.5
水分（%）	10 ～ 13
水溶性	好，取代度决定溶解度
溶液外观	半透明或透明黏胶液

使用时，加入适量水分浸泡溶解后，与涂布液混合或在颜料分散时直接加入；低黏度的用于高固含量配方中，中、高黏度用于低固含量配方；用量一般为颜料绝干量的 1% ～ 1.5%。因为羧甲基纤维素钠与金属长时间接触易引起变质或降黏，不宜使用金属器皿。

（3）羟乙基纤维素钠

羟乙基纤维素钠（HEC）是纤维素衍生物结构化合物。羟乙基纤维素钠是氧化乙烯与纤维素反应的产物，其氧化乙烯的取代量以 MS 表示，MS 范围为 2 ～ 3mol（每纤维素链的葡萄糖单位），黏度范围较大，与羧甲基纤维素钠相似。

羟乙基纤维素钠对高岭土吸收比相应分子量的羧甲基纤维素钠大，保水值比相同黏度和计量的羧甲基纤维素钠低，须使用较低黏度和较大剂量。可比羧甲基纤维素钠给以较高的 KN 油墨吸收性。羟乙基纤维素钠用于纸板和轮转印刷纸涂料配方中，用法同羧甲基纤维素钠。

（4）聚丙烯酸盐

聚丙烯酸盐一般为丙烯酸酯与丙烯酸的共聚体钠盐或丙烯酸与醋酸乙烯共集体钠盐等。性能特点如下：乳液状，呈酸性，在碱性条件下带阴电，相对分子质量在 10000 以上；溶液对 pH 值或聚合电解质敏感，遇额外多价离子可引起沉淀或失去效果。

聚丙烯酸盐用量一般是颜料量的 0.15% ～ 1%，须根据涂料成分和固含量而定。乳液可最后加到涂布液中，直至达到目标黏度。与其适应的涂布液 pH 值以 8 ～ 9 为好。

二、影响涂布液流变性的其他添加剂

虽然保水剂及流变性改进剂是控制涂料流变性的主要添加剂，但其他添加剂成分对涂料流变性及黏度也有影响，如分散剂、消泡剂及抗水剂等。

（1）分散剂可降低涂料黏度，过量的分散剂则可增加黏度。同时，分散剂也影响保水剂及流变性改进剂对瓷土的吸收和含水瓷土涂料的流变性。

（2）消泡剂在消泡的同时，也改变涂布液黏度，影响涂布液流动性，也会与某些涂布液成分相互作用。

（3）淀粉、干酪素等抗水剂，可引起涂布液黏度增加，如甲醛类，使用量过多或温度过高则更甚。苯乙烯马来酸酐树脂与淀粉一起使用，也可增加涂布液黏度。

三、水性聚氨酯的流变设计及增稠机理

1. 水性和溶剂型聚氨酯体系

水性聚氨酯的流变性能控制及配方设计，取决于水性聚氨酯整个体系的形态。在传统的溶剂型聚氨酯体系中，所用溶剂通常是树脂体系的真溶剂，树脂完全舒展开来而且均匀“溶解”于体系当中。整个体系处于“均一相”状态，树脂与溶剂间属于“你中有我，我中有你”的状态。

溶剂型树脂在溶剂里的分散状态，在流变性方面，由于体系处于均一相状态，对溶剂体系进行流变设计，也是对树脂体系的流变设计；树脂的分子量大小，会影响整个体系的黏度，也会改变整个体系的流变状态；由于树脂体系在溶剂体系中的完全溶解和舒展，使得溶剂型涂布液的最终成膜，比较容易形成均一而致密的膜。

实际的水性聚氨酯体系状态与溶剂型聚氨酯不同。例如，目前主流的双组分水性聚氨酯的产品，主要是羟基丙烯酸型的水性聚氨酯，而水性羟基丙烯酸树脂分为乳液型和分散体型。两种合成方式形成的产品，都属于“悬浮态”体系，即

树脂（乳液或分散体）和承载它的介质（水）间是不相容的。两者实际上是以“分离相”状态存在，如图 9-17 所示。

树脂与水相分离态存在时，体系处于相对分离的状态，流变设计上就有了对水相进行增稠和对树脂相进行增稠，以及对两相都有增稠作用的几种不同的设计方案。此时，体系的最终黏度或流变性能和树脂的分子量大小没有直接的关系；由于乳液粒子是不溶于水的，所以，需要引入成膜助剂或者助溶剂帮助最终形成均一致密的膜，而成膜助剂或者助溶剂的引入，反过来又影响流变助剂的选择。

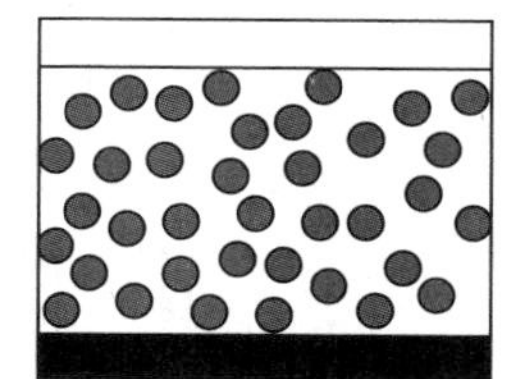

图 9-17 树脂与水相分离态

水性体系和溶剂型体系的差异，必然导致水性聚氨酯的流变体系与溶剂型聚氨酯体系在选择上存在差异。

为了在涂料生产和施工的过程中，能有较低的高剪黏度方便生产，而在储存和防止流挂及沉降的过程中，有较高的低剪黏度便于存储和防流挂。水性聚氨酯中水的高表面张力不易铺展和不易消泡，所以，适当的流变体系的选择，就成了主要矛盾（图 9-18）。

2. 流变助剂及其分类

流变助剂分类方式很多，根据应用环境，分为溶剂型和水溶性；按照分子构成，可以分为有机和无机类；按照作用过程是否发生缔合，可以分为缔合型和非缔合型（如图 9-19）。

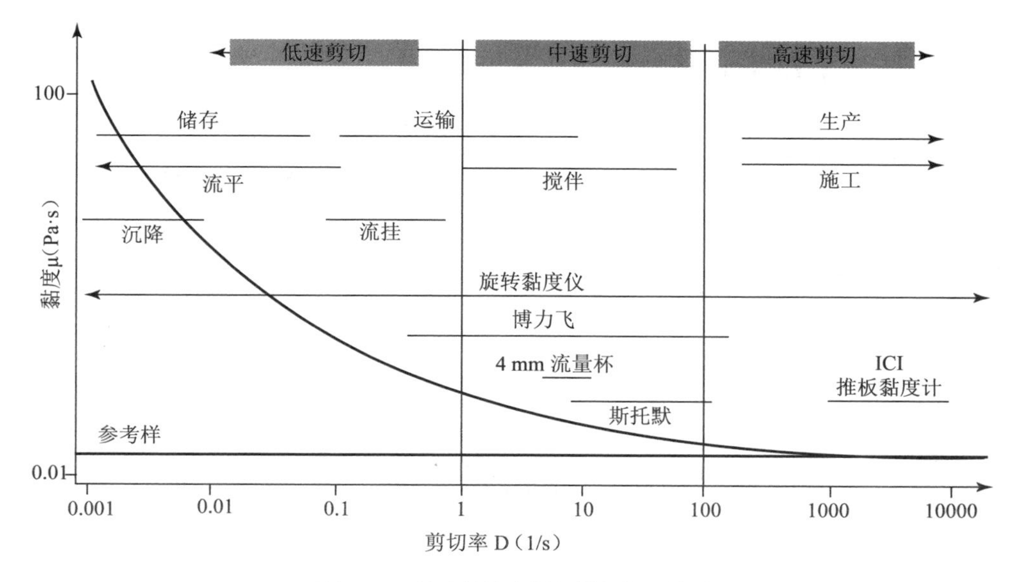

图 9-18 涂布液流变性与储运加工关系

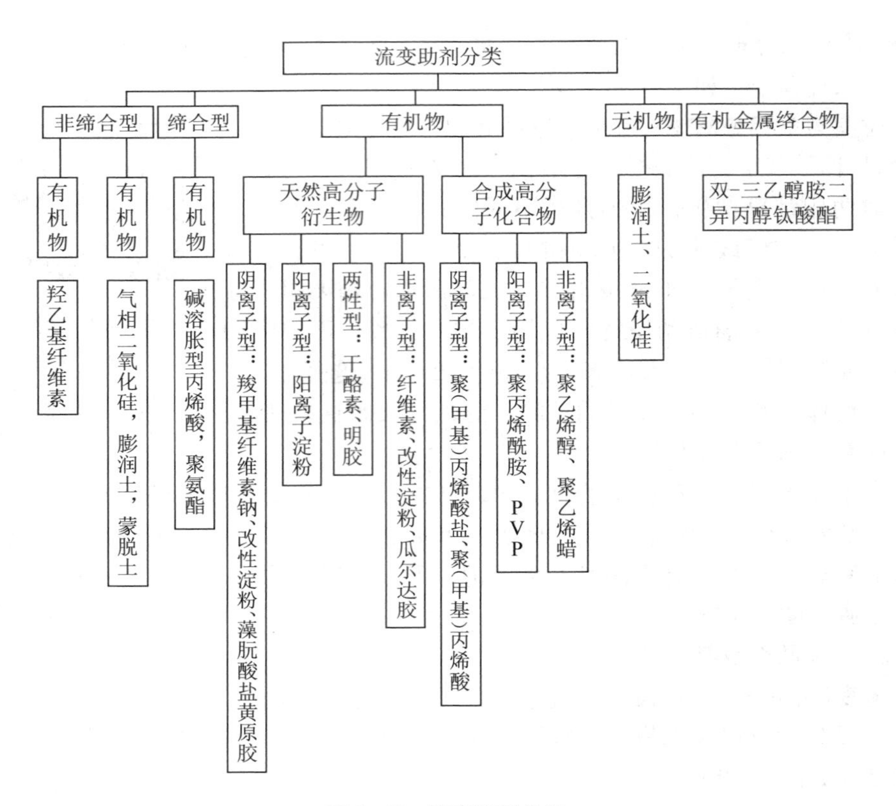

图 9-19 流变助剂分类

3. 增稠剂及其作用机理

表 9-11 传统增稠剂与聚氨酯缔合增稠剂对比表

	传统增稠剂	聚氨酯缔合型增稠剂
相对分子量与黏性	相对分子量很大，是水溶性高分子，溶解于水并形成分子链缠绕增加体系黏度	相对分子量很小，有一个低相对分子量的水溶性链段还有两个亲油端基，亲油端基在水体系中缔合，形成网状结构增加体系黏度
作用方式	独立起作用	亲油端基与乳胶粒子缔合胜过自身缔合，在有高分子乳胶的体系中作用更明显，乳胶固含量越高增稠效果越好
流体性质	在剪切作用下，分子链沿剪切方向排列，黏度下降，有剪切变稀现象，增稠体系是一种强假塑性流体	亲油基一直处于缔合解缔状态，剪切无法破坏动态缔合，被增稠体系是一种弱假塑性流体，甚至是牛顿流体

续表

	传统增稠剂	聚氨酯缔合型增稠剂
成膜性	为获得水溶性，极性很高，成膜后留在材料中，与大多聚合物习性不同，倾向于与增稠剂自身相聚而形成增稠剂富集区域，区域边界会散射光，造成涂膜光泽降低	与水性树脂混合，不会消光
分子结构	水溶性高分子链，变化很少	端基大小、水溶性链长短均可随意调整，非离子型，在各种 pH 值下都能起作用

由于水性体系的“相分离”的特点，有些流变助剂是针对液相或者整个体系进行增稠的，被称为“非缔合型”增稠剂，而有些流变助剂，是针对体系当中的特定的乳液或者颜填料进行缔合型增稠的，被称为缔合型增稠剂 / 流变助剂。缔合型增稠剂专用于水性体系。

通常，缔合型增稠剂存在不同的分子官能团，其中一些官能团亲近乳液或者填料，而另一部分官能团则可溶或亲水。

（1）纤维素醚类

纤维素醚类的增稠剂结构式如下：

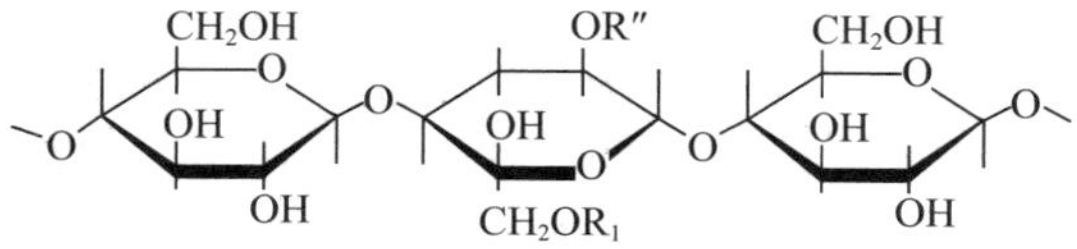

通过不同的 R' 和 R'' 基团的引入，可以得到一系列产品：

羧甲基纤维素钠（SCMC）；羧甲基 2- 羧乙基纤维素钠；羟乙基纤维素（HEC）；甲基纤维素（MC）。

2- 羟丙基甲基纤维素（HPMC）；2- 羟乙基甲基纤维素（HEMC）；2- 羟丁基甲基纤维素。

2- 羟乙基乙基纤维素（HEMC）；2- 羟丙基纤维素（HPC）

图 9-20 纤维素醚类的增稠剂结构式

其中，最常用的是羟乙基纤维素，羟乙基纤维素的增稠作用机理如图 9-21 所示，主要源于其很大的分子量（10 万～ 100 万）而增稠水相，形成巨大的水合体积。通过巨大的水合体积以及氢键的作用，实现防沉降目标。

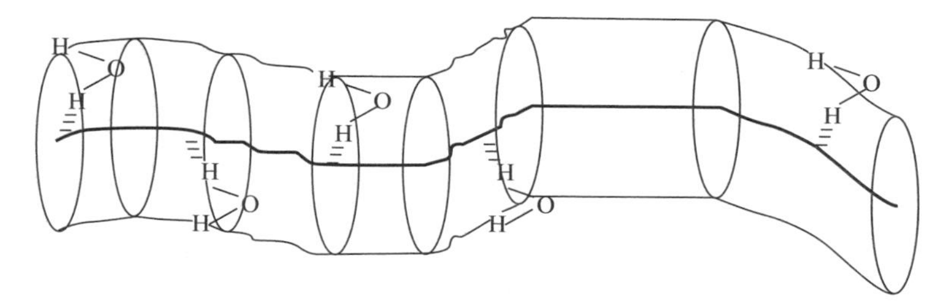

图 9-21 羟乙基纤维素的增稠机理

羟乙基纤维素水性涂料的增稠剂特点：适用于大多数涂料体系；增稠效率很高，较少的量就能达到很好的增稠效果；良好的抗流挂和抗罐内沉降；具有很好的经济性；影响漆膜的光泽和流平；容易产生飞溅；不耐微生物降解等。

（2）碱溶胀型丙烯酸

碱溶胀型丙烯酸属于缔合型的增稠剂，其分子主链结构如下：

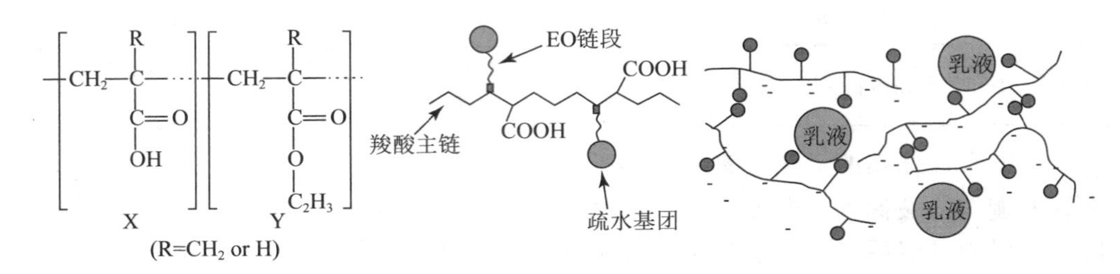

（图片出自于《Dow—水性增稠》）

图 9-22　碱溶胀型丙烯酸结构和缔合机理

通过引进疏水基团，此类增稠剂在碱性的环境下，可以实现疏水基团和乳液以及颜填料之间的缔合，而亲水的一端均匀溶解于水介质当中，从而实现增稠。

碱溶胀型丙烯酸增稠剂分子量大约在几万到几十万，具有以下特点：耐生物降解性；与纤维素醚类产品相比，漆膜光泽和流平性有较大改善；较好的抗飞溅性能；相对成本低。但需要在碱性条件下才能发挥作用；耐水性和耐碱性较差；增稠效率受乳液、PVC、体积固含量等影响；对助溶剂、表面助剂、分散剂等的选择较为敏感。

（3）聚氨酯类缔合型增稠剂

聚氨酯类的增稠剂的分子量在 5 万～ 10 万左右。其分子结构比较像表面活性剂，即一端为亲水基团，而另一端为疏水基团，两个基团之间以聚氨酯键相连接。

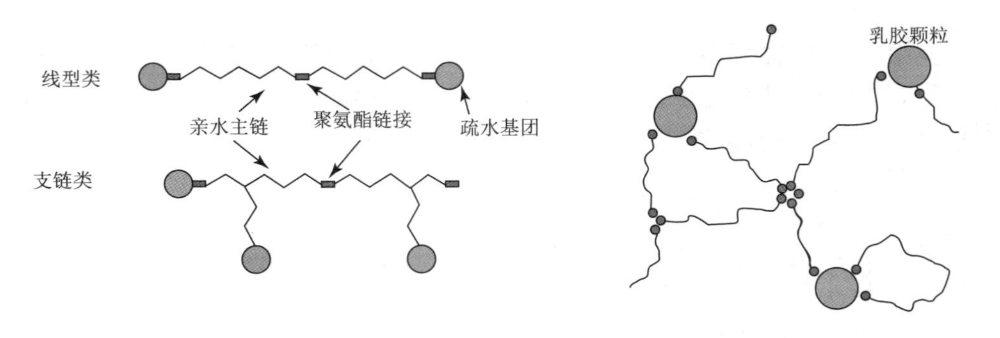

（图片出自于《Dow—水性增稠》）

图 9-23　聚氨酯类增稠剂结构和缔合机理

增稠作用机理和丙烯酸类的增稠剂类似，也是通过与乳液之间的缔合作用，形成空间交联网状结构。

聚氨酯类的增稠剂，容易得到很高的光泽以及流平；对于高剪黏度表现较好，在高剪切下表现出优异的抗飞溅性；耐生物降解性能好；耐水性以及涂膜耐久性好。但聚氨酯类增稠剂在低剪切黏度的表现有限；对助溶剂以及分散剂等较为敏感；增稠效率受乳液、PVC、体积固含量等影响。

（4）气相二氧化硅

气相二氧化硅是溶剂型涂料常用的流变助剂之一，作用机理如图 9-24 所示：气相二氧化硅之间形成硅醇氢键，而大量的硅醇键的存在，使体系内形成交联的网络结构，从而实现防沉降和防流挂的作用。

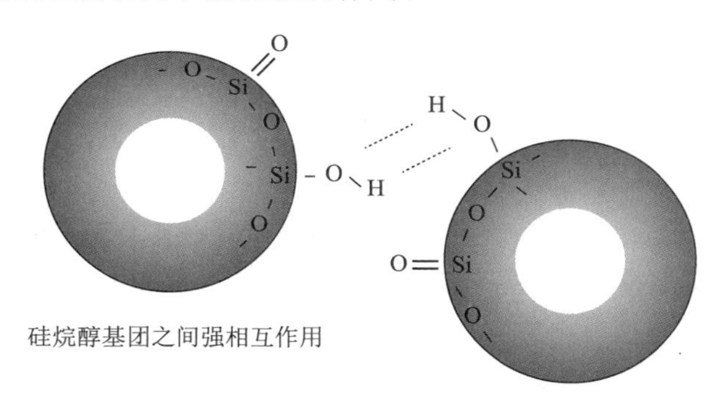

图 9-24　气相二氧化硅作用机理

气相二氧化硅作为无机流变助剂，稳定性好，不存在生物降解可能；防沉降和防流挂性能好；具有良好的颜料稳定性；不影响防腐性能，甚至能增加防腐性能；能增强漆膜的附着力和韧性；对温度、助溶剂的选择不敏感；无须活化。缺点在于，常规气相二氧化硅在水性体系里需要一定的量才能形成交联网络；大量添加，影响光泽和流平；需要良好的分散使之形成小的附聚体。

（5）黏土类增稠剂

常见的黏土类的增稠剂有膨润土和其他类型的蒙脱土（锂蒙脱石），作用机理如图 9-25。

通过蒙脱土片状结构间的氢键以及电荷间作用，形成凝胶或所谓的“卡屋”结构，进而形成防沉降和流挂的作用。

蒙脱土具有无机物的稳定特性，无生物降解；防沉降和防流挂性能好；能改善施工性能；优秀的抗分水性能；对温度、溶剂不敏感。使用时，最好做成预凝胶；对光泽可能有一定影响；需活化。

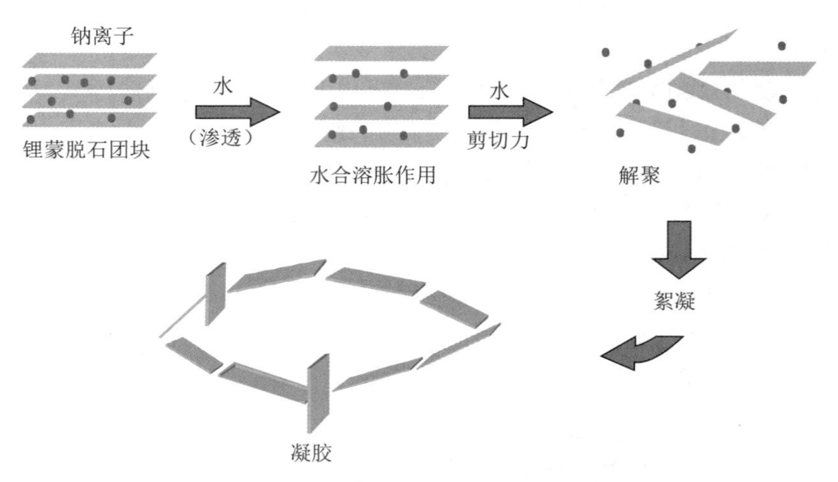

图 9-25 蒙脱土作用机理

（6）有机蜡

有机蜡粉或蜡浆，特别是聚酰胺蜡是在溶剂型产品里面最常用的流变助剂，是具有非常好的抗流挂和防沉降的助剂，其作用的机理如下（图 9-26）。

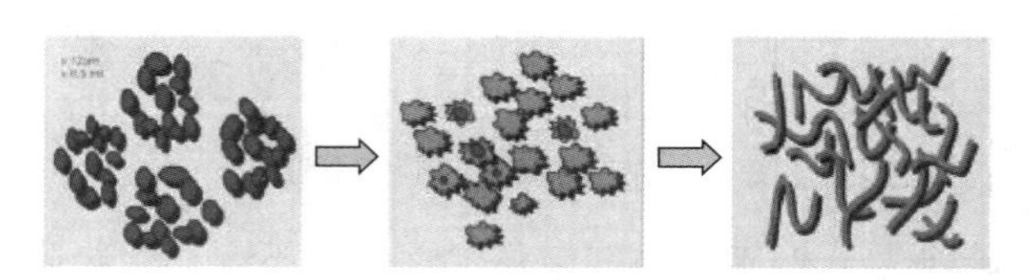

（图片出自于《Arkema—Organo wax activation other types AGW》）

图 9-26 聚酰胺蜡粉增稠机理

有机蜡粉在高速分散下附聚体被打开，均匀地分散在树脂或溶剂介质中，在溶剂的溶胀作用和一定温度的活化下，形成“纤维状”交联网状结构。

有机蜡粉触变性较强，低剪黏度较高，而高剪黏度较低，容易做到较高膜厚；优异的防沉降和抗流挂性能；对光泽的影响不大。粉状有机蜡需要高速机械搅拌以及温度，溶剂活化；在水性体系里有稳泡的可能性；对生产工艺要求较高。

（7）聚脲聚氨酯

聚脲聚氨酯是为数不多的后添加的流变助剂之一，其作用机理如图 9-27 所示。

通过聚脲聚氨酯（聚醚）之间形成的 N-H 氢键，形成交联网状的结构，从而实现防沉降的作用，其具有以下优缺点：优点：液态，易添加，无须活化，对体系防沉降非常有效，高剪黏度，易施工。缺点：与溶剂 / 体系的极性相关性大，高剪切下会破坏其针状晶体结构，高剪切黏度恢复需要时间，所以抗流挂的性能有限。

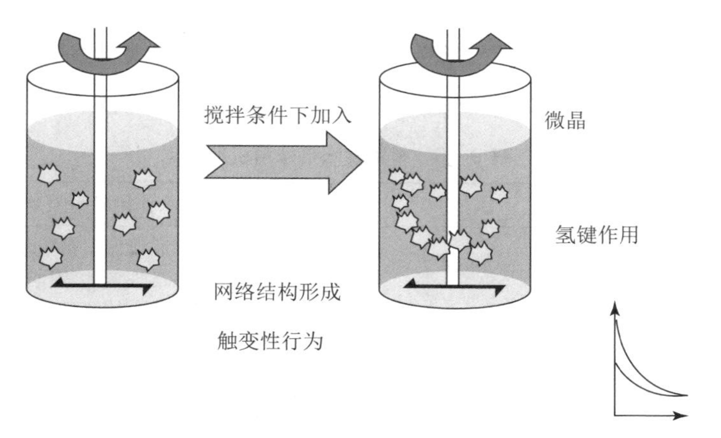

（图片出自于《DYK—Rheology—Chinese Customer Seminar》）

图 9-27　聚脲聚氨酯作用机理

当然，实际的流变助剂应用，还涉及多个助剂的复配使用，需要在配方设计的过程中不断地实践，才能获得适合配方体系的流变助剂应用方案。

第五节　耐水剂与憎水剂

一、耐水剂及其主要功能

涂布纸或纸板采用的都是水性涂料，其胶黏剂尤其是天然胶黏剂，成膜后对水敏感，不利于成纸的各种抗湿性能，需用耐水剂来克服，以提高涂层的抗水能力。

早期常用甲醛、乙二醛和某些金属盐来提高涂层的抗水性，由于甲醛对健康不利而限制了使用。随着涂布速度的增加、碱性造纸的出现和印刷技术的发展，如印刷速度的增加、油墨品种的变化、水性凹版和苯胺印刷系统的普及、水性湿版液的使用等，这些都对纸的抗干、湿拉毛强度的要求更高，对耐水剂也有更高要求。在 20 世纪 70 年代后期及 20 世纪 80 年代初，涂料胶黏剂品种的变化，使抗水剂改用三聚氰胺甲醛和脲醛树脂。近来，含甲醛和释放甲醛的耐水剂也不受欢迎，不久的将来会被淘汰，无醛抗水剂如碳酸铵锆或环酰胺缩合物已被广泛接受。

耐水剂的功能主要包括两方面，一方面是减少颜料、胶黏剂干燥成膜后的水溶性或对水敏感的程度；另一方面是提高涂布纸的抗湿摩擦和抗湿强度，并在胶版印刷的压力牵引或在湿水的作用下，表面不受损，不会引起印刷掉粉、掉毛等现象。

二、常用耐水剂作用机理及其应用方式

常用耐水剂作用机理及其应用方式见表 9-10、表 9-11 所示。

表 9-10 常用耐水剂作用机理

耐水剂	耐水作用机理及作用方式
重金属钙锌铝锑或锆 醛及其衍生物 氨基树脂	与胶黏剂交联反应，形成复合物 交联成为水溶性低的物质 与胶黏剂分子中的氨基、羟基交联 减低水溶性
乳液，聚醋酸乙烯，聚丙烯酸酯或丁苯乳胶， 改性 PVA 等	作为共胶黏剂或者交联抗水 改性基团交联封闭羟基
少量使用蜡施胶或金属皂	通过高抗水材料本身提高抗水性

表 9-11 耐水剂使用方法

添加点	添加方式	备注
涂布液混合器	涂布液配制好后涂布前	加入过早会由于交联而增黏
加入压光机水箱	喷射、挤压辊或浸渍	耐水剂稀释液，应用于纸板抗水层
底涂层涂布液	过量使用	顶涂层不再加，可以避免过早增厚

三、憎水剂

对于水性承印介质，由于需要快速吸附、固着水性墨水，介质表面往往被设计成亲水性，使得墨水在介质表面能发生铺展，否则容易出现印刷弊病。但亲水性过强的表面也给图像防水和耐污性带来损害，有时需要加入憎水剂来提高介质的耐污性能。在有些使用场合，可以对印刷干燥后的图像做后期防护处理，加涂一层防护层来保护图像，此时憎水剂可以大幅提高防护层的耐污性能。

固体石蜡、硅酮（Silicon）、硅烷偶联剂和氟代烷烃都是有效的憎水剂。图 9-28 是最常见硅酮树脂的结构，即聚二甲基硅氧烷，该结构倾向于形成硅氧烷骨架和表面作用，甲基向外的形态，从而使被处理表面甲基化，甲基基团使表面高度憎水化。图 9-29 是用二氯二甲基硅烷憎水处理的玻璃表面结构，对于含羟基的表面，都可以采用类似的方式获得憎水性能。

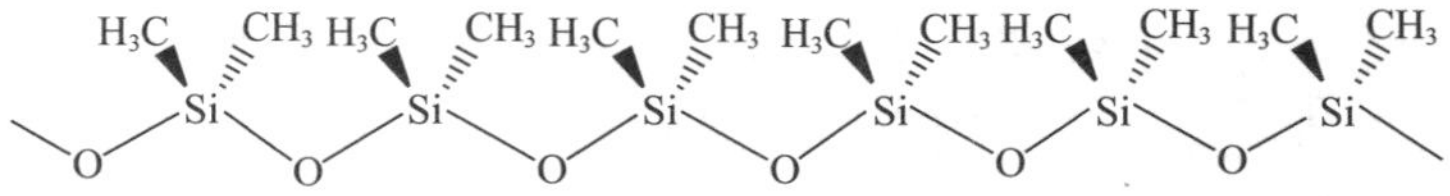

图 9-28 聚二甲基硅氧烷

一般认为，要想获得好的表面憎水化，要求憎水剂在表面紧密排列并具有良好的表面覆盖率。然而实际上对憎水机理的研究表明仅需部分覆盖的憎水剂就可以形成非水润湿表面，水不能在部分憎水化的表面上铺展，很多时候 10% ～ 15% 的覆盖率就足够了，这可能就是极少量憎水剂就足够有效的原因。

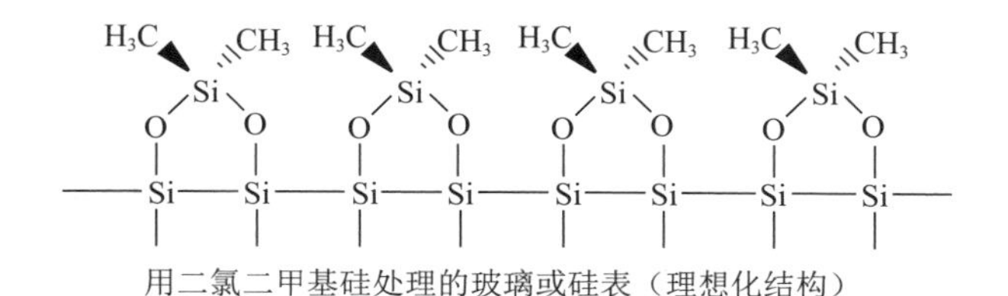

图 9-29　二氯二甲基硅烷憎水处理的玻璃表面结构

第六节　其他助剂

一、润滑剂

1. 润滑剂作用

润滑剂最重要的功能是防止涂布纸超压时的掉粉，掉粉包括颜料和胶黏剂两种尘埃。此外，还有以下几方面作用。

①增加涂层塑性和平滑性，预防或减少成纸在压光、切割、完成、印刷过程中的掉毛掉粉现象及相邻物料的黏着和尘埃。

②改变涂料表面张力，改进涂料流动性。

③可降低超压时涂料中组分的摩擦因数，胶黏剂的流动促使颜料定向排列，提高涂层平滑性。

2. 润滑剂分类性能

表 9-12 是主要润滑剂类型、性能及用途。

表 9-12　润滑剂类型、性能及用途

分类	主要品种	制备	性质	用途或用法
金属皂	硬脂酸钙乳液	牛油与氢氧化钙在乳化剂存在下进行皂化反应而得	外观：乳白色液体 固含量：50% ～ 55% pH 值：11 ～ 12 密度：0.051g/cm^3	可在颜料分散后或涂料混合时加入，但不要太早加入，用量一般为干颜料的 1% ～ 1.25%，若要改进成纸的光泽和干、湿拉毛强度等，则比纯粹改进湿涂料的润滑性要多加些

续表

分类	主要品种	制备	性质	用途或用法
蜡乳液	石油烃蜡（直链或正烃类）	石油精炼而成	外观：白色或淡琥珀色乳液 相对分子质量：360 ～ 600 熔点：55 ～ 65℃ 可改进纸表面平滑性，抗摩擦性及可印性等	用于纸和纸板的表面施胶，也可用作涂料润滑剂
	微品蜡（含侧链的萘的碱金属化合物）	同上	相对分子质量：580 ～ 700 熔点：65℃～ 95℃ 由于它的拉伸、黏着等性能，润滑性较差	一般使用较少
	氧化聚乙烯蜡	聚烯轻度氧化后乳化而得	固含量：25% ～ 60% 密度：0.9g/cm^3（低）或 0.98g/cm^3（高） 熔点：104℃ 有较好的乳液稳定性，较好的涂料塑性、折叠性及好的光泽，但比金属皂的抗尘性差	其稀释液可用于施胶压榨，尤其是瓦楞纸中间层的喷雾施胶，能大大减少中间层的分裂，也用作润滑剂

二、防腐剂

1. 防腐剂及常见种类

在一定条件下，各种涂布胶黏剂特别是天然胶黏剂，都可能被细菌腐蚀。防腐剂是防止或阻止涂层微生物、细菌生长的化学添加剂。

为了防止涂料在各种情况下的微生物汇集生长，需要选择合适的防腐剂。防腐剂的选择，必须根据微生物侵害的严重程度、被防腐物质的性质、需要防腐的程度、所涉及的微生物类型、混合或分散方法、周围环境温度、pH 值以及防腐剂与其他涂料成分的相容性等因素决定。

防腐剂种类参见表 9-13。

表 9-13　常见防腐剂一览表

种类	代表性化合物
有机硫、卤、汞、锡化合物	醋酸苯汞，因毒性太强而不再使用
酚、醛类化合物	苯酚、甲醛、戊二醛等
季胺盐类化合物	烷基二甲基乙基氯化铵
硝基类化合物	2- 溴，2- 硝基丙烷，1，3- 二醇，β - 溴，β - 硝基苯乙烯
硫代氰酸酯类	二甲基双硫氰酸盐

续表

种类	代表性化合物
苯并咪唑类	苯并咪唑胺基甲酸甲酯（俗称 BCM 或多菌灵），低毒性，国内普遍使用
异噻唑啉酮类	5- 氯 -2- 甲基 -4- 异噻啉 -3- 酮氯化镁盐；2- 甲基 -4- 异噻唑啉 -3 酮，低毒性，可用于食品级纸种
噻二唑类化合物	3，5- 二甲基 -1，3，5，2- 四氢噻二嗪 -2- 硫酮，低毒性，可用于食品级纸种
有机溴类化合物	乙基溴代乙酸

2. 防腐剂使用方式

防腐剂的使用方式包括以下几种。

①在涂布液制备后加入。

②用量视涂布液各方面性能要求，一般为涂布液总固含量的（100 ～ 500）$\times 10^{-6}$。

③避免一次使用两种防腐剂。

④确定了涂布液的 pH 值后再选择防腐剂。

⑤防腐剂一般对身体有害，避免直接与皮肤和眼睛接触。

三、荧光增白剂

荧光增白剂吸收 340 ～ 400nm 波长的不可见紫外光线，发射紫色或蓝色区域的荧光，不同产品的吸收范围略有不同，取决于光在哪一点上发射，其色度范围从带绿色的蓝光到带红色的蓝光，能与纸张日久变成的黄色形成补色而消除黄色产生增白的效果。

主要类型有二苯乙烯型、香豆素型、吡唑啉型、丙苯氧氮茂型及苯二甲酸酰胺型等。应用于水性涂料和造纸湿部、基纸涂布的表面增白及涂料的增白，过量添加会引起色度偏黄绿而失去增白效果。

四、光引发剂

光引发剂又称光敏剂或光固化剂，是一类能在紫外光区（250 ～ 420nm）或可见光区（400 ～ 800nm）吸收一定波长的能量，产生自由基、阳离子等，从而引发单体聚合交联固化反应的化合物。

光引发剂诱发的反应，属于光化学反应。光化学反应，在涂布成膜过程中，属于交联成膜类型。光引发剂种类很多，有些能够应用于涂布复合，有些不限于涂布复合应用。下表中列出了一些常用的光引发剂（表 9-14）。

表 9-14 常用光引发剂

简称	名称（结构）	物化性能	特点	用途	备注
TPO	2，4，6（三甲基苯甲酰基）二苯基氧化磷	淡黄色粉末，有效吸收峰值 350～400nm，一直吸收至 420nm 左右，是一种高效的自由基（Ⅰ）型光引发剂	吸收峰较偏长，经光照后可生成苯甲酰和磷酰基两个自由基，都能引发聚合，光固化速度快，具有光漂白作用和低挥发。在白高钛白颜料的 UV 体系中能完全固化，且涂层不黄变，后聚合效应低，无残留	吸收范围宽，广泛用于各类 UV 固化涂层	可用于透明涂层，对于低气味要求的产品尤其适合
184	1-羟基-环己基-苯基甲酮	白色结晶粉末，有效吸收峰值 246nm、278nm，是一种高效、不黄变的自由基（I）型固体光引发剂，也是 UV 固化体系较为常用的引发剂之一	具有良好的非黄变性，其固化后的涂层即使长时间暴露在阳光下，因其光解没有苄基产生，黄变程度也非常小	特别适用于对黄变程度要求高的涂料和油墨中	光解产物中有苯甲醛和环己酮，在成膜后有一定的异味
1173	2-羟基-2-甲基-1-苯基-1-丙酮	浅黄色液体，有效吸收峰值 244nm，是一种高效、低黄变的自由基（I）型液体光引发剂，是 UV 固化清漆中最为常用的光引发剂	液体型产品，非常易于共混，也便于与其他引发剂进行复配	大多数情况下为应用在表层固化体系，也特别推荐在需要经受长期日晒而且耐黄变的 UV 固化涂料中	在高温下有一定的挥发性，应用时注意避免高温下操作
BDK	安息香双甲醚	白色结晶固体，有效吸收峰值 205～253nm，高效稳定的光引发剂	较佳的表里层双向固化效果，耐黄变性能较差	主要用在不需耐黄变的 UV 清漆或 UV 有色体系中	相对常规的 1173 和 184 的引发剂，它具有更加强的吸收性能，从而能更有效地促进双键的交联反应
BP	二苯甲酮	白色片状固体，有效吸收峰值 250nm，是一种高效、低价的自由基（II）型固体光引发剂	提供优秀的表层固化效果，经激发三线态必须与助引发剂叔胺配合，才能有效完成 UV 引发交联	广泛应用于木器、塑胶等 UV 薄涂层，提高表层固化性能	属于小分子型的光引发剂，其光降解物有较为明显的残留气味

续表

简称	名称(结构)	物化性能	特点	用途	备注
ITX	2异丙基硫杂蒽酮（2、4异构体混合物）	黄色结晶粉末，有效吸收峰值258nm、382nm，高效的自由基（Ⅱ）型光引发剂	经激发三线态必须与助引发剂叔胺配合，形成激基复合物发生电子转移，得电子形成引发活性很高的胺烷基自由基和无引发活性的硫杂蒽酮，从而引发低聚物和活性稀释剂进行交联	一般与胺增效剂二溴乙烷同时使用，是透明或有色的UV固化体系的高效光引发剂；与阴离子光引发剂一起使用时，能起到敏化剂作用	在UV有色体系中与907并用效果极佳
907	2-甲基-1-（4-甲硫基苯基）-2-吗啉基-1-丙酮	白色至微黄色结晶粉末，有效吸收峰值231nm、307nm，是一种高效的自由基（Ⅰ）型光引发剂	具有极高的吸收性	大多数情况下应用在有色体系深层固化领域	与ITX并用效果极佳
369	2-苯基苄-2-二甲基胺-1-（4-吗啉苄苯基）丁酮	淡黄色粉末，有效吸收峰值232nm、323nm，是一种高效、低迁移性的自由基（I）型液体光引发剂	无卤素应用体系，高效的引发活性，低的挥发性和低气味性；感光范围宽，使其有着非常优秀的紫外光吸收性能	特别适用于UV有色体系固化，甚至可以在含有紫外吸收剂的体系中使用	可与适当的共引发剂如184或651、907、ITX复配，用于UV固化油墨和涂料中
819	苯基双(2,4,6-三甲基苯甲酰基）氧化磷	黄色粉末，有效吸收峰值295nm、370nm，是一种高效、通用的自由基（I）型光引发剂	优异的吸收性能，很低的添加量便能提供优秀的固化效果和抗黄变性能。在长波紫外波段有光敏性，可与紫外线吸收剂配合使用	广泛使用于深层固化及不透明的白色或有色UV体系中，是一种理想的耐候型紫外光固化涂料所需的光引发剂	光引发剂的引发效果很大程度上取决于不同的配方
754	苯酰甲酸酯类混合物	浅黄色透明液体，有效吸收峰值255nm、325nm，是一种高效、低气味的自由基（I）型光引发剂	具有低挥发性、低气味和低迁移性	引发活性与1173相当或略低一点，是低气味（净味）UV清漆的首选光引发剂，是一种苯甲酰甲酸酯，因为R基团的结构关系，该引发剂与水有一定的相容性，可用于水性光固化体系	光引发剂的引发效果很大程度上取决于不同的配方

续表

简称	名称(结构)	物化性能	特点	用途	备注
127	2-羟基-1-[4-(2-羟基-2-甲基丙酰基苯基)苄基]-2-甲基-1-丙酮	白色固体，有效吸收峰值259nm，是一种新型高效不黄变的紫外光引发剂	引发活性与1173、184相当，对氧气敏感性较低，表面固化效果好；分子量大，挥发性低，自身气味及光解产物气味均较低	适用于UV薄涂及UV油墨固化；适用于对气味有要求的UV固化体系	与819等引发剂复配后，可获得出色的光引发活性

参考文献：

[1] 洪啸吟，冯汉保，申亮编著．涂料化学[M]. 北京：科学出版社，1997.

[2] 姚荣国．在卤化银感光材料中应用的表面活性剂[J]. 感光材料．

[3] 罗玉干．油乳分散工艺优化[J]. 感光材料，1995, (3): 35-37.

[4] 李路海．印刷包装功能材料[M]. 北京：中国轻工业出版社，2013.

[5] [瑞典] K. 霍姆博格，等著．水溶液中的表面活性剂和聚合物[M]. 韩丙勇，张学军译．北京：化学工业出版社，2005.

[6] 武志民．润湿分散剂分类特性与应用[J]. 涂料工业，2003(8): 53-55.

[7] http: //china. toocle. com 2010 年 05 月 31 日 08: 20 生意社．

[8] 周盼丽．新型涂布液润滑剂的研制及其应用研究[M]. 天津：天津科技大学，2016.

[9] 隋唐楚霸王．UV 固化体系常用光引发剂大全，上天下地无所不知的 UV 固化论坛 2017-08-08.

第10章 高分子微球和微胶囊涂布材料

第一节 概述

进入21世纪以来，高分子微球和微胶囊以其特有的功能，受到广泛关注。随着信息技术的日益进步，人类开始需要高分辨率、色彩丰富、使用方便且环保节能的新型信息传递材料。而新型高分子微球和微胶囊恰好具备这种功能与特性，有望在新一代电子信息载体和图文信息复制领域发挥重要的作用。

1954年报道的无碳复写纸，是最早应用于涂布制备信息产品的微胶囊产品，采用压力敏感微胶囊技术，使用方便、复现字迹清晰，应用于文字和图标的复现及发票用纸。20世纪80年代，美国科学家设计了热敏微胶囊，囊壁有固定的玻璃化转变温度（T_g），并将重氮盐包裹入胶囊，达到T_g时，成色剂渗入囊内发生显色反应，实现信息记录。美国米德公司开发了光敏压力显色微胶囊，也用于光信息记录材料。日本科学家在1985年首次提出光热敏技术，用光照射固化标识光信息，采用热渗透进行显影，提高了分辨率、影像密度和耐保存性。

近年来，米德公司、SiPix Imaging公司、富士公司等世界几大影像材料公司纷纷加大了开发信息用微胶囊材料的力度。在国内，中国乐凯公司研制了光热敏和热敏微胶囊材料。

通常，显示或电子信息领域中应用到的微囊芯材为一些可逆变色材料，如染料、热敏材料、光致变色材料、液晶材料等，其稳定性一般较差，易受温度、光照和pH值等环境因素影响，使分子结构发生改变，失去可逆性变色能力。

而微胶囊技术不仅可以将显色体与显色剂、溶剂等物质一起包覆于囊芯内，而且微胶囊的囊壁起到了隔离外界环境的作用，并以此提高了变色材料的耐疲劳性和稳定性，弥补了变色材料的缺点，进而延长了其在信息传递过程中的使用寿命。

本章主要围绕高分子微球和微胶囊涂层在电子显示、传感器、导电、自修复以及涂布印刷领域的特点和应用进行介绍，包括简单的复印、打印用压敏微胶囊，信息记录与显示涂布器件。

第二节 高分子微胶囊在显示器件中的应用

电子显示器件，就是人们常说的人—机界面，能将各种电子装置输出的电信号，转变为由人的视觉可以辨知的光情报信息。于是，综合了传统纸张和新时代电子器件优点的新型纸张——电子纸（Electronic Paper，E-Paper）在21世纪初应运而生。电子纸又称“数字化纸”“数码纸”，既如纸张一样阅读舒适、可弯曲折叠，又可以如液晶显示器一样不断转换刷新显示内容，电子纸显示器件的应用产品如图10-1所示。

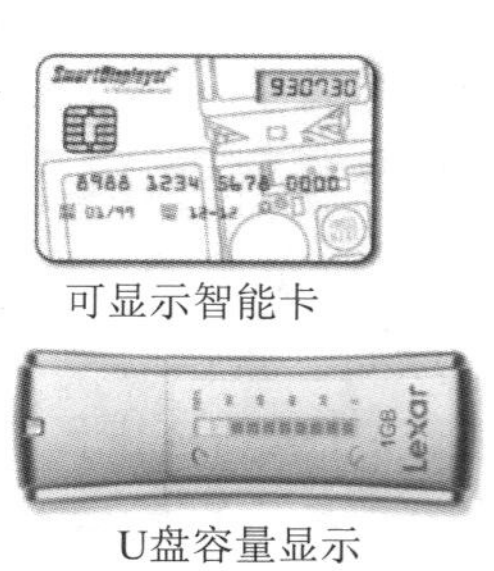

可显示智能卡

U盘容量显示

ESL可显示条形码

OED红白柔性时钟

时尚弯曲手表

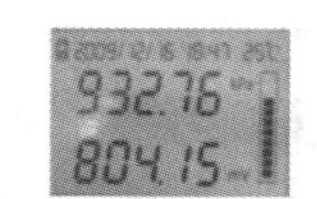

便携式仪表显示

图 10-1　电子纸应用产品

一、用于信息领域的微胶囊

通常可用于信息记录领域的高分子微胶囊也可用于涂布工业，比如作为热变色一涂布材料进行涂布应用。对于应用在高分子共混体系中的微胶囊，包囊层实际起到了共混增容剂的作用，包括光温变材料、光敏材料和热记录材料等，主要用法是将包囊有无色染料和其他助剂的微胶囊，混合到黏合树脂中，涂布于基材上，通过加热或辐射，微胶囊破裂，所含无色染料与其他试剂反应成像显色。在最早的无碳复写纸中，微胶囊的破裂主要靠的就是压力。如果囊心物中含铁电物质，通过施加电信号、磁信号，同样可以实现显色成像。

1. 光敏压力显色微胶囊

20 世纪 80 年代，美国米德公司首次开发基于光敏和压敏技术的微胶囊材料——光敏压力显色微胶囊。该微胶囊与显影剂分别涂布于两个支持体上，微胶囊内包裹无色的染料前体和光敏物质。材料被选择性曝光后，光照部分的微胶囊，其内部光敏物质（含不饱和双键的化合物）发生聚合反应而固化，受压后不能破裂。压力显影过程是：曝光后将两个支持体重叠，并通过挤压辊加压，使未曝光胶囊内的无色染料前体释放，与微胶囊外显色剂接触发生成色反应；而曝光部分的微胶囊因固化而不再显色，就这样再现出光影像信息。1988 年该公司又研制出了全彩色光敏压力微胶囊记录材料，在胶片的记录层上，按比例涂布了对红光、绿光和黄光敏感的 3 种微胶囊。不同波长的光线依次对胶片曝光，分别使 3 种光敏性微胶囊硬化，然后通过施加压力使未曝光的微胶囊破裂，从而发生显色反应，产生影像。

1990 年，佳能研究中心提出了全彩色热敏微胶囊转移涂布技术，其定影和显影主要依靠光固化技术和压力显色技术，可用于全彩色涂布产品。此技术采用可破裂微胶囊材料，囊内分别包裹黄、品、青 3 色颜料和 3 种对不同波长敏感的光敏物质。将三色微胶囊均匀混合后，涂布在同一基底上，涂布机的传动轴拉动底片 3 次扫过加热头，写入信息，同时由特殊的光头照射分别使 3 色微胶囊硬化，实现定影。显影时，基底经过压力滚轮，固化的微胶囊破裂，混合出颜色，实现了彩色影像复现。

光敏压力显色微胶囊体系采用压力破裂显影方式，微胶囊尺寸较大（一般在 5 ～ 20 μm），导致影像分辨率较低；并且显色仪器还需配备大体积压力设备，不仅设备庞大，而且使用不便。此外，囊外显色方式不能完全阻止成色剂与显影剂继续反应，记录材料在长期保存中会出现影像密度增加、影像质量恶化等问题。

2. 热敏微胶囊

自 20 世纪 90 年代末，热打印技术迅速发展，常规型感热材料把隐色染料和双酚 A（显色剂）固体结晶粒子直接分散在记录层的黏结剂中，通过热打印头的加热，使结晶体达到熔融状态引起发色反应，但两个可反应成分的直接接触使长期有效保存成为难题。微胶囊化技术的应用解决了这个问题，美国公布的一种微胶囊技术，使用无色染料前体和显影剂的单色成像体系，囊壁把两反应成分隔离开，大大增强了图像稳定性。热敏微胶囊技术不仅解决了常规型的感热材料不易保存、易变质的缺陷，而且弥补了压敏微胶囊在保存期间影像不稳定的弊病，易于得到高影像密度和对比度的图像。

热敏微胶囊的囊芯主要由隐性染料和有机溶剂组成。隐性染料是一种碱性染料前体，属于电子给予体，与囊外显影剂接触后，可通过电子得失发生显色反应。有机溶剂溶解隐性染料，起到载体的作用。囊壁是具有一定玻璃化转变温度（T_g）的有机高分子材料，高分子聚合物存在 3 种力学状态，温度自低到高分别是：玻璃态、高弹态、黏流态。T_g 是高聚物由玻璃态向高弹态转变时的温度范围。高聚物处于玻璃态时，分子热运动能低，质地硬而脆；当温度升高到 T_g 时，材料的弹性恢复力增加，透过性增强。

与压敏微胶囊不同，热敏微胶囊显色反应的触发条件是温度，而不是压力，热敏微胶囊和显影剂乳液均匀混合后，涂布于基片上就形成了热敏记录层。常温下，囊壁隔断染料前体和显影剂接触；当温度达到 T_g 时，囊壁软化，透过性增强，外部的显影剂能够渗透到内部，与囊内隐性染料接触发生显色反应。通常，压敏微胶囊是囊外显色，热敏微胶囊是在囊内显色，避免了后期保存中颜色扩散的缺陷，影像稳定性得到了提高。

3. 光热敏微胶囊

光热敏微胶囊的结构与热敏微胶囊结构类似，囊壁由一定玻璃化转化温度的高分子材料构成，不同的是在囊芯中加入了光敏物质，包括光引发剂和预聚物。光引发剂吸收某特定波长的光后可发生化学反应，产生能够引发预聚物聚合的活性中间体（自由基或阳离子）。

二、电泳显示微胶囊

电泳显示微胶囊主要由作为芯材的电泳显示液和作为壁材的微胶囊组成。电泳显示液是电泳显示的核心组成部分，主要包括电泳粒子、分散介质、稳定剂和电荷控制剂等成分。电泳显示微胶囊的研究主要集中在电泳粒子的改性和微胶囊的制备两方面。电泳粒子作为电子墨水显示中的主体，其制备和表面改性直接决定了粒子在分散介质中的稳定性和表面荷电量，从而影响显示的响应速度和对比度。微胶囊的制备是指在芯材外层形成一层薄而连续的包囊的过程，且微胶囊结合一定的胶黏剂形成涂布液，涂布后，通过压延、拉伸、 压膜、挤压，从而减少与显示器之间的空隙，获得良好的光学性能。

电泳显示微胶囊应满足以下特点：机械强度高、气密性好、不易破裂、电泳显示液不易渗出；囊壁电绝缘性能好、电阻率高以实现低压驱动；囊壁具有一定的化学稳定性，不与芯材、胶黏剂等发生反应；粒径分布均匀，易形成单层排布，以提高器件显示性能。

第三节 微球和微胶囊在传感器中的应用

一、微球和微胶囊在生物传感器中的应用

生物传感器是一种对生物物质敏感并将其浓度转换为电信号进行检测的仪器，可以将生物材料感受到的持续、有规律的信息转换为人们可以理解的信息并将信息通过光学、压电、电化学、温度、电磁等方式展示给人们，为人们的决策提供依据。生物传感器的开发研究的热门方向之一即生物传感器的微型化。若进一步微型化，通过微胶囊的包埋技术将敏感元件封入微胶囊内，不仅可以保护芯材料免受外界影响，并且微胶囊的壳膜能够容许小分子底物和产物自由出入膜内外，口服后或许可测定机体内部情况。

与纳米粒子传感器相比，虽然微胶囊自身的尺寸较大，但微胶囊内部以及囊壁均可负载探针，仍然能够通过非特异性的胞吞进入许多细胞，从而提供足够强的信号。同时囊壁的半透性使得小分子的分析物可以自由通透，并阻止其他大分子进入，从而可以保护探针分子，使其不受细胞中酶和蛋白质的影响。此外，微胶囊的尺寸足够大，因此可以被显微镜直接观察到，通过分析单个的微胶囊内的信息就可以得到期望的 pH 值。由于微胶囊的囊壁的保护作用，探针可以较长时间在体内完整存在，因此可以跟踪观察微胶囊。

用生物相容性好、表面惰性的高聚物或无机材料作为基体，以荧光染料作为探针，将荧光染料包埋于惰性基体之中，可制备成微型光化学传感器，也称之为生物包埋胶囊探针（Probe Encapsulated by Biologically Localized Embedding，PEBBLEs），或荧光纳米微球，然后再将新制备的荧光纳米微胶囊转入细胞，可用于细胞内重要生理活性物质的测定。1998 年，Kopelman 等制备了第一批新型的聚合物荧光纳米微胶囊传感器。微胶囊传感器由半径小至 10 nm 的多组分纳米球体组成，相当于普通哺乳动物细胞体积的 1×10^{-9}。其探针由多达 7 种成分组成，可用于选择性和可逆分析物检测，以及传感器稳定性和重现性。PEBBLE 荧光团的空间定位（或指示剂染料的预浓缩）改善了信号/噪声，或者允许更短的曝光时间，从而获得更好的时间分辨率，减少对细胞和传感器的辐射损伤。

2002 年，McShane 课题组利用层层自组装法（Layer by Layer，LBL）制备微胶囊做生物传感器，并将葡萄糖作为研究模型。该传感器结构使用不同的材料，比如染料或酶作为化学测量的高度特异性的探针，通过使用 LBL 工艺来制备封装荧光分析的纳米结构聚电解质壳。以这种方式生产的“纳米器件”具有灵敏度和特异性高的优点。

2005 年，郑艺华等人使用微胶囊化方法利用海藻酸盐将固定化酶的树脂包埋在凝胶结构中，研究了不同浓度海藻酸钠和氯化钙溶液等条件对酶活保留率的影响。在生物传感器实际操作条件下，对微胶囊化前后的固定化酶活保留率进行了比较。研究表明，通过微胶囊化处理可以提高固定化鸡肝酶在生物传感器中的操作稳定性，为研制快速检测农药残留量的生物传感器所做的应用化研究。

2009 年，唐义等以界面聚合的方法将目标蛋白质组织半胱氨酸蛋白酶 -3（Caspase-3）封装在纳米微胶囊中，并将一种可以被蛋白酶水解的多肽与微胶囊交联起来，一旦发生蛋白水解作用，内部的蛋白质便释放出来。这种由蛋白酶引发的释放过程可以通过改变与多肽交联的光敏性保护基团，从时间和空间方面进行控制。该方法可用于蛋白质药物，疫苗和其他大分子疗法的制备和给药。

Haložan 等人在介孔结构内包裹聚丙烯酸基质的层层自组装涂层 $CaCO_3$ 颗粒表征为 pH 和盐指示剂通过控制 LBL 聚电解质微胶囊和包覆微粒子中 pH 敏感性染料和聚电解质的用量，实现了灵敏度的可控调节。同时，包覆聚电解质的微球和微胶囊也对悬浮液中盐浓度的变化作出响应。

将微胶囊技术引入生物传感器中，可以更快、更便宜、更详细地进行诊断，提供更智能的工具来监控患者当前的健康状况。Kassal 等设计了一种通过测定伤口处 pH 值了解伤口状况的无线智能绷带，可用于临床伤口观察和伤口护理治疗，如图 10-2 所示。该智能绷带是一种包覆纤维素颗粒和 pH 指示染料且具有生物相容性的水凝胶，可以高精度地检测与生理相关范围内的 pH 值变化，并通过无线射频识别（Radio Frequency Identification，RFID）与外部读出装置进行通信。该产品的开发可以以方便和无创的方式洞察伤口状态的时间变化，并促使医疗保健提供者做出更加个性化、可视性的伤口护理治疗。

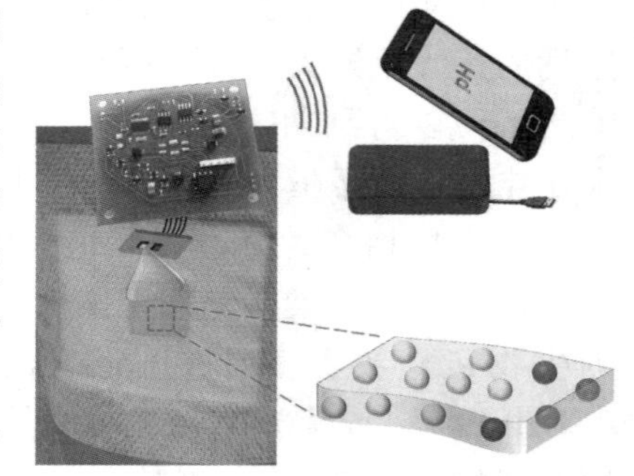
图 10-2　无线智能绷带的原理

Kreft 等人将 pH 敏感的荧光探针 Seminaphtho-Rhodafluor-1-dye（SNARF-1）标记的葡聚糖包埋到聚电解质微胶囊中，形成了一种基于多功能聚合物胶囊的新型传感器系统。由于大分子的葡聚糖无法通过囊壁扩散出去，因此 SNARF-1 被截留在微胶囊内腔中。这种传感器胶囊的主要优势在于其壁和空腔的分离功能化。因此，可以单独利用两个不同的隔间进行传感和标记。实验结果表明，SNARF-1 的荧光随 pH 值发生变化，因此微胶囊颜色也会随 pH 值变化而变化，可根据此响应来标测细胞内的 pH 值。当处于碱性环境时胶囊显示红色，酸性环境时胶囊显示绿色。当这种微胶囊 pH 传感器进入乳腺癌细胞后，微胶囊颜色由红色变为绿色，证明其处于酸性位置，与推测胶囊胞吞后位于内涵体 / 溶酶体的假设吻合。同时该微胶囊 pH 传感器可以实时监测溶酶体的 pH 变化，外加药物改变溶酶体的 pH 后，胶囊的荧光会随之改变。

此外，Carregal-Romero 等人研究了一个封装 pH 敏感荧光团的聚电解质微胶囊对周围环境 pH 值变化作出响应的微传感系统。聚电解质多层壳在离子敏感荧光团和周围介质之间起着半渗透屏障的作用。这个屏障增加了离子敏感的荧光团的响应时间，包埋 SNARF-1 的多层膜聚电解质微胶囊，pH 响应时间低于 500 微秒，这对于细胞内 pH 变化的动力学研究来讲可以忽略不计。多层膜中是否包含纳米粒子对于离子电导率也影响甚微，这进一步表明微胶囊作为 pH 传感器的应用前景。

段菁华等通过油包水的微乳液技术将异硫氰酸荧光素（Fluorescein Isothiocyanate，FITC）标记的羊抗人免疫球蛋白 G 血清（IgG）封装到二氧化硅壳中，开发了一种新型的荧光核——壳纳米传感器。该方法有效地防止了荧光染料在二氧化硅壳层中的泄漏，这种荧光纳米颗粒对弱酸性敏感，在 pH 值 5.5 ～ 7.0 呈线性响应，可望用作纳米 pH 值传感器件，用于单细胞中 pH 值的实时监测。

二、微球和微胶囊温热敏性能应用

温度传感器是指能感受温度并转换成可用输出信号的传感器。现代的温度传感器外形非常小，这样更加让它广泛应用在生产实践的各个领域中，也为人们的生活提供了无数的便利和功能。微胶囊因为其纳米结构成为制作温度传感器的热门方向之一。除此之外，微胶囊的包埋技术也在温度传感器的研究中发挥着重要作用。

2003 年，Z.P.Cai 提出了一种新的利用微球谐振腔制作温度传感器的方法。微球谐振腔是半径从几微米到几百微米的球形光学谐振腔。通过在微球表面不断地发生全反射，微球腔将光约束在赤道平面附近并沿大圆绕行。他基于激发态 $^1S_{3/2}$ 和 $^2H_{11/2}$ 引发绿光发射，设计了以掺铒的新型的重氟化物玻璃 Er：ZBLALiP 为材料的微米级球形腔的温度传感器。低温的发射光谱用以标定强度比率与微球的温度，然后根据强度比率和温度的关系可以计算出高温区。这种温度传感器测温范围在 150 K 到 850 K，分辨率为 1 K，而温度传感器只有 10 μm 大小，非常适合集成在光纤内。

柳艳敏等人制作出一种热敏微胶囊和含有该微胶囊的多层彩色感热记录材料。该多层彩色感热记录材料由支持体、低温显色层、中温显色层、高温显色层、隔层和保护层组成，所述的低温显色层包含上述热敏微胶囊。该胶囊包括囊芯和囊壁，囊芯是重氮盐或染料前体；囊壁是二元醇或聚醚多元醇与异腈酸酯和丙稀酸酯的聚合物，二元醇或聚醚多元醇的分子量是 100 ～ 200。当该种微胶囊受热达到其壁材的玻璃转化温度时，胶囊壁融化，壁内部的重氮盐或染料前体与壁外部的显色剂发生反应而显色。含有该热敏微胶囊的多层彩色感热记录材料在实现全彩色的同时，其灰雾小，色密度高，成本低。

液晶受电、热、磁等外场和压力的影响，分子排列会发生改变，并引起光学特性及其他参数的改变，使得其在检测、测量和传感技术方面得到广泛的应用。从形成液晶相的物理条件来看，液晶从大体上可以分为热致液晶和溶致液晶两大类。热致液晶是指单成分的液晶化合物或均匀混合物在温度变化的情况下出现的液晶相，溶质液晶是一种包含溶剂化合物在内的两种或多种化合物形成的液晶。

近年来，Hanyang University 在液晶微胶囊上取得了较大的突破，并探索了向列相液晶微胶囊产品在高分子分散液晶微滴显示中的应用。Kyung-Do Suh 小组通过使用溶质共扩散法（Solute Co-diffusion method，SCM），将包含氟基团的液晶 ML-0248、E7 和 MLC-6014 封装到聚（甲基丙烯酸甲酯）（PMMA）颗粒中，分别制备得到了液晶微胶囊，并应用于聚合物分散液晶（Polymer-Dispersed Liquid Crystal，PDLC）。研究结果表明，与传统方法制备的 PDLC 膜相比，包含氟基团液晶的微胶囊中均稳定地包埋了一个均匀的、单晶的、球形的囊体，粒径大小在 4 ～ 7μm，液晶含量可高达 75wt%，且具有良好的光电性能，可适用于液晶显示研究。

液晶中较重要的是甾族液晶，当高于相变温度时，甾族液晶呈液态。将这些液体以液滴形式包囊，可以保护被包囊物。将胶囊以薄膜形式涂布到适宜的物质上，以用于温度传感器，它可以显示几度温度范围内的数据。

2019 年，李寒阳等人将荧光染料 DCM 掺入胆甾相液晶溶液，混合溶液通过锥形毛细微管注入待测液体形成液体微球腔，提出了一种全新的染料掺杂液晶微球的高灵敏度温度传感器。液晶微球中的荧光染料在 532nm 激光脉冲的激发下发射荧光，在微腔的限制作用下产生高品质回音壁模式激光发射，使用光谱仪记录激光光谱。当环境温度发生微弱变化时，液晶折射率的改变引起激光波长发生变化，从而光谱产生漂移，实现高灵敏度的温度传感。

随着液晶电光效应的发现、电子显示技术的不断更新，液晶微胶囊在电致变色、显示技术上的应用受到人们的关注，尤其是在柔性显示研究上，液晶微胶囊化工艺表现出了显著的优势。液晶微胶囊目前广泛应用于飞机控制面板，并在民用消费品中得以应用，如可以用于游泳池和热带鱼槽。

三、微球和微胶囊在压力传感器中的应用

压力传感器是一种用于感知物体表面作用力大小的电子器件，在医疗健康、机器人、生物力学等领域有着广泛的应用前景。由于微结构不仅能够提高传感器的灵敏度，且具备快速响应能力。因此，构建微结构是提高压力传感器综合性能的有效途径。

斯坦福大学的鲍哲南课题组利用聚吡咯（Polypyrrole，PPY）水凝胶材料通过多相反应来制备具有空心微球结构的弹性导电薄膜。该薄膜具有室温自愈性、高导电性和良好的柔韧性，可制成压力传感器适用于自愈合电子、人工皮肤、软机器人、仿生假肢和储能等领域。

中国科技大学的俞书宏课题组通过焦耳加热的石墨烯包覆的聚氨酯海绵材料制备出具有纤维网状结构的多孔导电海绵，该导电海绵降低了原油黏度并提高原油吸附速率（吸附时间降低了 94.6%）。将其用于电阻式压力传感器，具有检测限低、灵敏度较高的优点。在浮油收集设备中使用这一压力传感器，能够在水面上连续且高选择地收集水面浮油，此成果在解决疏水亲油吸附剂快速吸附高黏度原油这一世界性难题方面贡献非常大。

中国科学院深圳先进技术研究院先进材料研究中心，利用胶体自组装和复制技术研制出一种灵活、高灵敏度的可穿戴电子压力传感器。他们利用单分散聚苯乙烯（PS）微球自组装阵列作为模板，通过两步复制制备了基于弹性微结构聚二甲基硅氧烷（PDMS）薄膜的柔性、可调节电阻式压力传感器。所制柔性压力传感器具有高灵敏度、快速的响应时间和良好的稳定性，对低压段压力具有较强灵敏性等特点，已成功应用于人体颈部脉搏的检测，在运动监测方面具有广阔的应用前景。

将微胶囊感压传感技术应用于模切机压力精确检测，采用微胶囊感压传感原理的压力测试系统可以得到精确压力值。测试系统包括微胶囊感压传感器（简称感压纸）、专用扫描仪和图像压力解析软件。感压纸分为两种类型：双片型和单片型。双片型由两层聚酯基胶片复合而成，如图 10-3 所示，一层涂有微胶囊呈色材料（A-film），另一层带有显色材料（C-film），使用时将两个胶片的涂层相互面对。而单片型如图 10-4 所示，同时拥有显色层和发色层。当涂有不同材料的纸面相互接触时，并不会发生显色反应，只有在打印或书写时，微胶囊受外力作用破裂，发色层与显色层起反应，出现红色压区。微胶囊在不同压力下破裂程度不同，因此，颜色密度即反映出压力大小。

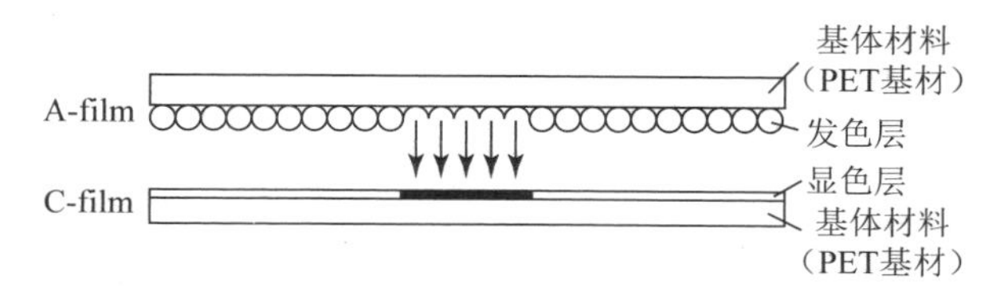

图 10-3　双片型感压纸显色原理

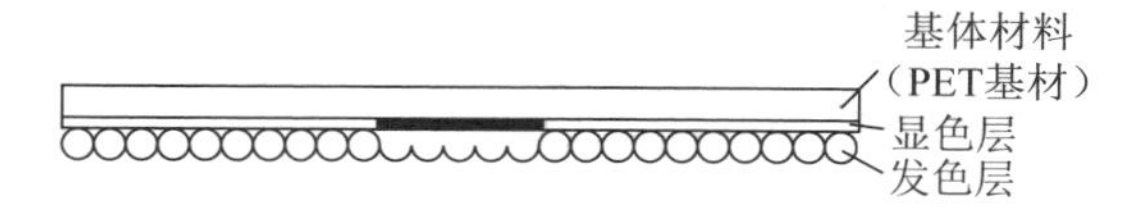

图 10-4　单片型感压纸显色原理

四、微球和微胶囊在光电传感器中的应用

光电式传感器是基于光电效应的传感器，在受到可见光照射后即产生光电效应，将光信号转换成电信号输出。它除能测量光强之外，还能利用光线的透射、遮挡、反射、干涉等测量多种物理量，如尺寸、位移、速度、温度等，因而是一种应用极广泛的重要敏感器件。微胶囊的核壳结构，越来越多地应用于光电传感器中。

王平等人利用介孔材料纳米孔道作为微反应器，形成 CdSe 纳米晶，利用 CdSe/ SiO_2 复合微球产生光电流的性质，可以将 CdSe/ SiO_2 半导体复合物固定辣根过氧化物酶，在光引发作用下作为生物传感器用于检测 H_2O_2。当 CdSe/ SiO_2 复合物在光激发下作为电子供体时，在过氧化物酶 - 电极系统内，由 CdSe/ SiO_2 产生的光电子和电极提供的电子同时对 H_2O_2 进行还原，产生的空穴被 CdSe/ SiO_2 的界面捕获，可以提高反应速度。

姚荣沂等设计制备了 CdS 量子点 / 壳聚糖复合微胶囊。研究发现，在紫外光激发下，该复合微胶囊可发出强烈的红色荧光并保持良好的荧光稳定性。同时研究还显示，CdS 量子点 / 壳聚糖复合微胶囊对环糊精（CD）具有选择性荧光响应特性。在 α-CD 溶液的作用下，微胶囊的荧光强度会出现快速的衰减，并且 α-CD 溶液的浓度越大，荧光的衰减越快；而 β-CD 溶液不会引起复合微胶囊荧光性质的任何改变。因此，这种选择性荧光响应特性可用于检测不同的环糊精溶液。

光学微腔是一种尺寸在微米量级或者亚微米量级的光学谐振腔。目前光学介质微腔的形状多种多样，有微球腔、微环腔、微盘腔、微芯环腔等。其中微球腔的半径在 5 ～ 500μm。近年来因其极高的品质因子和极小的模式体积而备受关注，特别是在高灵敏度运动传感器、极低阈值激光器中得到了广泛的应用。Laine 等提出了一种基于二氧化硅微球谐振器和 SPARROW 波导耦合器的新型加速度传感器配置，其原理如图 10-5 所示。装置的运动将使微球相对于波导的位置发生改变，导致耦合参数改变。通过控制测谐振幅和线宽，在 250Hz 宽带下，实现了 100μg 的背景噪声中 1mg 的加速度高灵敏度探测。

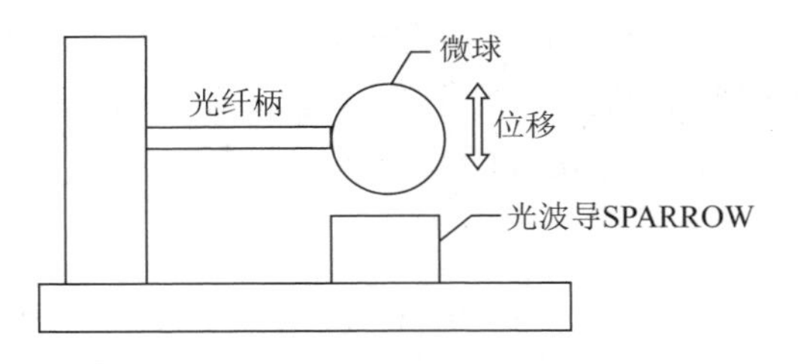

图 10-5 加速度传感器原理

微球和微胶囊作为一种多功能的载体材料，体积轻、质量小、性能好，其包埋技术和可释放功能应用于传感器中，可以实现微胶囊和传感器的多功能集合，对微电子、传感器的发展具有重要意义。

第四节 微胶囊在导电领域的应用研究进展

一、导电型微胶囊

在微胶囊壳层中掺杂导电物质，既可以极大提高微胶囊的导热性能并且可以赋予微胶囊新的功能：导电性能。因此，将导电物质掺杂到微胶囊壳层中或者将导电物质作为芯材起到导电作用的微胶囊统称为导电微胶囊。张晓玉通过界面缩聚法制备了以正二十烷为芯材、二氧化硅为壳层的微胶囊并且在二氧化硅壳层表面加入银颗粒，微胶囊实现了高的潜热存储和释放效率以及良好的热调节能力。该微胶囊具有 130 Ω · m 的高电导率。江向通过乳液聚合反应，合成了一种新型的基于石蜡芯和纳米氧化铝（纳米 Al_2O_3）镶嵌的聚（甲基丙烯酸甲酯 - 丙烯酸甲酯 / 丙烯酸甲酯）壳的微胶囊。由于纳米 Al_2O_3 颗粒的存在，提高了相变材料微胶囊的导热性并赋予微胶囊导电性能。孙志成以丙烯腈（AN）、甲基丙烯酸甲酯（MMA）和丙烯酸甲酯（MA）为单体，以低沸点烷烃类为发泡剂通过悬浮聚合制备微球。同时，通过用质量分数为 1.5% 的导电聚合物牢固地覆盖微球表面，获得了一种新型的导电性热膨胀微球。此外将导电物质作为芯材，当微胶囊破裂导致芯材溢出也可起到导电作用。朱昆莫通过尿素甲醛在液态金属胶体上的原位聚合反应，合成了核壳结构的液态金属微胶囊。通过切割或挤压释放而破裂出液态金属达到导电的作用。

二、导电型微胶囊的分类

导电微胶囊按照导电物质所在的部分不同分为两种：壳层掺杂和芯材导电。壳层掺杂是指将导电物质加入到壳层中，使微胶囊具备导电能力。而芯材导电是指将导电物质作为芯材包覆起来形成微胶囊，当微胶囊破裂起到导电的作用。如图 10-6 所示。

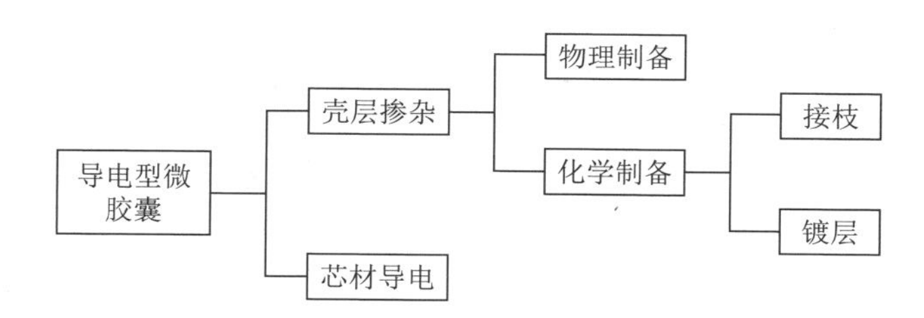

图 10-6 导电型微胶囊的分类

1. 壳层掺杂

将导电物质加入到壳层中不可能达到真正的均匀分布。总有部分带电粒子相互接触而形成链状导电通道，使微胶囊得以导电。另一部分导电粒子则以孤立粒子或小聚集体形式分布在绝缘体的壳层基体中，基本上不参与导电。孤立粒子或小聚集体之间相距很近，中间只被很薄的聚合层分开，由于热振动而被激活的电子就能通过壳层界面所形成的势垒而跃迁到相邻导电粒子上形成较大的隧道电流；或者导电离粒子间的内部电场很强时，电子将有很大的概率飞跃聚合物界面势垒到相邻导电粒子上，产生场致发射电流，这时壳层界面层就起着相当于内部分布电容的作用，导电微胶囊的导电机构模型如图 10–7 所示。

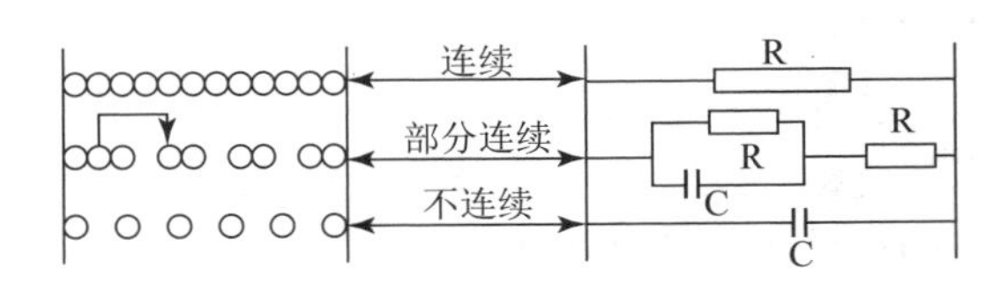

图 10–7　壳层掺杂的导电机构模型

导电物质在微胶囊的壳层加入分为物理掺杂和化学掺杂。由于导电物质既不属于油溶性物质也不属于水溶性物质。为了使导电物质与壳层具有共同的极性，会对导电物质进行预处理，如图 10–8（a）所示。物理掺杂：澜云巨合成了以二十烷为芯材、甲醛 – 三聚氰胺 – 尿素为壳层的微胶囊，此外在壳层中纳米银颗粒。经测试发现当电路与这些导电微胶囊结合时，其电阻率比与绝缘微胶囊结合时低至少 70%。另外，当掺入 20%体积的导电微胶囊时，在受损电路的电流中获得高于 90%的恢复效率。宋青文通过原位聚合法制备以氨基树脂为壳层，以溴十六烷（PCM BrC_{16}）为芯材，通过物理掺杂法加入银颗粒形成具有导电能力的微胶囊。陈玲采用原位聚合法合成了以石蜡为核，以三聚氰胺 – 甲醛（MF）为壳的新型相变微胶囊，纳米氧化铝（纳米 Al_2O_3）颗粒通过纳米 Al_2O_3 与 MF 预聚物的混合分

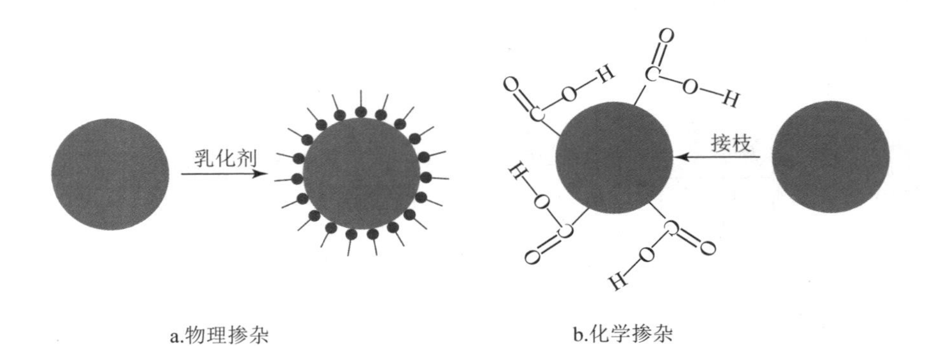

图 10–8　壳层掺杂的原理

散在壳中。此外，由于 Fe 型颗粒不仅使微胶囊具备导电能力，Fe 本身还具有磁性导致微胶囊具备电磁屏蔽能力。M.Kooti 将银纳米颗粒固定在聚苯胺壳的表面上，制备了由 $CoFe_2O_4$，聚苯胺（PANI）和纳米银组成的新型磁响应三组分纳米复合微胶囊。$CoFe_2O_4$/ PANI 与银纳米颗粒的复合型微胶囊可增强其电导率以及催化和抗菌活性。张赛以羧基官能化聚苯乙烯（PS）颗粒为芯材，壳聚糖为壳层，并将氧化铁纳米颗粒掺入壳聚糖中，制备了生物相容性和可生物降解的壳聚糖电磁性微胶囊。

化学掺杂分为两种，一是将导电离子通过化学反应生产导电颗粒在壳层表面或其中；二是对导电颗粒表面加上碳链或者羧基，如图 10-8（b）所示。孙志成将聚苯胺（PANI）和多分散化学转化氧化石墨烯［离子液体 - 氧化石墨烯杂化纳米材料（ILs-GO）］附着在微胶囊壳层发现，虽然 PANI/ILs-GO 的表面涂层增加了相应的粒径及其分布范围，但是在聚苯胺涂层中添加 ILs-GO 可以显著改善微囊的导电性。此外，将阻燃剂掺入微胶囊的 PANI/ILs-GO 壳层中，可使微胶囊在具有良好导电的同时也显示出一定的阻燃能力。George 通过氧化聚合将噻吩改性为 3-n 十二烷基噻吩接枝到微胶囊上。经研究发现，共轭聚合物接枝后的微胶囊可提供功能强大的光敏和电敏能力。李敏为了赋予微胶囊导电性，使用了硬脂醇接枝的碳纳米管（CNTs-SA）来制备微胶囊。与常规的微胶囊相比，具有 4% CNTs 的微胶囊具有良好地导电性能。朱亚林在包含正十八烷的二氧化硅纳米胶囊上进行多巴胺表面活化，然后在试剂作用下化学镀银，形成导电微胶囊。孙志成在以异戊烷、正己烷、异辛烷等为芯材的微胶囊表面沉积一层聚苯胺（PANI），使得微胶囊不仅具备了抗静电、导电能力，还具备吸收噪声的能力。Krystyna 通过将聚吡咯光化学沉积到分散在仿溴中的水滴表面上制备出微米级的导电微胶囊。

2. 芯材导电

芯材导电是以导电溶液作为芯材，通过壁材将芯材包覆起来形成的导电微胶囊。当微胶囊破裂通过挤压或者切割释放出芯材时，微胶囊导电，如图 10-9 所示。Mary 通过脲醛的原位乳化聚合反应将悬浮在氯苯（PhCl）和苯乙酸乙酯（EPA）中的单壁纳米管（SWNT）掺入微胶囊中。通过机械破裂后，微胶囊释放 SWNT 具有导电能力。Odom 将包含稳定的碳纳米管和 / 或石墨烯薄片的悬浮液包覆于壳层内形成导电微胶囊，从微胶囊芯材中释放碳纳米管和 / 或石墨烯悬浮液具有导电能力。由于在温度为 16 ℃时，共晶镓铟（Ga-In）液态金属拥有相对较高的电导率为 3.40×10^4 S/cm。因此，Blaiszik 将共晶镓铟（Ga-In）液态金属包覆于微胶囊中，当微胶囊破裂时将释放出共晶镓铟（Ga-In）液态金属使微胶囊具有导电能力。

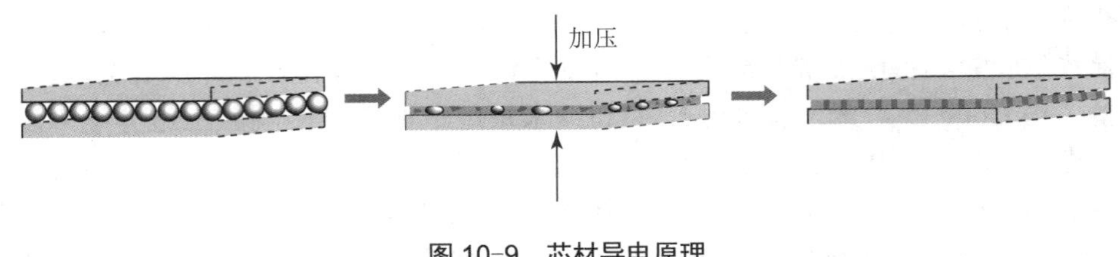

图 10-9　芯材导电原理

三、导电型微胶囊的制备

1. 壳层掺杂—制备导电型微胶囊

首先对导电颗粒进行改性，然后制备微胶囊。物理改性为在导电颗粒表面加上一层水溶性 / 油溶性的乳化剂，使其能够溶解在壁材中。将改性后的导电颗粒按照一定比例加入到壁材中。然后（以原位聚合法为例）将带有导电颗粒的壁材溶液（单体或可溶性预聚体）加入连续相（或分散相）中，芯材为分散相。改变反应条件使带有导电颗粒的壁材在芯材表面先发生预聚，之后带有导电颗粒的预聚体进一步聚合，当预聚体聚合尺寸逐步增大后，沉积在芯材物质的表面。由于交联或聚合的不断进行，最终形成芯材物质的微胶囊外壳，成为导电微胶囊。前提是改性后的导电颗粒能够溶解于壁材聚合反应之前，具体制备过程如图 10-10 所示。

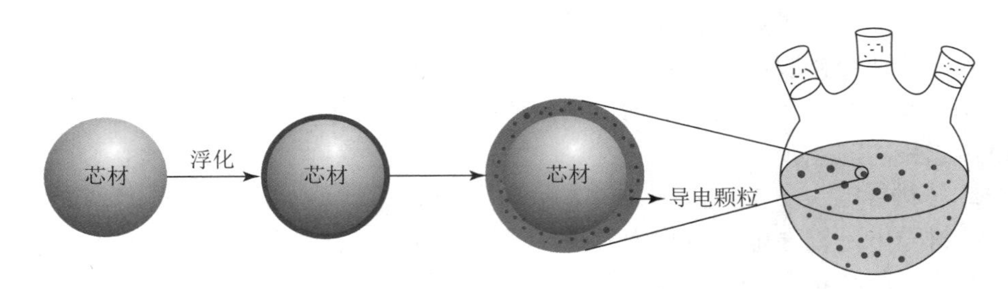

图 10-10　物理改性导电型微胶囊制备过程

化学改性为在导电颗粒表面接枝碳链或者羧基使其能够溶解在壁材中，以接枝碳链为例，第一步是导电颗粒的酸化，通过超声处理将 3g 导电颗粒与 300ml 浓硝酸混合 2 小时，然后搅拌混合物并在 120 ℃下反应 6 小时。冷却至室温后，将混合物洗涤至中性，并通过孔径为 0.45 μm 的微孔膜真空过滤。干燥 12 小时后得到羧酸官能化的导电颗粒（导电颗粒 -COOH）。第二步是导电颗粒的有机化。将导电颗粒 -COOH 与 60ml $SOCl_2$ 混合并在 70 ℃下搅拌 24 小时，蒸馏 $SOCl_2$ 并将产物洗涤至中性。将生产物与 60ml 辛醇、十四烷醇和硬脂醇在 70℃下搅拌 48 小时，获得具有多元醇的接枝导电颗粒分别标记为导电颗粒 -C8，导电颗粒 -C14 和导电

颗粒 -C18。

2. 芯材导电—制备导电型微胶囊

芯材导电型微胶囊以液态金属或碳材料溶液为芯材，先将芯材分散到溶液中形成小液滴，壁材分散到连续相或分散相。然后，使壁材在芯材液滴表面形成聚合物将芯材包覆成为导电型微胶囊。微胶囊未破碎时，微胶囊起到保护芯材的作用；当微胶囊受力或切割时将释放出导电能力的芯材而导电。

四、导电型微胶囊的应用

1. 导电胶

导电胶（Electrically Conductive）由导电颗粒作为导电填料与高分子黏合剂组合，固化后具有导电功能。导电胶能够把许多不同种电子设备或电子元件组合起来并且不影响其本身的导电性能，用于连接特殊性能的导电材料或器件。

导电胶已经在发光二极管（LED）、印制线路板（PCB）、电磁屏蔽、薄膜开关等电子元件和组件的封装和黏接等领域中广泛应用，正在逐步取代焊料。美国的杜邦公司、3M 公司，日本的日立公司等均处于世界领先水平，而我国导电胶产业属于后起，主要依赖进口。

目前金属银填料体系的导电胶发展最为广泛，但是银属于贵重金属，成本高；金属铜虽然导电性能好，但是非常容易被氧化，大大降低了金属铜的导电效率，将微胶囊型导电胶可以替代导电胶中的金属填料，并将其作为导电填料添加到不饱和聚酯树脂中，制备出成本低廉，剪切性能、电学性能、耐热性能均非常好的新型导电胶黏剂。

2. 微胶囊导电浆料

导电浆料在膜上刮棒涂布适用于不易脆裂的承印物。导电浆料可以取代现在金属布线或电子线路制造中所用的传统方法，采用刮棒涂布的方法加工线路板，作为印刷导电点或导电线路之用，满足电子工业和信息产业的迫切需求。

导电型微胶囊将金属粉末包覆在壳层中，这样可以避免与空气接触减少氧化度，大大提高导电涂料寿命。还可以降低金属粉末使用数量，降低导电涂料的成本。

导电型涂料制备方法为：将导电型微胶囊和交联剂、黏着剂、色料、消泡剂、流平剂等助剂等按照一定比例，通过机械搅拌方式混合即可得到导电型微胶囊涂料。然后，在 PET、玻璃或透明塑料等基材表面涂布得到相应的导电涂层（图 10-11）。

3. 电磁屏蔽导电涂料

电磁屏蔽导电涂料，通常是通过喷涂成膜后发挥导电的作用，从而屏蔽电磁波干扰的功能。可将导电型微胶囊添加于特定的树脂中，制备喷涂电磁屏蔽导电涂料。

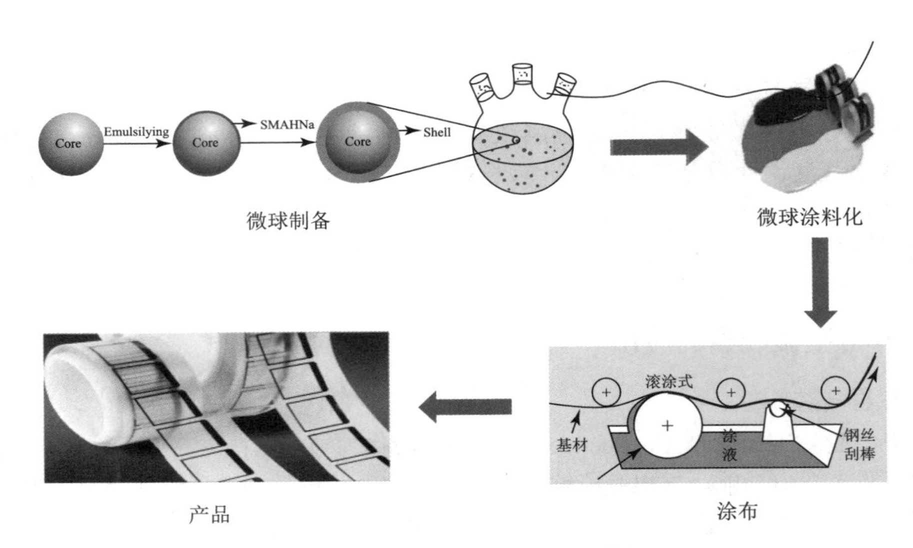

图 10-11 导电涂料制备及应用流程

第五节 高分子微球和微胶囊自修复涂层

一、研究背景

自修复材料是能够自主修复裂纹损伤的新型智能材料，这种材料可以增加产品的使用强度，延长产品的使用寿命，且能够在材料后续的维修、防护等方面节约大量的成本。它在军事、航空、电子科技、汽车等领域具有巨大的发展潜力。目前，聚合物材料的自修复方法可以分为两类，一类是本征型自修复，另一类是是外援型自修复。

1. 本征型自修复

本征型自修复是通过聚合物材料本身包含潜在的自修复功能，具有可逆化学反应的分子结构实现自修复，如热可逆反应、氢键、离子排列及分子扩散和纠缠触发修复。这类材料无须考虑外加物质与基体的相容性，但是制备过程复杂，成本高，难以规模生产。

2. 外援型自修复

外援型自修复是借助外加修复剂实现材料的自修复，包括微胶囊技术、中空纤维嵌入等。微胶囊技术设计简单、制备方便，在基体中的分散性好，对复合材料影响轻微，成为自修复材料领域的研究热点。影响外援型自愈合的修复效率的因素有：容器的力学性能，愈合剂的装载量，断裂损伤区域修复后的性能。与本征型自修复相比，外援型自修复对材料的化学结构和外界条件要求较低，具有普遍的适用性。

二、微胶囊技术

微胶囊的自修复原理如图 10-12 所示。

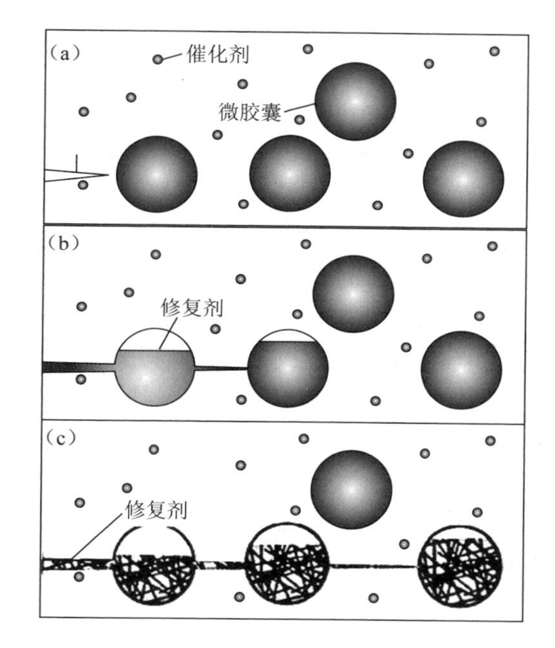

（a）图为出现裂纹现象；（b）图为微胶囊开裂释放修复剂填充裂纹；
（c）图为修复剂与材料中的催化剂相遇引发聚合反应，修复裂纹

图 10-12　微胶囊自修复

1. 自修复微胶囊修复体系

微胶囊自修复材料是一种典型的外援型自修复材料，微胶囊自修复可以分为三类：胶囊和催化剂自修复体系、单微胶囊自修复体系及双微胶囊自修复体系。

（1）胶囊和催化剂自修复体系。2001 年，S. K. White 等首次开创性地提出了微胶囊自修复材料的概念，并成功构建了微胶囊—催化剂体系，热固性环氧树脂成为第一个成功的微胶囊自修复材料。其修复机理为：将愈合剂储存在微胶囊中，然后将微胶囊包埋在基体材料中；在外力作用下基体出现微裂纹时，埋在基体中的微胶囊破裂，被微胶囊化的修复剂释放到裂纹中，触发愈合反应过程，与基体中的某些基团聚合交联完成修复，延长材料使用寿命。

在微胶囊—催化剂体系中，虽然 Grubbs 催化剂具有高复分解活性，但是双环戊二烯熔点低，价格高且通用性低，在商业应用上具有一定的限制。所以现如今的替代性催化剂如氯化钨、三氟甲磺酸钪等具有更高的热稳定性及实用性。

（2）双微胶囊自修复体系。双微胶囊自修复体系是带有催化剂的修复方法，将修复剂及聚合物和催化剂中的至少一种包封进微胶囊，并嵌入聚合物复合材料中，保护催化剂的反应活性。

国内对关于微胶囊在复合材料中自愈合的可行性问题做了相当多的研究。Jin 等人通过脲醛包封法合成环氧树脂微胶囊，开发出一种自修复环氧复合材料，此类材料在室温下的修复效率高达 91%。Li 等人提出了一种环氧 / 胺双微胶囊自修复体系，将环氧树脂和硬化剂聚醚胺包埋在 PMMA 中，显示出良好的自修复效果。罗永平采用原位聚合法制备了以双环戊二烯为芯材，脲醛树脂为壁材的自修复微胶囊。同时，他考察了微胶囊及催化剂的用量对热固性树脂基自修复效率的影响。结果表明，复合材料的自修复效率在微胶囊的用量为基体材料质量的 2.0%，催化剂 Grubbs Ⅱ用量为 4% 时最大，达到 62.23%。根据国内外的研究结果，双组分微胶囊修复效率都可以达到 60% 以上。但是双微胶囊自修复体系由于不可控制的化学计量比分布会不均匀，且工艺复杂，限制了愈合剂和催化剂的应用。

（3）单微胶囊自修复体系。单胶囊自修复体系具有很多优点，绿色环保、价格低廉、催化剂良好的抗降解性等，具有广阔的应用前景。单组分自修复体系将修复剂及引发剂混合物包封在单个聚合物微胶囊中，具有自主的，无催化剂的特点，并且可以在自然条件下进行自修复，如热、电、水分、氧气、光等。由于自愈系统是以精确的化学计量比进行反应的，增强了愈合剂的实用性，简化了自愈系统的修复过程。现如今研究较多的有热引发微胶囊自修复体系、电引发微胶囊自修复体系、水引发微胶囊自修复体系、光引发微胶囊自修复体系。

热引发的微胶囊自修复体系一般选择具有热固化性质的环氧树脂作为修复剂，Caruso 等人将包裹溶剂的胶囊嵌入到热固性聚合物中，出现微裂纹时溶剂会流出，此时外界的温度会使修复剂固化，进而修复裂纹。基于电引发自修复机理，Vimalanandan 等人设计了一种以聚苯胺（PANI）为外壳，导电聚合物（CP）作为修复剂的自修复微胶囊，具有自感防腐蚀功能。当电位发生变化时，微胶囊壳层显示出从不可渗透到可渗透的可逆能力，释放修复剂。Cui 等人合成出了以聚苯胺为壳，海藻酸钠为芯的微胶囊，可以应用于输水管道的防腐蚀。这个智能涂层具有良好的热稳定性和拉伸强度，被腐蚀介质浸泡 50 天，腐蚀能力仍可以达到 90% 以上。由于光可进行远距离传播，所以光引发自修复的显著优点可以实现光远程引发自修复，并且，光的可控传播可以实现自修复材料的定点修复。Guo 等人运用界面与原位聚合相结合的方法，把环氧树脂和阳离子光引发剂包裹到二氧化硅中，微胶囊在热循环 120 小时后，仍具有自修复功能。

2. 微胶囊修复机理

自修复微胶囊可以根据修复的机理分为两大类，一类是包裹修复剂，另一类是包裹催化剂。

（1）包裹修复剂的微胶囊修复机理。这种类型的微胶囊是将包裹修复剂的微胶囊埋植进入基体中，当基体受损出现裂纹延伸到微胶囊时，壁材破裂，释放出修复剂，修复剂通过虹吸作用进入到裂纹面，再和催化剂接触发生修复反应从而修复裂纹。

（2）包裹催化剂的微胶囊修复机理。这种类型的微胶囊是将包裹催化剂的微胶囊埋植进入基体中，当基体受损出现裂纹延伸到微胶囊，壁材破裂，释放出催化剂，催化剂通过虹吸作用进入到裂纹面，裂缝被聚合物覆盖实现自修复。

3. 微胶囊芯材的选择

微胶囊的芯材可以是多种多样的，从物理状态上可以是固体、液体、气体，从溶解角度看可以是水溶性的或者油溶性的。对于自修复微胶囊而言，芯材具有一定的反应活性，能够在催化剂或固化剂的作用下发生聚合反应生成具有一定强度的聚合物，且一般为可以在裂缝中流动性较强的液体。

不同成分的愈合剂在裂缝中的扩散速度与再生效率差异较大，所以选择适当的芯材可以提高材料的自修复效率。Garcia 等人研究发现微胶囊中包裹的愈合剂越多，壁材的厚度会逐渐变薄导致抗压强度下降。Shirzad 等人发现无论在高温或低温条件下，葵花籽油都具有较强的愈合能力，是合适的自修复微胶囊芯材。Liu 等人发现以环氧树脂为芯材的微胶囊受温度的影响较大。许勐等人研究了愈合剂分子结构与扩散能力之间的关系，发现选择小半径分子及链状低芳香环分子的愈合剂作为芯材较好。微胶囊芯材的选择决定了微胶囊的修复效率。

所以微胶囊芯材的选择应满足以下条件：①为了可以长时间保存，芯材应具有自聚合和抵抗化学降解的能力；②为了保证愈合剂不会从壳层中挥发或扩散，应具有低黏度、高流动性、低凝固点等性质；③愈合剂释放后具有高反应活性，可以在环境中快速固化；④愈合剂可以与修复的裂缝形成强黏合力。常用的愈合剂有二环戊二烯（DCPD）、环氧、全氟辛基三乙氧基硅烷（POT）、植物油、桐油、异氰酸盐等。

4. 微胶囊壁材的选择

微胶囊壁材的选择对芯材起到关键性的保护作用，影响微胶囊的稳定性和可裂性。微胶囊制备过程中，芯材与壁材是互不相溶的两种物质，水溶性壁材包覆油溶性芯材，油溶性壁材包覆水溶性芯材。我们选择壁材时需要对它的力学强度、致密性、热稳定性等因素进行考虑。微胶囊的壁材可以是高分子材料或者无机材料，高分子材料可以是天然高分子、半合成高分子或合成高分子。

White 等人运用本征应变法研究囊壁材料与裂缝的关系，发现当微胶囊囊壁的弹性模量小于基体的弹性模量时，可以增加裂缝与微胶囊碰撞的概率，有利于释放芯材中的愈合剂。目前，对自修复微胶囊壁材的热稳定性的研究较多。黄志钱等人将纳米纤维素修饰过的三聚氰胺脲醛树脂作为壁材，纳米纤维素与三聚氰胺脲醛树脂可以形成氢键，提高了微胶囊的热稳定性，且降低了破损率。张秋香等人采用纳米二氧化硅修饰过的甲基丙烯酸甲酯－丙烯酸作为囊壁材料，当纳米二氧化硅的掺杂量为3%时，可以明显提高微胶囊的热稳定性。目前对于微胶囊壁材的力学稳定性与可裂性研究较少，但是，在自修复微胶囊中，对壁材的物理力学性能要求较高。所以，如何控制微胶囊的力学性能将是一个重要研究发现。

在自修复微胶囊中，对壁材的要求是：具有良好的密封性与热稳定性；壁材足够薄，具有较高的芯材载荷；具有优良的机械性能，在基体正常状态下是稳定的，基体产生裂纹时会破裂；成本较低，环境友好型。现如今，常用的微胶囊的壁材材料有：脲醛树脂、聚脲、聚氨酯、三聚氰胺甲醛树脂、聚甲基丙烯酸甲酯、二氧化硅以及有机 / 无机双层复合壳等。

5. 自修复微胶囊制备方法

目前，制备自修复微胶囊的方法基本上是原位聚合法和界面聚合法。

（1）原位聚合法。这种方法是将壁材与混合稳定剂在水中溶解，再将芯材加入，通过剧烈搅拌或剪切乳化作用形成水包油或者油包水乳液。由于单体合成的聚合物不溶于乳液，所以聚合反应通常发生在芯材液滴的表面，从而得到壁材包裹所需芯材的微胶囊。原位聚合法分为一步法和两步法，一步法是直接将芯材、壁材、乳化剂等材料混合，调节 pH 值，单体发生聚合反应制备出微胶囊；两步法是壁材先在碱性环境下产生预聚体，然后加入芯材，调节 pH 值，预聚体再发生缩聚反应形成囊壁包裹芯材，形成微胶囊。两步法便于控制微胶囊的粒径大小和壁材厚度、成本低、操作简单，但是制备过程较长，需要 3 个小时以上且一般都需要添加催化剂。

Sinuo 等人通过原位聚合法成功地将亚麻籽油包覆在聚脲醛（PUF）外壳中，对裂纹具有良好的修复功能。由原位聚合法所制备的微胶囊均为微米级，形貌如图 10-13 所示。制备过程中需严格控制多种工艺参数，如预聚体滴速、pH 值、固化温度等，制备过程复杂，但该方法生产效率较高，产率超过 80%。

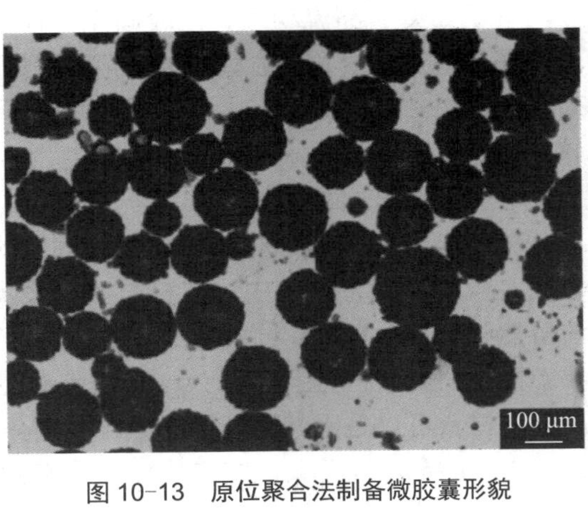

100 μm

图 10-13　原位聚合法制备微胶囊形貌

（2）界面聚合法。界面聚合法也是常用的自修复微胶囊的制备方法。这种方法是将两种单体溶解于两个不相混溶的溶液中，再加入乳化剂，形成水包油或油包水乳液。两种单体在水 - 有机界面处或附近快速聚合，最终形成包覆芯材的微胶囊，制备过程如图 10-14 所示。这种方法制备的微胶囊操作简单、成本低、包封效率高、反应速度快。但仅适用于特定材料。Brochu 等人通过界面聚合法制备了甲苯 -2，4- 二异氰酸酯与 1，4- 丁二醇包覆氰基丙烯酸酯基黏合剂，平均粒径为 75 ～ 220μm，可用于在潮湿环境中的自修复。Huang Ming xing 等人通过水包油乳液中的界面聚合反应，制备了以六亚甲基二异氰酸酯（HDI）作为芯材料的聚氨酯（PUR）微胶囊，微胶囊的平均粒径在 5 ～ 350μm，在自修复涂层中表现出了显著的耐腐蚀性。Sun Dawei 等人通过界面聚合法合成了具有优异壳密性的六亚甲基二异氰酸酯（HDI）的双层聚脲微胶囊。这种微胶囊的自修复功能，在工业涂料系统中表现出优异的耐腐蚀性能。

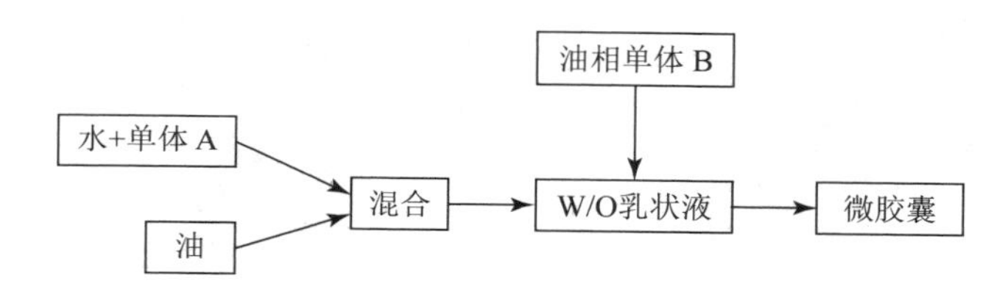

图 10-14　界面聚合法制备微胶囊工艺流程

三、自修复微胶囊应用领域

1. 沥青自修复

沥青是使用广泛的路面材料，但它在光照、温度、车载等外界因素作用下会发生老化，极易产生裂纹。目前，修复裂纹最常用的方法依赖于人工修补，处置时间长且滞后，无法实现实时自动修复。自修复微胶囊可以实时自发地修复沥青路面裂缝，解决路面的抗滑性及环境的危害性，国内外众多学者尝试将再生剂以微胶囊的形式添加到沥青混合材料中。它的修复机理是：首先将包裹修复剂的微胶囊均匀分散于沥青内部，当沥青混合材料内部出现裂纹时，裂纹扩展遇到微胶囊，微胶囊囊壁受到应力作用发生破裂，包裹的修复剂在毛细作用下流出，对微裂纹进行修复。Zhang 等人通过扫描电子显微镜与荧光显微镜观察到涉及微裂纹的微胶囊均破裂，再生剂流出扩散对沥青裂缝进行修补，随后裂缝逐渐闭合（图 10-15）。

Garcia 等人表征了 5 种不同的微胶囊的组成及强度，研究了微胶囊在沥青混合材料中的间接拉伸强度、疲劳寿命以及压实的能力。实验结果表明，大多数的微胶囊可以抵抗沥青混合材料的搅拌及压实，并且微胶囊的加入对沥青混合材料的疲劳寿命无显著影响。Sun 等人通过原位聚合法制备了三聚氰胺脲醛树脂包裹轻质油的沥青自修复微胶囊，微胶囊形貌如图 10-15 所示。通过因素法确定微胶囊的最佳制备工艺，最终得到微胶囊的粒径约为 100μm，产率可达 85.5%，且具有良好的热稳定性。

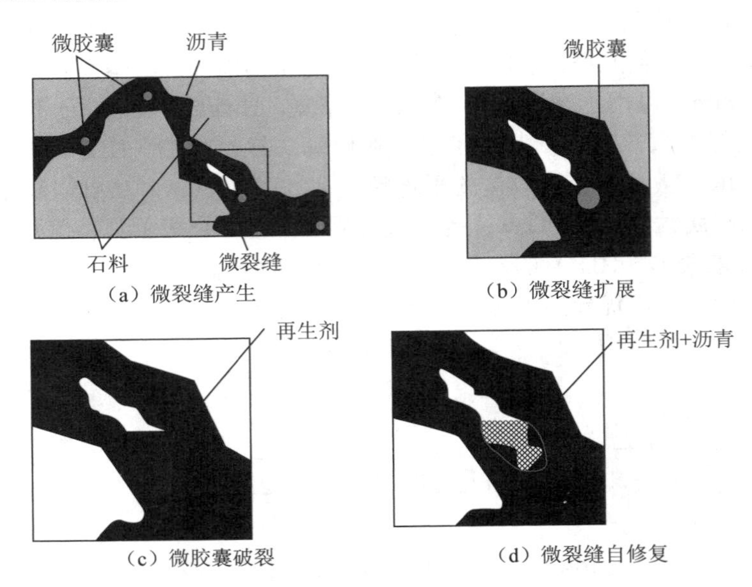

图 10-15 沥青自修复微胶囊修复原理

2. 混凝土自修复

混凝土材料是用途最广、用量最大的建筑材料，但是它最大的缺点就是脆性大、抗拉强度低，服役期间内部极易产生裂纹。微裂纹容易导致有害物质的侵入，缩短混凝土结构的使用寿命，还会引起混凝土结构的渗漏，影响建筑结构的防水功能等。混凝土建筑的修复维修方法繁杂，需要专用的机器及修复材料，成本高昂耗费时间。国内外学者对混凝土材料裂缝的修复进行了大量的研究。

混凝土自修复微胶囊是将混凝土修复剂封装进微胶囊，再植入到混凝土材料基体中。当材料出现微裂纹时，微胶囊可以及时破裂并释放出修复剂，从而修复裂缝。美国罗德岛大学的 Michelle Pelletier 等人以硅酸钠作为修复剂制备自修复微胶囊，当微胶囊破裂后，修复剂 Na_2SiO_3 流出与混凝土中的 $Ca(OH)_2$ 反应生成一种钙硅化合物，这种化合物类似于胶状物质，能够修复裂缝并封闭混凝土中的气孔，反应式为 $Na_2SiO_3+Ca(OH)_2=CaSiO_3+2NaOH$；万健等人采用了原位聚合法制备了以环氧树脂为芯材，脲醛树脂为壁材的自修复微胶囊，并掺入混凝土中，研究自修复混凝土的强度，发现 48h 抗折强度恢复 75.6%。

微胶囊自修复混凝土，可以主动、自动地对损伤部位进行修复，提高混凝土建筑的承载力，延长使用寿命。

3. 金属材料防腐

金属材料应用于生产生活的各个领域，但使用过程中容易受到周围环境介质的腐蚀，适当的防腐控制有利于避免许多潜在危害和经济损失。金属的腐蚀是指金属材料由于环境中的湿度、酸碱度等因素的影响失去电子并且发生氧化反应的过程。

对金属的防护主要有以下四个思路：①选材合理，选择相应抗腐蚀性能强的材料。②介质处理，改变腐蚀介质的性质，如引入缓蚀剂。③电化学法，采用阴极保护法或者阳极保护法来保护金属。④表面防护，对金属表面进行防护处理，避免金属受到腐蚀。

在金属表面涂布一层防腐层，是目前使用最广泛的一种措施，但是防腐涂层的作用主要是屏蔽腐蚀介质，在金属遇到外力破坏时，比如穿孔、脱落、龟裂等情况时，防腐涂层的作用就会丧失，并且会出现大阴极小阳极的情况，从而会加速腐蚀。当涂层受到破坏时，对涂层的及时修复处理是非常重要的一部分工作，可以避免进一步的损失。自修复金属防腐涂料的未来发展方向：简化工艺过程，提高可操作性；研究室温自修复的高聚物型智能涂料；扩大天然材料在防护涂料方面的应用。

4. 导电线路自修复

随着科学技术的发展，电子设备日趋小巧智能，但是电子设备会不可避免地发生弯曲、扭曲、拉伸、碰撞导致设备使用效率降低和机械损坏。电子设备内部芯片、电路变得越发精密，只要芯片、电路的细小处受到损坏就会影响整个电路正常运转。自修复材料可以改善电路可靠性和延长设备使用寿命，成为更具可持续性的电子设备，Blaiszik 等人制备了脲醛树脂包裹液态 Ga–In 共晶合金的微胶囊，可以修复金（Au）线路上不同程度的损坏。Caruso 制备了以含有碳纳米管（SWNT）的氯苯（PhCl）和苯乙酸乙酯（EPA）溶液为芯材，以脲醛树脂为壳层的微胶囊，并且通过机械破裂方式从微胶囊中释放出碳纳米管来修复电路。Sun 等人合成了以导电水溶液为芯材，以密胺树脂为壳的导电自修复微胶囊，用于在受损的电子设备中自动恢复导电性。当电子设备受损时使用压力压破微胶囊释放出导电溶液于受损部位，电子设备数分钟内就恢复导电性能。另外，由于导电水溶液具备一定的相变潜热，所以微胶囊可以在设备长久运转时起到降低设备自身温度，维持设备高效运转的作用。

Sun 等人为了验证微胶囊的修复能力，将铜箔附着在载玻片上，用附着铜箔的载玻片代替一段导线连接小灯泡、稳压直流电源形成一个串路，如图 10–16（a）所示。打开电源时，电路形成通路、灯泡点亮。然后用刀子划伤铜箔的载玻片，形成短路、灯泡熄灭。将微胶囊附着在断裂处用使用大于 14N 的力压破微胶囊，电路重新形成通路，灯泡点亮。图10-16（b）至图10-16（g）显示的是不同类型的导电微囊形成的修复电路。从图10-16（b）至图10-16（g）可以看出，PEDOT:PSS水溶液微胶囊、Fe_3O_4分散溶液微胶囊、氧化石墨烯分散溶液微胶囊、自来水微胶囊均可以将灯泡重新点亮。但是去离子水微胶囊不能将灯泡点亮。因为去离子水微胶囊含有的芯材几乎不导电。

聚合物复合材料在使用期间极易产生裂纹或损坏，微胶囊自修复材料通过对裂纹的自动及时修复延长使用寿命，降低维修成本需要解决的问题：微胶囊自修复技术可以实现大体积的自愈，但是修复缓慢且只能单次修复；微胶囊合成工艺的限制，导致芯材的选择十分有限。现阶段，我们需要优化或开发新的制备工艺，提高修复效率，研发出适合多种要求的、经济环保的微胶囊自修复材料。

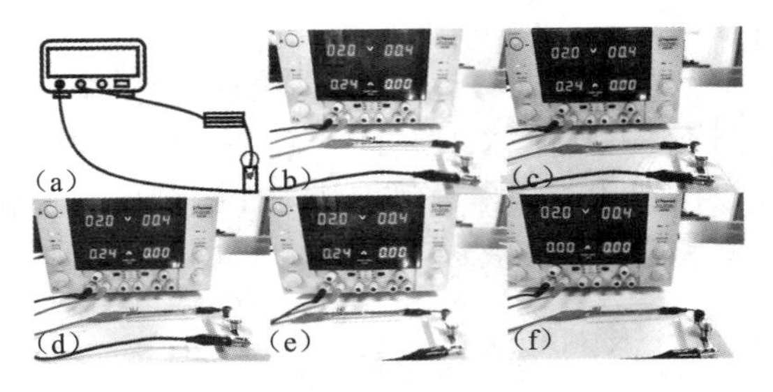

（a）为电路示意图；（b）为PEDOT:PSS水溶液微胶囊；（c）为Fe_3O_4分散溶液微胶囊；（d）为氧化石墨烯分散溶液微胶囊；（e）为自来水微胶囊；（f）为去离子水微胶囊

图10-16　微胶囊性能评价

第六节　微球和微胶囊在功能涂布/印刷领域的应用

一、在立体印刷/涂布中的应用

在立体印刷领域主要为热膨胀微胶囊组成的物理发泡油墨。将热膨胀型微胶囊配以适当的连接料制成发泡印刷/涂布材料，采用刮棒涂布工艺，微胶囊的高温膨胀性能使印刷/涂布的图案花纹具有植绒和立体感，也可以与普通涂料印花相结合，图案有高有低，具有独特的立体风格。这是一种不依靠凹凸压印和凹版印刷而使图案形成浮凸立体感的独特油墨转移方式。发泡印刷涂布材料的主要应用领域包括：盲文印刷、包装涂布、壁纸印刷、外墙涂布、发泡立体印刷等。

物理发泡浆料的主要组成为：丙烯酸酯类和其他树脂共聚物60%，发泡微球20%，尿素5%，色浆10%，其他成分5%。发泡浆料的树脂以一定的黏度和强度，保证微球均匀地分散在连结料中，而不会沉积分层，具有良好的印刷涂布适性。当涂层干燥后并施加一定的高温，涂料结构由线性交联变成网状结构，将微球包住，形成呈现立体效果的整体。

可以从提高微球发泡剂的含量来提高发泡效果，与此同时，发泡剂含量的增加会带来以下两个问题：热膨胀型微胶囊能否在发泡浆料中分散均匀；热膨胀型微胶囊一般具有一定的吸油量，补加的微球对浆料黏度产生一定影响。

孙志成等人制备的热膨胀型微胶囊平均粒径在 30 ～ 50μm，粒径较大，选用刮棒涂布工艺，将微球发泡浆料涂布在纸张、纺织品等承印物表面。图 10-18 为发泡浆料的涂布流程图。虽然发泡浆料印刷涂布能够得到三维效果，但是通常难以准确地复制出图像的细微层次，容易出现油墨固化后的边缘不清晰、不规则的问题。因此，非常有必要对发泡浆料的印刷涂布特性进行系统的分析，以便更好地提高发泡产品的质量。

涂布过程中，由于发泡涂布液粒径大，选用刮棒涂布，涂层均匀，上胶量控制准确，提升发泡效果。发泡浆料不适合打底印花，如先用普通的透明浆料打底，水洗牢度和手感柔软性均有显著提高。根据热膨胀型微胶囊的最大膨胀温度选择合适的加热温度，加热可延长加热时间使发泡浆料充分膨胀。

二、在 3D 打印中的应用

Maneesh K 等人提出了一种 3D 打印刺激响应型核 / 壳胶囊的方法，如图 10-17 所示。这些胶囊以水为核心，乙醇酸（PLGA，FDA 批准的聚合物）为外壳，能够以可编程方式在水凝胶基质内释放多重梯度芯材。重要的是，壳体可以加载等离子体金纳米棒（AuNRs）。当用纳米棒的长度对应的激光波长光源照射时，胶囊会发生选择性破裂。此工艺可以实现对空间，时间和选择性的精确控制。这种基于 3D 打印的方法的优点包括：高度单分散的胶囊，有效包裹生物分子有效载荷，胶囊阵列的精确空间图案，梯度的“实时”可编程重配置，纳入分层体系结构的通用性。

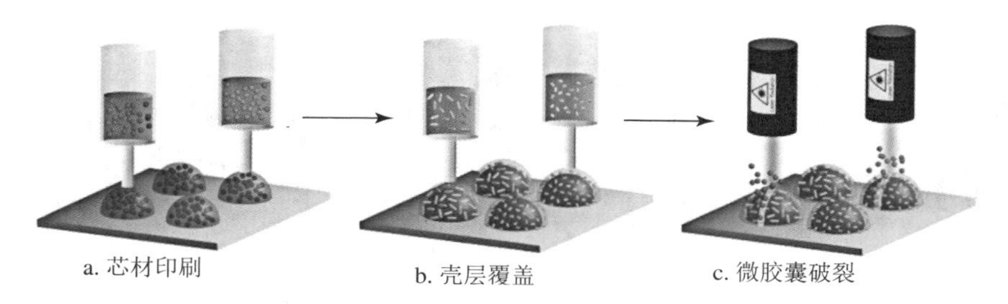

图 10-17　3D 打印刺激响应型核 / 壳胶囊的方法

胶囊的可编程印刷和破裂：①将包含生物分子有效载荷的水芯材的多阵列直接印刷在固体基质上；②将含有不同长度 AuNRs 的 PLGA 溶液直接分散于水核心中，形成固体刺激响应型外壳；③通过用与纳米棒的吸收峰相对应的激光波长照射选择性地使胶囊破裂。

麻省理工学院的研究人员研制出一种生产纳米纤维网格的新装置。新装置由一组小型喷嘴组成，其中包含泵送的聚合物颗粒的流体。在最初的实验中，Velásquez-García 和 Olvera-Trejo 使用水和芝麻油作为流体，而发射器则由塑料制成，所得微球的直径约为 25μm。

为了将发射器阵列封装到最小的体积中，研究人员使用了螺旋形的流体通道，如图 10-18 所示。该通道围绕发射器的内部呈螺旋形旋转，从而最大限度地减小了其高度。为了控制发射速率，通道也逐渐变细，从底部的 0.7 mm 到顶部的 0.4 mm。Velásquez-García 表示，使用标准的微细加工工艺几乎不可能制造出这种小型而复杂的设备。

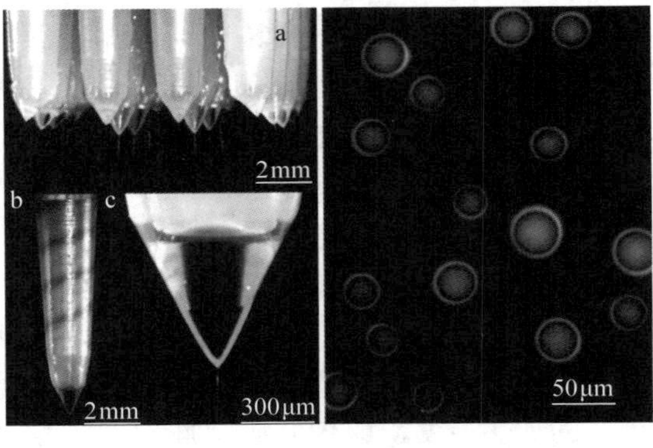

图 10-18　螺旋形流体通道及其横截面

Wang J 等提出了一种提高增材制造成品机械性能的方法，如图 10-19 所示。将热膨胀型微胶囊加入到原材料中，通过熔融沉积成型（Fused Deposition Modeling，FDM）和热处理工艺来降低沉积

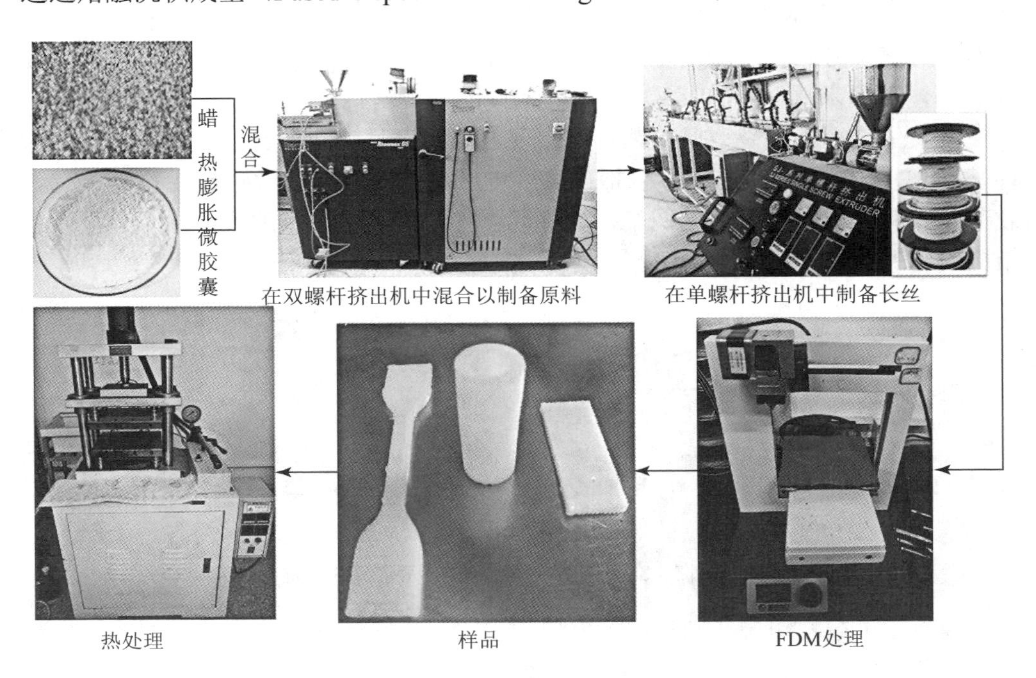

图 10-19　热可膨胀微球加工流程

层之间的空隙，从而提高机械性能。同时，形成了一种基于 FDM 制备发泡材料的新型工艺，此工艺在制鞋领域中拥有巨大的发挥潜力。目前广泛应用在 FDM 的原材料主要是丙烯腈－丁二烯－苯乙烯塑料（ABS）和聚乳酸（PLA），它们的熔点接近 190℃，可以选用起始膨胀温度高于 190℃的超高温热膨胀型微胶囊，产品的机械性能得到提高。

SmartCups 公司发布了全世界第一款 3D 打印聚合物微胶囊能量饮料杯，如图 10-20 所示。这种杯子选用微胶囊化技术，将活性化学物质和特色美食化学物质包覆在其中，然后运用 3D 打印技术，将这种微胶囊打印集成化于在可降解的杯底。当有液体引入时，微胶囊的壁材会溶解破损，芯材的活性成分和特色美食化学物质释放出，不用拌和就变成了一杯即饮健康饮品。

图 10-20　3D 打印聚合物微胶囊能量饮料杯

多年来，Scott White 一直致力于开发一种可以在遭遇破坏后自行修复的塑料或者其他类型的建筑材料。White 在采访中表示：“汽车或飞机上的塑料或金属零件如果遭到外界碰撞，那么产生的裂痕就会损害汽车或飞机的使用寿命，而这种裂痕通常不易从外表上发现，这样就会给人们的生命安全带来威胁。”此前，White 和他的同事 Nancy 寻找到了解决这个问题的良方。首先，他们利用 3D 打印机创建出一种充满微胶囊的新材料，而这种新材料的微胶囊里则充满了特殊的愈合剂。当材料受到磨损时，微胶囊就会打开并释放愈合剂。这种愈合剂实际上是由单体、塑料分子组成的。当愈合剂接触到材料中的其他化学物质时，它就会发生一系列化学反应，从而修复潜在裂缝。

水牛城大学团队研发灌注双性抗霉素 B（Amphotericin B）药物的 3D 打印假牙，将抗霉药物加入丙烯醯胺（Acrylamide）作为打印材料，在 3D 打印过程中经由针管泵系统将假牙聚合物与微球结合在一起。发现薄膜单层的渗透性较复层好，更能有效抑制霉菌生长。研究团队透过抗挠强度测试机器弯折假牙，进行牙齿强度测试找出断裂点，发现 3D 打印假牙的抗挠强度比传统方式建造的假牙低 35%，但却不会碎裂。药物投放时，抗霉剂先被置入可生物分解及可渗透的微球内，以防药物在高温打印过程中受到影响，在微球逐渐分解同时释出药物。

3D 打印假牙可望改善因假牙感染导致的口腔发炎症状。以 3D 打印微胶囊式消炎药为原材料制成假牙后，它可定期释出抗霉药剂，降低霉菌生长，且假牙还能继续配戴，将为患者省下大量时间与金钱，并对传统耗时的假牙建模形成冲击。

美国劳伦斯利弗莫尔国家实验室（LLNL）的环境研究员 Joshua Stolaroff 称，小苏打可以拯救世界。他认为，这种材料可以通过捕捉和封存二氧化碳来保护环境，阻止地球变暖。目前已经开发出一种充满了碳酸钠溶液的微胶囊，并将其装在一个允许二氧化碳通过的聚合物壳中。当碳酸钠与二氧化碳和水接触时，生成碳酸氢钠，这是一种廉价、无毒的碳吸收剂，成本较之前可降低 40% 左右。

对于肿瘤细胞，3D 培养方法在表型和基因型方面能让细胞更接近体内的行为。然而，肿瘤微环境何其复杂，虽然有研究人员将肿瘤细胞与其他细胞如成纤维细胞共培养，也有人建立了血管化模型，但还是有些“单薄”，无法精确模拟肿瘤的转移环境。近日，来自美国明尼苏达大学的研究人员利用 3D 生物打印技术，构建了一种新型的“精密”的 3D 体外肿瘤模型，如图 10-21 所示。可以精确放置活细胞（肿瘤细胞、基质细胞和血管细胞）构建功能性的脉管系统，同时可以放置信号分子并控制其释放来引导肿瘤细胞转移。重要的是，将肿瘤靶向药物导入血管可以进行药物筛选。这个模型几乎完美地动态重现了癌症转移的几个关键步骤包括侵袭、血管内渗和血管生成，对于肿瘤的研究和新型抗癌药物的筛选具有重大意义。

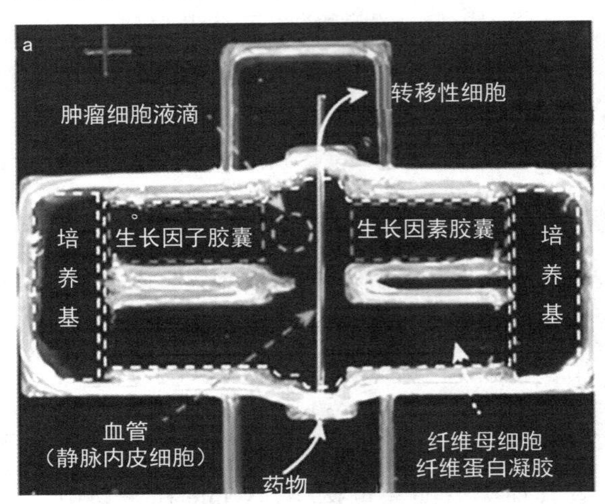

图 10-21　3D 体外肿瘤模型

该模型有四大模块，可以精确模拟肿瘤转移环境：①肿瘤基质。选择水凝胶作为支架，水凝胶中含有成纤维细胞，用来构成肿瘤基质。②化学环境。3D 打印的微胶囊包含趋化通路分子，如 VEGF 和 EGF，在外界刺激下（胶囊外壳响应近红外激光）可动态释放这些化学信号，用来模拟肿瘤组织中的化学环境并指引细胞迁移。③血管系统。将人脐静脉内皮细胞（HUVECs）注入微通道进行内皮化，作为血管导管，以便肿瘤细胞穿过内皮屏障到达血管，产生循环肿瘤细胞（CTCs）。④肿瘤细胞。将肿瘤细胞簇置入打印的液滴隔室，模拟肿瘤的原发部位。

3D 材料已经被提议作为扩增干细胞的平台，因为与传统的 2D 方法相比，这种系统将占用更少的空间来产生同等数量的细胞。伊利诺伊大学芝加哥分校一个由生物工程学研究人员和骨科教授组成的研究小组，开发了一种新的组织、器官 3D 打印方法。团队制造了一种微流体装置，可产生亚微米级的中空水凝胶球，并以这种微米级的藻酸盐水凝胶材料为细胞的支撑介质，通过 3D 打印机将细胞沉积到水凝胶材料中，并在内部涂覆一层几微米厚的重构细胞外基质（Extracellular

Matrix，ECM）这种水凝胶材料对喷嘴移动或细胞喷射所产生的阻力很小，但能够在打印过程中支撑细胞，将它们保持在适当的位置，并使其保持原有的形状，如图 10-22 所示。连续的 ECM 层装饰胶囊的内壁，被锚定到藻酸盐凝胶上并模仿细胞壁 Iche 的基底膜。使用这种方法封装了人类骨髓间充质干细胞（hMSCs）。将 hMSCs 直接 3D 生物打印到微凝胶支持介质中后，微凝胶的光交联可以为构建长期培养的 hMSCs 提供机械稳定性。

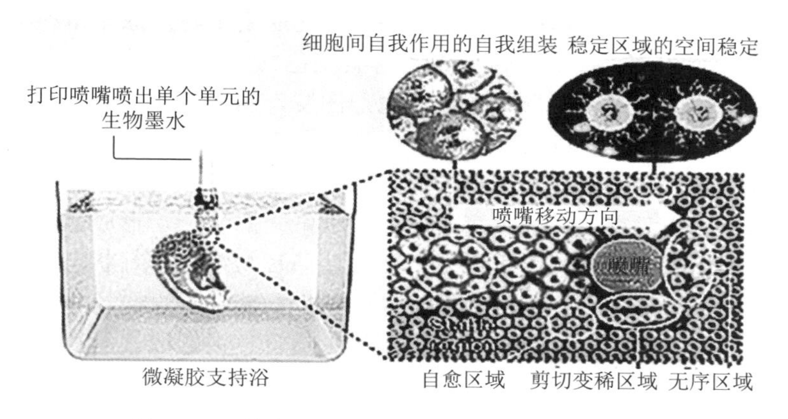

图 10-22 藻酸盐微凝胶支撑介质中细胞的 3D 打印

三、在防伪技术中的应用

在防伪印刷或涂布方面，由无机复配物制得的可逆热致变色油墨可以实现良好的防伪效果，但因其耐久性差，不适宜作为保存期较长商品的防伪标记来使用。经微胶囊化的液晶变色油墨也可用来制作防伪标记。而微胶囊化的有机可逆热致变色油墨耐久性好、成本低廉、条件可控，可以应用于防伪印刷或涂布。

另外，在荧光涂布材料中稀土配合物作为发光材料具有独特的优点，有着很高的内量子效率和色纯度，在商品防伪、荧光探针、发光显示等方面有着特殊的应用，是近年来发光材料研究的热点。

陶栋梁等研究发现，如果以具有荧光性能的稀土配合物 $Eu(TTA)_3phen$ 作为核，正硅酸乙酯水解后生成的二氧化硅作为表面包覆物，就能够自组装形成二氧化硅包覆的稀土配合物微粒。包覆后的稀土配合物分子结构更加刚性化，荧光测试结果表明，配体吸收能量后将会以更快的速率传递能量给稀土离子使得荧光强度增强，而且在 617.4 nm 的发射峰变得尖锐和突出。郝广杰等利用脂肪族聚氨酯材料优异的综合性能，如良好的耐摩擦性、耐候性、耐溶剂性等，将 $Eu(TTA)_3(TPPO)_2$ 微胶囊化，制得形态规则耐热性和耐溶剂性好、在特定波长下发光亮度高和光单色性好的红色荧光微球。微球直径在 3 ～ 10 μm，具有规则的球状形态，适合于用作水墨、油墨等的添剂。

有机可逆热致变色材料的综合性能存在一定的不足之处，如耐热性不够、化学惰性不够理想、裸露在空气中，易受外界环境的影响而失去可逆变色的能力等。采用微胶囊技术制备的产品储藏稳定性和产品功能性良好，使用便捷，可解决许多传统工艺中出现的问题。因此，将有机可逆热致变色材料微胶囊化是一种可行且较理想的方式。

单从涂布材料和承印基材上来说，将微胶囊应用于防伪涂布材料与特种纸上均可以实现有效的防伪能力。例如，利用含有变色物质的微胶囊制成防涂改材料，通过涂布工艺转移至纸张上形成有色或隐形图文，当用硬质物品或工具摩擦、按压时，微胶囊内芯材可在压力作用下发生化学色变反应或微胶囊破裂导致染料渗漏显现颜色变化，从而实现油墨防伪效果。微胶囊也可以对纸张的结构性能产生特殊的影响，如今已有多种微胶囊技术应用于纸张的生产，形成了用途各异的特种纸。将微囊化的磁性薄片涂于纸上，在磁性薄片与纸成平行状态排列时，入射光全部反射，记录纸为白色的，当用记录针给纸面施加垂直磁场时，使磁性薄片旋转，就会使入射光的散乱或吸收而得到记录信息，根据磁性薄片的旋转程度不同而得到相应的磁场记录。又如，用悬浮聚合法制备的物理膨胀微胶囊，也可以用于盲人使用的立体拷贝纸及凹凸纹的壁纸，将立体拷贝纸微胶囊用于热敏发泡层上，依靠电子照相过程和高辉度光源的组合可以形成立体画面，从而实现防伪效果。

参考文献：

[1] 宋健，陈磊，李效军．微胶囊化技术及应用 [M]. 北京：化学工业出版社，2001.

[2] 李岚，袁莉．微胶囊技术及其在复合材料中的应用 [J]. 塑料工业，2006, 34: 287- 292.

[3] Nagamoto M, Koseki Y, Iwata S. Diazo Type Thermosensitive Recording Material: US, 4411979. 1983-10-25.

[4] Usami T, Hatakeyama S, Shimomura A. Heat Sensitive Recording Material: US, 4644376. 1987-2-17.

[5] Bailey, J C. Nonaqueous Cell Employing an Anode Having a Boron-containing Surface Film: US, 4440836. 1984-4-3.

[6] Usami T, Tanaka T, Satomura M. Light and Heat Sensitive Recording Material: US, 4529681. 1985-1-16.

[7] Shanklin M, Gottschalk P, Adair P. Photohardenable Composition Containing Borate Salts and Ketone Initiators: US, 5055372. 1991-10-8.

[8] Gottschalk P, Neckers D C, Schuster G B. Cationic Dye-triarylmonoalkylorate Anion Complexes: US, 5151520. 1992-9-29.

[9] Arai Y, Fukushige Y. Photopolymerizable Composition, Recording Material and Image Forming Method: US, 20030077542. 2003-4-24.

[10] 梁荣昌，陈天德，张秀彬，等．含热显影光敏微胶囊的成像介质：中国，01802048. 8. [P]. 2002- 12- 18.

[11] 李晓苇，王文丽，孙曙旭，等．热敏微胶囊型信息记录技术的研究进展 [J]. 材料导报，2007, 4: 17-20.

[12] 李晓苇，江晓利，秦长喜，等．一种光热敏微胶囊和含有该光热敏微胶囊的光热敏记录材料：中国，200510012744. 6. [P]. 2006-2-8.

[13] 梁治齐．微胶囊技术及其应用 [M]. 北京：中国轻工业出版社，1999.

[14] 李路海，何君勇，张淑芬，等．微胶囊制作技术及其在电子纸中的应用 [J]. 功能材料，2004, 4: 407-413.

[15] 李路海．微胶囊电泳显示电子墨水构成与性能关系研究 [D]. 大连：大连理工大学，2003.

[16] 李路海，蒲嘉陵，滕枫，等．电子纸技术及其在包装领域的应用展望 [J]. 包装工程，2006, 5: 10-12.

[17] Tan W, Shi Z, Smith S, et al. Submicrometer Intracellular Chemical Optical Fiber Sensors[J]. Science, 1992, 258(5083): 778-781.

[18] Zhang S, Zhang H, Yao G, et al. Highly Stretchable, Sensitive, and Flexible Strain Sensors Based on Silver Nanoparticles/Carbon Nanotubes Composites[J]. Journal of Alloys and Compounds, 2015, 652.

[19] Nativo P, Prior I A, Brust M, et al. Uptake and Intracellular Fate of Surface-Modified Gold Nanoparticles[J]. ACS Nano, 2008, 2(8): 1639-1644.

[20] De Koker S, De Geest B G, Singh S, et al. Polyelectrolyte Microcapsules as Antigen Delivery Vehicles to Dendritic Cells: Uptake, Processing, and Cross - Presentation of Encapsulated Antigens[J]. Angewandte Chemie, 2009, 48(45): 8485-8489.

[21] Wang B, Zhang Y, Mao Z, et al. Cellular Uptake of Covalent Poly(Allylamine Hydrochloride)Microcapsules and Its Influences on Cell Functions[J]. Macromolecular Bioscience, 2012, 12(11): 1534-1545.

[22] Clark H A, Barker S L, Brasuel M, et al. Subcellular Optochemical Nanobiosensors: Probes Encapsulated by Biologically Localised Embedding(PEBBLEs)[J]. Sensors and Actuators B-Chemical, 1998, 51(1): 12-16.

[23] McShane M J, Brown J Q, Guice K B, et al. Polyelectrolyte Microshells as Carriers for Fluorescent Sensors: Loading and Sensing Properties of A Ruthenium-Based Oxygen Indicator[J]. Journal of Nanoscience and Nanotechnology 2002, 2(3-4): 411-6.

[24] 郑艺华，王芳芳，徐斐．微胶囊化提高生物传感器中固定化鸡肝酶操作稳定性的研究 [J]. 食品科学，2005, 4: 32-36.

[25] Gu Z, Yan M, Hu B, et al. Protein Nanocapsule Weaved with Enzymatically Degradable Polymeric Network[J]. Nano Letters, 2009, 9(12): 4533–4538.

[26] Casey J R, Grinstein S, Orlowski J. Sensors and Regulators of Intracellular pH[J]. Nature Reviews Molecular Cell Biology, 2009, 11(1): 50–61.

[27] Khramtsov, V. Biological Imaging and Spectroscopy of pH[J]. Current Organic Chemistry, 2005, 9(9): 909–923.

[28] Haložan D, Riebentanz U, Brumen M, et al. Polyelectrolyte Microcapsules and Coated CaCO3 Particles as Fluorescence Activated Sensors in Flowmetry[J]. Colloids and Surfaces A: Physicochemical and Engineering Aspects, 2009, 342(1-3): 115–121.

[29] Kassal P, M. Zubak G. Scheipl, et al. Smart Bandage with Wireless Connectivity for Optical Monitoring of pH[J]. Sensors and Actuators B: Chemical, 2017, 246: 455-460.

[30] Kreft O, Javier A M, Sukhorukov G B, et al. Polymer Microcapsules as Mobile Local pH-sensors[J]. Journal of Materials Chemistry, 2007, 17(42): 4471.

[31] Gil P R, Nazarenus M, Ashraf S, et al. pH - Sensitive Capsules as Intracellular Optical Reporters for Monitoring Lysosomal pH Changes upon Stimulation[J]. Small, 2012, 8(6): 943-948.

[32] Carregal-Romero S, Rinklin P, Schulze S, et al. Ion Transport Through Polyelectrolyte Multilayers [J]. Macromolecular Rapid Communications, 2013, 34(23-24): 1820–1826.

[33] 段菁华，王柯敏，何晓晓，等．基于核壳荧光纳米颗粒的一种新型纳米 pH 传感器 [J]. 湖南大学学报（自然科学版）, 2003, 30(2): 1-5, 15.

[34] Cai Z, Xu H Y. Point Temperature Sensor Based on Green Upconversion Emission in An Er: ZBLALiP Microsphere[J]. Sensors and Actuators A-physical, 2003, 108(108): 187-192.

[35] Knight J C, Cheung G, Jacques F, et al. Phase-Matched Excitation of Whispering-Gallery-Mode Resonances by A Fiber Taper[J]. Optics Letters, 1997, 22(15): 1129-1131.

[36] 张邦彦．透明热敏记录材料制备技术 [J]. 影像技术，2003, 3: 9.

[37] 江晓利，李晓苇，田晓东．热敏微胶囊热响应特性研究 [J]. 信息记录材料，2006, 7(2): 21.

[38] 李晓苇，王文丽，孙曙旭，等．热敏微胶囊型信息记录技术的研究进展 [J]. 材料导报，2007(4): 17-20.

[39] 柳艳敏，王志坚，盖树人．一种热敏微胶囊和含有该微胶囊的多层彩色感热记录材料：中国，CN200510123938. 3. [P]. 2006-06-14.

[40] 吕奎．液晶微胶囊的制备与显示应用性能研究 [D]. 天津：天津大学化工学院，2012.

[41] Ryu J H, Choi Y H, Suh K D. Electro-Optical Properties of Polymer-Dispersed Liquid Crystal Prepared by Monodisperse Poly(Methyl Methacrylate)/Fluorinated Liquid Crystal Microcapsules[J]. Colloids Surface A, 2006, 275: 126-132.

[42] Ryu J H, Lee S G, Suh K D. The Influence of Nematic Liquid Crystal Content on the Electro-Optical Properties of A Polymer Dispersed Liquid Crystal Prepared with Monodisperse Liquid

Crystal Microcapsules[J]. Liquid Crystals, 2004, 31(12): 1587-1593.
[43] 李昌立，孙晶，蔡红星，等．胆甾相液晶的光学特性[J]. 液晶与显示，2002, 3: 193-198.
[44] 李寒阳，杨军，王岩，等．一种染料掺杂液晶微球温度传感器及其制备方法：中国，ZL201610629729. 4. [P]. 2019-06-11.
[45] Shi Y, Wang M, Ma C, et al. A Conductive Self-Healing Hybrid Gel Enabled by Metal-Ligand Supramolecule and Nanostructured Conductive Polymer[J]. Nano Letters, 2015, 15(9): 6276–6281.
[46] Ge J, Shi L, Wang Y, et al. Joule-Heated Graphene-Wrapped Sponge Enables Fast Clean-Up of Viscous Crude-Oil Spill[J]. Nature Nanotechnology, 2017, 12(5): 434-440.
[47] Zhang Y, Hu Y, Zhu P, et al. Flexible and Highly Sensitive Pressure Sensor Based on Microdome-Patterned PDMS Forming with Assistance of Colloid Self-Assembly and Replica Technique for Wearable Electronics[J]. ACS Applied Materials & Interfaces, 2017, 9(41): 35968-35976.
[48] 焦琳青，王仪明，武淑琴，等．基于微胶囊感压传感原理的模切压力测试方法研究[J]. 机械设计，2019, 36(5): 100-104.
[49] 王平，史博，程丽华，等．$CdSe/SiO_2$复合微球的光电性及在安培型生物传感器中的应用[J]. 材料导报，2011, 25(22): 25-28.
[50] 姚荣沂．基于微流控技术的荧光微胶囊制备以及梯度共聚物自组装[D]. 武汉：武汉理工大学材料科学与工程学院，2015.
[51] Laine J P, Tapalian C, Little B E, et al. Acceleration Sensor Based on High-Q Optical Microsphere Resonator and Pedestal Antiresonant Reflecting Waveguide Coupler[J]. Sensors and Actuators A-Physical, 2001, 93(1): 1-7.
[52] 金乐天，王克逸，周绍祥．光学微球腔及其应用[J]. 物理，2002(10): 642-646.
[53] Jiang Zhuoni, Yang Wenbing, He Fangfang, et al. Microencapsulated Paraffin Phase-Change Material with Calcium Carbonate Shell for Thermal Energy Storage and Solar-Thermal Conversion[J]. Langmuir, 2018, 34(47): 14254-14264.
[54] Li Min, Liu Jianpeng, Shi Junbing. Synthesis and Properties of Phase Change Microcapsule with SiO_2-TiO_2 Hybrid Shell[J]. Solar Energy, 2018, 167: 158-164.
[55] Zhang Xinyi, Zhu Chuqiao, Fang Guiyin. Preparation and Thermal Properties of N-Eicosane/Nano-SiO_2/Expanded Graphite Composite Phase-Change Material for Thermal Energy Storage [J]. Materials Chemistry and Physics, 2020, 240: 122178.
[56] Zhang Xiaoyu, Wang Xiaodong, Wu Dezhen. Design and Synthesis of Multifunctional Microencapsulated Phase Change Materials with Silver/Silica Double-Layered Shell for Thermal Energy Storage, Electrical Conduction and Antimicrobial Effectiveness[J]. Energy, 2016, 111: 498-512.
[57] Jiang Xiang, Luo Ruilian, Peng Feifei, et al. Synthesis, Characterization and Thermal

Properties of Paraffin Microcapsules Modified with Nano-Al_2O_3[J]. Applied Energy, 2015, 137: 731-737.

[58] Chen Shuying, Sun Zhicheng, Li Luhai, et al. Preparation and Characterization of Conducting Polymer-Coated Thermally Expandable Microspheres[J]. Chinese Chemical Letters, 2017, 28(3): 658-662.

[59] Chu Kunmo, Song Byonggwon, Yang Hyein, et al. Smart Passivation Materials with a Liquid Metal Microcapsule as Self - Healing Conductors for Sustainable and Flexible Perovskite Solar Cells[J]. Advanced Functional Materials, 2018, 28. 22: 1800110.

[60] Lan Yunju, Chang Shinnjen, Li Chiachen. Synthesis of Conductive Microcapsules for Fabricating Restorable Circuits[J]. Journal of Materials Chemistry A, 2017, 5(48): 25583-25593.

[61] Song Qingwen, Li Yi, Xing Jianwei, et al. Thermal Stability of Composite Phase Change Material Microcapsules Incorporated with Silver Nano-Particles[J]. Polymer, 2007, 48(11): 3317-3323.

[62] Chen Ling, Zhang Liqun, Tang Ruifen, et al. Synthesis and Thermal Properties of Phase - Change Microcapsules Incorporated with Nano Alumina Particles in the Shell[J]. Journal of Applied Polymer Science, 2012, 124(1): 689-698.

[63] M. Kooti, P. Kharazi, H. Motamedi. Preparation, Characterization, and Antibacterial Activity of $CoFe_2O_4$/Polyaniline/Ag Nanocomposite[J]. Journal of the Taiwan Institute of Chemical Engineers, 2014, 45(5): 2698-2704.

[64] Zhang Sai, Zhou Yifeng, Nie Wangyan, et al. Preparation of Uniform Magnetic Chitosan Microcapsules and Their Application in Adsorbing Copper Ion(II)and Chromium Ion(III)[J]. Industrial & Engineering Chemistry Research, 2012, 51(43): 14099-14106.

[65] Jiao Shouzheng, Sun Zhicheng, Zhou Yang, et al. Surface - Coated Thermally Expandable Microspheres with A Composite of Polydisperse Graphene Oxide Sheets[J]. Chemistry–An Asian Journal, 2019, 14(23): 4328-4336.

[66] Vamvounis George, Jonsson Magnus, Malmström Eva, Hult Anders. Synthesis and Properties of Poly(3-n-Dodecylthiophene)Modified Thermally Expandable Microspheres[J]. European Polymer Journal, 2013, 49(6): 1503-1509.

[67] Li Min, Chen Meirong, Wu Zhishen. Enhancement in Thermal Property and Mechanical Property of Phase Change Microcapsule with Modified Carbon Nanotube[J]. Applied Energy, 2014, 127: 166-171.

[68] Zhu Yalin, Chi Yu, Liang Shuen, et al. Novel Metal Coated Nanoencapsulated Phase Change Materials with High Thermal Conductivity for Thermal Energy Storage[J]. Solar Energy Materials and Solar Cells, 2018, 176: 212-221.

[69] Jiao Shouzheng, Sun Zhicheng, Li Furong, et al. Preparation and Application of Conductive Polyaniline-Coated Thermally Expandable Microspheres[J]. Polymers, 2019, 11(1): 22-28.

[70] Kijewska Krystyna, Głowala Paulina, Wiktorska Katarzyna, et al. Bromide-Doped Polypyrrole Microcapsules Modified with Gold Nanoparticles[J]. Polymer, 2012, 53(23): 5320-5329.

[71] Caruso Mary M, Schelkopf Stuart R, Jackson Aaron C, et al. Microcapsules Containing Suspensions of Carbon Nanotubes[J]. Journal of Materials Chemistry, 2009, 19(34): 6093-6096.

[72] Odom Susan A, Tyler Timothy P, Caruso Mary M, Ritchey Joshua A, et al. Autonomic Restoration of Electrical Conductivity Using Polymer-Stabilized Carbon Nanotube and Graphene Microcapsules[J]. Applied Physics Letters, 2012, 101(4): 043106.

[73] Blaiszik Benjamin J, Kramer Sharlotte L. B, Grady Martha E, et al. Autonomic Restoration of Electrical Conductivity[J]. Advanced Materials, 2012, 24(3): 398-401.

[74] Marco - A, De Paoli, R. J. Waltman, et al. Bargon. An Electrically Conductive Plastic Composite Derived From Polypyrrole and Poly(Vinyl Chloride)[J]. Journal of Polymer Science: Polymer Chemistry Edition, 1985, 23(6): 1687-1698.

[75] Debra R. Rolisona, Bruce Dunnb. Electrically Conductive Oxide Aerogels: New Materials in Electrochemistry[J]. Journal of Materials Chemistry, 2001, 11(4): 963-980.

[76] Kirsi Immonen, Kalle Nättinen, Juha Sarlin, et al. Conductive Plastics with Hybrid Materials[J]. Journal of Applied Polymer Science, 2009, 114(3): 1494-1502.

[77] Jay Amarasekera. Conductive Plastics for Electrical and Electronic Applications[J]. Reinforced Plastics, 2005, 49(8): 38-41.

[78] Susan A. Odom, Sarut Chayanupatkul, Benjamin J. Blaiszik, et al. A Self - Healing Conductive Ink[J]. Advanced Materials, 2012, 24(19): 2578-2581.

[79] Jaeyong Choi, Yong-Jae Kim, Sukhan Lee, et al. Drop-on-Demand Printing of Conductive Ink by Electrostatic Field Induced Inkjet Head[J]. Applied Physics Letters, 2008, 93(19): 193508.

[80] Xiaolei Nie, Hong Wang, JingZou. Inkjet Printing of Silver Citrate Conductive Ink on PET Substrate[J]. Applied Surface Science, 2012, 261(Complete): 554-560.

[81] Majid Ahmadloo, Pedram Mousavi. A Novel Integrated Dielectric-and-Conductive Ink 3D Printing Technique for Fabrication of Microwave Devices[C]. In: 2013 IEEE MTT-S International Microwave Symposium Digest(MTT). IEEE, 2013. p. 1-3.

[82] Huang Yong, Xuan Yimin, Li Qiang, et al. Preparation and Characterization of Magnetic Phase-Change Microcapsules[J]. Chinese Science Bulletin, 2009, 54(2): 318-323.

[83] S. Syed Azim, A. Satheesh, K. K. Ramu, S. Ramu, G. Venkatachari. Studies on Graphite

Based Conductive Paint Coatings[J]. Progress in Organic Coatings, 2006, 55(1): 1-4.

[84] M. Vecino, I. González, M. E. Muñoz, A. Santamaría, E. Ochoteco, J. A. Pomposo. Synthesis of Polyaniline and Application in the Design of Formulations of Conductive Paints[J]. Polymers for Advanced Technologies, 2004, 15(9): 560-563.

[85] Joseph E. Mates, Ilker S. Bayer, Marco Salerno, Patrick J. Carroll, et al. Durable and Flexible Graphene Composites Based on Artists' Paint for Conductive Paper Applications[J]. Carbon, 2015, 87: 163-174.

[86] White SR, Sottos NR, Geubelle PH, et al. Autonomic Healing of Polymer Composites [J]. Nature, 2001, 409(6822): 794-797.

[87] Yuan YC, Ye XJ, Rong MZ, et al. Self-healing Epoxy Composite with Heat-Resistant Healant [J]. ACS Applied Materials & Interfaces, 2011, 3(11): 4487-4495.

[88] Li Q, Siddaramaiah, Kim NH, et al. Effects of Dual Component Microcapsules of Resin and Curing Agent on The Self-Healing Efficiency of Epoxy[J]. Composites Part B: Engineering, 2013, 55: 79-85.

[89] 罗永平. 自修复微胶囊的合成与应用研究 [D]. 广州 : 华南理工大学 , 2011.

[90] Caruso MM, Delafuente DA, Ho V, et al. Solvent-Promoted Self-Healing Epoxy Materials[J]. Macromolecules, 2007, 40(25): 8830-8832.

[91] Yuan L, Gu A, Liang G. A Novel Cyanate Ester Resin/Microcapsules System [J]. Polymer Composites, 2008: 31(1): 136-144.

[92] Cui J, Li X, Pei Z, et al. A Long-Term Stable and Environmental Friendly Self-healing Coating with Polyaniline/Sodium Alginate Microcapsule Structure for Corrosion Protection of Water-Delivery Pipelines [J]. Chemical Engineering Journal, 2019, 358: 379-388.

[93] Guo W, Jia Y, Tian K, et al. UV-Triggered Self-Healing of a Single Robust SiO_2 Microcapsule Based on Cationic Polymerization for Potential Application in Aerospace Coatings[J]. ACS Applied Materials & Interfaces, 2016, 8(32): 21046-21054.

[94] GARCIA A, SCHLANGEN E, van de WEN M. Properties of Capsules Containing Rejuvenators for Their Use in Asphalt Concrete[J]. Fuel, 2011, 90(2): 583-591.

[95] LIU Zhe. Preparation of Microcapsule and Its Influence on Self-Healing Property of Asphalt[J]. Petroleum Science and Technology, 2019, 37(9): 1025-1032.

[96] SHIRZAD S, HASSAN M M, AGUIRRE M A, et al. Evaluation of Sunflower Oil as A Rejuvenator and Its Microencapsulation as A Healing Agent[J]. Journal of Materials in Civil Engineering, 2016, 28(11): 9.

[97] 许勐. 基于分子动力学模拟的沥青再生剂扩散机理分析 [D]. 哈尔滨 : 哈尔滨工业大学 , 2015.

[98] 黄志钱 , 汪欢欢 , 寇彦平 , 等. 纳米纤维素改性相变储能材料的制备与表征 [J]. 热固

性树脂, 2014, 29(6): 30-33.

[99] 张秋香, 陈建华, 陆洪彬, 等. 纳米二氧化硅改性石蜡微胶囊相变储能材料的研究 [J]. 高分子学报, 2015(6): 692-698.

[100] Lang S, Zhou Q . Synthesis and Characterization of Poly(Urea-Formaldehyde)Microcapsules Containing Linseed Oil for Self-Healing Coating Development[J]. Progress in Organic Coatings, 2017, 105: 99-110.

[101] Velev O D, Furusawa K, Nagayama K . Assembly of Latex Particles by Using Emulsion Droplets as Templates. 2. Ball-Like and Composite Aggregates[J]. Langmuir, 1996, 12(10).

[102] Huang M, Yang J . Facile Microencapsulation of HDI for Self-Healing Anticorrosion Coatings[J]. Journal of Materials Chemistry, 2011, 21(30): 11123.

[103] Sun D, An J, Wu G, et al. Double-Layered Reactive Microcapsules with Excellent Thermal and Non-Polar Solvent Resistance for Self-Healing Coatings[J]. J. Mater. Chem. A, 2015, 3(8): 4435-4444.

[104] Garcia A, Schlangen E, Ven M V D . Two Ways of Closing Cracks on Asphalt Concrete Pavements: Microcapsules and Induction Heating[J]. Key Engineering Materials, 2010, 417-418: 573-576.

[105] Sun D, Lu T, Zhu X, et al. Optimization of Synthesis Technology to Improve the Design of Asphalt Self-Healing Microcapsules[J]. Construction and Building Materials, 2018, 175(30): 88-103.

[106] ZHANG Xiaolong, GUO Yandong, SU Junfeng, el al. Investigating the Electrothermal Self-Healing Bituminous Composite Material Using Microcapsules Containing Rejuvenator with Graphene/Organic Hybrid Structure Shells[J]. Construction and Building Materials, 2018, 187: 1158-1176.

[107] 万健, 韩超. 微胶囊自修复混凝土的实验研究及性能评价 [J]. 新型建筑材料, 2014, 41(5): 40-44.

[108] Blaiszik B J, Kramer S L B, Grady M E, et al. Autonomic Restoration of Electrical Conductivity[J]. Advanced Materials, 2012, 24(3): 398-401.

[109] Caruso M M, Schelkopf S R, Jackson A C, et al. Microcapsules Containing Suspensions of Carbon Nanotubes[J]. Journal of Materials Chemistry, 2009, 19(34): 6093-6096.

[110] 郑木莲, 张金昊, 田艳娟, 李洪印. 沥青材料微胶囊自修复技术研究进展 [J]. 中国科技论文, 2019, 14(12): 1374-1382.

[111] Bleay S M, Loader C B, Hawyes V J, et al. A Smart Repair System for Polymer Matrix Composites [J]. Composites, 2001, 32A: 1767.

[112] Song G, Ma N, Li H. N. Applications of Shape Memory Alloys in Civil Structures[J]. Engineering Structures, 2006, 28(9): 1266-127.

[113] 蔡涛，王丹，宋志祥，等．微胶囊的制备技术及其国内应用进展 [J]. 化学推进剂与高分子材料，2010, 8(2): 20–26.

[114] 徐静逸，吴潮，张大德，等．微胶囊技术与影像材料 [J]. 信息记录材料，2005, 6(4): 11–16.

[115] Usami T, Tanaka T. Heat-Sensitive Recording Material. US: P. 4644376, [P]. 1987-2-17.

[116] Frederick W, Sanders, Gary F, et al. Transfer Imaging System. US: 4399209, [P]. 1983-8-16

[117] Adair Paul C, Burkholder Amy L. Photosensitive Microcapsules Useful in Polychromaticimaging Having Radiation Absorber. US: 4566891, 1986-3-18.

[118] Gottschalk Peter C, Douglas C, Neckers, et al. Photosensitive Materials Containing Ionic Dye Compounds as Initiators. US: 4772530, [P]. 1988-9-20.

[119] Masashi Miyagawa, Toshiharu Inui, Kazuhiro Nakajima, et al. Thermal Microcapsule Transfer Technology for Full –Color Printing Controlled by Photo and Thermal Energies[Z]. Hard copy and Printing Materials, Media and Process, Santa Clara, California, 1990.

[120] Shouzheng Jiao, Zhicheng Sun, Yang Zhou, et al. Surface - Coated Thermally Expandable Microspheres with a Composite of Polydisperse Graphene Oxide Sheets[J]. Chemistry–An Asian Journal, 2019, 14(23): 4328-4336.

[121] Shu-Ying Chen, Zhi-Cheng Sun, Lu-Hai Li, et al. Preparation and Characterization of Conducting Polymer-Coated Thermally Expandable Microsphere[J]. Chinese Chemical Letters, 2017, 28(3): 658-662.

[122] Gupta M K, Meng F, Johnson B N, et al. 3D Printed Programmable Release Capsules[J]. NanoLett, 2015, 15: 5321-5329.

[123] García-López E, Olvera-Trejo D, Velásquez-García L F. 3D Printed Multiplexed Electrospinning Sources for Large-Scale Production of Aligned Nanofiber Mats with Small Diameter Spread[J]. Nanotechnology, 2017, 28(42): 425302.

[124] Wang J, Xie H, Weng Z, et al. A Novel Approach to Improve Mechanical Properties of Parts Fabricated by Fused Deposition Modeling[J]. Materials & Design, 2016: 152-159.

[125] Jeon O, Lee Y B, Jeong H, et al. Individual Cell-Only Bioink and Photocurable Supporting Medium for 3D Printing and Generation of Engineered Tissues with Complex Geometries[J]. Materials Horizons, 2019, 6(8): 1625-1631.

[126] 吴宝龙，吴赞敏，冯文昭．有机热敏变色材料及应用 [J]. 济南纺织服装，2008, 1: 22-28.

[127] 陶栋梁，崔玉民，乔瑞，等．二氧化硅包覆稀土配合物 $Eu(TTA)_3phen$ 制备及其荧光性能研究 [J]. 光谱学与光谱分析，2011, 31(3): 723-726.

[128] 郝广杰，梁志武，申小义，等．包埋铕（Ⅲ）络合物的聚氨酯微球的研究 [J]. 高分子材料科学与工程，2005, 2: 275-27.

[129] 陈姝颖，孙志成，李路海，等．微球物理发泡油墨的丝网印刷效果及特性 [J]. 包装工程，2017, 38(1): 51-54.

附录

拼音字序	中文	英文	日文
A	氨基树脂	amino resin, aminoplastics, aminoplast	アミノ樹脂
A	α - 纤维素	α -cellulose	アルファセルロース
B	丙烯腈类橡胶	acrylic rubber	アクリルゴム
B	丙烯酸系塑料	acrylic resin	アクリル樹脂
B	丙烯腈纤维	acrylic fiber	アクリル纖維
B	丙烯腈 - 丁二烯共聚物	acrylonitrile-butadiene copolymer, NBR	アクリロニトリル - ブタジエン共重合体
B	丙烯腈 - 丁二烯 - 苯乙烯塑料	acrylonitrile-butadiene-styrene resin	アクリロニトリル - ブタジエン - エチレン樹脂
B	丙酮树脂	acetone resin	アセトン樹脂
B	苯胺树脂	aniline resin	アニリン樹脂
B	丙烯腈 - 苯乙烯 - 丙烯酸酯共聚物	acrylate·styrene-acrylonitrile copolymer	ASA 樹脂
B	丙烯腈 - 苯乙烯树脂	acrylonitrile-styrene copolymer, AS resin	AS 樹脂
B	丙烯腈 - 氯化聚乙烯 - 苯乙烯共聚物	ACS resin	ACS 樹脂
B	表面活性剂	surface active agent, surfactant	界面活性剤
B	片材	sheeting	シーティング
B	比热	specific heat	比熱
B	比黏度	specific viscosity	比黏度
B	比表面积	specific surface area	比表面積
B	宾汉体	Bingham body	ビンガム物体

续表

拼音字序	中文	英文	日文
B	薄膜	film	フィルム
B	薄膜流延	film casting	フィルムキャスティング
B	白炭黑	white carbon	ホワイトカーボン
C	长径比	aspect ratio	アスペクト比
C	醋酸纤维素	cellulose acetate	アセチルセルロース
C	醋酸纤维	acetate fiber	アセテート繊維
C	醋酸丁酸纤维素	cellulose acetate butyrate	アセテートブチレート
C	醇酸树脂	alkyd resin	アルキド樹脂
C	掺合聚合物	alloy	アロイ
C	吹塑薄膜	lay-flat film, blown film	インフレーションフィルム
C	长径比	L/D ratio, length/diameter ratio	L/D 比
C	残留应力	residual stress	残留応力
C	储存寿命，适用期	shelf life	シェルフライフ
C	初始黏度	initial viscosity	初期黏度
C	层压板材，层压片材	laminated sheet	積層板
C	层压制品	laminate	積層品
C	脆性	brittleness	脆性
C	层间（剥离）强度	interlaminar strength	層間接合力
C	层间剪力	interlaminar shear	層間接せん断
C	层间剥离强度	interlaminar strength	層間剥離強さ
C	层流（式）混合	laminar mixing	層流混合
C	触变性	thixotropy	チクソトロピー
C	触变剂	thixotroping agent, thixotropic agent	チクソトロピー付与剤

续表

拼音字序	中文	英文	日文
C	超声波热合	ultrasonic sealing	超音波シール
C	触变性	thixotropy	揺変性
C	衬里，衬料	lining	ライニング
C	层压，层合	lamination	ラミネーション
C	层压板	laminate	ラミネート
D	低聚物，低聚体	oligomer	オリゴマー
D	多孔性，孔隙率	porosity	気孔率
D	电晕电压	corona voltage	コロナ電圧
D	电晕放电	corona discharge	コロナ放電
D	打底涂层，底涂层	under coat, base coat	下塗り（アンダーコート）
D	导电性聚合物	electro-conductive polymer	電導性ポリマー
D	等电点	isoelectric point	等電点
E	二色性	dichroism	二色性
F	复合薄膜	laminate film	積層フィルム
F	分凝，色条痕	segregation	ゼグレゲーション
F	分施胶黏剂	separate application adhesive	スパレートアプリケーションアドヒーシィブ
F	分散剂	dispersant	ディスパーザント
F	发光颜料	luminescent pigment	発光顔料
F	发光塑料	luminescent plastics	発光プラスチック
F	复合材料	composite	複合体
F	复合薄膜	composite film	複合フイルム

续表

拼音字序	中文	英文	日文
F	复合塑料	composite plastics	複合プラスチック
F	非织布	non-woven fabric, unwoven fabric	不織布
F	分别施胶，分别涂布	separate application	分離塗布
F	非溶剂	non-solvent	非溶剤
F	粉料涂层	powder coating	粉末塗装
G	各向异性	anisotropy	異方性
G	共聚物	interpolymer	インタポリマー
G	改性剂	modifier	改質剤
G	高岭土	kaolin	カオリン
G	固化剂	curing agent	加硫剤
G	感光聚合物	photopolymer, photo-sensitive polymer	感光性ポリマー
G	官能团，官能基	functional group	官能基
G	官能度	functionality	官能性
G	光雾度值	haze value	くもり価
G	硅藻土	diatomaceous earth, diatomite	ケイ藻土
G	高分子半导体	semi-conductive polymer	高分子半導体
G	高密度聚乙烯	high density polyethylene, HOPE	高密度ポリエチレン
G	固化	solidification	固化
G	固体含量	solid content, solid concentration	固形分
G	硅烷类偶联剂	silane coupling agent	シラン系カップリング剤
G	高级复合材料	advanced composite material, ACM	先端複合材料

续表

拼音字序	中文	英文	日文
G	干式层合	dry lamination	ドライラミネーション
H	活化剂	activator	アクチベータ
H	后固化	after cure	アト硬化
H	环氧稳定剂	epoxy stabilizer	エポキシ安定剤
H	环氧类增塑剂	epoxy plasticizer	エポキシ可塑剤
H	环氧树脂	epoxy resin, EP	エポキシ樹脂
H	环氧树脂黏合剂	epoxy resin adhesive	エポキシ樹脂接着剤
H	化学稳定性	chemical stability	化学的安定性
H	化学发泡	chemically foamed	化学発泡
H	活化剂	activator	活性化剤
H	含水量	water content	含水率
H	合成纸	synthetic paper	合成紙
H	合成树脂	synthetic resin	合成樹脂
H	合成纤维	synthetic fiber	合成繊維
H	混合料，混料	compound	コンパウンド
J	聚芳基酰胺纤维	aramid fiber	アラミド繊維
J	聚氨酯	utethane	ウレタン
J	聚氨酯橡胶	utethane rubber	ウレタンゴム
J	聚氨酯泡沫塑料	urethane foam	ウレタンフォーム
J	聚氯乙烯	polyvinylchloride, PVC	塩化ビニル樹脂
J	结构黏合剂	structural adhesive	構造(用)接着剤
J	结构黏度	structural viscosity	構造粘性
J	胶态二氧化硅	colloidal silica	コロイド状シリカ

续表

拼音字序	中文	英文	日文
J	基料，衬料	substrate	サブストレート
J	聚乙烯醇	POVAL (polyvinyl alcohol)	ポバール
J	聚酰胺	polyamide, PA	ポリアミド
J	聚酰胺 - 酰亚胺	polyamide -imide	ポリアミドイミド
J	聚酰亚胺	polyimide	ポリイミド
J	聚氨基甲酸酯 , 聚氨酯	polyurethane, PU	ポリウレタン
K	可渗透薄膜	permeable film	選択透過フィルム
K	抗静电剂	anti-static agent	帯電防止剤
K	可剥涂层	peelable coating	剥離性保護塗装
L	离子交换树脂	ion exchange resin	イオン交換樹脂
L	离子交换剂	ion exchanger	イオン交換体
L	离子交换膜	ion-exchange membrane	イオン交換膜
L	氯乙烯	vinyl chloride, VC, VCM	塩化ビニル
L	老化	ageing	エージング
L	酪素	casein	カゼイン
L	酪素塑料	casein plastics	カゼイン樹脂
L	流延片材，平挤片材	cast sheet	キャストシート
L	流延薄膜，挤塑薄膜	cast film	キャストフィルム
L	络合物	complex	錯体
L	料浆	slurry	スラリー
L	流动性	flowability	流動性
L	冷蘸涂	cold dipping	冷浸漬成形法
L	老化试验	ageing test	劣化試験

续表

拼音字序	中文	英文	日文
M	棉短绒，棉毛纤维	linter, cotton linter	リンタ
N	黏结剂，黏合剂	binder	結合剤
N	黏结剂，上浆剂，施胶剂，浸润剂	binder,sizing agent	集束剤
N	黏接系数	joint factor	接合係数
N	黏接剂	cement	接合剤
N	黏合	adhesion, glueing	接着
N	黏（合组）装	adhesive assembly	接着組立て
N	黏合剂	adhesive	接着剤
N	黏合强度	bonding strength	接着強さ
N	黏力	adhesion force	接着力
N	黏接	cementing	セメンティング
N	耐气候性	weatherability, weather resistance	耐候性
N	耐光性	light resistance, light fastness	耐光性
N	耐酸性	acid resistance	耐酸性
N	黏性	tackiness	タッキネス
N	黏固效应	anchor effect	投錨硬化
N	纳米	nanometer, nm	ナノーメートル
N	牛顿液体	Newtonian liquid	ニュートン流体
N	牛顿流动	Newtonian flow	ニュートン流動
N	黏度系数	viscosity coefficient	黏性係数
N	黏性破裂	viscous fracture	黏性破壊
N	黏流	viscous flow	黏性流動
N	黏弹性	viscoelasticity	黏弹性

续表

拼音字序	中文	英文	日文
N	黏性	tackiness	黏着性
N	黏度	viscosity	黏度
N	黏度指数	viscosity index, VI	黏度指数
N	黏数	viscosity number	黏度数
N	黏合强度	bonding strength	ヘキ開値
P	片料，卷筒料	web	ウエブ
P	偏二氯乙烯树脂	vinylidene chloride resin	塩化ビニリデン樹脂
P	平版印刷	offset printing	オフセット印刷
P	泡孔	cell	気泡
P	配料	compounding	コンパウンディング
P	片材	sheet	シート
P	平切片材	sliced sheet	スライスシート
P	泡孔	cell	セル
P	泡核剂	nucleating agent	造核剤
P	膨胀性涂层	intumescent coating	発泡性防火塗料
P	泡形涂层	vesicular coating	ベシキュラー塗装
P	匹配	matching	杢（もく）合わせ
Q	醛	aldehyde	アルデヒド
Q	气熔胶，气喷制剂	aerosol	エアロゾル
Q	取向片材	oriented sheet	延伸シート
Q	取向薄膜	oriented film	延伸フイルム
Q	蜷曲	curling	カーリング

续表

拼音字序	中文	英文	日文
Q	起泡，气泡，泡罩	blister	ガスぶくれ
Q	气体炭黑	gas black	ガスブラック
Q	翘曲	warp(ing),warpage	ソリ
Q	起泡剂	blowing agent, expanding agent	発泡剤
Q	起泡，气泡	blister	火ぶくれ
R	润滑剂	lubricant	滑剤
R	软化剂	flexibilizer	可撓性付与剤
R	热板	heating plate	加熱板
R	溶解度参数	solubility parameter	SP 値
R	乳液	emulsion	エマルジョン
R	热敏黏合剂	heat-sensitive adhesive	感熱型接着剤
R	热敏化剂	heat sensitizing agent	感熱剤
R	蠕变	creep	クリープ
R	蠕变回复	creep recovery	クリープ回復
R	润湿剂	wetting agent	湿潤剤
R	溶胀，膨胀	swelling	スウェリング
R	溶纤剂	cellosolve	セロソルブ
R	溶胶	sol	ゾル
R	溶剂铸塑	solvent casting	ソルベントキャスティング
R	润湿	wetting	ぬれ
R	软包装	flexible packaging	フレキシブル包装
R	溶胀	swelling	膨潤
R	溶剂化	solvation	溶媒和

续表

拼音字序	中文	英文	日文
S	渗移，转移，迁移	migration	移行
S	色相	color shading	色ムラ
S	闪点	flash point	引火点
S	湿态复合	wet lamination	ウエットラミネーション
S	蚀刻，侵蚀	etching	エッチング
S	数均分子量	number average molecular weight, Mn	数平均分子量
S	塑性	plasticity	可塑性
S	色数	color number	カラーナンバー
S	色浆	color paste	カラーペースト
S	色母料	color masterbatch	カラーマスターバッチ
S	杀菌剂	bactericide, biocide	殺菌剤
S	酸值	acid value, acid number, AV, AN	酸価
S	三元共聚物	terpolymer	三元共重合体
S	三维网构	three-dimentional network	三次元網目構造
S	三维聚合物	three-dimentional polymer	三次元高分子
S	湿法加工	wet process	湿式法
S	湿卷缠	wet winding	湿式巻付け
S	湿强度	wet strength	湿潤強さ
S	湿度	humidity	湿度
S	缩窝	shrinkage pool	シュリンケージプール
S	收缩包装	shrink packaging, shrink wrapping	収縮包装
S	烧结涂布	sinter coating	シンタ塗装
S	水质涂料	water paint	水性塗料
S	水溶性树脂	water-soluble resin	水溶性樹脂

续表

拼音字序	中文	英文	日文
S	水溶性薄膜	water-soluble film	水溶性フイルム
S	渗透性	permeability	透過性
S	双轴向拉伸	biaxial stretching，biaxial orientation	二軸延伸
S	双轴向取向薄膜	biaxially oriented film	二軸延伸フィルム
S	闪蒸	flashing	フラッシング
T	通用树脂	general purpose resin	一般用樹脂
T	碳纤维	carbon fiber	カーボン繊維
T	炭黑	carbon black	カーボンブラック
T	透气性	gas permeability	気体透過性
T	透明点	clear point	クリアポイント
T	透光率	light transmission	光線透過率
T	填料	filler, loading agent	充てん材
T	脱气，脱泡	de-aeration	脱気
T	脱氢	dehydrogenation	脱水素
T	钛白	titanium white, titan white	チタン白
T	涂布纸	coated paper	塗装紙
T	涂敷织物	coated fabric	塗装布
T	贴合，贴合层	topping	トッピング
T	涂胶量	glue spread	塗布量
W	无规立构聚合物	atactic polymer	アテクチックポリマー
W	网状结构	network structure	網目構造
W	网状聚合物	network polymer	網目構造ポリマー
W	无定形的，非晶的	amorphous	アモルファス

续表

拼音字序	中文	英文	日文
W	稳定剂	stabilizer	安定剤
W	雾度	haze	くもり
W	无溶剂涂布	solventless coating	無溶剤塗装
W	紊流	turbulent flow	乱流
X	酰胺 - 酰亚胺树脂	amide-imide resin	アミドーイミド樹脂
X	烯丙醇酯树脂	allyl resin, allyl plastics	アリル樹脂
X	型材	profile	異形品
X	线型低密度聚乙烯	linear low density polyethylene	L-LDPE
X	稀释剂	thinner	希釈剤
X	吸油性，吸油量	oil absorption	吸油量
X	消雾剂	anti-fogging agent	結露防止剤
X	芯纸	core paper	コア紙
X	芯板	core board	コアボード
X	硝酸纤维素	cellulose nitrate	硝酸繊維素
X	稀释剂	thinner	シンナー
X	型版	stencil (=mask)	ステンシル
X	细长比	slenderness ratio	スレンダネス比
X	线性热膨胀	linear expansion	線膨張
X	相对密度	relative density	相対密度
X	相容性	compatibility	相溶性
X	消泡剂	defoamer, defoaming agent	脱泡剤

续表

拼音字序	中文	英文	日文
Y	乙炔（炭）黑	acetylene black	アセチレンブラック
Y	乙丙橡胶	ethylene-propylene rubber	EP ラパー
Y	乙烯 - 醋酸乙烯共聚物	ethylene-vinyl acetate	EVA
Y	乙基纤维素	ethyl cellulose	エチル纖維素
Y	乙烯	ethylene	エチレン
Y	乙烯 - 丙烯酸酯共聚物	ethylene-ethylacrylate copolymer, EEA	エチレン - アクリル酸エチル共重合体（EEA)
Y	乙烯共聚物	ethylene copolymer	エチレン共重合体
Y	乙二醇	ethylene glycol	エチレングリコール
Y	乙烯 - 醋酸乙烯共聚物	thylene-vinylacetate copolymer, EVA	エチレン - 酢酸ビニル共重合体
Y	乙烯 - 四氟乙烯共聚物	ethylene-tetrafluoroethylene copolymer	エチレン - テトラフルオロエチレン共重合体
Y	乙烯 - 乙烯醇共聚物	ethylene-vinylalcohol copolymer	エチレン - ビニルアルコール共重合体
Y	乙丙橡胶	ethylene-propylene rubber, EPR	エチレン - プロピレンゴム
Y	乙烯 - 丙烯类三元共聚物	ethylene-propylene terpolymer	エチレン - プロピレン三元共重合体
Y	印刷适性	printability	印刷適性
Y	异氰脲酸酯树脂	isocyanurate resin	イソシアヌレート樹脂
Y	阴离子树脂	anionic resin	アニオン型樹脂
Y	阴离子表面活性剂	anionic surface active agent	アニオン活性剤
Y	阴离子催化聚合	anionic polymerization	アニオン重合

续表

拼音字序	中文	英文	日文
Y	应力	stress	応力
Y	应力集中	stress concentration	応力集中
Y	应力皱纹	stress wrinkle	応力シワ
Y	应力 - 应变曲线	stress-strain curve	応力ーヒズミ曲線
Y	有机聚硅氧烷	organopolysiloxane	オリガノポリシロキサン
Y	引发剂	intiator	開始剤
Y	阳离子皂	cationic surface active agent	カチオン活性剤
Y	阳离子交换树脂	cation exchange resin	カチオン交換樹脂
Y	阳离子聚合	cationic polymerization	カチオン重合
Y	压敏黏合剂	pressure-sensitive adhesive	感圧性接着剤
Y	压敏胶黏带	pressure sensitive tape	感圧性テープ
Y	预混料	gunk	ガンク
Y	颜料	pigment	顔料
Y	阻聚剂	inhibitor	禁止剤
Y	荧光颜料	fluorescent pigment	蛍光顔料
Y	荧光增白剂	fluorescent whitening agent, fluorescent brightening agent	蛍光増白剤
Y	硬化剂	hardening agent, hardener	硬化剤
Y	氧化	oxidation	酸化
Y	溢料，滋料	flash, fin	バリ
Y	溢料边缘	flash ridge	フラッシュリッジ
Y	预处理	pretreating	前処理
Y	印花纸	pattern paper	模様紙

续表

拼音字序	中文	英文	日文
Y	杨氏弹性模具	Young's modulus of elasticity	セング率
Y	预热	preheating	予熱
Y	预浸	pre-impregnation	予備含浸
Y	预干燥	predrying	予備乾燥
Y	预固化	precure	予備硬化
Y	预成型	preforming	予備成形
Y	预发泡	pre-expansion, prefoaming	予備発泡
Y	溢料面，合模面，成型段	land	ランド
Y	云雾层	ream	リーム
Y	匀涂剂	levelling agent	レベリング剤
Z	增黏涂层	anchor coat	アンカーコート
Z	胶体	eucolloid	オイコロイド
Z	阻气性	gas barrier property	ガスバリヤー性
Z	增塑作用	plastication, plastification, plasticization	可塑化
Z	增塑剂	plasticizer	可塑剤
Z	增塑 - 黏合剂	plasticizer-adhesive	可塑剤性接着剤
Z	增塑剂渗移	migration of plasticizer	可塑剤の移行
Z	纸基层压板	paper base laminate	紙基材積層品
Z	铸塑树脂液	casting syrup	キャスティングシラップ
Z	浊点	cloud point	くもり点

续表

拼音字序	中文	英文	日文
Z	紫外线吸收剂	UV absorber	紫外線吸収剤
Z	自固化黏合剂	self-curing adhesive	自己硬化接着剤
Z	增感剂	sensitizer	センシタイザ
Z	增稠剂	thickening agent	増粘剤
Z	增白剂	brightening agent, optical brightener, optical whitening agent	増白剤
Z	着色剂	colorant	着色剤
Z	增黏剂	tackifier	黏着性付与剤
Z	憎液（的）	lyophobic	リオフォビック

系统化设计保障功能性涂布品质

广东欧格精机科技有限公司 陈鸿奇

高品质功能性涂布产品，例如 PCB 感光胶片、光刻胶抗蚀干膜、医用热敏打印胶片、太阳能背板膜、锂电池隔膜、氢电池质子交换膜、膜电极、反渗透膜、液晶 / 电子光学膜等，对涂布质量要求极高。实际生产中，涂布层的表观、干燥溶剂残留、干燥均一性、基材张力等，均可能导致出现涂布质量问题。

湿涂层干燥均匀一致性不足，直接影响涂布成品质量。普通涂布机组中，除烘干系统外，其他各单元模组的精度都是相对直观可控的；在涂布作业中，涂层涂料的黏度 / 固含量 / 湿涂量的优化需相应调整干燥烘箱的风嘴出口温度、进 / 排风机风量，而涂层面的热交换干燥及挥发废气排出是看不见、摸不着的。由于烘箱的工艺参数变化大，且风嘴出口的温度 / 风量未能精确控制，使涂布层的干燥热交换量无法保证均匀稳定分布，直接导致产生涂层成品的表观缺陷甚至理化性能缺陷，影响产品应用性能。

基于对干燥缺陷成因的持续研究，广东欧格结合空气喷射流体力学原理，研发制造了高效环流干燥烘箱，实现了干燥量化控制，可根据不同功能涂层产品的干燥工况要求，精确控制涂层的干燥热交换量保持一致、控制涂布层表面溶剂无盲区挥发速率保持一致。

- 干燥烘箱热源（可选配）：电加热、油加热、蒸汽加热、天燃气加热；
- 风嘴出口风速（可选配）：0.5~30 m/s；
- 风嘴出口温度（可选配）：常温至 300℃。

干燥烘箱量化控制精度如下：

1. 单节烘箱内风嘴出口任意点的温度误差 ±1℃；
2. 所有烘箱内风嘴出口任意点温度纵向累加值偏差低于 ±1%；
3. 所有烘箱内风嘴出口任意点风速纵向累加值偏差低于 ±1%；
4. 烘箱内两个风嘴之间膜面上可控制风压 ±5Pa。

根据不同厚度湿涂层需求，系统自动匹配不同工况下的温度 / 风量要求（进风风机在 25~50Hz 可调）进行作业，各节烘箱均可实现上述 1~4 项精度均匀一致。

广东欧格精密涂布 / 复合机组，应用双工位收放卷、无降速对接膜，全线精密恒张力驱动、烘箱风道内基膜运行超低张力控制，高效环流干燥、多模式精密涂布及工业总线控制系统等单元模组，构制成适应各多功能涂布产品的精密涂布生产线。上述生产线基于干燥量化控制技术，涂布成品溶剂残留量可控、涂层密度一致、耐抗弯折、无横向色差、无纵向排骨纹、无内应力形变翘边、涂层无老化发脆 / 龟纹等，并能最大限度地克服高黏度厚涂层表里干燥不匀的缺陷。